星名 定雄

陸・海・空、手紙をはこぶ

イギリス郵便の歴史

法政大学出版局

Published by Hosei University Press
Tokyo, Japan

はじめに

郵便の仕事はどのように誕生し、今日の姿になってきたのであろうか――。そのことについて、本書は、近代郵便を創設したイギリスに着目し、一世紀から今世紀までの二〇〇〇年余の郵便の歩みを三部にわけて語っていきたいと思う。

第I部では、近世までの郵便の歩みをみていく。古くは郵便を「駅逓」とか「飛脚」などと称していたが、かつて駅逓は権力者のためのものであり、権力者の道具であった。一世紀からブリテン島を支配していたローマ軍は機能的な駅逓を維持していたし、イギリスで王朝が成立すると、「王の使者」という宮廷官吏が書状をはこんでいた。近世には、駅逓を管理する部署ができ、駅路を整備し、組織的に公用書簡を取り扱うようになる。この頃、民間人の手紙のやりとりも増加し、民間の飛脚業者も誕生する。ロンドンの街には、外国商人が渡来し大陸との貿易活動に従事し、独自の飛脚制度をつくり、オランダなど大陸との通信をみずから確保していた。

一六三五年、国は料金を定め王室駅逓を一般に公開し、民間飛脚の営業を禁止した。国家独占を狙ったが、民間の抵抗を強く受ける。クロムウェルが護国卿になると、駅逓の仕事に書簡検閲の新たな役割が加わった。護国卿政権が崩壊すると、イギリスは議会主義にもとづく立憲王政の基礎が築かれる。利用者から徴収した料金（郵税）は国家財政の財源となり、その一部が王室費に充当される。駅逓は金を生みだす機関として、国家財政のなかに組み入れられた。運営面では、王室駅逓がイングランドの主要六街道に走るようになる。

この頃、ロンドンは発展し人口五〇万人の大都市になる。しかし、大都市になっても手紙の戸別配達のサービスがなかった。この不便を解消したのが民間人のウィリアム・ドクラである。一六八〇年、配達サービスを開始。料金前払い一ペニーで、各所にあったコーヒー・ハウスなどを受付場所にして手紙を集め、市内中心地では一時間ごとに手紙を宛先に配達した。創業当初は赤字であったが、事業が軌道に乗ると黒字に転換する。国は、その機を逃さず、郵便の国家独占に抵触した廉《かど》により、ドクラのペニー郵便を接収する。

一八世紀、イギリスは植民地獲得に乗りだし、オランダやフランスなどとの戦争を繰り返し、植民地帝国を形成していった。政府は、膨大な戦費を賄うために、郵税を大幅に引き上げた。一七一一年の郵便法には、郵税収入から、週七〇〇ポンド、年三万六四〇〇ポンドを三二年間にわたり、戦費に繰り入れることが定められた。総額一一六万ポンドになる。世紀末には、弱冠二四歳の首相、小ピットが累積した国債の償還を削減するために抜本的な財政改革を実施する。郵政事業にも大ナタが振るわれ、郵政長官ら高官に対する杜撰《ずさん》な報酬にメスが入れられたほか、閑職の廃止なども実行された。

一九世紀、スコットランド出身のロバート・ウォラス議員が郵便改革の必要性を庶民院で取り上げた。それを受け、ダンキャノン卿を長とする調査委員会が設置され、郵便事業がかかえるさまざまな問題点を一〇巻の報告書にまとめ、議会に提出した。本格的な改革には至らなかったが、一〇〇以上もあった郵便関係の法律を五本の法律に整理するなど一定の前進があった。

第Ⅱ部では、近現代の郵便の発展を検証していく。一八三七年、ローランド・ヒルが料金大幅引下げ、全国一律前払制を骨子とする郵便改革案を発表した。商工業者らに支持され、一八四〇年、全国一律一ペニー郵便がスタートした。前払い用のヴィクトリア女王を描いた世界初の切手〝ペニー・ブラック〟も発行される。近代郵便の誕生である。改革初年度の運営実績は予想を下回ったが、一般国民からは歓迎された。

近代郵便の定着で社会に変化がでてくる。郵便ポストの出現はその一つ。クリスマス・カードやヴァレンタイン・カードも売り出され、ディケンズによれば、ロンドン中央郵便局で一八五〇年二月一四日に取り扱われた郵便物は普段の日の六割増しであった。また、盲目のフォーセット郵政長官の肝いりで小包郵便も導入される。

一九世紀、質素倹約に徹し庶民が少額のお金でも預けることができる郵便貯金が創設された。これをベンサムは「質素な銀行」と呼んだ。簡易生命保険や老齢年金の制度も法制化され、これら郵便サービス以外の貯金・保険・年金が郵便局の窓口で取り扱われるようになった。ゆりかごから墓場まで——。郵便局は国民福祉政策の一端を担うようになる。加えて、後年、民間企業の事業としてスタートした電信（電報）と電話事業が国有化されて、これら新しい通信サービスも郵政省の事業となり、郵便局のネットワークが活用される。郵政省は郵便、貯金、保険、年金、電信、電話を統括する巨大現業官庁になった。

二〇世紀前半、郵政の従業員は二一万人。全就業人口の二パーセントを占め、郵政省はイギリス最大の雇用者となった。民間では、チャーチスト運動の高まりや労働組合法の成立などを受け、熟練労働者を中心とする労働組合が結成されていった。一方、官業の郵政事業では、最初、職種別に従業員団体が組織され、これらが統合され、一九一九年に郵政労働組合が結成された。国内労働界で有数の労働組合となっていく。この時期、二度の世界大戦では、郵政従業員も戦地に派遣され、戦地と内地とをむすぶ軍事郵便の確保に努めた。

郵便の機械化にも一章を割いた。機械化の背景には、戦後、従業員の確保が労働事情や財政面で困難になってきた事情があった。そのため、差し出された郵便物を自動的に選別し切手を消印し、さらに区分作業を機械に担わせるための研究開発が進められた。大型集中処理局が建設され、開発された装置が導入されていく。近年、イングランド中部にサッカー場一〇面の広さの敷地に、小包処理のためのスーパーハブ基地が建設され、一連の作業が機械化されている。

第二次大戦終了後、巨大現業官庁の経営形態が議論の俎上にあがる。国家歳入に組み込まれていた郵政会計が単独自主会計に、一九六九年に郵政省が郵政公社となる。一二年後にはテレコミュニケーション部門が分離され二つの公社となった。その後もつづく。二〇〇一年に郵便事業が政府持株会社の下で運営され、一二年後、郵便局会社が切り離され、本体のロイヤル・メールがロンドンの証券市場に上場される。三年後には政府持株も売却された。近年、社名が「国際物流サービス会社」と改称され、純然たる民間会社になる。他方、郵便局会社は政府の公共部門として位置づけられ、政府の支援を受けながら、郵便の全国ネットワークの維持をはじめ、国地方の行政サービスの窓口として機能し、特に地方の人たちに欠かせない存在となっている。

第Ⅲ部では、郵便輸送の歩みを陸路・海路・空路の順にみていく。徒歩《かち》飛脚という言葉がある。陸路では、はじめ人間が歩いて手紙をはこんでいた。道路が整備されてくると、馬車交通が発達し、その馬車を利用して郵便馬車を走らせることを提案したのがジョン・パーマーであった。一八三〇年代になると、イギリスの主だった街道に郵便馬車が走る。旅人も乗せ、当時最速の交通機関となった。しかし、鉄道が開通すると、郵便専用車を連結して郵便物をはこぶ。車内で区分作業をおこなっていたことから、「旅をする郵便局《トラベリング・ポスト・オフィス》」と呼ばれた。二〇〇四年に鉄道郵便が廃止されたが、近年、自動車便と連携し、小包を輸送する鉄道便が復活している。

イギリスは島国であり、かつて外国との交通手段は「船」だけであった。海路では、帆船の郵便船がはじめ活躍し、ドーヴァーと対岸カレーとをむすぶ航路が最古参となろう。一六二〇年には三本マストの帆船メイフラワー号がプリマスから新大陸アメリカに入植者をはこんだ。一七世紀後半から一六〇年間、イングランド南西部のファルマスの港がイベリア半島や西インド諸島に向かう郵便船の基地になる。

一九世紀、蒸気船の時代が到来する。一八三八年にはシリウス号が蒸気の力だけで大西洋横断に成功する。イギリスの外国航路は、植民地であったインド、オーストラリア、ニュージーランドに延伸され、極東にも到達する。この時代になると、郵政省は大手海運会社と郵便輸送契約を締結する。大略、大西洋航路はキュナード汽船に、英豪航路や極東航路はP&Oに託される。政府の支払う巨額の契約金が批判されたが、それは大英帝国の生命線を維持するためのコスト、海運産業の育成支援と考えられた。

二〇世紀、陸路・海路に加えて空路が加わった。第一次大戦終了後、フランスやドイツはいち早く民間航空を立ち上げて航空郵便のサービスを開始したが、イギリスは後塵を拝した。一九二四年、同国は脆弱な民間航空会社四社を合併させ「帝国航空」を設立し、補助金を投入して航空産業を育成していくことになる。郵便物の航空輸送契約の締結は、海運施策と同様に、政府支援の大きな柱となった。

航空機の揺籃期、長距離飛行ルートの開発に懸賞飛行の果たした役割は大きい。多くの勇敢なパイロットが挑戦したが、一九一九年、大西洋無着陸横断飛行に挑戦した二人の飛行家は三〇〇〇キロを一六時間で飛行し、大きな賞金を獲得する。飛行機には一九七通の手紙が搭載されていた。この記録は、リンドバーグによる横断飛行の成功よりも八年も前に達成されている。その後、航空機の性能、大型化などが進み、郵便物の航空搭載はごく普通のことになっていった。

以上が本書の概要である。要点を絞れば、郵便の仕事は手紙をはこぶことが本務であるけれども、歴史的にみれば、為政者の情報送受の道具であったし、時に諜報機関の任務を担った。また、王室費や戦費を調達する徴税機関ともなった。もちろん、一般国民にも郵便サービスが公開され、人と人とをむすぶ役割を果たしてきた。また、運営形態の変化をみれば、中世には宮廷に付置された宮廷のための通信機関であったが、その後、一般公開された後は国営郵便として国の機関として長らく維持されてきたが、いつの時代でも国は民間郵便の台頭に悩まされてきた。しかし、ここ半世紀余りのあいだに、郵便局のネットワーク維持を除き、国営から公社運営を経て民営化された。郵便も自由化される。更に、郵便輸送の面でみれば、いつの時代でも、郵便は最速の交通機関に託されてきた。二〇〇〇年余のイギリス郵便の歴史を探求してきたが、私にとって、意外な史実を見いだすことができた、おもしろい研究テーマであった。

最後に、本書刊行に際し、法政大学出版局の郷間雅俊氏にはたいへんお世話になった。また、秋田公士氏には編集の労をとって下さり、このような素晴らしい本に仕上げてくれた。記して、お二方に心から感謝する。

著　者

目次

第20章　航空郵便——415

第Ⅰ部

近世までの郵便の歩み

――権力者の道具から市民の郵便へ

第1章　プロローグ

手紙などを宛先に届ける「郵便」のサービスは今でこそ誰もが利用できるようになっているが、そのようなサービスがイギリスで一般の人々に公開されたのは一七世紀になってからのことである。それ以前、手紙のやりとりができた者はほんの一握りの為政者たちであった。第1章では、まず郵便の源流を辿り、郵便がなかった時代、手紙のやりとりがどのようにおこなわれていたのか、ローマン・ブリテン、アングロ・サクソン、ノルマン朝の各時代の例をみていこう。イギリス郵便史のプロローグである。

1　ローマン・ブリテンの時代

古代ブリテン島にはストーンヘンジなどに代表される巨石文化があったし、前五世紀頃から島に移動してきたケルト人は鉄器文化をもたらした。しかし、彼らは文字を使っていなかったから、文字による通信はみられない。ブリテン島で本格的に文字が使われはじめたのは、島がローマの属領《プロヴィンチア》になった一世紀に入ってからである。正確に述べれば、前五五年と五四年の二度にわたり、ガリアで闘っていたカエサルがブリテン島へ一時侵攻してきたのがその発端であった。それから八八年後の四三年、クラウディウス帝がブリテン島に遠征しブリトン人の部族連合を破り、島の南東部一帯をローマ帝国の属領とした。その後、ローマ軍は圧倒的な軍事力によって、北部、西部、南西部なども平定し着実に領土を拡げていった。属領であった三五〇年間、ローマからみれば海のかなたのブリテン島になるが、そこにもローマの文明・文化が開花した。いわゆるローマン・ブリテンの時代だ。

カエサルの手紙　カエサルがブリテン島で認《したた》めた手紙がロ

ーマにいるキケロの許《もと》に二八日で届いた――。この話はウィリアム・ルーウィンスの著作をはじめ、イギリス郵便史の冒頭によくでてくる。ドーヴァー海峡をわたり、ガリアの荒野をひた走り、難所のアルプスを越える困難な旅の結果であった。当時としては驚くべき速さであったにちがいない。しかし、この話は属領になる前のことであり、この時代、そもそもブリテン島には文書送達の仕組み、つまり駅逓そのものが存在していなかった。組織だった駅逓がみられるようになったのはローマ軍によって島が平定された後である。古代ペルシャでも、古代エジプトでも、国を治めるために領土のすみずみまで張り巡らされた道路とそのネットワークを駆使した駅逓が機能していた。それは王命を伝え、地方の治安情報を吸いあげる役割を果たし、国家の統治に欠かせない権力者の道具となる。古代ローマ帝国、その属領となったブリテン島でも同じであった。

　平定後のブリテン島には、三、四個の軍団《レギオ》が常時配置されて、皇帝から任命された属州総督《フロコンスル》が島を治めていく。総督の任務に、道路建設とメンテナンス、そして駅逓の円滑な運営監督がある。ローマ人はイタリア半島はもちろんのこと、帝国全域に軍用道路を数世紀にわたり建設してきた。ローマの道である。道路建設の担い手は軍団の兵隊たちであった。道路の総延長は、二世紀帝国最盛期には地中海を囲むように二九万キロにも達した。重要な道路は舗装されていて、馬車が対面通行できる古代の高規格道路であった。地図1に示すように、ブリテン島でも一世紀から二世紀にかけてローマの道の建設が進む。主要街道はウォトリング街道など四本。全長一万一九〇〇キロにもなった。これら街道は属州の中心都市となっていたロンディニウム（ロンドン）から放射状に延び、軍団駐屯地や地方都市とをむすんでいた。

　クルスス・プブリクス　ローマの駅逓を創始したのは神君アウグストゥス帝である。きっかけは、皇帝がアケメネス朝のペルシャで展開されていた機能的な駅逓の仕組みを、皇帝即位前、エジプトに遠征していたときに目《ま》のあたりにしたからかもしれない。その駅逓について、インドロ・モンタネッリの『ローマの歴史』（藤原道郎訳）にも説明があるが、より具体的には、二世紀の歴史家スエトニウスが『ローマ皇帝伝』（國原吉之助訳）のなかで「あらゆる属州内で起きたできごととその情報をより早く、かつ、秘密裏に入手するために、帝は適当な距離ごとに、はじめは青年を、後には馬車を配して、これにより、ただちに情報を伝えさせた」と記している。駅逓はラテン語で「クルスス・プブリクス」。クルススとは「道」とか「旅行」を、プブリクスは「公共」を意味する。直訳すれば、公共の道とか公共の旅となるが、今様に表現すれば、公共交通機関とでもなろうか。文字どおりならば、すべての人々に開かれた制度でなければならないはずである。しかし、実際のところは、この制度がもっぱら皇帝と側近たちの旅行と情報伝達のために使われて、その利用には特別の許可が必要であった。だから公用通行だけの制度《システム》といえよう。

フィリップ・ビールが近世に至るまでのイングランドの郵便史をまとめている。同書の最初にローマの駅逓の仕組みが説明されているが、それによると、ローマン・ブリテンにつくられたローマの道が駅路となる。駅路の上に使者が一日に移動できる三〇キロから五〇キロの間隔で宿駅（宿場）が設けられた。軍団の駐屯地、自治市、植民市が宿駅となり、宿駅には「マンショネス」と呼ばれる駅亭が建設された。場所によって規模が大きく異なるが、簡素な宿泊施設と数頭の替馬だけがいる駅亭もあれば、一兵団が泊まることができる広い場所と娯楽施設や馬車を完備している駅亭もあった。

次に、駅亭と駅亭のあいだには歩いて一時間ほどの距離ごとに「ムタティオネス」と呼ばれる小駅舎が設けられた。そこには少なくとも休息所と厩舎があり、数頭の替馬が飼われていた。現代の道の駅に似ている。皇帝の大切な命令書を携

地図１　ブリテン島の主要街道（２世紀）

ウォトリング街道＝ドゥブリス（ドーヴァー）―ロンディニウム（ロンドン）―デウァ（チェスター）
アーミン街道＝ロンディニウム―リンドゥウム（リンカン）―エボラクム（ヨーク）
フォス街道＝リンドゥウム―イスカ・ドゥムノニオールム（エクセター）
アントニー街道＝ロンディニウム―ドゥルノバリア（ドーチェスター）―イスカ・ドゥムノニオールム
出典：I. A. Richmond, *Roman Britain*, p.19, ピーター・サルウェー（南川高志訳）『古代のイギリス』160 ページ，南川高志『海のかなたのローマ帝国』xi ページ所収の地図などを参照して作成.

えた騎馬伝令官が小駅舎に到着すると、わずかな時間も無駄にしないで元気な駿馬に乗り換えて、次の駅亭や小駅舎に向けて飛びだしていった。一方、歩いて旅をした人たちは、一日六ヵ所から八ヵ所の小駅舎で休みをとりながら、次の宿場に向かっていった。毎日、そのような光景がブリテン島の駅亭や小駅舎で繰り返されていた。後年、兵員や重量物をはこぶ「クルスス・クラブラリス」という貨物輸送隊も編成されている。

ローマン・ブリテン時代、八〇を超すローマ風の都市が建設された。そこには広場《フォーラム》、円形競技場《コロッセウム》、公会堂《バシリカ》、浴場などの公共施設、町を囲む防壁も造られた。今日でもこれらローマの遺跡をロンドンをはじめいくつかの地方都市でみることができる。イギリスには、ウィンチェスター、マンチェスター、ランカスターなど、チェスターとかカスターなどの語尾をもつ都市が多い。語尾はラテン語のカストゥルムに由来する。すなわち軍団駐屯地の意味で、それらの都市は軍団駐屯地に起源を有している。

人口はピーク時には五〇〇万前後、一六世紀ヘンリー八世の時代の二倍になるという推計もある。ブリテン島はローマからみれば、北辺の土地ではあったが、都市には貨幣経済が定着していた。他方、大規模な農業経営も発達し穀物を生産していた。また、鉱山からは鉛も採掘されていた。ロンディニウムを本拠とする商人たちは穀物や鉛などブリテン島の産物を大陸に送りだし、大陸からはワイン、オリーブ油などの地中海産品を買いつけてきた。多くの産物がイギリス海峡をまたいで行き交い旺盛な経済活動がおこなわれ、それに付随する大量の商業通信も発生していたにちがいない。公用の駅逓がまれに商人に利用されたことがあったかもしれないが、多くの場合、おそらく商人がみずから書簡を携帯し、あるいは使用人に手紙を託し宛先に届けたことであろう。民間人のための通信システムがあったのか、仮にあったとすれば、どのような仕組みだったのであろうか、その点の解明が今後の課題である。

ウィンドランダ文書　二世紀前半、皇帝ハドリアヌスが北部辺境地帯の守りを固めるために、ローマ軍の最前線に塁壁を築いて、カレドニアに住むピクト人の襲撃に備えた。ハドリアヌスの長城である。東のセゲドゥヌムから西のマイアまでの一一七キロの長い塁壁だ。そのほぼ中間地点の南側にウィンドランダの要塞があった。ガリア第四大隊の駐屯地となっていた。一九七三年、この地から一枚の木板文書が発見されて、大きな話題になった。これまでに二〇〇〇点が発掘されている。日本の木簡にも似ているが、南川高志の『海のかなたのローマ帝国』によれば、木板文書は大半がはがき大の大きさで、厚さは一ミリから三ミリ程度。そのような木片の上に、灰とゴム糊のようなものを溶かしてつくったインクで文章を書いた。木片の材質は樺《かば》ないし榛《はん》の木、まれに樫《かし》の木もある。

木板文書の内容をみると、ローマ軍に関係しているものが大半を占めている。例えば、トゥングウリ大隊の現有戦力を報告する文書には「総数七五二名、うち二九七名（百人隊長一名を含む）が陣営に駐屯し、三三七名（百人隊長二名を含む）がウィンドランダ近郊のコリア要塞に派遣、四六名は軍団司令官の護衛兵、百人隊長一名がロンディニウムに、その他七一名が五ヵ所にいる」ことが記されていた。また文書には、陣営にいる兵士のうち一五名が病人、六名が負傷者、一〇名が眼病患者であったことも報告されている。また、ウェレクンドゥスという隊長が奴隷に宛てた手紙には「つぶした豆二モディウス、ニワトリ二〇羽、リンゴ一〇〇個、いいのが見つかればだが。それに卵一〇〇個ないし二〇〇個、適当な価格で売っていれば、……」と買い物の指示が書かれていた。兵員の食糧になるものであろうが、軍隊のなかでは、さまざまなことが文書でやりとりされていた様子がわかる。しかし、ウィンドランダの文書には、次のようなきわめて私的な書簡も発見されている。

クラウディア・セウェラより親愛なるレピディナ様へ。
謹啓。来る九月一一日に、私の姉様。私の誕生日のお祝いに貴女様が来てくださり、また貴女様が来てくださることで私の誕生日がより楽しいものになるよう、ここに御招待申しあげる次第です。御主人ケリアリス様にもどうかよろしくお伝えください。私の（夫）アエリウスと私たちの幼い息子も、御主人様に御挨拶を申しあげます。親愛なる私の姉様。貴女様がお健やかでいらっしゃるように、心からお祈り申しあげます。スルピキア・レピディナ様、フラウィウス・ケリアリス様の御夫人へ。
セウェラより。

（南川高志訳）

手紙の大きさは二二三×九六ミリ、誕生日の宴への招待状である。差出人のクラウディア・セウェラは隊長のアエリウス・ブロックスの妻。受取人のスルピキア・レピディナも別の隊の隊長のフラウィウス・ケリアリスの妻である。当時の軍事制度では隊長は家族と一緒に生活することが許されていた。手紙から、ブリテン島の辺境の地にあっても、隊長仲間の家族同士がローマと変わらない、否、現在とあまり変わらない暮らしをしていたことがわかる。おそらく手紙は使用人に託されてはこばれたことであろう。逓送の経路や日数などを研究する郵便史の観点からすると、ウィンドランダの木板文書から得られる郵便史的データはほとんどないが、当時のローマ軍、そして人々の生活の有り様が具体的にわかる第一級の史料となっている。

四一〇年、ローマ軍はブリテン島から撤退する。駿馬に跨《また》がり大隊長の命令などをはこんだ、あの凛々《りり》しい青年将校の姿も駅路から消えていった。折しもゲルマン民族の大移動が起こり、この北の島にも、アングロ・サクソン人が侵入してきた。

なお、ウィンドランダの木板文書に関する文献には、K・アラン・ボーマンの詳細な学術調査報告書や、キャサリン・J・ホーの一般向けの平易な案内書がある。

2　アングロ・サクソン人の時代

ローマ人の撤退により、ブリトン人の時代が到来したかにみえたが、五世紀にはゲルマン民族の大移動の大波がブリテン島にも押し寄せて、アングロ・サクソンの部族が侵入してきた。彼らはブリトン人との壮絶な闘いに挑みながら、六世紀末にはウェールズを除き、イングランドの大方の地方を制圧した。

教会社会　詳しいイギリスの教会史については小嶋潤の著作などに譲るが、八二九年、一人の王が国家統一を目指し成功する。アングロ・サクソン王国の誕生だ。王国はローマ・カトリックの世界にも組み入れられ、カンタベリーには大きな教会堂が建立され、イングランド南部に一二の司教区が設けられた。これと対峙する形で、アイルランド系キリスト教がイングランド北部のヨークに本拠を置いた。キリスト教社会の成立である。教会の活動が広がると、教会相互間の情報伝達の必要性が高まっていく。例えば、ローマ教皇からの指令は、大司教―司教―牧師へと垂直的に伝達された。上意下達の世界である。逆に、教区の情報は牧師―司教―大司教―教皇へと、上へ上へと報告された。この時代、指令や報告などの書簡がまだそれほどの量にならなかったので、組織だって文書や書簡を送受する専門部署が教会のなかに見当たらない。おそらく書簡は教会の一線で奉仕する僧侶たちによってはこばれたにちがいない。後に「僧院飛脚」と呼ばれるようになり、大学飛脚や都市飛脚とともに、それぞれの集合体の重要な通信組織となっていく。

羊皮紙の手紙　前出のビールの本によれば、この時代、書字材料の代表格は羊皮紙《パーチメント》であった。子羊の柔らかな皮を鞣《なめ》したもので、彩色などを施すこともできる。大英図書館には、ロンドンの司教から大司教に書かれた一通の羊皮紙の手紙が所蔵されている。七〇四年か七〇五年に書かれたものと推定され、寸法は横三六三ミリ・縦一四五ミリ、ちょうど子羊一頭分の大きさの用紙が使われていた。用紙には罫線が引かれていて、ラテン語の文字で記されている。書き終えた羊皮紙は、縦に二回、横に二回折り畳まれて、裏面中央に宛先が記された。それから羊皮紙の余りで作られた紐でしっかりむすばれる。このような形が中世初期の手紙の様式であった。

手紙には何が書かれていたのであろうか。ロンドン司教の手紙には布教活動や教区の情勢が報告されていた。一方、地方の教会建設の現場からは、腕のいいガラス職人を大陸（現フランス）から雇い入れるための手紙がだされていたし、家具や式服を大陸に発注する手紙もだされている。また、ヨーク派の神学者アルクインは、フランク王国のカール大帝と書簡を交換している。それは単なる消息などを伝える手紙ではなく、国を形造る理念などが論じられたものであった。一通の手紙が国を動かした時代である。手紙が唯一の遠隔地との通信手段であったことを考えると、手紙の重要さは今とは比較にならないほど重みがあったといえよう。また、それを携えて目的地に届けた使者の役割も大きかった。

3　ノルマン朝の時代

九世紀に入ると、北方からヴァイキング（デーン人）が来襲して、イングランドの東北部を占拠した。一〇六六年、王位の継承を巡《めぐ》り、ノルマンディー公ギョームがイングランドに上陸し、王位継承候補者のハロルドの歩兵隊をヘイスティングス近郊のセンラックの丘で破り、ウィリアム一世として戴冠する。ここにノルマン朝（一〇六六―一一五四）がイングランドに開かれ、フランス系民族が支配階級の核となり、以後、イングランドの地に中央集権的な封建制社会が築かれていくのである。

サクソン王国の存在もあるが、イギリス王室の開祖は、ウィリアム一世とするのが通例である。封建制の社会では、与えられた土地の代償《みかえり》として、国王の要請により、臣下が軍役奉仕などをおこなう主従関係が社会の基盤となる。国王から土地を直接与えられた者は直接受封者《テナント・イン・チーフ》と、なかでも有力な者はバロン諸侯と呼ばれた。この時代の遠距離通信はもっぱら書簡のやりとりであったが、大野真弓編『イギリス史』によれば、書簡を宛先に届ける仕事（書簡送達）は軍役と並んで臣下の奉仕の一つとなっていた。例えば、レスタシャーの受封者は年四〇日間、君主の書簡を全国各地にはこぶ義務を負っていたし、一方、ウィルトシャーの受封者は、年間を通じて領内で書簡を配達する義務が課せられていた。わが国でも、戦国時代には、家臣の任務に書状送達がやはり含まれていた。

使者の体制と処遇　一一五四年、ノルマンディーからピレネー山脈に至る地域を支配していたアンジュー伯アンリがイングランド国王として即位し、ヘンリー二世となる。プランタジネット朝（一一五四―一三九九）のはじまりである。王朝の名前はアンジュー家の紋章であるプランタ・ジェニス

1360年に編纂された使者への賃金支払簿に描かれた王の使者．騎馬使者は肩マントに羽で飾られた帽子をかぶり腰に王の紋章が入った記章をつけている。左は供の歩行使者。

（えにしだ）に由来するものであった。イングランドはアンジュー帝国の一部となる。もっとも、王は帝国を一体のものとして統治する意志や余裕もなかったから、地域の慣行や伝統を尊重し、秩序を維持しようとした。イングランドに滞在した期間も短い。

一三世紀に入ると、アンジュー家は帝国の中枢部たる北西部フランスを失い、同家の支配層はイングランドに閉じこもらざるを得なかった。彼らは土地のアングロ・サクソン族と融合しフランス本国に対峙して、フランスとの百年戦争（一三三九―一四五三）に進んでいく。最終的には、ジャンヌ・ダルクの活躍などにより、イギリス勢力がフランスから撃退される。撤退で、イングランドが、否、イギリスが属領から島国の独立国家として発展していく転換点となった。国内的には、統治機構の整備や地代の金納化が進み、書簡送達のような労働奉仕も次第に消え、国王や宮廷の書簡を専門にはこぶ「王の使者《キングス・メッセンジャー》」と呼ばれる宮廷官吏が登場してくる。彼らは「ロイヤル・メッセンジャー」とも呼ばれた。

メアリー・C・ヒルの王の使者に関する研究文献は、この分野の先駆的な研究として高く評価されている。同書によれば、プランタジネット朝のはじめに誕生した王の使者は国王のサーヴァント的な身分から出発。組織が整うと、馬に騎乗する「騎馬使者《ノンシイ・レギス》」と歩いて書簡などをはこぶ「歩行使者《コキニ》」の二つの役職に分かれる。騎馬使者は、歩行使者よりも上級のランクで、弁護士や吟遊詩人などの次に位置づけられ、なかには勅任官の待遇を受けた者もいた。国王の官吏である。一方、歩行使者は、馬の世話係や荷馬車の整備係よりも、やや上の職種であった。歩行使者から騎馬使者に昇進する例も見られる。使者の所属は大法官庁《チャンセラー》や財務府《エクスチェッカー》に例外的に所属することもあったが、大半は納戸部《ワードローブ》に所属していた。納戸部は国王の衣装、金銀の出納などを管理する宮廷の重要部署。江戸幕府に将軍の身の回りの世話をする小納戸役という職制があったが、イギリス史にでてくる納戸部は王室の要をなす組織であった。

表1は一二〇九年から一三七七年までの使者数の推移をまとめたものである。それによると、一三世紀半ばまで騎馬使者だけであったが、その後、歩行使者がでてくる。その人員はおおよそ騎馬使者の二倍にまで増加する。最低は一二二二～二三年の騎馬使者九人。最高は一三三四～三六年の歩行使者六〇人・騎馬使者一一人の計七一人。後者はフランスとの百年戦争がはじまろうとしていた時期に当たる。緊迫したなかで、使者が各地に派遣されていたことがわかる。歳出面からも百年戦争の趨勢を読み取ることができる。ポワティエの戦いがあった一三五六年の、使者への給金などの支払額は、平時の二倍一三一ポンドに達したことが記録されている。

次に、使者個人に支払われた給金などについて。一四七二年の支出簿《パイプ・ロール》によれば、騎馬使者の給金は一日三ペンス、派遣時には一日六ペンスが支給された。別に、衣料代として年一三シリング四ペンス、靴代として四半期ごとに三シリング四ペンスが支給された。また、使者が病気にかかったときには、傷病手当として日当に等しい額が支給されて、手厚く看護された。死亡時には、葬儀費用がでたし、ケースによっては家族に一時金が支給された。退役後、使者には恩給が支給され

表1　王の使者（1209-1377年）

（人）

年代	納戸部		大法官庁／財務府		計
	騎馬使者	歩行使者	騎馬使者	歩行使者	
1209-10	15	0	0	0	15
1212-13	16	0	0	0	16
1220-21	11	0	0	0	11
1221-22	11	0	0	0	11
1222-23	9	0	0	0	9
1223-24	13	0	0	0	13
1236-37	18	0	0	0	18
1237-38	17	0	0	0	17
1252-53	4	15	0	0	19
1259-61	9	0	0	0	9
1264-65	18	19	0	0	37
1277-78	13	15	2	0	30
1284-86	10	27	0	0	37
1288-89	14	33	1	1	49
1289-91	13	27	2	2	44
1296-97	14	41	3	3	61
1299-00	14	29	2	0	45
1303-04	17	28	1	4	50
1307-08	6	30	0	1	37
1310-11	12	24	0	2	38
1315-16	9	16	0	7	32
1319-20	8	28	0	0	36
1323-24	10	30	0	3	43
1325-26	12	37	0	2	51
1330-32	10	22	0	10	42
1334-36	11	52	0	8	71
1340-42	21	46	0	3	70
1350-54	21	30	0	1	52
1359-61	19	17	0	0	36
1361-62	14	13	0	0	27
1365-67	8	15	0	0	23
1368-70	7	18	0	0	25
1375-77	7	14	0	2	23

出典：Mary C. Hill, *The King's Messengers*, appendix i.

たが、一三五五年の実績では一日四ペンス半。国王に忠誠を尽くし特に成績優秀な使者には、追加の報償金や未亡人にも今様にいえば遺族年金が支給されるケースもあった。

このように、退役後も死後も、使者に相応の保護がなされていた。言い換えれば、生活の保障があったからこそ憂いなく、臣下が忠誠を誓い、全力で責務を果たすことができたのである。それは、国王にとって信頼できる通信手段を維持するためのコストでもあった。

使者の仕事　前出のビールの文献にでているのだが、一二世紀前半の王の使者がはこんだ書簡の通数は、年間四五〇〇通と推計されている。その後、どの程度書簡が増えたのか不明だが、封緘用の蠟《ろう》の使用量の記録がある。一三世紀ヘンリー三世の時代、当初週重さ三ポンド半の消費であったが、後半には一〇倍強の三二ポンドまで増加している。このことから国書の発出が急増したことがうかがえる。また、こんな一地方の数字もある。一三三三年六月から一八ヵ月間、ベドフォードなど二つの郡において王の使者から受け取った命令書の総数は二〇〇〇通であった。この他にも、大量の書簡のやりとりがあったにちがいないが、その分は記録されていない。各地方では命令書を受け取った州長官《シェリフ》が写《うつし》を作成し、執行吏を使って、管内の治安判事に写を届けた。写作成のために、地方にも書写生を抱え、ミニ官房組織があった。命令書が届いた町や村の辻では、代官らが威儀を正し恭しく命令を大きな声で読みあげ、住民に伝えたものだった。このような光景がよくみられたが、それは民衆に対する代表的な中世の情報伝達の方法でもあった。

社会が安全に保たれている現在でも現金輸送となるとそれなりの警備が必要である。道中で盗賊に襲われることがしばしば起きた中世の時代では、現金輸送は大仕事となった。大仕事の総指揮を執ったのが、忠誠を誓った王の使者たちである。一例だが、一三〇七年、ロバート・マンフィールドという使者は、四〇〇〇ポンド相当のペニー銀貨九六万枚を、ロンドンからスコットランド国境近くのカーライルまで運搬する銀貨輸送の監督に任じられた。マンフィールドは、まず銀貨を五頭だての荷馬車四台に積み込み、武装した護衛を一日一シリングで一二人、弓の射手を一日三ペンスで一六人雇って万全の警備体制を敷き、ロンドンを出発する。一一日かけて無事カーライルに到着した。輸送経費は合計で二九ポンド。銀貨は一三三〇ポンドをスコットランドに駐留する軍の資金に、残りは王室の財宝として大金庫に納められた、と伝えられている。

王の使者は外国にも派遣された。一五世紀の記録では、アビシニア皇帝、ヴェネツィア総督、キプロス王、アルメニア王などの宮廷に派遣されている。他方、外国から派遣されてきた使者に対して報償がだされている。モンゴル軍が猛威を奮っていた一二四一年、ドイツ軍が敗れたニュースをイギリスの宮廷に届けた使者には、貴重な軍事情報を届けてくれた労苦に報いるために、一〇〇シリングもの褒美が贈られている。イギリスの使者も同様の待遇を派遣された国の宮廷で受けたことであろう。

使者の旅行記　メアリー・C・ヒルが、ロンドンからフランスのアヴィニョンに派遣された王の使者の旅行記録を記した古文書を解読して、論文にしている。それは使者の活動を詳しく知ることができる貴重な論文となっている。旅行の主人公は、騎馬使者のジャック・フォークスと徒歩使者でアーデンの森出身のロビンの二人。以下、その要約である。

百年戦争の最中、一三四三年七月二六日、一日目財務府から旅費の前渡金一〇ポンドを受け取り、ロンドンからドーヴァーに進む。二日目船を借りあげて対岸ヴィサンに船出、出国関税の一部が免除された。三日目ポアを経由してパリに入る。四日目馬車でロワール河沿いに進み、途上で泊。五日目セルシイ・ル・トゥールまで来る。六日目シャロン・シュール・ソーヌに投宿、久しぶりに満足な食事をとることができた。七日目リヨンに着く。八日目（八月二日）目的地アヴィニョンに到着した。

当時、教皇庁はアヴィニョンに置かれていた。その背景には、樺山紘一の『パリとアヴィニョン』によると、ローマの治安が悪化して、教皇庁がフランス国王の庇護を求めざるを得ない深刻な事態に陥っていた。その結果、一三〇九年から六八年間、アヴィニョンの教皇庁がキリスト教会の総本山となる。フォークスはイギリス国王の書簡を教皇庁に奉呈して、返書を待った。一方、ロビンは一足先に帰路につき、六日目にロンドンの宮廷に戻った。

滞在一〇日目（八月一二日）、フォークスは教皇庁から返書を受け取り帰国の途についたが、教皇庁の護衛が伴う旅となった。リヨン、サン・マルタン、パリ、アラスなどを経由して、二二日にヴィサンに入り、ドーヴァーに向けて出航した。翌二三日、ロンドンまで一気に馬を走らせる。翌朝、国王に拝謁し、教皇庁からの返書を奉呈する。国王からは労《ねぎら》いの言葉を賜る。ほぼ一ヵ月間の旅である。旅費総額は一三ポンド一四シリング一〇ペンスであった。旅行記からわかることは、当時の旅の速度と経費、返書の受取までに教皇庁のあるアヴィニョンで一〇日間滞在したこと、返書の内容は不明だが、帰路に護衛がついたことを考えると、返書は重要な内容が認められたものと推定できる。

近代の使者　王の使者の制度は、デイヴィッド・B・ホーンのイギリス外交を論じた本によれば、駅逓制度が確立するまで王室の書簡送達を担う唯一の通信機関として機能してい

王の使者の記章．グレーハウンド犬は忠誠と速さを表している．1801年．

た。駅逓が機能するようになると、駅逓によって王室の多くの公文書がはこばれるようになった。やがて駅逓は一般の人にも公開される郵便制度として発展していくが、重要な機密外交文書などの送達は引きつづき王の使者の任務《しごと》として存続する。その名残りがイギリス外務省の外交連絡アタッシェにみられる。彼らは特別な旅券をもって、国王の名において、機密文書を各国にはこんだ。二〇世紀前半、この仕事を拝命したジョージ・P・アントロバスというアタッシェが「一シルバー・グレーハウンドの想い出」と副題に記した自分史を刊行し、そのなかで、王の使者として誇りをもって精勤したことを語っている。

　イギリスだけではない。世界中で王の使者の仕事は形を変えながらも、二〇世紀に入っても、外交文書の運搬に引き継がれている。本国と在外公館との間、在外公館相互間での外交文書運搬は各国の外交連絡アタッシェの任務であった。彼らはウィーン条約で「外交伝書使《クーリエ》」と呼称されている。伝書使は外交旅券を保持し外交行囊であることが刻された特別のケースを携行して旅行している。また、外交行囊には各国の税関をフリーパスで通過できる外交特権がある。

第2章　草創期の駅逓

本章では、一五世紀以降、イギリスが国家統治に本格的に取り組むなかで、まず駅逓局長の職を設け国家が駅逓整備に乗りだし、悪路と闘いながら書簡をはこぶ駅逓事情について述べる。次に、中世の一般人の書簡交換、地域をむすぶ民間飛脚の台頭について紹介する。

1　駅逓局長の任命

百年戦争は終わったが、国内ではランカスター家とヨーク家とのあいだに王位を巡る争いが起きた。三〇年に及ぶ薔薇《ばら》戦争である。ランカスター家一族のリッチモンド伯ヘンリーがボズワースの戦いにおいてリチャード三世を破って、伯はヘンリー七世として国王に即位する。国王は戦争で没落した貴族を抑えて強力な王権を打ち立て、テューダー朝（一四八五―一六〇三）の開祖となる。一方で、この時期に大陸ではハプスブルクとヴァロワの二大王家が覇権をかけて激しく争っていた。イギリスは争いを注視しながら、国家の統合を進めていくことになるが、それは弱小二流国のイギリスにとって、たいへん困難な事業となった。

国内統合に当たっては、機能的な情報収集と伝達手段の確保が欠かせない。髙橋安光の『手紙の時代』によると、フランスでは一四七七年に王室御用便《メッサジェ・ルワイヨー》（駅逓）が創設されていたし、ハプスブルクでも一五一六年にタクシス一族との駅逓協定を大幅に改訂して、拡大した領土に駅路を張り巡らしていた。一方、イギリスの状況をみれば、国王の伝令官《ヘラルド》や紋章院の属官、修道士などが単発でほそぼそと書簡をはこんでいた。一四八一年、スコットランドと戦争に入ったときに一条の駅路がイングランドとスコットランドとのあいだに敷かれたこ

16

ブライアン・テューク
初代駅逓局長

とがあったが、いずれも単発で暫定的なものに終わっている。

駅逓の整備は国家統治のために急務となっていた。一五一六年、ヘンリー八世の懐刀トマス・ウルジがブライアン・テュークを初代「駅逓局長《マスター・オブ・ザ・ポスト》」に任命した。テュークは他の官職も担っていたから、駅逓局長は兼任となる。局長への任命時期には諸説があり、ダンカン・キャンベル＝スミスの大著の郵便史を読むと、一五一二年にはこの官職名が宮廷文書にでてくる。テュークが任命された理由は、カレーに二年間勤務し書記を務め、そこでヨーロッパ各国にネットワークをもつタクシスや外国商人の飛脚に接する機会が多かったからでもあろう。

駅逓局長の地位　駅逓局長は宮廷と政府のなかで、どのように位置づけられていたのであろうか。大野真弓がエリザベス一世時代（一五五八—一六〇三）の状況について論文を書いている。それによると、政府高官の最高位は、貴族出身の大法官・財務府長官・秘書長官の三人。その下《もと》にテクノクラート集団が配置され、駅逓局長をはじめ、軍費支払長官、請願長官、大使、州長官などがいた。駅逓局長の年俸は第九等一〇〇マルクすなわち六六ポンド一三シリング四ペンスである。テュークの年俸もこの額であった。これを、宮内卿（宮内大臣）の第五等の年俸一三三ポンド、第八等の財務官一〇〇ポンドなどとくらべると一番下になるが、運輸通信施策を所掌する枢要ポストであった。

駅逓局長のポストは、財務官が兼務したケースが多い。理由は、駅逓の運営経費が巨額になってきたからである。一五八二年の例になるが、駅逓経費が護衛経費に次いで二番目に大きな額を占めて、駅逓の管理が支出面を含めて総合的に睨《にら》みをきかす必要が生じてきた。表2に草創期の局長を整理したが、例えば、テュークの次のジョン・メイソンはフランス語秘書官、駐仏大使、請願長官などを経て、一五五八年に財務官に任じられ、駅逓局長も兼務した。ジョン・スタナップは北部地方院などの勤務を経て、一六〇一年に財務官に任じられ、駅逓局長も兼務している。

駅逓の業務　駅逓局長の任務は、イングランドの主だった街道に、おおむね二〇キロごとに宿駅《ポスト・タウン》（宿場）を配置して、駅馬と要員を確保し、駅逓（飛脚）を遅滞なく走らせることであった。そこで街道筋の有力な旅籠の主人を宿駅頭《ポストマスター》に任命し、駅馬の交換などの駅逓運営を委ねた。当時の書簡送達には二つの方法があった。第一の方法は、使者が馬に乗り一人で目的地まで通《スルー》しで手紙をはこぶ。使者が宿駅に着くと、一息ついて元気な馬に乗り替え、次の宿駅へまた向かった。到着が遅くなれば、そこで泊まる。もし緊急案件であれば、夜中も走ったことであろう。「スルー・ポスト」と呼ばれた。早馬による通し飛脚である。第二の方法は、前の宿駅から到着した書簡を引き継いで、待機《スタンバイ》していた騎馬要員がリレー方式で次の宿駅まではこぶ。「スタンディング・ポスト」と呼ばれた。継ぎ飛脚である。いずれの方法でも宿駅のポストボーイが道案内を兼ねて同道した。スルー・ポストで送達された文書は布告や令状など重要なものが多く、はこび手も紋章院属官など比較的高位の者が担った。

駅逓の整備は通信手段の確保、それに交通手段と宿泊施設の確保という、今様に言えば、交通・通信インフラの構築という意味があった。このように宿場機能を活用して、イングランド全土を有機的にむすぼうとしたのである。一六世紀半ばの数字になるが、宿場は、ポストボーイの案内賃として一人一回四シリング、駅馬借上賃は一マイル一ペニーを利用者から徴収して経費を賄った。また国の方は、一五一三年、エディンバラに向かう大北街道《グレート・ノース・ロード》のはこび手への給金と宿駅での駅馬借上賃などに五七八ポンド四シリング三ペンスを支払ったという記録が残っている。駅逓の維持費用は年々増加していった。

駅逓の整備　しかし、イングランドの駅逓の整備は遅々として進まなかった。イギリス郵便史の大家ハワード・ロビンソンは四冊の郵便史を書いているが、その最初の本に「テュ

表2 草創期の駅逓局長

在任期間	氏名
1516-1545	ブライアン・テューク
1545-1566	ジョン・メイソン
1567-1590	サー・トマス・ランドルフ
1590-1607	ジョン・スタナップ
1607-1635	チャールズ・スタナップ
1619-1632	マシュー・ドゥ・クエスタ（外国担当）
1637-1640	サー・ジョン・クック
1637-1640	サー・フランシス・ウィンドバンク
1632-1640	トマス・ウィザリングス（外国担当，国務卿付）
1640-1645	フィリップ・バルラマチ／ウォリック伯／サー・エドモンド・プリドウ／その他
1645-1653	エドモンド・プリドウ
1653-1655	ジョン・マンリー

出典：Duncan Campbell-Smith, *Masters of the Post,* facing p.714, Appendix B. などを参考にして作成した.
注：在任期間は，一部推定したところがある.

ークは、一五三三年、エセックス伯への返書のなかで、フランス並みの駅逓サービスを受けることができる街道は、ロンドン近郊にあるテムズ河口の町グレイヴゼンドとフランスへの出国港ドーヴァーとのあいだにしかない」と貧弱な道路事情を記している。当時、ドーヴァー街道《ドーヴァー・ロード》がロンドンと大陸の諸都市とをむすぶ唯一のルートであり、大陸への旅行者をはじめ外国飛脚の運営にとって欠かすことができない存在となっていた。

駅逓が未整備の地方に国王が行幸することになると、駅逓局長から、街道筋の市長らにお触れがだされた。例えば、イングランド南部のポーツマスに海軍の艦船が入港すると、停泊期間中、ロンドン—ポーツマス間一〇〇キロに仮設の駅路が敷かれた。また、一五三六年には、一揆がリンカンシャーで起きたが、その際にも臨時軍事通信用の駅逓敷設の命令書がでている。しかし命令では、一般の駅馬借上賃が一マイル二ペンス半に対し、借上賃が一マイル一ペニーしか支払われなかったため、宿駅の不満が噴出した。

一五四二年には、テュークは、ロンドンからリンカンを経由してスコットランドへの入口の町ベリックまでの駅逓整備を命じられる。五〇〇キロの大北街道の駅路敷設の大仕事となる。これを受け、街道沿いの宿駅頭に対して、宿駅には駅逓用の馬三頭、ポストボーイなどの人員、馬の鞍や書状を入れる革鞄《ポーチ》、警笛《ホルン》などを備えるようにお触れをだす。また、駅逓業務を管理記録するため、使用した駅馬の名称と使用年月日を記録する帳簿と継ぎ送った書簡や荷物を記録する帳簿を

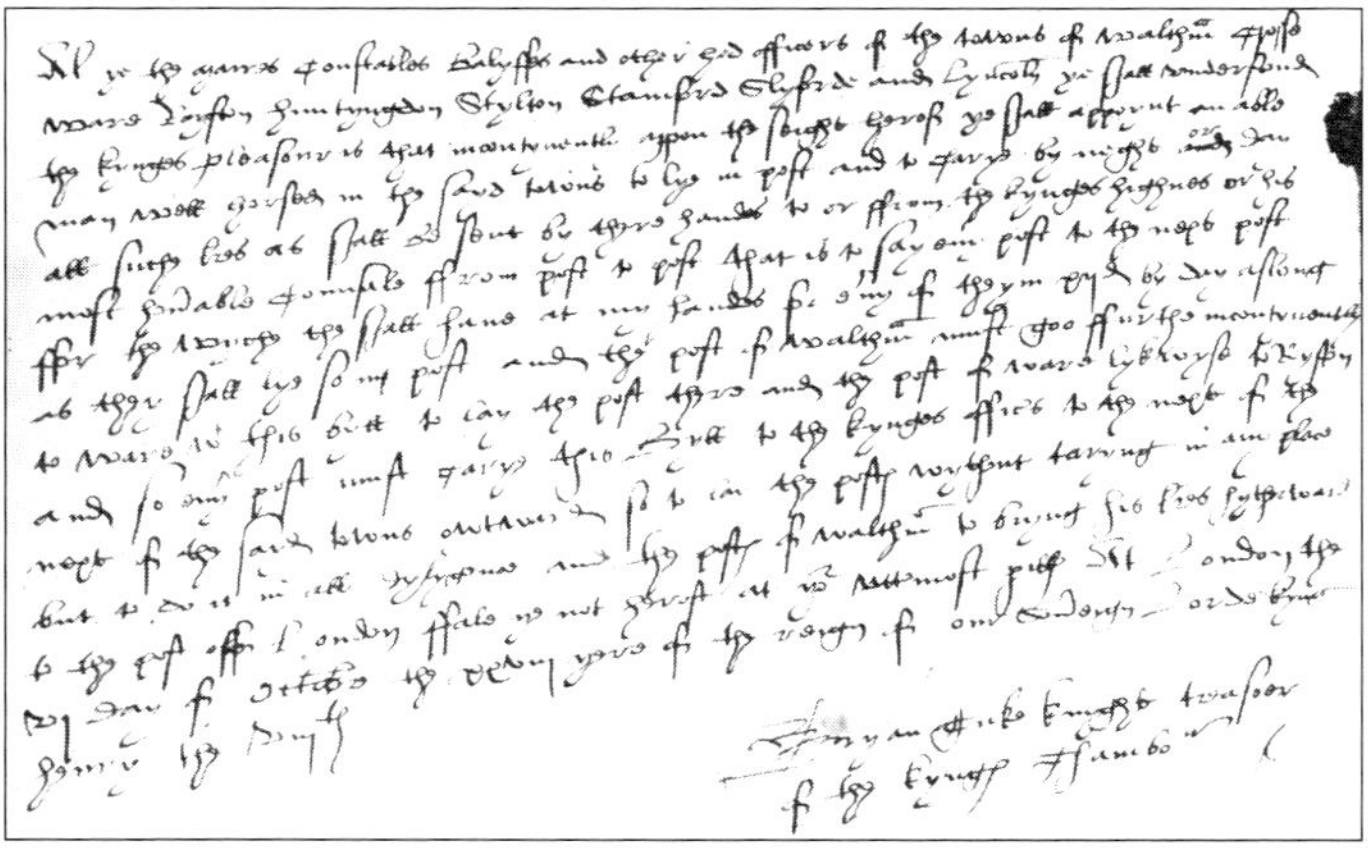

臨時軍事駅逓敷設の命令書．1536 年，一揆が起きたリンカンシャーに国王を派遣するため，駅逓局長テュークが，ロンドンからリンカンまでの街道筋の 8 市長に対して，駅逓用の馬を各宿駅（宿場）に用意するように命令した．

備えさせた。
テュークは、亡くなる一五四五年までの約三〇年間、駅逓局長の職を全うする。その間、自己の資金により駅逓の予算を毎年上積みし、不足気味の宿駅維持費などに支出したといわれ、その額は一四八五ポンドに上った。駅逓の路線拡大や財務改善は後の駅逓局長に託されることになったが、テュークは駅逓システムの骨格を最初に固めた人物として記憶されている。

2　近世道路事情と書簡速度

駅逓のルートは街道（道路）上に沿って敷設される。ここでは駅逓整備がはじまった時代の道路事情と、駅逓ではこばれた書簡送達のスピードがどれ程のものであったかについて述べることにしよう。

一六世紀の街道　角山《つのやま》榮も『産業革命と民衆』のなかで中世イギリスの道路の劣悪さを語っているが、事実、中世までの道路の大部分は、青銅器時代とあまり変わらない状態にあった。それは雨が降れば泥濘《ぬかるみ》と化し、風が吹けば土ぼこりを舞い上げた。道は狭く、大きな石がそこかしこに転がっていたので、人の通行にも、小さな荷車の通行さえもままならなかった。だから駅逓整備といわれても、まず悪路の改修からはじめなければならなかった。原因は道路の建設とメンテナンスが農民の片手間仕事だったからである。

この道路状況を改善するために、一五五五年に「街道修理法」が制定された。法律は、今野源八郎の『交通経済学』の説明によると、教区を通る公道の修理はそこに住む農民の責任とする、という、それまでの慣習法上の義務を明確にしたものであった。治安判事が監督官を任命し道路修理をおこなわせたが、実態は、農民が世間話に興じて、作業の方は一向にはかどらなかったらしい。そのため道路の改善は遅々として進まなかった。

それでもエリザベス朝に入ると、イングランドの主だった地域をむすぶ街道の骨格がみえてきた。当時、街道は全てロンドンが起点となっていた。地図2をみて欲しい。大北街道は、ロンドンから北上しハンティンドンやフェリーブリッジを通りニューカースルに入る。そこから二手に分かれ、更に北上しベリックまで行く主街道と、西に折れてカーライルに行く街道がある。最重要の街道だ。ドーヴァー街道《ドーヴァー・ロード》は、文字どおり、ロチェスターやカンタベリーなどを経由してドーヴァーに向かう街道。短いが大陸への連絡港に向かう重要な街道である。

西街道《ウェスト・ロード》は、ハウンスローの辻で分かれて南下し、プリマスなどの町を経由してファルマスに向かう街道。ファルマス

地図２　エリザベス朝の街道（16 世紀）

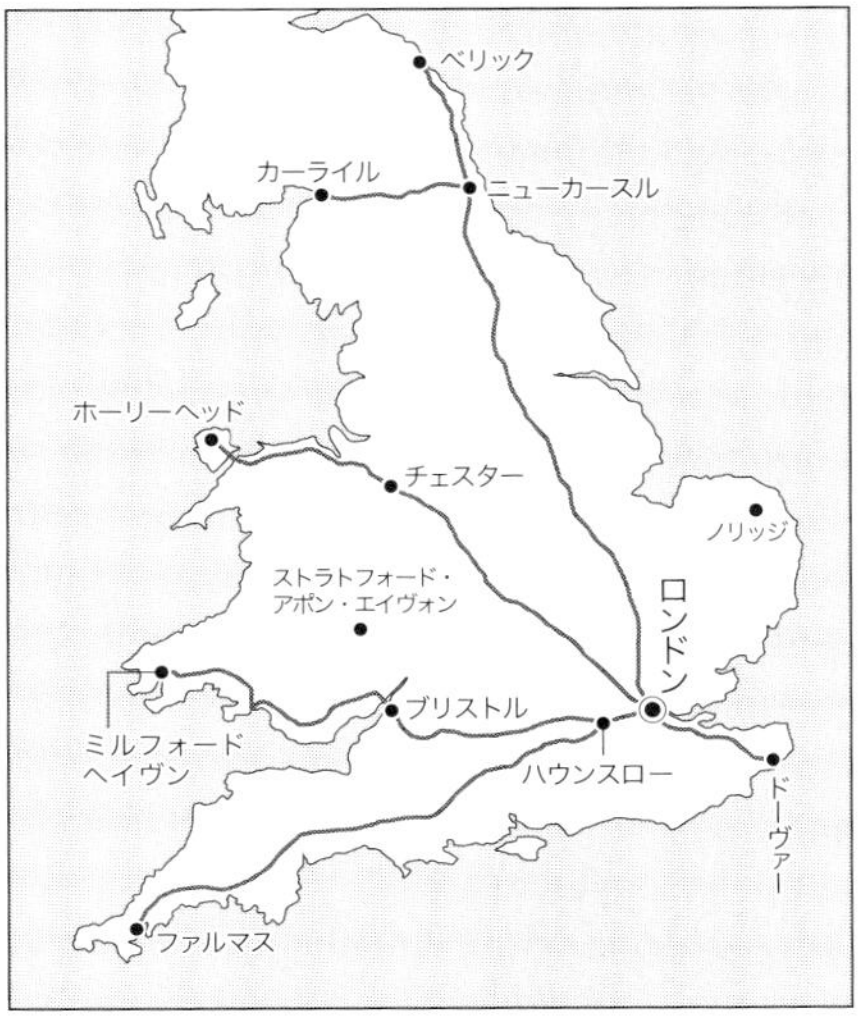

出典：Howard Robinson, *The British Post Office, A History* [*BPO Hist.*] facing p.16.

はスペインや新大陸への玄関港となる。アイルランドへ向かう街道は二本あった。一つはブリストル街道《ブリストル・ロード》。ハウンスローの辻から更に西に直進して、ブリストルを経由してアイルランドへの出国港ミルフォードヘイヴンに向かう街道。もう一つはチェスター街道《チェスター・ロード》。ロンドンから北西に向かいバーネットの村をでて、コヴェントリーやチェスターなどを経由して、アイルランドへの、もう一つの出国港ホーリーヘッドへ向かう街道である。

　これら大北街道、ドーヴァー街道、西街道、ブリストル街道、チェスター街道の五街道がイングランドの主要街道となり、その上に駅逓の仕組みが徐々に整備され、中世そして近世の時代に、それがイングランドの駅逓ネットワークになっていく。

手紙の速さ　エリザベスの治世に書かれた手紙の宛先面には〝絞首台〟の絵が描かれたものがある。その意味がわかる一説を、次のように、イギリスの伝記作家リットン・ストレイチーの『エリザベスとエセックス』（福田逸訳）のなかに見つけることができた。

　セシルはフランス行の船に乗った、その時ははなはだ不穏な報せがロンドンにもたらされた。五〇〇〇の兵士を載せた三八隻の快速船から成るスペイン艦隊が海峡を北上しつつあるという。エリザベスが最初に考えたのはセシルの身の上だった。彼女は急使を派遣し、出発を禁じた、が、セシルはすでに出帆していた、彼はスペインの敵艦隊の手を危うく免れ、無事ディエプに入港した。そこから彼は父に宛てて至急便を送り、敵艦隊の装備を詳しく報告した、封筒には「命がけ、命がけ、まさに命がけ」という言葉とともに絞首台の絵が描かれていたが、これは使者に対する警告で、道中無駄に道草を喰ったりすればどうなるのかを暗示したものであった。

　この一節から、エリザベスの忠臣であったウィリアム・セシルが、フランスのディエプの港から、スペイン無敵艦隊の来襲を父に急報する至急便を仕立てたことがわかる。一五五八年の国家存亡にかかわる「国難来たる」の報せである。使者に対して、まさに、命がけで一刻も早く書簡を宛先に届けるように厳命したことが読み取れる。

一例だが、エリザベス治世の特別公用書簡の宛先の図版を示しておこう。裏面には「夜一二時ダートフォード」と到着地と時刻も記されていた。ロンドンのグリニッチ宮からケント州ダートフォードまで二二、三キロの距離を三時間で着いたことになる。駅逓の騎手が駿馬に乗って夜の街道をひた走り、手紙を奉行に届けたことであろう。

何故、急ぎの手紙に不気味な絞首台の絵が記されていたのであろうか——。一六世紀、至急便の表示がない手紙は無視され、いつ目的地に着くかわからない状況がつづいていた。一五五九年、サー・レイフ・サドラーが例え緊急案件でなく

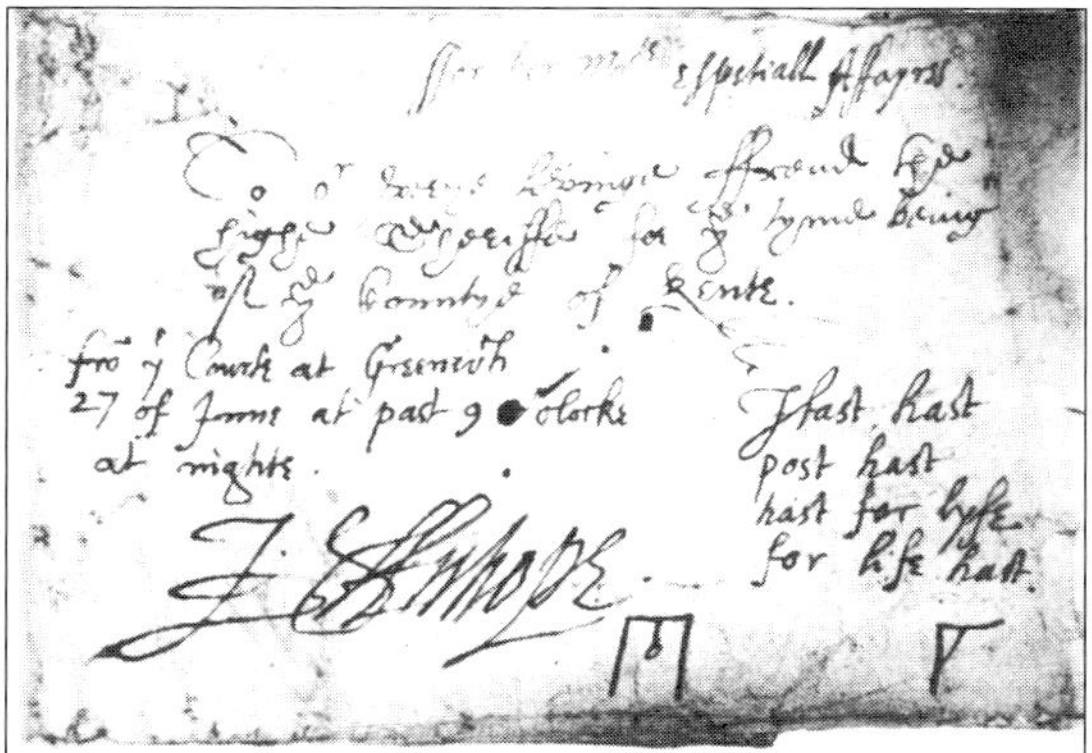

FOR HER MAJESTY'S SPECIAL AFFAIRS.

TO OUR VERY LOVING FRIEND THE
HIGH SHERIFF FOR THE TIME BEING
OF THE COUNTY OF KENT.

FROM THE COURT AT GREENWICH
27 OF JUNE AT PAST 9 O'CLOCK
AT NIGHT.

J STANHOPE

HAST HAST
POST HAST
HAST FOR LYFE
FOR LIFE HAST

エリザベス朝の特別公用書簡の宛先記載例．上段に「女王陛下特別御用」と記されている．次に「親愛なる友人，現ケント州上席奉行」と宛先が記載され，更にその下に「6月27日夜9時グリニッチから」と発出地と日時が，その下に「J・スタナップ」と当時の駅逓局長ジョン・スタナップの大きな署名がみえる．その右に「急げ，急げ，至急駅逓，命の限り急げ」と至急便であることが表示され，一番下には，正面からと側面からみた二つの絞首台が描かれている．

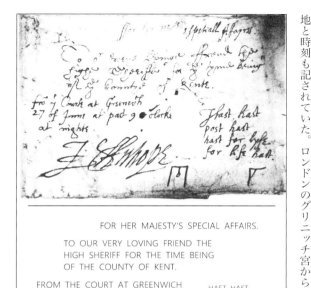

ても、すべての公用書簡に至急便の表示をつけるように命じている。しかし一つ問題があった。文字が読める騎手やポストボーイがほとんどいなかったから、彼らは宮廷官吏から出発前に書簡の届け先を口頭でしっかりと伝えられ、急いではこぶように厳命された。加えて絞首台の絵によって、手紙が重要かつ緊急であることを示し、命の限り急いで目的地まで手紙を届けなければならないことを、騎手やポストボーイに理解させたのである。

宿駅への対価不払　国の駅逓運営は宿駅が提供するサービスによりおこない、それに対して国が宿駅に対価を支払うことにした。対価の中身は、駅馬借上賃、騎手やポストボーイの賃金などである。この対価支払が一六一五年まで維持されてきたが、それ以降、滞りはじめた。背景には、エリザベス一世の後を継いだジェームズ一世の時代になると、経済不況や飢饉、それに対外関係の悪化などが顕著となり、財政も大幅な赤字に陥ったという事情があった。宿駅にサービス提供を命じても、提供を拒否する宿駅もでてくるし、それを取り締まっても、宿駅にも生活がかかっていたから、何の解決にもならなかった。

キャンベル＝スミスの説明では、逆に一六一七年にはすべての宿駅を代表し、リッチフィールドとクルーカーンの宿駅頭をしていたトマス・ハッチンスなる人物が一八ヵ月間の未払対価の請求を政府に提出する。これに対し、一部支払われたものの、完済にはほど遠い金額であった。残額を国に請求すると、ハッチンスは立派な債権者なのに、今度は借金が払えない人が入れられるマーシャルシーの債務者刑務所に投獄されてしまった。刑務所の悲惨な様子は、ミッチェル／リーズ共著『ロンドン庶民生活史』（松村赳《たけし》訳）のなかで述べられている。

さて、枢密院の計算によれば、一六二五年までの不払額は一万二二〇四ポンド、他に、一六三〇年までの不払額も一万六三三二ポンドとなっていた。これに対して支払原資は三〇〇一ポンドしかなかった。やや改善がみられたのは一六三二年になってからで、その年から五年間に一万一二二七ポンドが支払われた。宿駅側の計算では不払額は六万ポンドを超えていたから、焼け石に水であった。この不払問題はステュアート朝前期にみられた極度の国の歳入不足、財政難の余波を受けたもので、宿駅だけの問題ではなかった。

3　パストン家書簡

王室駅逓についてみてきたが、誰でも利用できる駅逓（郵便）がなかった中世イギリスでは、一般の人はどのように手紙のやりとりをしていたのであろうか。一般の人と書いたけれども、この時代、読み書きのできる人は紳士階級《ジェントリー》などに限られていた。その紳士階級の書簡が奇跡的に残っていた。それは、少し時代が遡るが、一五世紀にノーフォーク地方で暮らしていたパストン家一族と彼らの知人らとのあいだで取り交わされた一〇〇〇通に上る書簡。「パストン書簡《レターズ》」と呼ばれるものである。パストン家が特にずば抜けて大きな権勢を振るっていたわけではないが、生命力に溢れる市井の人々の生活がこのパストン書簡から浮かびあがってくる。郵便史を研究する者にとっても、中世イギリスの文通事情を知ることができる貴重な史料となっている。詳しいことは、フランシス・ギース／ジョーゼフ・ギース共著『中世の家族――パストン家書簡で読む乱世イギリスの暮らし』（三川基好《みかわきよし》訳）に譲るが、ここでは往時の通信の様子について同書を参考にして簡単にまとめてみた。

　パストン家の本拠はノーフォーク地方のノリッジから北東に三二キロほど入ったパストン。同地方はイングランド東部に位置し、古くから羊毛の一大生産地であった。羊毛は毛織物の原料として対岸フランドル地方に輸出されていた。一五世紀にはイングランドが付加価値の高い毛織物を生産するまでに発展し、ノーフォークも農業に加え毛織物の生産地の一つとなっていた。パストン家の多くの書簡はこのノーフォークの域内、そしてロンドンとのあいだを行き交っていた。当時のロンドンについて述べれば、人口一五万前後、セント・ポール大聖堂、ロンドン塔を中心にした地域に多くの家屋が密集していた。現在の金融街シティーの範囲に収まる小さな街ではあったが、そこにはさまざまな商品を扱うフランドル人やイタリア人らの貿易商人たちがイギリス人と覇を競い合っていた。

　中世末期になるとイギリスでも「紙」が製造されるようになり、パストン家の人たちは当時高価だった紙を使って手紙を書いている。当時の全紙サイズは横四五センチ・縦三〇センチほどであったが、全紙から必要な分だけを切り取って手紙を書くのが普通であった。だから手紙の大きさは大小さまざまだが、おおむね書き終えた手紙は横一〇センチ・縦五センチほどの大きさに折り畳まれ、裏の白い部分に宛先が書かれた。次に手紙が読まれないように、閉じられた面に蠟を垂らして焼き印を押した。時には手紙を小さく折り畳み、紐か細い紙テープで縛《しば》って蠟で封じた。手紙を書くのに使われたインクは赤味がかった茶色だったが、今では色褪せてセピア色になっている。

　書簡のはこび手　パストン家書簡の多くは使用人によってはこばれたものと考えられている。宛先は、例えば「敬愛するわが夫ジョン・パストンへ。急ぎ配達のこと」とか「フリート街に滞在するわが夫サー・ジョン・パストンへ」などとごく簡単に書かれ、使用人に託された。しかし、次の例は少し複雑である。

ポールズ埠頭、旅籠《はたご》ジョージ亭
主人トマス・グリーンまたは女将気付
サー・ジョージ・パストン様
カレー、ロンドン、その他滞在先へ届けられたい

宛先は、（セント）ポールズ埠頭の付近にあった旅籠に逗留しているパストン宛。埠頭はセント・ポール大聖堂から少し南に下りテムズ川に突き当たった場所にあった。もし逗留していなければ、カレーでも、どこへでも、その他パストンの滞在していると思われる場所に転送されたいと、旅籠の主人と女将に依頼している。

手紙のはこび手は使用人がしばしば務めたが、誰であれ旅にでる者は手紙のはこび手となった。州長官の部下にもパストン家の手紙が託されたことがある。しかし、はこび手となる使用人がいないときには、偶然の機会を捉えて手紙を書いていることもある。いわゆる「幸便《こうびん》」である。一四五四年のエリザベス・パストンの手紙には「急ぎ、セント・ポール大聖堂の蠟燭の下で、この便りをお書きしております」と認《したた》められていて、文面から、手紙を託すことができる旅人と偶然出会ったことがわかる。

もっとも手紙が必ず宛先に届けられる保証はない。一四七三年、ロンドンにいたジョン・パストンがカレーにいた兄エドモンドに宛てた手紙には「本日夜七時、ニコラス・バーズレーという兵士にこの手紙を託しました。二日後には兄上様に届くはずですが、この兵士が私を裏切るのではないか恐れています」と書いている。兵士に責任を問うのもよいが、幸便の利用には心付けが必要である。ジョンがいくら渡したかわからないが、依頼する方も心付けをちょっとはずむ必要があることを忘れてはならなかった。

4　地域をむすぶ飛脚の台頭

パストン家の人々は使用人や幸便などの不定期で不安定な送達方法により手紙などのやりとりをしていた。一六世紀に入ると、イングランドの主だった道がお世辞にも立派な道路とはいえなかったが、荷馬車が轍《わだち》のくぼみを避けながらも行き交う光景がみられるようになり、小規模な輸送業者が台頭してくる。やがて各地で商業ベースによるロンドンと各地とをむすぶ定期便が運行され、手紙もはこぶようになってきた。以下、ビールによる近世までの郵便史を扱った著作などを参考にし、それらの状況を紹介しよう。

地方の事例　まずノリッジ。パストン家の本拠地であったノーフォーク地方でも、ノリッジ―ロンドン間二二〇キロを

むすぶ輸送ルートが不定期ながら敷かれるようになった。いわゆる「コモン・キャリヤーズ」である。輸送業者は手紙もはこぶようになり、それは実入りのいい副業となったが、サービスの方が不確実で利用者の評判はいま一つ芳しくなかった。そこで、ノリッジでは民間業者に代わって自治組織が自らの飛脚制度を創設し、一五六九年の記録では、ロンドンのシティーとのあいだに定期便を走らせた。詳細は不明なのだが、組織だった地方飛脚の最古の一例となろう。

次にシェイクスピアの生地ストラトフォード・アポン・エイヴォン。一五八一年から二〇年間、ウィリアム・グリーンウェイなる人物が同地とロンドンとをむすぶ運輸業を運営していた。輸送を円滑にするため、グリーンウェイは路線上の旅籠《イン》から替馬提供の契約を締結して、中継所のネットワークを築いていった。ロンドンでは、セント・ポール大聖堂近くにあった旅籠「ベル亭」がストラトフォード発着の手紙を長年取り扱っていた。もしかしたら、シェイクスピアもグリーンウェイの便を利用して演劇関係者らと手紙のやりとりをしていたかもしれない。

本飛脚と脇飛脚　J・クロフツのテューダー・ステュアート両朝の運輸通信の実態を調べた文献によれば、ロンドンの有力商人サミュエル・ジュードが、一六二六年、西街道の要所デボンシャーのプリマス港とロンドンをむすぶ三〇〇キロの路線に飛脚のサービスを開始した。プリマス港は、地中海やスペイン、アフリカや極東からの情報が最初に届く港町である。ジュードの飛脚の役割は、プリマスに届いた情報をロンドンにはこぶ、そしてロンドンの情報をプリマスにはこぶことであった。逆もしかりだが、定期的に週一便二地点のあいだを往復して、宿場の馬を乗り継ぎながら片道三日で走った。タイミングが合えば、利用者は一週間で返事をもらうことができた。ジュードは自分の飛脚を「トラヴェリング・ポスト」と呼んだ。幹線街道を走る「本飛脚」である。

主な顧客は、海軍、関税徴収請負人、東インド会社、商人たちであった。一六二九年には枢密院のお墨付きも得て、翌年の書簡取扱いは二万五六〇〇通になった。当時、プリマスは貿易港、軍港として栄え、ジュードの飛脚はもっとも収益が上がる黒字路線となっていった。好調な運営実績を受け、彼は飛脚のサービスを広げる構えをみせたが、これに対し、街道上の宿駅頭たちは自分たちの権益が侵されることから、反対を表明した。国の駅逓にとっても、無視できない存在となっていく。

エクセターなどの宿駅を経由してプリマスに向かう西街道は、イングランド西南部、北大西洋に突きだしたコーンウォール地方の南側のイギリス海峡側を走っている。その反対の北側に、羊毛貿易で栄えたバンスタプルという河口港の町が

徒歩飛脚．1613 年にロンドンで出版された冊子の表紙に描かれたもの．

あった。この町では本飛脚のサービスを直接利用することができなかったので、本飛脚に手紙を託すために、エクセターの宿駅まで町の飛脚を走らせた。脇街道を走るから「バイ・ポスト」と呼ばれた。脇飛脚である。距離は六〇キロほどであった。

具体的にみる。脇飛脚は毎週火曜日の朝七時にバンスタプルの町を出発、翌朝水曜日にエクセターの宿駅に到着。手紙は西街道を走る本飛脚に引き継がれる。翌木曜日、脇飛脚はロンドンから到着した本飛脚がはこんできたバンスタプル宛の手紙をもち戻った。だからロンドンとバンスタプルのあいだを早ければ一一日で手紙が往復し返事がもらえた。標準的な手紙一通の料金は、脇飛脚二ペンス・本飛脚四ペンスの計六ペンスであった。脇飛脚の担い手は歩いて手紙をはこんだ「フット・ポスト」、すなわち「徒歩《かち》飛脚」であった。本飛脚と脇飛脚のコンビネーションにより、本街道から離れた所でもロンドンと手紙のやりとりができるようになった。バンスタプルは、そのことを実証した好例である。

ロンドンの飛脚宿　ジョン・テーラーなる男が「キャリヤーズ・コスモグラフィー」と名付けたリストを一六三七年に出版した。今様にいえば、『運輸名鑑』といったようなものである。名鑑には、ロンドンと各地方とをむすぶ輸送便とその発着旅籠ならびに時刻が掲載されている。多くの便は週一便で、馬単騎の便もあれば、大型荷馬車が隊をなして旅をする便もあった。もちろん手紙もたくさんはこんだ。国の飛脚が名鑑の最後に載せられているのがおもしろい。

▽ノーフォークのサフロン市場から来る徒歩飛脚はホルボーンの「チェッカー亭」に投宿している。

▽ノッティンガムから毎第二木曜日に決まって来る徒歩飛脚がある。飛脚はセント・ジョン街の「白鳥亭」に泊まる。

▽毎第二木曜日にホルボーンの「鍵十字亭」にウォルシンガムから来る徒歩飛脚がいる。

▽スコットランド便は毎木曜日、チープサイドを登り切ったところにある「国王の紋章亭」か「揺りかご亭」から出発する。

▽居住可能なほとんどの地域、わが王国の領地に発着する
　書簡は、アブチャーチ付近のシャーボーン小路にあるト
　マス・ウィザリングス閣下の邸宅で取り扱っている。

余話　確かに駅逓整備は進まなかったが、同じ馬で目的地まで旅行をしていた昔ながらの方法とくらべたら、当時の人々にとって、宿駅で駿馬を乗り継ぎながら駅逓を利用して移動したスピードは、それまでの数倍の速さに映ったにちがいない。かのシェイクスピアは駅逓を世界で一番速いスピードと捉えて、有名な「ハムレット」第二幕第二場に「駅逓《ポスト》」を次のように登場させている。

　破倫の床へあのように素早く
　駅逓で急行するなんて
　まったくけしからん罪の早業だ

と、喪にも服さないで夫のデンマーク王を毒殺したクローディアスの許に駆けつけた母ガートルードを、息子のハムレットが「駅逓」という言葉を使って強く非難している。こちらは実際の話だが、一六〇三年、エリザベス一世の逝去の報せをサー・ロバート・ケアリがスコットランド王の許に届けた記録は、ロンドン―エディンバラ間を一日平均二〇〇キロで飛ばし三日で着いた。また、ウィリアム・ネヴィンソンという追い剝ぎも駅逓を使ったが、ロチェスター―ヨーク間三五〇キロを二日で飛ばしたという記録もある。

第3章　草創期の外国飛脚

本章では、イギリスとヨーロッパ大陸とをむすぶ飛脚の発展について述べる。まず、外国商人の渡来と外国商人飛脚の誕生と消滅、イギリス冒険商人飛脚の誕生と取り潰し、それらの事跡を経て、一七世紀前半に外国飛脚の国営一本化が図られる。後段では、イタリア商人コルシーニが残した書簡から往時の外国飛脚の実態について探ることにしよう。

1　外国商人の渡来

イギリス郵便史を繙《ひもと》いていくと、国内の駅逓（飛脚）整備よりも、ヨーロッパ大陸とのあいだの飛脚の整備の方が先行していた。理由は、イギリスの商工業がまだ脆弱であった時代から、ロンドンに進出していた大陸の商人が貿易で大きな富を築いていた。その彼らが大陸各地とのあいだに安定した通信ネットワークを必要としていたからである。

大陸との関係　本論に入る前に、イギリスとヨーロッパ大陸とのあいだの商業上の結びつきについて、簡単に整理しておこう。アイリーン・パウアの『イギリス中世史における羊毛貿易』（山村延昭訳）を読むと、イングランドでは古くから各地で牧羊が盛んにおこなわれ、一二世紀頃にはイングランドで生産された羊毛が加工技術をもったネーデルランドのフランドル地方に輸出された。長い毛のコッツウォルド種、リンカン種、レスター種などが上質の羊毛として人気があった。最初、羊毛貿易に従事していたのは大陸から渡来した商人たちであり、ロンドンを足場にヨークシャーやリンカンシャーなどの地に足を延ばし、仲買人を通し、羊毛の集荷に努めていた。

高橋理《おさむ》の『ハンザ同盟』が詳しいのだが、同じ頃、ドイツのハンザ同盟は、ブリュージュ、ノヴゴロド、ベルゲン、そしてロンドンの各都市に大商館を設けている。ロンドンはハンザ同盟の四大商館の拠点の一つとなり、そこでは、バルト海と北海方面のニシンをはじめ、海産物・材木・穀物・鉄などの商品が取り引きされていた。この時代、イギリスの貿易は外国商人が主役を務めていた。ネーデルランドやドイツのほかにも、イタリア、フランス、スペインなどからも貿易商人がロンドンを訪れて定住し、外国商人が中心となり、さまざまな商品が売り買いされていた。一五二七年には一万五〇〇〇人のフランドル人がロンドンに定住していた。このように、当時、外国商人によってイギリスの経済、とりわけ国際貿易がおこなわれていたのである。

国王と外国商人　外国商人は時代《とき》の権力者との結びつきも強め、単なる貿易商人にとどまらず、国王に資金を貸し付ける金匠《ゴールドスミス》、すなわち金融業者などにも転じてゆき、隠然たる勢力に成長していった。背景には、イギリスの王室財政が慢性的な赤字体質になっていた事情がある。そのため王室は赤字穴埋めに公債発行などによる借金に依存していたが、まだ脆弱なイギリス商人から資金の提供を受けることは望めなかった。そこで、国王は、もっぱらアントウェルペンの金融市場をはじめ、ロンドンで財をなしたハンザやイタリア商人から資金を借り入れていた。外国商人は、資金提供を梃子《てこ》に国王からさまざまな特権を享受する。

このことについて、鈴木勇が『イギリス重商主義と経済学説』のなかで、また、仙田左千夫が『イギリス公債制度発達史論』のなかで論じている。

2　外国商人飛脚

一二世紀頃から、羊毛を求めて外国商人がロンドン、イースト・アングリア、ケントなどイングランド各地で活躍していた。彼らは、イングランド各地とロンドン、そしてロンドンと大陸各地のあいだをむすぶ何らかの通信手段を利用していたにちがいないが、その全体の姿はまだ解き明かされていない。

英蘭通商条約　外国商人による飛脚運営が正式に認められたのは、一四九六年の英蘭通商条約《インテルクルスス・マグヌス》による。通商条約の締結は、ビールの郵便史によれば、当時、生じていたイギリスとネーデルランドとのあいだの貿易紛争を解決するためのものであった。発端は、フランドルがイングランド産の毛織物を輸入禁止にしたため、イギリスが報復措置として原料となる羊毛の輸出を禁止したのである。これら保護貿易措置を撤廃し、自由貿易を推進することが条約に謳われたのである。

また、条約には、外国商人にイギリスと大陸とをむすぶ飛脚の創設を認める条項も入った。条項挿入は、当時、外国商人が自由に安心して使える飛脚がなかったから、条約交渉の過程で、外国商人がみずから飛脚運営をおこなう権利をイギリス側に強く迫った結果であった。条約には、締結当事国の君主は当然だが、ヴェネツィア、フィレンツェ、ハンザなどの商人代表も名を連ねて署名している。

もっとも、外国商人飛脚《マーチャント・ストレンジャーズ・ポスト》の創設は一五一四年になってからで、条約締結から一八年も経過していた。外国商人飛脚の元締《ポストマスター》（郵便局長）はロンドンに居住するイタリア人、スペイン人、オランダ人の商人のなかから選ばれた。初代元締にクリスチャン・サフリングが就任する。一五七四年の例になるが、外国商人飛脚は、アントウェルペンやブリュージュ、リューベックなどのハンザ諸都市に飛脚を定期的に走らせていた。また、遠くイベリア半島のリスボン、マドリッド、メディナデルカンポ、それにバイヨンヌ、ボルドーにも便をだしていたし、更には、ヴェネツィアやフィレンツェなどのイタリア宛の手紙も引き受けていた。

後任元締を巡る争い　初代元締のサフリングが一五六八年に死亡すると、後任の座を巡り熾烈な争いが起きた。争いには、プロテスタントとカトリックの対立という宗教上の問題と、フランドル商人派とイタリア商人派の貿易覇権の争いという国際経済問題の二つの側面があった。そこには当時のロンドンにおける外国商人社会の複雑さが垣間みえてくる。まず、両派が推した候補者は、フランドル派がベルギー人でプロテスタント信者のラファエル・ヴァン・デン・プッテ。イタリア派がイギリス人でローマ・カトリック信者のゴドフレー・マーシャルであった。争いについて、J・A・J・ハウスデンが論文を書いている。論文によれば、指名争いの顛末は次のようになった。

最初に、フランドル派の話。後継者が決まらないこともあり、初代元締のサフリングの死後も、外国商人飛脚の業務はサフリングの取扱所でおこなわれていた。サフリングの未亡人は夫の後任にヴァン・デン・プッテを推した。同人を推薦する者には、未亡人のほかにも、同じ宗派の牧師ヒエロニムス・ジェリタスらがいた。ジェリタスは、一五六八年七月二二日、キリスト教会の外国人仲間の要望として、ヴァン・デン・プッテを外国商人飛脚の元締に任命するように、当時権勢を振るっていたエリザベス一世の懐刀サー・ウィリアム・セシルに一通の請願書簡を送った。同じ日、ロンドンのフランス教会の牧師ジャン・クーザンもセシルの許に書簡を送って、ヴァン・デン・プッテを元締に推挙している。二件の請願はセシルの決断に影響を与え、ヴァン・デン・プッテを外国商人飛脚の後継元締に指名させることに役立った。

一方、イタリア派の動きである。セシルは七月二三日の金曜日、同派の外国商人数人と会って、元締指名問題を話し合った。しかし、会談をもったものの、終了後、セシルは同派にヴァン・デン・プッテを元締にしたことを通知する書簡を送った。セシルの書簡を受け取ったイタリア派は、反対派のヴァン・デン・プッテが外国商人飛脚の元締に指名されてしまったことに戸惑い、慌てたにちがいない。イタリア派は急ぎセシルに返書を送り、そのなかで、イギリス人マーシャルを同派の外国商人飛脚の元締として任命したこと、また、ヴァン・デン・プッテについては彼を支持する者が宗教者であり商人ではないので、商人のための飛脚の元締としては問題があると表明し、セシルに再考を求めた。この書簡には、イタリア人、スペイン人、ヴェネツィア人の商人九人、すなわちイタリア派のお歴々が名を連ねて署名している。

イタリア派が主張するように、外国商人飛脚は、まさにロンドンで活躍している外国商人のためのものであり、元締の選出に当たっては、宗教の問題を乗り越えて、商人自身がまとまって解決すべき問題であった。そのように考えれば、プロテスタント教会の牧師がヴァン・デン・プッテを擁立する動きを示して、元締の任命行為に干渉してきたことは、イタリア派にとっては、きわめて遺憾なことであったといわざるを得なかった。

フランドル派に対抗して、イタリア派がマーシャルを外国商人飛脚の新しい元締に任命し書簡の取扱いを開始した、と発表する。しかしながら、発表にもかかわらず、手紙は依然としてフランドル派のヴァン・デン・プッテの取扱所に集まっていた。そして以前と変わらず、飛脚の発着、書簡の配達がヴァン・デン・プッテの手によって取り扱われていたが、このような状態に干渉して業務停止を求めてきたのがスペイン大使のダ・シルヴァであった。このため、ヴァン・デン・プッテはセシルに書簡を送り、大使の干渉を止めさせるように懇願した。一五六八年一二月に入ると、ダ・シルヴァの後任スペイン大使のゲラウが強硬手段を打ってきた。まず、ロンドンに住むイタリア商人全員を集めて、すべての手紙は、ヴァン・デン・プッテの取扱所ではなく、マーシャルの取扱所に差し出し、到着便の配達もそこで扱うように命令したのである。

両派の溝は深まるばかり、解決の目処《めど》がまったく立たなくなってしまった。これに大所高所から断を下したのがセシルである。命を受けて、一五六九年九月、駅逓局長《マスター・オブ・ザ・ポスト》のトマス・ランドルフが、イタリア派の要求を完全に退け、ヴァン・デン・プッテに対してサフリングが享受していたと同様の特権を与え、外国商人飛脚の元締に就任させたのである。フランドル派の勝因は、いち早く当時の実力者セシルに取り入ったことが大きな勝因だったのではないだろうか。国家権力の介入を許すことになってしまったが、その力を上手《うま》く導きだした作戦勝ちともいえよう。

反対に、イタリア派の敗因には、マーシャルがイギリス人でカトリック教徒であったことが挙げられるかもしれない。当時、イギリスにとって、カトリック陣営への対応は機微な問題を孕《はら》んでいた。外国商人飛脚の元締任命問題を検討していた司法行政の中枢機関である枢密院《プリヴィ・カウンシル》がこの問題を見逃すはずがない。一六世紀中葉の宗教それに政治情勢の下では、カトリック教徒のマーシャルが外国商人飛脚の元締に就任することについて、当局が懐疑的になっていたとしても不思議ではない。

3　外国商人飛脚の終焉

一六〇三年、外国商人飛脚の元締を三四年間にわたり勤めたヴァン・デン・プッテが亡くなった。しかし業務は途切れることなく、そこで働いていたイギリス人のチャールズ・シエラードとシルヴェスタ・ブルックの二人が飛脚の業務を統括していた。間《ま》を置かずして、マシュー・ドゥ・クエスタが正式に元締となり、その就任が当時《とき》の駅逓局長のジョン・スタナップによって追認された。ロビンソンの海外郵便史によれば、ドゥ・クエスタは大陸のブリュージュ出身の商人、若くしてブリュージュからロンドンにわたり、その後、イギリス人として帰化した。シティーの中心地フィルボット小路《レイン》に居を構えて商売をしていた。また、家族全員がイギリス生れでもあった。

一六〇四年には、駅逓局長スタナップから、ドゥ・クエスタは国王の外国飛脚の元締に任命される。私営外国飛脚の元締から国営外国飛脚の元締に昇格したと言い換えても差し支えない。要すれば、外国商人飛脚が王室駅逓《ロイヤル・ポスト》に吸収されたのである。当時、このように帰化したイギリス人や外国人が国の仕事の責任者に直接登用される例は珍しくなく、ドゥ・クエスタの任命もその一例であろう。

民間飛脚の業務停止命令　一六〇九年、イギリスから北海をわたりヨーロッパ大陸とのあいだを行き来する書簡は、国王の駅逓局長が承認した飛脚や使者だけが逓送できるとした布告が発せられた。非公認の民間飛脚に対する業務停止命令である。布告は、政府による書簡の検閲《センサーシップ》の実施についても言及されていた。

もっとも、この種の布告はこれがはじめてではない。一五九一年にも発せられていて、一六〇九年の布告は前の布告の内容を踏襲する形で改めてだされたものと考えてよい。布告によって、今回もまた外国商人飛脚やその他の私設飛脚が直ちに業務を停止することはなかった。だが、この時期に、国がドゥ・クエスタを国王の外国飛脚の元締へ引き上げたことや、非公認飛脚の締めだしを狙った布告をだしたのは何故だろうか。そこには、実力をつけてきた王室駅逓が私設の外国商人飛脚を吸収して、今度こそ、外国飛脚の国による一元的管理を進めて、更に外国とのあいだを行き来する書簡を監視する仕組みを構築しようとする政府の強い意図が働いていた、とみることができる。

もう一つ重要な点は、外国人排斥の流れが見え隠れしていることだ。この時代、通信の自由に限らず、外国商人には多くの特権が与えられていた。そのことはイギリス国民に不公平感を植えつけて、後年、外国人排斥運動へと発展していった。外国商人飛脚の王室駅逓への吸収、否、廃止といってもよいが、背景には、以上のような流れがあったのである。吸収廃止を可能としたのは、外国商人飛脚の内部でみずから起こした元締後任選びを巡る分裂と対立が、イギリスの王権の介入を招いた。そのことも外国商人飛脚の寿命を縮めた大きな要因であった。

ともあれ、ドゥ・クエスタの外国飛脚はスタートした。ロンドンに定住する外国商人に限らず、イギリス商人も旅行者も、時にロンドンの外交館員も利用した。例えば、ヴェネツィア大使が一六一〇年まで利用し、ドゥ・クエスタへ飛脚料金を定期的にまとめて支払っていた勘定書が残っている。そこには「ドゥ・クエスタ殿は〈グレート・ブリテン王〉の在ロンドンの元締」と記されている。

ドゥ・クエスタの一六〇八年一月からはじまる書簡送受記録が国立公文書館《ナショナル・アーカイブス》に所蔵されている。未見なのだが、記録の内容はきわめて詳しく、書簡を積み込んだ船名、出港日、入港日、行嚢数、差立地、逓送日数をはじめ、個々の書簡の宛先や配達方法なども含まれている。記録によると、ロンドン―ブリュッセル間の平均送達日数は九日間ほど、また、書簡の取扱いもかなりの量に上った、という。

4 ステープル商人

ここでは、イギリスの商人がどのように大陸との通信を確保していたのであろうか、その点についてみていく。中世イングランドでは、貿易の主力品目は羊毛であった。その点について、パウアが前出の羊毛貿易の本のなかで語っているのだが、イギリス商人がまず目指したのは、大陸における羊毛取引の独占体制の確立である。みずからが大陸に羊毛をはこんで、商都に開設されたステープル（指定取引所）において羊毛を独占価格で排他的に供給することであった。「ステープル制度」である。イギリス国王の庇護の許、これを特定のイギリス商人に管理させたが、彼らを「ステープル商人」と呼んだ。最初のステープルは、一二九四年、エドワード一世によってドルトレヒトに開設された。ステープルの本拠地は都市の統治者らの誘致合戦もあり、アントウェルペン、ブルージュ、サン・トメールなどネーデルランドの各都市を転々としていた。後年、一三六三年から一五五八年までの約二〇〇年間、カレーがもっぱらステープルの本拠地となった。

セリイ書簡　ステープル商人の一員であったセリイ父子商会が交換した商業書簡が残っている。一四七五年から一四年間にやりとりされた書簡で、現在、国立公文書館に所蔵されている。カレーを拠点にして商売をおこなっていたセリイは、そこからフランドルの商人に、また、ロンドンの商人に書簡を送っている。ステープル商人のための専用の飛脚がなかったので、さまざまな方法を駆使しながら書簡の交換をおこなっていた。一番確実な方法は自分の使用人を使者に立てることであった。重要な書簡や現金など貴重品のもちはこびには使用人が活躍した。また、商売仲間の使用人に託すことも確実な方法であった。

ステープル商人は王室駅逓の飛脚も使った。一五世紀後半には、ロンドンから大陸への便は、毎日グレイヴゼンドから船をだしてカレーに書簡を逓送していた。そこからヨーロッパ各地に陸送する。逆方向も同様で、ロンドン—カレー—ヨーロッパの諸都市とのあいだをステープル商人の書簡が行き来していた。外国商人飛脚が機能すると、それをステープル商人も利用した。更に、一六世紀半ばに入ると、次に述べる冒険商人飛脚も、ステープル商人にとっては、書簡交換方法の選択肢の一つになっていった。

5　冒険商人

イギリスでは一四世紀半ば以降、ステープル商人に代わって、冒険商人《マーチャント・アドヴェンチャラー》が台頭する。今井登志喜の『都市の発達史』を参照して説明すれば、ステープル商人は国王の庇護の許で羊毛貿易を専売としてきたが、冒険商人はロンドン、ヨークなどイングランドの主要都市に拠点を置いて、自己の才覚とリスクで羊毛を除くさまざまな商品を自由に取り扱い貿易に励んできた。冒険商人の何より大きな強みは、誰にも束縛されずに自由に取引きができることであった。

しかし、当時、ヨーロッパ諸都市では、ハンザ商人が権力者を味方につけて強固な同盟をむすんでおり、そのような都市に余所者《よそもの》が容易に参入できる状況ではなかった。冒険商人は、そこを知略を用いて、また時に海賊擬《もど》きの力を行使しながら、市場を切り開いていった。加えて、力をつけた冒険商人は、ロンドンを本拠とした外国商人、カレーを本拠とした自国のステープル商人らとも闘い、彼らの商圏をも浸食していく。まさに冒険的な商人であった。一五世紀初頭には、ステープル商人の拠点カレーと対峙させる形で、一五七五年まで冒険商人がアントウェルペンを大陸の拠点に据える。その後、拠点をエムデン、シュダーデ、ハンブルクに移転し、一五八七年からはミデルブルクを拠点とした。

　イギリスの貿易商人は繁栄する商業都市に拠点を移転しつつ、ネーデルランドとの貿易を大きく安定的に発展させていった。このように国際貿易を拡大させた冒険商人の功績は顕著なものがあるが、外国商人がもっていた海運権益を奪還した冒険商人の底力も見逃せない。こんな話がある。当時、イギリスの硬貨に船の絵が刻されていた。これをみたネーデルランド人がイギリス人に「船《シップ》ではなく、羊《シープ》の図柄にすべきではないか」といった。その裏には「イギリス人は牧羊はできるが、それをはこんでいるのは、われわれネーデルランド人だ」という自負というか嘲笑が秘められていた。

　確かに、一四世紀中頃までイギリスには自国の商船隊がなかったから、羊毛をはじめとする大部分のイギリス製商品が外国船によってはこばれていた。だが、イギリスに富をもたらす冒険商人の実力が国王にも認められ、一四〇七年、ヘンリー四世から冒険商人組合創設の特許状がでる。有力な冒険商人は商船隊を建設し、みずからの船に商品を積み込み、大陸とのあいだを航行するまでになった。このように、冒険商人は市場を開拓し、物流を担う海運権益も手中に収めて、海国イギリスの礎《いしずえ》を築き、ハンザ商人をはじめ外国商人とも互角に競争できるまでに成長していった。イギリス商業史に新たな時代を記したのである。

　ところで、今井の本は、アントウェルペンからアムステルダムに繁栄の中心地が移動していったこと、三次にわたる英蘭戦争などについて詳細に論じている。飛脚のネットワーク形成の姿と重ね合わせて読むとおもしろい。

6　冒険商人飛脚

冒険商人が力をつけてきたのだから、独自の飛脚をもっていたとしても不思議ではないが、冒険商人飛脚《マーチャント・アドヴェンチャラーズ・ポスト》の創設はエリザベス朝（一五五八—一六〇三）に入ってからであった。

　創設前の状況　冒険商人は、自分たちの飛脚ができるまでステープル商人と同様に、重要な書簡や火急の手紙は使用人を使者に立てていたし、商人仲間の使用人に託したりしていた。また、冒険商人が王室駅逓を利用して、ロンドンと大陸とのあいだの書簡交換をおこなっていた形跡もある。しかし、一五五八年、イギリスがフランスとの戦いに破れてカレーを失うと、王室駅逓は大陸への唯一の足場がなくなり、大陸への飛脚便が途絶した。冒険商人にとっては、王室駅逓の飛脚が遅いとか、手紙が検閲されるとか不満があったものの、王室駅逓の飛脚が利用できなくなったことは少なからず痛手となった。冒険商人は、競争相手の外国商人が運営する外国商人飛脚を利用せざるを得なくなった。ここでも信書の内容が検閲され、取引内容などが漏洩される。そのため冒険商人の商業活動が阻害されたと伝えられている。

閑話休題。イギリスのカレー喪失の一因を作ったのは、森護《まもる》の『英国王室史話』によれば、夫がスペイン国王のフィリペだったメアリー一世。女王はカトリックに敵対するプロテスタント指導者を容赦なく火刑に処し、そのことがイングランドをスペインとフランスの戦争に巻き込み、イングランドを敗北に追い込んでしまった。「血生臭いメアリー《ブラディー・メアリー》」とか「イングランドをスペインに売り渡した女王」などと呼ばれ、とにかく評判が悪かった。

創設時期　正確な冒険商人飛脚の創設時期は特定されていない。しかし、一六二六年、外国飛脚を所掌する駅逓局長ドゥ・クエスタが、外国飛脚の運営組織をすべて王室駅逓へ一元化する過程で、冒険商人飛脚の創設根拠などについて問題視した時の、冒険商人側の枢密院における証言から、創設時期が推定できる。

すなわち、ドゥ・クエスタの問題提起に対し、冒険商人飛脚側の証人は「われわれの飛脚は五〇年間にわたり誰にも介入されることなく運営してきた」と証言している。有り体にいえば、今更何をいっているのだ、と反論したのである。証言を信じれば、冒険商人飛脚の創設は一五七〇年代半ばということになる。競争相手の外国商人飛脚の創設が一五一四年であったから、約六〇年遅れのスタートとなった。一五八四年には、冒険商人飛脚の取扱所がシティーの中心地ロスベリ街の鋳物師会館《ファウンダーズ・ホール》のなかに置かれていた。

冒険商人飛脚の一五八四年から一六〇〇年にかけての飛脚料金のデータがある。表3に示すが、ヨーロッパ各地からロ

表３　冒険商人飛脚の料金（1584-1600 年）

差出地 (1)	基本 (2)	確認期間 (3)
カレー	4d	1599-1600
リール	4d	1600
ディエップ	4d	1587
ミデルブルク	4d	1584-1600
ハンブルク	4d	1598-1600
ルーアン	6d	1600
シュダーデ	6d	1594-1599
アムステルダム	6d	1596
パリ	8d	1586-1600

出典：David Robinson, *For the Port & Carriage of Letters*, p.101.
Beale &c., *The Corsini Letters*, p.161.

注：(1) 宛先はすべてロンドン.
(2) 基本とは，シングル・レター（用紙１枚の書簡）の料金のこと．ダブル・レター（用紙２枚の書簡）は倍額．単位はペンス.
(3) 確認期間とは，確認した書簡の年代を示す.

ンドンに到着した実際の手紙を調べたものである。受取人払いで、書簡表面に手書きされた数字を読み解いて整理したものだ。差出地が基準になるが、北海をわたり対岸のカレーやディエップは四ペンス（dと表記）、少し内陸部に入ったルーアンは六ペンス、内陸部中央にあるパリは八ペンスなどとなっていた。

7　駅逓局長職の分割発令

一七世紀のはじめに外国商人飛脚は王室駅逓に事実上吸収された。前段でみてきたとおり、残る冒険商人飛脚も駅逓局長ドゥ・クエスタによって王室駅逓への吸収が試みられたものの、その段階では実現しなかった。騒動の裏に、実は、駅逓局長の権限を分割して同時に二枚の特許状がだされていたため、権限を巡り大きな混乱が起きていた。この問題について、ジェームズ・W・ハイドが駅逓特許状と請負競争を明らかにした著作のなかで論じている。以下、もっぱら同書に依拠して話を進めていこう。

権限争いの当事者は二人の駅逓局長。一人は一六〇七年に父の職を世襲で引き継いだチャールズ・スタナップ。もう一人が一六一九年に駅逓局長に就任したドゥ・クエスタであった。退任時期は、スタナップが一六三五年、ドゥ・クエスタが一六三二年であったから、一六一九年から一六三二年までのあいだ二人の駅逓局長がいたことになる。ドゥ・クエスタが駅逓局長になるまで、彼は駅逓局長の下に位置づけされていた。

ドゥ・クエスタの局長就任　一六〇三年、ドゥ・クエスタがヴァン・デン・プッテの後を継ぐ形で外国商人飛脚の元締になり、チャールズの父ジョン・スタナップ駅逓局長から承認された。翌年には、駅逓局長から王室駅逓の外国飛脚の元締、国営の外国飛脚の元締といっても良いが、その職に任命される。

このように、スタナップ局長の許で、外国飛脚の元締となったドゥ・クエスタが直接の責任者となり、外国飛脚が運営される。ドゥ・クエスタの運営は順調に推移した。ドゥ・クエスタの功績の一つは、外国飛脚の収支を大幅に改善させたことであろう。カレー喪失（一五五八）後、大陸への足がかりがなくなった王室駅逓は、大陸に飛脚をはこぶことができなくなった。そのため、個々に使者を立てて大陸に公用信をはこんだのだが、その経費がきわめて大きくなった。そこで民間人が差し出す手紙から料金を徴収して引き受けることにより、公用信の経費を捻出したのである。かつてドゥ・クエスタが外国商人飛脚で積んできたノウハウや実績が生かされたのである。

両当事者の関係はここまではよかった。だが、順調な運営実績を踏まえて、ドゥ・クエスタが駅逓局長の権限を国内飛脚と外国飛脚に分離するように国王に請願した頃から、両者の関係が拗《こじ》れだしてくる。一六一九年には、ドゥ・クエスタがジェームズ一世から「君主の外領以外の外国担当の駅逓局長」に任命される。一九世紀にイギリス郵便史を著したハーバート・ジョイスが著書のなかで「この任命は、表面上、ドゥ・クエスタの外国飛脚の経営手腕に対する国王の評価となるが、むしろ政治的なもので、外国商人に対する国王の懐柔策ではなかったか」と記している。何しろ国王は有力な外国商人から多額の金を借りていたから、彼らの要望を無碍《むげ》に無視することができなかった。それに、任命前、ドゥ・クエスタが飛脚の利益から国王に六〇〇ポンドもの寄進をしていたことが、一番功を奏したのかもしれない。

スタナップの異議申立　ドゥ・クエスタが外国飛脚担当の駅逓局長に就任したことに対し、真っ先に異議を申し立てたのは、現職の駅逓局長スタナップであった。権限が内国飛脚も外国飛脚もすべて含む飛脚全体を所管していると理解していたスタナップにとっては、自分の権限が半分に削られ、その上、その権限がこともあろうに部下にあたる人物に与えられたのだから、納得がいかなかったとしても、無理からぬところがあった。確かに、一五九〇年、父ジョンに与えられた駅逓局長の特許状は担当分野の指定がない飛脚全般を所管するものであった。それをそのまま一六〇七年に父から息子チャールズが世襲で引き継いでいたのであれば、スタナップの異議申立も正当化されたにちがいない。だが、スタナップには不利な状況があった。

それは息子チャールズが引き継いだときにだされた一六〇七年の特許状に「内国および君主の外領担当の駅逓局長」と官職が記されていた。この時点でドゥ・クエスタが担当していた「君主の外領以外の外国飛脚」の権限がスタナップの権限範囲から外された。そう読み取ると、一六〇七年から一六一九年までの時期、前記の権限を有する駅逓局長は空位であったともいえる。特許状がでた一六〇七年にスタナップが異議を申し立てていたならば、事態はもう少し変わっていたかもしれない。

一六一九年にだされたスタナップからの異議申立は、法務次官や法律専門家らで組織する委員会において慎重に審査された。委員会は「スタナップとドゥ・クエスタのいずれの駅逓局長の特許状も、それぞれ重複することなく完全に両立している」と結論をだした。その旨が王に上申される。結論は一六二三年の布告によって外部にも公表された。結論に不満をもったスタナップが民事訴訟を管轄する王座裁判所《キングス・ベンチ》にも訴えをだし、一時はスタナップが法理論的には勝訴したが、最終的にはドゥ・クエスタの駅逓局長の特許状を無効にすることはできなかった。

8　冒険商人飛脚の元締

話の流れの関係で、駅逓局長職の分割発令に伴う権限争いの話を挿入したが、ここで再び冒険商人飛脚の話に戻る。この話も実はスタナップとドゥ・クエスタの二人の争いの延長線上にある。ドゥ・クエスタを追い落とせなかったスタナップの反撃でもある。

ビリングズリーの就任　話の発端は、一六二六年、長年にわたり冒険商人飛脚の元締であったエドワード・クォールズが死亡すると、その後任にヘンリー・ビリングズリーなる人物が就任したところからはじまる。ビリングズリーは駅逓局長スタナップの陣営の人物で、スタナップが空席となった元締のポストに、いわばスタナップ派の人間を急遽当てはめた形の人事となった。ビリングズリーについて、時代《とき》の権力者であった国務卿サー・ジョン・クックは「スタナップの手先で、商売は訳のわからぬブローカーだ」と評している。ともあれ、新しい元締による冒険商人飛脚がスタートする。ビリングズリーのお披露目を兼ねたものだろうが、広告が打たれる。ビールの郵便史によれば、主旨は次のとおり。取扱所の場所や宛先などがわかる。

> チャールズ・スタナップ閣下が、ロンドンのシティーと外国とのあいだでやりとりされる書簡を扱う飛脚の元締に、ヘンリー・ビリングズリーを任命された。冒険商人飛脚の取扱所は、シティーの王立取引所《ロイヤル・エクスチェンジ》の裏手の居酒屋「アントワープ亭」の向いにある「ジョージ旅館」とする。取扱所において手紙を引き受け、手紙は毎週土曜日夜半に、フラッシング、ネーデルランド、ハンザ都市に向かう船に積み込まれ出航する。もし、神がお許しになれば、その他地域に向けた手紙も船積みされる。

さて、ビリングズリーが冒険商人飛脚の元締に就いた背景には、次のような事情があった。すなわち、イギリス商人たちにとっては、王室駅逓の外国飛脚は、ブリュージュ出身の

サー・ジョン・クック
国務卿

外国人であるドゥ・クエスタが仕切っていると映っていたのである。ドゥ・クエスタはイギリス人に帰化していたし、家族は全員イギリス生まれであったのだが……。イギリス商人の言い分は、外国人のドゥ・クエスタ駅逓局長は外国商人の手紙は優先的に扱うが、反対に、イギリス商人の手紙は意図的に配達が遅らされたり、時には、手紙を検閲され商売上の情報が漏洩され、大きな被害を被っているというものであった。やや誇張して喧伝《けんでん》されているので、正確な被害の程度はわからない。

枢密院のお墨つき　そのためイギリス商人にとっては、信頼できる「イギリス人によるイギリス人のための飛脚」を確保することが急務となり、外国飛脚の改善を求める請願が枢密院に提出された。請願を踏まえ、冒険商人飛脚の機能を強化・拡充することが検討される。これに対して、ドゥ・クエスタは冒険商人飛脚の王室駅逓への吸収を図り、一元的に外国飛脚を運営することを提案したが、市民感情もあり、提案は退けられた。

枢密院の結論は、ロビンソンやA・D・スミスの文献によれば、一六二六年一一月、冒険商人飛脚の運営が正式に公認される。運営の公認にあたって条件がつけられたが、その条件は、①冒険商人飛脚が雇用する使者のリストを国務卿に提出すること、②緊急時には取り扱っている書簡を政府の職権で検閲できること、③冒険商人飛脚はロンドンとアントウェルペン、デルフト、ハンブルク、それにステープル市場がある都市とのあいだに限り運営できること、などであった。助成措置などは含まれていない。

冒険商人飛脚の機能強化策としては、規制ばかりで何が強化拡充されたのか、よくわからない。官許冒険商人飛脚として、晴れて冒険商人の手紙を正式に取り扱うことができるようになったことが、成果かもしれない。枢密院のお墨つきである。駅逓局長のスタナップが空席となった冒険商人飛脚の元締のポストに、間髪を入れず、いわば子飼いのイギリス人のビリングズリーを指名したことは、自分の外国飛脚に対する影響力拡大を狙ったものであることは、いうまでもない。

9　冒険商人飛脚の取り潰し

二人の駅逓局長、因縁のスタナップとドゥ・クエスタとの闘いはまだつづく。ここからはドゥ・クエスタ側の反転攻勢の話である。

取扱範囲の拡大　ビールとロビンソンの二冊の郵便史を読むと、事の起こりは、一六二七年、ロンドンで活動していた東インド会社、トルコ会社、その他二一〇人ほどの商人たちが冒険商人飛脚をいわゆる指定飛脚に指名し、彼らが送受する手紙をすべてビリングズリーの飛脚に託したのである。スタナップの肩入れ、ビリングズリー側の営業活動が功を奏したのである。これを契機に、冒険商人飛脚は冒険商人に限らず、一般のイギリス商人、それに外国商人も利用するようになった。

顧客を奪われたドゥ・クエスタは、ビリングズリーと冒険商人飛脚に移った商人に抗議するとともに、商人に王室駅逓への復帰を強く求めた。それに対して、ドゥ・クエスタから抗議を受けた商人たちは「枢密院令により、われわれは、どの飛脚を利用するのか、その選択の自由をもっている」と声明をだしたのである。

国務卿の強権発動　強権を発動して事態を収束させたのは国務卿のクックであった。一六二七年、枢密院にこの件を諮り、「冒険商人以外の商人は、ドゥ・クエスタの王室駅逓の外国飛脚を通じて書簡をやりとりしなければならない」と命令をだす。それでも事態が変わらなかったため、更に「イングランドの外国飛脚を所管する駅逓局長たるドゥ・クエスタが雇用する使者以外の者は、外国とのあいだでやりとする書簡の逓送業務に従事してはならない」と布告をだした。

民間飛脚の禁止命令は一五九一年にも一六〇九年にもだされてきたが、強制手段が伴わず、実効性に問題があった。当時、王室駅逓に実力がついていなかったことにより、民間飛脚を黙認してきた経緯《いきさつ》がある。しかし、一六二七年の布告には、クックの断固たる意志が込められていた。

布告によって、五〇年間つづいてきた冒険商人飛脚の運営権は法的に、かつ、強制的に奪われ、事実上、クックによってビリングズリーの飛脚は取り潰されてしまった。外国飛脚の王室駅逓への一元化を強力に推し進めようとするドゥ・クエスタ、否、国政を預かるクックにとっては、官営の外国飛脚の権益を維持する必要があった。冒険商人の、例えそれがイギリス人の飛脚であっても、これ以上際限なく膨張することを見逃すわけにはいかなかったのである。ビリングズリー側の急激な拡大策が裏目にでた結果となった。

ビリングズリーについて、この時期、クックが同僚のコンウェー国務卿に対して、やや感情的な手紙を書いている。文面から、彼の立場、延《ひ》いては往時の国王の立場をうかがい知ることができる。以下、その要旨である。

ビリングズリーという奴は、スタナップの手先だ。書簡の逓送業務を掌《つかさど》る権利は、法律的にも国王（国家）の主権の一部を構成している。彼は国王の大権を犯してでも、敢えてすべての商人どもの手紙を、時には外国の大使たちの書簡も扱っている、大胆な男だ。どこのキリスト教国に、民間人に手紙をはこばせている国があるというのか。国家の安全はどうなるのだ……。

近世ヨーロッパでは、飛脚主権（郵便主権）という言葉がよく使われた。それは国王の大権の一つであり、外交権、統帥権、課税権、官吏任免権などと並ぶものであった。イギリスでは、一七世紀ステュアート朝に入ると、国王による大権の濫用が激しくなる。その最たるものが民衆への課税強化であり、重税化であった。ルーウィンスの郵便史では、一六二七年、その大権を侵したビリングズリーは逮捕され投獄されたが、翌年、庶民院から釈放命令がだされた、とある。

10　外国飛脚の国営一元化達成

一六〇四年に外国商人飛脚が、つづいて一六二七年に冒険商人飛脚が王室駅逓にそれぞれ吸収され、ここに国家が一元的に外国飛脚を運営する体制が整った。

民営時代の外国商人飛脚のときから三〇年余にわたり、ドゥ・クエスタは外国飛脚の仕事にかかわってきた。それまでの経験とノウハウが存分に生かされ、その後の外国飛脚の運営は、公用信の逓送費用を賄った後でも、相当の利益がでるようになった。それでも、ドゥ・クエスタが徴収した飛脚賃料（料金）はサービスに見合った妥当な水準であったと評価されている。

表4に、ドゥ・クエスタが一六二六年に制定した外国料金を示す。イギリス初の郵便料金表ともいわれているが、必ずしも完全なものではない。特別仕立てのヴェネツィア宛の急使便の料金が六〇ポンド。普通便では、ドイツ諸都市発着の料金が六シリングなのに、それよりも近いハーグやブリュッセル発着の料金が一ポンド一〇シリングになっている。料金の計算基準が不明なので、理由が説明できない。

大使がみた外国飛脚　ロビンソンが海外郵便史のなかで述

表4　外国飛脚の料金（1626年）

宛先／差出地（ロンドン発着）	料　金
（特別仕立ての急使便）	£　s d
ハーグ宛	7- 0-0
ブリュッセル，パリ宛	10- 0-0
ヴェネツィア宛	60- 0-0
（普通便）	
ハーグ，ブリュッセル，パリ，ウィーン発着	1-10-0
ドイツ諸都市発着	6-0
ヴェネツィア発（シングル・レター）	9
ヴェネツィア発（シングル・レター以外）	2-8
レグホーン（シングル・レター）	1-0
レグホーン（シングル・レター以外）	3-0

出典：Hemmeon, *The History of the British Post Office,* p.135.
A. D. Smith, *The Development of Rate of Postage,* p.341.

べているのだが、ロンドンに駐在していたヴェネツィアの大使が手紙のなかで、一六二〇年代のドゥ・クエスタの飛脚についていろいろ書き残している。ヴェネツィア大使の観察によれば、王室駅逓の使者は特別の記章《バッチ》を着け、ロンドン市内で手紙を集めて、それを大陸にはこび、また、大陸から届いた手紙を各戸に配達していた。シティーの王立取引所の側には王室駅逓の取扱所があり、取扱所のロビーの壁には利用者のために各都市への発送締切と船積時刻を記した表が張りだされていた。ロビーにはテーブルが備えられ、そこで手紙を書く人がしばしば見受けられた。一人の係員が引き受けたたくさんの手紙を整理し記録し、もう一人の係員が到着した手紙を整理していた。

　大陸への普通便は週二便、急使便も必要に応じて仕立てられていた。ヴェネツィア大使が本国の元首《ドージェ》に送った急使便には「本件を取り急ぎ急使便でお知らせします。詳しくは普通便でご報告いたします」と記され、普通便と急使便の使い分けがよくわかる。余談になるが、昭和の時代、人々が「カイケツ　イサイフミ」などと電報を打ったものだった。それと同じ感覚であろう。一六三〇年代になると、王室駅逓の普通便は週九便に拡大し、うち三便がフランス便、残り六便がネーデルランド、ドイツ、イタリア便であった。また、特別便として、パリをはじめフランス諸都市宛に週四便がでることもあった。このように増便された王室駅逓は、公用信にとっても、商業通信にとっても、更にはヨーロッパの都市を漫遊するイギリス貴族にとっても、欠くことのできない通信手段になっていく。

　ドゥ・クエスタの引退　一六三二年、ドゥ・クエスタは外国飛脚担当の駅逓局長の職を辞する。体力の衰えと、息子を亡くしたことが重なり、公職の引退を決意したと伝えられている。退官後、最後の一七週分の会計報告を提出した。そこには、革製鞄三つ一ポンド一二シリング、梱包用布地二シリング六ペンス、荷造用紐九シリング五ペンス、筆記用のインクと用紙一ポンド一シリング、ジョージ・マティンとジョージ・リッジの一七日分の賃金二ポンド一一シリング、年俸六〇ポンドの事務員二人に三九ポンド四シリング八ペンス、事務所の借上費一〇ポンド、蠟燭《ろうそく》と封印蠟と紐代金の未払分五ポンド四シリングなどと詳細かつ几帳面に数字が記されていた。ドゥ・クエスタの誠実さがみてとれる。

　後任ウィザリングス　退任したドゥ・クエスタは、ウィリアム・フリーゼルとトマス・ウィザリングスの二人に業務の監督を託した。両者はドゥ・クエスタを支えた部下であったが、特にウィザリングスは、チャールズ一世の王妃となるフランス国王の娘アンリエッタ・マリアを迎える先触《さきぶれ》を勤めたことがある。その関係もあり、国務卿クックは、一六三二年にウィザリングスを国務卿付・外国飛脚担当の駅逓局長に取り立てた。また、ハイドによると、ウィザリングスが駅逓局長のポストを獲得できた裏には、トマスの妻ドロシーが年貢一〇〇ポンドも上がる土地を手放して夫を資金援助していたことがあったからともいわれている。

ウィザリングスの飛脚運営は、ドゥ・クエスタの運営をほぼ踏襲し、まず取扱所に差し出された手紙は差出人と受取人の名前を帳簿に記入して、皮袋《ポートマントル》に入れて施錠し船へ引き渡した。外国から到着した手紙は、最初に王室・政府宛、そして在ロンドン大公使宛の手紙を優先して配達し、残った一般書簡は受取人を記載したリストを取扱所の壁に貼りだして手紙の到着を知らせた。

この時期、駅逓局長になったウィザリングスは書簡逓送の速度向上に努めている。最初にてがけたのは、一六三三年にロンドン―アントウェルペン間に急使便を走らせたことであった。大陸では「スタフェット」と呼ばれていた急使便である。それはアントウェルペンから早馬を走らせ昼夜兼行で書簡をカレーの港まではこび、港に待機させていた船に直ちに載せて対岸のドーヴァーの港まではこんだ。そこからまた早馬でロンドンまで走ったのである。逆のコースも同様に書簡を逓送した。両都市間の所要日数は三日にまで短縮できると計画された。

ドーヴァーの埠頭から出発する急使便の騎馬飛脚．アントウェルペンから届いた書簡を携えてロンドンに向かう．1630 年代．

しかし、ウィザリングスは大陸からの急使便を計画どおりに走らせることができなかった。最大の理由は、フラッシングを根城とする海賊たちが飛脚船に乗り込み、手紙や金品を略奪するし、それにジーランドの男たちも同じように海賊行為をやめなかったからである。頭を抱えたドーヴァーの元締は「海賊行為を止められなかったら、もはや誰もわれわれの仕事を助けてくれない」とウィザリングスに手紙を書いている。安定した逓送ルートを確保するまでに十数年の時が必要であった。

タクシス飛脚　ヨーロッパ諸都市をほぼカバーする飛脚はタクシスの飛脚をおいて他にはなかった。近世の通信グローバル企業である。そのため、イギリス側もタクシス飛脚をよく利用していた。例えば、ヘンリー八世はカレーからブリュッセルに宛てた手紙の料金として、一五二〇年、タクシスに三二四フローリンを支払っている。また、外国商人飛脚も冒険商人飛脚も大陸に飛脚を走らせていたが、彼らはタクシス飛脚と連絡できる接続地にまで手紙をはこび、そこからタクシス飛脚に手紙を託したケースが多かった。

前段で、一六三三年からウィザリングスがロンドン―アントウェルペン間に急使便を走らせたと説明したが、実は一六二二年からタクシス家がピエール・ロンソンを雇って、同線に飛脚を走らせていた。イギリスが同線に急使便を走らせると、タクシスは撤退した。王室駅逓による外国飛脚の運営に力がついてきたとみることができる。

なお、タクシス飛脚については、ヴォルフガング・ベーリンガーが二〇〇〇年に大作を出版し、高木葉子が翻訳しているので、詳しくはそちらに譲ろう。著者も『情報と通信の文化史』に一章を割いてタクシスについて書いているので、こちらも参考にして欲しい。

11　コルシーニ書簡

一六世紀のロンドンで活躍していたイタリア商人コルシーニに宛てた書簡三六〇四通が、一九八〇年代、複数のロットに別けて競売にかけられた。幸いにも競売前に精巧なコピーがすべて作られ、ギルドホール図書館に納められた。これら書簡がとりまとめられて、『コルシーニ書簡集』として出版された。執筆編集には、フィリップ・ビール、エイドリアン・アーモンド、マイクル・S・アーチャーの三人のケンブリッジ出身者が携わった。ここでは書簡集の叙述を借りながら、往時の外国飛脚の姿を描きだしてみたい。

コルシーニ書簡三六〇四通のうち、大半は、外国から届いた書簡で三二三〇通ある。イギリス各地から届いた国内書簡は三七四通。スコットランドやアイルランドから届いた手紙も一五通含まれていた。内容はさまざまな商品取引に関するもので、コルシーニの、否、イタリア商人のイギリス国内での商圏の広さが忍ばれる。

書簡のはこび手　コルシーニがロンドンで受け取った外国からの手紙三二三〇通は、どのような方法によってはこばれてきたのであろうか。著者の一人アーチャーが次のように大胆な推計をおこなっている。

外国商人飛脚	八〇パーセント
外国商人仲間の使者	一五パーセント
船舶（貨物の付随文書も含む）	八パーセント
冒険商人飛脚、タクシス飛脚、フランス国営飛脚	二パーセント
ヴェネツィア共和国飛脚、イタリア国営飛脚、スペイン国営飛脚	二パーセント
都市飛脚（ロンドン、大陸各地）	一パーセント
知人、個人	二パーセント

割合の計が一〇〇パーセントを超えるが、それは一通の手紙が複数の飛脚に引き継がれて逓送されたケースがあり、それぞれに含めたからである。コルシーニが外国商人であったこともあり、当然、外国商人飛脚の利用が断然多いが、重要な書簡などを外国商人仲間の使者に託すことも一五パーセントあった。比率は少ないが、競争相手の冒険商人飛脚も利用している。相手方の飛脚で手紙が検閲される話がよくでてくるが、それを裏づけられる手紙はコルシーニ書簡のなかには見当たらなかったと著者は記している。

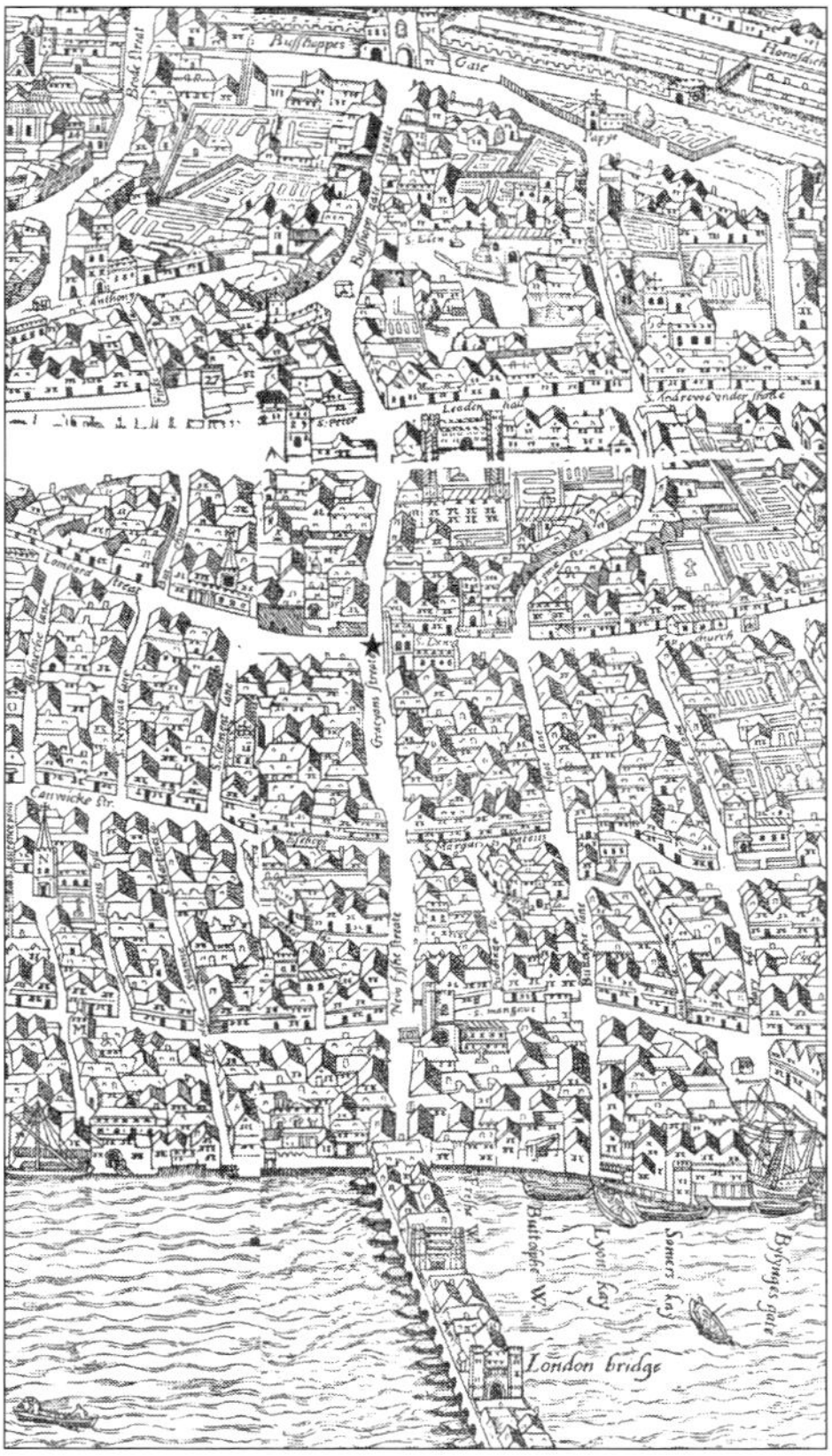

16 世紀半ばのロンドン中心部．地図中央の大きな十字路に「★」印をつけた．ロンドン橋を渡り北に延びる大きな通りはグレースチャーチ街，十字路西に延びる道路はロンバード街，東に延びる道路はフェンチャーチ街だ．コルシーニの商館は十字路にあるセント・ベネット教会の向かい側，すなわち十字路右上のコーナーにあった．商館の向かい，十字路左上のコーナーに外国商人飛脚の取扱所があった．

書簡の差出国　アーチャーは国別に受け取った書簡の数を調べている。表5に示すが、一五七〇年からほぼ一〇年ごとに三つの期間にわけて整理している。まず、外国からのコルシーニ書簡の総数三二三〇通の内訳が外枠で、カッコ内に外国商人飛脚がはこんだ二五四五通の内訳がそれぞれ示されている。

外国商人飛脚の通数は総数の内数にならなければならないが、例えば、一五七〇年代のオランダの数字は外国商人飛脚の通数が総数よりも上回っている。理由は、外国商人飛脚では、ロンドンで配達する手紙一通について半グロートを受取人から徴収していた。一回に一〇通の手紙を配達するときには、手紙の束の一番上の手紙表面に五グロートと配達料の合

表5　差出国別受取数

差出国	1570年代	1580年代	1590年代
フランス	245 (133)	325 (　482)	115 (18)
イタリア	220 (21)	470 (　104)	395 (45)
オランダ	235 (332)	340 (　522)	300 (627)
ドイツ	20 (　0)	400 (　126)	165 (189)
合　計	720 (486)	1,535 (1,180)	975 (879)

出典：Beale &c., p.135.

注：(1) 年代の期間は，次による.
1570年代　1570-1581
1580年代　1582-1591
1590年代　1592-1602
(2) カッコ内の数値は，外国商人飛脚によってはこばれた書簡の推定値．全体の受取数の内数にならないといけないが，そうなっていない．理由はこの表の本文説明を参照のこと.
(3) ドイツには，バルティック諸国を含む.
(4) イタリアには，その他残りの国を含む.

表6　差出国別受取比率

差出国	1570年代	1580年代	1590年代
フランス	34%	21%	12%
イタリア	31%	31%	41%
オランダ	32%	22%	31%
ドイツ	3%	26%	16%
合　計	100%	100%	100%

注：表5に基づき作表した.

表7　差出国別受取順位

順　位	1570年代	1580年代	1590年代
1位	フランス	イタリア	イタリア
2位	オランダ	ドイツ	オランダ
3位	イタリア	オランダ	ドイツ
4位	ドイツ	フランス	フランス

注：表5に基づき作表した.

計金額が手書きされた。それがオランダからの手紙に記されていたとしたら、同国から一〇通の手紙を受け取ったと仮定して数えた。この一〇通の手紙のなかには、他の国から届いた手紙も含まれていた可能性もある。しかし、それを確認することができないので、便宜的にそのような数字を使って集計した。そのため内数にならないところがでてきた。

次に、コルシーニが受け取った書簡を差出国別に比率をだしてみた。表6がそれである。ここからコルシーニの貿易相手国が時代により変化していった様子がわかる。表7は順位を示す。一五七〇年代には一位フランス、二位オランダ、三位イタリアとほぼ同じようなシェアであった。しかし、つづく二期では、フランスがトップの座から転落して四位に、三位のイタリアがトップの座に躍りでている。その要因は、ヨーロッパの歴史的な流れを反映しているように思える。

すなわち、フランスでは一五六二年から三〇年間にわたって、カトリックとプロテスタントとの内戦（ユグノー戦争）がつづいて、農村や都市が衰退し荒廃していった。このため貿易も下降線を辿る。一方、イタリアが上位についたのは、コルシーニが同国の出身者であったことが大きな理由であろうが、同時に、イタリアではルネサンスの時代を迎え豊穣な美術や文学が開花する一方、ヴェネツィア商人らの活躍にも目覚ましいものがあった。戦争と疲弊、平和と繁栄の差が如実に数字に表れている。

書簡の受取総数　前段の説明は、現存する三二年間三二三〇通の書簡の分析である。それでは、コルシーニが受け取った書簡の総数はどの程度のものだったのであろうか。著者のアーチャーらは、いくつかの仮説をたてて、総数の推計をだしている。詳細な説明は省くが、現存する書簡の通数は全体の何パーセントに相当するか、この点を検討した結果、現存率は約一五パーセント、総数は三二年間で二万二三〇〇通になると推計した。年間約七〇〇通、週に一三通前後といったところである。

もう一つ推計がある。それは現存率三パーセント説をとったもので、総計は三二年間一二万通。年間三七五〇通、週に七〇通前後になる。この説には、もう一つ仮説が加わり、ロンドンにおける外国飛脚の書簡総数も推計している。推計では、コルシーニがロンドンの大商館の一つであり、おそらく到着した書簡の一〇パーセントがコルシーニ宛であったと仮定。逆算すれば、外国からロンドン宛の書簡総数は三二年間で一二〇万通になる。年間三万七五〇〇通、週七〇〇通前後となった。一五パーセント説が正しいのか、三パーセント説が正しいのか私には判断できないが、興味の尽きない、なかなか奥の深い研究課題である。

商家のマーク　ロンドンのコルシーニ宛の手紙を調べてみ

地図３　コルシーニ商館の書簡が行き交ったヨーロッパ諸都市（17 世紀初頭）

ロンドンのコルシーニ商館とヨーロッパのさまざまな都市とのあいだで書簡が行き交っていた．地図にそれらの都市名を入れてみた．北はベルゲン，南はマルタ島，東にコンスタンチノープル，西にリスボンなどの都市の名前がみえる．イタリアからロンドンまでの主要な飛脚ルートは２本あり，一つは，ミラノ－リヨン－パリ－ルーアン－カレー（またはディエップ）の南側ルート．もう一つは，タクシス飛脚を利用するもので，マントバ－トレント－アウクスブルク－フランクフルト－ケルン－アントウェルペン－カレー（後にミデルブルク）の北側ルート．ヴェネツィアからの手紙は北側ルートの逓送であった．以上の都市は周辺地域から飛脚が集まり手紙の交換場所となり，手紙は別の飛脚に引き継がれて最終目的地にはこばれるのが一般的であった．

出典： Beale &c., *The Corsini Letters* の文献を参考にして作成．

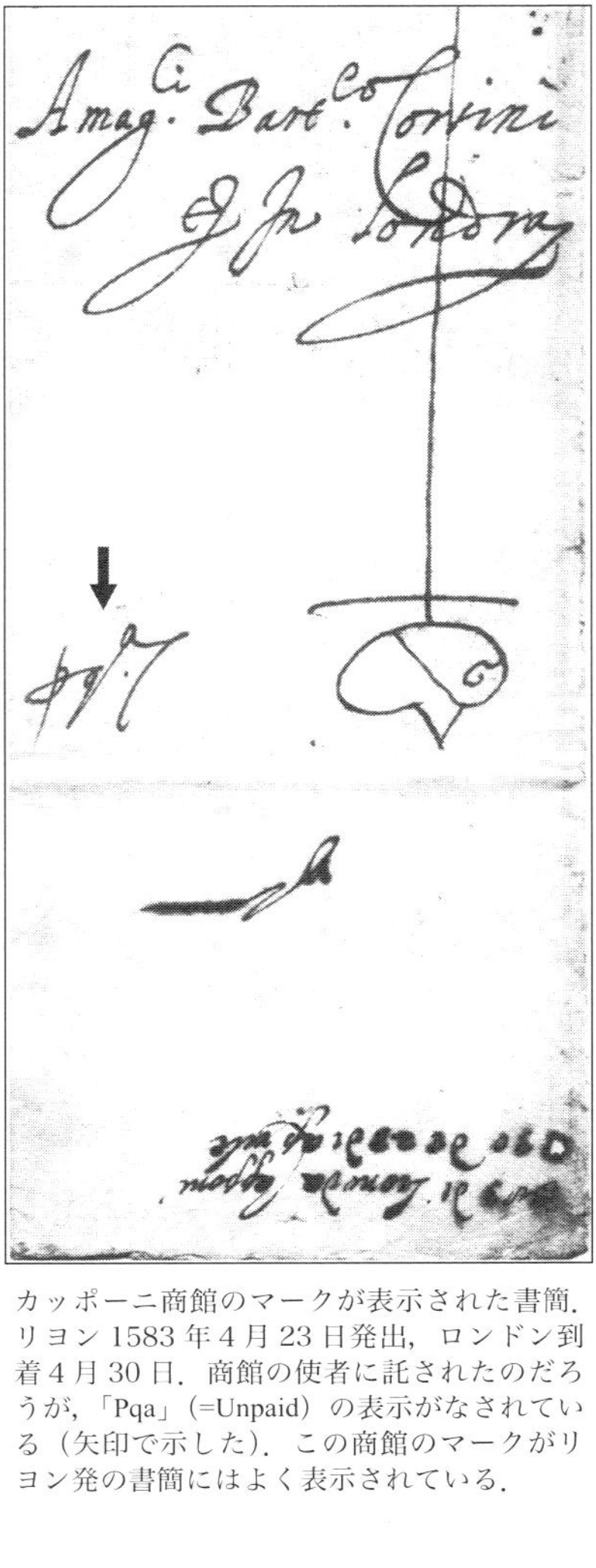

カッポーニ商館のマークが表示された書簡．リヨン1583年4月23日発出，ロンドン到着4月30日．商館の使者に託されたのだろうが，「Pqa」(=Unpaid)の表示がなされている（矢印で示した）．この商館のマークがリヨン発の書簡にはよく表示されている．

ると、商家のマーク《マーチャント・ファミリー・マーク》が記されている書簡が全体の一五パーセント四八六通あった。今様にいえば「商標」である。品質保証やブランド品であることを意味する。しかし、コルシーニ宛の手紙のマークはもう少しちがう意味があった。不明な点もたくさんあるのだが、推測を含めて書けば、大略、次のようになろう。

当時の手紙には、料金の金額、また、料金が後払いか前払いかを示す文字があまり表示されていなかった。特に、商家のマークがついた手紙はその商家の専属の使者か仲間の使者がはこんだケースが多く、その場合には料金がないので金額表示が必要なかった。仮に一般の飛脚に託した場合でも、飛脚業者は一通ずつ料金を徴収することなく、後でマークの商家にまとめて請求し料金を支払ってもらっていた。料金後納の飛脚のはしりである。

例え料金受取人払いでも、大商家のマークがついた手紙であれば、飛脚業者にとっては料金支払いが保証されているのも同然だから、安心して手紙を逓送できた。マークには信用を与える意味も含まれていた。マーク別の内訳は、カッポーニ商館一三一通、ストロッツィ商館一三〇通、トリジアーニ商館六九通などの順に多かった。いずれもイタリアの名家で、家名が今も残るものもある。

以上、一五世紀から一七世紀にかけてイギリスとヨーロッパ大陸とのあいだを行き来していた外国飛脚の発展を駆け足でみてきた。当初、ロンドンに渡来した外国商人が飛脚業を営み、イギリスの冒険商人がそれにつづく。これら二つの民間飛脚は、一七世紀に入ると、力をつけてきたイギリス王室の駅逓に吸収され、後年、それは大英帝国を支える帝国の外国郵便制度として発展していく。

第4章　革命時代の駅逓運営

本章では、まず、一六三五年に王室駅逓が一般の人々にも公開され、現在の「ロイヤル・メール」の礎《いしずえ》が築かれたことについてふれる。その後、クロムウェルの登場でイギリスは共和国となり、駅逓事業が請負化され、民間飛脚との競合も顕在化してくる。更には、駅逓組織がクロムウェルの諜報機関の役割をも果たす。以上をみていくが、まさに革命の時代の駅逓変遷史である。

1　駅逓公開の構想

一七世紀は革命の時代。一六〇三年、エリザベスが没すると、血縁によりスコットランド王ジェームズ六世がジェームズ一世としてイギリスの王位を継いだ。これによってイングランドとスコットランドは、別々の議会をもちながらも同じ国王によって統治される「同君連合」となり、ステュアート朝（一六〇三―四九、一六六〇―一七一四）がはじまった。一方、この時期、人口が増加し、商工業が大いに発展していく。ロンドンの人口は二五万人から四〇万人に増え、交通量も倍増していった。しかし、これら発展を支える公共の交通・通信機関がほとんど存在していなかった。こうしたなか、ステュアート朝の前期にイギリス郵便史上、大きな変化があった。それは、一般向けに官営の駅逓（郵便）サービスがイギリス国内でも開始されたことである。以下、その構想から実現までの過程を検証していこう。

収支予測　王室駅逓《ロイヤル・ポスト》の一般国民への公開の準備がはじまった。一六三三年、起草者が定かではないのだが、駅逓を一般公開した場合の収支予測が盛り込まれた興味深い計画が作成されている。郵政次官であったサー・エヴリン・マリが一九二七年に書いた郵政省に関する本によると、収入面では、当時、イングランドには五一二の宿駅《ポスト・タウン》（宿場）があり、それぞれの宿駅から毎週五〇通の手紙が差し出されると仮定すると、週二万五六〇〇通になる。その数字に平均的な飛脚賃料（郵便料金）一通四ペンスを乗じると、収入は週四二六ポンドとなる。これに対する運営コストは週三七ポンド。利益は九割を超えて、年間二万ポンドの黒字が見込めるから、公用信の送達コスト年間三四〇〇ポンドを差し引いても、大きな金額が手許に残ると見積もった。

　また、計画では、第2章にでてきたエクセターとバンスタプルをむすぶ脇飛脚《バイ・ポスト》をはじめ、各地の脇飛脚が取り扱っている書簡も王室駅逓に取り込むことにした。これら書簡は「バイ・レター」と呼ばれて、宿駅頭《しゅくえきがしら》のいい副収入になっていた。計画では、街道沿いの各宿駅頭に対し、王室駅逓の飛脚に要員や駅馬を提供することを義務づけ、それに対して、国が一定の対価を宿駅に支払うことにした。

　この収支予測は必ずしも厳密な統計データに基づいて作成されたものではなかったが、王室駅逓の運営に大きな財政負担がかかっていたし、そもそも国家財政も火の車であったから、この計画は、船舶税《シップ・マネー》の新設や赤字国債の乱発など評判のよくない方法により歳入を確保していたチャールズ一世を喜ばせた。

実施方法　一六三五年に新たな計画が作成されて、同計画には王室駅逓の具体的な実施方法が記されていた。王室駅逓は国王と政府の通信、すなわち、もっぱら「公用信」のためにそれまで運営され、一般人の利用を例外的に黙認してきたものにすぎなかった。ジョーゼフ・C・ヘメオンの郵便史を読むと、計画では、黙認を改め、王室駅逓を一般人にも積極的に公開することにした。目的は、一般人に手紙の送達サービスを提供するということよりも、手紙に高い料金、否、高額の利用税といっても良いが、それを課して国家の財源を確保することに主眼があった。

　計画された駅逓路線は、大北街道、ドーヴァー街道、西街道、ブリストル街道、チェスター街道の五街道に、ノリッジに向かう街道を加えた主要六路線。更に、これら街道の各宿場から周辺の小さな町や村をむすぶ脇飛脚の路線の敷設も計画された。主要路線の起点はロンドンとし、そこに本部となる「書簡取扱所《レター・オフィス》」を設置することも提言している。

　また、この計画には書簡の逓送方法についても細かく述べられている。大北街道を例にとれば、ロンドン発の街道上にある町や村宛の手紙は、まず、それぞれの町や村ごとに区分し、宛先ごとに小さな行嚢《こうのう》に入れる。次に、それらの行嚢をまとめて「くら袋《ポートマントル》」と呼ばれた大きな郵袋《ゆうたい》に納めてスコットランド行として差し立てる。それを馬の背にのせて街道を走り、駅逓便が宿場に着くと、郵袋からその宿場宛の行嚢をだして宿駅頭に手渡しする。宿場周辺の集落宛のバイ・レターは、宿場から歩行《かち》飛脚《ひきゃく》に託されて目的地に向かう。一方で、ヨークシャーにある港町ハルなどへの遠隔地宛のバイ・レターは馬を利用する騎馬飛脚《ホース・ポスト》により手紙をはこぶ、といった計画を立てた。

　一方、駅逓便の速度の向上が大きな問題となっていた。当時、ロンドンから手紙をだしてスコットランドから返事をもらうのに二ヵ月以上も時間がかかった。むしろ、ロンドンではスペインやイタリアからの手紙の方が早く着いたといわれている。そこで冒険的な提案がなされる。すなわち、各宿駅で騎馬飛脚の騎手と馬が交代しながら、リレー方式で昼夜ノンストップで一日一九〇キロを走破するようにする。そうすれば、ロンドンの人たちはスコットランドからの返事を六日目には受け取ることができる、と計画書には記された。とはいえ、宿場の案内人が同道するのであろうが、月明かりを頼りに真夜中に街道を走るのは危険だし、盗賊《ハイウェイメン》の餌食になる可能性もあった。

2　一般公開された王室駅逓

一六三五年六月、トマス・ウィザリングスは、前記計画を反映させた駅逓公開計画を国務卿サー・ジョン・クックに正式に提出し承認された。これを受け、翌七月三一日には「イングランドおよびスコットランドの書簡取扱所の設置に関する布告」がだされる。この布告は、王国内で王室がおこなっている書簡送達機能を一般の人々に公開することを宣言したもので、いわばイギリス初の官営郵便サービスに関する法令となるものである。ウィザリングスが実施責任者となる。書状取扱所は、ロンドンのシャーボーン小路《レイン》にあったウィザリングスの邸宅内に開設された。以下、布告の内容をかいつまんで説明していこう。

料金制定　表8に示すように、内国書状の料金が公表され

To all people to whom this present Declaration may concerne.

WHereas his Majeſtie by his Proclamation, dated at *Bagſhot*, the laſt day of *Iuly*, 1635. hath for the advancement of the Correſpondencie of all his loving Subjects, commanded his Servant, *Thomas Withrings* Eſquire, to ſettle a Running Poſt, to goe and returne every weeke, betwixt the Citie of *London* and *Holy-head* in *Wales*, and from thence to the Citie of *Dublin* in *Ireland*, and ſo to all parts of the Kingdome of *Ireland*, as the ſaid Letters ſhall be directed, and anſwers return'd (if the Winds ſerve, in ſixe dayes) if not, howſoever in ſixe dayes betweene *Holy-head* and *London*. And ſhall begin to goe on Tueſday next, being the 3. of *November*, at 8. of the clocke at night; and ſo to continue to goe every Tueſday night, at 8. a clocke, throughout the yeere; and Anſwers to be returned on every Monday night afterwards conſtantly; and ſhall be then ready to take with him, the Letters of Saint *Albans*, *Dunſtable*, *Brick-hill*, *Stony-Stratford*, *Daventry*, *Coventry*, *Tamworth*, *Litchfield*, *Stafford*, *Stone*, *Nantwitch*, *Cheſter*, *Flint*, *Rutland*, *Abercomway*, *Beaumarice*, *Holy-head*, and all ſuch other places, as are upon this Road, or neere this Road: which Letters and Anſwers, are to be brought, and received, at the Houſe of the ſaid *Thomas Withrings*, in *Sherborne Lane*, neere *Lumbard ſtreet*, in *London*. And that every man may the better know what Port to pay for the ſaid Letters; I thought fit (according to his Maieſties ſaid Proclamation) to give notice that the Money is to be paid at the Compting Houſe of the ſaid *Thomas Withrings*, both at the receipt and delivery of the Anſwers of the ſaid Letters, and nothing to be paid in the Country, as followeth; two pence the ſingle Letter, if under 80. miles; if between 80. and 140. miles, foure pence; if above 140. miles, ſixe pence for the Letters of *Ireland*, that goe to *Dublin*, according to the Proclamation, already proclaimed in *Ireland*, are there to pay nine pence the ſingle Letter; if above, two ſhillings, ſixe pence by the ounce, if they goe further than *Dublin*, then to pay here free to *Dublin*; and for ſuch as ſhall be returned from any place in *Ireland* to *London*, to pay here nine pence the ſingle Letter, if above two ſhillings ſixe pence the ounce, which Letters, as before, are to be ſent forward every Tueſday night, and Anſwers received every Monday night. And by the ſaid Proclamation, his Maieſtie hath further ſignified his Royall pleaſure, That from the beginning of this ſervice or imployment, no other Meſſenger or Meſſengers, Foot-Poſt or Foot-Poſts, ſhall take up, carry, receive, or deliver any Letter or Letters whatſoever, other than the Meſſengers appointed by the ſaid *Thomas Withrings*, to any ſuch place or places as the ſaid *Thomas Withrings* ſhall ſettle the conveyances, as aforeſaid. All which his Maieſtie, by his ſaid Proclamation, hath ſtraightly charged and commanded all his loving Subiects whatſoever, duly to obſerve his Royall pleaſure therein declared, as they will anſwer the contrary at their perils.

Printed by *E. P.* at the Inſtance of the ſaid *Tho. Withrings*, his Majeſties Poſt-Maſter for forraigne parts: And are to be ſold at the Shop of *Nicholas Bourne* Stationer, at the South-Entrance of the *Royal Exchange*, in *London*.

M. C. D. XXXV.

王室駅逓公開に関する布告．1635年．

た。一種の税金で、「郵税《ポステージ》」と呼ばれるようになる。料金はロンドンが基点となり、まず、距離別・発着地別に分けられる。イングランド内は距離別で、八〇マイル未満（一マイルは約一・六キロ）、八〇マイル以上一四〇マイル未満、一四〇マイル以上の三つの地域に。次に、スコットランドとアイルランドはそれぞれ一つの地域として、全部で五つの地域に分けられた。料金は手紙の用紙の枚数で決められる。当時は封筒を使う習慣はなく、手紙は用紙に認《したた》め、記載面を内側にして折り畳み、表に出た面に宛先を書いていた。用紙一枚の手紙を「シングル・レター」、二枚の手紙を「ダブル・レター」と呼んだ。

表８　内国駅逓料金（1635 年）

（ペンス）

送達距離／発着地	シングル・レター	ダブル・レター	その他(注)
ロンドンから			
80 マイル未満	2	4	6
80 マイル〜140 マイル未満	4	8	9
140 マイル以上	6	12	12
スコットランド発着	8	−	−
アイルランド発着	9	1 オンスごとに 6 ペンス	

出典：A. D. Smith, p.336.
注：「その他」は，1 オンスごとの重量別料金.

　料金表では、例えば、ロンドンから八〇マイル未満の宛先のダブル・レターの料金は四ペンス、アイルランド宛のシングル・レターは九ペンスとなった。ただし、イングランド内宛の書状（書類）であって、シングル・レターにもダブル・レターにも該当しないものは、表の右欄に示すとおり、距離別に、一オンス（二八グラム）ごとに定められた重量別料金が課された。このように布告で制定された料金は、距離・宛地別、用紙枚数別、そして重量別が合成された複雑な体系となっていた。

　当時の料金支払いは現代の方法と大きく異なっていた。手紙に切手を貼って料金を事前に支払う方法とちがって、料金を手紙の受取人から徴収する、後払方式であった。理由はいたって簡単。当時の飛脚が人々からあまり信頼されていなかった。つまり料金を先払いすると、手紙は配達されないで、料金（金《かね》）だけとられてお終《しま》いになるケースが多かったことを人々が知っていたからである。料金後払制は配達を確実におこなわせるための契約履行の担保というか成功報酬型の支払方法だったのである。

　次の課題は徴収料金のロンドンへの送金。それぞれの宿駅がバイ・レターを含めた手紙の受取人から徴集した料金全額を、本部に送金してもらう必要があった。宿駅頭には料金が一銭も残らない仕組みである。特に実入りの良かったバイ・レターの収入を宿駅頭に放棄させることは難しかったが、宿駅頭を国の駅逓管理を担う組織の一員として任じ、しかるべき俸給を支給することにした。

国家独占への反発　更に、布告は民間人による書簡送達の商売を禁じて、それを王室駅逓の独占事業とすることを発表した。駅逓の国家独占であり、今様にいえば、郵便事業の政府専掌としたのである。郵税確保が狙いであったことはいうまでもない。当時、すでに民間人がさまざまな形で手紙をはこぶ飛脚を営んでいたし、コモン・キャリヤーズやトラヴェリング・ポストなどと呼ばれた本格的な飛脚便も活躍していた。そのようななかで、駅逓の国家独占を打ちだしたのだから、民間事業者から大きな抵抗を受ける。最大の誤算は、駅逓運営に欠かせない宿場の協力が十分に得られなかったことであった。各宿場が国家の介入を嫌い、また、国家財政の悪化による駅馬賃料などの不払いや支払遅延に悩まされてきたこともあり、王室駅逓への駅馬の提供を拒否する宿場がでてきたのである。

加えて、王室駅逓は、地方の首長や業者からも抵抗を受けた。例えば、港町ハルの市長は、枢密院総裁の命令文書がない限り、王室駅逓の受入には応じられないとし、ウィザリングスに対して拒否回答をした。と同時に、王室駅逓に対抗するため、ハルの市長はロンドン―ハル間に市独自の駅逓便を週一便走らせた。

一方、イプスウィッチやノリッジの輸送業者は、古くからロンドンとのあいだにコモン・キャリヤーズを走らせていたが、王室駅逓が遅れたことを理由に、引きつづきコモン・キャリヤーズを走らせた。このように民間側の抵抗が強く、王室駅逓の独占運営はままならなかった。そこで、ウィザリングスは、ノリッジやイプスウィッチで営業していた輸送業者の一部の者を捕まえて投獄してしまった。他の駅逓業者へのみせしめである。この強硬手段に対して、宿場の関係者は一層態度を硬化させたため、王室駅逓の運営は当初の計画どおりになかなか進まなかった。加えて、この時期、ジェームズ一世の後を継いだチャールズ一世が専制政治を敷き、清教徒《ピューリタン》を迫害したため国内は混乱し、王室駅逓も正常な運営は望むべくもなかった。

なお、イプスウィッチのコモン・キャリヤーズに関する古文書が、ジョーン・サースクとJ・P・クーパーが編纂した一七世紀の経済文書の資料集に収録されている。

大きな一歩　草創期の混乱、政治的な混乱が例えあったとしても、王室駅逓の一般国民への公開の枠組みが曲がりなりにも築かれて、ここに公共のための郵便サービスが開始されたことは、イギリス郵便にとって大きな一歩となった。キャンベル＝スミスが著した英国郵便史の大著によれば、推進者はクックとウィザリングスの二人。前者は貴族で宮廷内の権力者、後者は商才に秀でたロンドンの大商人であった。二人にはそれぞれ競争して相手をライバル視する必要がなく、実力者同士の最強の協力関係が生まれ、計画が実現されていった。外国飛脚でみせたクックとウィザリングスの連携も見逃せない。

1985年，「ロイヤル・メール350年」と銘打って4種類の記念切手が発行された．上の切手はそのうちの2種．手紙を配達するポストマンが描かれている．イギリス国民は駅逓（郵便）を公開したウィザリングスの功績を忘れてはいなかった．

だが不幸なことに、国内混乱の渦中、チャールズ一世の力が強くなっていった一六三七年、敬虔な清教徒であったウィザリングスは失脚する。ロンドンの絹織物商人として財をなし、新興中産階級に属したウィザリングスは、一六五一年にエセックスの屋敷で亡くなった。墓碑には「グレート・ブリテンの主席郵便局長。内戦で郵便の一般公開の功績が消されてしまった」と記されている。少数派だが、クックとウィザリングスを「郵便の父」と評価する研究者もいる。

ウィザリングスが失脚した後、王室駅逓は主席国務卿クックと国務卿サー・フランシス・ウィンドバンクが共同で所管し、二人は「駅逓局長兼運営長官《マスターズ・アンド・コントローラーズ・ジェネラル・オブ・ザ・ポスト》」を併任する。その下《もと》に、国王に巨額の金を貸し付けていたイタリア系豪商のフィリップ・バルラマチが駅逓局長《マスター・オブ・ザ・ポスト》に任命された。

3　内乱とクロムウェル独裁の時代

チャールズ一世は、一六四〇年、スコットランド制圧の戦費調達のために、長らく休会していた議会をやむなく招集した。しかし、議会は課税を拒んだばかりか、国王の専制支配を非難し、それに歯止めをかけるため、各種の法律を成立させた。加えて議会が常備軍の統帥権を要求するに至り、議会派と王党派とのあいだで内乱がはじまる。内乱の緒戦は王党派に有利に展開したが、議会派のオリヴァー・クロムウェルが鉄騎隊の精鋭を率いて王党派軍を破り、国王を捕らえた。ピューリタンの急進派に属する独立派のクロムウェルは、より穏和《おんわ》で立憲王政を望む長老派を議会から追放して、一六四九年、王を処刑して共和政を樹立した。清教徒革命《ピューリタン・レヴォリューション》である。クロムウェルは自ら終身の護国卿《プロテクター》となり、厳しい軍事独裁を敷いて内外の国難に対処していった。

主導権争い　内乱は駅逓にも大きな影を落とした。ロビンソンの郵便史の叙述を借りて説明していけば、王室駅逓の運営主体、言い換えれば、議会派主導か、それとも王党派主導かを巡って混乱が起きる。前述のとおり、王党派のバルラマチが新しい駅逓局長に任命されたが、議会派が巻き返しにでる。国王の政敵と見做されウィザリングスが失脚させられたが、失脚から五年後の一六四二年、議会派がウィザリングスの後任としてウォリック伯（ロバート・リッチ）を担ぎだしたのである。

間《ま》を置かずして、バルラマチとウォリック伯とのあいだで主導権争いが起きた。長い論争の後、バルラマチの駅逓局長就任は違法であり無効であると議会で決定された。だが決定にもかかわらず、イングランド各地からはこばれてきた手紙はバルラマチの屋敷内の取扱所にはこばれて、それらはジョブ・アリボンドとジェームズ・ヒックスという二人の男によって処理されていた。議会において釈明を求められたバルラマチは、自分の取扱所に手紙がはこびこまれている事実は認めたものの、駅逓の運営はエドモンド・プリドゥが実質担っており、二人の男はプリドゥが雇った使用人であると陳述した。だが陳述は大きな波紋を引き起こす。プリドゥが庶民院議員であったにもかかわらず、王党派が議会派の人間に運営権を委ねていたことになる。このことは駅逓業務の現場にも飛び火し、いざこざが絶えなかった。次の一件はそのことを如実に示している。

一六四二年一二月、ウォリック伯の手下二人がロンドンの入口バーネットの村の近くでプリドゥ派のチェスター便を待ち伏せて、手紙を奪い取り、はこび手を連行した。だが、ヒルゲートまで来たところで、手下二人はピストルで武装し大きな馬に乗った屈強な五人の男に、庶民院の名において逮捕されてしまった。プリドゥは庶民院議員ではなかったのではないか、否、王党派のバルラマチに関係していたためか、複雑怪奇な事件であった。

一方、プリドゥ派といえば、ロンドンの王立取引所の側にあるウォリック伯の取扱所に到着する寸前のプリマス便から書簡を奪い取った。だが、すぐに相手方に取り戻されてしまう。その活劇をみていたロンドンっ児たちは「庶民院は貴族院の命令に従え」と叫んでいた。この事件の報告を受けた貴族院は、バルラマチ本人とその一派の者たちを投獄してしまった。反対に、ヒルゲートで逮捕された者を監獄から出所させた。事件はこれで終わらず、庶民院がまたそれを覆す、といった泥仕合がつづいた。

混乱は、国王の気ままな統治、不完全な行政組織、それに国王と議会の対立が抜き差しならぬ状態になっていた当時の混沌とした社会に起因している。だから王室駅逓の一問題ではなく、社会全体が混乱していたのである。最初は王党派と議会派の闘争。次に、内乱で分裂した議会勢力、すなわち穏健派と急進派との闘争。内乱の余波が駅逓局長就任の正当性や運営権のことにまで及んでいったのである。

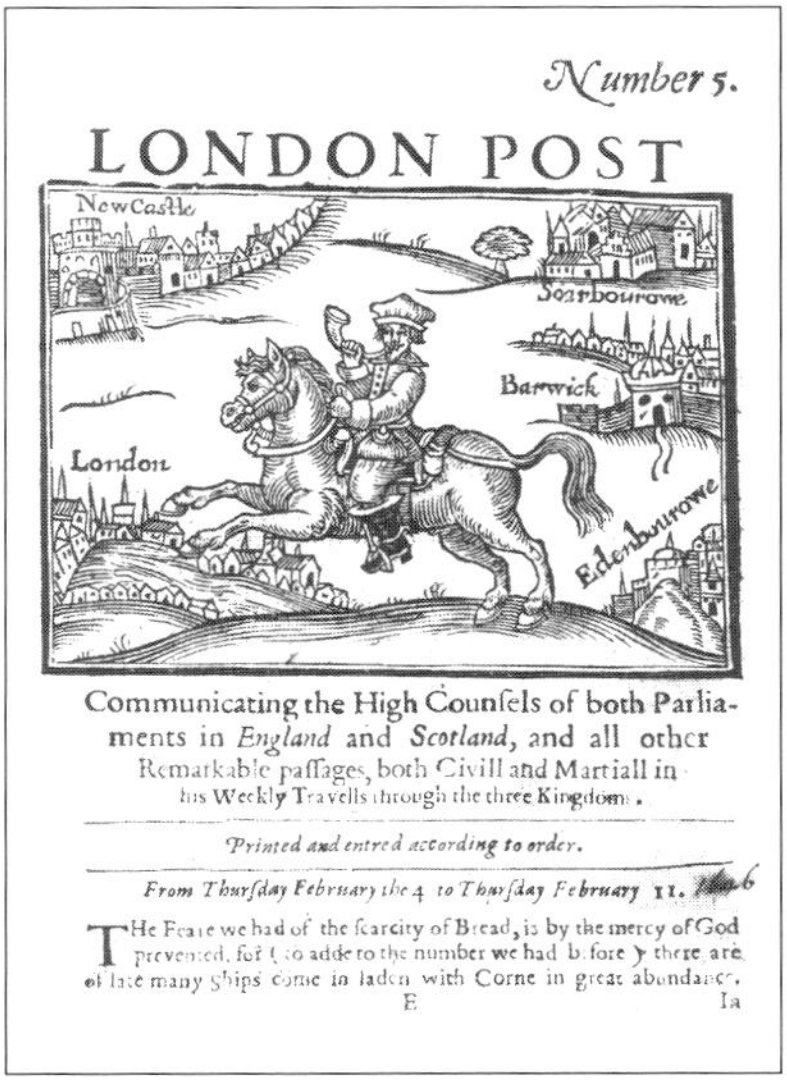
Number 5.
LONDON POST

Communicating the High Counsels of both Parliaments in England and Scotland, and all other Remarkable passages, both Civill and Martiall in his Weekly Travells through the three Kingdoms.
Printed and entred according to order.
From Thursday February the 4 to Thursday February 11.
THe Feare we had of the scarcity of Bread, is by the mercy of God prevented, for (to adde to the number we had before) there are of late many Ships come in laden with Corne in great abundance.

ロンドン―スコットランド間駅逓開通を知らせるニュース・シート．1647 年．

内乱のなかで苛烈な政治闘争をかいくぐり、勝利を収めたのはプリドゥであった。一六四五年、単独の駅逓局長に任じられ、一六五三年までその職にとどまる。その間、駅逓運営を完全に掌握し、経営手腕を発揮した。まず、ロンドンとイングランド各地とをむすぶ週一便の運営や議会と革命軍とをむすぶ飛脚の確保に努めた。また、民間飛脚よりも安い料金を設定して利用者を増加させ、年一万五〇〇〇ポンドの利益を上げる事業にまで成長させた。更に、地元有力者を活用して、スコットランドやアイルランドへの駅路開拓にも力を入れる。国務卿クックやウィザリングスが立案した駅逓運営案を下敷きにしているものの、この時代、プリドゥの貢献は見逃せない。

駅逓事業の請負化　政治的な混乱は駅逓の運営にも影響する。一番大きな問題は駅逓運営の特許状付与《パテント・グラント》を巡る争いである。理由は、プリドゥが運営する駅逓から相当の収入が上がってきたため、その利益に与《あずか》ろうとする者がでてきたからである。当時、駅逓を含めて多くの特許状が利権として相続あるいは政治家や豪商のあいだで売買されていたが、そのことも争いを複雑にした。例えば、失脚させられたウィザリングスの一族を代表するという者が復権を要求する。また、ウィザリングスから特許状を譲り受けたとするウォリック伯も権益確保に加わった。更に、かつて駅逓局長を勤めたスタナップの一族や利害関係者も復権を目指した。この辺までは何とか理解できる。しかし、外国飛脚の収入から年間九〇〇ポンドが支払われるとする債権者の代理人からの請願がだされるに至って、対応する委員会は制御不能に陥り、その取扱いに苦慮した。正当性をいちいち審議し判断することはもはや無理である。誰を駅逓局長に任命しても、異論がでることは必定となった。

そこで問題を解決するために、政府がとった手段は、入札で政府への納付金が一番高い金額を提示した者に駅逓の運営を託すことにした。今様にいえば、競争入札の実施、否、駅逓運営のアウトソーシング化である。駅逓運営の受託者《アンダーテーカーズ》にとってみれば、収入から経費と政府納付金を差し引いた金額が自分の利益となる。入札の条件が議会の駅逓運営委員会において慎重に検討を重ねられてきたが内容が固まり、駅逓運営の入札が一六五三年におこなわれた。入札条件の概要は次のとおり。

一、応札者は、信用力があり、駅逓運営の実施能力があると認められる者であること。

一、護民官、国会議員、軍将官など高官が発する書簡および高官宛の書簡は、これを無料で送達すること。

一、料金は政府が定めたものにより徴収し、料金の改廃は政府がおこなう。

一、現在の路線のほかに、イングランドとアイルランドをむすぶ路線に週一便の飛脚を確保すること。

一、受託者が各地の宿駅頭などを任命する場合には、護民官および委員会の承認を受けるものとする。

開札の結果、応札者は七人となる。国内飛脚と外国飛脚を併せて運営する契約で応札額は、一番札がレイフ・ケンドルの一万一〇三ポンド、最低がヘンリー・ロビンソンの八〇四一ポンドであった。しかし、八二五九ポンドで札を入れた五番札のジョン・マンリーが契約交渉の権利を得た。最終的には、契約金額が一万ポンドに引き上げられ、契約期間は二年間となった。競争入札による請負に関し、ハイドは勅許と駅逓の歴史のなかで駅逓請負ついて、また、酒井重喜は『近世イギリス財政史』のなかで請負制度全般について、それぞれ論じている。前二書によれば、テューダー・ステュアート両朝においては、国王への金銭貸付の担保として、貸付人が請負形式により関税・消費税などの税金を徴収することが広くおこなわれていた。この政策の延長線上に郵税徴収の請負化が図られたとみることができる。

民間飛脚との競合　一六五三年六月、マンリーの飛脚がスタートする。しかし、それは安い料金で手紙をはこぶ民間の飛脚業者との厳しい競争に晒《さら》された。代表格はクレメント・オクセンブリッジとフランシス・トムソンの民間飛脚。彼らは政府の警告を無視して、マンリーが運営する官営飛脚の料金の半額で手紙を引き受けていた。その上、主要街道では週往復三便もの飛脚を走らせるなどサービス面でも官営飛脚を凌駕していた。更に、ヨークのジョン・ヒルのペニー飛脚はより手強い相手になっていった。ヒルは一六五二年には、ロンドン―ヨーク間に騎馬飛脚を走らせて、短期間のうちに大北街道全線に拡大させていった。料金は、イングランド内が一律一ペニー、スコットランド宛が二ペンスなどと官営飛脚の半額以下のきわめて低い額で設定していた。

この時期、オクセンブリッジ、トムソン、ヒルらは、飛脚の自由な運営こそが利用者の利益になるとして、政府に請願をおこない、その実現を迫っている。自由競争を標榜する飛脚業者は、今日《こんにち》のクリームスキミング（いいとこどり）戦略により、飛脚の路線拡大を図っていったといえる。

これら民間飛脚に対して、クロムウェル政権が打ちだした対抗策は、まず駅逓の独占強化であった。理由は、自由競争

表9　内国・外国駅逓料金（1657年）

（ペンス）

送達距離／発着地	シングル・レター	ダブル・レター	その他（注）
（内国料金）			
ロンドンから			
80マイル未満	2	4	8
80マイル以上	3	6	12
スコットランド発着	4	8	18
アイルランド発着	6	12	24
アイルランド内			
40マイル未満	2	4	8
40マイル以上	4	8	12
（外国料金）			
ジェノヴァ フィレンツェ マルセイユ コンスタンチノープル	12	24	45
サンマロ モルレー	6	12	18
ボルドー ナント カディス マドリード	9	18	24
ハンブルク フランクフルト ケルン	8	16	24
ライプツィヒ リューベック ストックホルム コペンハーゲン ケーニヒスベルク	12	24	48

出典：内国料金＝A. D. Smith, p.336.
　　　外国料金＝*Ibid.*, p.341.
注：「その他」は，1オンスごとの重量別料金.

よりも、治安維持のために情報伝達手段を政府が掌握しておく必要があったからである。かのノーベル経済学賞を受賞したロナルド・H・コースも論文のなかで「独占は経済的な効用よりは書簡を開披し、反逆を探知して治安を維持することに重点があった」と指摘している。次に打ちだされた対抗策は、シングルレターの料金を、表9に示すように、イングランド内二ペンスまたは三ペンス、スコットランド発着四ペンス、アイルランド発着六ペンスなどと、競争上、従来の料金の半額程度に引き下げたのである。外国宛の料金も併せて制定し直された。このほかにも、従来の規定を周知徹底するために、駅逓運営のルールを明確化する。例えば、飛脚の速度は夏が一時間七マイル・冬が五マイルとする、また、書簡を逓送する駅馬には一般人を騎乗させてはならない、などと定められた。

この時期、駅逓局長《マスター・オブ・ザ・ポスト》に代わって、駅逓長官《ポストマスター・ジェネラル》が駅逓全般を所掌することになった。クロムウェルの議会は一六五七年、以上の事項を一つの法律にまとめて、駅逓法《ポスト・オフィス・アクト》として公布する。後《のち》の郵便法の基礎となる。初代駅逓長官は国務卿のジョン・サーロウとなる。契約金額はマンリーと同じ一万ポンドであった。

諜報機関　クロムウェルの駅逓法には駅逓運営に必要なさまざまな規定が盛り込まれたが、それ以外にも書簡検閲と情報収集の義務を各街道の宿駅頭に課す規定が挿入された。これによって、駅逓機関が諜報機関の役割を果たすことが法律に明文化された。当時の諜報機関に関する詳しいことについては、サー・チャールズ・H・ファースの論文に譲るが、背景には、内乱が収束したとはいえ、各セクトの動きが完全に抑えられたわけではなく、セクト間で血みどろの闘いが絶えずつづいていた。紆余曲折を経て、一院制の共和国となることが宣言されたが、議会は機能せず、クロムウェルが護国卿となり全権を掌握した。もっとも護国卿政権も軍事力による支配と恐怖政治により維持されていたから、反対派のグループをはじめ民衆からは支持が得られなかった。そのため政権は反対派そして民衆の動向に常に神経を尖らせていた。

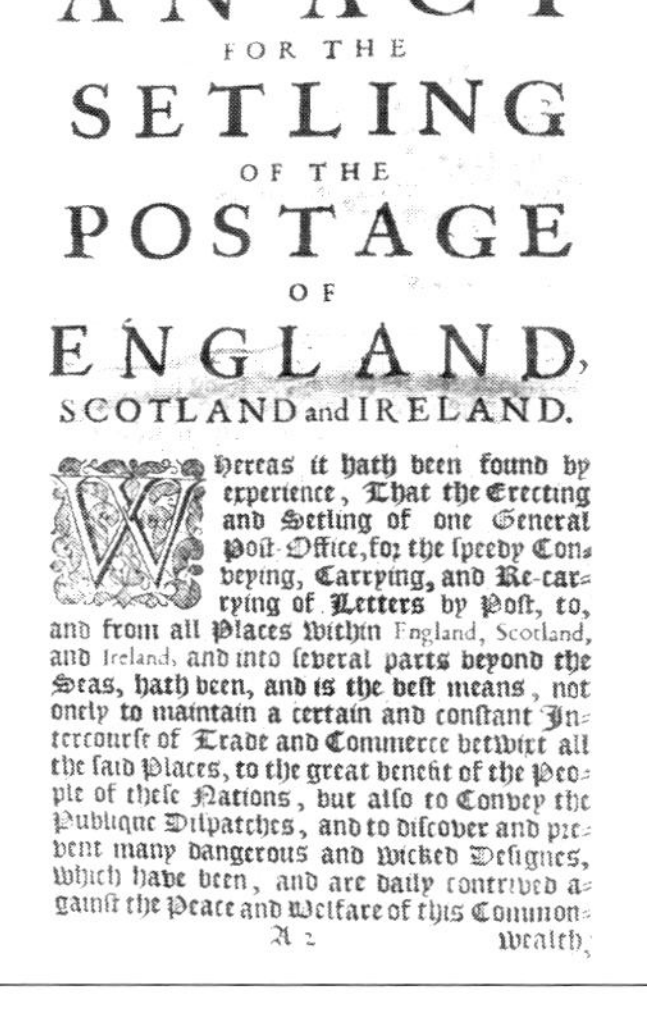
(1)

AN ACT
FOR THE
SETLING
OF THE
POSTAGE
OF
ENGLAND,
SCOTLAND and IRELAND.

Whereas it hath been found by experience, That the Erecting and Setling of one General Post-Office, for the speedy Conveying, Carrying, and Re-carrying of Letters by Post, to, and from all Places within England, Scotland, and Ireland, and into several parts beyond the Seas, hath been, and is the best means, not onely to maintain a certain and constant Intercourse of Trade and Commerce betwixt all the said Places, to the great benefit of the People of these Nations, but also to Convey the Publique Dispatches, and to discover and prevent many dangerous and wicked Designes, which have been, and are daily contrived against the Peace and Welfare of this Common-
A 2 wealth;

クロムウェルの駅逓法．1657 年

そこで政権を維持するために、治安情報の組織的な収集が欠かせなかった。ケイタイやメールなど便利なツールがなかった時代だから、遠隔地に確実に情報を伝えるためには、伝書使を派遣するとか書簡を発出するしか方法がなかった。他方、情報回路となっていた街道筋の宿駅頭に政権の目となり耳となり、地域で囁《ささや》かれている、あるいは流布されている不穏な情報を収集させたのである。時に軍隊も活用し手荒な方法も躊躇しなかった。敵対する勢力の手紙は検閲に即刻回され、収集された情報は奇襲作戦に役立てたし、謀反の証拠にも使われた。

一六五五年から六〇年までの間、宿駅頭をクロムウェルのスパイに仕立てて、諜報活動の全般を統制したのはサーロウであった。本業の駅逓運営の仕事の方はマーティン・ノエルという男を雇い任せていた。

諜報活動を裏づける往時の往復書簡が残っている。一例を挙げれば、一六五九年の文書には「クロンプトン連隊長がアイルランドからの便を止めて、往来する手紙を注意深く読み込んで、危険な情報を探索すること。特にランベール将軍宛の手紙はすべて押収し、不穏な情報が含まれている書簡は更なる調査のためロンドンに至急回送すること」と記されていた。また、別の事例では、ヨークシャーのノーサラートン村の宿駅頭が「当地にいるスコットランドの四人の高官は不忠の輩《やから》で、ベリックや当地各所に手紙をだしているが、それを差し押さえるべきか否かを教示されたい」と駅逓長官に照会状をだしている。これに対して、「護国卿はスコットランドの高官が好ましからざる人物として、すでに認識しておられる。彼らの手紙は注意深く検閲し、治安に悪影響のある文言が含まれている手紙はロンドンに回送されたい。他の書簡は宛先に発送して差し支えない」と秘書官を通じて照会者に回答している。

一方、ロンドンの駅逓本部となっていた書簡取扱所には秘密の書簡検閲部屋が設置されていた。記録によると、クロムウェルに雇われたアイザック・ドリスロースという男がその部屋で秘密裏に検閲をおこなっていた。作業は書簡が集まる夜間一一時から開始され、部屋の机に並べられた書簡のなかから狙いを定めて、ドリスロースが書簡をわからないように開披して、内容を読み危険な情報と思われるものは書き写し、そしてまたわからないように封がなされ、何事もなかったように書簡は名宛人に届けられた。特別な時には、ホワイトホール（ロンドンの官庁街）からサーロウの秘書官サミュエル・モーランドが駆けつけて手伝った。検閲で得られた情報はホワイトホールに早朝届けられる。仕事が終わるのはいつも夜明け前の三時か四時であった。ある時、ドリスロースはサーロウに次のような手紙と一緒に成果物を届けている。

また徹夜をしました。サーロウ様。同封した手紙の写《うつし》は昨夜の仕事の分でございます。とても眠くて、眠くて……。私の仕事はほんとうにホワイトホールのお偉いさんがたにわかってもらえているのでしょうね。

情報通ともなれば、手紙が検閲されている事実は多かれ少なかれ知っていた。だから機微な内容の手紙は暗号で書かれたが、数字がランダムに並ぶ手紙、あるいは意味をなさい文字の羅列だけのサイファー暗号による手紙を、ドリスロースやモーランドは、各数字やアルファベットがでてくる頻度を解析しながら、暗号で書かれた手紙の解読に挑戦していたことであろう。二人は優秀な暗号解読者《コード・ブレーカー》でもあった。

紙が大きな情報源であった時代、その手紙を取り扱った駅逓組織は情報伝達機関であったと同時に、時の政権の情報機関にもなった。この時代、否、現代でも同じことがいえるが、国を治めるためには、情報を制することが何より重要なことであった。駅逓の運営を政府独占とする理由は、そこにあったのである。

郵便創業の起点　一九五〇年代、イギリスで郵便創業の記念切手発行を巡って論争が起きたことがある。デリック・ページの研究報告によると、郵便創業の起点は、駅逓公開が布告された一六三五年、クロムウェルの駅逓法が施行された一六五七年、次章で述べる王政復古後の新駅逓法が施行された一六六〇年の三つの起点が考えられる。それぞれに理由づけができる。すなわち、順番に、実質的に一般人に郵便サービスが開始された年、最初の郵便法が施行された年、クロムウェルの法律を無効として布告をベースに制定された正式な郵便法が施行された年である、と定義できる。

記念切手は、最後の一六六〇年を起点として、一九六〇年に「ジェネラル・レター・オフィス（一般書簡局、GLO）三〇〇年」と銘打って発行された。それから二五年後、前節で紹介したように、一九八五年に布告の年《とし》を起点として「ロイヤル・メール三五〇年」の記念切手も発行されている。しかし、クロムウェルの法律施行年を起点とした記念切手だけが発行されていない。法律の前文に、駅逓組織を諜報機関として設立することが謳われていたから、その意味で、切手発行には相応《ふさわ》しくないと判断された可能性がある。復古後の新法では諜報に関係する規定は削除されている。

だが、現代にまでつづいた行政組織の呼称がクロムウェルの法律で決められた。すなわち、駅逓の統括機関として「ジェネラル・ポスト・オフィス（GPO）」を設置し、その長には「ポストマスター・ジェネラル（駅逓長官、PMG）」を充てることが定められていた。このGPOとPMGの関係は一九六九年にGPOが公社化されるまでつづく。現代の日本語に置き換えれば、郵便事業が公社化されるまで、郵政省と郵政長官（後年、閣議メンバーとなる）という歴史的な呼称が使われていたのである。王政復古後にGPOは一時GLOと改称されたが、これら官庁名と長官名の呼称が、何と、クロムウェルの時代から三〇〇年を超す期間継続して使用されてきた。イギリス郵便の歴史の長さ、イギリス人の伝統を守る力には驚かされる。

余話　デリック・ページの報告にはないが、王室専属の駅逓局長がはじめて任命された一五一六年を起点として、第2章1で紹介した初代駅逓局長ブライアン・テュークも描かれた「ロイヤル・メール五〇〇年」の全一三種類の記念切手が二〇一六年に発行されている。

第5章　ステュアート朝後期の駅逓運営

本章では、王政復古後の駅逓を巡るさまざまな変革について検証していく。変革は、駅逓新法を制定、駅逓利益を王室費へ移転、事業を請負から直轄に、組織を拡充、日付印や駅逓地図を作成するなど多岐にわたる。一七世紀中葉、ロンドンはペストと大火に見舞われ、駅逓運営に大きな被害がでたことについてもふれる。

1　王政復古に伴う変革

一六五八年、クロムウェルが病死した。一六六〇年、議会で立憲王政を望む長老派が復権して、チャールズ一世の子をチャールズ二世として亡命先のオランダから国王として迎えた。王政復古《レストレーション》となる。だが、チャールズ二世も専制的な態度を改めなかったので、議会は一致して、一六八八年、王の長女メアリーとその夫のオランダ総督オラニエ公ウィレム三世を迎えて、二人が権利の宣言を承認した後、ウィリアム三世とメアリー二世として王位に就けた。イギリスの共同統治者となる。先王はフランスに亡命した。名誉革命《グロリアス・レヴォリューション》である。一六四九年の清教徒革命と名誉革命を合わせて「イギリス革命」と呼ぶが、長かった革命の時代が終わった。ステュアート朝後期（一六六〇―一七一四）がはじまる。ここに議会主義にもとづくイギリス立憲王政の基礎が築かれた。以下、まず王政復古後の駅逓の運営状況についてみていこう。

新法の制定　浜林正夫の『イギリス名誉革命史』には「復古王朝は、国王の不在中に議会がかってにつくったものは正式な法律ではなく、単なる条令《オーディナンス》にすぎないと見做し、クロムウェル時代の法律を無効とした」とある。一六五七年制定のクロムウェルの駅逓法（旧法）も無効とされた。一六六〇年暮れには新たな駅逓法（チャールズ二世治世第一二年法律第三五号）が制定された。

新法は旧法の条文を基本的には踏襲しているものの、修正された箇所がかなりある。もっとも重要な修正点は、旧法を廃止して、クロムウェルが保持していた駅逓長官《ポストマスター・ジェネラル》の任免権が、復権した国王のものとなったことである。この新法は「駅逓憲章《ポスト・オフィス・チャーター》」とも呼ばれ、後《のち》の一七一一年制定の郵便法に引き継がれるまで駅逓の基本法となる。以後、駅逓運営の中枢機能は一般書簡局《ジェネラル・レター・オフィス》が担うことになっていく。

一般書簡局創設 300 年記念切手２種．1960 年発行．エリザベス２世の肖像を配して，右は郵袋をはこぶ騎馬飛脚が，左にはホルンと王冠が描かれている．

新法では、クロムウェルの時代からはじまった国会議員や政府高官らが発出する書簡または受け取る書簡の料金を無料とする特例条項が削除された。いわゆる特権の一種で、後に郵便収支を圧迫することになる評判の悪い無料郵便制度《フランキング・プリヴァレッジ》である。新法の当初案には無料条項が入っていたが、貴族院の審議では、ハーボトル・グリムストン議長が「本院議員の受ける特権にあらず」とまっとうな意見を述べて反対し、特例条項は削除された。だが、法律的には認められなかったにもかかわらず、既得権を盾に、国会議員や政府高官らは料金支払いを拒否しつづけた。結局、国王の裁定により、将来禍根を残すことになるのだが、シングル・レターに限り無料とすることになった。

また、新法では、駅馬の借上賃を一マイル三ペンス、道中で道案内をするポストボーイの案内料を一宿駅間四ペンスとすることが定められた。内国・外国宛の書状料金にも若干の修正が加えられたが、次の追加条項を除いて、基本的には旧法の料金に大きな変更はなかった。追加条項は、コンスタンチノープル宛の手紙について、その逓送距離がきわめて長いため手紙を保護する封筒の使用を無料で認める条項が追加された。この時代、はるか遠くコンスタンチノープルまで手紙が行き来していたことに驚かされる。

報復人事　国王派の、クロムウェル陣営への報復粛正がはじまった。クロムウェルの遺体は暴かれて、晒し首に処せられる。クロムウェル派に関与した者たちは投獄されて、追放されていった。復古後、街道筋の宿駅頭の顔ぶれが一新される。言葉を換えれば、報復人事がおこなわれたのである。まず最初にクロムウェルの諜報機関の実働部隊として活動してきた円頂党《ラウンド・ヘッズ》と呼ばれた議会派の宿駅頭をはじめ末端の者たちも含めて追放された。その後に、清教徒革命のときに宿駅頭の座を追われた騎士党《キャヴァリアーズ》と呼ばれた国王派の一族が戻ってきた。この宿駅で起きた事態も、復古直後におこなわれた国王派の議会派に対する大きな復讐の流れのなかで実行されたのである。

交替劇の最中、宿駅頭に返り咲こうとする国王派の一族から、国王へ多数の復帰請願書が提出された。例えば、ロバート・ハッチンスなる人物は、かつて祖先が長いあいだ拝命していたサマセットのクルーカーン村の宿駅頭への復帰を請願してきた。また、ハートフォードシャーのウエア村のジョーゼフ・ストルビーは、現政権に不満をもつ分子と目される者が宿駅を所有しているので、所有者を追放するように要請してきた。一方、ジョージ・クーリングは、クロムウェルが指名したドンカスターの宿駅頭のトマス・ブラッドフォードを外して、自分を充てるように要求してきた。更に、リチャード・ローサーは、陛下の前の時代の専制政治に絶えず苦しめられてきたと主張して、エクセターの宿駅頭のポストを望んできた。ジョン・スロウカムは、暴君クロムウェルによって指名されたサリーのスティンズの宿駅頭が危険な男だから排除し、そのポストに自分が就きたいと申し入れてきた――など、復帰を願うものばかりであった。

そのほか、数多《あまた》ある復帰請願書のなかには「一家はエリザベス女王陛下の時代から、ここ、テドカスター宿の宿駅頭としてお仕えしております。父は、クロムウェルの、あの恐ろしい鉄騎隊から国王をお護りしているルパート王子へ至急便をお届けするときに、トマス・フェアファックス軍司令官に殺されて殉職しました」と訴えて、一家の宿駅頭への復帰を懇願しているものもあった。ルパート王子はバーバリアの王子。騎兵隊を組織して、伯父のチャールズ一世を援助し、議会派から救った人物である。しかしながら、宿駅頭のポスト不足で金銭的に解決したケースも少なくなかったと伝えられている。

王室に贈られた駅逓利益　王政復古後、駅逓の利益が王室に贈られることになった。背景には、この頃から議会が国家財政全般をコントロールするようになった、という事情がある。清教徒革命は、増税に走る放漫な王室財政に対する民衆の不満が大きなきっかけとなり起きた。革命により、「合意なければ課税なし」をテーゼとして、国王の課税権が否認され、代わって、議会が国の財政全般に責任を負い、民衆への課税も議会の議決によることになった。国王が負っていた戦費・国債償還費なども国の財政管理下に編入される。しかしながら、国王の課税権は否定されたものの、消費税や関税それに駅逓料金（郵税）などが王室の収入として残された。後年、議会が議決した一定額が王室費《シヴィル・リスト》として支出される形になっていく。駅逓の利益についていえば、一六六三年、議会は後にジェームズ二世となるヨーク公に駅逓の利益を贈ることをはじめて決議している。

　具体的な駅逓利益の処分内容をみていこう。キャンベル＝スミスによれば、一六七二年一年間の支払記録では、利益三万七二五〇ポンドのうち、二万ポンドがヨーク公に、五〇〇〇ポンドが国王ジェームズ一世に贈られる。残り一万二二五〇ポンドが駅逓長官と上級官僚の俸給として支払われた。国王への贈与額のうち、何と四七〇〇ポンドは、クリーヴランド公爵夫人に叙せられたバーバラ・パーマー（旧姓ヴィリアーズ）の年金に充てられている。公爵夫人はロンドン一の美人と謳われて、陽気な王様《メリー・モナーク》と綽名され、浮名を流したジェームズ一世の愛人であった。夫人の年金受給権は息子のヘンリー・フィッツロイ（グラフトン公）に引き継がれ一八五六年までつづいていた。

　国王は寵臣らお気に入りの取り巻きに褒美を与えて周囲を固めたが、年金はもっとも魅力的な褒美の一つであったにちがいない。一八世紀はじめ、アン王女の夫君デンマークのジョージ王子（カンバーランド公）には約三万ポンドの年金が贈られている。これは特別かも知れないが、ルーウィンスの郵便史によると、駅逓利益を原資として一六九四年一年間に年金が贈られた人物には、かのクリーヴランド公爵夫人、ロチェスター伯、ションバーグ公、リーズ公、バース伯、国璽尚書（国の印を保管する大臣）、次章で詳述するロンドンのペニー郵便創設者のウィリアム・ドクラの名前もみえる。総額は二万一二〇〇ポンドにもなっていた。

　事業請負の廃止　駅逓事業の運営が請負方式になったのは共和政が敷かれていた一六五三年からであった。請負方式は復古後もつづいたが、一六七七年には廃止される。その間に一六六〇年からヘンリー・ビショップ、一六六三年からダニエル・オニール、一六四四年からキャサリン・オニール、一六六七年からヘンリー・ベネット（アーリントン卿）の四人が駅逓運営の請負契約者すなわち駅逓長官となった。契約金は前三人が年二万一五〇〇ポンド、最後のベネットが四万三〇〇〇ポンドに跳ね上がった。請負廃止直後の一六七七年にヨーク公が駅逓長官となり、チャールズ二世として即位する一六八五年まで長官の職を手放さなかった。

サイドストリーになるが、キャンベル＝スミスの郵便史を読むと、四人の駅逓長官のうち、ビショップにはジョン・ワイルドマンという過激な後ろ盾がいた。契約金はワイルドマンが払っていたし、名目上はビショップが駅逓長官ではあったが、実質的にはワイルドマンが長官であり、収益の大半は彼の懐《ふところ》に入っていた。ワイルドマンが駅逓事業を掌握しようとした狙いは、そこに集まる書状から情報を抜き取ることであった。ロンドンの一般書簡局は国王を斃《たお》す陰謀のセンターになっていた。まさに国王のお膝元での大胆な行動だ。ワイルドマンは得体の知れない運動家、弁舌巧みな扇動家であったらしいが、一六六二年七月に陰謀が発覚し、北大西洋上の孤島シリー諸島に島流しにされた。五年後解放されて、ワイルドマンは再び政治の世界に足を踏み入れ、晩年になるが一六八九年から三年間古巣の駅逓事業のトップに返り咲いた。執念である。一六九三年に自宅で亡くなる。

一方、ビショップは宿駅頭ら下の者にきわめて評判が悪かった。前述のとおり、この時期、国王支持者から職務復帰の請願が多数出されていたが、その扱いがひどかった。ワイルドマンとの談合だったのであろうが、三〇〇を超す宿駅頭の賃金を切り下げて、更に職務復帰の見返りに金銭を要求したのである。また、そのことを漏らさないと約束させ、保証金も預けさせた。しかし、激怒した宿駅頭から多数の告発が政府に出されたこと、後ろ盾のワイルドマンが島流しになり資金が枯渇してきたこともあり、ビショップは請負契約の期間を四年残して、駅逓長官の職をダニエル・オニールに譲った。その後は出身地のサセックスに戻った。駅逓長官が宿駅頭から金銭を搾り取っていたことに、われわれ現代人には理解できないところがあるが、そのようなことは近世の社会では役職者の役得となっていたので、珍しいことではなかったのかもしれない。

ペストと大火　一七世紀、ロンドンが相次いで二つの大きな災いに見舞われた。一つは二万人の犠牲者をだした一六六五年のペストの大流行。もう一つが市内の大半が焼失した一六六六年の大火である。この災いによって駅逓の運営にも甚大な被害がでた。

まずペスト流行の話から。一六六五年の暑い夏の時期に発生し、劣悪な衛生環境にあったロンドンではまたたく間に人から人に感染し多くの死者がでた。さまざまなものが感染源として疑われたが、何と手紙がペスト菌を媒介していると人びとから恐れられた。ジェームス・ヒックスが貴重な記録を残している。ヒックスは駅逓の現場で長年働いた優秀な中堅の管理者で、内乱の最中一六四二年にチェスター便をはこぶ途上、すぐに釈放されたが逮捕投獄された経験の持ち主でもある。

記録によれば、ペストの防疫策として、製法まではわからないが、酢酸系の消毒薬を一般書簡局の各部屋に毎朝噴霧して、それから石炭を燃やして部屋を暖めた。状況は想像するだけでも空恐ろしくなるが、強い臭いはとても耐え難いものであり、夜ともなれば、互いの姿が見えなくなるほど空気が淀んでしまった。ヒックスは「手紙が菌をはこんでいるというなら、とっくの昔にみんな死んでいる筈」と書き残している。ペスト終息までに、ヒックスの仕事仲間三〇人近くが死んだ。仲間の半数を数え、大きな惨事となった。

次に大火の話。一六六六年九月二日早朝、プディング小路《レイン》のパン屋から出火した火事はすぐに消えるかにみえたが、その後、突風に煽られて鎮火までに四日もかかった。市内一万余の家屋が焼失し、二五万もの人びとが焼け出された。セント・ポール大聖堂、王立取引所《ロイヤル・エクスチェンジ》、ギルドホールなども焼け落ちた。ヒックスは、一般書簡局のあるスレッドニードル街で迫り来る炎を監視していた。火元のプディング小路とは目と鼻の先にある。ヒックスが延焼を免れないと判断した直後、重要な手紙や書類を持ち出せるだけ持ちだして、安全な場所に移した。おそらく場所はテムズ川に面したダウゲートであったと推定されている。

だが火勢はまったく衰える様子がなく、ヒックスは九月三日の夜、シティーの門の一つクリップルゲイトをでたところのレッドクロス街の「黄金の獅子亭《ゴールデン・ライオン》」にまで避難し、臨時取扱所を開いた。ヒックスは、火災のなかチェスター街道から来た国務卿アーリントン宛の書簡を配達したとき、卿に「われわれの仕事がこれからどうなるのかまったく見当がつかない。神のみぞ知る」と不安を吐露している。

九月四日、ヒックスは家族と一緒に郊外のバーネットの村に移った。そこから彼はチェスター街道沿いの宿駅頭に対して、公用信はバーネットの村に送るように指示をだした。また、火災が収まり次第、一般の手紙の取扱所も適切な場所にすみやかに設けると宿駅頭に連絡している。九月三日の官報において、「一般書簡局は適当な場所が市内に確保できるまで、当面、コヴェントガーデンの反対側のブリッジ街にある二本の黒い柱が立っている場所とする」と発表された。一七日の官報には「現在、一般書簡局はビショップスゲート街にあるサー・サミュエル・バナーディントンの屋敷のなかに設けた」と告示された。取扱所が暫定的に転々と移動していた様子がわかる。

スレッドニードル街の一般書簡局は大火で跡形もなく焼け落ちてしまった。同時に、サミュエル・モーランドなる人物が発明した装置も破壊されてしまう。装置は秘密の検閲室に置かれていたものだが、手紙を開披し、また元どおりに蠟《ろう》で封をしなおすことができる精密な機械であったとか。伝えられるところによれば、信じがたいのだが、手紙の筆跡も正確に真似できる装置であったらしい。大火で装置も検閲された手紙の膨大な写しも、外部の人に知られることなく、この世から消え去った。

2　王政復古後の駅逓運営

王政復古後、駅逓の業務がどのように遂行されていたかについて、ロビンソンの郵便史などの文献を参考にしながら説明していこう。焼失した一般書簡局《ジェネラル・レター・オフィス》の再開が急務であったが、大火の翌一六六七年には、一般書簡局はシティーの北側ビショップスゲート街に移転した。北への街道の始点に位置する。郵政省と中央郵便局の機能を有する書簡局の下部組織として、国内便を取り扱う「内国駅逓総局《インランド・オフィス》」と外国便を取り扱う「外国駅逓総局《フォーリン・オフィス》」が設けられた。国内局のスタッフは四九人。内訳は局長一、会計士一、出納長一、書記八、窓口係三、区分係三、配達係三二であった。手紙は局で受け付けられたほか、ウェストミンスター、ストランド、テンプルバー、フリート街、チャリングクロス、ポールモール、グレー法学院、コヴェントガーデンにあった書状引受所《レター・レシーヴィング・ハウス》においても手紙が引き受けられた。また、サザック、ブラクウォール、グリニッジなどの近郊では、巡回書状引受人《トラヴェリング・レター・レシーヴァー》が地域を巡回しながら手紙を集めていた。

到着便　月水金の内国駅逓総局は、到着便で忙しい。早朝五時になると、地方から騎馬飛脚《ホース・ポスト》によってはこばれてきた手紙が到着しはじめる。到着便は二つのグループにまず区分された。最初のグループはロンドン宛のもの、もう一つのグループがロンドンを経由して更に別の街道に再発送されるものであった。内国局が中継をおこなうハブ・センターとなっていたのである。ロンドン宛の手紙のうち、宮廷と政府高官に宛てられた手紙が最優先で配達に回され直ちに宛先に届けられた。一般の手紙の表面にはビショップが考案した日付印が押され、徴集すべき料金額が表示される。当時、料金は受取人払いで、戸別配達もおこなわれていなかった。だから手紙の受取人、多くの場合、その使用人が内国局まで行って料金を支払い、「アルファベット・マン」と呼ばれる係員がいる窓口で手紙を受け取った。アルファベット・マンは手紙を棚にアルファベット順に整理していて、窓口に来た人たちに手際よく手紙を渡していた。これが内国局の日常の風景にもなっていた。

発送便　火木土の内国駅逓総局は地方発送日であった。まず市内八ヵ所の書状引受所で引き受けられた手紙を三〇人ほどの人手で集めて内国局に持ち帰った。同様に、巡回書状引受人が引き受けた手紙も内国局に集められた。内国局で直接引き受けられた手紙と一緒に、すべての手紙の表面にビショップ日付印が押印される。押印された手紙は街道そして宿駅ごとに区分されて、一通ずつ宛先面に料金が記入された。それらにもとづいて宿駅ごとに徴集すべき手紙の通数と料金額が帳簿につけられる。また、ロンドン経由地方宛の手紙も同様に帳簿に徴集すべき料金額などが記帳された。各宿駅において徴集された料金はロンドンの内国局に送金することになっていたが、前記の帳簿は送金内容を突合するための重要なデータとなった。

記帳後、手紙は宿駅ごとに小郵袋に詰め宛先ラベルが付けられ、更に小郵袋を街道ごとにまとめて大郵袋に収めて直ちにはこび手の騎馬飛脚に渡された。発送作業は午後六時からはじまり深夜にまで及び、完了するのはいつも午前二時をすぎていた。しかし宮廷や政府から緊急書簡が遅れて入ってく

騎馬飛脚．1633 年の出版物の表紙に描かれたもの．木版画．赤の制服を着たポストボーイが手紙を入れた鞄を肩にかけ，ホルンを吹きながら目的地に向けて馬を飛ばしている．

騎馬飛脚．1774 年にロンドンの版元から売り出された「クーリエ・アングリア（イギリスの飛脚）」と題されたカリカチュアの 1 枚．石版画．前者と対照的に，大きな郵袋を背に長いホルンを吹きながら，ゆっくりと進むポストボーイが描かれている．

ると、その書簡を早馬に託して、出発した騎馬飛脚を追跡させることもしばしば起きた。そうなると発送係が寝るのは朝方になってしまう。深夜そして早朝の作業がつづくので、書簡発着の監督総責任者を拝命していたヒックスは内国局があったビショップスゲート街に隣接したスレッドニードル街に家族と一緒に居を構えて、職住一体の生活をしていた。内国局のなかで寝泊まりしていた若年の係員も多く、駅逓の現場を支えたのは有能な中堅管理者と練度の高い仕事人たちであった。ヘメオンの郵便史に収録された記録によれば、ロンドンからの郵袋輸送の所要時間は、ドーヴァーまで一九時間から二二時間、ブリストルまで二五時間から三〇時間、エディンバラまで七三時間から一〇三時間であった。

外国駅逓総局　第3章で草創期の外国との書簡交換の状況をみてきた。ロンドンに進出していたハンザ諸国、ネーデルランド、イタリアなどの外国商人が母国との通信を確保するために一五一四年に「外国商人飛脚」を創設し、また、イギリスの冒険商人も一五七〇年から「冒険商人飛脚」を運営していたが、その後、前者は一六〇四年に、後者は一六二七年に王室駅逓に吸収され、その機能が外国駅逓総局に引き継がれていった。王政復古直後のスタッフは四名。一六八八年にはスタッフが一八名に増加。内訳は監督官一、区分係二、アルファベット・マン一、配達など外勤担当一四になった。外国便の発着の曜日は、まずフランス便が月木、オランダ便が火金、フランドル便が月金と定められていた。しかし、日々の天候により郵便船の運航が大きく左右された。また、内国局と外国局の仕事には手紙の配達など共通するものも多かったが、なかなか統合が進まなかった。

郵趣的な話になるが、料金が受取人払い（後払い）であったから、ロンドンの外国駅逓総局に到着したオランダやフランスなどからの手紙の表面には、受取人から徴集する料金額が記された。正確な開始時期は不明だが、金額を外国局ではスタンプ（印判）を押して表示するようになった。「料金徴

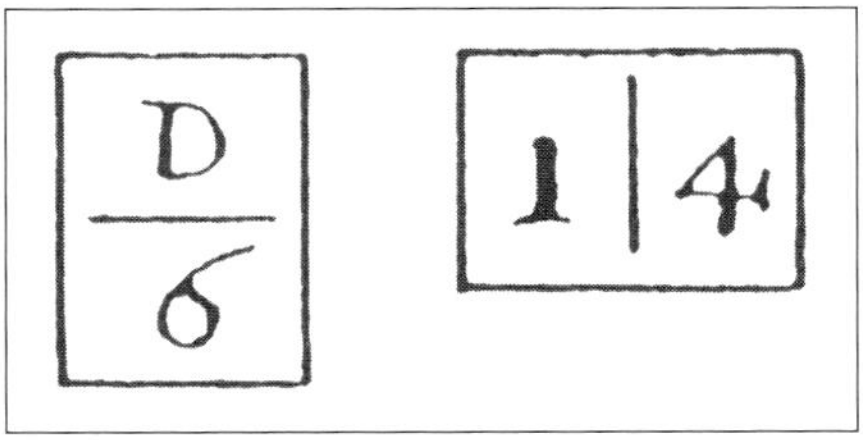

料金徴収額表示印．左は6ペンスの印，フランス・ブルターニュ地方のサンマロやモルレから到着したシングル・レターに押された．右は1シリング4ペンスの印，ハンブルク，フランクフルト，ケルンなどドイツ地方から到着したダブル・レターに押された．

収額表示印」ともいうべきものである。様式は横形と縦形との二種類がある。だが、手書きによる料金表示の方が手っとり早かったのか、一六六七年、表示印の使用が突然中止され、手書きに戻されてしまった。

駅路と地図　一七世紀中葉の街道は、ロンドンを軸に各地に放射状に延びていた。主な街道は六本。いずれもロンドンが基点。まず、コヴェントリー、ウェスト・チェスターそしてアイルランドへ通じる北西に向かうチェスター街道、スタンフォード、ドンカスター、ヨーク、ダラム、ニューカースル、ベリックそしてスコットランドへ通じる大北街道、ソールズベリー、エクセター、南西のプリマスへ向かう西街道、レディングを通り真西に向かうブリストル街道、コルチェスター、イプスウィッチを通り東に向かうヤーマス街道、そしてロチェスター、カンタベリーを通り南に向かうドーヴァー街道（ケント州街道）があった。これら主要街道は駅路《ポスト・ロード》ともなる。

駅路の状況を把握するため、各宿駅の名前と宿駅間の距離を記録した駅逓地図《ポスタル・マップ》がつくられる。第一版が一六六九年に公表された。地図というよりは、駅逓里程表と呼ぶ方がふさわしいような簡単なものだった。これをみると、各街道筋の書簡の送達時間や旅行の大まかな日程が割り出せるようになった。また、一六七五年には有名なジョン・オーグルビーの道路地図帳が出版された。全国で実際に測量して、法定マイルにより一〇〇葉にまとめられた地図である。各宿駅間の距離や方位はもちろん、地形や町の様子も描き込まれた。旅行者には欠かせない道路地図となる。駅逓運営にも貴重な地図になった。

ビショップ日付印　駅逓長官のビショップは宿駅頭から評判が悪かったが、彼が考案した「日付印」は駅逓運営に欠かせないものとなり、局名や時間などを加えて、現代の郵便局でも使われている。ビショップの日付印については、ヴィクトリア朝以前の郵便印を調査研究したL・E・バチェラーとD・B・ピクトン＝フィリップスの共著がある。それによると、郵便史上、日付印は重要な考案、否、発明となった。日付印は半円形の二つのパーツを合わせて丸い印判にしたもので、日付は数字で、月は略号で表示している。日付を彫った三一個のパーツと月の略号を彫った一二のパーツで一組。月日を組み合わせて、毎日その日の日付印を用意した。

日付印考案の背景には、手紙が遅いというクレームが当局にしばしば寄せられていた事情があった。確かに手紙の発送や到着が係の怠慢で遅れたことがあったが、そもそも使用人が局の窓口に手紙を取りに行かなかったり、あるいは手紙をだしに行くことを忘れた、時には、さぼっていたこともしばしば起こっていた。そこで手紙の引受や到着の日付を証明す

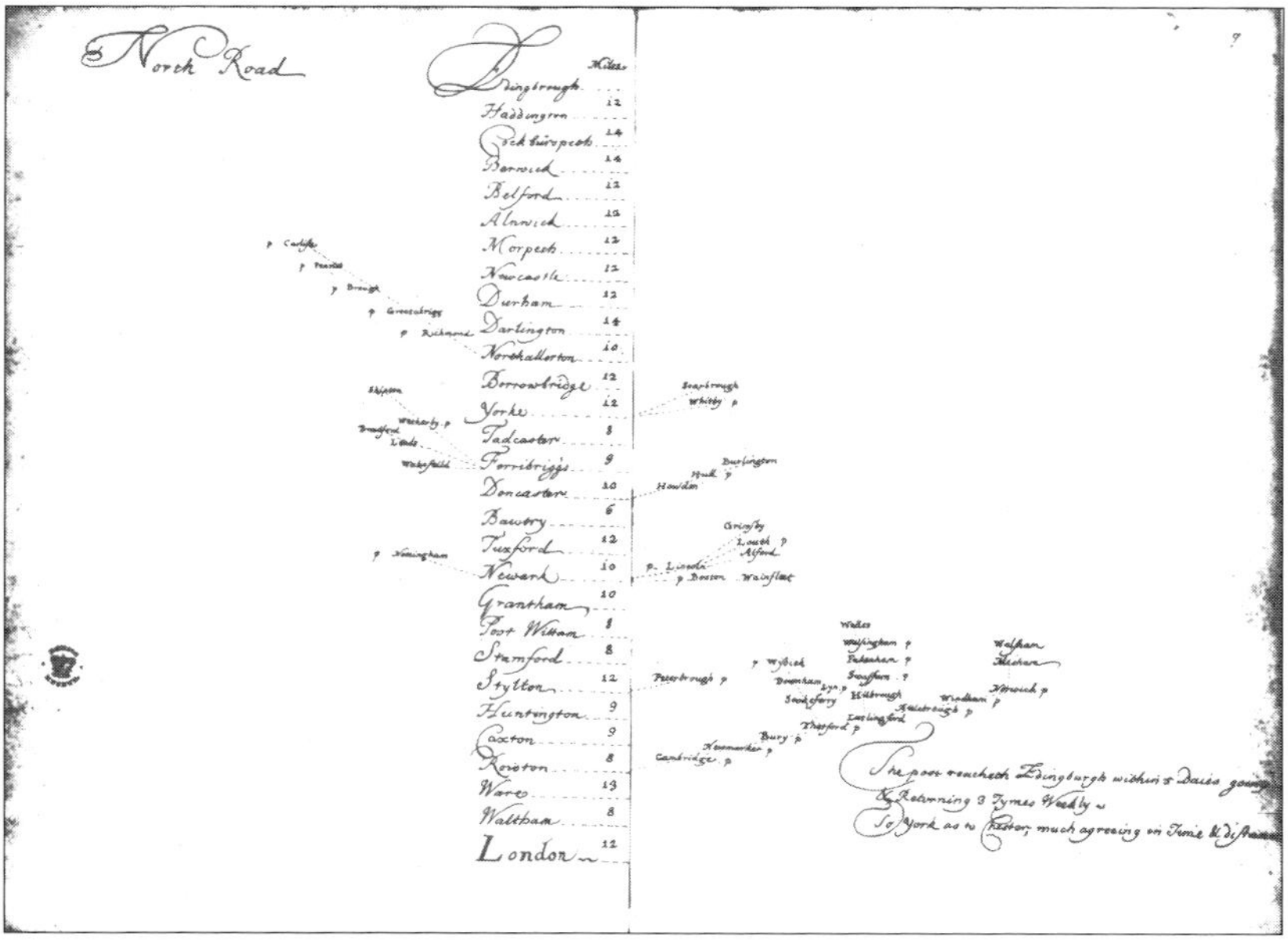

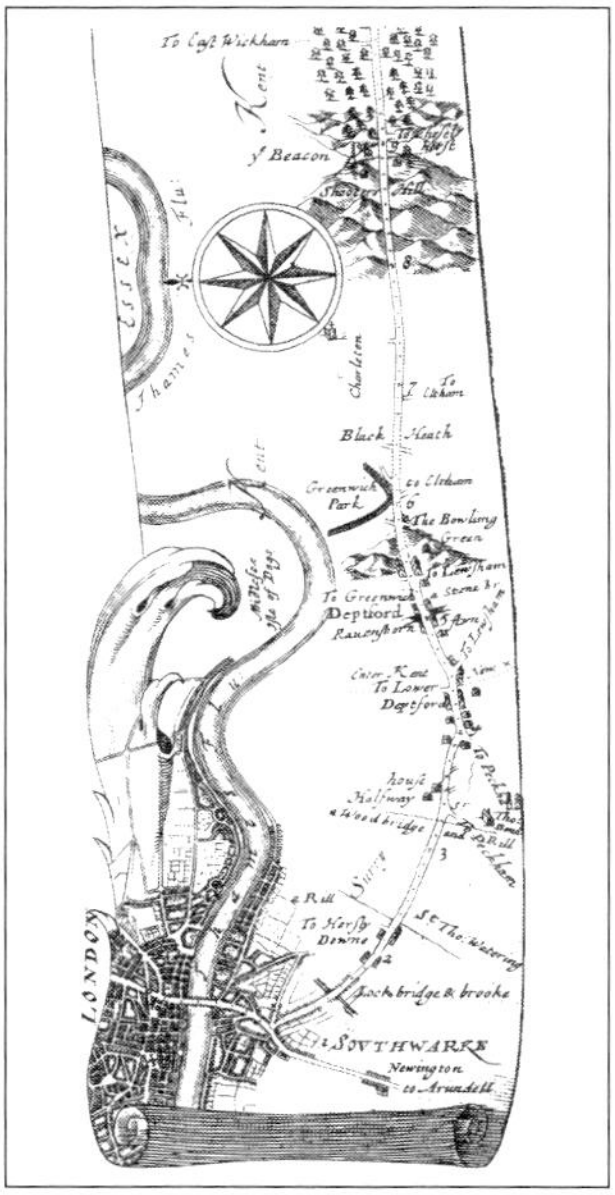

上は駅逓地図．17 世紀．王政復古後のロンドンからエディンバラまでの大北街道の宿駅名，宿駅間の距離がマイルで示されている．宿駅はロンドンを含め 29，総距離 298 マイル（477 キロ），宿駅間平均は 11 マイル（17 キロ）．脇街道は東側に 5 本．下から，ロイストン宿からノリッジ，スティルトン宿からピーターバラ，ニューアーク宿からアルフォード，ドンカスター宿からハル，ヨーク宿からウィットビーなどとをむすぶ枝道がある．西側には 3 本．ニューワーク宿からノッテンガム，フェリーブリッジ宿からリーズ，ノーザラートン宿からカーライルなどとをむすぶ枝道が敷かれていた．

左はオーグルビーの地図．1675 年．ロンドン市内からテムズ川を渡り，サザック，グリニッジ，ブラックヒースと進むケント街道のはじまりの部分．

るスタンプ（印判）の使用を思いついた。つまり、手紙の引受時、到着時に日付印を押しておけば、利用者からのクレームに反証できる。それに係員にも手紙を迅速に取り扱うように促すことができる、とビショップは考えたのである。現在確認されているビショップ日付印の最古使用例は一六六一年四月一九日付のものである。この日付印はロンドンで最初に使用されたが、後にダブリンやエディンバラでも使用されるようになっていく。

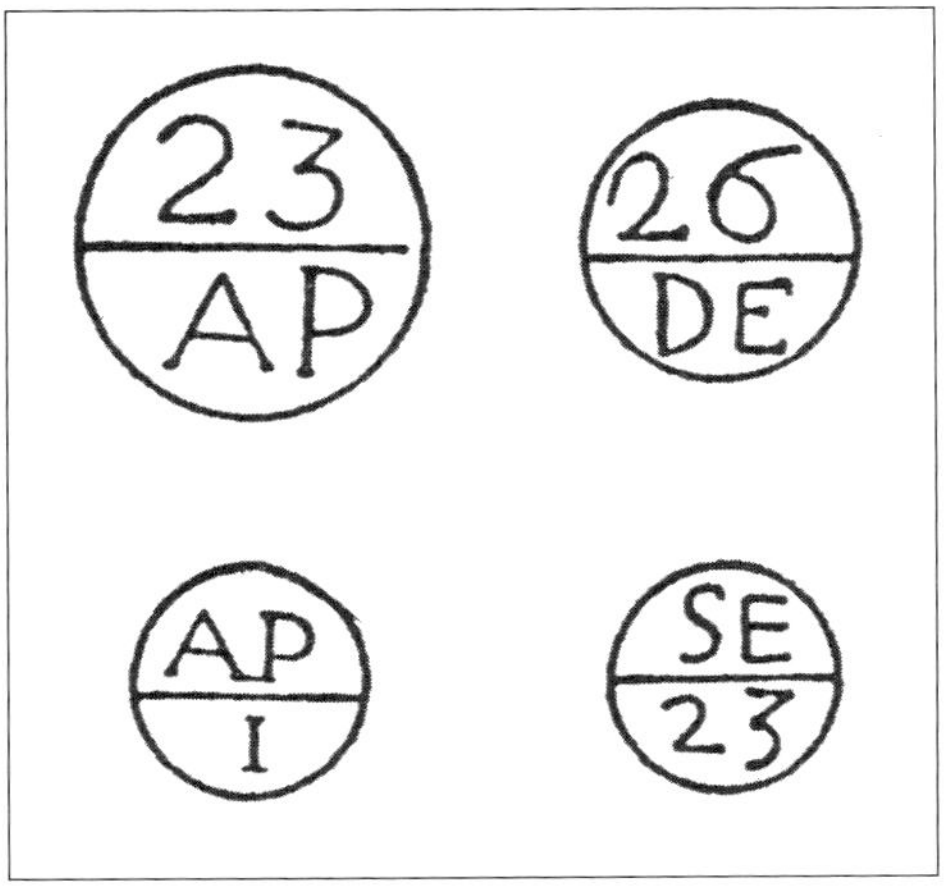

ビショップ日付印．上左から時計回りで，4 月 23 日，12 月 26 日，9 月 23 日，4 月 1 日の印影．日付の表示位置が上 2 つの印は上に，下 2 つは下にある．

3　名誉革命後の駅逓運営

本章冒頭で説明したとおり、一六八八年、専制政治を改めなかったチャールズ二世が失脚し、オランダから王の長女メアリーとその夫オラニエ公が国王として迎えられ、二人はウィリアム三世とメアリー二世として王位に就いた。名誉革命である。ここでは名誉革命後の駅逓運営をとりまく状況についてみていこう。

新聞の普及　新聞は駅逓のネットワークを使って読者に届けられるようになった。イギリスで新聞のはしりとなったものは一六世紀に登場した「ニュース・レター」である。それはロンドンの情報伝達業者《インテリジェンサー》が都会のニュースやゴシップなどの最新情報を手紙にまとめ、地方の富豪や地主あるいは貴族階級などの特定の予約者に伝えるものであった。本格的な新聞が発行されるようになったのは、香内《こううち》三郎の『活字文化の誕生』に詳しいのだが、近代ジャーナリズムが形成されはじめ、政府批判をおこなう大衆運動が高揚し政治論争が活発化した清教徒革命前後からである。革命期、短命なものを含めると、四〇〇紙もの新聞が発刊されていた。

新聞と郵便との関係について解説したジェレミー・グリーンウッドの著作によれば、あの悪名高き国王の刑事裁判所で

新聞税の極印．左が1797年改定後の２ペンス半の極印．赤茶色のインクを使い押印された．中ほど白抜きの「半ペニー」の文字が最初のもの．上１つと下３つの「半ペニー」の文字が各改訂時に追加された税額．合計５つの「半ペニー」で，２ペンス半となる．右は1800年頃のもの．上に「16パーセント割引」，脇に「4.5パーセント追加」の文字があるが，合計いくらになるのか計算方法は不明．

あった星室庁《スター・チェンバー》が一六三七年に出版物の事前許可制を導入して、印刷業者や出版業者を規制した。星室庁が廃止されてからも、法律によって出版物の事前許可制は継続された。しかし、ウィリアム三世が即位して、国王に言論の自由などを確認させた「権利章典《ビル・オブ・ライツ》」が制定されると、事前許可制は詩人であり共和派のジョン・ミルトンや啓蒙思想家らによって反対され、一六九四年に廃止される。規制当事者の政府は一六六五年に政府広報誌『オックスフォード・ガゼット』（翌年に『ロンドン・ガゼット』と改称）を発刊していたが、事前許可制廃止後の一六九五年にはトーリー系の新聞『ポストマン』や『ポストボーイ』が、また、それらの新聞の対抗馬として『プロテスタント・ポストボーイ』なる新聞が、更に一七〇二年には日刊紙『デイリー・クーラント』が発刊されるようになる。

　事前許可制はなくなったものの、一七一二年から新聞やパンフレット類などの出版物に対しても印紙税が課されることとなった。一般に「新聞税」と呼ばれるもので、新聞の用紙の枚数にもとづいて課税される。導入当初の税額は、用紙一シートの新聞一ペニー、ページものの出版物二シリングなどと決められた。納税方法もたいへんで、出版元は新聞など出版物を指定の打刻所《スタンピング・オフィス》へ持参し、税金を現金で支払い、新聞税の極印の打刻を出版物一部ずつに受けなければならなかった。後年、輪転機が登場し新聞の高速大量印刷が可能になると、さすがに手作業とはいかず、極印の同時印刷が認められるようになった。

　煩雑で手間のかかる税金であったが、出版元にとって一つだけ利点があった。それは新聞税を納付した新聞は、駅逓料金（郵便料金）を支払うことなく、無料で新聞を差し出すことができた。この無料送達受益権《フランキング・プリヴァレッジ》は新聞税創設と同時に暗黙のうちに与えられたもので、郵便法に明記されたのが一八二五年。新聞税が廃止されたのは、その三〇年後のことであった。このように、新聞と駅逓《ポスト》は密接に関係していたこともあり、新聞の題号に『ポストボーイ』、『ポストマン』、『フライングポスト』、『デイリーメール』などと駅逓と縁の深い名前が多いのもうなずける。

長官二人制　駅逓長官《ポストマスター・ジェネラル》が二人制になった。この背景には、名誉革命で登位したウィリアム三世が、はじめのうち革命を遂行したトーリー、ホイッグ両派から有力な政治家を選んで内閣を組織し、みずから閣議を主宰していた経緯があった。その経緯を踏まえ、駅逓長官についても両派から一人ずつ計二人の長官をだすことになった。とはいえ、数年後には政策のちがいから主導権を握った派が単独で組閣するようになった。一方、長官二人制は、ステュアート、ハノーヴァーの両朝にまたがり、一六九一年から一八二三年まで何と一三二年間もつづいたのである。

二人制が長期間にわたりつづいた理由は、駅逓長官が多分に貴族がもつ名誉職的な官職であったことと、直近下位の駅逓次官が実際の業務を全面的かつ継続的に指揮し監督していたためであったと考えられる。言い換えれば、名目上のトップは長官、実質的なトップは次官であった。二人制時代の長官は全部で三八人。平均在任期間は七年。爵位をもつ者は二一人（公爵一、侯爵一、伯爵一三、子爵一、男爵五）。貴族院議員一一人、無冠はわずか六人であった。同じ時期、次官に就任した者は再任を含め一二人で、三〇年以上在職した次官が二人もいる。

金を生みだす機関　一九世紀の経済学者ウィリアム・カニンガムとエレン・A・マッカーサーは共著のなかで「駅逓が金を生みだす機関《マネー・メイキング・コンサーン》として成功し、国家財政のなかに組み入れられた」と述べている。かのアダム・スミスも『国富論』のなかで「駅逓は、必要な馬や車を買ったり借りたりするための経費を前払いしておき、書状送達に対する税により、大きな利潤とともにそれを回収している」と論じている。これら著名な学者の指摘を待つまでもなく、王政復古そして名誉革

表10　国家財政と郵税収入（ステュアート朝後期）
（単位：万ポンド）

年度	歳入		歳出	
		郵税（注）		軍事費
1693	378	11 (0.3)	558	427
1697	380	12 (0.4)	792	547
1699	516	15 (0.4)	469	225
1703	556	16 (0.4)	531	349

出典：歳入歳出＝隅田哲司『イギリス財政史研究』43ページ．
　　　郵　税＝Robinson, *BPO Hist.*, pp.80-81, 85.
注：郵税のカッコ内は，ペニー郵便からの徴税額.

命後、駅逓事業からの収入は郵税《ポステージ》として完全に国家財政に組み入れられていった。

表10に、ステュアート朝後期の国家財政と郵税収入の関係を簡単に整理しておいた。歳入は伸びているものの、歳出が歳入を上回る年度が一七世紀末にみられる。歳入欠陥はもっぱら赤字国債によって穴埋めされていた。歳出額のブレが大きいが、フランスとの戦争遂行のための軍事費が大きな負担となっており、歳出の八割弱を占めた年度もある。次に郵税収入の位置づけ。郵税は着実に伸びてきているが、歳入全体に占める郵税の割合は各年度三パーセント前後であった。決して大きくはないが、あまたある歳入財源のなかでも郵税は確実に増加が見込める優良財源であったにちがいない。それは関税《カスタム》、物品税《エクサイズ》、内国税《インランド・デューティーズ》とともに国家財政を支える財源となっていく。すなわち、一般書簡局は「金を生みだす機関」になっていった。

第6章　ロンドン市内のペニー郵便

用語の変更　日本では、手紙をはこぶ仕事を江戸時代まで「飛脚」と称し、明治になって「郵便」という言葉を使うようになった。しかし、英語の単語「post」には、いろいろな意味が込められている。郵便史の関係では、「飛脚」「駅逓」「郵便」などと翻訳できる。本書の叙述は時代感覚をだすために、これまで「駅逓」とか「飛脚」などと表記してきたが、近世イギリスの時代に入るので、ここからは「郵便」「郵政」に切り替えたいと思う。例えば、

駅逓局長（Postmaster General）→郵政長官

宿駅頭（Postmaster）→郵便局長

などといった具合にである。日本語特有の事情による変更である。

本章では、一六八〇年、一民間人ウィリアム・ドクラがロンドンで立ち上げた市内郵便について、その創設から国家に接収されるまでの過程をまとめた。創設の背景にあった言論活動の活発化の動きにふれるほか、合本制《ごうほんせい》会社形態による資本募集、運営実態、前払制採用に伴う郵便印の考案、国有化後のドクラの闘いなどについて検証する。

本論に入る前に文献についてふれておきたい。ドクラの市内郵便には、第9章で述べるローランド・ヒルが主導して一八四〇年にスタートした近代郵便の重要な仕組み、すなわち一律料金制や料金前払制が採用されている。その意味で、ドクラの郵便を近代郵便の先駆けとなる事跡として捉え、イギリス郵便の通史には精粗の差はあるけれども必ずとりあげられている、と、いってもよい。管見によれば、例えば、古くは一八六四年刊行のルーウィンスの郵便史を筆頭に、ジョイス、ヘメオン、ロビンソン、F・ジョージ・ケイ、そして二

○一一年刊行のキャンベル＝スミスの郵便史にもふれられている。ペニー郵便の専門書としては、ジョージ・ブラムルとフランク・スタッフの二書があげられる。切手の役目を果たした料金収納印など郵便印については、バチェラーとピクトン＝フィリップスの共著がある。以下、これらの文献を主軸に関連文献も参考にしながら、話を進めていこう。

1　発展するロンドン

一七世紀中葉のロンドンはヨーロッパのどの都市とくらべてみても、引けをとらない大都市になっていた。まず、今井登志喜の『都市の発達史』、ヒュー・クラウトの『ロンドン歴史地図』（中村英勝監訳）などを参考にして、ここでは発展するロンドンについてみていこう。

大都市ロンドン　一七世紀初頭のロンドンの人口は約二〇万人。これはパリとほぼ同じ規模であったが、世紀後半になると、二・五倍の五〇万に増加し、イギリスの人口の一割がロンドンに集中する。当時、繁栄を謳歌していたアムステルダムの人口三〇万さえも大きく引きはなし、パリとともにロンドンはヨーロッパの大都市に伸《の》しあがってきた。

この間、ロンドンでは、一六六五年にペストが大流行し二万人の犠牲者がでた。翌年には大火がおきて四昼夜も燃えさ

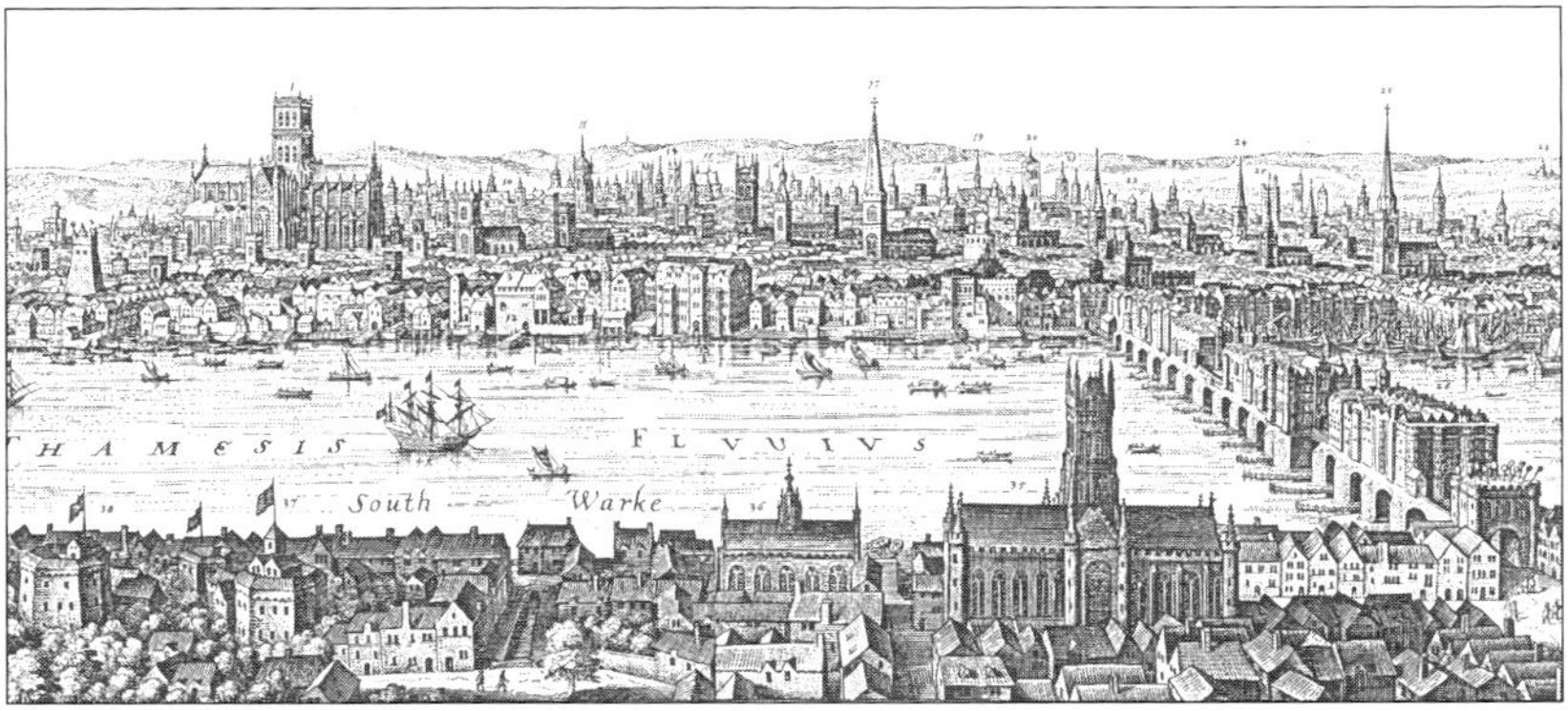

17世紀のロンドン．有名なクレーズ・ヤンスーン・ヴィッシャー（オランダ人）の絵地図．右手に旧ロンドン橋，左上には大火で焼失する前の旧セント・ポール大聖堂などがみえる．手前はサザック，左下に六角形や八角形の形をした有名な地球座が建っている．このような街のなかをペニー郵便の配達員が手紙を家々に届けていた．

かり二五万人が焼けだされた。このような大きな災いに見舞われたが、建築家クリストファー・レンや造園家ジョン・イーヴリンらがロンドンの復興計画を練りあげて、これを機会に、建物は木造建築からレンガと石でつくられた耐火建築の建物となり、町並みが一新される。かのエドワード・チェンバレンは著書のなかで、ロンドンを「貴族、紳士、廷臣、僧侶、法律家、医者、商人、海員と各種の優秀なる技術家たちであり、もっとも洗練された機知と、もっとも優れた美の大いなる集合所となった」と讃えている。一六七七年には著名な市民の「住所録」もはじめて出版され、後年、郵便配達の道しるべにもなる。

　ロンドンの経済発展も目覚ましい。一七世紀後半、国際経済を支配してきたオランダの時代が終わり、イギリスとフランスが台頭してくる。経済指標をみると、イギリスの一六六三年の船舶保有は一四万トン、商品生産は二〇四万ポンドであったが、二五年後には船舶二九万トン、商品四〇九万ポンドとなり倍増した。もっとも商業上の富が増加していった時代であった。新設されたイングランド銀行はアムステルダム銀行の地位を奪いとり、ロンドンを世界の金融市場にのしあげていく。

　郵便の利用方法　このように、ロンドンで人口が増加し経済も拡大してくると、情報伝達を担う郵便の需要は高まるばかりであった。この時代、ロンドンの人たちは、どのように郵便を利用していたのであろうか、その点について整理すれば、以下のとおりとなろう。

　一六三五年七月、王室郵便《ロイヤル・ポスト》は民間人にも公開された。郵便路線は主要街道に敷設されて、ロンドンからケント州など近隣地方へは一日一便、その他イングランドの主だった町村とスコットランドへは二日に一便、ウェールズやアイルランドにも週一便程度の頻度で郵便が行き交っていた。街道沿いの大きな町や村からは脇街道を使って、奥地の村に支線郵便《バイ・ポスト》が延びていた。この時代、ロンドンと地方、それに地方と地方とをむすぶ王室郵便のネットワークが機能していた。ロンドンはすべての街道の発着点であり、郵政省《ジェネラル・ポスト・オフィス》が中心組織となり、王室郵便を統率し管理していた。中央郵便局も併設され、そこでは地方から到着した郵便や地方へ発送する郵便物が処理される。また、郵政長官《ポストマスターズ・ジェネラル》の公邸もあった。ロンドンっ児は親しみを込めながら、そこを「本局《ヘッド・オフィス》」と呼んでいた。

　まず、ロンドンの人々が地方に郵便をだす場合。郵便ポストがなかったから、本局に手紙を直接もって行くか、市内の要所にあった書状引受所《レター・レシーヴィング・ハウス》に手紙を持参しなければならなかった。引受所の業務は、地元の商店などに委託されていたが、業務は、持参された手紙を本局へ持ち込むことと、本局に着

ロンバード街の郵政省庁舎．本局．1678 年にビショップスゲート街から移転．ロンドン市長・銀行家のサー・ロバート・ヴァイナーの屋敷を改装したもの．中央郵便局の機能も果たしていた．

いた手紙を受け取ってくることであった。書状送受の代行業になるが、これらサービスに対して、利用者から郵便物一通について一ペニーの手数料をとっていた。

　王室郵便はロンドン市内における手紙の戸別配達サービスを提供していなかった。換言すれば、ロンドンのある地区から他の地区、例えば、ロンバード街からストランド街宛の手紙は取り扱っていなかったのである。だからロンドンの人々は特定の宿屋《イン》やコーヒー・ハウスなどを自分の手紙の受取場所と定め、そこに手紙を届けてもらうようにし、後刻、届けられた手紙をピックアップしていた。宿屋などがいわば町の郵便局の役割を果たし、手紙の留置サービスをおこなっていたのである。

　ロンドンで市内宛の手紙を差し出すとき、あるいは受け取るときに指定の場所に行く仕事を、みずからおこなっていた倹約家もいたかもしれないが、大半はお抱えのポーターや使用人に任せていた。このように、当時、ロンドンの市内で文通をしようとすると、個人個人がそれぞれに手段をみつけなければならなかった。ロンドンがイギリスの、否、ヨーロッパの政治、経済、文化の中心的な都市になろうとしていたことを考えると、パリをはじめヨーロッパのほかの都市でみられた組織的な市内郵便がなかったことには、いかにも時代遅れの感が否めなかった。

2　カトリック陰謀事件

　前述のとおり、人口増加や経済発展が市内郵便のニーズを高めていったが、そのほかにも、言論活動の活発化が郵便需要を増加させる要因となっていたことも見逃せない。

　言論活動の活発化　一七世紀後半に入ると、政治宣伝が活発化して、敵対勢力をあざむく権謀術数そして陰謀が横行する時代になっていく。主役は後に政党に発展していく二つのグループ。簡単にいえば、国王に対する服従と国教会体制を堅持することを原則とする派（後のトーリー党）と、議会による王権の制限と非国教徒への寛容を重視した派（同ホイッグ党）であった。両派はたがいに反対派を攻撃し、それはまたイギリス議会のなかに野党が形成され、政府批判をおこなう大衆運動につながっていく。

　街頭での宣伝活動では、政府の政策を批判する文書を印刷し、緑のリボンをつけた紳士たちが町にでて文書を人々に配布した。このほか宣伝活動はさまざまな手段を駆使しておこなわれていった。政府側も負けてはいなかった。議会では露骨な多数派工作がおこなわれ、政府批判文書の配布禁止令をだして取り締まる抑制政策をとる一方で、政府みずからが政府を支持する大衆運動を組織することにも力を注いだ。そこには謀略のかずかずが横行していた。

　当時、そのため与野党いずれの側も自党の正当性を主張するパンフレットなどの文書を作成して各層に流布した。それらはカトリックの脅威や王位継承問題にかかわるものであった。実はこの宣伝戦がイギリス国内にとどまらず、フランスやオランダもそれぞれの立場を訴える文書を印刷しイギリスに送り込んできた。まさに国際的な文書合戦というべき様相を呈してきた。

イギリスで言論活動が盛んになった理由は、統治システムが激しく揺れ動いていたからである。一七世紀中葉からはじまったピューリタン革命、クロムウェルの独裁政治、王政復古、名誉革命という大きな歴史のうねりのなかで、ロンドンはいつもその中心にあった。王党派と議会派が衝突し、長い間、国内各地で内乱がつづく。戦いには強力な武器が必要であったが、同時に理論武装も欠かせなかった。政治体制の変革を巡り、激しい論争と宣伝戦がつづき、その中心地もやはりロンドンであった。

　効果的な言論活動はオルグと紙の爆弾だ。したがって、議会、軍隊、宗派各セクトは集会を頻繁に開き討論し仲間を増やしていった。加えて、新聞やパンフレットを発行し活字メディアを通じて論争を挑み、自派の正統性を主張した。そこには近代ジャーナリズムの萌芽がみられる。郵便はその仲立ちをする役目を果たすことになった。

　なお、言論活動の歴史については、村上直之の『近代ジャーナリズムの誕生』、樺山紘一の『情報の文化史』などの著作が参考になった。

陰謀事件　一六七八年からはじまったカトリック陰謀事件《ポーピッシュ・プロット》とは、カトリック教徒が国家転覆を企てているという陰謀が捏造され、それが社会に拡散され、国全体がパニックに陥った事件をいう。捏造が判明するまでの二年半、反カトリック感情が高まり、ホイッグの敵視政策がつづいた。

その首謀者はカトリックの陰謀を密告したタイタス・オーツである。捏造された密告は次のようなものであった。一六七八年四月二四日、イングランドのイエズス修道会士の集りがロンドンの白馬館で開かれた。席上、国王チャールズ二世を暗殺し、カトリックのヨーク公を王位に就かせ、イングランドでカトリックを復活させることを密議していた。公園を散歩中の国王に弓を射って暗殺する。失敗の時は侍医に毒を盛らせることまで決めていた、というものであった。

加えて、ヨーク公の秘書に宛てた手紙のなかに「イギリスのプロテスタント非国教徒を絶滅する陰謀があることを示す記述が発見された」という噂が広がっていった。更には密告を調査していた治安判事がロンドン市内の溝で死体で発見された。これらのことが重なって、真実味を帯びた事件に発展していく。その結果、ロンドンを中心にカトリックの陰謀の恐怖が煽《あお》られることになり、政府はつぎつぎにイエズス会派の人々を逮捕し三五人を処刑した。世にいう「カトリック陰謀事件」である。

後述するが、ロンドンの市内郵便は料金が一ペニーだったので「ペニー郵便」と呼ばれた。そのペニー郵便がカトリック陰謀事件に絡む争いのなかに投げ込まれてしまった。ルーウィンスの郵便史によれば、密告者であったタイタス・オーツが「ペニー郵便の裏にはカトリック教徒の陰謀が潜んでいる。もし、ペニー郵便の郵袋のなかを調べてみれば、それが反逆罪につながる手紙で満ち満ちていることがわかるであろう」と声明をだした。それに加えて、カトリック教徒と対峙していたプロテスタント教徒も「ペニー郵便全体がカトリック派の反乱計画を遂行するための通信手段として便宜を与えるための計略だ」と強く弾劾。これに新聞も同調した。例えば、カトリック教徒やホイッグ党に一線を画していた、プロテスタント非国教徒系の新聞は、前記のオーツの声明を掲載した。同時に「ホイッグ党は編集主幹たる私をペニー郵便を批判した廉《かど》で告訴して、その上、すべてを剥奪した」と編集主幹の強い抗議を表すコメントもだした。

だが、前記の意見とは少し異なる論調を掲載した新聞もある。例えば、「ペニー郵便はカトリック派の陰謀に利するかもしれないが、同時に、プロテスタント派がそれらの陰謀の裏をかくことにも利することができるから、この制度はいずれの派にとっても同じ」とする中立的な記事もみられた。それに、オーツ自身が「ペニー郵便にカトリックの陰謀が潜んでいる」と述べたことはないといい、前記の声明を否定している。むしろオーツは「ペニー郵便は商業に従事するすべての人にとって利益となろう」と語っていた、という説もあるから、どの話が真実なのか、もはや確認できる術《すべ》がない。すべては霧のなかである。

一六八〇年三月二二日、ホイッグ党系の新聞は「善良なる市民が市とその近郊の住人の利益に資するため、遠近にかかわらず、書簡一通につき一ペニーの料金で迅速に配達する方法を計画している」と報じた。二日後、同紙は「既報の市内郵便配達計画に対して異議を唱える向きもあるが、現在、支払っている割高な料金と、一通一ペニーの料金には明らかな差がある。決して民衆にとって不利益をもたらすものではない。この計画に悪意をもたないことを望む」という記事を載せた。このホイッグの記事がペニー郵便の当事者たちの思いを代弁しているようにみえる。

反ホイッグ派の罠　ペニー郵便とカトリック陰謀事件。この二つの関係について、必ずしも明確な解釈があるわけではないが、著者は、反ホイッグ派が仕掛けた罠であったのではないかと思う。すなわち、ペニー郵便の創設はホイッグ派が後押ししていたから、反対派は何か反対の口実をみつける必要に迫られていた。そこで陰謀事件がまだ冷めやらず民衆のなかにカトリックに対する恐怖心が根強く残っていたことを利用して、反対運動を展開したのである。その論法は次のとおりだ。仮に、カトリックの一派がペニー郵便の運営に直接影響力を行使することができるようになったら、ペニー郵便を通じてだされた手紙は、カトリック派によって検閲されて管理されてしまうことになる。その上、カトリック教徒に都合の悪い情報は故意に制御されて、都合のよい情報だけがペニー郵便を使って流されることにもなりかねない、という筋書であった。

もっともらしい理屈だが、「カトリック派が……」という文言は、先のロンドン大火の原因調査を巡って「カトリック派が放火した」という説が流されたときと同様に単なる口実にすぎず、反対派が真に恐れていたのは一方の派すなわちホイッグ派により情報が管理されてしまう。その点がこの問題の本質だったのではないだろうか。仮にそれを許せば激化する文書合戦それに情報戦に負けて、組織崩壊の危機に曝《さら》されかねないことになる。その疑心暗鬼が生みだした奇策であったのかもしれない。郵便が手紙を宛先に届けるビジネスと考えられている現在とはちがい、この時代、郵便は情報をコントロールできる情報機関の機能を有する唯一の組織としても認識されていた。その証拠に王室郵便がまさに情報を制する国の直轄の事業であった。

3　ペニー郵便の誕生

一六八〇年四月、ロンドンにおいてペニー郵便が営業を開始した。創業者は税関吏などの経験があるウィリアム・ドク

地図4　ロンドンのペニー郵便（1680年）

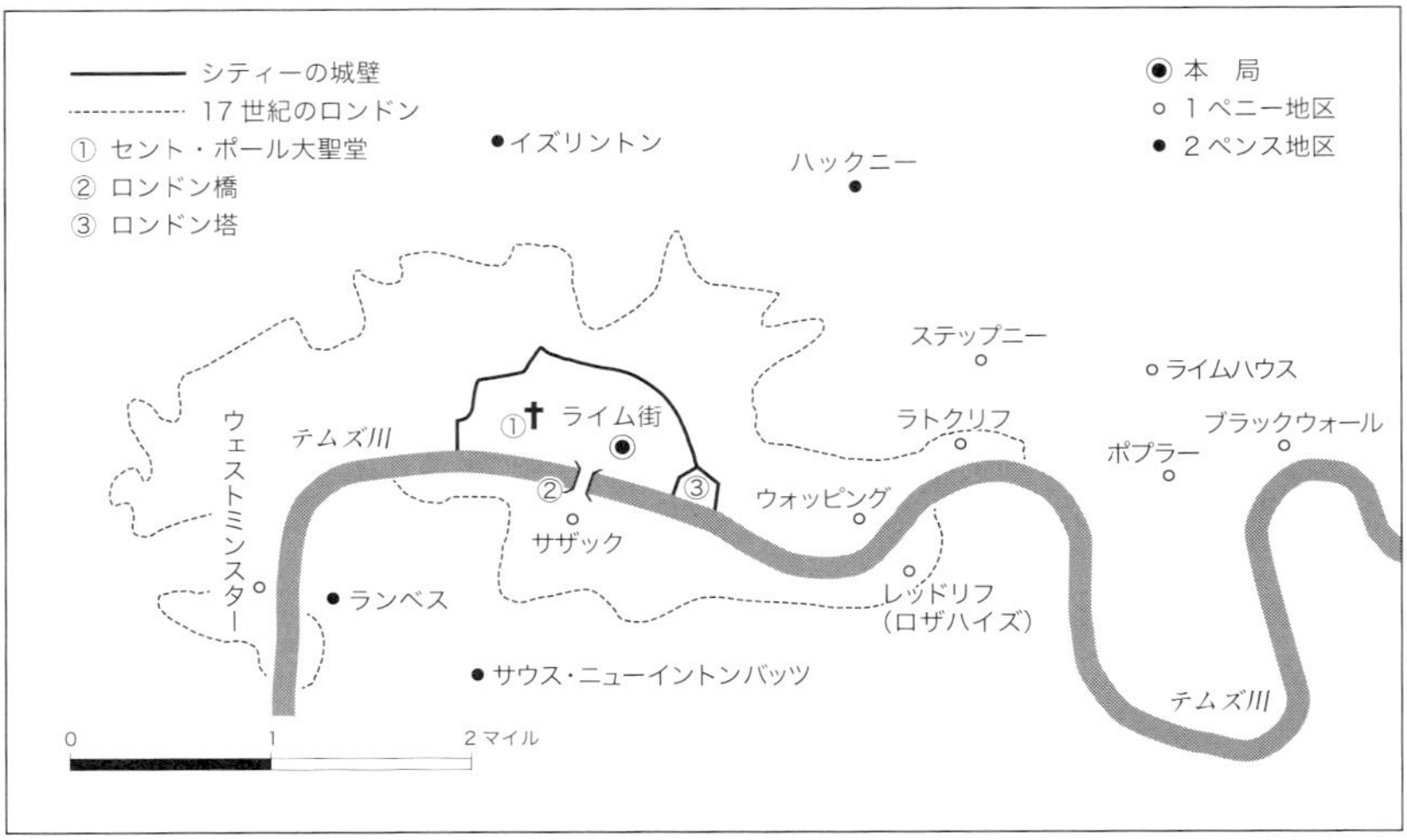

（著者作成）

ラである。不安定な政治情勢のなかで誕生した、この一商業上のビジネスは、また、宗教というまことにやっかいな問題に直面しながらも、ロンドン市内の戸別郵便配達サービスを展開していく。スタッフが一六八〇年から二世紀半にわたる料金一ペニーの市内郵便の変遷を一冊の本にしている。そのなかに、一七世紀後半、トマス・ドゥ・ローヌによって編まれた『ロンドン最新事情《ザ・プレゼント・ステート・オブ・ロンドン》』に掲載されたドクラのペニー郵便に関する解説、ドクラが作成した多数の広告文面《ブロードシート》などが収録されている。それらに依拠しながら、以下にペニー郵便の概要を紹介する。

集配地域　ペニー郵便の集配地域は一ペニー地区と二ペンス地区に分かれる。地図4に示すように、一ペニー地区は、基本料金の一ペニーで宛先まで手紙を配達する地区。テムズ川をはさんで、東西一一キロ・南北三キロの地域である。具体的には、ウェストミンスター、シティーのライム街、ウォッピング、ラトクリフ、サザック、レッドリフのロンドンの市街地と、ステップニー、ライムハウス、ポプラー、ブラックウォールの隣接の町が一ペニー地区。「死亡調査表《ビルズ・オブ・モタリティー》」が定期的に作成された教区にほぼ等しい地区にあたる。死亡調査表とは、伝染病の流行時に教区ごとに伝染病の死亡者数を記録し、政府に毎週報告させるための表のこと。それによって予防対策をとった。

二ペンス地区は中心部から離れた近郊《アウト・タウン》の町で、テムズ川の北岸にあるイズリントンとハックニー、南岸にあるランベスとサウス・ニューイントンバッツの四地域である。現在はロンドン市内に入る。これらの地域では、到着した手紙を受け取るときには、最寄りのペニー郵便の書状引受所の窓口まで行かなければならなかった。今日の局留扱いである。手紙を宛先まで配達してもらうと追加料金一ペニーがかかった。合計が二ペンスになったから、二ペンス地区と呼ばれるようになった。わが国でも郵便創業期に東京府内の朱引《しゅびき》内（旧江戸市中。山手線内と江東・墨田などの区域）であれば市内料金の一銭ですんだが、朱引外（新宿・品川・四ツ木など）だと二銭になった。これとよく似ている。

組織体制　ペニー郵便の本局は、ロンドンの商業センターとなっていたシティーの王立取引所《ロイヤル・エクスチェンジ》の東にあるライム街に構えた。ドクラ自身の屋敷で、かつてのサー・ロバート・アブディーの館《やかた》を使用した。本局は、ドクラ主導で、ペニー郵便の業務計画の策定をはじめ、対外折衝、経理など業務全体の総合調整にあたっていた。本部である。

次に、ペニー郵便の集配地域を七つに分割し、それぞれの地域に書状区分所《ソーティング・ハウス》を設置する。ただしシティー地域については「ライム街本局」と称した。区分所は現在の集配郵便局の役割を果たしていたが、簡単に述べれば、集まった手紙を区分し配達担当の区分所に発送し、逆に、配達すべき手紙が到着したら配達人が宛先に届ける。区分所の略号（頭文字）と名称は、次のとおりであった。

L＝ライム街本局（書状区分所も併設）
B＝ビショップスゲート書状区分所
H＝ハーミティージ書状区分所
P＝セント・ポール書状区分所
S＝サザック書状区分所
T＝テンプル書状区分所
W＝ウェストミンスター書状区分所

書状引受所　書状区分所の各地域に、書状引受所《レター・レシーヴィング・ハウス》が点在していた。広いロンドンで、手紙を差し出すことができる場所が書状区分所七ヵ所だけでは少なすぎる。利用者には不便だし、収益拡大のために手紙をより多く集めたい事業者にとっても不都合である。今なら郵便ポストを町の要所要所に設置すれば良いことになるが、当時はポスト設置にまで思いが到らなかった。その代わりにロンドンの町のあちこちに書状引受所を設けたのである。手紙をだそうとする人は、近くの書状引受所まで行って、料金を払って手紙を差し出せばよい。時間になると、書状区分所の取集人が引受所から手紙を集めて区分所に持ち帰る。そこで区分され郵便の流れに乗せられ、手紙は宛先に配達される。

書状引受所は、新しくそれぞれ単独で作られたわけではない。ロンドンの町に多く点在していたコーヒー・ハウスや宿屋、それに商店などに手紙の引受業務を代行してもらっていたのである。この委託方式であれば、費用と時間をあまりかけずに、手紙の引受窓口を簡単にたくさん設けることができる。ロンドンの主な目抜き通りには書状引受所が必ずあったと伝えられているから、かなりの場所に設けられたのであろう。書状引受所の設置数について、ドゥ・ローヌは四〇〇から五〇〇ヵ所と、また、ヘメオンは著書のなかで一七九ヵ所と記している。

書状引受所となったコーヒー・ハウスなどの入口や窓辺には、大きな字で「ペニー郵便はここで受け付けます」と書かれた看板が掲げられる。なかには「郵便取集人が一時間ごとに手紙を集めにきます。集められた手紙はこの地区の大きな局（書状区分所のこと）にはこばれ、同局において正規の記帳がおこなわれた後、手紙は配達人によって定時に宛先に届けられます」と詳しくペニー郵便のサービスを紹介する看板を掲げる店もあった。看板は、王室郵便の書状引受所もあったから、それと区別するためにも役だった。

引受所の開設状況　ペニー郵便がスタートした一六八〇年四月の時点で、それほど多くの書状引受所が開設されていたわけではなかった。ホイッグ系の新聞に四月六日掲載された広告によれば、「主要街路にあるすべてのコーヒー・ハウスにペニー郵便の使者が一時間か一時間半ごとに手紙や小包を取り集めにきます」とある。だが広告文の後段に「近日中に市内・近郊のいずれの地域にも、もっと多くの書状引受所を設けるように全力をかたむけています」という一文が付け加えられていた。最後の一文は、ペニー郵便スタート時点で当初計画した数の書状引受所を設置できなかったことを意味している。背景には、ペニー郵便が地域的に大きな広がりをもつ事業であり、実行には綿密な計画と相当の準備期間が必要であった。それにもかかわらず、準備もそこそこに事業を開始した、否、開始させられてしまった。そこには、この事業に肩入れしていたホイッグ党が自派の政治宣伝のために目をつけ、開業を急がせたという事情が潜んでいた。

広告にでてきた街路を地図5に示す。ロンドン市内の主要街路六本である。範囲はほぼ一ペニー地区の範囲であり、二ペンス地区は含まれていない。こうしてみると、ペニー郵便の開業時点のサービス・エリアは、書状引受所の設置が間に合った一ペニー地区に限られていたといえる。

一律料金制　ペニー郵便が引き受けた郵便物は、重さが一ポンド（四五四グラム）以下のものであって、価格あるいは価値が一〇ポンドまでのものと決められた。形態などについて制限がなかったので、一般の手紙、書類、各種パンフレッ

地図5　ロンドンの主要街路（1680年）

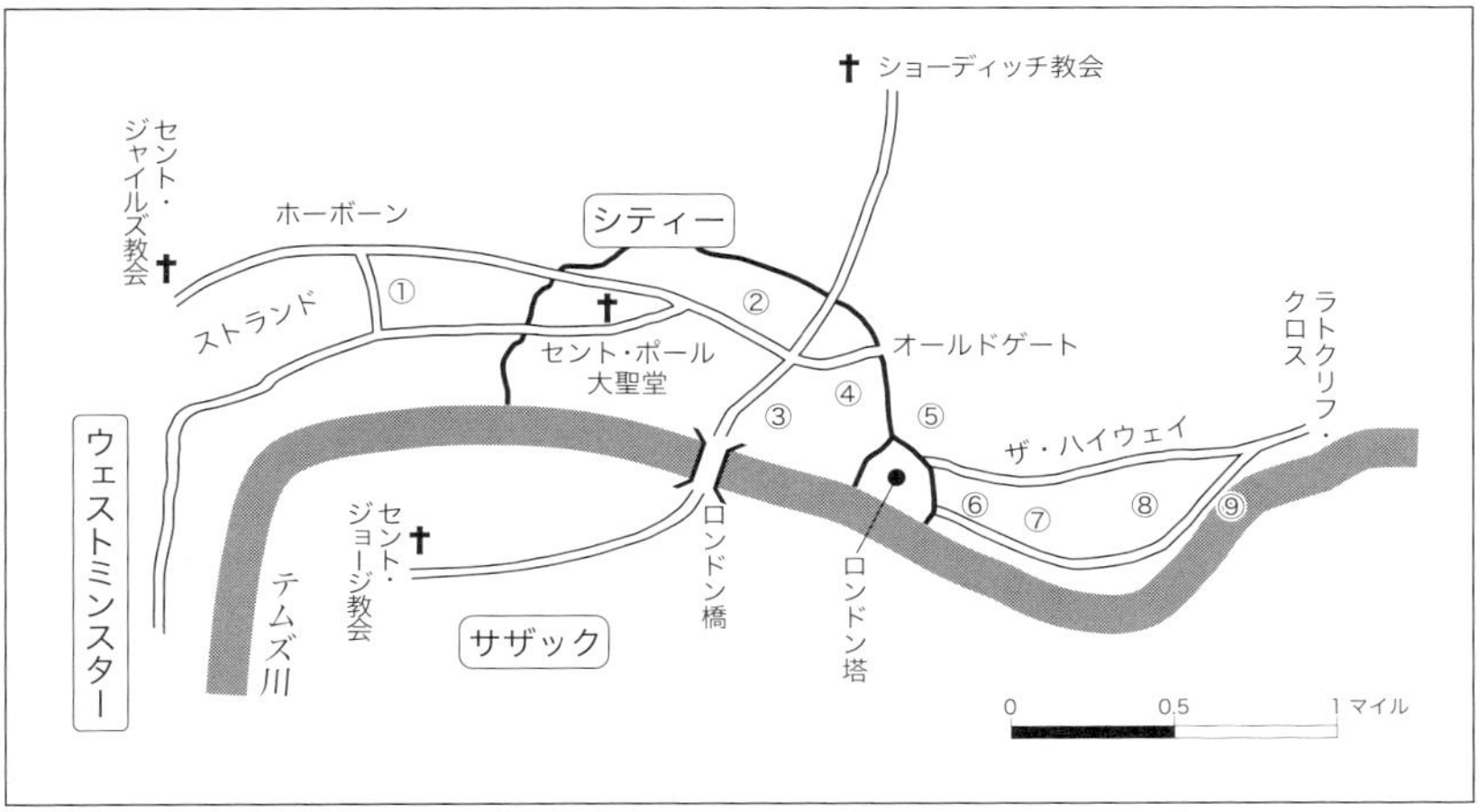

第1街路＝ウェストミンスター→ストランド→セント・ポール大聖堂→②（チープサイド）→④（コーンヒル）→オールドゲート
第2街路＝ラトクリフ・クロス→ザ・ハイウェイ→⑤（リトル・タワー・ヒル）
第3街路＝ラトクリフ・クロス→⑨（シャドウェル）→⑧（ウォッピング）→⑦（ハーミティージ）→⑥（セント・キャサリンズ）→アイアン・ゲート（ロンドン塔付近）
第4街路＝サザックのセント・ジョージ教会→ロンドン橋→⑨グレース教会通り→ショーディッチ教会
第5街路＝セント・ジャイルズ教会→ホーボーン→②（チープサイド入口）
第6街路＝①（チャンセリー・レイン）　（著者作成）

トなど用紙類をはじめ、軽い荷物も対象となった。郵便料金は、手紙一通あるいは荷物一個について一律一ペニー。ただし、イズリントンやランベスなど近郊の町宛のものであって、宛先まで配達するものは別料金一ペニーが追加され、料金は二ペンスとなる。これは、住民が少なく扱う郵便物も少ない地域で生じる割高な配達コストを補うための、あくまでも追加料金であり、補完的な料金システムであった。それに郵便物の大半が一ペニー地区の市内でやりとりされたものであったことを考えると、基本的には、一ペニーの一律料金制であったといえよう。一方、王室郵便の料金（郵税）は用紙の枚数や重量それに送達距離によって料金が異なり、算出方法が複雑であった。

料金前納制　郵便料金の支払方法をみると、王室郵便は当時一般的に後払制（受取人払い）であったが、ペニー郵便は前払制（差出人払い）を採用した。後払制では、配達時に家人が不在であったり、時に家に小銭がなかったりして、料金徴収がスムーズにできない場合が生じる。前払制にすると、このような煩《わずら》わしい手間から郵便配達人を開放することができたのである。配達時間の短縮、なにより料金をあらかじめ確実に徴収できるようになったメリットは大きい。

料金前納制が王室郵便に全面的に採用されたのは一八四〇年からで、ローランド・ヒルらの努力により全国版ペニー郵便がスタートした。一律料金の採用、料金前納の証拠として手紙に切手を貼るアイディアを取り入れている。近代郵便の誕生だ。その便利さが広く認識され、イギリスから瞬く間に世界に広がっていった。ロンドンのペニー郵便はその前納制を先駆的に採用していたのである。

損害補償　ペニー郵便には「書留」などの特殊取扱はなかったが、原則として、郵便物の紛失や破損に対して補償がおこなわれていた。だから料金には配達コストのほかに保険料の要素も含まれていた。郵便物の価格が一〇ポンドまでと定められていたから、補償限度額も一〇ポンドになった。いわゆる書留郵便ではないが、実態は書留郵便の考え方が全郵便物に適用されていたことになる。今日の普通郵便には損害補償の責任はないが、これに対して、ペニー郵便の補償は現代の運送約款の考え方に沿ったものといえる。郵便業よりは運送業に近いものであったのかもしれない。

この損害補償制度が悪用された。例えば、些細なことを口実に損害補償請求をおこなったり、実際の郵便物に封入されていない物品について、あたかもそれが紛失したかのように請求して、補償金を不正に掠《かす》めとる者まででてきた。そのため一六八一年には、ペニー郵便側が「頑丈に包装し、同封した物品の名称とその価格を表面に明記した郵便物以外のものの損害補償は拒否する」と告示した。加えて「壊れやすい物品、危険物、奇異な品、ガラス製品、液体などの同封物から生じる破損などの損害についても、ペニー郵便はいかなる責任も負わない」と補償を拒否した。

4　郵便物の集配

ペニー郵便は手紙をどのような頻度で取り集め、宛先に配達していたのであろうか――。イギリス郵便史の文献には必ずロンドンのペニー郵便の話がでてくるが、大筋で一致しているものの、郵便物の取集時間など細部にわたる部分では微妙な食い違いがみられる。創業直後と軌道に乗った時期では運営に変化がでてくるのは当然で、強《あなが》ちどの記述が正しいとか間違っているとか判断することは非常に難しい。ここではドゥ・ローヌの解説を借りながら、郵便物の取集・配達の時間と頻度について説明する。

収集と区分　ペニー郵便の利用者は、手紙を書状引受所か書状区分所のいずれかに持参して、その際、手紙一通について料金一ペニーを支払った。その後の流れは、定刻に書状区分所の取集人が管内の書状引受所を巡廻し、各引受所で受け付けられた郵便物を取り集めて区分所に搬入する。区分所では、搬入された郵便物とみずから受け付けた郵便物を、その区分所で配達すべき管内のものと、他の区分所で配達すべきものに区分して、後者は速やかに配達担当の区分所に発送した。取集作業は忙しい市街地では午前七時から午後九時まで一時間ごとにおこなわれ、回数は一日一五回に及んだ。二ペンス地区の取集回数はそれよりもかなり少ない回数にとどまった。区分作業後、直ちに配達準備に入ったが、取集区分回数と配達回数は必ずしも連動していなかった。

配達　区分作業が終わると、配達人が受け持ちの郵便物を配達順に組み立てて、それを鞄に入れて町に飛びだしていった。配達時間帯は、日の長い夏場が午前六時から午後九時まで。冬場は、緯度が高いイギリスでは日照時間がかなり短くなるため、朝は午前八時からになり、最終もかなり早く配達時間帯は短くなった。配達回数は場所によって異なる。もっとも配達回数が多い地区は、シティーとリンカン法学院がある法曹街のチャンセリー・レイン（大法官通り）で、一日に一〇回から一二回、ほぼ一時間に一回の頻度で郵便物が配達されていた。そこでは商業関係や裁判関係の書簡や文書がひっきりなしに行き交っていた。また、議会開催中には国会議事堂があるウェストミンスター地区でも同様の頻度で配達がおこなわれた。

中心街を除いた、ライムハウスやラトクリフなどの一ペニー地区では一日六回から八回の郵便配達がおこなわれた。近郊の町であったイズリントンなどの二ペンス地区でも一日に四回から五回の配達がおこなわれている。配達の最終は午後九時と書いたが、「夜遅くに手紙を届けることは、家人に大変迷惑をかけることになる」との理由から、午後九時の配達は見合わせられていた。最終便で配達できなかった手紙は翌日の第一便午前六時、冬は八時に配達された。このようにロンドンの中心地では一時間ごとの郵便の取集と配達サービスがあり、最短一時間ほどで手紙が配達される。その他の地区でも三時間ほどで手紙が配達された。

王室郵便への移送　ペニー郵便は地方宛の手紙をロンバート街にあった王室郵便の本局に移送するサービスも提供していた。午後九時すぎには手紙の取集も一般家屋への配達も終わっていたが、地方宛の手紙は何と午後一〇時までドクラの本局や書状区分所で受け付けて、その日のうちに王室郵便の本局に移送された。ロンバート街の本局に地方宛の手紙が集中する時間帯は、今でも同じだが、夕方から夜半にかけてであった。特に地方発送の火木土曜日には、夜遅くまでロンドンっ児が王室郵便の本局に手紙を持ち込んでいたし、もちろんペニー郵便経由のものもたくさん搬入されていた。既述のとおり、地方発送の作業が完了するのはいつも深夜午前二時を回っていた。

王室郵便への移送便は、多くの労力を要する戸別配達の仕事を省略できたので、ペニー郵便にとって大きな利益がでるものとなっていた。そのため、宣伝ビラ《ハンドビル》を印刷して移送便の利用をたびたび宣伝し、地方宛の手紙を集めた。もちろん王室郵便にとってもメリットがあった。王室郵便の書状引受所が一六五〇年代の数字だが二一ヵ所しかなかったので、ペニー郵便が地方宛の手紙を集めてくれることは、利用者にとっても王室郵便にとっても大いに助かった。このように移送便はウィンウィンの相互補完関係にあり、三者それぞれに利益をもたらした。

従業員と休日　ペニー郵便による手紙の取集・配達について述べてきたが、そのために多くの人が雇用されていた。人数の内訳は、ヘメオンによれば、局長一、会計士一、出納長一、書記一三、取集・配達係一〇〇であった。彼らは、当時の労働慣行にしたがって、雇用時、補償担保金五〇ポンドをドクラに差し入れている。差入金は従業員が事業に損害を与えたときに充当される。賃金は週給で毎土曜日に支払われていた。

休日についての記録がある。それによると、休日はクリスマス三日、復活祭二日、聖霊降臨節《ペンテコステ》二日、そして一月三〇日であった。この日は清教徒革命でチャールズ一世が処刑された日で、民衆にとっては歴史的な記念日となっていた。キリスト教に関連した日が多いが、その意味では、安息日である日曜日が休日であったことは想像に難くないが、明文化されていなかった。その日曜日について、ドゥ・ローヌは、ペニー郵便の従業員のために慈愛溢れる、次のような言葉を残している。

> 土曜日の夜、冬は六時以降、夏は七時以降に手紙をださないようにロンドンのすべての人に要請する。この要請は、普段の日、ほとんど余暇をもつことができないペニー郵便に雇われている多くの人たちのためである。日曜日に彼らも家庭でゆっくりさせてあげよう。

5　郵便印

郵便物の表面、時に裏面にもいろいろなスタンプが押されている。切手を抹消する消印がもっとも身近なものだが、それらを総称して「郵便印」と呼ぶ。一七世紀のペニー郵便が取り扱った手紙にも郵便印が押されていた。ここでは、もっぱらロンドンの地区郵便《ローカル・ポスト》を扱ったブラムルの著作と、ヴィクトリア朝以前の郵便印を集めたバチェラーとピクトン＝フィリップスの共著を参照しながら、ドクラの郵便印について整理した。

料金収納印　ペニー郵便は一律料金による前納制を採用していた。ドクラは、料金が支払われた証拠にスタンプ（ハンコ）を手紙の表面に押すことにした。現在は切手がその役目

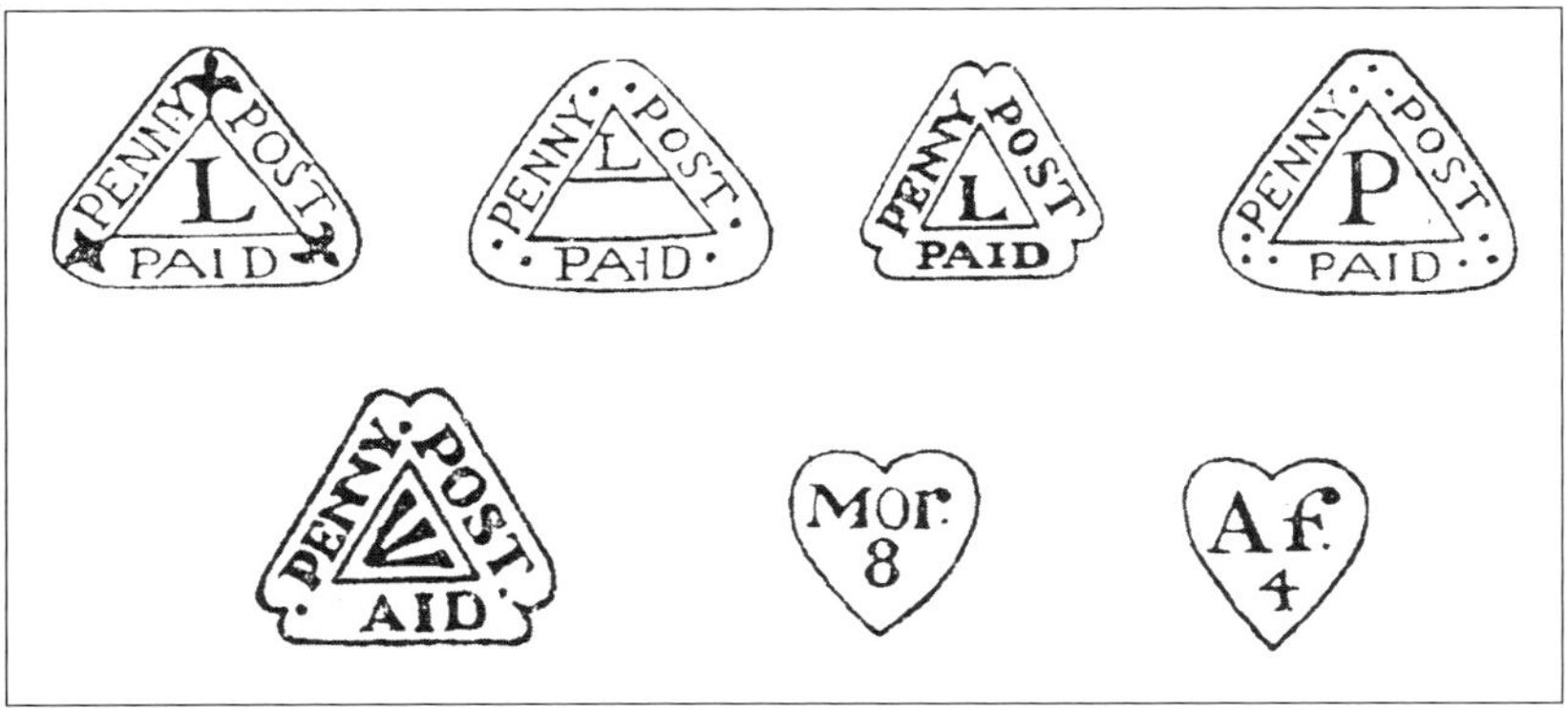

ドクラの郵便印（1680-82年）．三角形にL印はライム街本局の料金収納印．上段左から，装飾性が強く代表的な印影，次は中央の三角形が上下に二分された印影（使途不明），その右がペニー郵便の宣伝文書に刷り込まれた印影．「PENNY」の「NN」の文字が重ね字になっている．P印はセント・ポールの，W印はウェストミンスターの収納印．Wは斜め，NNも重ね字．複数の職人が印顆を彫刻したため，ヴァラエティーがある．ハート型印は時間印．左が午前（Mor[ning]）8時の，右が午後（Af[ternoon]）4時の時間印である．

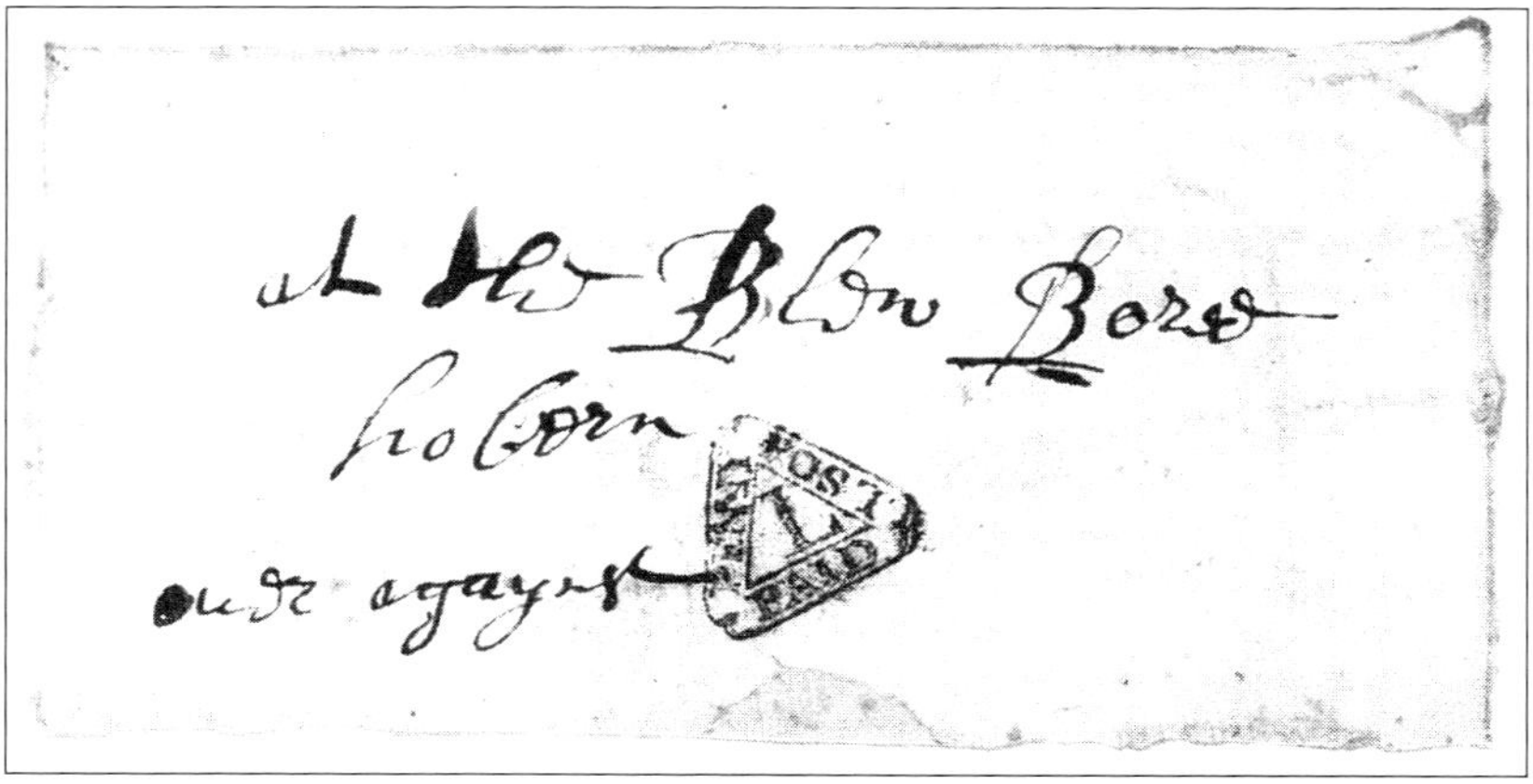

ドクラのペニー郵便の料金収納印が押印された書簡．ライム街本局（L）の印であることはわかるが，引受年月日は不明．見にくいが，PENNY の NN が重ね字になっている．

を果たしているが、当時はスタンプが使われたのである。このアイディアは切手の先駆けになったものとして、英国郵便史の本によく紹介されている。郵便印にはさまざまな種類があるが、まず料金収納印。いずれも正三角形で、二重の枠内の左辺下から頂点そして右辺にかけて「ペニー郵便《ペニー・ポスト》」と、底辺に「支払済《ペイド》」と表示されている。中央の小さな三角形のなかに局所名の頭文字が刻されている。

王室郵便は料金後払い、ペニー郵便は前払いであったから、配達の際、手紙の受取人が料金を払うのか払わなくてよいのかよく混乱した。その混乱を防ぐために料金収納印が有効であった。受取人にとっては、三角の収納印が手紙に押してあれば支払不要とわかるから、料金の不正請求を防ぐことができる。ペニー郵便側にとっても、配達の際の、あの、めんどうな料金を徴収する手間が省ける。一石二鳥以上の効果があった。

時間印　ハート型のスタンプは、手紙の配達時間を示す時間印である。その導入には利用者とペニー郵便側との鬩《せめ》ぎ合いが見え隠れしている。背景には、手紙が遅れたとか、誤って配達されていたとか、あるいは届かなかったなど、さまざまな苦情《クレーム》がペニー郵便に寄せられていた事情があった。これら苦情について、ドクラは「手紙を受け取った召使いが主人に渡すのを忘れたとか、借金の督促状などはよく無視されるものだ」と述べている。そこで紛争を防ぐため、ペニー郵便側は、配達直前に、すべての郵便物の表面余白に配達時刻を示すハート型の郵便印を押すことにした。

ドクラが作成した広告《ブロードサイド》には「イズリントンなど郊外の地域を除けば、市街地では、押印されたハート型のスタンプの印影が示す時間から一時間以内に手紙が配達される。したがって、この印の押印によって、配達遅延の責任がペニー郵便側にあるのか、それとも受取人の召使いにあるのか、はっきりするだろう」と書かれている。ペニー郵便側が濡れ衣を着せられてはたまらない。気をつけるのはそちら様というわけだ。召使いもうかうかしていられなかった。

6 利用者の利益

スタッフの著作にドクラの広告が紹介されている。それによると、広告では実用性が強調されて、ペニー郵便がロンドンの人々の生活にどんなに役立つものであるかが力説されている。当時のイギリス社会を垣間みることができるので面白い。多分に誇張はあるが、以下に引用しておこう。

紳士諸君、法律家、医者、商店主、手工業者の皆みなさま方へ――。すべての人たちがこの制度によって三ペンス、六ペンス、否、一シリングかかったものが、わずか一ペニーのお金で手紙が送れるようになりました。手紙をだすのにポーターたちにお金を支払う余裕のなかった織工さん、仕立屋さん、熟練工の皆さんも手紙を届ける必要がなくなったので余暇ができ、家族との憩いの時間をもつことができるようになりました。そう、利用方法はまだまだたくさんあります。例えば、

・地方の紳士、商人その他さまざまな人がロンドンに着いたら、この町の友人に到着を知らせることができます。
・法律家とそのクライアントは、必要な法律上の事項について頻繁に連絡できます。
・貸し付けた金の請求や督促に、時間を省くことができます。
・会合の通知を遠隔地の商人にも簡単におこなうことができます。
・数学、音楽、声楽、舞踊、語学などの先生方は、自分たちの生徒や弟子に授業時間の変更を通知することができます。
・病気の患者は、医師や薬剤師と頻繁に連絡が取り合えます。

このわずか一ペニーの通信の、より有用で楽しい利用方法をあげたら切りがありません。だから、われわれのペ

ニー郵便がどんなに有益か賢い皆さまがたに判断してい
ただきたいのです。ペニー郵便を利用していただければ、
必ずやご満足いただけるものと確信しています。

広告の文面は、ドクラの自信に満ちた言葉でむすばれている。例にあげられた事柄は当時決して現実離れしたものではなく、むしろ日々の経済活動や生活のなかで起きているさまざまな出来事の一つにすぎなかったにちがいない。現代人の生活のなかでも同じような事が起きて、ケイタイやメールで連絡しあっている。今日の郵便が一時間で手紙を届けられるようなら、現代人も大いに郵便を利用するにちがいない。一七世紀のロンドンっ児は、ペニー郵便をケイタイ代りに使いこなして、コミュニケーションをとっていたのである。まさにペニー郵便は人と人とをむすぶ絆となっていた。

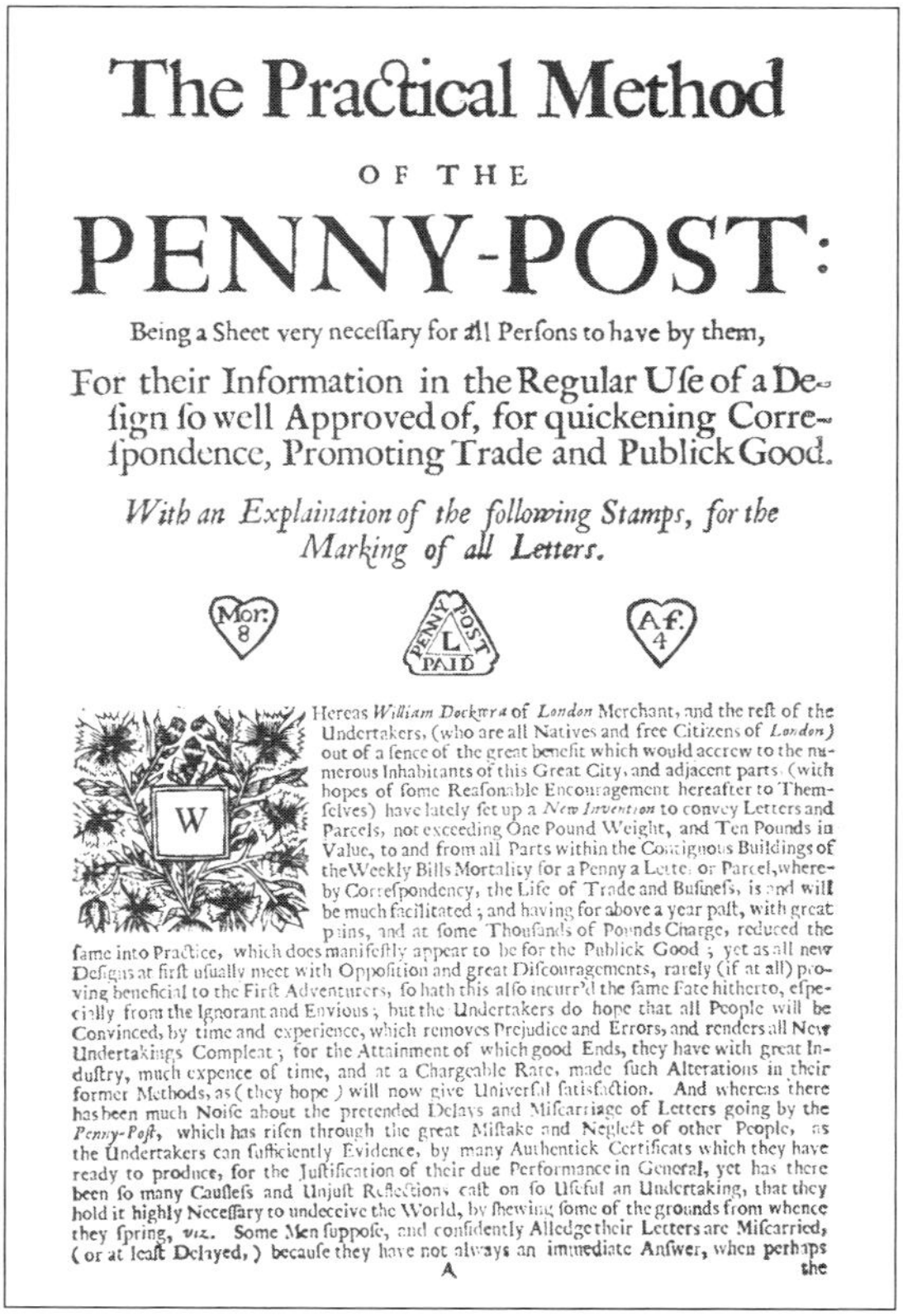
The Practical Method

OF THE

PENNY-POST:

Being a Sheet very neceſſary for all Perſons to have by them,

For their Information in the Regular Uſe of a Deſign ſo well Approved of, for quickening Correſpondence, Promoting Trade and Publick Good.

With an Explaination of the following Stamps, for the Marking of all Letters.

WHereas *William Dockwra* of *London* Merchant, and the reſt of the Undertakers, (who are all Natives and free Citizens of *London*) out of a ſence of the great benefit which would accrew to the numerous Inhabitants of this Great City, and adjacent parts (with hopes of ſome Reaſonable Encouragement hereafter to Themſelves) have lately ſet up a *New Invention* to convey Letters and Parcels, not exceeding One Pound Weight, and Ten Pounds in Value, to and from all Parts within the Contiguous Buildings of the Weekly Bills Mortality for a Penny a Letter or Parcel, whereby Correſpondency, the Life of Trade and Buſineſs, is and will be much facilitated; and having for above a year paſt, with great pains, and at ſome Thouſands of Pounds Charge, reduced the ſame into Practice, which does manifeſtly appear to be for the Publick Good; yet as all new Deſigns at firſt uſually meet with Oppoſition and great Diſcouragements, rarely (if at all) proving beneficial to the Firſt Adventurers, ſo hath this alſo incurr'd the ſame Fate hitherto, eſpecially from the Ignorant and Envious; but the Undertakers do hope that all People will be Convinced, by time and experience, which removes Prejudice and Errors, and renders all New Undertakings Compleat; for the Attainment of which good Ends, they have with great Induſtry, much expence of time, and at a Chargeable Rate, made ſuch Alterations in their former Methods, as (they hope) will now give Univerſal ſatisfaction. And whereas there has been much Noiſe about the pretended Delays and Miſcarriage of Letters going by the *Penny-Poſt*, which has riſen through the great Miſtake and Neglect of other People, as the Undertakers can ſufficiently Evidence, by many Authentick Certificats which they have ready to produce, for the Juſtification of their due Performance in General, yet has there been ſo many Cauſleſs and Unjuſt Reflections caſt on ſo Uſeful an Undertaking, that they hold it highly Neceſſary to undeceive the World, by ſhewing ſome of the grounds from whence they ſpring, *viz.* Some Men ſuppoſe, and confidently Alledge their Letters are Miſcarried, (or at leaſt Delayed,) becauſe they have not always an immediate Anſwer, when perhaps

A the

ドクラのペニー郵便の広告（1680 年）

7　ペニー郵便に関わった人々

ペニー郵便の創設、運営に直接間接に関わった人物はドクラだけではない。ここでは、ドクラ、そしてペニー郵便に関係した重要人物をスタッフの本により紹介しよう。

ウィリアム・ドクラ　一六三五年、ロンドンのセント・オレヴ・ジュリー教会からほど近いコールマン街で生まれた。幼年時代の状況は定かではないが、三〇歳代に入ってから、大蔵卿のサウサンプトン伯の推挙により、ロンドン港の税関検査官補に就く。年俸一二ポンド。そのほかに貿易商人が支払うさまざまな手数料の一部がドクラの副収入となり、役得の多い官職であった。この恵まれたポストを捨て、ドクラは一六七四年に退官し、より有利な商売を模索しはじめる。かなりの資産家になっていたドクラは、一六七〇年にはアフリカのギニア海岸貿易に就航していた帆船「アン号」の船主になっている。そのアン号が一六九六年に外国の軍艦に拿捕されて損害を受けた。この時、アフリカ会社から二〇〇〇ポンドの補償金を受け取った。きわめて大きな金額である。こうしてみると、ドクラはタフな交渉力をもった人物であったといえよう。

ロバート・マリ　一六三三年、ストランド生れ、優れた企画能力には定評があった。特に彼が創設した信用銀行は有名である。信用銀行は在庫商品を担保にとり、金利六パーセントで資金を貸し付ける、いわば銀行と質屋を兼ねた金融機関となっていた。ドクラは税関吏退官後の一六七八年、マリと面識をもつ。二人は、ロンドンで市内郵便を事業化する可能性について議論した。マリとの議論を通じ、ドクラは事業化に目処をつけ、蓄財を投資することを決断したといわれている。後にドクラとマリは、それぞれ自分こそがペニー郵便の発明者であり、最初に事業を提案した者である、と主張しあった。この論争は後々までつづく。

マリが配った小さなチラシがある。そこから、マリがドクラに対抗して、ペニー郵便を単独で運営しようと試みたことが読み取れる。マリのチラシには「ウッド通りのホール氏のコーヒー・ハウスに託された重さ一ポンド以下の書状と荷物は、死亡調査表の作成区域内であれば、どこに宛てても一ペニーで、(ペニー郵便の)発明者であり、実施提案者であるロバート・マリによって迅速に配達されるであろう」と書かれている。しかしながら、チラシに日付が入っていなかったし、マリがペニー郵便を運営していた明らかな史料が見当たらない。仮にマリが郵便を運営していたとしても短期間であっただろうし、ドクラのペニー郵便に影響を与えるものではなかったと考えられる。

マリが政治的トラブルに巻き込まれて逮捕されると、ドクラとのパートナーシップは完全に切れる。その後、マリがペニー郵便に関係するようなことはなかった。しかし、ドクラとマリは、後年、ペニー郵便の創設者（発明者）の認知を巡って、互いに抗議文を発出したり、自己の正当性を主張する声明を新聞へ掲載したりして激しく論争しつづけた。長い郵便史を繙《ひもと》いてみれば、ペニー郵便に似たアイディアは、例えば一六五三年、パリにおいてジャン・ジャック・ルヌアール・ド・ヴィレイエが事業化に失敗したが、「小郵便《プティ・ポスト》」と呼ばれたパリ版ペニー郵便の運営を試みている。長つづきはしなかったが、切手の原型となった「料金支払済証紙《ビエイ・ドゥ・ポー・ペイ》」も考案していた。その意味では、ドクラもマリも市内郵便の発明者ではない。確証はないけれども、ペニー郵便の構想は、マリに負うところが大きく、その実行運営はドクラの商才に負った、といえそうだ。

ヒュー・チェンバレン　物理学者で経済学者でもあったチェンバレンもペニー郵便の創設段階で出資に応じ、顧問として何らかの形で関与した形跡がある。チェンバレンは男性の助産士として名声を得て、チャールズ二世の侍医に、一六八一年には英国学士院の会員に推挙された。ホイッグ支持で政治に関心を示し、政変に巻き込まれた説もある。ホイッグがペニー郵便を担いでいたこともあり、そのことでドクラとの接点があったのかもしれない。チェンバレンは金融知識も豊富で、「イングランドを豊かに、そして幸福に」をキャッチフレーズにし土地銀行の経営に乗りだして、名声を得た時期もある。この時、マリの信用銀行とも商業上のつながりがあり、その過程で、ペニー郵便への参画が両者のあいだで話題になった可能性がある。晩年、オランダに渡った記録があるが、その後の消息は不明である。

ヘンリー・ネヴィル＝ペイン　創業当初のペニー郵便への出資者《アンダーテーカー》の一人。外部からの出資者は、前出のマリとチェンバレン、そしてネヴィル＝ペインの三人だけが確認されている。ネヴィル＝ペインとペニー郵便の関係は宗教的な色彩を帯びていて、かつ、屈折した関わりあい方であった。ペニー郵便に対して批判的な新聞は、カトリック陰謀事件に関連して、「ペニー郵便はネヴィル＝ペインの抜け目のない発明品だ」と記事を載せた。また、彼は陰謀事件に連座して投獄されてもいる。推測になるが、このようなネヴィル＝ペインの一件によって、ペニー郵便がカトリック陰謀事件に関わっていた、といわれたのであろう。

以上、ペニー郵便に関わった人物像をみてきたが、今日われわれが考えているような経済的なファクターだけで事業に関与していない。むしろ政治的あるいは宗教的な野心を抱いた人物が、南海会社の泡沫事件のように、何か利益があがりそうな冒険的なプロジェクトに群がってきた、という感じがする。それが前近代イギリスの経済活動の一面を表しているのかもしれない。

8　事業形態と運営実績

経済学者のウィリアム・ロバート・スコットが近世イギリスの合本制会社《ジョイント・ストック・カンパニー》に関する論考を本にまとめている。そのなかで、ペニー郵便の事業形態と財政面からみた運営結果について分析している。以下、もっぱらスコットの文献を参考にしながら、分析結果を紹介する。

実態は個人商店　ロンドン市内に郵便ネットワークを敷いて、大勢の配達人を雇い入れ、戸別に手紙や小包を届ける郵便プロジェクト。当時、それは大方の商人からは経済的に成り立たないと判断された。理由は、冒険的な事業であり、危険が大きすぎるからというものであった。反面、成功した時には大きな利益が期待できるので、野心的な事業家には魅力的なものに映った。冒険的ビジネスといえば、海外貿易が代表的なものとなろうが、まさに一七世紀は冒険商人《マーチャント・アドヴェンチャラー》が活躍した時代であった。冒険的事業の危険を分散させるために、当時、複数の人間が共同して出資する合本組織がすでに誕生していた。株式会社の前身となる企業形態である。ペニー郵便の企業形態はこの合本組織に則《のっと》ったものといわれている。

当初計画された事業組織は「トラスティー」と「運営委員会」から構成されていた。前者は財務担当で、出資金による資金調達、必要な事業資産の取得、事故郵便物の補償などの財政上の責任を負った。後者は事業運営の担当で、郵便物の集配などすべての業務遂行に責任をもった。資本と経営の分離ともいうべき近代経営の片鱗をみることができる。しかしスコットが述べるように、実際のペニー郵便の事業形態が明確にトラスティーと運営委員会の二つの組織で成りたっていたのか、その点は疑問である。

ペニー郵便では、当初、四人の出資者がそれぞれの立場でトラスティーの役割を果たそうとしていたと考えられる。チェンバレンは出資し、実務には就かなかった。マリとチェンバレンは彼らの銀行を通じて事故郵便の補償業務をおこなうことを考えていた。もっとも三人の出資額はそれほど多くはなく、大半の出資金と運転資金はドクラがだしていた。大口トラスティーはドクラただ一人であった。

ペニー郵便の運営委員会が存在した明確な証拠もない。マリはみずからペニー郵便の運営をはじめようとしたくらいだから、事業の運営に関心をもって、ドクラと運営について議論していたにちがいない。それが運営委員会といえば運営委員会に当たるかもしれない。マリがドクラから完全に離れると、ドクラが単独で運営の最高責任者になった。有り体にいえば、ペニー郵便の実態は、資金も運営もすべてドクラが仕切る個人商店だったのである。

共同運営時の赤字　一六八〇年四月、ペニー郵便がスタートした。数字がないので定性的な説明になるが、事業開始前までにライム街の本局や書状区分所の整備などに大きな資金が必要であった。料金収納印を作るのにも何某《なにがし》かの金がかかったろう。これら創業費の大半は出資者からの拠出金で賄われた。事業が本格的に稼働すると、運転資金がでていく。それが継続的な支出となり、今度は出資者に大きくのしかかってきた。

運転資金の大半は郵便集配人の賃金支払いに充てられ、支出は収入を上回り、創業時から損失をだした。赤字補塡や運転資金の確保のために、追加資金が必要となったが、ドクラを除く従たる出資者全員は追加資金の提供にきわめて消極的となり、創業四ヵ月目の一六八〇年八月頃にペニー郵便から手を引いた。創業から約二〇週の期間、すなわちマリら出資者との共同運営期間中、一週間の支出が一五〇ポンドになったが、収入は五〇ポンドしかなく、週に一〇〇ポンドの赤字をだした。二〇週で二〇〇〇ポンドの赤字に膨らんだ。

単独運営時の赤字　一六八〇年八月から翌年三月までの単独運営期間中にも新たに赤字がでた。期間中の支出は五三三〇ポンド、これに対して収入は三三三〇ポンドで、赤字額は二〇〇〇ポンドになった。スコットの財務分析によれば、平均収支比率は「五対八」になる。前期共同運営期間のそれは「一対三」だから、大いに比率が改善する。さらに三月期末だけでみると、「三対四」までに改善した。これでは少しわかり難いので、収入一〇〇に対して、支出がいくらになったかという営業係数で示そう。支出の値が一〇〇以下になれば利益がでたことになるが、共同運営期間中は「三〇〇」、単独運営期間中は平均で「一六〇」、期末には「一三三」になった。赤字はつづいているが、その赤字幅が縮小していったことがわかる。

スコットが経費の内訳を推計している。まず賃金。王室郵便の一人当たりの賃金を週六シリングから一〇シリングと見込み、その平均値八シリングをペニー郵便の賃金とした。それに推定雇用者数三〇〇人を乗じると、労務費は週一二〇ポンドになる。これに、各所の書状引受所の家賃、事故郵便の補償金、弁護士費用などを加えると、経費の総計は週一五〇ポンドから一七五ポンドとなる。中間値一六六ポンドを週の平均支出額とし、単独運営期間三二週間の支出総額を計算すると五三一二ポンドになる。前段の五三三〇ポンドとほぼ同じ数字である。

増加する郵便取扱量　収支面を分析してきたが、郵便取扱量の推移をみていこう。収入総額を料金単価一ペニーで割った数字を取扱量とした。その結果は、創業当初の一六八〇年四月が週一万通、八月が週二万通、翌年三月が週三万通となった。かなり大まかな推計になるが、大略、一年間で約三倍の伸びを示したことになる。週三万通は年一五〇万通に相当する。これまでに伸ばした成果は、偏《ひとえ》に現場の郵便配達人たちの努力の賜である。創業当初は準備不足や不慣れが重なり迅速な配達がままならず、利用者から苦情がしばしばだされた。それに弁護士や豪商のお抱えメッセンジャーやポーターから「飯の食い上げだ」と反対が起こった。時には宣伝看板が壊されたり、血気盛んな反対派の男とペニー郵便の配達人とのあいだでいざこざが絶えなかった。

このような困難を乗り越えて、郵便の配達が軌道に乗りはじめたのは、配達人が担当エリアの街並みに慣れ、配達ルートも整備されていったからである。今でこそ各家に住所番地がつけられているが、それがない時代には、街並みや家並みの特徴、そして大きな屋敷や商店の看板が大切な目印になった。創業一年後、郵便配達人は町全体を把握し、配達ルートを熟知するようになったから、戸惑うことなく、スムーズに手紙を各戸に配達できるようになった。ペニー郵便のセールスポイントである一時間以内の配達が常時可能となり、その利便性がロンドンっ児のなかに広がっていった。

新規出資の公募　創業後一年目で決算をすれば、収入四三三〇ポンド・支出八三三〇ポンドで、四〇〇〇ポンドの赤字となった。それに創業時の準備資金を加算すれば、負債はかなりの額に膨れ上がっていた。これをドクラ一人で抱え込むことには限界があり、ペニー郵便の廃業を考えていた節《ふし》もある。しかし、郵便取扱量も増加し黒字化への期待がでてきたことから、新規出資者を募ることにした。ペニー郵便の将来性を認めて、事業に出資してもよいとする人が数名現れてきた。いずれもイギリス人でロンドンの自由市民、すなわち市参事会の被選挙権や選挙権を有する公民であった。出資の交渉過程や詳細な条件は不明なのだが、結果を今様に説明すれば、次のようになろう。

ドクラと新規出資者とのあいだで合意が成立。内容は、旧会社は清算し、負債全額をドクラが処理する。一六八一年四月、ドクラと新規出資者によって新会社を設立する。これによってニューマネーが事業に投入されるが、過去の負債処理には回さない。ニューマネーはもっぱら運転資金に使う。すなわち新規出資者は過去の負債は負担せず、参加後に生じる収支結果についてのみ、出資割合に応じて責任を負う、という条件になった。ドクラにとって厳しい条件だが、事業の赤字体質はまだ変わりがなく、毎週損失がでている。その一部でも分担してくれるのだから、彼の資金ポジションにとっては一時的な救済になった。それに事業の将来性が認められたのだから、その点は明るい材料になった。

新規の出資者が何人いて、それぞれがいくら拠出していたのか確認できないが、新会社の名称からある程度わかる。新社名は「ウィリアム・ドクラとその他出資者のペニー郵便会社」と命名された。新規出資者は名前を社名に織り込むほどの金額をだしていなかったということであろう。依然、ドクラが大口出資者であり、経営責任者としてペニー郵便を運営していく。

黒字企業へ転換　新会社は順調に滑りだし、赤字企業から黒字企業に転換していく。それは過去一年間の苦労と経験が実をむすんだ結果でもあった。ペニー郵便は単なる冒険的なビジネスではなく、確たる郵便事業として認知され、ロンドンに居を構える貴族や高僧をはじめ、政治家、法律家、商人、文人などにとって、欠かすことのできない通信メディアに成長していった。一六八二年四月、東インド会社が三〇〇万ポンドの株式を公募した際、ドクラのペニー郵便を使って新株発行の宣伝文書を大量に配布した。それは今日のダイレクト・メールの先駆けになったが、ペニー郵便の有用性を示す一例となろう。一六八二年初頭には、ペニー郵便の財政基盤が目にみえて改善し、赤字基調を脱して黒字基調へ転換した。収入は支出を上回り、繰り延べてきた創業費や累積損失を償却できるまでになった。

9　国有化を巡るドクラの闘い

一六八二年一一月、ドクラのペニー郵便が王室郵便の独占権に抵触したとして廃業させられた。二年八ヵ月で民営の市内郵便はロンドンの町から消え去る。王室郵便すなわち政府が国家権力を楯に補償もしないで、民営のペニー郵便を国有化したのである。この国有化が突然おこなわれたかにみえるが、この問題自体は、ペニー郵便の創業前夜からドクラと王室郵便とのあいだでくすぶっていた。以下、国有化までの長い道のりと顚末である。

国有化の前哨戦　一六八〇年三月、ペニー郵便の開業に向けて、ドクラは広告《ブロードサイド》を大量に印刷して、ロンドン市内で配布し市民に開業を宣伝した。この時、新聞も事業の成行きを詳しく報じている。このことで、後にジェームズ二世となるヨーク公がペニー郵便開業の事実を知ることになった。王室郵便の利益の一部を宮廷費《シヴィル・リスト》として受け取っていたヨーク公としては、王室郵便の収入に影響がでかねないドクラの事業に対して重大な懸念を表明した。と同時に直ちに、ヨーク公は、ドクラのペニー郵便が「王室郵便による排他的な郵便運営権すなわち郵便の国家独占に抵触する」として、法的対抗措置をとった。

対抗措置の理由として、ヨーク公は「ペニー郵便の出現によって、王室郵便が一万ポンドもの損害を受ける」ことをあげた。これに対して、ドクラは「ペニー郵便を通じて王室郵便への信書の差出が増加するなど、むしろペニー郵便によって王室郵便は利益を受ける」と反論した。ドクラが考えた法的根拠は「発明品が生みだす発明者の利益は一四年間保護される」とする独占に関する法律（特許法）だ。ペニー郵便は王室郵便がサービスを提供していないロンドン市内で集配業務をおこなう〝新発明〟の郵便事業である、と法的な理論武装をした。事業は同法に定める発明品であり、ドクラはその発明者であると抗弁し、ヨーク公の法的措置の無効を主張したのである。

ホイッグが葬る　ペニー郵便に対するヨーク公の最初の攻撃は失敗に終わった。背景には、前述のとおり、ホイッグがペニー郵便を支持し、開業の後ろ盾になっていたという事情があった。ホイッグの基盤は、国王を頼らない大商人、金融資本家、土地貴族らである。同党は一六七九年の選挙で圧勝し、シャフツベリ伯を中心とした政権を樹立した。ホイッグはヨーク公が兄チャールズ二世を継ぎ国王になることを阻止しようとしていた。反ヨーク公のホイッグにとっては、肩入れしているペニー郵便が公によって窮地に陥ることは断じて許すことができなかった。詳《つまび》らかではないが、一六八一年初頭にヨーク公の法的措置はホイッグ系の裁判官によって退けられ、ひとまず落着した。結審後、ドゥ・ローヌは、次のように語っている。

ペニー郵便は王室郵便の収入を増加させるし、また、それは住民の普遍的な利益となることについて、ヨーク公は今思い知らされた。だから、公であろうと誰であろうと、この便利なものを市（ロンドン）から奪う者は、民衆、善良なる市民の敵となることを認識しなければならないのだ。

ヨーク公の反転攻勢　シャフツベリ伯のホイッグ時代は長くはつづかなかった。最大の失政は、三度のヨーク公に対する「国王継承排除法案《エクスクルージョン・ビル》」の流産、それに議会を開かない国王チャールズに対して、ホイッグが手詰まりとなった。これを機に国王派のトーリー党が反撃に転じた。ヨーク公排斥の成功の望みを失い、逮捕を恐れたシャフツベリは一六八二年一一月にオランダに亡命してしまう。この機会を逃さず、ヨーク公は、ドクラのペニー郵便が王室郵便の独占権を侵害したとして、郵政長官に提訴させた。郵政長官はヘンリー・ベネット、官職に惹《ひ》かれて公の下《もと》に集まった青年実力者の一人であった。公の意のままに国務卿として働き、後にアーリント

ヘンリー・ベネット
郵政長官

ン伯に叙せられる。

裁判は一六八二年秋から王座裁判所《キングス・ベンチ》で審理がはじまる。国側は「ロンドンのペニー郵便はヨーク公が定めた信書送達の独占を侵害しているので、二五〇〇ポンドの損害賠償金とウエストミンスター地区からの事業収入に対し週一〇〇ポンドを支払うこと」と訴えた。これに対し、ペニー郵便側は「地方郵便が設置されていない町はどこでも国の独占権は及ばない。それらの地域では、個人企業が法的に有効に郵便事業をおこなうことができる」と反論した。だが、国側は「王室郵便の路線が敷設されていない地域に限り事業運営が可能である。ただし、ロンドン地区内では、そのようなことは認められていないので、ペニー郵便は国王の郵便独占権の利益を侵害したことになる」と主張した。

一六八二年一一月二三日に結審した。判決は事業停止という厳しい内容。加えて、ペニー郵便側に法廷侮辱罪があったとして罰金一〇〇ポンドの支払いが命じられた。侮辱したといわれる内容は不明。ただし、国側の損害賠償請求の訴えは退けられた。

10　ペニー郵便の国有化

結審から四日目、一六八二年一一月二七日、王室郵便は官報に王座裁判所の決定を掲載した。それと同時に、政府みずからがペニー郵便を創設し、一二月一一日から事業を開始する。また、ドクラの組織で働いていた者はそのまま雇用されると発表した。ここに政府はきわめて効率よく組織されたロンドンの戸別郵便配達のシステムを何ら代償を払うことなく手に入れた。否、国家が権力を行使して強引にドクラの郵便を国有化したのである。郵便を国家独占とする理由には、当時、郵便組織を諜報機関として活用し、そこで書簡を検閲し治安情報を入手していたという事情があった。

しかし、ペニー郵便の国有化はそのような理由だけではなく、むしろ利益が上がる旨みのあるビジネスに成長したことに目をつけて、王室郵便（政府の郵便）に組み入れたことで

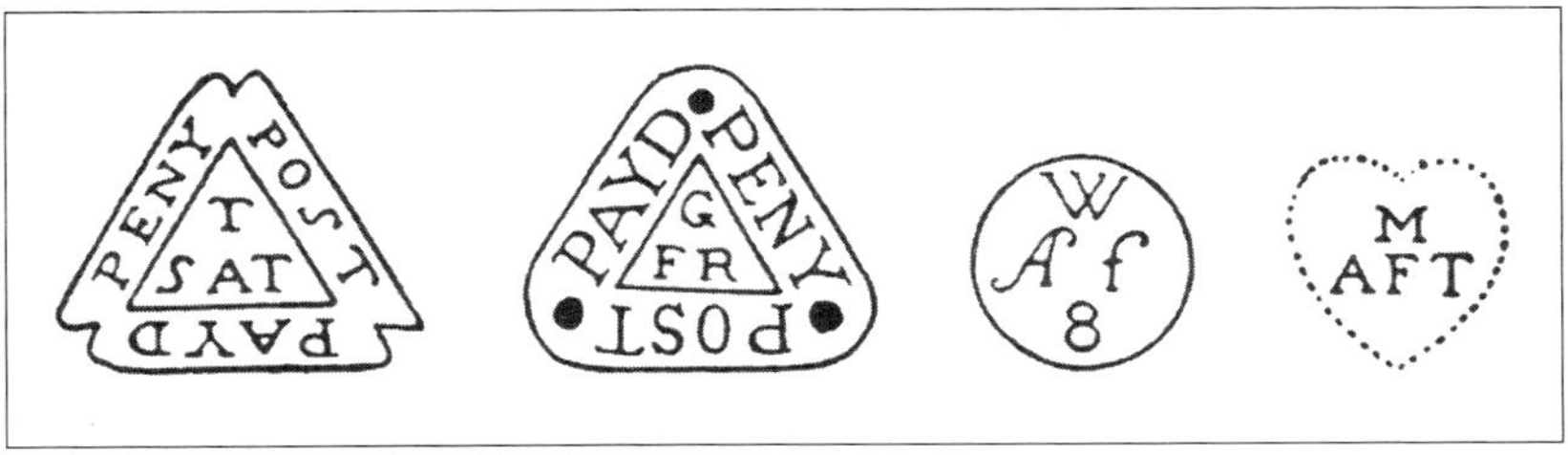

政府ペニー郵便の印（1683-1794 年）．左から，三角形 T 印はテンプル局土曜日の，同 G 印は本局金曜日の料金収納印．ドクラの印とくらべると，曜日の表示が追加され，PENY と PAYD の綴りがちがう．丸形印は曜日が加わった時間印．水曜日午後 8 時と読む．ハート形印は地方便を扱った内国総局からペニー郵便に移送された手紙に押印された時間印．月曜日午後と読む．

ある。すなわち諜報活動の強化ではなく、王室郵便の利益最大化が最大の目的であった。郵便の利益が国王の愛人の年金原資にもなっていた時代だから、ヨーク公がペニー郵便の利益に目を光らせていたことは想像に難くない。

政府ペニー郵便の開業　政府ペニー郵便は、一六八二年一二月一一日から開始された。裁判結審からわずか一八日目である。開業を急いだ背景には「この便利なものを市から奪う者は、民衆の敵となることを認識しなければならない」と指摘したドゥ・ローヌの言葉が影響したのかもしれない。ドクラが考え抜いて創ったノウハウと人材をそのまま使い開始したのだから、政府がペニー郵便を創設し開始すると発表したのは誠におこがましい。政府が創設したのではなく、単にドクラのサービスを再開した。それが実情であった。政府ペニー郵便の本局に、ドクラのライム街の本局は使えない。そこでビショップスゲートのクロスビー館に本局を設置し、後にスレッドニードル街のクリストファー小路《レイン》に移転する。政府のペニー郵便は、以後、内国郵便総局や外国郵便総局のいずれにも属さない郵政省の第三の下部組織として位置付けられた。政府ペニー郵便は、三角形の料金収納印もハート型の時間印もドクラのアイディアを借用したが、一部手直しして使用している。

地方都市にも恩恵　政府ペニー郵便の運営は順調に推移し

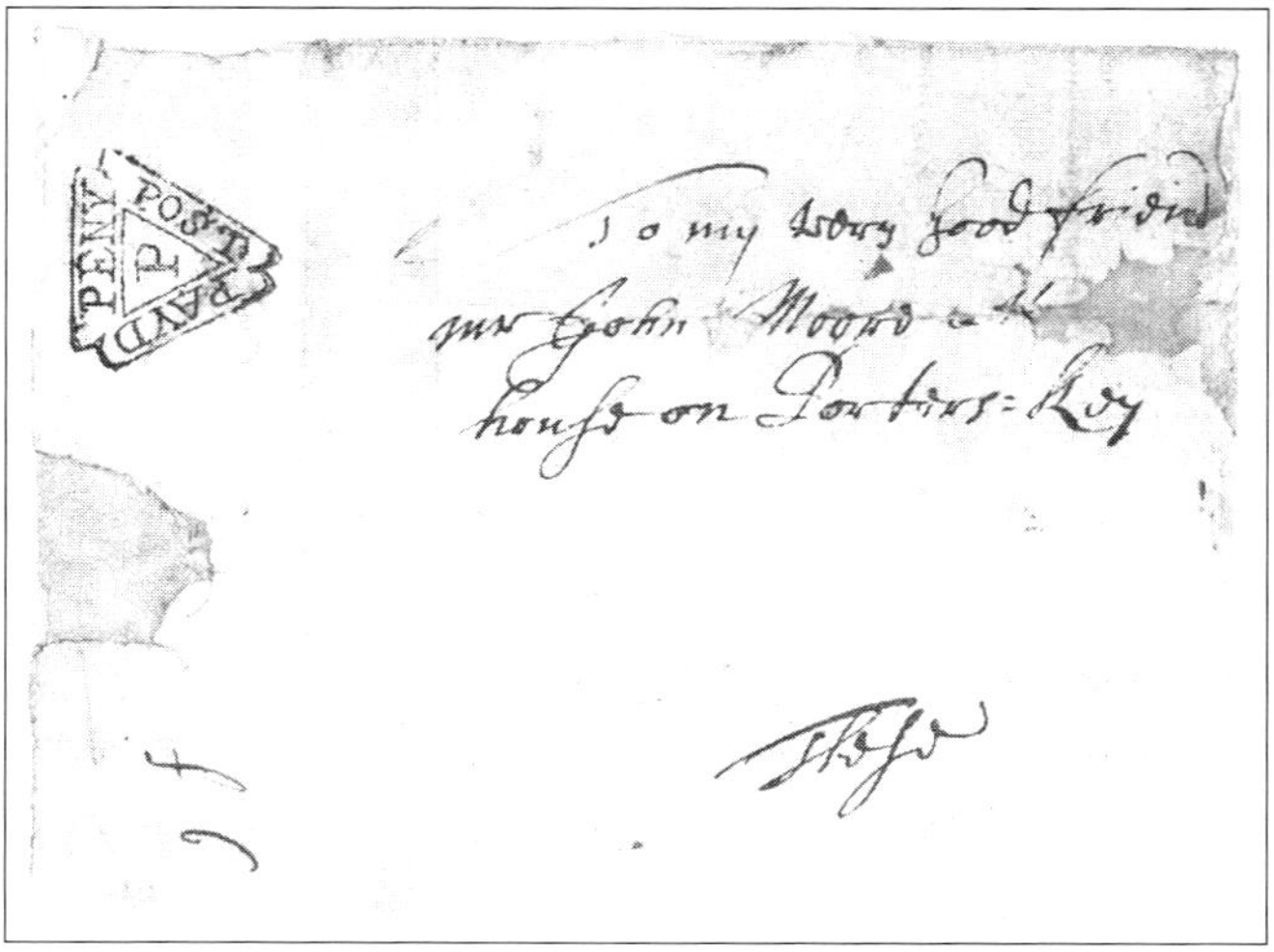

政府ペニー郵便の料金収納印が押印された書簡．P 印はセント・ポール局を表し，曜日がまだ加わっていない初期のもの．1683 年 6 月 9 日引受．

た。一六八八年の料金収入は三五〇〇ポンドであったが、一七〇二年には四一七四ポンドにまで増加して、年間一〇〇万通を超える書状と小包を取り扱った。物価の大幅な上昇にもめげず、政府は、料金一ペニーを維持してきたが、ついに一七九四年に料金を二ペンスに値上げした。その結果、ペニー郵便は「二ペニー郵便《ツー・ペニー・ポスト》」と呼ばれるようになり、引きつづきロンドン市民に重宝がられた。

一八世紀に入ってからの話になるが、一七六五年には地方ペニー郵便法が施行されて、地方にも戸別配達サービスが導入されていく。第8章において詳述するが、初の地方ペニー郵便が一七七三年にダブリンに、次いで、エディンバラ、マンチェスター、グラスゴーの諸都市にも導入された。

11　ドクラのその後

補償の請願　ドクラの話に戻る。ドクラは、ペニー郵便が国有化された後も、ヨーク公に対して事業接収に伴う補償を強く求めた。請願のなかで、ドクラは事業資産の接収によって財産のほとんどを失ってしまったので、それを償って欲しい、と書いている。加えて、破産状態にある一家を救済するために、政府ペニー郵便の運営を任せて欲しいとも要望をだしている。ちなみにドクラには妻と八人の子供がいた。これに対して、ヨーク公は請願を一瞥することもなく、ドクラの要望を却下している。しかし、ドクラはペニー郵便を組織して事業化したのは自分自身であることを認めるように、長年にわたり国に求めるとともに、経済的な補償の実行も請願しつづけた。

一六八五年から四年間、ヨーク公はジェームズ二世としてイギリス国王となった。その間、ドクラの請願が顧みられたことはなかった。しかし、オランダから迎えたウィリアム三世・メアリー二世の時代になると事態は好転する。一六九一年、ドクラは七年間にわたり年五〇〇ポンドの年金を新国王から受けることになった。年金は政府ペニー郵便の利益から捻出されたが、その後、七年の年金は三年延長された。年金の額に不満はあったであろうが、ここにドクラの永年の請願が国に認められた。換言すれば、ペニー郵便を事業化した功績が国によって認められたのである。

復帰と失脚　一六九六年、政府ペニー郵便の監理官であったナタナエル・キャスルトンが職権乱用の廉《かど》で解任され、その後任にドクラが任命された。年棒二〇〇ポンド。一四年ぶりにペニー郵便の運営責任者として現場に復帰した。年金も支給されていたから、まずまずの金額がドクラの懐に入ってきた。だが、この幸運は長くはつづかなかった。ドクラがペニー郵便の現場から離れてすでに一四年が経過していた。その間に引受郵便物の範囲拡大をおこなうなどペニー郵便のサービスが大きく変化していた。昔の感覚を頼りにして新たに就任したドクラは、監理官の職責を十分に果たすことができなかったのである。

多くの苦情がドクラ本人や郵政本省に寄せられ、ドクラが監理官の職に留まることが不適切とする報告書がついに郵政長官に提出された。これを受け公聴会が開かれ、慎重審議の結果、一七〇〇年にドクラは在職四年で監理官の職を解かれた。主な解任理由を列挙すれば、次のとおりである。

第一は、本局をシティーの中心地から不便な場所に移転させ、配達に数時間の遅れをだした。その結果、ロンドン市内の商業活動に大きな損害を与え、また、郵便配達人にも過重な労働負担をかけさせた。

第二は、大きな収入源になっていた重さ一ポンド（四五四グラム）以上の物品の引受を禁止し収入を激減させた。禁止により、ペニー郵便の利用者は、割高なポーター、馬車、水運業者に頼らざるを得なくなり、出費が増加した。また、商人は顧客を失い、医師や薬剤師は医薬品を送れなくなり、患者を危険にさらした。

第三は、ドクラは不要な物品を公費で購入した。また、ドクラ個人の住居の装飾費用一〇〇ポンドを国王の勘定につけた。さらに、小包の一部を抜き取り自己のために使用し、小包の差出人と受取人に大きな迷惑をかけた。

第四は、ドクラは自宅に閉塞し対話を拒否しつづけた。連絡のために、市内から七マイルもある家まで何度も往復しなければならない部下がでてきた。

ここに挙げた解任理由をみると、本局の的外れな移転、稼ぎ頭の物品小包の引受禁止など重大な経営判断ミスをドクラは犯している。小包荷物の抜き取りや公費の個人使用などは明らかな犯罪行為である。その上、自宅に閉塞し対話を拒否していたことは、ドクラみずからが管理者能力のないことを証明したようなものである。この結果、国庫に多額の損害を与えて、ペニー郵便の利用者と雇用者にも不便を強いた。ドクラを創業者として厚遇をもって迎えたのであろうが、任命権者も解任に弁護のしようがなかった。

六〇歳を超えて老境を迎えつつあったドクラは、かつてのペニー郵便創業時の考えに固守して、現状を把握することなく、拡大していた事業範囲を後戻りさせ、果ては公私の別もわきまえず、公金に手をつけた。ドクラにとっては、昔のドクラ商店に戻り、お山の大将のごとく昔の商売そのままに動かしていた、否、動かそうとしていた。ただそれだけであったのかもしれないが……。

起業家精神　ドクラはペニー郵便の創業運営だけにかかわっていたわけではない。既述のとおり、ドクラはアフリカのギニア貿易の帆船のオーナーでもあった。このことからも彼が資産家であったことは容易に想像される。ペニー郵便が接収されて大きな損害が生じたことは確かだが、その損害によって、ドクラの資産の大半がなくなってしまったか、それとも一部だけが減ったのか不明である。ドクラにとっては、手掛けていた多くの事業の一つに損失がでたという程のものであったかもしれない。最後に、彼が進めた事業のいくつかを紹介しておこう。

一六九二年、ドクラは新型の馬車を発明し、ロンドンのカートレット街に住むジョン・グリーンと商売をはじめる。新聞にだした広告には、「ウィリアム・ドクラの新発明の快適な馬車。乗り心地も満点、馬の負担も軽く、御者席も便利になり、その上、その走行は輿《こし》のように揺れがない。発明された新型馬車は、ペニー郵便の発明よりもはるかに優れているものになろう」と宣伝している。

ドクラは新大陸にも関心を寄せていた。ニュージャージーの土地を購入し、晩年には地域の八パーセントを所有し、地域の地主委員会の委員長や登記官にも任命されていた。この事業に関連して、バース伯の代理人にもなっていた、と伝えられている。かなりの資産家、社会的にも高い地位に就いていたことが推定できる。ドクラ自身がニュージャージーなどアメリカ東部の植民地に実際に居住した形跡はないが、新大陸の植民地に本格的な郵便ネットワークを構築したアンドルー・ハミルトンに影響を与えたとも伝えられている。ドクラは新大陸の郵便形成にも関心をもっていたということであろうか。

　このように晩年になるまで、新分野のビジネスに飽くなき関心を抱いて、新たな事業の開拓に果敢に挑戦してきた。今様に表現すれば、新規事業のスタートアップに強い起業家《アントレプレナー》精神《シップ》に富んだベンチャービジネスの旗手でもあった。もちろん肯定的に書けばの話だが……。ドクラは長い闘病生活の末に、一七一六年、シティーで亡くなる。享年八一歳だった。ドクラの亡骸は生地に近いロンドンのセント・オレヴ・ジュリー教会に埋葬された。多くの新聞が彼の死を悼み「ドクラはペニー郵便の〝発明者〟であった」と書いた。

　以上、本章後半において、ドクラのペニー郵便国有化、ドクラ自身について述べてきたが、もっぱらスタッフの著作を参考にした。同書は一九六四年初刊、版を重ねて、一九九二年にペーパーバック版で復刻され読み継がれている。

第7章 植民地帝国誕生と郵便事業

本章では、一八世紀におこなわれた戦費調達のための郵税値上げ、スコットランド郵便のイングランド郵便への統合、郵便の国家独占の強化などについてまず述べる。また、二本の本街道のあいだをつなぐ脇街道などの建設がすすみ、道路網が広がる。その上を走るクロス・ポストがバースの郵便局長であったレイフ・アレンの手によって整備される。その点についても検証していく。

1 一七一一年郵便法

イギリス史の概説書を何冊か並べてみると、一八世紀を扱う章のタイトルは、「植民地帝国の形成」、「ユニオン・ジャックの成立」、「ヘゲモニー国家への上昇」などとつけられている。この時代、ジェントルマンと総称された大地主の貴族が社会の支配層となり、そこに海外貿易で財をなした大商人が加わり、政治的・社会的支配層の一翼を担うようになっていく。革命で混沌とした前世紀の時代からくらべれば、はるかに安定した時代が到来したともいえる。また、イギリスがオランダやフランスとの重商主義戦争につぎつぎと勝利して、カリブ海や北米大陸をはじめ、インドやアジアに海外貿易を展開していく時代であった。「イギリス商業革命」とも称される時代だ。このように、ヒトやモノが動けば、それに付随して多くの情報が行き交い、情報伝達を担った郵便の需要が急上昇し、その整備拡充が求められた。

郵税が戦費に　一七一〇年に一六六〇年郵便法（旧法）が廃止され、新郵便法（アン治世第九年法律第一〇号）が制定され、翌年から施行された。一七一一年郵便法である。巻末の参考文献上部にタイトルを載せたが、正式名称は「女王陛下の全領土を行き来する郵便物を管轄する郵政省《ジェネラル・ポスト・オフィス》の設置ならびに戦費および王室経費に充当するための資金を当該官署から毎週一定額を拠出させることを定める法律」と称した。長い法律名である。新法には旧法の内容を一新して事業に必要な条文が盛り込まれたが、新法の大きな狙いは、正式名称に謳われたように、戦費調達のために郵便料金を引き上げることと、また、スコットランドの郵便をロンドンの管轄下に置くことを法律で明確にすることであった。なお、翻刻された新法が英国郵趣研究会《グレート・ブリテン・フィラテリック・ソサエティ》（ＧＢＰＳ）のホームページ上で閲覧できる。

　新法は、戦費調達のために一定の額を郵便料金（郵税）に加算して新料金を設定した。アン女王は新法を審議する議会で「海軍をはじめ政府は大きな債務に喘《あえ》いでいる。それを解決するため、議員諸君に解決策を見いだすことを望む。なぜ拡大する郵便から資金を拠出させられないのだろうか」と発言している。当時、イギリスとフランスは、重商主義的な植民地争奪戦を繰り広げ、戦火はヨーロッパを飛びこえて、両国は北アメリカやインドでも戦火を交えた。戦争遂行のために湯水のように金が使われ、国庫はいつも空っぽの状態、重税と赤字国債発行が恒常化していった。

　そこで目をつけられたのが郵便であった。新法では、ロビンソンの郵便史を読むと、郵便の利益から毎週火曜日に七〇〇ポンドを財務府に納めることが定められた。実施期間は三二年間。年間三万六四〇〇ポンドの拠出となり、総額は一一六万ポンドになる。拠出金を捻出するために、表11に示すとおり、郵便料金が値上げされた。新料金はそれまでの料金の平均五割増となった。

　ここで、隅田哲司の財政史とヘメオンの郵便史に載っている統計数字を使って、料金値上げ前後の簡単な国と郵便の財務収支を比較する。まず、値上げ前の一七〇三年度の数字。国の収支は歳入五五六万ポンド・歳出五三一万ポンド（うち

表 11　内国郵便料金（1711 年）

（ペンス）

発着地／送達距離	シングル・レター	ダブル・レター	その他(注)
ロンドン発着			
80 マイル未満	3	6	12
80 マイル以上	4	8	16
エディンバラ	6	12	24
ダブリン	6	12	24
スコットランド内			
エディンバラ発着			
50 マイル未満	2	4	8
50 ～ 80 マイル未満	3	6	12
80 マイル以上	4	8	16
アイルランド内			
ダブリン発着			
40 マイル未満	2	4	8
40 マイル以上	4	8	16

出典：A. D. Smith, p.336.
注：「その他」は，1 オンスごとの重量別料金.

軍事費三四九万ポンド）であった。一方、郵便収入は一六万ポンドであった。次に、値上げ後の一七二一年度から八年間の年間平均数字。マッカーサーとヘメオンによれば、国の収支は歳入八三九万ポンド・歳出一一七二万ポンドで、三三三万ポンドの歳入不足が生じていた。一方、郵便の収支は収入一八万ポンド・支出一〇万ポンドで、利益が八万ポンドになった。収入は当初予想したよりも伸びなかったが、利益率が四割を超えて、戦費拠出金を差し引いたとしても、かなりの剰余金がでた。もっとも剰余金も国王の愛人らの年金支払いに消えてしまい、事業運営の改善に振り向けられることはなかった。この時代、郵便は歳入の捻出機関、徴税機関の性格をより強くしていった。

スコットランドとの合同　話は一世紀ほど遡《さかのぼ》るが、エリザベス一世が亡くなると、一六〇三年にスコットランド王ジェームズ六世がイングランド王ジェームズ一世として、イングランドとスコットランドに同時に君臨する同君連合の時代となった。同君連合を経て、イングランドとスコットランドは合同し、一七〇七年、グレート・ブリテン連合王国が成立する。両国の議会も合同しウェストミンスターに集結。その結果、スコットランド議会は消滅して、代わりに、スコットランドから六一人の議員がウェストミンスターに送り出された。この合同では、スコットランドの自主性がかなり認められたとはいえ、イングランドの経済にスコットランドが組み込まれたことになる。連合王国の成立を踏まえ、新法でもスコットランドの郵便をイングランドのそれと一体化させることが定められた。まず、A・R・B・ホールデンのスコットランド郵便史を参考にしながら、同君連合から連合王国成立までの郵便事情を簡単にみておこう。

同君連合後、スコットランドの郵便はロンドンとエディンバラの二つの郵便組織によって管理されることになった。スコットランドの郵政長官は副郵政長官に格下げされる。しかし、ロンドン側が実質支配できた郵便路線は、イングランド最北端の町で、スコットランドへの入口の町となっていたベリックとスコットランドの首都エディンバラとをむすぶわずか一路線だけであった。それを除くスコットランド内の路線はエディンバラ側が押さえていた。一六六二年にはスコットランド議会がアイルランドに接続するポートパトリック線の敷設と王国内の郵便料金を定めたスコットランド独自の郵便法を通過させた。

更に枠組みを見直し、一六九五年、首都エディンバラにイングランドとは別に、スコットランドの郵政省を新たに設置し郵政長官も任命し、王国内の郵便事業を独占的に統括するより包括的な郵便法を制定した。ホールデンによれば、これら一連の郵便法制定は、スコットランド人のイングランド人に対する激しい対抗意識が感じられ、それは王国の自主独立を目指すものであった。

しかし、前述のとおり、連合王国成立後にスコットランドの郵便はイングランドの郵便に統合されてしまった。郵便統合は、政治統合そして経済統合のなかの一つの出来事にすぎなかったが、実務面では、統合の成果がみられる。それは通貨と距離の基準統一である。スコットランド通貨一シリングはイングランドの一ペニーに換算された。また、スコットランド・マイルはイングランド・マイルよりも長く、アイルランド・マイルよりも短かった。郵便料金の算定基礎はまず距離であり、その基準がちがえば混乱が起きる。通貨のちがいもしかりである。イングランド側からみれば、スコットランド郵便を統合したことにより、基準のちがいから生じる料金算定上の問題が整理された。

外国郵便料金の値上げ　戦費調達の一環として、外国郵便料金も値上げされた。また、イギリス植民地の郵便を本国直轄とし、植民地郵便の料金も制定した。新法により制定された料金は、表12に示すように、ロンドン発着便の料金では、

表 12　外国郵便料金（1711 年）

（ペンス）

発着地／送達距離	シングル・レター
ロンドン発着	
～フランス	10
～スペイン，ポルトガル（仏経由）	18
～イタリア，シチリア（同上）	15
～トルコ（同上）	15
～オランダ	10
～イタリア，シチリア（蘭経由）	12
～ドイツ，スイス，デンマーク，スウェーデン（同上）	12
～スペイン，ポルトガル（同上）	18
～スペイン，ポルトガル（郵便船）	18
～西インド諸島	18
～ニューヨーク	12
ニューヨーク発着	
～西インド諸島	4
～ニュージャージー	6
～コネティカット，ペンシルベニア	9
～ニューポート，ボストン，ポーツマス，アナポリス	12
～ヴァージニア	15
～カロライナ	18
北米植民地内	
～60 マイル未満	4
～100 マイル未満	6

出典：A. D. Smith, p.341.

注：基本のシングル・レター料金のほかに，ダブル・レター（基本の 2 倍），トリプル・レター（同 3 倍），重量物 1 オンスごとに同 4 倍の料金も制定されている．

ヨーロッパ、西インド諸島、ニューヨークの各便の料金が定められた。それによると、スペイン、ポルトガル便では、料金は同額であるが、フランス経由、オランダ経由、郵便船の三ルートがあったことがわかる。次にニューヨーク発着便の料金をみると、植民地の西インド諸島と北米東海岸諸都市への便の料金が定められた。最後に北米植民地内の距離別料金が定められている。当時、一般的にいえることだが、どんなところでも手紙が届くわけではなく、引受はあくまで郵便ルート上の町や村に限られていた。

しかし、この郵便料金（郵税）が北米植民地で問題になった。ヴァージニアを除く各植民地では母国イギリスの郵便法が定めた郵税が承認されたが、ヴァージニアは、代表を送っていないイギリス議会がかってに決めた郵税の支払いを拒否したのである。一七六五年に起きる印紙税法の廃止運動を先取りした言い分である。海外郵便の発展については第18章と第19章において詳しく述べるが、植民地郵便を管理運営するために、ダブリン、ニューヨーク、西インド諸島などに地域管理局を設けて、副郵政長官を任命した。本国が法律で植民地郵便を運営する形を整えたが、植民地、特に北米植民地では民意の高まりを受けて、実行にはさまざまな困難が待ち受けていた。

市内郵便の法制化　前章で述べたように、民間人のドクラが一六八〇年に一律一ペニーの前払料金でロンドンにおいて戸別配達サービスを開始した。利益が見込めるようになった時点で、国が強引に国有化したが、新法によって、そのロンドンのペニー郵便が国の事業として正式に定められた。ミドランド郵便史研究会が調査した地方郵便《ローカル・ポスト》に関する文献によると、非公式ながら、ロンドン以外の小さな町や村の郵便局長がみずから雇った者を使い、少額の手数料をとって手紙の配達や引受をおこなう事例が徐々にでてきた。局長にとっては実入りのいい副業となっていく。一七六五年からはロンドン以外の都市においても、ペニー郵便の運営が認められるようになり、アイルランドのダブリンを皮切りに、マンチェスター、バーミンガム、ブリストルなどの都市にも、ペニー郵便が誕生していく。その結果、町や村の小規模の戸別配達サービスが淘汰されて、それまで運営を担ってきた町や村の郵便局長から、副業による収入が途絶した補償を政府に求める動きがでてきた。

郵便の国家独占強化　郵便の国家独占はこれまでに幾度となく布告がだされ法律にも定められてきたが、新法においても、国家独占を強化する条文が盛り込まれた。条文では「運送業者、駅馬車、行商人、船員、その他何人であっても、荷物に付随した文書を除いて、その他すべての書簡の取集、運送および配達を禁止する」と規定された。

この条文が規定された動機は、一七〇九年一〇月、チャールズ・ポーヴィーなる起業家《アントレプレナー》がロンドンにおいて戸別配達サービスを開始したからである。ドクラの商法に倣《なら》ったものといえるが、料金を思い切って王室郵便の一ペニーの半額に設定し、「半ペニー郵便《ハーフ・ペニー・キャリッジ》」と称して、国に真っ向から挑戦したのだから、その起業家精神というか反骨精神には驚かされる。もちろんシティーをはじめ、ウェストミンスター、サザックなどの街に書状引受所を設けて手紙を受け付けた。これだけならドクラの事業モデルと同じだが、ポーヴィーは、ベルをもった男たちを街にだし、ベルを鳴らして手紙を集めさせた。ベルマンの登場である。いつもの場所、いつもの時間にベルを鳴らして手紙を集めにくる。このビジネス・モデルがロンドンっ児に受け入れられ、郵便利用者にたいそう重宝がられた。しかし、ポーヴィーの半ペニー郵便は国家独占に抵触した廉《かど》で廃業させられてしまった。わずか七ヵ月の操業であった。ポーヴィー自身には罰金一〇〇ポンドの支払いが命じられる。当時、この騒動が政府に郵便の独占規定の明確化そして強化を促した、といわれている。

ベルマン．トマス・ローランドソンの風刺画．1854 年まで活躍した．

ポーヴィーが手がけた半ペニー郵便はあえなく消えていってしまったが、一八世紀初頭、彼が創った火災保険会社の原型となる組織は今も引き継がれて、保険会社として存続している。創業当初から火を表す太陽を商標に使っていたことから、会社は「太陽消防署《サン・ファイア・オフィス》」とも呼ばれた。

以上が新法の骨子である。新法は、郵便事業を戦費調達機関に位置づけたのみならず、スコットランド郵便をロンドンの管轄下に置くことに努め、植民地郵便の管理を強化し、市内郵便を法制化し、郵便の国家独占の強化を企図したものであった。新法は第二の郵便憲章《ポスト・オフィス・チャーター》とも呼ばれる。一八三七年に廃止されるまでに、一四〇本以上の法律によって累次改正が加えられ、一世紀以上にわたり郵便の基本法として存続した。

しかしながら、郵便の国家独占問題はその後もつづき、コースの論文を読むと、一八六八年に会員制による私設集配会社が設立された。同社は低廉な料金で会員に郵便サービスを提供したが、国家独占規定に違反したとして廃業に追い込まれた。一方、一八七九年にケンブリッジ大学のジーザス・カレッジがカレッジの学生や関係者のために郵便サービスを開始した。それに対し、郵政省は法律違反と勧告したが大学側は無視し、他のカレッジでも同様の制度をつくった。更にはオックスフォード大学も追随したと伝えられている。ドクラやポーヴィーなどの市内郵便にも郵政省は手を焼いたが、その後も新手《あらて》の市内郵便が現れた。

2　クロス・ポストの普及

一八世紀、郵便路線が拡大していく。当時の郵便路線はロンドンを起点にして、大北街道、チェスター街道、ブリストル街道、西街道、ドーヴァー街道、ヤーマス街道の六街道の上に走っていた。また、街道と街道とをつなぐ脇街道の建設もはじまり、街道相互間の連絡道路となる。郵便路線も六本の本街道に加えて、街道と脇街道とをむすぶルート、脇街道単独のルートも加わり、路線の拡がりがみられ輸送時間の短縮につながった。

クロス・ポスト　本街道と脇街道がつながると、郵便の輸送経路も複雑となる。概念図に示すように、経路によって郵便物の呼び方も異なる。バイ・レター（バイ・ポスト）、クロス・ロード・レター、ロンドン経由のカントリー・レターを合わせて「クロス・ポスト」と総称する。

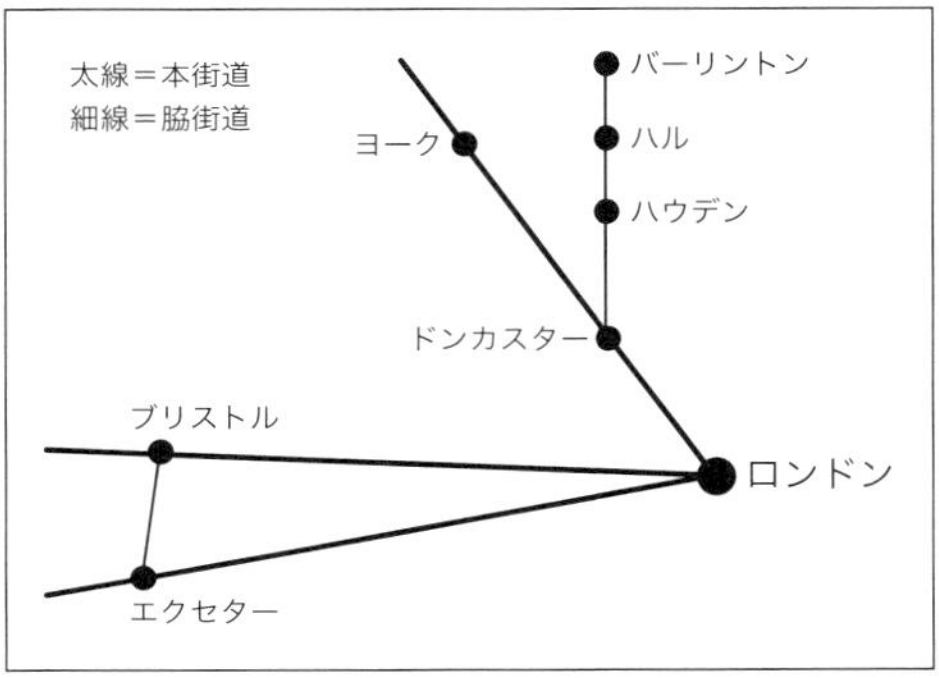

クロス・ポスト概念図．例えば，本街道のヨーク―ドンカスター間と脇街道のハル―ハウデン間の便はバイ・レターと，脇街道のブリストル―エクセター間の便はクロス・ロード・レターと，本街道のブリストル―ロンドン経由―エクセター間の便はカントリー・レターと，それぞれ呼ぶ．

一七世紀はじめ、西街道の宿駅エクセターと六〇キロ離れた町バンスタプルとをむすぶ脇街道にバイ・ポストが走ったこと、また、王室駅逓（郵便）への取り込みについてすでに述べてきたが、キャンベル＝スミスの郵便史によれば、本格的なクロス・ポストの運営開始は一六九六年になってからである。同年、エクセターの郵便局長であったジョーゼフ・クアーシュが、エクセター―ブリストル間の郵便サービスを開始し、その後、チェスターやオックスフォードにもクロス・

ポストを延伸する。

それまでエクセターからブリストルへの手紙は、まず西街道を上りロンドンへ、そこで再仕分けされて、今度はブリストル街道を下ってブリストルへ、と二つの街道を通りはこばれた。カントリー・レターである。街道の距離はそれぞれ八〇マイル以上あった。手紙にかかる料金も各街道ごとの料金の合計額となり、当時のシングル・レターの料金で六ペンスとなった。クロス・ポストができると、手紙はエクセターから西街道とブリストル街道をむすぶ脇街道を通って、ブリストルに直接はこばれる。距離も七六マイルと、以前の半分以下になった。したがって料金も二ペンスとなる。ロンドン経由の料金とくらべると、三分の一に軽減される。クロス・ポストの登場で、地方都市間の通信が、経済的にも、時間的にも、大幅に改善された。

料金徴集額の不正申告　クロス・ポストの普及は郵便利用者にとって大きな福音になったが、一方、国にとっては収入減少となった。そもそも料金が安くなったのだから減収になるのは当たり前だが、それ以上に、ロンドンにおいて各郵便局が扱った書状の取扱通数を直接チェックできなくなったことが大きな原因であった。チェックができなくなると、郵便局長がロンドンの郵政省に対して取扱通数と料金徴収額を過少申告し、後は着服していた。当時の郵政省にはクロス・ポストを監督運営する意思も能力もなかったから、郵便局長はそれを見透かし、過少申告の不正が常態化していった。それに通運業者も手紙をはこぶことを躊躇《ためら》わなかった。それは目的地に安く速く着くことから、違法郵便とはいえ、街道筋の人たちは駅馬車や荷馬車に手紙をよく託したものであった。だから、ロンドン行の馬車の御者の鞄《かばん》にはいつも手紙がいっぱい入っていた。このことも国が潜在的な収入を逃していたことになる。

このような状態を調査して是正するために、郵政省は財務当局に対して、郵便監察官《ポスト・オフィス・サヴェーヤー》の制度創設と所要の予算を要求したが、反応は鈍かった。財務当局は歳入には注意を払うが、支出にはたとえそれが歳入増加のための支出であっても拒否反応を示した。それでも、J・T・フォクセルとA・O・スパフォードの共著によれば、一七一五年に六人の郵便監察官が任命された。任務はクロス・ポストの不正の調査や臨検をおこなうことであったが、その体制が整うまでにはかなりの時間を要した。

3　レイフ・アレンの時代

このような不完全なクロス・ポストを立て直した人物がコーンウォール出身のレイフ・アレンであった。ここではアレ

レイフ・アレン
クロス・ポスト推進者

ンの郵便への関わりを中心に彼の足跡をみていこう。

バース郵便局長　アレンは幼少の頃から祖母が営むコーンウォールのセント・コロンブの小さな郵便局で祖母の手伝いをしていた。一七〇八年、彼はクァーシュが局長をしていたエクセター局でバースとブリストル行のクロス・ポストの運営助手として働くことになる。この時期、アレンは若くして才能を開花させ、北に延びる街道や脇街道筋の郵便局長と親しくつきあい、彼らの信頼を勝ち得たほか、ロンドンとむすびつきの強い地方にいる議員や著名人の郵便の世話にも意を払っていた。

一七一二年、ブリストルに近いバースの郵便局長が辞任したが、後任にアレンが就く。わずか一八歳の若さである。局長に任命された理由は、アレンの誠実さと勤勉さ、郵便業務に対する深い知識と管理能力をもっていたことが評価されたからである。加えてクァーシュの強い推薦も見逃せない。バースでは、クロス・ポストを単独で利益がでるようなビジネスにするために、注意深く調査するとともに、その方策を検討する。

横道に逸《そ》れるが、アレンは謹厳実直な人間のように思われるが、一七一五年には、彼は武器をはこぶジャコバイト（フランスに亡命したジェームズ二世を支持する一派）の動きを察知して、バースで警戒の任に就いていたジョージ・ウェイド将軍に通報する。武器の没収に大きく貢献した。アレンは情報収集能力の面でも秀でていた。

一七一九年、アレンはイギリス西部におけるクロス・ポストの運営権取得を郵政長官に申し出る。今様にいえば、郵便運営権に関するライセンス契約である。条件は、ライセンス料が年間六〇〇〇ポンド、期間七年間であった。当時のクロス・ポストからの年間収入が四〇〇〇ポンド程度であったから、冒険的な数字であった。それが二五歳の一地方の郵便局長からの申出であったから、ロンドンの郵政省は驚いたにちがいない。一七二〇年、郵政省はライセンス契約を正式に認めたが、その根拠は郵便監察官局がアレンの運営能力に高い評価を下したからである。実査した監察官の文書には、「アレンがクロス・ポストのすべての料金収入を誠実に会計処理し、ロンドンに報告していることが確認できた」と記されていた。加えて、ウェイド将軍による郵政省への力添えがあったともいわれている。

クロス・ポストの発展　郵政長官とアレンとのあいだで締結されたクロス・ポストのライセンス契約は、一七二〇年から七年ごとに六回更改され、彼が亡くなる一七六四年までつづいた。バースの郵便博物館（二〇二三年に閉館）に二回目の契約書が所蔵されていたが、契約書には、クロス・ポストのネットワークが次のように定められていた。

まず、エクセター―チェスター間。経由地は、エクセターから北へ、ティバートン、ブリッジウォーター、ウェルズ、ウォットン・アンダーエッジ、ストラウド、グロスター、テュークスベリー、ウスター、キダーミンスター、ビュードリー、シュールズベリー、ホイットチャーチを経てチェスターに入った。

次に、バース―オックスフォード間。経由地は、バースから東へディバイス、マールボロー、ウォンテージ、アビンドンの村を経てオックスフォードに入った。州《シャー》の名前で示せば、デヴォン、サマセット、グロスター、ヘリフォード、ウスター、シュロップ、チェスター、オックスフォードとなり、大略、イングランドの南西部とウェールズ東部に接したイングランド諸州の地方をカバーした。クァーシュが手がけていたクロス・ポストのネットワークが土台になっている。

その後もクロス・ポストのネットワークは延伸し、主要路線は週三便から週六便に拡大していく。一七五〇年代半ばまでに、クロス・ポストの主要路線が三〇本、補助路線も一〇本に、それらに接続する正副郵便局は二〇〇までになった。以下、その発展状況を記す。

まずイングランド。北部では、ウォリントンからランカスターまで、また、大北街道のボローブリッジから西に折れカーライルまで、東に折れ北進しスコットランドのエディンバラまで、それぞれ延伸される。更に、リヴァプールとマンチェスターがチェスターと連結される。補助路線として、ヨークからスカーバラとウィットビーに向かう線もあった。中央部では、ノッティンガム、シェフィールド、ダービー、ノーザンプトンが主要街道につながる。ノリッジもヤーマス街道に接続する。南西部では、エクセターとトルアロウやプリマスをむすぶ路線ができる。南東部では、ドチェスターとサウサンプトンが西街道に接続された。

次にウェールズ。スウォンジーがイングランド中部グロスターと、カーマーゼンとペンブロックがイギリス中部ヘリフォードと、ホーリーヘッドとイングランド中部シュールズベ

地図6　クロス・ポスト主要路線図（18世紀）

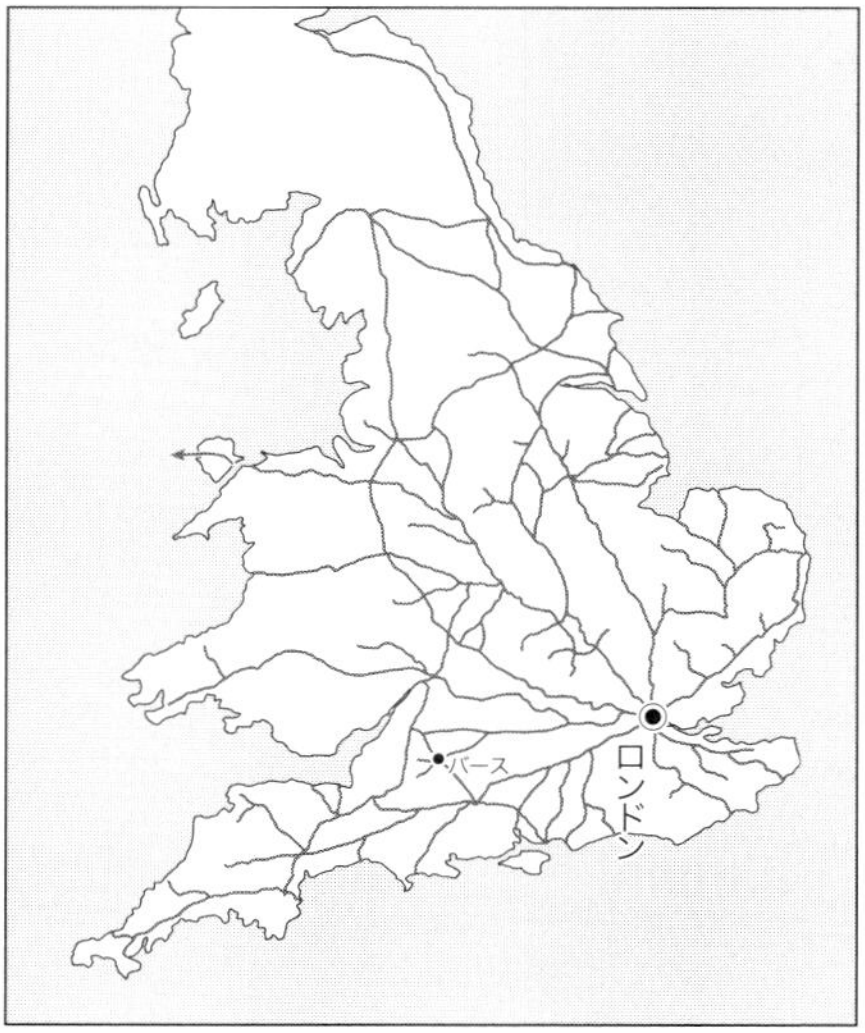

出典：　F. George Kay, *Royal Mail*, p.40.

リーと、それぞれつながる。その他、補助路線としてカーマーゼン―アベリストウィス線があった。

以上のクロス・ポスト路線を図示すれば、地図6のとおりとなる。ロンドンを中心に四方に路線が延び、同時にロンドンを経由することなくイングランドの町や村がクロス・ポストによってむすばれている様子がわかる。これら路線を機能的に管理運営するため、アレンは、ロンドンにある内国郵便総局とは別に、「街道および脇街道連絡郵便総局《バイ・アンド・クロス・ロード・レター・オフィス》」をバースに置いた。設置時期は不明だが、アレンの死（一七六四）後、ロンドンに移転され、内国郵便総局、外国郵便総局、ロンドン・ペニー郵便局とともに郵政省の第四の内部部局となった。移転時に二三二の地方局を束ね、一七八八年には三三四局まで増加。組織名も「街道連絡郵便総局《バイ・レター・オフィス》」と改称され短くなる。その後も路線の拡充がすすみ、加えて幹線便と連絡便とを区別して扱う意味がなくなり、連絡郵便総局は一八世紀末に廃止され、内国郵便総局に統合された。

料金着服の撲滅作戦　アレンは手紙の受取人から徴集した郵便料金が着服されず、確実に回収できるようにさまざまな方策を打っていく。そのためには、徹底した状況把握が不可欠であった。アレンは、馬に跨《また》がり、馬車に乗り、時には危険な山道を歩きながら、多くの村々の副郵便局長（基本的な郵便業務を請け負っている者）を訪ね、郵便の輸送経路・距離・時間など地域の実情を事細かく聞きだした。そこでわかったことは、副局長の仲間同士で、あるいは現場で仕事に従事しているポストボーイらが示し合わせて、不正を働いていることであった。アレンは不正を阻止し、是正していく仕組みを取り入れていく。

第一に、アレン専属の郵便監察官のチームを編成した。当時、監察官は郵政長官の指揮下にあったが、ロンドンと交渉し、アレンの負担において、クロス・ポスト専属の監察官を確保した。監察官の働きはめざましく、クロス・ポストの正常化に大きな成果を収めた。なかでも次の事案は特に有名である。

不正事件はプリマスのとある場所で起きていた。ポストボーイたちが秘密の隠れ家に三々五々集まって、その日集めてきた手紙を見せ合って、配達担当の手紙を交換しあった。後刻、ポストボーイは手紙を配達して受取人から料金を徴収した。料金後払いの時代だから、それ自体に問題はないが、その後、料金を局に渡さずに自分の懐に入れってしまった。副局長に気づかれることもなく、ポストボーイは受け取った料金を簡単に着服できた。正規には、集めた手紙は局に持ち戻って、記帳後、配達局に発送しなければならなかった。

ポストボーイの隠れ家は「サブ・ローザ」と呼ばれた。ラテン語で「薔薇《ばら》の下に」という意味になるが、薔薇は秘密の象徴。アレンの監察官は、サブ・ローザの場所を特定し、数週間にわたり現場に張り込み、ポストボーイが集まったところに踏み込み、彼らを一網打尽にして捕まえた。サブ・ローザ事件である。

第二に、郵便局長に郵便送受報告書《ポストビル(ヴァウチャー)》を四半期ごとに作成させバースに提出させることにした。命令にあたって、アレンは詳細な記載マニュアルを作り各局長に配った。報告書への記載事項は次のとおり。発送便については、発送日、発送先局、種類通数、料金額など。到着便については、到着日、発送元局、種類通数、料金徴収と納付額など。当初、局長から提出された報告書は杜撰《ずさん》な内容ばかり。そこで各局長に「私は正直に業務実績を報告することを誓います」と書かせた宣誓書を提出させ、正直に報告した局長には報奨金をだすとしたが、効果は上がらなかった。

以後、不正撲滅には多大の労力と根気が必要になった。まず、集まった報告書をバースにおいて丹念にクロス・チェックする。ほんの一例にしか過ぎないが、ベヴァリー局から常時数十通の手紙をドンカスター局に発送しているとの報告があったが、ドンカスター局からは何らの報告もなかった。つまり、ベヴァリー局からの手紙の料金をドンカスター局は報告せず着服していたのである。監査指示を受けた移動郵便監察官はドンカスターに急行し不正を捜査した。このような捜査や臨検などを積み重ねて、監視体制が常時敷かれていることを認識させていったが、そこには監察官と局長らとの知恵比べともいうべきバトルがつづいていた。

第三に、地名が入った郵便印《プロヴィンシャル・タウン・スタンプ》の採用である。いわゆる地名印だ。アレンは、引き受けたすべての手紙の余白に地名印を押すことを局長に義務づけた。目的は、後日、引受局そして料金算定の起算点を確認するために必要と考えたからである。地名印にはもう一つたいへん重要な役割があった。当時、配達不能《デッド・レター》となった手紙の料金を配達局の局長に保証することになっていた。手続は、配達不能の手紙をバースに送ると、一定の額が局長に送金された。審査のポイントは、手紙に押された地名印が本物であるか否かを見極めることであった。これを逆手にとって、村の郵便局長仲間が結託して配達不能の手紙を偽造し、正真正銘の地名印を押したものを仲間で交換し合い、それらをバースに送りつけた。もっとも、それらの手紙の内容は似たりよったりで、白紙のものも多かったといわれている。現在、名宛人不明の郵便は差出人に返送されるが、当時は廃棄処分されていた。

郵便印には長い歴史がある。これまでに、ビショップの日付印、ドクラの料金収納印やハート型の時間印などを紹介してきたが、アレンの地名印はそれらにつづくものになる。現代の郵便印は、日付・時間・地名の三要素がすべて盛り込まれたものが主流で、切手の抹消、郵便引受や到着などを証するためにも使われている。地名印についても、オルコックとホランドの共著が参考になる。

運営収支　アレンのクロス・ポスト運営は成功したのだろうか、この点を検証していこう。正確な数字がないので推測の域をでないが、運営開始当初、年間六〇〇〇ポンドのライセンス料をはじめ、郵便監察官の報酬、もろもろの経費を支払うと赤字になってしまった。その後、不正撲滅の対策が功を奏して収支は改善していく。後年、郵便馬車を導入したジョン・パーマーが「アレンの利益はたいへん大きく、年間一

アレンの地名印（18 世紀）．各地方で趣向を凝らして印顆が作られたので，さまざまなデザインのものがみられる．上段左から，エクセター，ノッティンガム，アシュビーの地名印．AB・N・DON は “Ashby de la Zouche and Abingdon” の略．下段左から，ブリストル，チェスター，バーミンガムの地名印．いずれも彫師のセンスが光る印影だが，特にバーミンガムの印は文字のほかに飾り模様も施されている．偽造が難しそうだ．

万二〇〇〇ポンドになるだろう」と断言している。アレンの運営は、国の郵便運営にもよい影響を与えたといわれ、国の郵便料金収入は、一七三〇年一八万ポンド、一七四〇年一九万ポンド、一七五〇年二一万ポンド、一七六四年（アレンの没年）二三万ポンドと逓増している。その後も、クロス・ポストによって、三〇年間で一五〇万ポンド、年間五万ポンドの経費節減（収入増加）に寄与したとする試算がある。イギリス国内で商工業が勃興しつつある時代に、郵便運営を正常化し、商工業者や文人らの通信ニーズに応えたアレンの功績は見逃せない。

起業家アレン　ベンジャミン・ボイスが著したアレンの伝記を読むと、クロス・ポストから上がる利益を採石事業に投下した。場所はエイボンのコムダウンとバサンプトンダウンにあった採石場。良質で加工しやすい石灰岩が産出、建築用の石材に大量に加工され、蜂蜜色の石材は「バースの石」として有名になり、教会や橋をはじめ、当時のジョージア様式の建物には欠かせないものとなっていった。石材運搬のために鉄道や河川インフラも整備する。事業は成功し、アレンは、バースの王立温泉病院、学校、公共事業に対して多額の資金を寄付し、また、ロンドンの聖バーソロミュー病院建設に際しても大量の建築用石材を寄付している。一七四二年、バース市長に選出された。

バースの町が一望できる丘の上に建てられたアレンの大邸宅（プライア・パーク）を開放して、政治家、学者、文人などの著名人を招いてサロンを主宰した。客のなかには、小説家のヘンリー・フィールディングやサミュエル・リチャードソンらの顔もみえる。文人たちへの支援も忘れなかった。アレンは起業家・経営者として活躍する一方、社会慈善家、改良家であり、当時の新興ブルジョワジーの理想的な人間であった。一七六四年に亡くなる。「博愛の人《ベネヴォランテュ・マン》アレン」とボイスは一九六七年刊行の伝記のタイトルに記している。

アレンの業績などを調査研究した文献には、ボイスの伝記（一八のほか、R・E・M・ピーチの貴重な資料を含む伝記（一八九五年刊）、サリー・デイヴィスの簡潔にまとめた小伝（一九八四年刊）、ダイアナ・ウィンザーがアレンの日記や書簡などを翻刻した本（二〇一〇年刊）がある。執筆に際して参考にした。

第8章　植民地帝国と産業革命の時代

本章では、一八世紀後半、小ピットの改革により、郵政省高官の高額報酬の是正、閑職の廃止がおこなわれたことにふれるほか、ロンドンのペニー郵便の強化、アイルランド郵政の管轄権のロンドンへの委譲、地方ペニー郵便の発展にも言及する。更にスコットランド出身のロバート・ウォラス議員が打ちだした郵便制度の改革案についても紹介する。産業革命の時代の到来により、郵便も近代化が迫られてきた。

1　小ピット時代の改革

スペインやオランダの海上権益が衰えてくると、一八世紀後半には、イギリスはフランスと北アメリカやインドを巡って争うことになる。植民地戦争である。イギリスはカナダのフランス領を攻撃して、同時に、インドでは、イギリス東インド会社軍がフランスと手をむすぶベンガル太守軍に圧勝する。その結果、一七六三年パリ条約で、イギリスはフランスにカナダとミシシッピ川以東のルイジアナを割譲させ、インドでもフランス植民地をすべて奪った。だが、イギリスは巨額の戦費を使い果たし、国庫は火の車となっていた。

予算の神様　この状況を打破すべく立ち上がったのが小ピット（ウィリアム・ピット）であった。一七八三年、弱冠二四歳で首相に就任した小ピットは、巨額の国債を償還するために抜本的な財政改革を断行した。後に「予算の神様」と呼ばれる。その神様が目指したのは、今様に表現すれば、プライマリー・バランス（基礎的財政収支）を黒字化することであった。当時の財政状況の詳細については、レディー・ヒックスの財政学の文献や板倉孝信の論文などに譲るが、簡単に記せば、小ピットは「歳出」と「歳入」という相反する二つの要素を一本の形式にまとめて議会に提出することを採用したのである。

それまでは戦費など費用の見積もりが先行し決定され、その後に歳入の検討がなされた。地租、関税、消費税などが主財源になるが、その収入だけでは賄いきれないので、不足分は赤字国債の発行に頼った。国内で国債が消化できず、オランダの金融市場などにも肩入れしてもらった。小ピットは予算収支の均等を実現するために、まず、政府資金を一ヵ所に集め管理することとし、全省庁の勘定をイングランド銀行の国庫勘定に集中する統合会計システムを導入して、近代的な予算・決算制度を確立した。

小ピットは徹底した歳出・歳入の見直しをおこなう。そのために、議会に政府機関が課している料金の収入額や報酬支払額の実態調査をおこなう強力な委員会を設置して見直しにとりかかった。委員会の第一〇次報告書が郵政省に関するものであったが、一七九三年に印刷され公表された。そのなかで、郵政長官ら高級官僚に対する杜撰《ずさん》な報酬支払いが明らかになったほか、郵便事業をとりまくさまざまな問題点が指摘された。以下、一八世紀の郵政省を詳述したケネス・エリスの郵便史などにより、その概要をまとめてみた。

役職と役得と　まず報酬。二人の郵政長官に対し、それぞれ年間本俸一〇〇〇ポンド、加給一二〇〇ポンド、手数料《コミッション》一八四ポンドで合計二三八四ポンド。そこから税金二二五ポンドが控除され、手取額は二一五九ポンドになった。加給が本俸を上回る。その他、現物支給の形で、石炭、蠟燭《ろうそく》、油、食器など無制限に使うことができた。その購入価格は二年半で石炭九〇〇ポンド、蠟燭六九四ポンド、食器一五〇ポンドという数字もある。宿舎も貸与された。

郵政次官《セクレタリー・オブ・ザ・ポスト・オフィス》の収入には驚かされる。年間本俸二〇〇ポンド、税引後一五五ポンドについては規定の範囲内の支給だが、その他収入は、年間、バイ・レター総局から手当七五ポンド、馬車借上費から一〇〇ポンド、もろもろの手数料として一三八ポンド、ロンドンのロイズ・コーヒーハウスからも一〇〇ポンドを受け取っていた。最大の収入源は、ドーヴァー、ハリッジ、ファルマスの港に所属する郵便船の船長や所有者から、彼らに支払われた運営経費の二・五パーセントを手数料として、郵政次官が代理人《エージェント》として徴収した。その額は一七八四年一一六九ポンドとなり、同年の収入総額は一七三七ポンドに達した。本俸の割合は一割弱、いわば上納金が九割強を占めていた。現物給付もすごい。石炭推定で三〇トン、蠟燭二〇ダース、獣脂の蠟燭六四ダースが給付されたほかに、東インド会社からは重さ八ポンドの紅茶と西アジア産の酒二ダースが贈られている。もちろん立派な官舎も準備されていた。

高位官職の事例を紹介したが、郵政長官はカートレット男爵とタンカーヴィル伯の二人。いずれも貴族出身だ。郵政次官はアンソニー・トッド、一般人だが才能と努力で組織をのし上がってきた男である。エリスの郵便史によれば、トッドは一七一七年生まれ。成人になると外務省に、入省時年俸七〇ポンド。諜報畑を歩きこの分野で功績を残した。解読不能のロシア語の暗号を勉強するためにサンクトペテルブルク行を希望したこともあった。一七六二年から途中三年間の中断があったものの三〇年を超す期間、郵政次官に在職し、そこで本業の郵便はもちろん外務省と連携し郵政省を諜報組織に育てていった。長期在職で隠然たる影響力を行使し、大きな富を築くことができた。郵便船も何隻か所有していた。一七九九年に死去。この時期、良くも悪くもトッド抜きでイギリス郵便史を語ることはできない。

前記調査は長官や次官に仕える職員の実態についても言及している。長官付事務官の報酬は、本俸年六〇ポンド、加給八〇ポンド、バイ・レター総局から一五ポンド、新聞配送を管理する街道管理者への事務所貸与からの手数料《コミッション》や接待飲食費など九七七ポンドで、合計一一三二ポンドであった。石炭や蠟燭が現物給付される。次官付事務官は六人。俸給総額は年間五二〇ポンド、その他収入一四〇ポンド、総計六六〇ポンドで、一人一〇〇ポンド前後であった。長官付とくらべると、役得がなかったためか格段に低い。高官の子息たちは採用最低年齢一八歳を待たずして枢要ポストに任官して出世が約束された。他方、一般人は読み書きの試験を受けさせられたり、採用後は二〇〇ポンドの保証金《ボンド》を当局に差し入れさせられたりした。

役得解消と閑職廃止　本俸よりも役得で稼ぐ方が大きくなる収入構造は、近世イギリス社会、就中《なかんずく》、貴族社会ではごく普通のことであった。だから郵政長官も経済的利益《フリンジ・ベネフィット》が高く魅力あるポストであったにちがいない。ピットはそこに切り込んでいった。歳出決定手続の透明化、報酬支給規定の整備などをはじめ、郵便局長再任時の郵政長官への保証金差入の廃止、スコットランド副郵政長官への料金収入総額の二パーセント上納の廃止、食器など一部現物給付の廃止、官吏の郵便船所有の禁止を断行した。

閑職も整理された。廃止されたポストは、郵便船管理代理人、宮廷内郵便局長、クロス・ポスト監督官、バイ・レター総局配達不能郵便物調査官、バイ・レター総局徴収官、外国郵便総局次長、内国郵便総局監督官などであった。閑職の一例に過ぎないが、宮廷内郵便局長は「年間五八〇ポンドもの高給を食《は》んでいるのに何もせず、代理の男が五八ポンドをもらい、仕事をしているのが現状で、この仕事は誰か待機しているメッセンジャーでもできる閑職である」と報告書で指摘された。

だが当時のイギリスでは、既得権は守られるべきであって、補償なしに権利が消滅あるいは縮小されることは絶対にあってはならないという考え方が強かった。そこで閑職を離れる者に対して、その後の補償として相応の年金を支給することで対応した。その額は年間六一〇〇ポンドとなり、つづく一七九三年から五年間で年間一五〇〇ポンド増えた。一時的に年金支給が増えたが、支給対象者の死亡により一七九七年には年金支給が六五〇ポンド減った。長い目でみれば、年金支給はゼロになる。それに閑職廃止による歳出削減効果も見逃せない。

無料郵便の乱用　一六五三年に郵便事業の請負化がはじまったが、その際、護民官のクロムウェル、国会議員、軍の将官などが送受する郵便物は無料とすることが請負条件となった。いわゆる無料郵便制度《フランキング・プリヴァレッジ》である。その後、一六六〇年と一七一一年に制定された郵便法には無料郵便制度を認める条項は挿入されなかった。しかし、既得権を盾に無料郵便の送受は止まず、無資格者の不正利用も増加し、その費用が一般の有料郵便物の収入に匹敵するまでになった。不正利用の典型的な方法は、資格者が無料郵便にみずから署名することが義務づけられていたが、資格者の名義を借りて署名を偽造して郵便を差し出すとか、古い新聞の余白に暗号を記して新聞郵便として差し出すとか、その例を挙げれば枚挙にいとまがない。ある出版経営者は、年間六〇〇〇通もの商業郵便を無料で送った、と豪語さえしている。

無料郵便の不正利用以外にも、当時の料金受取人払制度を逆手にとった方法も大いに活用された。その方法は、手紙を頻繁にやりとりする二人のあいだでまず暗号を作る。例えば「宛名のクリスチャンネームをAにしたら元気で働いている」といった具合に暗号を決めておき、それを手紙に記して消息を連絡しあった。つまり、受取人は手紙を一瞥して、素早く暗号を読み取り内容を理解したら、手紙の受取を拒否し、料金の支払いを免れた。

一七一五年と一七六四年の二つの時点の有料郵便《ペイ・レター》の収入と無料郵便《フランクス》の費用をエリスが比較している。それによると、有料郵便は一二万ポンドから一八万ポンドとなり、収入は五割増となる。無料郵便は二万ポンドから一七万ポンドになり費用が八倍強に増加した。後者の急増ぶりが際立つ。これだけでみれば、収入のほとんどが無料郵便の費用に消え利益がほぼ消えてしまった、とみることができる。

無料郵便の脱法行為取締を強化していったが、一七八四年には無料郵便が年間三〇〇万通に達する。同年、無料郵便に対する更なる規制強化が図られた。具体的には、対象となる郵便物の重さを二オンスから一オンス（二八グラム）に引き

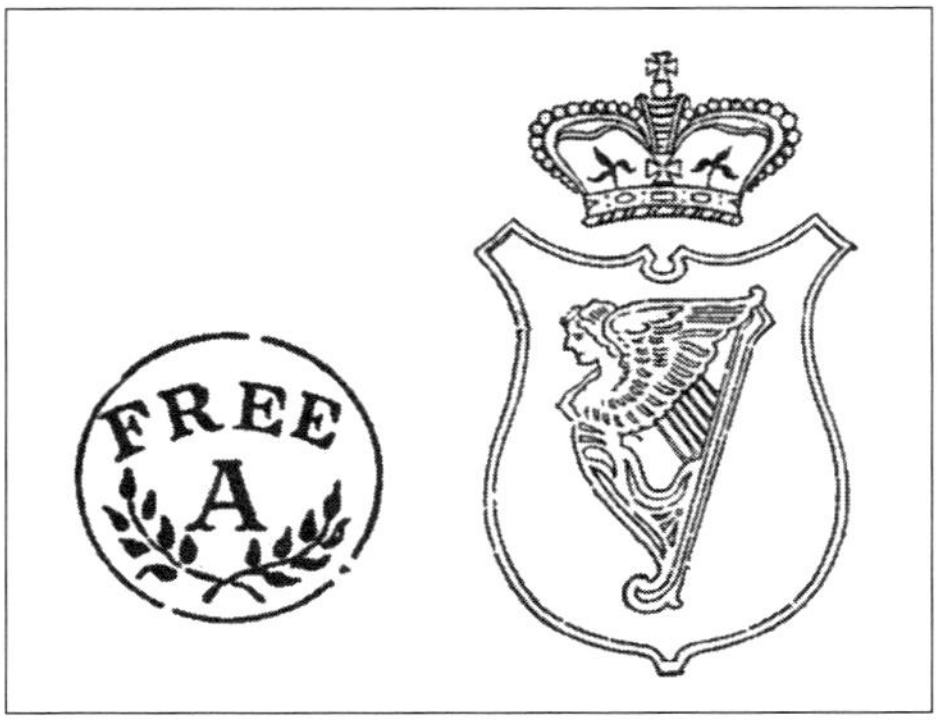

無料郵便印．「フランクス」と呼ばれた．左は初期のもの．右はアイルランドで使用されたもの．アイリッシュ・ハープが刻され，美しい図案が印象的な郵便印．

下げる。有資格者自身で宛名を書き、署名をおこない、差出場所と日付を記入することも義務づけられた。一方、郵便局では、引受時に無料郵便であることを示す郵便印を書簡に押印しはじめた。更に一七九五年には、国会議員以外の有資格者については、無料郵便一日差出一〇通・同受取一五通に限定する。

これら一連の無料郵便に対する規制強化により、ナポレオン戦争終結時の一八一四年までは、無料郵便の乱用を低く抑えることができた。だが、その後、乱用がふたたび目立ちはじめるようになり、割高な料金を支払う一般の郵便利用者から無料郵便制度に対する不満が高まってきた。加えて、高い料金が原因となり郵便の利用が減少し、収入面にも暗い影を落とすようになってくる。後年、郵政省は無料郵便制度の廃止に向けて真剣に取り組まざるを得なくなった。

2　体制強化と新サービス

既述のとおり、小ピットの財政改革によって、郵政省でも支出削減のために、高官に対する高額報酬の是正、閑職の廃止、無料郵便制度の見直しに務めてきた実態について検証してきた。ここでは、支出削減策ではなく、一八世紀後半におこなわれた収入増加を目指す郵便事業の体制強化策の具体例をみていこう。

ペニー郵便の強化　一六八〇年に民間人のドクラがロンドンで市内戸別郵便配達サービス「ペニー郵便」を企業化したが、二年後、王室郵便によって国有化された。それから一世紀を経たロンドンは人口が一〇〇万人に近づき、政治の中心地となり、商工業そして貿易センターとしての機能を備えた大都市に発展していった。そこにはさまざまな情報交換や通信ニーズがあったが、当時、それらをペニー郵便はうまく取り込むことができなかった。

この状況を打破した立役者が、ブラムルのロンドン地区郵便を調査した本を読むと、ペニー郵便で手紙の配達を担当していたエドワード・ジョンソンであった。彼の経験から配達人の人数が少なすぎるので、大幅増員を上層部に訴え実現させた。同時にペニー郵便のサービス内容も変更され、一七九四年から実施された。

表 13　ペニー郵便の要員・人件費比較

	1782 年（増員前）			1797 年（増員後）			増加人・金額（カッコ内，倍）	
	官職名	人	ポンド	官職名	人	ポンド	人	ポンド
管理職	監督官	1	263	監督官	1	400		
				副監督官	1	300		
	会計官	1	159	会計徴収官	1	300	0 (0)	600 (1.7)
	徴収官	1	189					
	主席事務官	4	289	主席事務官	4	500		
現業職				会計徴収係員	3	230		
	窓口係員			窓口係員	4	350		
	区分係員	15	579	区分係員	12	820		
	内勤係員			内勤係員	3	164	191 (3.3)	8,899 (5.1)
				運搬係員	2	83		
	市内配達人	44	1,293	市内配達人	130	5,086		
	郊外配達人	13	115	郊外配達人	91	3,713		
	その他雇員	12	184	その他雇員	30	624		
	計	91	3,071	計	282	12,570	191 (3.1)	9,499 (4.1)

出典：George Brumell, *The Local Posts of London,* p.21.
注：1782 年，監督官，会計官，徴収官には石炭などの現物支給の金額を含む．

　ペニー郵便の要員数と人件費の増員前後の比較を表13に示す。まず要員総数。前《まえ》九一人・後《あと》二八二人で三倍になる。管理職の増員はなく、現業職の確保に力を入れた。うち市内と郊外の配達人総数は、前五七人・後二二一人で四倍に。郊外の配達人に限れば七倍増となった。次に人件費総額。前三〇七一ポンド・後一万二五七〇ポンドで四倍に上昇。うち配達人の人件費は前一四〇八ポンド・後八七九九ポンドで六倍になった。配達人一人当たりの賃金は、単純平均で前二五ポンド・後四〇ポンドで六割増に。郊外の配達人に限れば九ポンドから四一ポンドと四倍半になった。配達人の処遇が大幅に改善されたが、ジョンソンの力に負うところが大きい。彼は副監督官として処遇される。

　その他、主な見直しは次のとおり。ペニー郵便の区分局が五局から二局に集約された。シティー区分局がロンバード通りアブチャーチ小路《レイン》に、ウェストミンスター区分局がソーホー地区ジェラード通りに置かれた。一方、利用者の利便性を高めるために、ロンドンの町中にあったコーヒーハウスや商店などへ委託していた書状引受所《レター・レシーヴィング・ハウス》は増加している。市内の配達は一日六回。一号便は朝七時半から、最終便は晩六時半からで、ほぼ二時間おきにおこなう。引受から配達開始までの時間が約一時間であったから、手紙を一日に二、三回往復させることができた。郊外の配達は、例外的に二回のところもあったが、一日三回。本局から郊外配達継所への郵便物輸送は一日に二回馬単騎で、その他、馬車輸送が一回あった。夜間、地方から内国郵便総局に届いた手紙は、朝までにペニー郵便に移送され、手紙は早ければ朝一号便で、遅くともその日のうちには配達された。郊外の配達エリアも、リッチモンド、ピーターシャムなどの遠隔地の村でも、ペニー郵便のサービスが受けられるようになった。

人件費の増加、配達度数の充実、配達エリアの拡大、取扱量の増加などにより、ペニー郵便の運営費が増加する。そのため、基本料金が一ペニーから二ペンスに値上げ、市内二ペンス、郊外三ペンスとなった。ただし、ペニー郵便を利用して地方宛の手紙を内国郵便総局へ差し出すときは、市内からでも郊外からでも追加一ペニー。反対に、総局経由の地方からの手紙がペニー郵便で配達されたときも、市内・郊外ともに追加一ペニーとなる。更に、ペニー郵便は料金前払いが必須条件であったが、後払いもできるようになった。この結果、郵便物の取扱量は倍増する。基本料金の値上げによって、「一ペニー郵便」の呼称は、「二ペニー郵便」または「ロンドン地区郵便」と呼ばれるようになった。

料金値上げ前後のペニー郵便の年間収支を示す。収入は一万一〇〇〇ポンドから二万六〇〇〇ポンドに、支出は五〇〇〇ポンドから一万八〇〇〇ポンドに、利益は六〇〇〇ポンドから八〇〇〇ポンドになった。つまり、収入は料金値上げで二倍半に、支出はコストの大幅増で三倍半となり、利益は圧縮され、わずか三割増にとどまった。換言すれば、収益率が五割から三割に低下した。今なら利益率が三割もあり、絶対額も二〇〇〇ポンド増えたのだから優良企業である。ジョンソンらによる改革は成功した。

ロマン主義の詩人、ジョン・キーツは「朝サザックでだした新しいソネットを書いた手紙がテムズ対岸のクラーケンウェルの町に住む知人に、同じの日の朝一〇時に届いた」と記している。ロンドンで活動する人々にとって地区郵便は欠かせないものになっていった。

新聞と郵便　新聞誕生と新聞税導入の話は、第5章3で簡単にふれた。ロビンソンの郵便史によれば、一八世紀後半に入ると、新聞刊行部数は飛躍的に高まる。一七八四年一年間にロンドンから地方に発送された新聞は三一〇万部、一七九六年には約三倍の八六〇万部になった。同時期、地方からロンドンに到着した部数は七万部から二〇万部に増加したものの、圧倒的にロンドンからの情報発信が多かった。増加に対処するため、新聞取扱局《ニュースペーパー・オフィス》が新たに設けられる。

　毎夜、各新聞社から印刷されたばかりの大量の新聞が取扱局にはこびこまれる。手紙の大きさにくらべたら、新聞は大きいし嵩張《かさば》る。その上、インクがまだ乾いていない湿った紙

村の郵便局の前で．銅版画．村人がロンドンから届いたばかりの新聞の周りに集まっている．見出しに「勝利」の文字がみえるが，おそらくワーテルローの戦い（1815 年）の記事であろう．長老が読み聞かせているが，当時，村人にとって，新聞は新しいニュースを聞くためのものであった．

だから重い。それを地域別に区分して差し立てる。ピーク時間は夜半から深夜にかけてで、発送が遅れると、出発をいまかいまかと待っている郵便馬車の御者から、矢の催促が発送係に飛んでくる。けれども新聞取扱局にはもう一つ重要な仕事があった。新聞税を払った新聞は郵便料金がかからないから「無料郵便」ともいえる。このことを逆手にとって、新聞のなかに手紙を忍ばせてタダで郵便を利用する強者《つわもの》がでてきた。だから取扱局は、新聞郵便を受け付けると、不正がないか確認した上で区分作業に入る。しかし、新聞の地方発送は時間との闘いで、不正チェックにさほど時間がかけられなかったのが実情のようであった。

　なお、イギリスの新聞の歴史については、磯部佑一郎の本や芝田正夫の論文が参考になった。

　マネー・レター　一七九二年、郵便局で郵便為替《ポスタル・マネー・オーダー》が取り扱われるようになる。郵便為替は郵便局の金融サービスの嚆矢として導入されたが、同時に「マネー・レター」と呼ばれる特殊な郵便サービスも開始された。その背景には、当時、商業銀行が送金業務をおこなっていたが、そもそもそれは大商人向けのものであって、庶民が利用できるようなものではなかった、という事情があった。なお、郵便為替については、第12章1において詳しく説明する。

　それでは庶民が少額の金を送るときにはどうしていたので

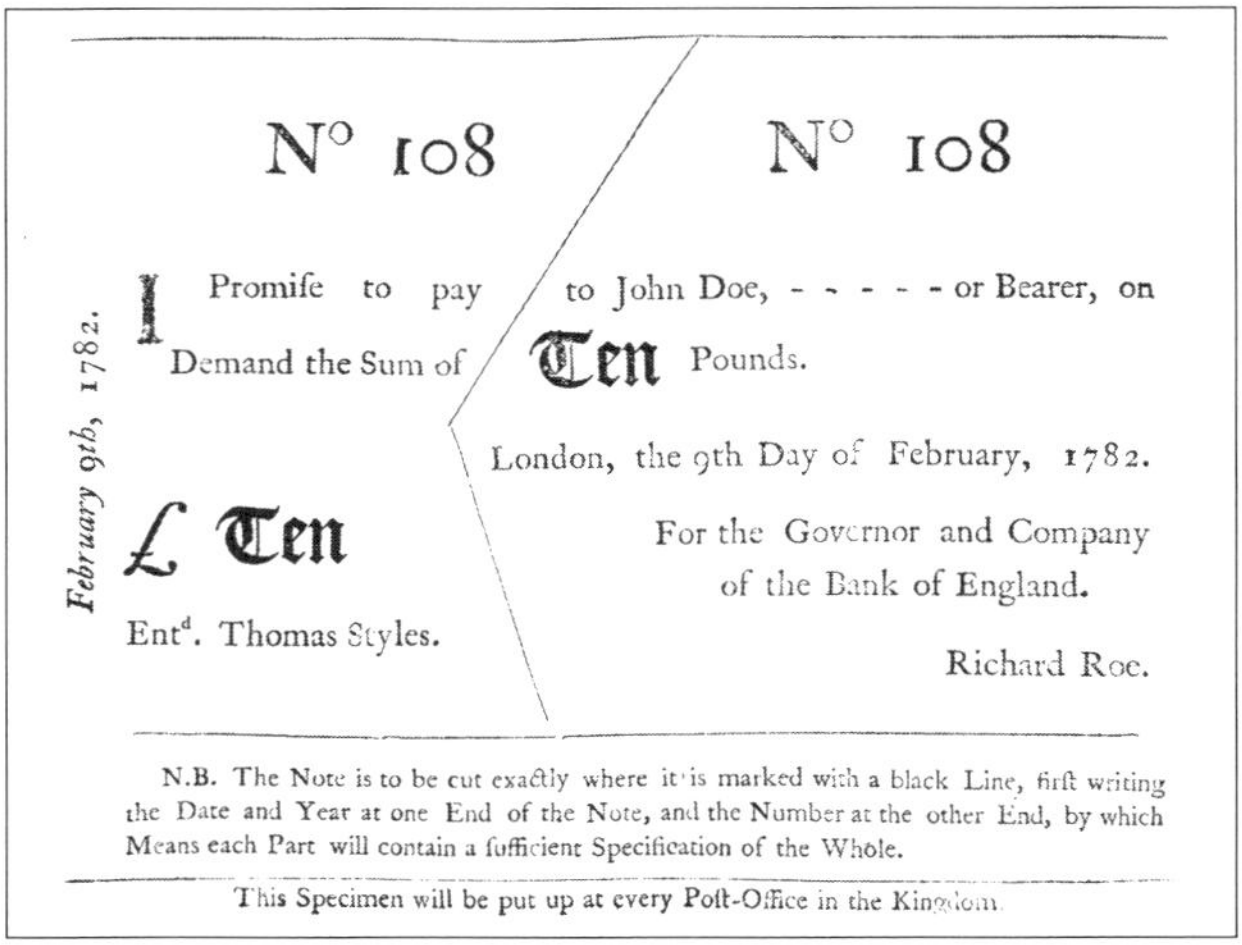
No 108 No 108

February 9th, 1782.

I Promise to pay to John Doe, - - - - - or Bearer, on Demand the Sum of Ten Pounds.

London, the 9th Day of February, 1782.

£ Ten

For the Governor and Company of the Bank of England.

Entd. Thomas Styles.

Richard Roe.

N.B. The Note is to be cut exactly where it is marked with a black Line, first writing the Date and Year at one End of the Note, and the Number at the other End, by which Means each Part will contain a sufficient Specification of the Whole.

This Specimen will be put up at every Post-Office in the Kingdom.

紙幣郵送時の注意．紙幣の雛形に示すように，「く」の字形にカットし二分する．まず一片を送り，その到着を確認し，もう一片を送ること，と警告している．実際の紙幣には「く」の字の線は入っていない．兌換紙幣，一覧払いで（金銀貨）と交換することが約定されている．図は1702年の郵政次官通達から．

あろうか。答えは、紙幣をそのまま手紙に封入して送っていたのである。現金の封入は禁止されていなかったから違法ではない。しかし、手紙に入れた現金や貴重品が盗まれる事件は日常茶飯事となっていたから、危険の高い方法であったといわざるを得なかった。郵便局は「紙幣を手紙に入れて送るときには、まず紙幣を半分に切って、最初に半分の紙幣を送り、相手方に届いたことを確認してから、残り半分を送ること。硬貨を入れたら必ず盗まれる」としばしば利用者に警告をだしていた。

新設されたマネー・レターの手続だが、紙幣、硬貨、宝石などを送るときには、差出人は、それら貴重品を厳重に梱包して郵便局の窓口に差し出す。受け付けた郵便局長は、その郵便物の表面に「マネー・レター」と朱記して、引受簿に記録した後、受取票を郵便物に添付して発送する。送達中には普通郵便と区別され、特別な取扱いがなされ、配達時には名宛人から受取票に受領を証する署名をもらった。書留郵便《レジスタード・メール》である。郵便料金は普通料金の二倍。手紙が封入できない制約もあったが、郵便物が確実に届くことになったから、利用者に重宝がられる。少額送金なら、ファージング貨（小銅貨で四分の一ペニー）一枚を封入し、マネー・レターでよく差し出したといわれている。後年、手紙の封入も認められるようになった。

もっとも、一九世紀に入っても、普通郵便で貴重品を送るケースが絶えなかった。この問題が一八四三年八月に開かれた議会の郵税特別委員会で取り上げられる。委員会の議事録を読むと、ある委員が「当局は本件を調査しているといっているが、窃盗犯は局内職員かそれとも郵便配達人か」と質問したところ、当局は「ほぼ半々である」と答弁した。

　前年七ヵ月間にロンドン中央郵便局に申告があった不着郵便物の調査結果も委員会に報告された。それによると、申告件数は四四〇〇件、うち三割が発見された。申告金額は計八万ポンド、うち五割が回収された。封入物は硬貨、紙幣、小切手、為替など。個別にみると、件数では硬貨が半数近くを占め、他はそれぞれ一割強。金額では小切手が七割近くを占めていた。発見回収の結果は、件数では為替が三割、小切手と紙幣がつづき各二割台。金額では小切手が七割近く、紙幣が三割であった。硬貨の申告は多いが、発見件数・金額ともにきわめて低かった。小切手の回収金額が高いのは、持参人払とはせず、受取人を指定していたからでもあろう。発見回収率をどうみるのか難しいのだが、地道な郵便監察官の内偵捜査の努力があったことを忘れてはならない。その後も、貴重品の郵送にはマネー・レターの利用を促すなど、郵便物の抜取り不着をなくす取り組みがつづく。

　以上、小ピットの財政改革の一環としておこなわれてきた郵便改革の内容をみてきた。実現されなかったが、二人制郵政長官制度を廃止して、郵便事業を委員会《ボード・オブ・コミッショナーズ》が指揮監督をおこなう組織に移行すべきである、と提言された。一八世紀に、早くも公社化ともいうべき議論がなされていたことに注目したい。

3　トマス・ウォラス委員会

　小ピットの時代につづいて、一八二九年には、商務院副総裁のトマス・ウォラスを長とする財政調査委員会が設置された。ウォラスはカーライルのブランプトン生まれ、オックスフォード大卒、政治家、造幣局長なども歴任している。男爵の爵位を授かる。委員会では、アイルランド併合後の郵便管轄権、ロンドンの重層的な郵便配達システムなどを巡る諸問題が審議された。

　産業革命　まず時代背景を理解しておこう。一九世紀、イギリスは産業革命真っ直中にあった。それは、同国の経済構造を農業社会から工業社会へと大きく転換させ、蒸気機関の発明が自然エネルギーを隅に押しやり、人工動力が主役となる時代であった。馬車輸送は消え鉄道輸送が本格化する。世界中から集められた原材料は安価な衣料品などの商品に加工され、国内に氾濫し、外国にも輸出された。まさにイギリスが世界の工場となった。富が集積され、ヴィクトリア朝のイギリスは大きく発展し盛時をきわめた。

　一方、産業革命を裏から支えた人たちは、地方から都市にでてきた無産の労働者たちであった。彼らは低賃金で長時間労働を強いられ、生活は悲惨そのもの。衣食住すべてが人間の最低限の水準を維持することすらできない状況にあった。これもヴィクトリア朝の一つの側面であった。自由放任主義《レッセ・フェール》の原則を、工業化そして労働市場に適用した結果であり、自由貿易、自由主義的な当時の考え方から生じた結果である。昨今の市場経済を重視するグローバル主義に酷似している。この悲惨な状況を打破するため、さまざまな社会改革がおこなわれた。以下、ウォラス委員会が手がけた問題とその結末について記す。

アイルランド　同国の郵便事業をロンドンの管轄下に置いたことである。少し遡るが、アイルランドはクロムウェルによって征服され、以後、植民地化されていく。アメリカ独立やフランス革命の影響により、アイルランドで独立運動が活発化する。ヘンリー・グラタンらが自治《ホームルーム》の拡大運動を起こし義勇軍を組織し本国と対峙したため、一七八二年に立法権が認められ、いわゆるグラタン議会が一八年間つづく。その間、一七八四年にはダブリンにアイルランドの郵政省が誕生する。しかし、アイルランドがフランス革命政府と手をむすぶ可能性が高まってきたため、一八〇一年、アイルランドはイギリスに併合《ユニオン》され、国名は「グレート・ブリテンおよびアイルランド連合王国」となる。

併合後も自治に対するアイルランド側の要求は強まる一方で、郵便事業もロンドンから依然として独立して運営されていた。ウォラス委員会の調査では「アイルランドの郵便組織は、高位高官が多く、郵政長官の決裁を受けるのに七日もかかる非能率な組織で、収入の半分以上が人件費などの経費に消えていた。その比率はイギリスの二倍以上になる」と指摘された。

アイルランドでも、二人制郵政長官制度が採用され高給を受けていたし、当時、郵政次官であったサー・エドワード・スミス・リースの年俸は四〇〇ポンドであったが、実質一四〇〇ポンドを確保していた。閑職と乱費が目立つ。一方、収入は一八一五年二一万ポンドであったが、その後は伸び悩んだ。その要因に肥大化する無料郵便が挙げられ、イギリスよりも深刻な状況にあった、といわれている。ウォラス委員会の答申を受け、一八三一年、アイルランドの郵便事業はロンドンの管轄下に置かれた。

管轄権移行に関する答申がだされた背景には、すでにロンドンの管轄下にあったスコットランドの郵便事業が効率的に運営されている実績があったからである。実績をみると、管理経費が総収入額の四分の一以下。スコットランドの人口はアイルランドの三分の一にすぎなかったが、収入額はアイルランドとほぼ同じ年間二〇万ポンドを上げていた。

なお、アイルランドの歴史については、P・ベアレスフォード・エリスの『アイルランド史——民族と階級』（堀越智と岩見寿子訳）などがある。また、アイルランド単独の郵便史については、スティーブン・ファーガソンが図入りの大著を二〇一六年に刊行しているほか、前年にアンソニー・J・ヒューズがアイルランドのメイヌース国立大学に提出した博士論文も見逃せない。

業務統合　ロンドンで三つの組織が三つ巴で引受や配達サービスをおこなっていたが、その統合を促した。対象となったのは、市内・郊外便を扱うロンドン地区郵便（二ペニー郵便）、地方便を扱う内国郵便総局、外国便を扱う外国郵便総局の三つの組織。取り扱う郵便物は市内・郊外、地方、外国と異なるが業務は同じであり、組織別におこなうメリットよりも統合メリットの方がはるかに大きい。

当時、ロンドンの郵便配達人は計六三〇人、三分の二が地区郵便の配達人、残り三分の一が内国郵便総局と外国郵便総局の配達人であった。同じ町内を三つの組織の配達人が手紙をくばっていたのだから、配達先で、しょっちゅう顔を合わせたことであろう。また、書状引受所についてみると、地区郵便の引受所が二〇九ヵ所に、内国郵便総局の引受所が六四ヵ所に設置されていた。二つの組織の引受所が至近距離に設けられていたり、隣り合わせにあったことも珍しくなかった。このため、ウォラス委員会は三組織の業務統合を答申したが、結局、一八三〇年代に外国郵便総局が国内郵便総局に統合されたものの、地区郵便はそのまま残った。

ただし、ドクラ時代の残滓《ざんし》がのこる地区郵便の市内・郊外の範囲が見直され、チェルシー、ケンジントン、セント・パンクラス、パディントンなどの地区が二ペンス料金の市内エリアに組み入れられた。次に、三ペンス料金の郊外エリアの

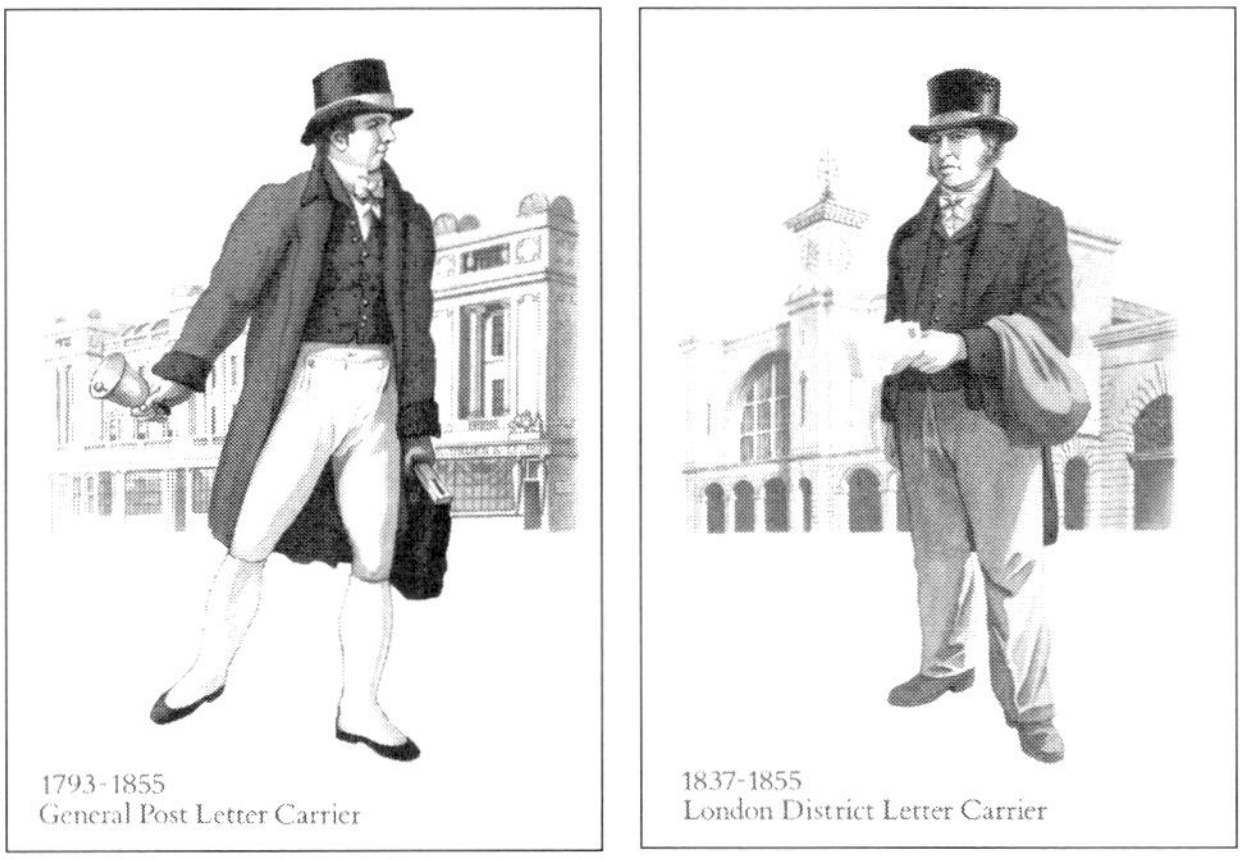

ロンドンの郵便配達人．1830 年代．左は赤いコートを着た内国郵便総局の配達人．背景にリージェント通りの瀟洒な建築が描かれている．右は青いコートを着た地区郵便の配達人．背景にキングス・クロス駅（北に向かう鉄道のターミナル）を配す．

範囲を、旧郵政庁舎のロンバート通りから一〇マイルとしていた規定を、一八二九年に完成した新庁舎のセント・マーティンズ・ル・グラン街から一二マイル（一九キロ）以内の範囲とした。地区郵便の配達エリアが拡がった。

4　地方ペニー郵便の発展

第6章そして前段において、ロンドンのペニー郵便（市内戸別配達サービス）について述べてきたが、ここでは、ロンドン以外の地方都市にもペニー郵便が普及し発展していった状況を検証していこう。

一六三五年以降、郵便料金（郵税）が定められ郵便サービスが一般人にも公開された。それは宿駅《ポスト・タウン》と宿駅とをむすぶもので、手紙の発着場所には宿駅の馬車旅館などが選ばれた。宿場の郵便局といってもよい。人びとは、手紙を受け取るとき、あるいは手紙を差し出すときには、その宿駅まで行かなければならなかった。そこで、この不便さを解消するためにいろいろと知恵が絞られた。まず、ミドランド郵便史研究会がまとめた研究書を参考にしながら、地方ペニー郵便を三種類の形態に整理してみよう。

非公式地方郵便　一八世紀に入ると、手紙の配達と差出代行を非公式におこなうサービスが徐々に発生してくる。その方法は、郵便局長が雇った使者《メッセンジャー》が宿駅周辺に点在する村の各戸に宿駅に着いた手紙を配達料を徴集してくばり、あるいは郵便局に差し出す手紙をやはり差出代行料をとって各戸から集めたりした。代行料は配達料よりも一般に安く、ときに無料であった。決まった料金はなかったが、配達一通一ペニーが多かった。このサービスを郵便局長みずからがおこなう場合があったので、非公式とはいえ、利用者には郵便局の公式サービスと映ったにちがいない。

この場合、非公式とは、国が正式に定めていない非公式なサービスというほどの意味であろう。当時、郵便料金は後払いであったから、手紙の受取人は、宿駅から宿駅までの正規料金と非公式サービスの追加料金を合わせた金額を支払うことになっていた。村人が配達料の支払いを拒むと、使者は「それでは何マイルも先にある宿駅までこの手紙をご自分でとりに行ってください」と村人に対して答えたものだった。正規料金は国の収入となったが、配達料と差出代行料はすべて郵便局長の懐《ふところ》に入ったから、非公式サービスは局長にとって実入りのよい副業となっていた。

公式ペニー郵便　一七六五年の法律（ジョージ三世治世第五年法律第二五号）は、郵政長官が必要と認めた市町村にペニー郵便を設置できる権限を同長官に与えた。加えて、公式ペニー郵便が設置された場所には、非公式サービスは許可が

地図7　エディンバラのペニー郵便（1830 年）

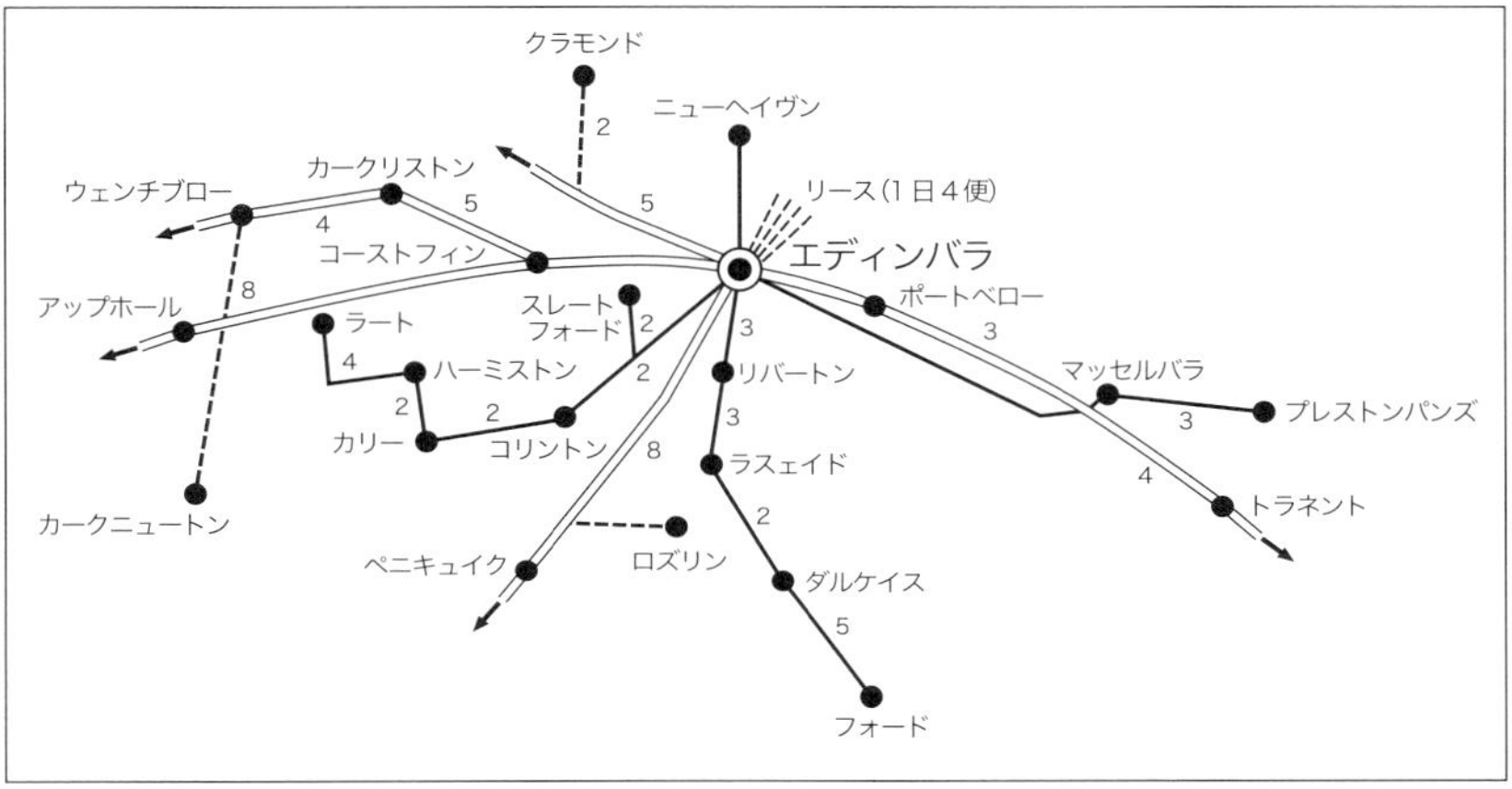

出典：Robinson, *BHO Hist.,* p.214 をもとに作成．
注：二重線は郵便馬車，単線は騎馬郵便，破線は歩行郵便．数字はマイル数（1 マイル＝1.6 キロ）．市内から 2 キロほど離れた港町リース（Leith）へは 1 日 4 便が走っていた．

ない限り運営できないことも定められた。

まず、一七七三年にアイルランドのダブリンとスコットランドのエディンバラに、公式ペニー郵便がお目見えした。ダブリンでは、当初配達人は一四人、一日二回の配達、年間収入四〇〇ポンドであった。一八二〇年代になると、サービスを刷新し、配達人五七人、一日四回配達、収入四〇〇〇ポンドになる。ホールデンのスコットランド郵便史によれば、エディンバラでは、旅籠《はたご》を営むピーター・ウィリアムソンみずからがペニー郵便を運営していた。一七九三年、政府によって有償で国有化された。ウィリアムソンの経歴がすごい。幼少期、誘拐されて奴隷としてアメリカに売られ、インディアンに襲われたりして苦労を重ね、十数年後に故郷スコットランドに生還。エディンバラで開業した旅籠の名前「インディアンのピーターのコーヒーハウス」には、そのような彼の過酷な人生が秘められている。地図7に、エディンバラのペニー郵便の路線図を示しておく。

その後、地方都市にも続々と公式ペニー郵便が登場してくる。都市名を列挙すれば、人口二〇万のグラスゴー、一七万のマンチェスター、一〇万のリヴァプール、一〇万のバーミンガムをはじめ、リーズ、シェフィールド、ダービー、ブリストル、エクセターなど、産業革命以降、造船・鉄鋼・繊維工業で栄えたスコットランドや北部イングランドにある新興工業地帯を中心に普及し、ペニー郵便の本線から支線が延びていきサービス・エリアは小さな町に、そして寒村にも拡がっていった。一八三〇年代には、アイルランドの五四〇の町や村が、また、スコットランドでも一六〇の町や村がペニー郵便の恩恵を受けることができた。イングランドとウェールズでは更に顕著な拡大が認められる。ペニー郵便を運営する都市や町が一八二〇年代一五五、一八三〇年代には三五六に増大し、同時に隣接する一四七五の村にもサービスが展開されていた。村から遠くはなれた集落や離島などを除けば、不完全ながらも、郵便集配ネットワークが全土をカバーするようになった。

なお、地方ペニー郵便の設置は、郵便監察官《ポスト・オフィス・サヴェーヤー》から本省に提出された上申書に基づいておこなわれていた。一例だが、バーミンガムを担当していた監察官は、現地調査をおこなった後、同市とその周辺は商工業が栄え急速に人口が増加しているので、ペニー郵便の運営コストを賄うのに十分な収入を上げることができる、と本省に報告している。同時に、郵便局長は現におこなっている非公式サービスで収入を得ているので、それを補償する必要があり、局長の年俸を三〇〇ポンドに、その他局員三人の年俸も八〇、七〇、五〇ポンドに引き上げることを勧告した。その数週間後の一七九三年八月二六日、監察官の勧告を踏まえ、バーミンガムの公式ペニー郵便がスタートした。

スタート時、スタッフのペニー郵便の本によれば、「バーミンガム市内ラドゲート・ヒルのチャーチ通りにあるスミス氏の食料雑貨店などのなかに設けられた五ヵ所の書状引受所《グロッサリー》において、重さ四オンス以下の書簡と荷物を午前七時から夜九時まで受け付け、本局に一日四回搬入する。市内は一ペニーで、郊外は二ペンスで郵便物を配達する」などと告示された。

五条郵便《フィフス・クローズ・ポスト》　一八〇一年の法律（ジョージ三世治世第四一年法律第七号）の第五条に基づくいわば村のミニ郵便のことである。人口が少ない村などが使者をみずから雇い、料金をとって村と宿駅とのあいだを行き来する郵便サービスを提供できるようにした。五条郵便は料金を徴収することが認められたので、正規料金が免除されていた議員ら特権階級の無料郵便と新聞郵便にも五条郵便の料金をかけていた。しかし、その料金徴収が一八〇六年に禁止されてしまった。これによって、当初はある程度設立されていたものの、ミニ郵便なるが故に採算が厳しくなり、以後、ほとんど五条郵便の設立はみられなくなった。

反対に、公式ペニー郵便の設立を望む声が高まり、一九世紀に入ってからは、公式ペニー郵便が主流となっていく。一八四〇年、ローランド・ヒルらの努力により、全国版一ペニー郵便が創設されると、以上の地方郵便は当初の役割を閉じて、新たな役割を果たすことになる。すなわち、地方の郵便ネットワークとなり、宿駅と宿駅とを結ぶ基幹の郵便ネットワークとしっかり接続され、それはまた切れ目のない全国郵便ネットワークに発展していくのである。

セント・マーティンズ・ル・グラン街の郵政省東庁舎．中央郵便局も併設．ここから全国各地に郵便馬車が出発した．後方にうっすらとセント・ポール大聖堂の大伽藍がみえる．向かい側手前の建物が「牡牛と馬の口」亭．

新庁舎建設と取壊　ロンバード通りにあった郵政省の庁舎が手狭になったため、一八二九年、セント・ポール大聖堂に隣接するセント・マーティンズ・ル・グラン街に移転してきた。敷地面積二エーカー（二四〇〇坪）。設計は大英博物館も手がけたロバート・スマークがおこなった。一八二五年着工、

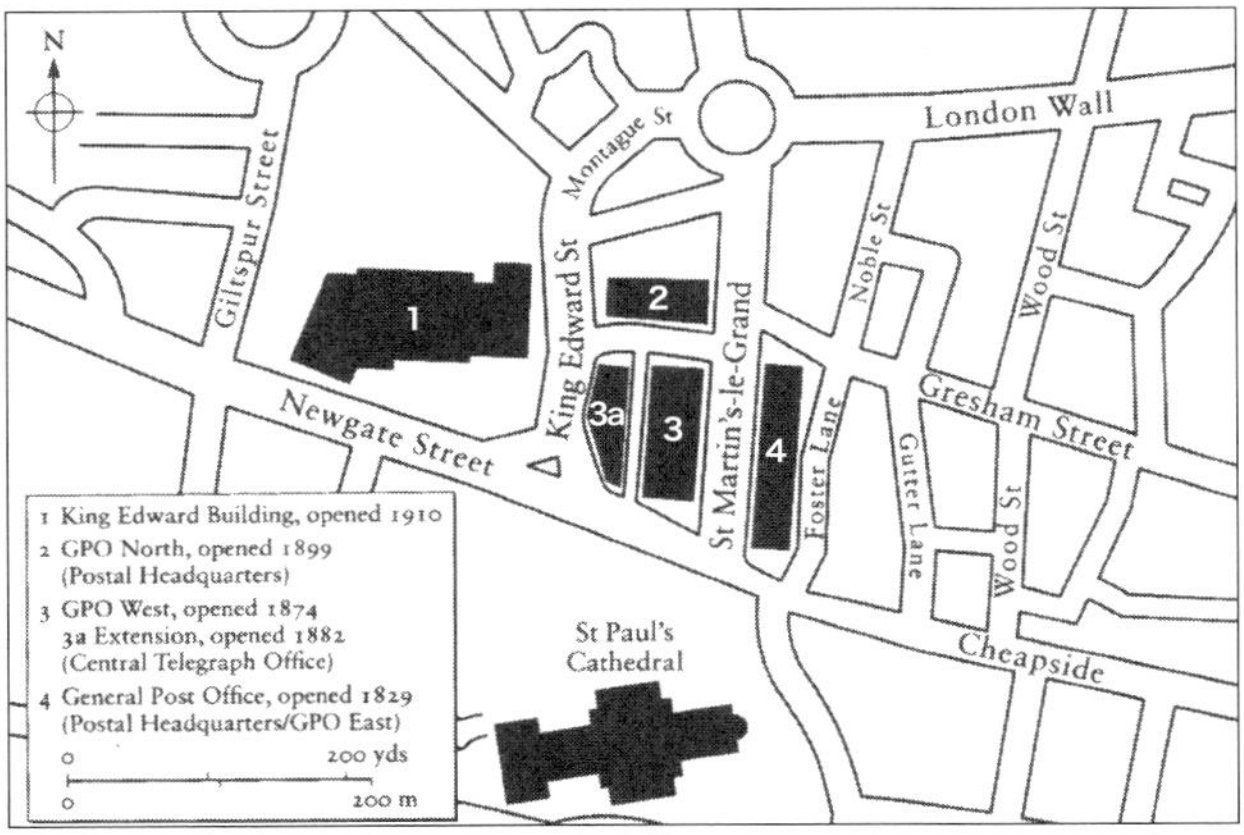

1910 年の郵政省庁舎配置図．1 の建物はエドワード王（通り）庁舎，2 は北庁舎，3 は中央電信局，4 は取り壊された GPO East.

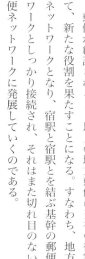

一八二九年に竣工する。郵政省と中央郵便局の機能が集約された。ギリシャのイオニア様式を模し、一階には長さ一二〇メートル・高さ二四メートルの大ホールがあり、照明には約八〇〇のガス燈が使われる。庁舎向かいには、郵便馬車の発着場所の一つであった馬車旅館の「牡牛と馬の口亭《ブル・アンド・マウス》」があった。荘厳な外観が人気となり、ロンドンの観光スポットにもなっていた。

だが建物内部の労働環境は劣悪であった。区分などの作業は窓がほとんどない部屋で、小さな天窓から入る光とガス燈だけであった。加えて、換気がうまく機能しないために、ガス燈の匂いが部屋に充満し、局員の健康にも重大な影響がでるほどになり、また、郵便物の増加により作業スペースは不足し労働環境は一層悪化していった。それらの点を労働組合からたびたび指摘され、一九世紀末、議会に調査委員会が設けられ、二年間の議論を経て、次のような結論がでる。すなわち「委員会はまずセント・マーティンズ・ル・グラン街周辺に建てられた郵政省のすべての庁舎を慎重に注意深く検査した。その結果、最近開業した中央電信局などの庁舎には問題がないが、東庁舎《GPOイースト》では作業スペースは狭く、非衛生的かつ過密状態のなかでさまざまな作業がおこなわれている」と結論づけた。

その後も議会で議論がつづいたが、一九一〇年に東庁舎はついに閉鎖され、一九一二年に建物自体も取り壊された。そのことを、キャンベル＝スミスは大著のなかで「恥ずかしい取壊」と記している。東庁舎の大半の機能と要員は、一九一〇年に完成した新しいエドワード王通りの庁舎《キング・エドワード・ビルディング》（KEB）に移転した。KEBはシティーに位置し、ニューゲート大通りにも面している。敷地五エーカー（六〇〇〇坪）、工期五年をかけ完成させた。一方、セント・マーティンズ・ル・グラン街にあった、あの壮麗な郵政省の建物をもはやみることはできなくなったが、イオニア様式の門柱の頭部だけがシティーから北東二〇キロほどにあるウォルサムストウの町にいまも遺されている。

5　ロバート・ウォラスの運動

オックスフォード版『イギリス史』第一三巻は一八一五年から一八七〇年までのあいだの動きを扱っているが、その五五年間の時代を「改革の時代《エイジ・オブ・リフォーム》」と規定している。著者のルウエリン・ウッドワードによると、もっとも重要な改革は貴族を中心とする地主階級に加えて、産業革命で力をつけてきた産業資本家や工場経営者ら中産階級に対しても選挙権が与えられたことである。選挙法改正《リフォーム・アクト》により、ロバート・ウォラスも一八三二年に選出された新興勢力の庶民院（下院）議員の一人となった。選挙区はスコットランドのクライド湾に面した港町のグリーノック。町はグラスゴーに隣接し造船や貿易港として栄えていた。なお、ロバートは前出のトマス・ウォラスとは姻戚関係にない。別人である。

改革運動開始　ロバート・ウォラスは父から西インド諸島との貿易ビジネスを相続した。しかし、商売を円滑に運営していくためには、西インド諸島とグリーノック、ロンドンとグリーノックとのあいだに、低廉かつ迅速な郵便サービスがあることが絶対に必要であった。しかし往時の郵便はこれに応えられる状態ではなかった。そこでウォラスは、国会議員として最初に手がける仕事は旧態依然のままの郵便制度を改革することである、と確信した。

ロバート・ウォラス
郵便改革推進議員

一八三三年八月、ウォラスは郵便制度改革の必要性を庶民院ではじめて取り上げた。そして郵便も自由放任《レッセフェール》の原則にもとづいて自由な経営が必要であると提起する。だが、政府の重い腰を動かすまでには、その後、数年にわたる院内外の運動がウォラスにとって必要であった。後年、自由放任の原則に関連して、郵政長官も歴任したシドニー・バックストンが著書のなかで「自由な通信は自由貿易を推進する。通信手段の改善は内外の取引きを活発化し、イギリス本国と植民地の関係を緊密化させる」と記している。ウォラスの提起の底流にあった考え方でもある。

ダンキャノン委員会　ウォラスの最初の成果は、一八三五年、ダンキャノン卿を長とする「郵政省に関する管理運営調査委員会」を院内に設置させたことだろう。卿はカンバーランドの名門一族の一員、内務大臣も歴任している。同委員会は、郵政省の業務全般にわたり調査をおこない、一八三五年六月から三八年一月にかけて、フィンチ・ヴィドラーによる郵便馬車の供給独占や、杜撰《ずさん》な郵便船《パケット・ボート》の管理などにおよぶ問題点の指摘を含めて、その調査結果を報告書にまとめ、議会に提出した。表紙の色が青だったことから「郵便青書」と呼ばれている。青書は必ずしも包括的なものではなかったが、それでも郵政省に対する郵便馬車の供給契約を公開入札化させたなどの一定の成果をあげた。

この間、ウォラス自身も郵便制度の改善策を練り、郵便料金の計算基礎を用紙の枚数制からフランスなどの国がすでに採用していた重量制に改めること、最初の基本重量を四オンス（一一二グラム）までとし、その書状料金を五〇マイルまで三ペンスとすること、郵便の送達便数を増加させて、日曜日にも郵便の送達を実施すること、などを骨子とした改善案を提案している。一八三六年には、ウォラスはダンキャノン卿らとともに、郵政省の改組、すなわち郵政長官一人が大幅な権限を握る体制から、複数の代表によってコントロールする機関に改組して、その長に庶民院の議員を充てる、という行政改革法案を議会に提出した。法案は庶民院を通過したもののの、貴族院で否決された。その背景には、歴代の郵政長官が貴族院議員のなかから輩出されていたという事情があったからであろう。

それでも一〇〇以上もあった郵便関係の法律が、実質的な改正は伴わなかったものの、五本の法律に整理され、一八三七年に公布・施行された。これもウォラスらの努力の結果である。このようにウォラスがおこなった改革は、必ずしも根本的な解決にはつながらなかったが、少なくとも、当時の郵便が多くの問題を抱えていたことをイギリス国民に認識させ、その後の改革の方向付けをおこなった。その点においてウォラスの功績は大きい。

第II部

近現代の郵便の発展——国営、公社、民営へ

第9章　近代郵便制度の創設

本章では、一八四〇年、ローランド・ヒルが主導して実現した全国一律・料金前払制を採用した全国版一ペニー郵便について説明する。まず、ヒルの改革案、それに対する拒否派と推進派の動き、つづいて、議会委員会での審議経過、暫定四ペンス実施の撤回と一ペニー繰上実施の混乱、ヒルに対する分かれる業績評価に関して述べる。最後に、一八七二（明治五）年、岩倉使節団がイギリスを訪れて同国の近代郵便を見聞し、その驚きを『米欧回覧実記』に記録している。その記録も紹介しよう。

1　ヒルの郵便改革案

ロバート・ウォラスらの郵便改革に対する弛《たゆ》みない運動は院内外でつづいていたが、歴史的にみると、当時のイギリスの郵便料金はもっとも高くなっていた。表14に示すが、内国郵便の料金は距離別でシングル・レターの書状基本料金は最低四ペンス・最高一七ペンスとなっていた。G・P・ジョー

表14　内国郵便料金（1812年）

（ペンス）

送達距離	料金
15マイル未満	4
15マイル以上　20マイル未満	5
20マイル以上　30マイル未満	6
30マイル以上　50マイル未満	7
50マイル以上　80マイル未満	8
80マイル以上 120マイル未満	9
120マイル以上 170マイル未満	10
170マイル以上 230マイル未満	11
230マイル以上 300マイル未満	12
300マイル以上 400マイル未満	13
400マイル以上 500マイル未満	14
500マイル以上 600マイル未満	15
600マイル以上 700マイル未満	16
700マイル以上	17

出典：A. D. Smith, p.339.
注：シングル・レターの料金.

ンズとA・G・プールは経済史の共著のなかで「このように郵便料金が高くなった結果、もっとも多く利用する商工業者の需要が抑えられ、また、中産階級の人も郵便利用がままならない状況になってしまった。まして収入が少ない労働者階級の郵便利用はほとんどなかったといってよいであろう」と述べている。一九世紀初頭、郵便は庶民が手軽に利用できる状態ではなかった。

このような時代のなかで、ローランド・ヒルが具体的な郵便改革案を練りあげた。この状態を改革するために、ヒルは郵便料金の大幅引下げなどを骨子とする改革案を『郵便制度の改革――その重要性と実行可能性』と題する一〇〇ページほどのパンフレット（冊子）のなかで明らかにした。後に「ヒルのパンフレット」と呼ばれるものである。初版は一八三七年初頭に刊行されたが、同年二月二二日に第二版が、また一一月一五日には第三版が発行された。執筆にあたって、ヒルはウォラスから借用したダンキャノン委員会の郵便青書のなかにでてくるデータを駆使した。なお、パンフレットは松野修が日本語に翻訳している。

ところで、ウィリアム・J・リーダーがヴィクトリア時代の生活について本を書いている。リーダーによれば、当時の社会改革を目指した運動家やグループが関心のある事項について、問題点と解決策をパンフレットにまとめ、競って出版していた。それらは一義的にはロンドンの官庁街ホワイトホール（日本の霞ヶ関に相当）の官僚を手こずらせたが、これから紹介するヒルのパンフレットも、その一冊であったにちがいない。多くのパンフレットが感情的な文章をだらだらと綴ったものであったのに対して、ヒルのパンフレットは統計数字を示しながら具体策を提示していた。以下、そのポイントである。

現状の分析　ヒルは、郵便料金が高いため、人口の増加や商工業の発展のスピードにくらべ、郵便の利用が増えず、純利益が伸び悩んでいる、と指摘する。表15は、そのことを示したものである。この表によれば、一八一五年から一八三五年までのあいだに人口が六〇六万人増加。率にして三一パーセント増。これに対して、同期間中の純利益の実績は、むしろ減少して二万ポンド減る。率にして一パーセント減となった。仮に、人口増加率と同じ率で郵便事業の純利益も伸びると仮定すれば、一八三五年の純利益は二〇五万ポンドにならなければならない。だが、実績値とこの数字をくらべると、五一万ポンドも下回っている。これについて、ヒルは、政府が高い郵便料金を設定しているために、得たであろう五一万ポンドもの利益をみずから喪失させている、と分析した。

コスト試算　次に、ヒルは、郵便一通当たりの平均コストを試算する。計算の方法は、年間総経費の額をその年の郵便総取扱数で割ったものを平均コストとした。当時の郵便料金がその単価とくらべると、いかに割高であったかを示す。計算にあたって、後に議論になるのだが、正確な郵便取扱数の統計がなかったために、ヒルは注意深く推計した数字を使用した。結果は、郵便一通当たりの平均コスト（総合単価）は一・三三ペンスにしかならない、と試算した。表16は、その内訳を示したものである。

更に、ヒルはロンドンとエディンバラとのあいだを走った郵便馬車を例にとり、輸送コストの単価計算もおこなった。輸送コストの総額は五ポンドになったが、その内訳を表17に記しておく。次に郵便一通当たりの輸送コストを計算する。

細かい数字は表18を参照してほしいが、郵便馬車で一回にはこぶ総重量は平均八九六ポンド。内訳は郵便物の重さが六七二ポンド、郵袋が二二四ポンドとした。郵便物の重さを書状シングル・レターの平均的な重さで割り書状の総通数をだす。次に輸送コスト五ポンドを総通数で割ると、一通当たりの輸送コストが〇・〇二八ペニーにしかならない。同様に、やや重量がある新聞郵便の例を、一部の重さ一・五オンスとして計算してみても、新聞一通当たりの輸送コストは〇・一七ペニーにしかならない、と推計した。

大胆な改革案　ヒルは、以上の現状分析とコスト試算にもとづいて、次のように、それまでの制度を抜本的に変える郵

表 15　人口増加率にリンクさせた郵便の利益試算と実績

年	人口（万人）	実績	試算	差額
		（万ポンド）		
1815	1,955	156	156	0
1820	2,093	148	167	–19
1825	2,236	167	179	–12
1830	2,396	152	192	–40
1835	2,561	154	205	–51

出典：Rowlamd Hill, *Post Office Reform*, p.2.

表 16　郵便１通当たりの平均総コスト（推定平均総合単価）

A 年間総経費		696,569 ポンド
B 年間総取扱数		126,000,000 通
	有料郵便	88,600,000
	無料郵便	7,400,000
	新聞郵便	30,000,000
C コスト (A÷B)		1.33 ペンス

出典：*Ibid*, p.8.

表 17　ロンドン–エディンバラ間の郵便馬車運行コスト（ポンド–シリング–ペンス）

ロンドン–ヨーク馬車借上費	1- 5- 6
ヨーク–エディンバラ　〃	1- 5- 0
御者・護衛の賃金	10- 6
通行税・その他雑費	1-18-12
合　計	5- 0- 0

出典：*Ibid*, pp.12-13.

表18　書状１通・新聞１部当たりの郵便馬車輸送コスト

合計	=	郵便物	+	郵袋（重量）
896	=	672	+	224（ポンド）

○書状（平均 0.25 オンス／通）

＝（£5×240）÷｛（672×16）÷ 0.25｝

＝ 1,200 ペンス ÷ 43,008 通

≒ 0.028 ペニー

○新聞（平均 1.5 オンス／部）

＝（£5×240）÷｛（672×16）÷ 1.5｝

＝ 1,200 ペンス ÷ 7,168 部

≒ 0.17 ペニー

注：(1) 通貨 1 ポンド＝ 240 ペンス
(2) 重さ 1 ポンド＝ 16 オンス

便改革案を提案する。

第一は、郵便料金を大幅に引き下げて、書状基本料金を一ペニーとする。いわば大幅な料金引下げによる需要拡大策だ。経済学でいう「需要の価格弾力性」の法則に沿った考え方である。書状一通当たりの総合単価は一・三三ペンスと前段で述べたが、値下げにより需要が増大し、輸送コストなどの変動費は増加するものの、ウェイトの高い人件費などの固定費部分がそれほど伸びないため、結果的には、一通当たりの総合単価はむしろ引き下げられ、一ペニーでも十分にコストを賄える、とヒルは力説した。

当時の一ペニーは、肉なら一〇〇グラム、バターなら五〇グラム、黒ビールなら大ジョッキ一杯ほど買えた。現在の円の価値では三〇〇円前後であろうか。また、ヴィクトリア朝の学校の授業料は一日一ペニー、出版界では「ペニー・マガジン」や「ペニー百科事典」の刊行が流行し、ドクラが創始したペニー郵便（戸別配達をおこなう市内郵便）も各地に普及して、まさに世は「ペニー貨の時代」であった。一ペニーを基本料金として提案したのは、このような時代背景があったからかもしれない。

第二は、距離別の郵便料金制を改めて、全国一律の郵便料金制を採用する。その根拠は、先にみたとおり、ロンドン―エディンバラ間の郵便馬車のケースでは、書状一通当たりの輸送コストが〇・〇二八ペニーで、総合単価一・三三ペニーに対して、わずか二パーセントにしかすぎない。つまり、総合単価に占める輸送コストの割合はきわめて小さく、距離別料金制の前提となる輸送原価のウェイトを無視することができる、とヒル考えた。

それに、例え近距離の郵便であっても、通数が少なければ一通当たりの輸送単価は、長距離のものの単価より高くなることもあり得る。逆に、長距離でも大量の通数があれば、一通当たりの輸送単価は、むしろ短距離のものより低くなることも十分にあり得る。この考え方も、全国一律郵便料金制導入を提案する論拠を支えるものとなった。また、このような提案をおこなった背景には、当時、鉄道の出現により、貨物

の迅速で低廉かつ大量輸送の実現があったことも見逃せないポイントである。

第三は、手紙の用紙の枚数により郵便料金を決定していた旧来の方式を廃止し、重量別の郵便料金体系を導入する。これによって、テーブル・クロスのような大きな用紙の重い手紙も、メモ用紙みたいに小さな用紙の軽い手紙も、郵便料金が同じという矛盾が解消できる。加えて、料金重量制の導入は、郵便局員が蠟燭《ろうそく》の薄明かりで手紙を透かして用紙が何枚使われているかを調べる、あの煩《わずら》わしいキャンドリング作業も省くことができる。

重量制の書状の基本郵便料金について、ヒルは初版のパンフレットのなかで「書状一オンスまで一ペニー」と提案していたが、二版目以降では、大蔵大臣の提案を受け入れ、彼は「半オンスまで一ペニー」に改めている。

第四は、郵便料金の前払制を採用する。ヒルの改革案のなかで、もっとも重要な提案であり、これが切手の誕生にむすびついていった。従来の料金受取人払いの制度では、郵便配達人が手紙を配達する際に、料金を受取人から徴収していたので、非常に手間がかかり、郵便配達に多大な時間を要していた。例えば、ロンドンの配達人は「六七通の手紙の配達に一時間半もかかった。小銭のない家もあり、少なくとも一軒二分はかかる」と証言している。だが、もし料金前払制を導入すれば、面倒な配達時の料金徴収の仕事がなくなり、配達時間が大幅に短縮できる。それに加えて、郵便料金が確実にかつ事前に徴収できることは大きな意味がある、とヒルは考えていた。

以上がヒルの提案した郵便改革案である。郵税の減収を恐れる大蔵省を説得するために、更に、ヒルは次のような説明を加えた。すなわち、コーヒー税の税率を半分にしたら、コーヒー需要が約三倍になって、税収は五九パーセントも増加した。郵便でも、料金を下げれば需要は五倍になる。業務は簡素化されるので対応は可能だ。配達コストは〇・八四ペニーではなく、コストが引き下げられ〇・三二ペニーまで低下

19 世紀前半の郵便配達．各戸で受取人から料金を徴収してから手紙を渡した．時間がかかる仕事であった．

する。そうなれば無料郵便と新聞郵便のコストを差し引いても、年間二八万ポンドの利益がでるだろう、と。まさに逆転の発想である。

ヒルの改革案について、佐々木弘は『イギリス公企業論の系譜』のなかで「ヒルの研究の核心は、次の二つに分けられる。一つは、料金そのものの研究、すなわち現行料金の再検討、正確なコスト計算とそれに見合う料金の決定である。他の一つは、料金徴収方法の問題、すなわち料金徴収方法の簡易化、経営効率化の問題である」と述べている。まさに前記二つの研究を軸に組み立てられている。

2　改革拒否と改革推進と

ここでは、全国版ペニー郵便《ユニフォーム・ペニー・ポステージ》（以下「一ペニー郵便」と略記する）の導入を目指すヒルの郵便改革案に対して、まず拒否反応を示す大蔵・郵政両省と言論人の意見を紹介し、つづいて、改革案を推進する民間人の運動についてふれる。

改革反対派　政府部内から強い拒否反応が示された。大蔵省も郵政省もヒルとは正反対の考え方をもっていた。ドーントンの郵便史によれば、ヒルがコーヒー税の引下げに言及しているが、綿布や広告に対する税の引下げと同じように、これら税収によって国に何かコストが生じることはない。その判断はまさに税制なのである。しかし郵税（料金）はちがう。郵便物が増えれば、経費が増加する。だが引下げによって税収は増えず、増加経費が賄いきれない恐れがある。フランスの例では、一八三六年に二九パーセントの料金引下げをおこなったが、取扱量は当初五パーセントしか増加せず、その後の伸びも緩慢であった。郵便事業の運営当事者にとっては、そのようなリスクを孕《はら》んだ改革は問題外であった。

ホイッグ政権メルバーン内閣下で郵政長官を務めたリッチフィールド伯は貴族院で「ヒルの改革案は、いままで聞いたこともないし読んだこともない、荒削りで実行の可能性がないものである」と一蹴している。

事実上の支配者であった郵政次官のウィリアム・L・メイバリーは「ヒルの制度はまったく不合理な計画で、事実に裏打ちされていないし、数字は推計にしかすぎない。私にはそう映る。少額の料金改定であれば回復の余地もあろうが、もし料金を一ペニーに大幅値下げしたら、私の考えでは、収入が現在の水準に戻るまでに四〇年、否、五〇年はかかるであろう」と述べて提案を強く批判した。

S・モートン・ピートゥが税制に関する本のなかで述べているのだが、野党に下野したサー・ロバート・ピールも「現在の郵便料金が高いことはたしかに認めるが、ヒルの提案した基本料金一ペニーは低すぎる」と述べ、反対している。

高級文学・政治雑誌でも論争がはじまる。ジョン・W・クローカーは、一八三九年、トーリー党系の『クォータリー・レヴュー』誌に、ヒルの改革案に対する長文の批判論文を掲載した。論文のなかで、クローカーは「改革案はすべての点で問題がある。改革を成功させるには、一人が週に七九通もの手紙をださなければならない。そんなことができるはずがない」と書いている。このレヴュー誌は非常に政治的で、過激な論調をよく掲載し物議を醸していたことで知られている。翌年、ローランド・ヒルの兄マシュー・ヒルがホイッグ系の『エディンバラ・レヴュー』誌に、弟を擁護しクローカーに対する反論を投稿した。

改革推進派　一八三八年、ヒルの改革案を後押しする強力な運動組織《プロパガンダ》が結成された。郵便料金に関する商工委員会《マーカンタイル・コミティー・オン・ポステージ》である。主導者は、ロンドンの富豪の紅茶商人、後に政治家となるジョージ・モファットで、商工委員会の財務を仕切ることになる。モファットはヒルにベアリング・ブラザーズ商会の大物ジョシュア・ベイツに商工委員会の議長就任を依頼したことを連絡してきた。ベイツは当時アメリカとイギリスを股にかけた国際金融家であった。事務局長には熱心な活動家のヘンリー・コールが、弁護士に急進派のウィリアム・H・アシャーストが就いた。ヒルも商工委員会の活動にかかわることになる。

商工委員会は、キャンベル=スミスがいうように、シティーの利益を代表し議会へのロビー活動をおこなう圧力団体といってもよい。ロンドンをはじめ、マンチェスター、リヴアプール、エディンバラ、グラスゴー、エクセター、ハルなど各地で集会を開き多くの聴衆を動員し、一ペニー郵便の導入の必要性を精力的に訴え、同時に、請願書への署名集めにも奔走し、改革推進の大きなうねりを創りだしていった。

議会への請願書提出は商工委員会の設立前からおこなわれており、早くも一八三七年に六件（署名九〇〇人）が、その翌年には三二〇件（同三万八七〇九人）が提出された。議会報告書には、三二〇件の請願人の内訳が示されている。それによると、商人・銀行一四四、町議会七三、印刷業三七、商工会議所一九、その他四七であった。そのなかには数が少ないが、産業革命で発展しつつあるスコットランドのエディンバラ、グラスゴー、アバディーン、イングランド北部のリヴアプールからの請願書もみられた。商工委員会による運動のピーク時一八三九年には二〇〇七件（同二六万人）の請願書が議会に提出された。ロンドン市長や一万余のシティーの商人の署名が含まれていた。これらの請願書がヒルの改革案推進に大きな力となり、政府への圧力になった。

新聞発行　商工委員会の事務局長となったコールは、委員会の運動活動とも巧みに連動させて、郵便改革の実現を目指し、世論の醸成、そして請願運動支援の記事をはじめ、民衆が目を引く記事を載せた新聞をみずから編集発行し広く配布した。新聞の名前は『ポスト・サーキュラー』。第一号は一八三八年三月に発行された。新聞の形態を採ったのには理由がある。当時、新聞は新聞税を納めていれば、無料で郵便で送ることができた。この点をうまく逆手にとって、送料無料の郵便で郵便改革を訴える運動の新聞を広く流布させたのである。次に、コールの新聞に掲載された興味深い二つの記事を紹介する。

一つは、一八三九年四月の新聞に掲載された風刺漫画《カリカチュア》。それは当時の郵便事情を実にみごとに表している。挿絵にはロンドン発エディンバラ行の郵便馬車が描かれている。客室の屋根の上には大量の郵袋が積み上げられ、それぞれに説明がついている。要約すれば、重さにして六パーセント・通数にして三六パーセントの有料郵便物が、大半を占めている無料郵便物の送達費用を負担させられていたことを意味しているのである。だから必然的に、郵便料金は割高となった。

もう一つは、事前に郵便事情を勉強されていたヴィクトリア女王が、メルバーン首相とリッチフィールド郵政長官とヒルにウィンザー城で接見されたという架空の記事。接見中に女王は「都会で働く息子の手紙を受け取るために、母親が自分の洋服を質入れした」という話をお読みになり、いたく悲しまれたご様子であった。そして、女王がヒルの郵便改革案について彼に質問し、つづいて、郵政長官に対して現下の高い郵便料金になぜ何もしないのかとご下問されたが、長官は答に窮してしまった。接見終了間際に、女王は首相に対して郵政長官の罷免とヒルの改革案採用を示唆された。以上が記

新聞郵便 2,296 通（重さ 273 ポンド）は無料，無料郵便物 484 通（重さ 47 ポンド）も無料，収入印紙公用小包（重さ 177 ポンド）も無料，ただし一般郵便物 1,565 通（重さ 34 ポンド）は料金 93 ポンドの支払いさ……．コールの『ポスト・サーキュラー』に載った風刺漫画から．

事のポイントだが、もちろんコールの創作である。だが、この記事が予想外の反響を呼んで、創作された接見の様子は、さまざまな出版媒体に取り上げられ、チャールズ・ディケンズの月刊小説『ニコラス・ニックルビー』にも登場したし、別の出版物では、郵政長官は女王の思慮深さに恐れ入り長官職を辞する、とまで書いているものも発表された。

一般の新聞も一ペニー郵便の導入案を好意的に取り上げてくれた。コールの記事によれば、恩恵が身近に感じられた地方の新聞が顕著で賛成派は八七紙に上った。ロンドンの新聞は一枚岩ではなかったが、有力紙『タイムス』は「導入案はセント・マーティンズ・ル・グラン街（郵政省の意）の少数の人間に対して発せられた、多くの国民の声である」と社説で論じた。また、『モーニング・ポスト』は常識が示された改革として、『スタンダード』は一般民衆の教育に価値があるだろうと報道した。こうした一般紙の肯定的な論調が世論形成に寄与したことはいうまでもない。

なお、コールがヒルの郵便改革案に共鳴し、精力的に活動してきたことは前述のとおりである。両者の関係を一言でいえば、ヒルが制度作りを担当し、コールが世論作りにアイディアを駆使して展開していった、となろうか。

3　一ペニー郵便の開始

前段でみてきたとおり、一八三〇年代後半、一ペニー郵便導入に向けて世の中が動きだした。一八三五年に設置されたダンキャノン委員会が数次にわたる報告書をまとめ三年後に役目を終えた。一八三七年にはヒルのパンフレットが刊行される。翌年にはシティーの有力商人主導で郵便改革の実現を目指す商工委員会が組織された。同時に、運動の広報誌を担った『ポスト・サーキュラー』が発行される。新聞論調も見逃せない。以上を踏まえながら、ここでは一ペニー郵便が開始されるまでの動きを整理する。

特別委員会の設置　一八三七年、ロバート・ウォラス議員を長とする郵税に関する特別委員会《セレクト・コミティー・オン・ポステージ》が庶民院に設置されることが決まった。委員には、社会改革推進派の議員ウィリアム・ローサーやヘンリー・ウォーバートンらが加わった。特別委員会の目的は、ヒルが提案している改革案を調査し具体策を答申することであった。委員会は、翌年二月から六〇日を超える審議を重ねたが、有料郵便物の年間取扱数の見通しとその根拠が大きな争点となる。ヒルは年間八八〇〇万通としたが、当局側はあっても七〇〇〇万通、悪くすれば一二〇〇万通にしかならないかもしれないなどと見通しを示した。

なお、特別委員会の報告書は附属資料を含めて五〇〇ページを超すが、現在、英国郵趣研究会のホームページ上でも全文閲覧できる。

議会審議に向けて、特別委員会は具体案をまとめる。その骨子は、①書状の基本料金は半オンス二ペンス、ただし一五マイル未満は一ペニー、②料金前払手段として支払済印付の封皮を採用、ただし後払制は維持、③料金は重量制に改める、④国会議員ら高位高官に与えられている無料郵便の特権を廃止する、というものであった。ヒルの改革案が全面的に認められたものではなかったが、大筋で改革案に沿ったものになった。基本料金二ペンスは収入大幅減少を恐れる政府に配慮した結果である。無料郵便廃止は画期的といえる。一八三九年七月一二日、特別委員会の報告書は賛成一〇二・反対五九で採択された。しかし、トマス・スプリング・ライス蔵相は「真の問題は料金値下げではなく、税収が確保できるかどうかであり、庶民院から何らかの減収保証が欲しい」と発言している。

つづいて七月一八日、政府は一ペニー郵便法案《ポステージ・デューティ・ビル》を庶民院に提出する。ここでも蔵相は「料金値下げは大蔵省が適切と判断したときにおこなうことができる」とする権限を要求する。このような漠然とした権限は拒否され、同月二九日、賛成二一五票・反対一一三票で可決され、貴族院に送付された。同院ではメルバーン首相が法案の趣旨説明をおこない審議が進められた。前首相のウェリントン公は「歳入確保の観点から危険な措置であり、とても確信がもてない」と反対の意見を述べたが、八月九日に法案は可決成立した。一七日、ヴィクトリア女王の裁可を受けて公布された。一ペニー郵便の詳細な制度設計は大蔵省に委ねられる。

ヒルの大蔵省入り　新たに蔵相になったフランシス・ベアリングから、ヒルに対して制度立上げ準備のために、年俸五〇〇ポンド二年間の任期付職員として採用したい旨の申出があり、一八三九年九月一四日、ヒルは承諾した。年俸はヒルの強い要求で一五〇〇ポンドになったが、ポストは制度実施官庁である郵政省に対して指揮監督権はなく、蔵相に対して制度設計に関する助言をおこなうという、いわば蔵相の顧問のような存在であった。この変則的なポストは、ヒルにとっても郵政省にとっても不満がくすぶることになる。特に、郵便事業の実質的な責任者であったメイバリー郵政次官にとっては、自分の権限が侵されたと受け取った。一方、ヒルも顧問の域をでない地位に満足できず、双方のあいだに深刻な確執が生じていく。

そのような状況下、蔵相の勧めで、一〇月初旬、ヒルはパリに出張しフランスの郵便事情を調査してくる。後年、娘のエリナ・スミスが父ローランド・ヒルの伝記のなかで、調査してきたフランスの郵便事情について書いている。それによると、同国では、パリの郵便局はロンドンよりも多く、郵便料金は前払制を採用、小包のサービスもあり、為替の利用も多いなど、当時のイギリスの郵便制度よりも進んでいた面が多かった。これらのことは、ヒルが一ペニー郵便を具体化するに当たって大いに役立ったにちがいない。なお、フランスの制度については、一八四三年の郵税特別委員会の報告書にも詳しく記録されている。

フランスから帰国後、一一月二日、ヒルは中間的な暫定計画を蔵相に提出し計画は承認された。

四ペンス暫定料金　暫定計画を受けて、大蔵省から郵政省に対して発出された指令に基づき、一一月下旬から翌月上旬にかけて、内国郵便総局の監督総監ウィリアム・ボーケナムから各郵便局長に対して暫定措置の内容が通知される。その骨子は、原則、郵便料金は全国一律前払制とし、最初の半オンスまで四ペンス、ただしロンドン地区郵便は一ペニーとする。新聞を含め無料郵便は引きつづき維持する。実施日は一二月五日から、というものであった。しかしながら、四ペンス暫定料金が発表されると、一ペニーとばかり思っていた国民はたいへん失望し、暫定措置は国民各層から徹底的に批判され、批判の矛先はヒルにまで及んだ。

一ペニー郵便告示　ここに至って、急遽、大蔵省は翌一八四〇年一月一〇日から書状基本料金を全国一律前払いで一ペニーとすることを発表した。歳入の減少を恐れるあまり準備が整うまでの期間、四ペンス暫定料金としたが、それが国民の大反発に遭《あ》い、敢えなく暫定料金は実施からわずか五週間で取り下げざるを得なくなった。とはいえ、完全な形ではないが、ここに全国一律料金かつ前払いを建前とした近代郵便制度がスタートした。同時に、無料郵便の特権が廃止され、ヴィクトリア女王も特権を放棄し、ご自分の手紙をだすときは料金を払うことになった。当時の『ウェストミンスター・レヴュー』誌は、一ペニー郵便初日の模様を次のように伝えている。

その日、ロンドンのセント・マーティンズ・ル・グラン街にある内国郵便総局のホールには、手紙をだそうとする人や、物見高いロンドンっ児たちであふれかえっていた。警察官は窓口にわれ先に行こうとする連中を制止しながら、長い、そして幾重にもなった列の整理に追われ、他方、郵便局員も殺到するお客をさばくのに汗だくだった。郵便引受は、それまで一つの窓口で十分であったのだが、この日は、六つの窓口が開かれ、二人一組の局員のチームが、差し出される手紙を引き受け、料金として支払われる現金の収納にあたっていた。それでもお客がさばききれないため、閉局一五分前には、窓口がもう一つ追加され、結局、合計七つの窓口で郵便物の引受がおこなわれた。引受が終了し、窓口が閉じられると、ホールにいた群衆のなかから、期せずして、歓声が沸き上がった。それは、奮闘した郵便局員を労《ねぎら》い、一ペニー郵便創設にかけたヒルのひたむきな努力を賛える人々の歓喜の声であった。……

ヒルの日記によると、たぶん内国郵便総局（ロンドン中央郵便局）の数字であろうが、一ペニー郵便スタート初日の郵便取扱通数は一一万二〇〇〇通、そのうち前払扱いの手紙は一万三〇〇〇通程度であった。このように、料金前払いの郵便物が全体の一割そこそこにしかならなかったのは、当時の人々が料金前払制に馴染んでいなかったことと、それに郵便局側にとっても、切手の準備が遅れ、あらかじめ料金を収納する体制が十分に採られていなかったこと、などによるためであろう。なお、後年、料金受取人払いが廃止され、料金が完全に前払制となり、かつ、切手による支払いが一般的に義務付けられたのは、一八五三年になってからのことである。

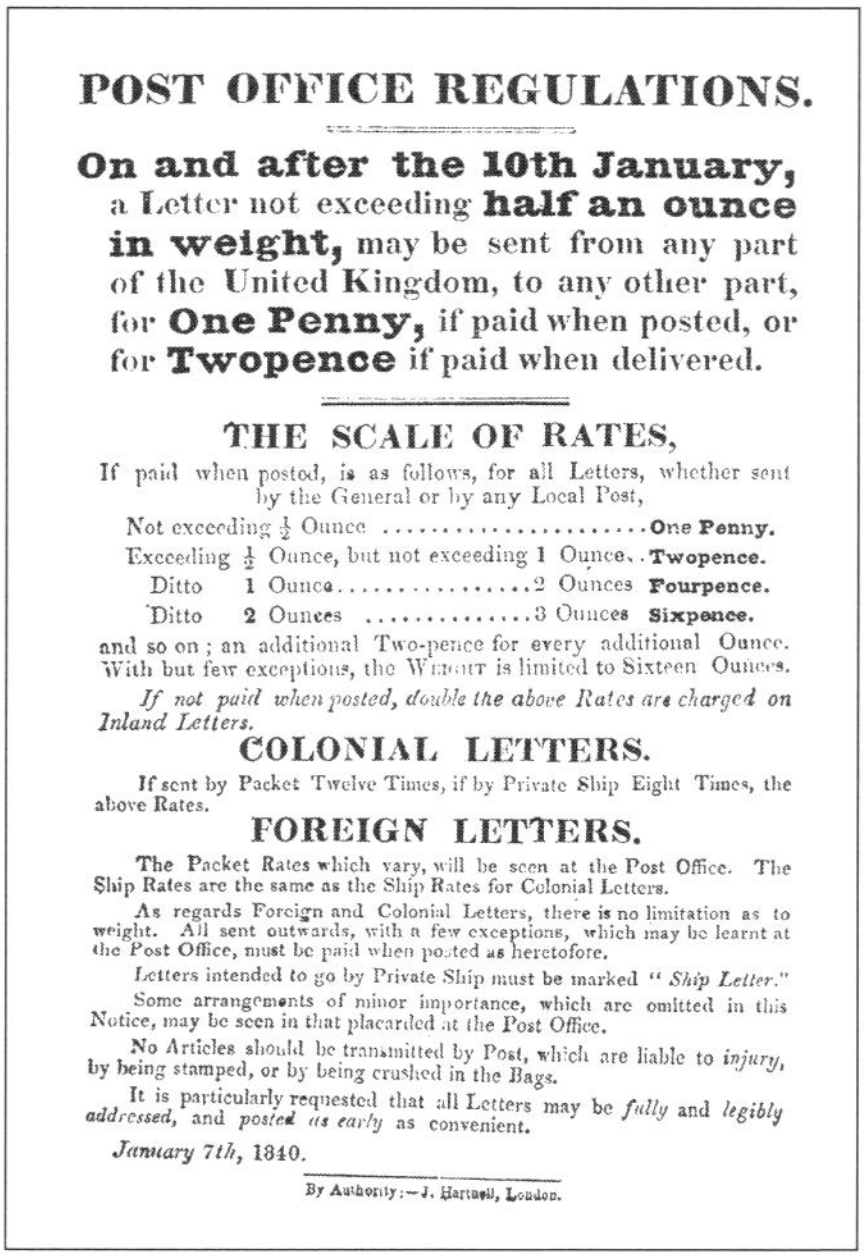
POST OFFICE REGULATIONS.

On and after the 10th January, a Letter not exceeding **half an ounce in weight,** may be sent from any part of the United Kingdom, to any other part, for **One Penny,** if paid when posted, or for **Twopence** if paid when delivered.

THE SCALE OF RATES,

If paid when posted, is as follows, for all Letters, whether sent by the General or by any Local Post,

Not exceeding ½ Ounce .... **One Penny.**
Exceeding ½ Ounce, but not exceeding 1 Ounce.. **Twopence.**
Ditto 1 Ounce .... 2 Ounces **Fourpence.**
Ditto 2 Ounces .... 3 Ounces **Sixpence.**

and so on; an additional Two-pence for every additional Ounce. With but few exceptions, the WEIGHT is limited to Sixteen Ounces.

If not paid when posted, double the above Rates are charged on Inland Letters.

COLONIAL LETTERS.

If sent by Packet Twelve Times, if by Private Ship Eight Times, the above Rates.

FOREIGN LETTERS.

The Packet Rates which vary, will be seen at the Post Office. The Ship Rates are the same as the Ship Rates for Colonial Letters.

As regards Foreign and Colonial Letters, there is no limitation as to weight. All sent outwards, with a few exceptions, which may be learnt at the Post Office, must be paid when posted as heretofore.

Letters intended to go by Private Ship must be marked "*Ship Letter.*"

Some arrangements of minor importance, which are omitted in this Notice, may be seen in that placarded at the Post Office.

No Articles should be transmitted by Post, which are liable to *injury*, by being stamped, or by being crushed in the Bags.

It is particularly requested that all Letters may be *fully* and *legibly addressed*, and *posted as early* as convenient.

January 7th, 1840.

By Authority:—J. Hartnell, London.

（抄訳）

郵便局規則

1月10日から，連合王国内で行き来する重さ半オンスを超えない書簡であって，料金を前払いしたものは1ペニー，配達時に支払う場合には2ペンスとする．

料　金　表

料金前払いの書簡は，全国郵便・地方郵便を問わず，料金は次のとおり．

半オンス未満……………………1ペニー
半オンスから1オンス未満 …2ペンス
1オンスから2オンス未満 …4ペンス
2オンスから3オンス未満 …6ペンス

以下1オンスごとに2ペンス追加．16オンスが限度．後払いは上記料金の2倍．

植民地宛書簡

官営郵便船によるものは上記料金の12倍，民間船舶便によるものは同8倍．

外国宛書簡

官営郵便船の料金は郵便局に掲示．民間船舶便の料率は植民地便と同じ．

1840年1月7日

4　分かれるヒルの業績評価

一ペニー郵便は成功したのだろうか――。実は、その評価は、政府内部の評価と一般国民の外部の評価とでは、まるっきり正反対なのである。ここでは、その点について検証していく。

政府部内の評価　まず数字。表19に示すが、ヒルが予測したとおりにはならなかった。導入直後の一八四〇年の郵便取扱量は前年比一〇五パーセント増の一億六八七六万通。倍増はしたけれども、五倍になるというヒルの予測にはほど遠い実績となる。取扱量が五倍になったのは一四年後である。収支面にも問題が生じた。一八四〇年の収入は前年比四四パーセント減の一三四万ポンド。取扱量は倍増したものの、料金大幅値下げで、収入は半減した。収入が導入直前のレベルに戻ったのは一二年後のことである。一番懸念された利益、すなわち税収の落込みが一層大きい。一八四〇年の利益は前年比七二パーセント減の四六万ポンド。導入直前の利益水準までに回復するのに、何とその後二四年もかかった。反対に、一八四〇年のコストは前年比一六パーセント増の八八万ポンドとなった。運営コストは予想したよりも下がらず、毎年増加していく。

税収確保の点からみれば、ヒルが手がけた郵便改革は失敗だった。失敗を巡って、経験をもとに現実的な方法で改善していこうとした大蔵省と郵政省は、世論を背景に理論により改革を強引に押し進めようとしたヒルを強く批判した。これに対して、ヒルは、利益がでなかったのは郵政省が私の構想《マイ・プラン》どおりに一ペニー郵便を実施しなかったからで、コストが増えたのは鉄道会社への支払いが予想外に大きくなったからであるなどと反論した。試算の誤りと政権の交替が重なり、一八四二年、ヒルは大蔵省の二年ポストの更新を拒否された。ソロルド・ロジャーズがオックスフォードで講義した経済史

表 19　郵便事業実績（1839-1853 年）

年	収入	支出	利益	引受
	（万ポンド）			（万通）
1839	239	76	163	8,247
1840	134	88	46	16,876
1841	149	93	56	19,550
1842	157	97	60	20,843
1843	163	99	64	22,045
1844	170	99	71	24,209
1845	188	112	76	27,141
1846	196	114	82	29,956
1847	218	120	98	32,214
1848	214	140	74	32,883
1849	216	132	84	33,739
1850	226	146	80	34,706
1851	242	131	111	36,064
1852	243	134	109	37,950
1853	257	117	140	41,081

出典：Robinson, *BPO Hist.*, p.323n.

ローランド・ヒル
郵便改革功労者
（旧郵政庁舎前の銅像）

を一冊の本にまとめているが、そのなかで「保守党新政権はヒルに冷ややかであった」と書いている。解任後、ヒルはロンドン・ブライトン鉄道の役員に転出する。

一八四六年にホイッグが政権を奪回すると、ヒルは郵政省に戻るが、ポストは次官待遇郵政長官付という、またも変則的なもの。依然、次官のメイバリーは在任していた。二人の関係はギクシャクしていたが、一八五四年、アバディーン連立内閣下でメイバリーは会計監査局に転出する。ヒルが後任となり、ついに正式の郵政次官に就任する。しかし正式次官に就いたものの、ヒルは、特に郵政長官であるオールダリーのスタンリー卿とは円滑な関係が築けず、ために健康を害して一八六四年に次官の職を退いて郵政省を退官した。六九歳のときであった。

ドーントンの郵便史によれば、自己の構想ばかりを主張して全権を手中に収めようとするヒルと、歴代の長官・次官とのあいだには争いが絶えなかった。そのため、ヒルは省内で疎《うと》まれ信頼できる部下や協力者が得られず、そこで身内を取り立てて、兄のエドウィンを切手製造部門の責任者に、甥のオーモンドを父エドウィンの助手に、弟フレデリックを自分の助手として次官補に抜擢し、また、息子ピアソンを本省に入省させて周辺を固めた、という。外部の急性な改革論者《プロパガンディスト》が上下関係や所掌範囲がうるさい官僚組織のなかで生きていくことの難しさがうかがえる。

外部の評価　一ペニー郵便そのものはヴィクトリア朝の有識者や商工業者らに受け入れられた。料金の大幅値下げは今様にいえば「価格破壊」である。それが利用者に大いに歓迎されたことはいうまでもない。政府内部の評判とは別に、対外的には、ヒルは近代郵便創設の功労者として認められた。晩年には、サーの称号やロンドン名誉市民の称号などが彼に授与される。後年、議会はヒルに特別一時金二万ポンドの贈与と退官時の年俸と同額の終身年金の支給を決議している。

割り引いて読む必要があるのだが、大部の自伝や娘や孫が執筆した父や祖父の伝記のなかに、ヒルの功績があますところなく語られている。ヒル自身と甥のジョージ・バークベック・ヒルが共同で執筆した一〇〇〇ページを超す伝記は、ヒルの言葉を借りれば、「誰一人理解を示す者がおらず、旧式で封建的な官僚組織と闘いながら私の構想の達成を図らなければならなかった」ことについての立証に費やされている感がある。本書は本多静雄によって翻訳されているが、邦訳本も二巻計八〇〇ページを超す大著となっている。

さて、税収減があったとしても、一ペニー郵便の収支は黒字だった。郵便取扱量も予想を下回ったものの、着実に伸びていく。一ペニー郵便は社会的には認められ、事業採算面では問題がなかった。郵便を、単に国の徴税機関ではなく、公共事業としてみた場合、その事業収支は満足できるものであった、と判断できよう。当時、郵便は唯一の通信インフラとして機能して、経済活動や社会運動を側面から支援し、国民生活のなかにも徐々に溶け込んでいく。例えば、穀物の輸入自由化を推進する反穀物法同盟《アンタイ・コーン・ロウ・リーグ》にとって、一ペニー郵便が果たした役割は大きかった。エイザ・ブリックズがこの時代を「改良の時代」と捉えて本を書いているが、それによれば、自由化運動の最盛期には、マンチェスターから毎週三トン半もの雑誌が一ペニー郵便を利用して全国の支持者たちに送りだされたし、郵便は資金集めにも活用された。もちろん庶民の生活にも郵便は欠かせないものとなっていく。チャールズ・ディケンズは、二月一四日の聖《セント》ヴァレンタインの日のロンドン中央郵便局をつぶさに観察し、平日より五割多い一九万通の手紙が差し出され、郵便配達人が愛の手紙《ラブレター》を届けるのに夜遅くまでかかったことを記事にしている。また、イギリスの歴史家ジョージ・M・トレヴェリアンは、ヒルについて、次のように記している。

> ヒルの一ペニー郵便はイギリス人による偉大な改革である。それは文明化した国々に野火《のび》のように駆け抜け、商業を発展させ、貧しい恋人たちにも郵便の恩恵を届けたのである。……

最後にヒルの略歴を記しておこう。一七九五年、バーミンガム近郊ウスターシャーのキダーミンスターで、父トマスと母サラ・リーとのあいだに生まれる。八人兄弟の三男。一八二七年、キャロライン・ピアソンと結婚。子供は四人。青年期、公教育に関心を示し、ロンドンでブルース・キャッスル校を弟らと創設し、一八二七年から八年間、同校の校長を務める。一九三五年、南オーストラリア植民地委員会の書記に就くが短期間で転職。以後、郵便関係に関心が移り、既述のとおり、有名なヒルのパンフレットを刊行、郵便改革に邁進する。一八七九年八三歳で死去、ウェストミンスター寺院に埋葬された。ヒルの銅像は、現在、ロンドンの旧郵政省庁舎前、故郷キダーミンスターの町、バーミンガムの郵便局内などでみられる。

5　岩倉使節団がみた一ペニー郵便

やや横道に逸《そ》れるが、イギリスで一ペニー郵便が創設されて三二年後の一八七二（明治五）年、岩倉具《いわくらとも》視《み》の使節団が同国を訪問した。一行の使命は、欧米先進国の進んだ政治システムや法律制度、経済社会の仕組みなどあらゆる分野について学ぶことであった。調査担当が決められ、法律や運用などを調べて日本にもち帰った。これを基に、使節団の一員であった久米《くめ》邦武《くにたけ》が編集して、一八七八（明治一一）年に五編二一一〇ページに及ぶ『特命全権大使米欧回覧実記』が刊行された。もちろん郵便制度も調査対象となっていた。以下、少し長くなるが、イギリスの郵便制度にかんする記述を回覧実記から引用する。それは盛時を極めるヴィクトリア朝の、英国人が自慢する世界に冠たる郵便制度を活写している。久米の文章がすばらしい。ここで、特に説明を加える必要はないであろう。

○郵便館《ポストオフィス》、是モ「シチー」ニアリ、倫敦ニテ郵便局ノ設ケハ甚タ多キ内ニ、当時ハ此館ヲ以テ大総館トス、近来別ニ新ニ郵便館ヲ、此側ニ経営ヲ起シ、広サ二百八十六尺、長サ二百四十四尺ノ地域ヲ占メ、楼屋ヲ五層トナシ、高サ八十四尺ノ大館ヲ建ント、正ニ建築中ナリ、○英国ノ内地已ニ庶殷《しょいん》ニシテ、属地モ亦広大ナレハ、郵便館ノ設ケ、内外ニ二総館アリテ、其法ヲ異ニスレトモ、皆コレヲ倫敦ノ郵便総館ニ管轄ス、郵便ノ一項、其事務タル実ニ劇要ナリ、五洲ノ列国ト締約シ、遐陬《かすう》僻地ニモ達ス、政府事務ノ一大部分ニオルモノナリ、○郵便ノ法ハ、米欧各洲ニ於テ、凡ソ貿易ヲ盛ニシ、文教ヲ普クスル国ハ、殊ニ緊要ナル務トス、大都ニハ必ス郵便館ヲ置テ、之ヲ総轄シ、郵便ノ券子ヲ印刷シテ、全国ニ売捌ク、英国ニ於テ製スル券子ハ、大抵長サ八「インチ」許《ばかり》、潤《ひろ》サ六「インチ」許、他ノ国国ニテハ、些《すこし》ノ大小アレトモ、大般ハ同シ、価ニヨリテ色ヲ異ニシ、模様ヲ異ニス、券背ニ樹脂《ゴム》ヲ塗リ、信書ニ糊貼《こちょう》スルニ便利ニス、此券子ヲ売捌ク店アリ、其価ヲ出シ買入レテ貼用スレハ、已ニ信書ヲ差立ル賃ヲ払ヘル理ナリ、市街村巷《そんこう》ニハ郵便差入ノ鉄製転斗《てんと》アリ、信書ヲ此斗《このます》ニ投スレハ、時ヲ以テ郵便丁来リ、其信書ヲ収メテサル、若シ券子ヲ貼用セサル信書アルモ、亦《また》其届クヘキ地ニ配達スレトモ、扱所ニテ定法一倍ノ券子ヲ貼シテ、其価ヲ届ケ主ヨリ徴求ス、是《これ》各国ノ通則ナリ、○英国ニテ郵便ノ仕組ハ、人口五千人ニ一ノ取扱所ヲ設ク、倫敦ノ一府ニテ例スレハ、全府人口三百二十五万余人アリ、之ヲ十大区ニ分チ、郵便館ヲ設ク、毎区ニ百ケ所ノ取扱所ヲ統轄ス、即チ全府ニテ千ケ所ナリ、英、蘇、威、愛ノ各地、ミナ此ニ例ス、是内国ノ郵便ノ制ナリ、外地ノ制ハ、少シク之ニ異ナルトモ、外地ニテ加拿他《カナダ》、印度、「オ、スタラリヤ」等ノ属地、各其内地ニ設ケタル制ハ、亦此例ニヨリ酌量セリ、内外ノ郵便、ミナ之ヲ倫敦ノ「ポストオフイス」ニ統轄ス、綱紀瞭然トシテ、網ノ綱アルカ如シ、○郵便館ニテ通信ヲ収メ、之ヲ見調《ミシラ》ヘ、届先《トヾケサキ》ノ地方ヲ査《シラ》ヘテ部分《ブワケ》ナシ、夫夫《それぞれ》ニ取束《トリツカ》ネ、麻布ノ嚢《ふくろ》ニ盛リ、時ヲ定メテ配達丁ニ付シ、遠近ノ地ニ送ル、英国ニテモ、今ヨリ四十年前、蒸気車モ創マラサル時ニハ、駅駅ニ駿馬《しゅんめ》ヲ繋《つな》キ、配達丁、馬ヲ疾《ハヤ》駆《ガケ》シテ逓送セリ、其時ニテモ、一日ニ二百四五十英里ノ遠キマテハ届ケタリシニ、蒸気車ノ便興リテヨリ、「ポスト」ノ車ヲ定メ、一日ニ四百英里ノ遠《とおき》ニ達ス、夫《それ》ヨリ更ニ速カナランコトヲ務メ、近年ニテハ「ポスト」ニカヽル疾行車ハ、例シテ日行七八百英里ニ及フ、其快モ亦至レリ、故ニ倫敦ヨリ蘇格蘭《スコットラン》ノ北地「ホロラ」港マテ、路程八百余英里モアレトモ、三日間ニハ郵便ヲ応返スルニ至レリ、昔時人馬ニテ継送《つぎおく》リタルトキハ、信書ノ軽重ト、届ケ先キノ遠近ニヨリテ、券子ヲ貼スルモ差アリ、重量五銭ノ書状ヲ、内地四百英里ノ距離ニ送ルニハ、券子二「シルリンク」モ貼用セリ、今ハ蒸気車ノ便ニヨリテ、内地ノ郵便ニ遠近ヲ一ニシテ、重サ五銭ニ付唯《ただ》一「ペニー」ノ券子ヲ貼用スルノミ、属地ノ郵便所ハ、三十年前マテハ、僅《わずか》ニ四千五百ケ所アリシニ、今ハ増シテ二万ケ所ニ及ヘリ、○千八百七十一年、一歳ニ内外ノ信書ヲ総計セルニ、十一億一千七百万封、其内届ケ先不明ニテ、「ポストオフイス」ニ回セルモノ、只三百五十万封アリテ、中ニ全ク没書トナリタルハ、十七万封ニスキス〈没書ノコトハ第十三巻ニ出〉、郵便切手ノ代価ヲ収メルコト、四百八十八万磅、其内ヨリ三百六十一万一千磅ヲ雑費ニ消却シ、余ル所ノ一百二十六万九千磅ハ、大政府ノ歳入ニ帰セリ、米国ノ如キハ、地大ニ人稀《まれ》ニ、亦《また》内地同価ノ法ニテ、券子代ヲ収ムレトモ、年年闕《けつ》アリ贏《あまり》ナシト云、

欧羅巴ノ貿易、月月年年ニ盛ンニテ、一球世界ニ舟跡ヲ普《あまね》クシ、各其業トスル所ニ従事シ、其《その》相隔テ、交際スルハ、郵便ノ便ニ頼ルモノナリ、加之《シカノミナラス》ニ文学モ亦益《ますます》開ケ、人ミナ言語ニ習ヒテ、談緒《だんしょ》ニ富ム、門ヲ出テ数町ヲ歩シ帰レハ、必ス一二ノ新開異見ノ話スヘキコトアリトス、其言語ヲ綴リテ、文字トナスヤ、率爾《そつじ》ノ語モ之ヲ録記ス、家族相離ル、両三日、必ス数回ノ

消息アリ、家猫ノ子ヲ産スルモ、亦相報知スルニ至ル、殊ニ英国ノ如キハ貿易最モ盛ナル国ナレハ、郵便ノ夥多《おびただ》シキ実ニ甚シ、郵便館ノ前、収信丁ハ四方ヨリ郵便箱ノ信書ヲ収メ、袋ニ套《おおい》シテ来リ、擲《なげう》チ入ル、モノ、五秒七秒時ヲ隔テ、、続続絶ヘルコトナシ、是ヲ整理シ、之ヲ査験シ、軽重ヲ衡《はか》リ、記名ヲ閲シ、配達ノ地方ヲ分チ、以テ各其主名ニ配リ、遠キハ香港横浜ニ至ルアリ、近キハ数町ノ内ニ達スルアリ、大封小封、雑《ざつ》錯《さく》シテ来ル、貨幣ヲ送ルハ別ニ懇嘱《タノミコム》ノ口アリ、局内ノ忙シキコト、之ヲ比スルニ物ナシ、

第10章　ペニー・ブラックの誕生

本章では、一八四〇年五月に世界初の切手「ペニー・ブラック」が発行されたが、その誕生までの話をしよう。まず切手の原形となった昔の印紙、切手アイディア・コンテストの実施、本命視されていたマルレディー封筒（郵便書簡）の販売、そして切手製造について解説していく。また、切手の発明者を巡るヒルとチャーマーズの主張なども整理してみた。

1　切手の前史

イギリスの一ペニー郵便が近代郵便の代表として語られているのは何故だろうか——。理由として、郵便料金の大幅引下げ、全国一律料金制の採用、料金を手紙の枚数制から重量制に変更したことなどがまず挙げられる。しかし、料金を前払制にして、支払いは「切手」を手紙に貼るだけという簡単な仕組みにしたこと。更に世界に先駆けて「切手」を発行したことが近代郵便誕生の国といわれる所以《ゆえん》であろう。

ところで、日本語の郵便切手（略して、切手）という用語が定着したのは龍切手が発行された一八七一（明治四）年からだいぶたってから。当初は「賃銭切手」とか「書状切手」と呼ばれていた。ちなみに英仏独語とその意味は、岡田芳朗の『切手の歴史』によれば、次のようになる。

・［英］adhesive postage label（後に label は stamp になる）　裏糊付郵便料金の証紙
・［仏］timbre poste　郵便証紙
・［独］briefmarken　手紙の合札

それでは、もはや古典になるが、T・トッドの英国切手の歴史の本などを参考にしながら、切手の前史について紹介していこう。

収入印紙　ドクラがはじめたペニー郵便では料金を支払った証拠として料金収納印のスタンプを手紙に押した。このアイディアが切手の先駆けとなったことについて第6章5のところでふれた。しかし、より切手の形に似ているものとしては収入印紙がある。印紙には古い歴史があり、一七六五年に宗主国イギリスが植民地アメリカに課した印紙税法《スタンプ・アクト》の話が有名である。それは、ビーアドの『アメリカ合衆国史』（松本重治、岸村金次郎、本間長世共訳）によれば、マサチューセッツからジョージアまでに及ぶ、すべてのアメリカ人の財布に、例外なく影響する税金を規定したものであった。

　アメリカ植民地の人々は、公式指定印紙取扱人から収入印紙を買って、不動産譲渡証書、弁護士開業免許証、大学卒業証書、その他、広告、新聞、書籍、そればかりか、カレンダー、カルタ、サイコロに至るまで、印紙税法に定める所定の印紙を貼らなければならなかった。収入印紙の形態は、税納付済みを証する極印《ダイ》が打刻された小さな用紙で、エンボス加工されている。だが、アメリカ人はイギリス議会が勝手に決めた法律に従う必要はないとして警告を発し、同時にイギリス製品をボイコットする。暴徒は印紙取扱人を脅し、打刻機を壊し用紙を焼くなどの狼藉を働き、イギリス側の官憲や商人を震え上がらせた。植民地の予想外の強い反発を受け、印紙税法は施行後わずか一年で廃止されることになる。アメリカ独立の引き金となったボストン茶会事件が起きる七年前のことであった。

1694年の収入印紙．極印のエンボス図案を模写したもの．高額印紙になるほど大きく立派になる．上右と下の極印には，ガーター勲章の一部が配されている．

　一方、イギリスでは一六八〇年から印紙税法が施行されていた。本国では、納税者に対象となる文書を公式指定印紙取扱人のところに持参させ、現金で印紙税を支払わせた後、取扱人が文書一枚ずつに極印を打刻した。J・E・D・ビニーの著書には、あらかじめ極印を打刻した小紙片を販売し、それを印紙税の対象となる文書に貼付させる方法もあった、と書かれている。この小紙片こそが切手の様式そして使用形態にそっくりなのである。すなわち印紙を文書に貼る、切手を手紙に貼る。昔は郵便料金も「郵税」と呼ばれた税金の一種であったから、いずれも税金徴収の手段となっていた。

一六九四年の極印の印影を写し取ったものがある。いずれも当時の彫刻師の匠の技を凝らして作られた極印だが、しばしば偽造されたり、不正使用されたりした。例えば、一枚の収入印紙を一〇回も使用したと豪語する弁護士もいたし、まったく印紙を文書に貼らない脱税組も多かった。そのため政府は、六〇日間の予告期間を置いて、極印の図案や打刻する用紙の色を変更したり、不正使用や脱税者を摘発する監視員を増員し、罰則も大幅に強化した。エドワード・ヒューズの論文によると、印紙による税収の約五割が、これら徴税費用に消えていった、という。

切手代用　ところで、後年、印紙は切手と、否、切手は印紙と切っても切れない関係になった。いずれも税金であったし、いずれも内国税の科目に計上されていたから、相互に転用できた時代があった。まず、一八八一年に一ペニー印紙を一ペニー切手として使用することが認められた。そこで両方に使える「郵便料金および内国税《ポステージ・アンド・インランド・レヴィニュー》」と表示された一ペニー切手・印紙が発行された。その刷色が薄紫色であったことから「ペニー・ライラック」と呼ばれるようになる。翌一八八二年には、相互使用が二シリング六ペンスまでの券種に拡大されるようになった。

第5章3において述べた新聞税証紙も収入印紙の一種である。新聞証紙には郵便料金の要素が含まれていた。当時、新聞税を納めた新聞は、郵便料金を支払うことなく、郵便物として無料で差し出すことができた。この特例は新聞税が設けられたときから暗黙のうちに出版元に認められていた。一八五五年に新聞税が廃止されると、以後、新聞税とほぼ同じ水準の郵便料金の支払いが必要となった。しかしながら、その後も新聞税証紙の利用が認められたので、四分の三もの新聞がこの便法を活用した。一八七〇年、重量にかかわらず、新聞郵便の料金が一部半ペニーとすることが発表されると、前述の便法は打ち切られた。

こうしてみると、印紙も新聞証紙も切手の役割を果たした時代があった。だから両者を切手の前史に記録しておく意味があると思う。切手コレクターには新聞税証紙を「準切手」として取り扱う人がいる。

2　切手アイディア・コンテスト

一八三九年八月一七日、一ペニー郵便法（郵税法）が公布された。その時点で郵便料金の前払方法が決まっていなかった。そこで具体案を募集することになる。英語では「大蔵省《トレジャリー》コンペティション」と呼ばれるが、要すれば、切手アイディア・コンテストの実施である。以下、国立郵便博物館から刊行されたロブソン・ロウ、A・G・リゴ・デ・リーギ、ダグラス・N・ミュアの三冊の本をもっぱら参考にしつつ、その概要を紹介しよう。

大蔵省の原案　法案審議中からくすぶっていた問題があった。製紙、印刷、文房具商の業界（ステイショナリー業界）が前払方法について、大きな危惧を抱いていたのである。業界は、政府が勝手に封筒の形式を決め、お気に入りの企業に独占的に発注し、それ以外の封筒などを郵便物として認めなかったら、ステイショナリー業界にとっては大打撃になる、と心配した。そのため、業界は政府に陳情するとともに、一大反対キャンペーンに打ってでた。

このような業界の動きを受けて、大蔵省は私製の封筒やレター・シートなどの利用を大幅に認めた、以下のような案を示した。すなわち、大蔵省の原案は、①私製の帯紙などに料金収納済みスタンプを、求めに応じ、あらかじめ印刷する、②官製レター・シート。スタンプを押印または印刷した用紙を発売する、③官製封筒。折り畳むと封筒になる菱形用紙にスタンプを押印して発売する、④いわゆる切手。小さな紙片に、スタンプを押印して、裏面に粘着性の液を薄く塗ったものを発売する、という四つの様式。

アイディア募集　以上が料金前払方法の大蔵省原案であったが、具体的な方法がみいだせず、一般の人からアイディアを募集することにした。切手アイディア・コンテストの公募告示は、八月二三日、官報や新聞に掲載された。そのポイントは次のとおりであった。

◎一ペニー郵便法施行に伴う国家財政委員会通達

料金前払方法が一般国民や歳入徴収にとって至便であり、かつ、一国の通信手段として、十分に機能することが担保されなければならない。一般国民の利益のためには、採用される方法がどのようなものであっても、国民が容易に入手し、使用できるものであることが重要である。

政府が最終決定をする前に、もっとも使いやすいと思われる料金前払方法について、芸術家、科学者、一般国民から提案を受け付ける。締切日は一〇月一五日。賞金はもっとも優秀かつ実用的と考えられる提案に対して二〇〇ポンド、次席に一〇〇ポンドを贈る。

考慮すべきことは、提案が、国民の利用にとって簡便なもの、偽造防止が図られているもの、郵便局で再使用の確認が容易にできるもの、そして、スタンプの製造および運搬配布にかかる費用が低廉であることが重要である。

以上がコンテストの募集告示の概要である。賞金一位二〇〇ポンドという金額は、当時の下級ジェントルマンの年収が四〇〇ポンド前後であったから、かなりの金額となる。ちなみに当時おこなわれていた時間も労力もかかる国会議事堂の設計コンペ一位賞金が一五〇〇ポンドであった。なお、切手の方の応募資格はイギリス人だけではなく、外国人も対象とした。主としてヨーロッパ諸国の人々を念頭において、外交チャネルを通じて募集を周知した。

こうしてみると、一ペニー郵便の実施に伴う規則制定や切手発行の企画準備などの重要事項の決定がすべて大蔵省の権限で、郵政省は単に実施機関にすぎなかった。後に郵政省に移ったヒルが「何をやるのにも大蔵大臣の承認が必要で、それは時間の浪費でもあった」と述べたことがある。その言葉は、往時の大蔵省と郵政省との力関係をよくいい表しているといえよう。

応募作品の分析　提案募集直後から、作品が事務局に届きはじめる。一八三九年一〇月一五日の締切までに推定二六〇〇点の応募があった。そのなかにはフランスやベルギーからの作品もある。応募作品は二つのグループに分けることができる。第一グループは、いわゆるステイショナリー類で、スタンプ押印済み封筒やレター・シートといった方法のものである。作品の大部分がこの部類のものであった。第二グループは、糊付きラベルとかスタンプ押印済みレター・シートと呼ばれるもので、今日の切手の方法に近いものだ。こちらの作品はわずか四九点で、検討対象に残ったものは一九点にしかすぎなかった。

レター・シート方式のアイディアが多かった理由は、当時の郵便料金が用紙の枚数で決められていたからである。便箋二枚なら倍額、便箋一枚を封筒に入れると、やはり倍額になる。封筒は用紙一枚分にカウントされた。そのため用紙一枚で用がすむ形式が主流になった。

次に、製作方法についてみると、手書きか印刷に大別できる。それらは素人が描いたきわめて幼稚な絵から、専門家が高度な技法を駆使して作製したプロの作品まであり、個々の作品の技術水準には大きな開きがある。まさに玉石混交の作品群であった。特に印刷技術者から提出された作品には、キラリと光るものがある。印刷作品は、凹版・凸版をはじめ各種版式が用いられている。作品を子細にみると、偽造防止に力点をおいた作品は製造コストが高くなるし、逆に、安い費用で印刷できる作品は偽造されやすいなどの難があった。以上の結果、無修正で郵便料金の前払制を担保できる方法はないと判断され、最優秀賞は該当者なしと決定された。

次席は四点、ロンドン在住者の作品である。一〇〇ポンドずつ贈られた。作品は、ジェームズ・ボーガーダスとフランシス・コフィン共同制作の「機械彫刻模様の印刷」、チャールズ・F・ホワイティング作の「コングリーヴ方式による二色刷り凸版印刷」、ヘンリー・コール作の「ロゼッタ模様透かし入り印刷」、ベンジャミン・チェヴァートン作の「ジグザク模様透かし入り糊引き巻取紙印刷」の四点であった。各作品の模様は機械で彫刻されたもので、「彩文《さいもん》」と呼ばれる技術が使われている。

なお、ホワイティングはストランドのボーフォート・ハウスで印刷業を営んでいた人物。コンテストには少なくとも七種類の版、刷色のヴァラエティを含めると、六〇以上もの作品を提出している。コールは『ポスト・サーキュラー』の編集者。作品は切手サイズの小紙片に赤と黒の二色刷り。チェヴァートンのアイディアは、長さ五メートル弱、ラベル二四〇枚を一巻とし、一ポンドで販売することを提案。ロール切手のアイディアであった。

選外にもユニークな作品が多い。本節冒頭で挙げた三冊の本には、コンテストに提出された作品がたくさん紹介されている。著者のリゴ・デ・リーギとミュアは国立郵便博物館長を歴任している。応募作品は、現在、王室コレクションをはじめ、郵便博物館、ヴィクトリア&アルバート博物館、一部は個人のコレクターが所蔵している。

3　マルレディー封筒

一八四〇年一月一〇日から郵便料金の前払制度がはじまったが、開始時点になっても、その方法が決まっていなかった。前払方法について、ヒルをはじめ当時の郵便関係者は、「切手」よりも「郵便書簡」形式のものが普及すると考えていた。この考えに沿って準備が進められる。

郵便書簡の発行　まず、王立美術院総裁の助言を受け入れて、同院の会員ウィリアム・マルレディーにデザイン作成を委嘱した。ジョン・トンプソンが原版を彫刻し、クラウズ父子会社がステロ版印刷方式により製造した。印刷は四月一四日から開始。ヒルの日記には「兄エドウィンは印刷会社に朝は六時に出勤し、夜は一〇時まで立てこもり、一台の機械も故障が起こらないように見回った」と準備の苦労話が書き残されている。

四月一五日には刷り上がったばかりの郵便書簡のプルーフ一葉が「これが実際に印刷されたもの。一時間に七万枚が印刷されている」とメモが添えられて、マルレディーの手元に届けられた。郵便局での発売は、一ペニー郵便開始から遅れること四ヵ月、五月一日になってからであった。六日から有効になる。額面は一ペニーと二ペンスの二種類。用紙代を若干加算して売り出された。

叙情豊かな図案　売り出された書簡は図案者の名前を冠して「マルレディー封筒」と呼ばれるようになる。図版は、産業革命が進行する、一九世紀イギリスのヴィクトリア朝の良き時代を表している。大英帝国は地球の陸地の三分の一に及ぶ植民地を有し、世界に君臨し、繁栄を謳歌していた。そのことを、マルレディーは封筒にみごとに描きだした。

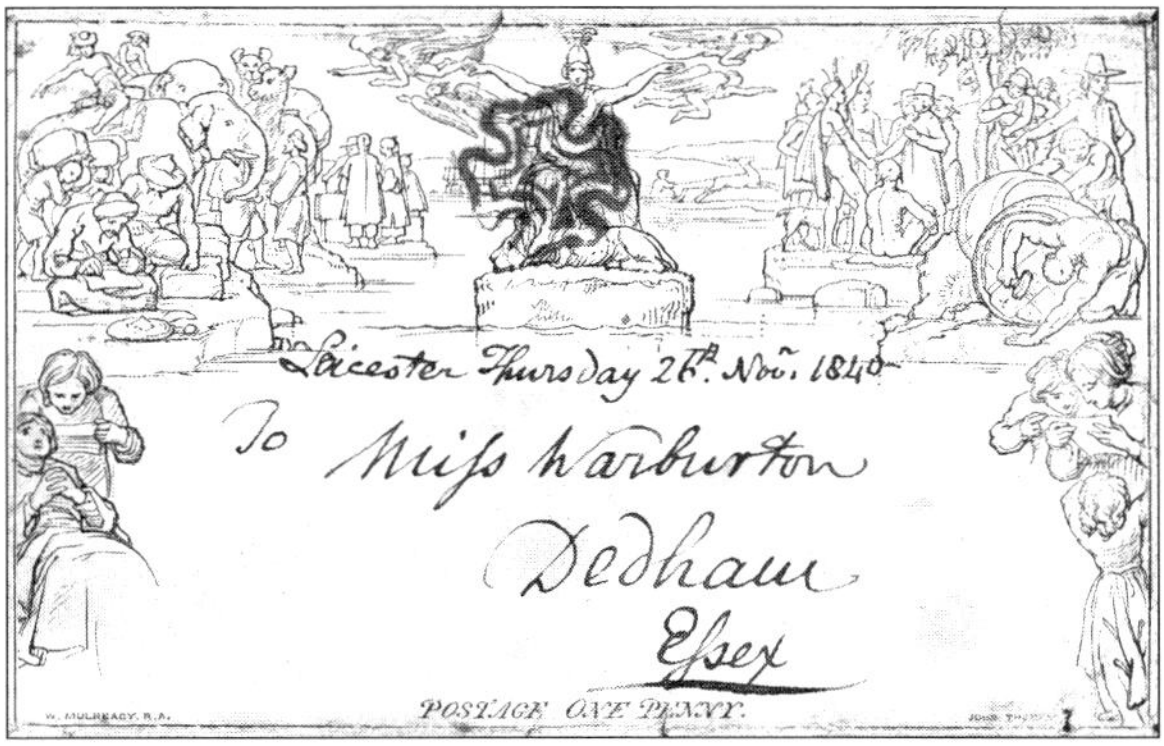

実際に使われたマルレディー封筒．1840 年 11 月 26 日レスター差出，エセックスのデダム村宛．マルタ十字印でブリタニアが抹消されている．

図中央には、大英帝国の女神ブリタニアが眠れる獅子の上に座して、ユニオン・ジャックの楯をかまえ、両手を大きく広げ、世界を総覧する。それは強大な国力をイメージしているものであった。図右には、インディアンと交渉するクエーカー教徒、椰子の木陰で涼をとる母子、樽作りに精をだす植民地の人々の様子が描かれる。図左には、帝国の商船隊、弁髪の中国人、象に跨《また》がるインド人、手紙を書いているトルコ人が描かれている。そして、子供たちに楽しい便りを読み聞かせている優しい母親の姿などを登場させ、誰でも安い料金で手紙がだせるようになった一ペニー郵便の成果も、さりげなくPRする。

マルレディーは、書簡の図案に、大英帝国の世界に拡大された版図を誇示しながら、手紙のもつ叙情性も巧みに描き込んだ。関係者は、この詩的な図案が人々にきっと好感をもって受け入れられ、切手よりも利用されると考えた。しかし期待に反して、マルレディー封筒はさんざんに酷評される。発売翌日の『タイムズ』紙には「これが偉大な芸術家が生みだしたものでしょうか。これが真に芸術的価値があるものでしょうか。芸術を愛する者より」という投書とともに、マルレディー封筒の批判記事がはやばやと掲載された。失敗の原因は、ヒルの意図した芸術性の香り高いデザインが、郵便のへビー・ユーザーであった当時の商工業者から完全にソッポを向かれたことであった。

翌一八四一年春、簡素ないわゆる切手付き封筒が発売される。図案は料額印面にヴィクトリア女王の肖像を配した簡素なものとなった。売れ残ったマルレディー封筒の一部は広告の郵便などに使われたが、大半は焼却処分された。一八四二年一月までに当局に返納されたマルレディー封筒の額は七五〇〇ポンド（一ペニー封筒で約一八〇万枚相当）と記録されている。ヒルの思惑は完全に外れた。

カリカチュア版の大流行　マルレディー封筒本体の不人気とは対照的に、エドワード・B・エヴァンスの研究書によれば、封筒はカリカチュリストの絶好の標的となり、大ブレイクする。今ならパロディーといった方がわかりやすいかもしれないが、一九世紀ヨーロッパでは、カリカチュアが全盛期を迎えていた。それは戯画、漫画、風刺画などだが、人間の本性を茶化して笑いを醸しだすものから、痛烈な社会、政治批判を目的とするものなど多岐にわたる。しばしば政治宣伝や攻撃の手段となったり、社会的に抑圧された民衆の怒りや憂さのはけ口にもなった。

たくさんの会社がマルレディーの図案を模倣したカリカチュア封筒を作成し売りだした。ピカデリー・サーカスのフォー社が『パンチ』の常連執筆者だったジョン・リーチにデザインを依頼し、ヴィクトリア朝の社会を風刺したカリカチュア封筒を作成した。ストランドのスプーナー社は、政治を風刺した一四種類のカリカチュア封筒を売り出す。同じくサウスゲート社もカリカチュア封筒を作ったが、念の入ったことに、それらすべての裏面に「官許封筒不採用」の文字をおど

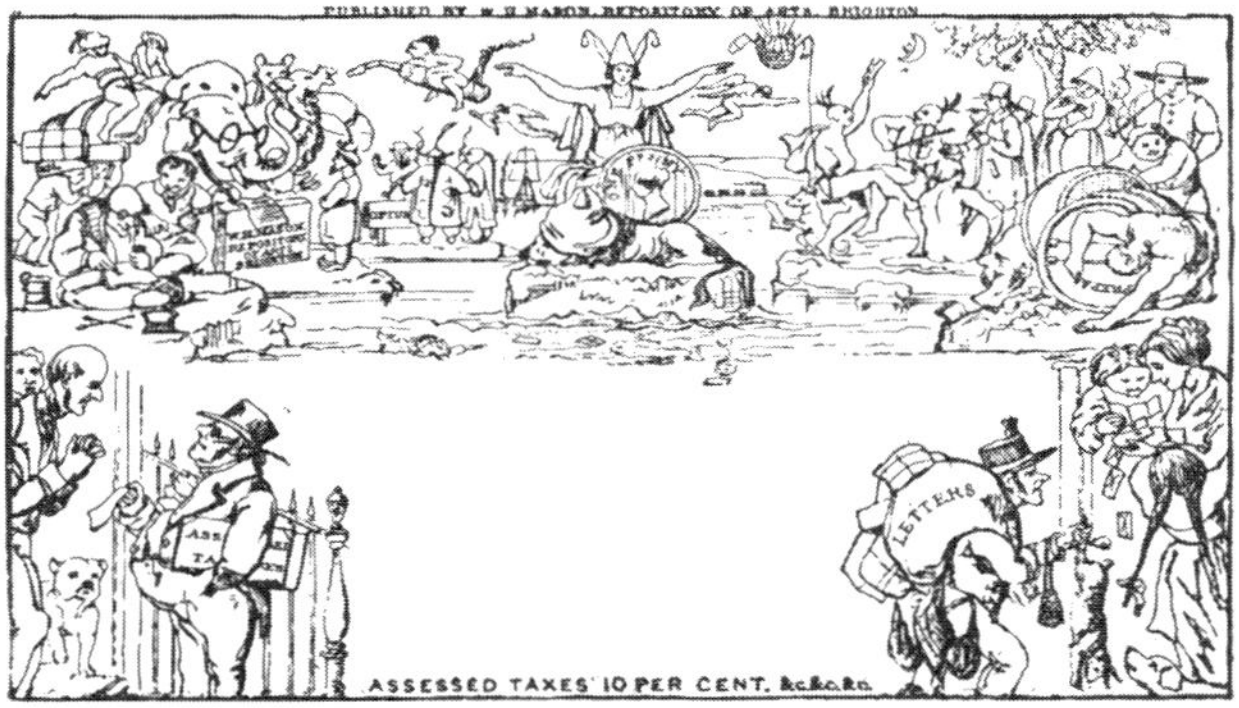

メーソン社が作成したカリカチュア封筒．作者および発売日は不詳．マルレディー封筒の図案を忠実にカリカチュア化している．寸法も正規のもとほぼ同じ．数ある封筒のなかでも，目立つ作品の一つ．

けて刷り込んだ。

図に示すメーソン社製のカリカチュア封筒が特に秀逸である。このカリカチュアをみていると、イギリス人の政治に対する厳しい批判と、そのたしかな眼力、加えて、それらをユーモアのなかにカリカチュア化してしまう素晴らしい天性が感じられる。このほかにも、カリカチュア封筒の流れを汲んだものになろうが、プロパガンダ封筒が出回る。禁酒運動を推進するものや海外版ペニー郵便（第19章7参照）の実現を訴えるものなどが代表例となろう。これらカリカチュア封筒やプロパガンダ封筒も実際の郵便物として使われた。

4　世界最初の切手

一八四〇年五月一日、マルレディー封筒と同時に世界最初の切手も発行された。ここでは、どのような過程を経て切手が誕生したのかについて話を進めていこう。

本論に入る前に、イギリス切手の文献について少しふれておく。基本的な文献には、前出のトッド、ロウ、リゴ・デ・リーギ、ミュアの四冊を挙げておきたい。初期イギリス切手の専門書としては、ロンドンの王立郵趣会《ロイヤル・フィラテリック・ソサエティー》がシリーズで刊行した、無目打の彫刻凹版切手を扱ったJ・B・シーモアの、目打入り彫刻凹版切手を扱ったW・R・D・ウィギンズの、平版印刷の切手などを扱ったK・M・ボーモントとジョン・イーストンの共著の、三冊がある。また、王室切手コレクションのなかから名品を選りすぐって紹介しているニコラス・コートニーの本も見逃せない。

切手図案の条件　条件は二つある。第一の条件は、切手が政府発行の有価証券だから、図案が一国を代表するものであり、かつ、国民に受け入れられる必要がある。切手のモティーフとなったヴィクトリア女王はその条件を完全にクリアしていた。すなわち女王は一国を代表する国家元首であり、何より国民に人気があった。伝記作家のリットン・ストレイチイは、一八三七年六月、一八歳になったばかりのヴィクトリア女王が最初の会議に臨まれた様子を、次のような文章で描写している。

> 名士貴族主教将官国務大臣らが群れをなして控えているところに、扉がさっと開いて、非常に背の低い、非常に痩せぎすの少女が黒一色の喪服をつけてひとりで入って来て、威厳あふるるうちにも雅やかに王座に進ませられた。
>
> 一同の拝したその顔は、美しくはなかったが、愛嬌があった——金髪、とび出た碧眼、彎曲した小さい鼻、上歯をみせている開いた口、かわいらしい顎、澄んだ顔色、そしてそのすべてにもまして、無邪気さと威厳と若さと

落着きが不思議な具合に交錯している。
……一般民衆のあいだには熱狂の大渦が巻き起っていた。感情とロマンスの時代が到来したのだ。金髪で桜色の頬をした無邪気で控え目な少女女王が首都を馬車で通られると、みる人の心は愛情と忠誠の念で溢れてくるのだった。

（抜粋、小川和夫訳）

国王に即位したばかりのヴィクトリア女王は、また、アルバート公と結婚を控え、幸せな家庭生活をスタートさせようとしていた。このように、図案選択のタイミングが、女王がもっとも幸福な時期に重なったことは切手図案にとっても幸運であった。急死したアルバート公の喪に服すとして女王が一〇年間も公の場に姿をみせなかった時期が後年あったが、もし、その時に切手図案の検討がおこなわれていたら、すんなりと切手の図案にヴィクトリアが選ばれたかどうかわからない。

第二の条件は、当時、偽造防止の観点から、紙幣など証券類の印刷には彫刻凹版が最善の方法と考えられていた。彫刻の題材は、人間の顔、それも誰もが知っている人の肖像が望ましい。理由は、長年経験を積んだ彫刻家が肖像を銅版に彫刻するが、同じ彫刻家がどんなに似せて彫刻しても、微妙に差異がでて、二度と同じものを彫刻することはできない。だから国民がよく知っている人物の肖像なら、ちょっとした印刷の変化（偽造）でも気がつく可能性が高い。その意味でヴィクトリアは条件にぴったりであった。

ワイオンのシティー・メダル

ワイオンのシティー・メダル　ヒルがヴィクトリア女王の肖像を切手の図案とする構想を固めたのは一八三九年一二月に入ってからである。検討の結果、一八三七年一一月に挙行された女王のロンドンのギルドホール訪問を記念して鋳造されたメダルに彫刻されている肖像を切手の図案に採用することになった。「クィーンズ・ヘッド」と呼ばれるものだが、女王の左向きの肖像である。

ギルドホールはセント・ポール大聖堂があるシティーのなかにある。わずか数平方キロメートルの市街地だが、昔、そこには国王に巨額の金を貸し付ける外国商人がいた。歴史的にみると、シティーは国王から特権を受け、いわば商人を核とした特別自治区であった。だから、女王といえども、許可がない限り、シティーのなかには一歩も入ることができなかった。今ではギルドホール訪問はセレモニー化されて、宝剣の受渡しをおこなう行事になっている。メダルは公式行事に花を添えるものであった。メダルの彫刻者はウィリアム・ワイオン。バーミンガムの彫刻家の家系の出身で、王立造幣局《ロイヤル・ミント》で二三年間にわたり主席彫刻官《チーフ・エングレヴァー》として活躍した。切手の題材になったメダルは、「ワイオンのシティー・メダル」と呼ばれるようになる。

印刷会社の選定　切手は政府の有価証券となるから、最高の印刷技術をもつ印刷工場を選ぶ必要がある。イングランド銀行券の印刷工場、収入印紙を印刷しているサマセット・ハウスが候補に挙がっていたが、慎重に検討した結果、ヒルはパーキンズ・ベーコン・アンド・ペッチ社（以下、単に「印刷会社」という）への発注の意向を固める。一八三九年一二月六日、ベアリング蔵相に対して、次のような切手の印刷に関する目論見書を提出する。

> 小さな紙片の裏に粘着性のある液を引き、それを湿し小紙片（切手のこと）を手紙に貼り付ける。小紙片には女王の御肖像、額面一ペニー、小紙片で送ることができる重量、アルファベットを組み合わせた識別マークを入れる。一シートは二四〇枚で構成し、売価は一ポンドとする。各小紙片には、例えば王冠の透かしを入れる。額面二ペンスのものも作る。原版は一ペニーの版を機械的に転写し額面を手彫りで二ペンスに修正し、一ペニーとちがう色で印刷する。印刷会社は、用紙を当方持込みで、一〇〇〇枚当たり八ペンスで応諾する意向があると承知している。用紙は一〇〇〇枚当たり二、三ペンスと思われる。

はじめての切手の製造について説明すると、こんな文章になる。一二月一一日、蔵相の許可が下りた。一シート二四〇枚とした理由は、売価がちょうど一ポンドになるからである。つまり通貨一ポンドは二〇シリング、一シリングは一二ペンスだから、一ポンドは二四〇ペンス、一ペニー二四〇枚となる。ヒルは印刷会社と最終的な打合せをおこない、印刷会社から次のような最終見積書が提出された。

> 最高の芸術家が彫刻した、もっとも素晴らしい女王陛下の肖像をもとに、切手の原版を彫刻する。彫刻されたクィーンズ・ヘッドの周囲に、機械彫刻による模様を施し、所要の文字を挿入する。原版彫刻料は七五ギニ。受注後五週間以内に、日産一〇万枚のペースで切手の印刷を開始して、もし要請があれば、数百万枚に達するまで二日ごとに一〇万枚ずつ印刷枚数を増加させることがで

最初のプルーフ．左の版は，クィーンズ・ヘッドを彫刻する部分が残された機械彫刻模様の版．顔と頭の輪郭が薄くなぞられ，一部，王冠や髪の毛の部分が彫刻されている．中央の版は，クィーンズ・ヘッドの彫刻が完了した状態を示す．顔の輪郭が線の微妙な強弱により明暗がつけられる．クィーンズ・ヘッドの周辺が深く彫り込まれて，女王像を浮かび上がらせている．右の版は，版面下に「郵税１ペニー」の文字が加えられた最終版面である．不採用．

きる。

一二月一六日、ヒルは原版彫刻を印刷会社に発注した。発注に際し、原版に彫刻するクィーンズ・ヘッドは、ワイオンのシティー・メダルをベースにする。寸法は約二センチ平方とし、そこに文字や機械彫刻模様を挿入すること、と指示をだしている。

原版作成には、機械彫刻と人間が彫刻する手彫りの二つの方法がある。まず機械彫刻模様。例えば、肖像のバックの網目や空の部分の平行線など、幾何学的な線の彫刻を機械でおこなう。彫刻機の歯車の組み合わせを微妙に変化させることにより、さまざまな模様ができる。そのため、機械彫刻模様は偽造防止にきわめて有効だ。紙幣の幾何学模様の部分は機械彫刻である。次に手彫り。腕のたつ彫刻者が、ビュラン(彫刻刀)を使いながら、微妙な図案の綾を版面に手彫りで彫刻していく。紙幣の肖像部分は手彫りである。

一八四〇年一月一〇日すぎに最初の原版彫刻作業が終了した。手彫り部分の彫刻者はチャールズ・ヒースといわれているが、息子フレデリックという説もある。原版の彫刻過程がわかる貴重なプルーフ(試刷)三枚が残っている。しかしながら、最初の原版は、機械彫刻模様をはじめクィーンズ・ヘッドの彫りも実用版(実際の印刷に使う刷版《さっぱん》)への転写には少し明るすぎる、つまり彫刻の度合いが軽すぎると判断されて、

二番目のプルーフ．左の版は，バラ模様彫刻旋盤で作られた彫刻模様の版．クィーンズ・ヘッドのスペースが白抜きになっている．中央の版は，クィーンズ・ヘッドの彫刻が完了した段階のプルーフ．校閲のために，ヴィクトリア女王に提出されたもの．右の版は，版面上に「郵税」と，下に「1ペニー」の文字が彫刻され，上二隅に星飾りが加えられた最終版面．実用版作成の段階で，下二隅のスペースにチェック・レターが補刻される．採用された原版．

不採用となった。

採用された原版　最初の原版が不採用となり、一月一六日に新たな原版彫刻用の版材が彫刻者のヒースの許に送られてきた。F・マーカス・アーマンの解説を読むと、版材の機械彫刻模様は、アメリカ人の時計製造技術者エイサ・スペンサーが開発したバラ模様彫刻旋盤によって作られたもの。この模様は紙幣印刷受注を目指していた印刷会社が一八二二年にイングランド銀行に提出した見本の一枚でもある。最初の版材とくらべると、線の密度が細かい、換言すれば、暗い感じのものとなった。ヒースはクィーンズ・ヘッドを前回よりも彫りをやや深くして作業を進めた。クィーンズ・ヘッドの彫刻が終わった段階のプルーフが印刷会社から大蔵省に回校される。ベアリング蔵相は、ヴィクトリア女王の裁可を受けるため、回校された原版プルーフ一葉を女王に提出した。女王はこの「彫刻作品」に大いに満足され、切手に採用することを裁可された。三月二日、女王裁可の報《しら》せがヒルを通じて印刷会社に伝えられる。

彫刻は続行される。上と下に文字が白抜きで彫刻され、上二隅に「スター」と呼ばれる星飾りが入り、下二隅にはチェック・レター用のスペースも用意された。これで原版彫刻は終了。以上の作業は推定三月一三日頃に完了した。台紙に貼られた原版プルーフはヒルをはじめ関係者に回校され、慎重に検討した結果、この原版が実際の印刷に採用されることになった。世界初の切手原版である。

実用版製版と印刷　大蔵省は三月二〇日、確定した原版を用いて実用版を製版するように印刷会社に命じた。一シートの版面は二四〇枚の切手で構成される。ロール転写法により実用版を作ったのだが、簡単に説明すると、原版を焼き入れして、硬化した原版を転写台の上に置く。そこに硬化していない鋼ロールを大きな圧力をかけて転がす。そうすると鋼ロールに凸版状の浮彫りができる。それを焼き入れして硬化させ、転写ロールとする。副原版である。

次に、実用版を製版する。硬化前の大きな板状の版材を用意して、その上に凸版状の転写ロールを大きな圧力をかけて転がすと、版材には図柄が凹版状に転写される。つまり最初の原版と同じ状態のものができる。この転写作業を、少しずつ正確に移動させて二四〇回繰り返すと、一シート分の実用版になる。三月末に印刷会社から実用版で試し刷りされたプルーフのシートがヒルに送付される。検査後、蔵相にシートが提出され、閣議メンバーにも回覧された。四月二日、この実用版で切手を製造することが承認された。

四月八日、実用版に転写された二四〇面の各印面下二隅にあるスペースに「秘符」と呼ばれるチェックレターが補刻されて、焼き入れし実用版を硬化させた。ローランド・ブラウンのペニー・ブラックのプレーティングに関する解説書によると、秘符はアルファベット大文字。各印面左隅のスペースには縦列を示すアルファベットが上から下にAからTまでの二〇の秘符が、右隅には横列を示すアルファベットが左から右にAからLまでの一二の秘符が、それぞれのスペースに彫刻された。合計四八〇の秘符になる。

四月一六日から、印刷会社は印刷機を最初に五台、直ぐに六台に増設して、世界最初の切手の製造にとりかかった。印刷機は会社の創設者ジェイコブ・パーキンズが精巧な紙幣印刷のために開発したもの。切手の印面寸法は一八・五×二二ミリ、刷色は黒。印刷機は輪転式ではなく平台式、二四時間稼働・台当たり日産八〇〇シート、単片で約一九万枚の印刷が可能であった。ペニー・ブラックの実用版は全部で一一版作られた。大半が五月末までに製版されて、焼き入れされた後、次々と印刷に投入された。これら実用版で製造された総量はおよそ二八万シートで、単片に換算すると六八〇〇万枚になる。

話が横道に逸《そ》れるが、ディケンズがたった一枚の原版から転写機によって二四〇面の実用版ができることに感心し、一八五二年、彼が編集する週刊紙『暮らしの言葉《ハウスホールド・ワーズ》』に次のような記事を書いている。

……実用版の版材は、かの、ローマの少女たちが自分たちの姿を映すために使った鉄の鏡のように、ピカピカに磨き上げられた鉄板である。そこにはちょうど一ポンド相当になるように、二四〇のクィーンズ・ヘッドが整然と碁盤目状に彫刻されているのである。それは、何ともいえない見事な美しさを醸しだしている。

……ヒース氏が原版を彫刻するのに二週間かかった。印刷会社は、これまでに、つまり一八四〇年から五二年までに一四二版の印刷用の版を作った。一版は切手二四〇枚分だから、全部で切手三万四〇八〇枚分になる。転写機みたいな便利なものがなく、これらを全部一枚ずつ一人の人が彫刻しなければならなかったら、なんと一三一〇年もの月日がかかってしまう。仮に、そうなれば、政府は大勢の彫刻家を雇わなければならなくなり、その費用も大変だ。また、とても今のようにどれを取ってみても同じような版はできないだろうから、統一性の点でも大きな問題となろう。

切手の発売開始　刷り上がったばかりのペニー・ブラックがセント・マーティンズ・ル・グラン街の内国郵便総局（ロンドン中央郵便局）に最初に納入されたのは四月二七日。その後、各地の郵便局にも切手が配給された。切手の発売は五月一日から、その使用が有効になったのは五月六日からであった。発売初日、ロンドン管内の切手の売上げは二五〇〇ポンドで、六〇万枚のペニー・ブラックが売りさばかれた。料金前払方式は、郵便書簡ではなく、切手に軍配が上がった。

利用者の評判はたいへん好評で、切手の使用が開始された五月六日には、ほぼ半数の手紙にペニー・ブラックが貼られていた。五月半ばには、切手の供給が需要に追いつかず、印刷会社は昼夜兼行で一日に五〇万枚もの切手を製造した、とも伝えられている。この一ペニー切手が何故「ペニー・ブラック」と呼ばれるようになったのか、すでにお気づきのことと思うが、それは黒一色で印刷された額面が一ペニーの切手だったからである。

ほぼ同時に青色の二ペンス切手も発行された。二ペンスの図案も一ペニーと同じ女王のクィーンズ・ヘッドで、額面と刷色だけがちがう。二ペンスの原版は、一ペニーの原版からもう一つ新しい版を作り、その版から額面「一ペニー」の文字だけを取り除いて、その部分に「二ペンス」の文字を彫刻

2ペンス切手のプルーフ.「ペンス・ブルー」と呼ばれている.

し、それを二ペンスの原版とした。五月一日、最初の二ペンス切手の実用版が完成し、焼き入れされないまま翌二日から印刷にかけられた。そのため、発行日の五月一日に各地の郵便局への配給が間に合わず、八日からロンドンの一部地区で発売が開始された。焼き入れされた二ペンスの実用版二版は七月一八日にできあがり、二一日から印刷に使用された。二つの実用版から製造された総数は約二万七〇〇〇シート、単片では六五〇万枚であった。一ペニー切手の製造枚数とくらべると、一〇分の一弱である。

有名な話だが、ペニー・ブラックにはイギリスという国名が入っていない。理由は、世界初の切手だから、他の国の切手と区別する必要がなかったからである。一方、日本切手には「日本郵便」と、アメリカ切手には「USA」などと国名がわかる文字が入っている。一九六六年からは、万国郵便条約の規則によって、どの国の人でも読むことができるローマ文字で切手に国名表示をおこなうことが義務づけられた。日本切手にも「NIPPON」というローマ文字が入るようになった。しかし、このような国際的な決まりがあるにもかかわらず、イギリスは、世界初の切手発行国の栄誉と権利を守るかのように、今も「国名なし」の伝統を堅持している。

マルタ十字印　切手の発行準備とほぼ同時に、その再使用を防止する方法の検討も進んでいた。切手アイディア・コンテストで採用されなかったが、手紙をだす人に切手を封印の位置に貼り付けてもらえば、封筒を開くときに切手が破れて二度と使えなくなるだろう、と自信たっぷりに提案する人もいた。ヒルは、局名入り日付印を切手に押すことを郵政省に提案したが、メイバリー郵政次官に却下されてしまう。郵政省にとって、ヒルは外部から一ペニー郵便実施について、さまざまな提案や注文をだしてくる煙たい存在であった。そのためか、ヒルの提案は、次官によってことごとく却下されてしまった。

採用された方法は、内国郵便総局のウィリアム・ボーケナム主席監理官が提案したもので、手紙に貼ってある切手をハンコで抹消する、すなわち、切手の上にハンコを押すというものであった。ヒルの提案と考え方は変わらないが、メイバリーはいわば身内の提案を採用した。後年、ハンコは「マルタ十字印」と呼ばれるようになるが、実は、マルタ十字そのものは八つの鋭く尖った角をもつ変形の十字で、ハンコの図案には似ていない。何故、そう呼ばれるようになったのか今も謎である。

さて、発注先は不明なのだが、価格は一本一シリング、一週間に一〇〇〇本の割合で納入できると見積もられた。四月に入ると、二〇〇〇個のマルタ十字印が発注された。納品された十字印は、彫りがばらばらで不揃いなものになってしまった。工賃が安かったこと、納品を急がせたこと、それに複数の職人が一つ一つ手で彫ったから仕方がない。しかし、不揃いのおかげで、それぞれの十字印の特徴によって、使用された郵便局を特定することができる。オルコックとホランドのマルタ十字印の本には、各印影が示され、その特徴と使用局が詳細に明かされている。

四月二五日、納入されたマルタ十字印がロンドンの本部から各郵便局・副郵便局に直ちに送られた。同時に、メイバリー次官から各局長に対して、消印用インクを赤色とし、その作り方が指示された。それによると、印刷用赤色インク一ポンド、亜麻仁油一パイント、オリーブ油半パイントをよく攪拌して調整することとされた。ところがイギリス国民は賢かった。ちょっとした工夫をあらかじめ切手にしておけば、後から石鹸で水洗いするだけで、切手から赤色の消印インクが落とせることを発見した。工夫とは、ヒルの日記によれば、切手を手紙に貼る前に、雲母やニスをちょっと切手に塗っておくのである。人びとはこの大発見を大いに活用して、一枚の切手を三度も使用したという例も報告されている。それに黒色の切手に赤色のインクで消印しても、消印がはっきりみえないので、再使用防止にはあまり役にたたなかった。

一方、切手発行直後からヒルをはじめ関係者は、新たな消印用インクの開発をはじめていた。実験を重ねた結果、印刷会社が、消印のインクには黒色のレタープレス印刷インクを使用するのが望ましい、とヒルに伝えてきた。しかし、黒のインクで黒の切手を消印すると、消印されたかどうかはっきりしない。そこで、切手の刷色を明るい色に変更すれば解決できる。印刷会社はペニー・ブラックが発行された五月に、植物性のインクを使いピンクの色見本を数葉作成し、ヒルに提出してきた。八月に入ると、赤や赤味茶など二〇種類の赤系色見本と、明るい青など六種類の青系色見本を提示する。

マルタ十字印．上左はチャンネル諸島のオルダニー局，その右はイングランドのリーズ局，下左はイングランドのノリッジ局で使用されたもの．その右が本来のマルタ十字の形．

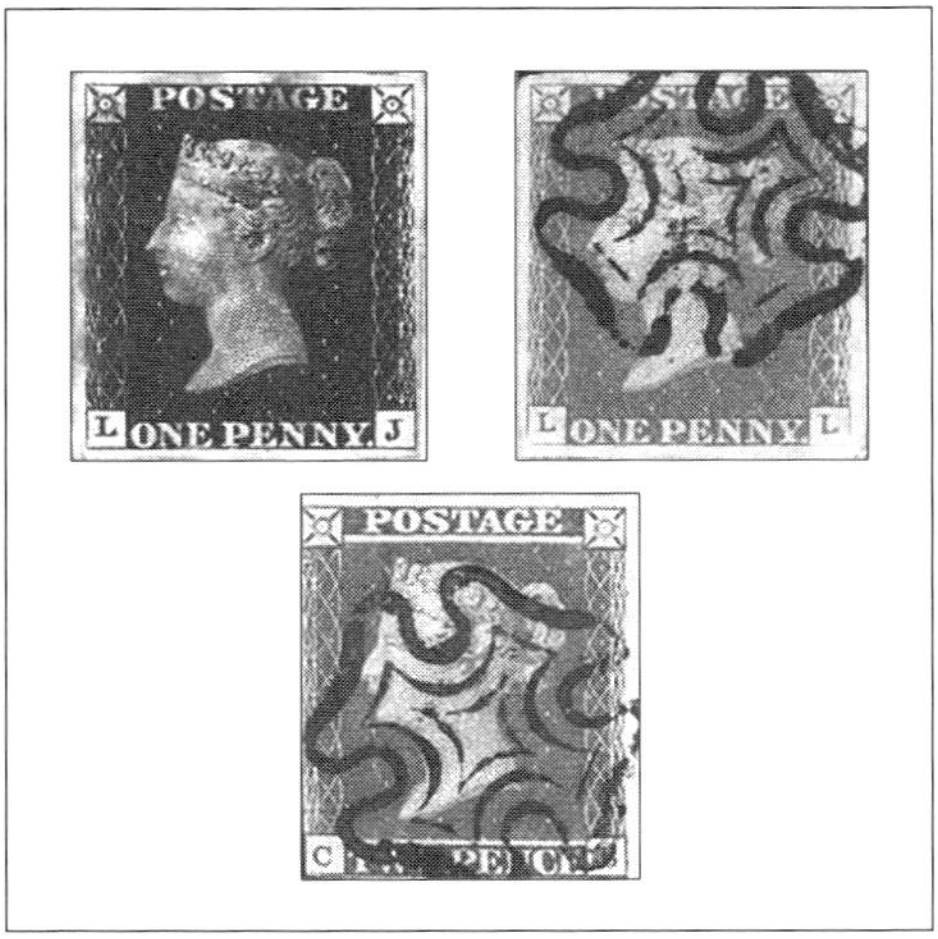

上左は黒の切手を赤インクで消印したもの．同右は切手の色を赤に，インクを黒に変えて消印したもの．後者は明らかに消印されたことがわかる．下は青の２ペンス切手，刷色の変更はなかった．

これら二系統の色見本を著名な化学者リチャード・フィリップス教授に送り、検討してもらった。教授から「赤味茶がよい。二ペンスの青は変更する必要がない」という報告があった。一二月三〇日、赤味茶の一ペニー切手の印刷が開始され、翌一八四一年二月一〇日から発売された。「ペニー・レッド」の登場である。

最初、マルタ十字印で切手を消印して、それから別の局名入り日付印も押した。二度手間である。手間が一度ですむヒルが提案していた局名入り日付印により切手を消印するようになったのは、一八五三年になってからのことであった。

目打　ペニー・ブラックには目打《パーフォレーション》が入っていなかった。だから客が殺到する締切時間までに、毎日、郵便局ではハサミやナイフを使って、あらかじめ一枚ずつ切り離しておいて、それを売りさばいた。切手シートに目打を入れる機械を考案したのは、アイルランド人のヘンリー・アーチャーだった。以下、稼働するまでの話である。

目打をシートに入れるには、一枚一枚の切手の間隔が規則正しく印刷されていなければならない。さもないと目打が切手の印面にかかってしまう。しかし、ペニー・ブラックは切手の間隔が狭く不揃いであった。その上、凹版の特徴なのだが、印刷をするときに用紙を湿すウエット方式であった。加湿すると用紙は伸び、乾燥すると縮む。これでは目打を入れることができない。そこでアーチャーはドライ方式の凸版で印刷した模擬切手を作って目打作業の実験に使った。一八四七年、アーチャーは当局に目打のアイディアを売り込み、目打機を印刷会社に持ち込み、実際の印刷現場で目打の実験をした。針を植え付けたローラーを切手シートの上に回転させて、目打を入れるというものであった。結果は目打針の摩滅が激しく、ドラムも破損して失敗であった。

一八四八年、新たな目打機械を作り、特許を取得した。まず、針を植え付けた雄型と、その針の受け皿となる雌型を作る。それに切手一列分の間隔でシートを正確に移動させる装置を組み合わせたものだった。新型の目打機が印刷現場に再投入されたが、評価されず機械は撤去されてしまった。それでもアーチャーはあきらめず、凸版のトマス・デラルー社の技術協力などを受けて目打の改良機を完成させる。この改良機は一八五〇年に印紙などを製造していた政府の印刷工場サマセット・ハウスに据え付けられ、大量の模擬切手や実際の切手シートを使って実験がおこなわれた。その結果、実用化に目処がつく。

政府はアーチャーの目打機の特許を五〇〇ポンドで買い取ることを提案。交渉は三年にわたりつづき、一八五三年に四〇〇〇ポンドで決着した。それでもアーチャーは投下資金の半分しか回収できないと不満であったといわれている。特許の売買が成立すると直ちに目打機が発注され、五台がサマセット・ハウスに据え付けられた。蒸気で作動し、五シートがいっぺんに目打でき、各台日産三〇〇〇シート（単片では七二万枚）であった。

一八五五年、最初の目打入り切手が発行された。無目打の切手発行から一四年、アーチャーの売込みから七年の歳月がすぎていた。翌年から、切手製造がトマス・デラルー社の目打入り平版切手に変更される。たかが目打、されど目打などのである。

目打余話　パーシー・デ・ウォームスが、パーキンス・ベーコン・アンド・ペッチ社が遺した外国切手製造に関する営業文書を精査して、重要なものを編纂した大著がある。そのなかに、ロンドンのノッティングヒル地区ラドブローク通り三三番地に投宿していた前島密と同社とのあいだで取り交わされた書簡が採録されている。まず、一八七一年二月二日、前島は「本官は切手のシートを刺し通す機械をできれば見学したいが、いつ稼働しているか教えていただきたい」と同社に手紙を書いている。翌日、同社から「当社はイギリス切手の目打の作業はおこなっていない。しかしサマセット・ハウスで、稼働中の目打機械をみることができる。オーモンド・ヒル（ローランド・ヒルの甥）が案内できるであろう」と返事が届いた。前島のロンドンでの活躍が偲ばれる。

5　切手の発明者は誰か

発明を巡る争いは枚挙にいとまがない。ヒルは切手による料金前払制を取り入れた近代郵便の創設者として有名であるが、時として「切手の発明者」ともいわれることがある。しかし、切手を発明したのはヒルではなく、ジェームズ・チャーマーズである、と注文を付けた人物がいた。ジェームズの息子パトリック・チャーマーズがその人である。彼は、信じて疑わなかった父の名誉、すなわち切手をはじめて考案したという父の功績を周知すべく、私財を投じて、数多くのパンフレットを作り、PR活動をおこなった。と同時に、パトリックは、ヒルの親族に対しても激しい論争を仕掛けた。ここでは、チャーマーズが考案した切手のアイディアなるものを検証し、誰が切手の発明者であったかについて考えてみたい。

チャーマーズのアイディア　チャーマーズの故郷はスコットランドのダンディー。北海に面しテイ湾北岸にある街、黄麻の製糸工場地帯として有名であった。彼はダンディーで印刷業を営むかたわら、町の文化人として新聞『ダンディー・クロニクル』や雑誌『カレドニアン論評《レヴュー》』も発刊する。もっとも、これらの出版物には高い税金が課され、紙代が高くなりすぎて購読者は増えず、後年、廃刊に追い込まれた。一八二二年頃から、郵便改革に関心を寄せるようになり、ロンドン—エディンバラ—ダンディー間の郵便送達日数の短縮などに力を注いできた。

一八三四年八月、チャーマーズは彼と取り引きがあった製本業者ウィリアム・ホワイトロウに一葉のシートを示す。シートは黄色の用紙で、同一の小さな図案が連続して印刷されており、裏面には糊が引かれていた。甥のデイヴィッド・マクスウェルに、シートに刷り込まれた小さな図案をそれぞれ単片になるように、等しく裁断するように依頼していた。これがチャールズの切手に関する最初のアイディアだとされている。裁断依頼は一八三四年のこと。ヒルのパンフレットが出版された年より三年も早い。このことが、最初の切手の発明者として名乗るために、チャーマーズ側にとっては大きな意味をもっていた。現物は確認されていない。

一八三七年一二月、チャーマーズは切手のアイディアを詳細に綴った書簡を、郵便改革を進めるロバート・ウォラス議員に送った。つづいて翌年二月、彼は切手のアイディアを詳しく説明した一枚のリーフレットを作成し、メイバリー郵政次官を通じてヒルに提出した。リーフレットは「ヒル氏の郵便改革プランの下で提案されている種々の料金徴収方法についての私見」と題され、説明文と切手のエッセイ（試作図案）が赤インクで印刷されている。余談になるが、このリーフレットが一九五五年に発見され、ロブソン・ロウ商会によって競売にかけられ、現在、郵便博物館が所蔵している。そのポイントは次のとおり。

> ヒル氏の一律料金前払制の計画が法律になるのであれば、「スリップ」がもっとも単純、かつ、経済的な料金徴収方法と考える。この観点から、私は以下のように提案する。まず、内国歳入庁が新聞税証紙に類するしかるべき意匠を刻印または印刷しスリップのシートを製造して、裏面に糊を引く。次に、歳入庁は、スリップ・シー

トの販売を全国の代理人や文房具商らに託し、販売にあたって収入印紙の法令を適用する。

スリップの利用方法は、シートから一枚ずつ切り離し、裏面を湿して、重さに応じて必要な枚数を手紙に貼る。蠟で封緘してもよいし、スリップを封緘《ふうかん》紙として使ってもよいこととする。郵便を大量に利用する者はシートで購入、一枚か二枚の購入は最寄りの文房具商で買うことができるようにする。

スリップの再使用防止の方法は、郵便局長が郵便局の町名印をスリップにかけて押印する。

このスリップ案は、切手付き封筒やレター・シートの案よりも明らかに優れている。スリップであれば、手紙を書く人は、手紙の長さや折り畳みの方法を気にする必要がないからである。手紙を書き終えたら、スリップを手紙に貼るだけである。

提案されている切手付き封筒やレター・シートには反対である。用紙代と印刷代が嵩《かさ》むし、用紙に合わせたら何種類も封筒をつくらなければならない。レター・シートも、手紙の差出人に書き損じのリスクがあり、二枚も三枚も無駄にさせることがあるかもしれない。

以上がリーフレットの説明骨子である。六葉のスリップがリーフレット右側にやや間隔をおいて印刷されている。上から二枚が二ペンスのスリップ、残り四枚が一ペニーのスリップであった。一八三八年三月三日、リーフレットを読んだヒルは、返事の遅れを詫びながら、チャーマーズに「二月九日付の貴殿の書簡をたしかに拝受しました。同封されていましたご提案に感謝いたします。私は、委員会において、私の計画が支持されている証拠として、多分、このリーフレットを使うでしょう」と手紙を書いている。

チャーマーズのエッセイ　四月五日付の『ポスト・サーキュラー』には、リーフレットの説明全文とエッセイ二葉が紹介されている。補足すれば、エッセイは新たな活字で組まれたものだが、その要素は正確に再現されている。このほかにも、ロブソン・ロウの切手の文献には、チャーマーズの別のエッセイが紹介されている。新聞記事で、チャーマーズの名前はでてこないが、郵便料金前払制の方法としては「スタンプ」が優れていること、その大きさは数センチメートル四方の紙片とすることなどが書かれていた。記事中、重さ半オンス以下一ペニー、一オンス以下二ペンス、二オンス以下四ペンス、三オンス以下六ペンスと活字で組まれたエッセイも入れられていた。なお、記事では「スリップ」に代えて「スタンプ」という用語が使われていた。

チャーマーズは切手アイディア・コンテストにも応募している。作品提出にあたって、彼は「このアイディアはウォラ

チャーマーズのエッセイ．左は，1838年のリーフレットに載った6枚連続で印刷されたスリップの1枚．活字で「郵税／半オンス未満／1ペニー」と組み，周囲を飾り罫で囲み，「ダンディー／1838年2月10日」の町名入り日付印が押印されている．右は，切手アイディア・コンテストに出品された丸型のスリップ．封印するところに貼ることを想定していた．切手と消印の要素が含まれているが，いずれも偽造防止には難がある．

ス議員に一八三七年にすでに提示し、つづいて『ポスト・サーキュラー』にも発表している。作品は更に手を加えたものである」と説明し、作品が古くから考えていた彼のアイディアであることを強調した。

切手の発明者　発明者はヒルかチャーマーズか――。論争の発端は、ヒルが亡くなった直後の一八七九年八月に『ダンディー・アドヴァイザー』に載ったヒルの追悼記事と、それに対する一通の投書。投書は「真の郵便改革者と切手発明者はヒルではなく、チャーマーズではないだろうか」と提起した。これを契機に、チャーマーズの息子パトリックが「父が切手の発明者である」と強力なPR活動を開始した。その論拠は、①父が一八三四年に切手のアイディアをはじめて編みだした。②一八三八年、詳細なプランを示すリーフレットを出版した。③その内容が『ポスト・サーキュラー』にも掲載された、という三点であった。

つづいて、一八八一年、パトリックは高級総合雑誌『アセニアム』に意見広告をだした。広告のなかで「ヒルは都合の悪い古証文の引用を避けて、自分が一ペニー郵便の発明者であると主張しているが、彼は真の発明者ではない」といい退けたのである。直ちに、ヒルの息子ピアソン・ヒルが反論を加えて、その記事が同誌に載る。今度は、パトリックが再反論の投書をだす、といった具合に収拾のつかない泥仕合になった。そのため雑誌の編集者は、両者の投書の掲載を取りやめてしまった。

パトリックは、その後も一〇年間にわたり、父を擁護するために、「いかにジェームズ・チャーマーズが一ペニー郵便の創設に貢献したか」などと題する冊子を出版して、ＰＲ活動をつづけた。出版点数は四〇点にも達した。

ピアソンも黙っていなかった。彼は、①チャーマーズ側が一八三四年に切手のアイディアを発表したというが、当時は郵便料金の前払制などは議論されていなかったし、根拠も薄弱。②公表ベースというなら、一八三七年一一月、ヒルはパンフレット第三版のなかで切手のアイディアを明らかにしている。これはチャーマーズのリーフレットの日付一八三八年二月や、その内容が『ポスト・サーキュラー』に掲載された日付である同年四月よりも早い、と反論している。

加えて、そもそも切手の原形なるものを辿《たど》れば、フランス人のド・ヴィレイエが一六五三年にパリに市内郵便を創設して、「料金支払済証紙」なるものを発行している。イギリスでもドクラが一六八〇年にペニー郵便を創設し、三角形の料金収納印を使用した。一七世紀末には、政府が切手の原点となった収入印紙を発行している。更に、イタリアでは一八一八年にサルディニア王国がスタンプを押したレター・シートを売りだした。このように、切手の先駆けとなった例はたくさんある。したがって、チャーマーズのアイディアは切手のオリジナルとはいいがたい、とヒルの陣営は反論したのである。これらの反論は、ローランド・ヒルの娘のエレナ・スミスが一九〇七年に出版した父の伝記のなかで、また、孫のヘンリー・ヒルが一九四〇年に出版した祖父の伝記のなかで詳しく語っている。

これで論争は終結したかにみえたが、一九七〇年、ウィリアム・J・スミスが『ジェームズ・チャーマーズ――切手の発明者』と題する本を、ダンディーのデイヴィッド・ウィンター父子社から出版した。同社はチャーマーズが経営していた印刷会社の直系の流れを汲む出版社で、著者のスミスは同社の取締役。本書は、もちろん、チャーマーズ側に立って書かれたものであった。

6　女王の切手

ペニー・ブラックはヴィクトリア女王を描いた世界初の切手となったが、その切手の影響について、また、エリザベス女王の切手に関わる話題について、少し話をしよう。偉大な女王二人の切手の小さな物語である。

ヴィクトリア女王　一八三七年に一八歳になったばかりのヴィクトリア姫がイギリス国王となる。ワイオンのメダルをモティーフとしたクィーンズ・ヘッドが彫刻された世界初の切手が発行されたのは即位後三年目の一八四〇年。それから六〇年間、女王がこよなく愛したイングランド南部ワイト島

ヴィクトリアの「クィーンズ・ヘッド」とエリザベスの「レリーフ石膏像」を配した切手の図案．切手発行150年・ロンドン国際切手展を記念し，1990年5月に発行．

で亡くなるときまで、さまざまな額面の切手に女王の肖像が使われた。もちろん刷色は黒以外にも、額面に応じていろいろな色が使われた。フレームの図案も趣向を凝らしていくつものデザインがある。ギボンズのイギリス切手カタログをみると、八〇種類を超える女王の切手があるが、中央に印刷された女王の図案は、若き日の、最初のクィーンズ・ヘッドがいつも描かれていた。

この元首を描いた切手は、各国の切手図案にも大きな影響を与え、多くの国で自国の元首の肖像を切手の図案にするようになった。例えば各国の一番切手をみれば、一八四九年に発行されたベルギー切手にはヴィクトリアの伯父レオポルド一世が、イタリア切手にはエマヌエーレ二世が、スペイン切手にはイザベラ女王が描かれた。また、一八四七年に発行されたアメリカ初の切手には建国の功労者ジョージ・ワシントンとベンジャミン・フランクリンが描かれている。それに、切手蒐集という素晴らしいホビーを生みだしてくれたことも、ペニー・ブラックのおかげといえようか。

エリザベス女王　二〇二二年九月八日、女王はスコットランドのバルモラル城で老衰のために九六年の生涯を閉じられた。その女王の足跡を辿れば、一九五二年二月、二五歳の若さでイギリス国王となり、在位七〇年にわたり、イギリス国民とコモンウェルス諸国の人々のために尽くされた。最初の女王が描かれた切手は、即位の年の暮れに発行される。クリスマス郵便に間に合うように大急ぎで製造された。切手に採用された写真はドロシー・ワイルディングが撮影した。「ワイルディング切手」と呼ばれるものである。

一九六七年、切手のデザインが変更される。新しい図案は英国王立芸術大学の写真学科長のジョン・ヘッジコーが撮影したエリザベスの肖像写真にもとづいて、アーノルド・メイチンがレリーフ石膏像を制作した。その石膏像を撮影した写真が切手に使われる。こちらの方は、日本では「マーチン切手」と表示されることが多いが、二〇二二年まで売りさばかれた。女王の肖像と額面しか表示されていないシンプルなデザインは秀逸である。マーチン切手の総発行枚数は、山田廉一の『エリザベス女王――切手に最も愛された96年の軌跡』によれば、一七五〇億枚に上った。エリザベスが題材となった切手は、本国イギリスをはじめ、コモンウェルス諸国などでもたくさん発行されているから、実際に何種類あるのか著者には見当もつかない。これほど切手に登場した、否、前出の本の副題を借りれば、これほど切手に愛された女王も希有な存在であろう。

イギリス切手の愛好家は世界中にいる。わが国でもイギリス切手について熱心に研究するグループがあり、例えば、日本郵趣協会の英国切手研究会は年六回研究誌を刊行し、さまざまな同国の切手に関する情報を提供している。

本章の執筆に際し、切手製造の基礎知識については、三島良績著『切手集めの科学』、大蔵省印刷局監修『郵便切手製造の話』、同『新版・切手と印刷』の図書から多くのことを学んだ。なお、更なるペニー・ブラックの話は、拙書『郵便と切手の社会史〈ペニー・ブラック物語〉』を参考にしてほしい。

第11章　近代郵便制度の発展

本章では、ヴィクトリア朝の社会に、いかに近代郵便が浸透し国民生活や経済活動に変化をもたらしていったか、そのことについて、まず、郵便ポストの登場、小包など新しい郵便について説明する。次に、この時期の郵便の発展についての統計を用いて検証する。更に、封筒の一般化、文通指南書の刊行、クリスマスやヴァレンタインのカードの商品化など市場の変化にも目を向ける。郵便は文具商などに新たな商品市場を創造することにもなった。

1　郵便ポスト

郵便で人々が感じた大きな変化の一つは、郵便ポストが町や村の要所に設置されたことであろう。ジーン・Y・ファルージアが郵便ポストの歴史について本を書いている。

チャンネル諸島　同書によると、一八四六年に頑丈な鉄の箱を街路に置くことが提案されたが、実用的ではないと却下されてしまった。その後、イギリス最初のポストが、一八五二年にチャンネル諸島のジャージー島セント・ヘリアの港町に四本、翌年にガンジー島に三本が実験的に設置された。同諸島へのポスト設置のアイディアは、僻地の郵便事情を調査するためにチャンネル諸島に派遣されていた郵便監察官のアンソニー・トロロープからロンドンの本省に提案され、実現した。

提案は「鉄製の郵便受付箱を鋳造し、道路面から一・五メートルの高さのところに取り付けること。場所はセント・ヘリアがよい」というものであった。ポストの鋳造を受注したのは、諸説あるが、ポストの研究家であるグレン・H・モーガンの調査によれば、ジャージー島にあったジョン・ヴォーディンの鋳造所。ポストは高さ一・五メートルの鉄製六角形の柱で緑色に塗装された。難は雨水が入ってきてしまうことであった。そんな難点もあったが、ポストは手紙を差し出すために町の郵便局までわざわざ行かなくてよくなった島民には大助かり。ポスト設置は利用者に大好評となる。

実は、トロロープは郵便監察官として僻地における郵便改善に取り組んでいたが、同時に、彼は多くの小説を書き残している。日本でも木下善貞らが作品を翻訳し開文社出版などからだされている。邦訳書はないが、トロロープは『彼は自分が正しいと知っていた』という小説のなかで、時代に取り残された老女ジミーマ・スタンベリーがポストについて抱いていた感情を次のように語っている。当時の世相の一面がうかがえる。

スタンベリー老女は手紙をだすときには、近くに郵便局の出先となっている書状引受所があるのに、必ず町にある郵便局に行った。近年、手紙を受け付ける鉄柱の函が何本か立てられた。老女にとって不愉快きわまりないものだが、こともあろうに、そのうちの一本が彼女の家の玄関の前に立てられた。彼女はそんな函に手紙を入れても宛先に届くとは決して思わなかった。スタンベリーには、人々が手紙をだすときに、なぜ町の郵便局に足をはこばないで、あの忌々《いまいま》しい鉄の柱に手紙を入れるのか、その理由がまったく理解できなかった。

チャンネル諸島にポストが設置されて一年後の一八五三年には、イングランドのグロスターにある鋳造所で製作された六角形のポストがイングランド南東部のドーセットの町にも設置された。そのうちの一つのポストが現在でも使われている。この一八五三年製のポストが現役最長老格。

ロンドン　チャンネル諸島でのポスト設置の成功を受けてロンドンでもポスト設置の話が具体化していく。ヒルは、一八五四年一一月、フランスの郵政省に対してパリに設置している郵便ポストの設計図などの提供を要請した。届いた資料に基づいて、郵政省の顧問技師であったエドワード・A・カウパーがポストを設計し、翌年一月、図面は郵政長官に上げられ承認された。カウパーは当時最新技術だった鉄道信号や駅舎の鉄骨ガラス張りの屋根の設計などを手がけている。ポストの鋳造は、グリセル兄弟が共同運営するリージェンツ運河鉄工所に発注された。

一八五五年四月、ロンドン初のポストが設置された。その姿を、当時の新聞は「高さ一・五メートルの角柱形、その頭に鉄の大きな玉が載せられ、まるでストーブみたいな形をしている」と報じた。第一号ポストはフリート街とファリンドン街との交差点に、以下、第二号ストランド南側、第三号ペル・メル北側、第四号ピカデリー北側、第五号ピカデリー南

ロンドン初の郵便ポスト．1855 年．ロンドンっ児は，案内板が腰をかがめないと読めないし，案内板に埃がかぶると文字が読めないなどと批判し，評判は芳しくなかった．2 年後に改良型が鋳造される．

側、第六号ラトランド・ゲートと、ロンドンの目抜き通り六カ所に設置された。

ポストの側面には利用者への案内板があり、日中ほぼ一時間ごとの郵便物の収集、投函から一時間半で市内配達、そして最寄りの郵便局の住所などが掲示されていた。今では夢のようなサービスがおこなわれていたことがわかる。また、別の面には郵政省庁舎（中央郵便局）までの距離も表示されていた。一号ポストの例では三ファーロング二一三ヤード（約八〇〇メートル）とある。設計者のカウパーは、このポストを大いに自慢し、「投函された二一万通の手紙のうち一通たりとも盗まれたことがない」とある手紙に書いている。

景色の一部に　ポストの登場により、手紙に切手を貼ってポストに投函すれば手紙が宛先に届く――。このような簡単な方法はまたたく間に人々のあいだに浸透していった。その結果、それまでロンドンの街で活躍していたベルを鳴らしながら手紙を集めていた一〇〇人近くのベルマンの姿が消えていく。また、ミニ郵便局の役割を果たしていた書状引受所も減っていった。この頃になると、ポストは街角の風景にすっかり溶け込み、そして人々の暮らしに欠かせないものになっていった。ポストは急速に普及し、町や村の主だった道路に設置されていった。また、変わったところにもポストが設置される。例えば、駅の構内はもちろんのこと、ホームに停車している鉄道郵便車の側面にもポストがつけられ、発車まぎわまで手紙を受け付けていたし、市内電車にもポストが取り付けられた。豪華客船の船内郵便局にもポストが欠かせないものとなっていく。

表20　君主の記号と治世

記号	君　主	治　世
VR	Queen Victoria	1837-1901
ER VII	King Edward VII	1901-1910
GR V	King George V	1910-1936
ER VIII	King Edward VIII	1936
GR VI	King George VI	1936-1952
E II R	Qeen Elizabeth II	1952-2022
C III R	King Charles III	2022-

注：記号は英語では“cipher”という．

イギリスの郵便ポストは，製造時期を君主の治世の記号で示している．左は2002年に発行された郵便ポスト150年記念切手5種のうちの1種．1857年に製造された緑のポストの全体図と拡大図が描かれている．“VR”は“Victoria Regina”の略．ヴィクトリア女王の治世の意．表20に記号と君主と治世の期間を示す．

だが一つ問題があった。それはポストの色。「緑」で塗装されていたが、木立のそばに立っている緑のポストは木立の緑に紛れてわかりにくい、と、しばしば利用者から苦情が寄せられた。この問題もトロロープの尽力で、一八七四年からポストの色を「赤」に塗り替える作業がはじまり、一〇年後に作業が完了した。一八七三年には全国各地に九〇〇〇のポストが設置されるまでになった。

横道に逸れるが、日本でも一八七一（明治四）年の郵便創業直後には、緑のポストがあったらしい。当時の錦絵をみると、歌川房種《うたがわふさたね》の「当世隊長せよつくし」や豊原国周《とよはらくにちか》の「開化廿四考郵便」の錦絵には、緑のポストが描かれている。一八七〇年代初頭に渡英した前島密がロンドンの町でみたポストの色が緑であったから、そのことにヒントを得て、東京府下に試しに緑のポストを造ったのかもしれない。

郵便受箱と差入口　郵便ポストの設置前の話になるが、料金後払いの時代には、家ごとに玄関をノックして料金を徴収して手紙を配っていたが、料金前払いになってからは、その煩わしい手間が省けることになった。当初、郵便配達人は玄関をノックせず玄関のところに手紙を置いていった。当時の女性社会学者であったハリエット・マルティノーは「ヴィクトリア朝の人たちは、喜んでそして急いで、兄や妹たちからの便りを愉しみにしながら、玄関に郵便受箱《レター・ボックス》をかけたり、玄関のドアに差入口《スリット》を設けて、早く安全に手紙を受け取れるようにした。これによって配達時間が大幅に短くなった」と述べている。料金前払制採用の成果である。

しかし、マルティノーが述べるように、喜んで熱心に協力してくれる人ばかりではなかった。一八四八年、ヒルはロンドンの人たちに郵便受箱の設置の要請を郵政長官の承認を受けて発出している。この要請に対して、ロンドンデリー侯爵が「郵政長官の要請は、わが邸宅の玄関の、あの美しい高級マホガニー製のドアにも穴を空《あ》けろと命令しているのか」と憤然として抗議してきた。一九世紀末になっても、多くはないが受箱の設置に抵抗する人が残っていた。一八八五年にヨークシャーの北海に面したウィットビーの港町でみられた郵便局の告知には「手紙の迅速な配達のために道路に面したドアに郵便受箱の設置を！　多くの地域ですでに受箱を使っています」と書かれていた。受箱や差入口設置の完全定着には長い時間がかかった。

2　新しい郵便

手紙を届けることが郵便の役割と考えられてきたが、一八五〇年代に入ると、手紙以外のモノをはこぶことが郵便に求められるようになってきた。ここでは、ドーントンやロビンソンの著作を参考にし、ヴィクトリア朝に生まれた新しい郵便についてみていこう。

書籍郵便　一八四八年に書籍郵便《ブック・ポスト》が創設された。これは単独で計画されたものではなく、小包郵便導入を巡る鉄道会社との前哨戦で、小荷物輸送を死守しようとする鉄道会社の頑強な反対に遭い郵政省が小包を断念した経緯がある。そこでヒルは持論、すなわち知識の普及こそが国民教育にとって大切であり、その役目を果たす「書籍」の流通を小さな町や村までくまなく低廉な料金で実行できるのは郵便だけであると主張し、書籍郵便の創設を提言した。それに対し、鉄道会社は当然反対したし、省内でも郵便物の量が増え対応が難しくなるなどの反対意見がでてきたが、書籍郵便の創設に踏み切った。

書籍郵便には優遇料金《プリファレンシャル・レート》が適用される。政策料金といってもよいが、書籍一冊重さ一ポンド（四五四グラム）まで六ペンス、以下一ポンド刻みで、最高一四ポンドまで七シリングと決められた。当初の条件は、一個の包みが何も記載されていない書籍、もっぱら新刊一冊に限る厳しいものであった。しかし、この厳しい条件も程なく図書館名など本の所有者名を記載することが許され、二冊以上の本の梱包も認められる。一八五二年には、手紙の封入は認められなかったものの、広く印刷物《プリンテッド・マター》であれば利用できるようになる。広く印刷物のための郵便に変容していく。一八五五年には印刷物料金が重さ一ポンドまで四ペンスに引き下げられたほか、四分の一ポンドまでの低重量の印刷物は一ペニーとする新区分もできる。内容が確認できるように開封扱いとなる。さらに一八七〇年には、当時台頭してきた私設文書配達会社《サーキュラー・デリヴァリー・カンパニー》に対抗するために、最低料金を半ペニーに引き下げた。半ペニー切手もはじめて発行される。

　当時、隆盛を誇っていた貸出図書館《セレクト・レンディング・ライブラリー》が書籍郵便を利用して、さまざまな本を地方の片田舎の読者にも貸しだすようになった。中島純一の論文によれば、その代表格はチャールズ・E・ムーディーが運営する貸出図書館で、広範な広告活動、大量の大衆本の在庫、低廉な賃料、不道徳な本の排除などで成功した。また、貸本屋回読会のシステムも構築していく。郵便もロンドンから〝文化の香り〟を僻地に直送する役目を担うようになる。

　郵便葉書　一八七〇年に郵便葉書《ポストカード》が発行された。前年にオーストリア・ハンガリー帝国が葉書を発行していたから世界初とはならなかったが、イギリスも葉書発行国の先行組になった。そもそもの発端は、一八六五年、北ドイツ連邦郵便庁のハインリッヒ・フォン・シュテファンが葉書の発行を提案したことであった。当初、葉書では通信文が読まれてしまうことを危惧する意見もあったが、すでに一九世紀前半に登場した電報では、通信文は多くの人を経て届けられており、盗み読みのリスクよりも、迅速な通信手段のメリットが上回っていたことから、大きな問題にはならなかった。機密情報をおおっぴらに葉書に書く人もいないだろうし、その簡便さが受け入れられ、各国で発行されるようになった。

　イギリスでは、官製葉書の発売を巡って、マルレディー封筒のときと同じように、またもロンドンの文房具商が郵政省に対して反対の意見を申し入れてきた。要約すると、官製葉書の額面販売は認められない、用紙代と印刷代を加算して販売すること。文房具商側にも私製葉書の販売を認め、切手を貼ればポストに投函できること。つまり、官製葉書と私製葉書の販売価格を均等にしなければ、私製が不利になると反対したのである。イコールフッティングの考え方だ。

　葉書の料金は書状料金の半額の半ペニー。前記の反対意見を踏まえ、郵政省は発行の翌一八七一年から葉書一二枚につき半ペニーを上乗せして販売する。一八七五年からは、その額を一ペニーに値上げした。その際、葉書の寸法を「九×一四」から「一〇×一五」センチに大きくし、用紙もやや厚手のしっかりしたものに変更した。額面販売は一九一一年になってからである。私製葉書は利用が認められたものの、文房具商側が要求していた切手の利用は認められず、あらかじめ内国歳入局の出先機関に私製葉書を持参して、料金収納印を押してもらう方式がとられた。

余談になるが、官製葉書の製造はトマス・デラルー社に発注されていたが、一八八〇年代後半に何と同社は葉書製造で五五パーセントも利益を上げていたことがわかり、時の郵政長官であったヘンリー・C・レイクスの指示により、契約金額が引き下げられる一幕もあった。

絵葉書の時代が到来する——。一八八五年、リスボンで万国郵便連合（UPU）大会議が開催され、私製葉書に切手を貼って郵便物として内外に差し出すことを認めると合意された。歴史的には、細馬宏通の『絵はがきの時代』によれば、一八七〇年、ドイツのシュヴァルツなる印刷兼出版社が官製葉書に独自の絵を施し絵葉書を作っている。一八八〇年代には、ドイツ、オーストリア、スイスにおいて印刷技術を生かして多くの絵葉書が作られるようになっていった。一九〇〇年、フランスではパリ万博、イギリスではボーア戦争をきっかけに両国でも絵葉書が流行しはじめる。

UPUの合意を受けて、イギリスでも一八九四年に私製葉書への切手利用が認められ、一九一三年には葉書の引受が九億枚を超えた。各地に絵葉書コレクターの会が設立され、関連雑誌の刊行、絵葉書交換会の開催、外国との文通による絵葉書収集も盛んになり、絵葉書収集の大ブームがおきる。簡便な通信手段として葉書が誕生したが、旅先からの便りには絵葉書が欠かせなくなり、美しい景色、名所旧跡、人々の暮らしぶりなどを伝える画像メディアとなっていく。

小包郵便　一八八三年に小包郵便《パーセル・ポスト》がはじまった。三五年前に郵政省が小包郵便の導入を鉄道会社の厳しい反発に遭って断念し、書籍郵便の導入にとどまったことについては、前段でふれたとおりである。その念願の小包郵便を実現させたのは、一八八〇年に就任した盲目の郵政長官ヘンリー・フォーセットであった。フォーセットの郵政事業の考え方は、大蔵省が徴税機関と見做しているのに対して、知識の普及、商業の発展、富の増加、家族の絆の強化、節約の奨励などが目的であるべきとした。

一方、ヨーロッパの多くの国では、小包郵便の制度がすでに整えられていた。一八八〇年のUPUの会合では、国際小包郵便の交換手続などの詳細な交渉がおこなわれていた。イギリスは二人の代表を会合に送ったが、小包郵便がない同国は議論に参加できなかった。このような状況を踏まえ、フォーセットは「国威にかけても国際小包郵便協定に加盟する必要がある」と判断し、まず国内小包郵便の制度化を急ぐべきと判断した。だが、イギリス国内では、小包郵便の創設に世論の強い支持はあったが、問題が山積していた。郵政省の幹部は議会対策を考えると消極的だし、大蔵省は税収確保すなわち利益増加のことしか頭にない。鉄道会社は競争相手ができることを歓迎しない、と三方塞《ふさ》がりの状況であった。
フォーセットは、冒頭で説明した彼の郵便に対する崇高な考え方を堅持し、鉄道会社に有利になるかもしれないが、制度創設が国民の利益に結びつくと考えて、次のような提案をおこなう。すなわち、政府部内の異論を抑えて、徴収した小包郵便料金の五〇パーセントを鉄道会社に支払うことを提示した。最終的には五五パーセントまで引き上げられ、鉄道会社と妥結した。まさに政治決断である。郵便局が小包を集めて、区分し、郵袋に詰めて、また取りだして、宛先に配達する。それに対して、鉄道会社は、小包郵袋を列車に積んで目的地まで輸送するだけである。仕事の配分をみれば、料金配分は明らかに鉄道会社に有利であった。

ヘンリー・フォーセット
小包郵便を導入した郵政長官

小包郵便実施のための法律は一八八二年八月に可決成立したが、フォーセットは病気となり部下にその準備を託す。準備は周到に進められて、翌年八月には小包郵便がスタートする。当初の小包料金は四段階・重さ七ポンド（約三キロ）まで、最低三ペンス・最高一シリング。一八八六年には一一段階・重さ一一ポンド（約五キロ）まで、最低三ペンス・最高一シリング六ペンスとなった。当初、年二七〇〇万個の小包を想定していたが、一五〇〇万個にとどまる。しかし、二年後に二二〇〇万個まで増加した。

導入時には、一人の郵便配達人が手紙も小包も配達しなければならなくなり、大きな問題となる。程なく手紙と小包の配達分離が進む。配達人の呼称も「レター・キャリヤー」から「ポストマン」になった。小包郵便の導入によって、三〇年前に消えた郵便馬車が復活した。鉄道会社への支払削減のため、一八八七年、最初の小包専用馬車がロンドン—ブライトン間を時速一三キロで走った。更に後年、自動車輸送に代わる。局内でも、小包郵便は、それまでの業務プロセスがほとんど通用せず、新たなプロセスが必要となった。小包の容積は手紙とは比較にならないし、郵袋に収める通数、否、個数もちがう。局内の小包区分スペースも手紙の区分スペース

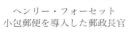

の何倍もの場所が必要となった。それに小包の要員も大幅に増える。まさに郵便業務の革命であった。

フォーセットの伝記は、レズリー・スティーブン、ウィニフレッド・ホールト、ローレンス・ゴールドマンらによって執筆編纂されているが、それらの伝記によると、ケンブリッジで学び、ポリティカル・エコノミーを論じ、インド政策にも強い。二五歳のときに猟銃事故で失明したが、その後、盲目の学者として、政治家として、さらにはエコノミストとして活躍する。女性参政権の強力な支持者となり、一八六五年から約二〇年間、国会議員に選出されている。グラッドストン政権下で郵政長官を務めた。歴代の郵政長官のなかで、国民的視野に立って郵便の新サービスを考えた希有の政治家として記憶しておきたい。小包郵便がスタートした年の一一月に亡くなる。妻のミリセントの助けも見逃せない。

若干の統計分析　書籍・印刷物、葉書、小包の新しい郵便サービスについて述べてきたが、それらを含めて、一九世紀中葉から二〇世紀前半までの郵便の変化を、若干の統計数字をみながら説明しよう。

表21は書状と葉書の取扱通数の推移を示したもの。書状がほぼ二〇年間で二倍一〇億通を超えた。葉書初出の数字は七五〇〇万通でシェアとしては八パーセント程度。この表にはないが、一八七四年の郵便事業の利益が一八四万ポンドとなり、三五年ぶりに、一ペニー郵便導入直前の利益一六三万ポンドを上回ることができた。同期間の取扱通数の増加は一三倍になっている。

表22は都市別の年間一人当たりの書状数を示している。一八六三年の数値。上位に日本人には馴染みがない地名がでてくるが、一位レミントンはウォリックシャーにある温泉地である。ヴィクトリア女王も訪れたことがあるため、「ロイヤル・レミントン・スパ」とも呼ばれている。二位サウスポートは産業革命で生まれた工業地帯のリヴァプールやリーズから近く、それらの都市から休暇を愉しむ人々がたくさん訪れた観光地。四位ブライトンもイングランド南部の有数の保養地、ロンドンから鉄道で日帰り旅行もできた観光地。これら観光地の人口は少ないが、一人当たりの郵便の通数が多くなったのは、そこを訪れた人たちが家族や友人たちに旅の想い出を認めた手紙をたくさんだした数値が加算された結果であろう。おもしろい統計である。

表23は郵便の種別割合の変化などを示している。まず葉書や印刷物の郵便が広まりはじめた一八七五年の種別割合は書状が八〇パーセントを占めていたが、その割合が一九〇〇年には六七パーセントまで低下し、印刷物が二割を超えるまでに増加した。通数の増加倍数でみると、二五年間で書状は二倍強。葉書と印刷物はそれぞれ五倍を記録し、書状とくらべ

ると、シェアでも通数でも大きく伸びた。新しい郵便のニーズを取り込んだともいえる。

表24は郵便一通（個）当たりの収益を示している。一九二〇年一月の数字だが、いずれも平均値をだして収支計算をしている。書状の平均収入単価は一ペニー半の基本料金に限りなく近い数字である。異なる時期の統計だが、書状の九五パーセントが基本料金で、それが書状収入の九一ペーセントを占めていた。この傾向はあまり変動がないとみてよい。基本料金半ペニーの印刷物も同様な傾向がみられる。結果は、書状と葉書は黒字、印刷物と小包は赤字。当時の郵便収支構造は、収入全体で大きな比重を占める書状の利益によって、印刷物と小包の赤字をカバーする形になっていた。なお、七八年間ものあいだ維持してきた書状基本料金一ペニーは、ついに第一次大戦後のインフレによって、一九一八年に一ペニー半に、その二年後に二ペンスに値上げされた。一九二二年に一ペニー半に戻され第二次大戦までつづく。

表21　書状・葉書取扱通数推移

（万通）

年	書　状	葉　書
1856	47,839	-
1861	59,324	-
1866	75,000	-
1871	86,700	7,500
1875	100,839	8,711

出典：Robinson, *BPO Hist.*, p.367n.

表22　都市別年間1人当たりの書状（1863年）

（通／人）

都　市　名		都　市　名	
レミントン	57	リヴァプール	31
サウスポート	52	ブリストル	29
ロンドン	48	バーミンガム	28
ブライトン	48	ブラッドフォード	26
ウィンザー	40	マンチェスター	21
オックスフォード	36	カーディフ	20

出典：*Ibid.*, p.368n.

表23　郵便種別割合の変化

（百万通／%）

年	書　状	葉　書	印刷物
1875	1,008（80%）	87（ 7%）	159（13%）
1900	2,324（67%）	419（12%）	732（21%）

出典：Daunton, p.72.

表24　郵便1通（個）当たりの収益（1920年1月）

種　別	収　入	コスト	収　支	営業係数（注）
	（それぞれ平均した数値，ペンス）			
書　状	1.56	1.06	0.50	68
葉　書	1.00	0.90	0.10	90
印刷物	0.55	0.95	-0.40	173
小　包	7.75	11.50	-3.75	148

出典：*Ibid.*, p.77.
注：営業係数は著者算出．100の収入を上げるのに必要なコストの指数を示す．100を超すと赤字．

3　ヴィクトリア朝の全体実績

前段で若干の統計分析を試みてきたが、ここでは、一ペニー郵便がスタートした一八四〇年から一九〇〇年までの六〇年間の郵便全体の発展について統計を整理して示そう。その期間は、ちょうどヴィクトリア朝の治世をほぼカバーしている。しかしながら、地域別にみると、僻地まで一ペニー郵便の恩恵が遍《あまね》く届くようになったのは一九〇〇年になってからであった。そこで、次に僻地での郵便配達を全面的に実施するために、どのような方策をとっていったのかについても掘り下げていく。マクロとミクロの分析である。

分析に入る前に、ヴィクトリア朝がどのような時代であったのか、既述の説明と重複するところもあるが、簡単に説明しておこう。まず前期。産業革命が進行して、イギリスは農業国から工業国に転換し「世界の工場」に躍進した。大きな社会的歪《ひず》みを抱えながらも、地主を保護する穀物法が廃止されて、産業ブルジョワジーが台頭し、自由貿易論が勢いを増していく。政治的には、男性の普通選挙がほぼ実現し、二大政党による議会制民主主義が確立した。義務教育の普及や労働組合の承認なども見逃せない。安定と繁栄の時代を謳歌する時代になったが、中期に入ると、ヨーロッパの国々が力をつけ自由貿易論はかすみ、再び植民地重視に比重が移る。後期になると、アメリカやドイツの工業力がイギリスの工業力を凌駕するまでに発展し、イギリスの不況が深刻化する。帝国主義政策が国の基本となり、インド支配の強化やスエズ運河の買収が実行される。豊かになった側面が強調されがちな治世と受け取られがちだが、後半は、大英帝国が守勢に立たされる時代となっていく。

マクロの統計　そのヴィクトリア朝の郵便事業をマクロの統計数字を使って分析してみよう。四つの時点の実績値を抜きだして表25に並べてみた。一八四〇年の次に一八五四年が来た理由は、翌年に公表された初の郵政長官の年次報告書に記載されていたからである。以後、この報告書は議会に毎年提出された。ここでもその数字を使う。

項目別にみていこう。まず郵便局。列上段の郵便局は直営局、下段の副郵便局は町や村の商店などに業務を委託した局である。六〇年間に局数は四〇〇〇から五倍半の二万強に増加した。郵便ポストの設置数は後半の二時点の数字しかないが、一九〇〇年には三万強を記録している。郵便物の取扱数は一億六八〇〇万から二二倍の三七億になった。書状だけをみると、倍率は一四倍となり、新設された葉書や小包が増加に大きく寄与している。次に、六〇年間の収支の変化を検証すれば、収入は一億三四〇〇万ポンドから一〇倍強の約一四億ポンドに、支出は八八〇〇万ポンドから一一倍の約一〇億ポンドになり、利益は四六〇〇万ポンドから九倍弱の約四億ポンドになった。支出の伸びが収入の伸びより高くなったため、利益が圧縮されたことがわかる。

郵便物取扱数が六〇年間に二二倍になった。年率平均約五パーセントの伸びである。これを他の主要産業の同じ期間の伸び率と比較してみよう。川越俊彦、湯沢威《たけし》、坂本和一の各研究論文によると、貿易額は九七五〇万ポンドから八億七七三〇万ポンドとなり九倍。商船総トン数は二七五万トンから九四三万トンとなり三倍強となった。比較する期間が短くな

表25　イギリス郵便の発展（1840–1900年）

項目	1840年	1854年	1875年	1900年
○郵便局（局）				
郵便局	–	935	886	1,162
副郵便局	–	9,038	12,340	21,027
計	4,028	9,973	13,226	22,189
増加倍数（倍）		(2.5)	(3.3)	(5.5)
○郵便ポスト（本）				
ポスト設置	–	–	10,186	33,590
○郵便物（100万通）				
書状	168	443	1,008	2,324
葉書	–	–	87	419
その他	–	–	279	981
計	168	443	1,374	3,724
増加倍数（倍）		(2.6)	(8.2)	(22.2)
通（1人当たり）	–	16	31	91
○事業収支（100万ポンド）				
収入	134	257	581	1,367
支出	88	140	392	968
利益	46	117	189	399
増加倍数（倍）				
収入		(1.9)	(4.3)	(10.2)
支出		(1.6)	(4.5)	(11.0)
利益		(2.5)	(4.1)	(8.7)

出典：1840年＝*1st Report of the Postmaster General,* 1855, p.20.
Robinson, *BPO Hist.,* p.323n.
1854年＝*1st Rep. of PMG,* 1855, pp.20, 65, 68.
1875年＝*22nd Rep. of PMG,* 1876, pp.6, 7, 46.
1900年＝*47th Rep. of PMG,* 1901, pp.1, 19, 82.

注：(1) 増加倍数は，1840年の数値と比較した倍数を示す．
(2) 郵便ポストが最初にお目見えしたのは1852年で，ジャージー島に4本設置された．1854年の設置数は不明．
(3) 郵便物のうち，葉書は1870年から発行された．
(4) 郵便物のうち，その他には，書籍小包・印刷物（1848年導入），新聞郵便（1855年から郵便有料），小包（1883年導入）を含む．
(5) 事業収支のうち，1900年の収入の数字は，支出と利益の数字から逆算した数値により表示した．

るのだが、鉄道の開通マイル数は、一八四〇年一五〇〇マイルから二〇年間で一万マイルとなり約七倍。また、鉄鋼生産量は、一八四〇年一四〇万トンから四〇年間で七七五万トンとなり五倍半を記録した。

いずれも重要な経済指標である。郵便との相関関係を上手《うま》く説明することはできないが、鉄道や商船は郵便輸送の要《かなめ》となっていた。そのなかで郵便の二二倍は抜きんでている。その要因は、文字の読み書きができる人口が大きく増加したこと、すなわち、手紙を書いて郵便を利用する人口が増加したからである。その母体となる総人口の増加をみると、二七〇〇万から四一〇〇万に増加し、六〇年間で一倍半となる。地域的にはロンドンを筆頭に工業地帯で人口が増加、反対にアイルランドや農村地帯の人口は減少している。また、中産階級の子弟が通う全寮制のパブリック・スクールが強化されたり、公立小学校《ボード・スクール》が労働者階級の子弟の教育にあたるようになった。この結果、イングランドとウェールズの文盲率は六〇年間で女性五割・男性三割がそれぞれ数パーセントまでに激減した。スコットランドでも同様の減少がみられる。まさに文盲率の低下は教育の成果であった。

もちろん、郵便の発展そして増加の要因はこれだけではない。商工業の発展による商業通信の需要の増加も見逃せない。マクロでみれば、ヴィクトリア朝六〇年のあいだに郵便はまさに国民の生活のなかに定着し、また、郵便は産業活動全般を補完する重要なインフラストラクチャ、そして社会の潤滑油として定着したといえよう。

ミクロの検証　前段で述べたとおり、全体的にみれば、一ペニー郵便は創業から六〇年間で大きく発展した。しかしながら、その恩恵は、当初、僻地には届いていなかった。当時の郵便局数は四〇〇〇局程度。郵便局がない地域、言い換えれば、郵便が届かない地域が多かった。一八四一年、人口二〇〇〇万人のイングランドとウェールズには二一〇〇の行政区域があったが、うち人口一五〇万人の四〇〇の区域には郵便局がなかった。言い換えれば、八パーセントの人口、一九パーセントの地区では一ペニーで郵便が届かなかったのである。一例だが、ある数千人が住む二〇〇キロ平方に及ぶ過疎地域には郵便局が一局もなかったことが報告されている。もちろん郵便配達のサービスも享受できなかった。

郵便の配達がおこなわれていなかった地域では、どのようにして手紙を受け取っていたのであろうか――。その点について、ドーントンが著書のなかで詳細な検討をおこなっているので、その要点を以下に紹介していこう。

第一の方法は、最寄りの郵便局長が個人的に雇った集配人に僻地の郵便配達と集荷を担わせた。コストは手紙一通について半ペニーとか、あるいは月決めで幾らなどと決めて、村人から徴収していた。この方式は、第8章4で説明した一八世紀にはじまった地方ペニー郵便（戸別配達サービス）の非公式地方郵便のサービスとほぼ同様のものであった。ここでは「僻地郵便《ルーラル・ポスト》」と呼ぶこととする。

　第二の方法は、村人が最寄りの郵便局に村の名前と受取人氏名を記した袋を預けて、村人が定期的に手紙を取りに行った。私書箱のようなものである。手紙一通幾らかの金額を郵便局に払わなければならなかったが、その額が半ペニーから六ペンスと地域によって大きな開きがあった。

　第三の方法は、郵便集配のメリットを受ける村の代表者が費用全額を保証する「保証郵便《ギャランティー・ポスト》」の活用である。第一の方法は個人ベース、第三の方法は地区単位となるから、事務の簡素化にはなった。

　いずれの方法も完全なものではなく、例え僻地の住人が追加料金を支払ったとしても、多くの地域で手紙の配達が迅速に定期的におこなわれることはなかった。その理由は、郵便局長が利益の上がる町村に重点を置いたが、収益が低い、あるいは、そもそも利益が上がらない過疎地には目を向けなかったからである。住民から徴収する追加料金のレベルも地域差があり、その点も問題であった。基本料金を払えば、追加料金なしで配達の便益が受けられる「無料配達《フリー・デリヴァリー》」の拡大を前提に試算したところ、新たに四〇〇の郵便局を設置、年間八〇〇〇ポンドの追加費用がかかるとされた。しかし、一八四〇年の郵便の実績はローランド・ヒルが想定した取扱量五倍に対して二倍、収入は半減、利益は三分の一までに縮小してしまった。収支を考えれば、これでは無料配達の急速な拡大は見送らざるを得なかった。

　一八四三年のデータによれば、無料配達五八七地区、僻地郵便一八〇地区、保証郵便八九地区となっていた。無料配達地区の拡大は遅々として進まなかった。議論の底流に、料金を上げて僻地の配達コストを賄い全面的に無料配達を実施することについて、都市の利用者に過度の負担が生じるとする

寒村の郵便配達人．1872 年．娘さんとどんな会話を交わしているのだろうか．

反対意見があった。一方、ヒルは、無料配達地区を計画的に拡大し収入増加に務めるべきであると主張した。

一八四三年、時のピール内閣は、コストの増加を恐れる大蔵・郵政の両省の反対を押し切って、手紙の配達が週一〇〇通以上ある村には無料で配達をおこなうことを決めた。この決定後、二〇ヵ月で新たに六二一の無料配達の地区が追加され、一九四二の僻地の村に一ペニー郵便の恩恵が届くようになった。更に、七一の保証郵便の地区が郵政省直轄となり統一運用が図られた。それでも、残された無料配達サービスの提供が難しい、手紙の通数が少ない、より遠隔地の小さな集落などに対しては、一八五一年以降、郵政省は、一定の基準を満たせば半ペニーの追加料金支払いを条件に、郵便を配達することを決めた。一八九五年までに郵便の九三パーセントが追加料金なしで無料で各戸に配達されるようになった。

議会でも、選挙民の利益に関わるため、郵便に重大な関心が払われ、一八九二年には保守党の農業関係メンバーの支持を受けたサー・エドワード・バークベック議員が、僻地においても郵政省の剰余金を活用し無料で毎日郵便配達をおこなうべきであるとする動議を下院に提出した。動議は可決されて、政府に実行を迫った。当時、郵政省は議会の圧力、コスト増の抑制を迫る大蔵省との狭間で、そのハンドリングに苦慮していた。その後、郵便配達の拡大は、衰退する農村地域に活気を取り戻すとの政府決定がなされ、政府全体として取り組むことになった。

政府決定を受けて、郵政省は、一八九八年末までに新たに年間九万ポンドの追加経費を計上し、僻地の三一八〇万通の郵便を無料配達とすることを決定した。この数字は、経費・取扱量ともに全体の一パーセントに相当する。それでも、まだ全国では一一六〇万通が無料配達の対象外であった。内訳は、イングランド・ウェールズ七〇万通、スコットランド五五〇万通、アイルランド五四〇万通である。一パーセント未満となった有料配達地域も一九〇〇年に入ると、全て解消されて、誰でも何処でも遍く公平に郵便が利用できるようになった。全国一律料金制の一ペニー郵便、今様にいえば、郵便のユニバーサルサービスの実施となろうが、その完全実施に六〇年もの歳月を要した。

4　郵便普及で変わる社会

郵便改革によって、低廉な料金で手紙がだせるようになった。その結果、郵便を巡り、ヴィクトリア朝の市場でもさまざまな変化が起きてきたが、ここでは消費者目線に沿って変化を検証していこう。キャサリン・J・ゴールデンが著書のなかで明らかにしているので詳細はそちらに譲るが、ゴールデンがいう「郵便関連商品《ポスタル・プロダクト》」を少し紹介しよう。

封筒の利用　一ペニー郵便の開始前、料金は用紙の枚数で決められ、封筒に手紙を入れれば、それも一枚と計算されたから封筒を使う人は皆無といってもよかった。ペニー・ブラックが発行された一八四〇年に入ると、手紙の半数が封筒に切手を貼って郵便にだすようになった。手紙は家族間で交換する手紙を筆頭に恋文などきわめて個人的な情報《プライバシー》を含むものであり、また、商人にとっても大切な書類を送るのに、封筒は欠かせないものとなっていく。一八五〇年には郵便が三億四七〇〇万通になり、その八割強の手紙が封筒を利用するようになった。

ロンドンの万国博覧会には，産業革命で生まれた最新技術を駆使した機械が多数出品された．封筒製造機もその1台であった．1851年．

封筒は町の文房具店などで売られていた。封筒は腕の立つ職人が使い古された棒で紙を折りながら作っていたが、一日精一杯がんばっても三〇〇〇枚が限度であった。その苦労から職人を解放したのが、エドウィン・ヒル（ローランド・ヒルの兄）とウォレン・デラルー（トマス・デラルーの子息）であった。二人は協同して、一八四五年に封筒製造機を考案して稼働させる。封筒製造機は一八五一年に開催されたロンドンの万国大博覧会《グレート・エキシビション》に展示された。大博覧会の公式図入り解説書にも紹介されているが、それをみると、一台の機械に二人の作業員がついている。機械に用紙をセットすると、機械がそれを折り、裁断して、糊をひき、封筒の形にする。それを機械から取りだすと完成だ。一分間に四五枚、一時間で二七〇〇枚作ることができた。産業革命による技術革新の一例である。封筒は、以後、郵便関連商品の重要アイテムの一つとなる。

封筒の派生商品として、絵入り封筒《ピクトーリアル・エンヴェロープ》が一八五〇年を挟んだ一時期大流行する。マルレディー封筒やそのカリカチュア封筒の流れを汲んだものともいえるが、イギリス各地の風光明媚な景色などを印刷した封筒である。これが絵葉書の源流となっていく。また、絵入り葉書は社会運動や商品広告などの道具としても使われる。第19章7で述べるが、海外版ペニー郵便の実現に奔走したエリヒュー・バリットが、その運動を宣伝するために郵便物を積んで大西洋を横断する帆船の絵を刷り込んだ宣伝《プロパガンダ》封筒を大量に作成し配布した。

文房具の充実　封筒以外にも、郵便関連商品がたくさん登場する。一例にすぎないが、羽ペン、それを置くペン皿、ペン先を尖らす小刀、インク壺、持ちはこびができるインク壺。それから便箋と封筒、それも日用、商用、冠婚葬祭用と多種多様なステイショナリーが用意された。それらを収める文箱《ふばこ》や状差し、これらもさまざまな意匠や形状から選ぶことができるようになった。クリップなどのアイディア商品も続々と作られる。手紙を書くための小さな机や台、それにはいくつかの小引出がついていて、切手や封筒や便箋をそれぞれしまうことができるようになっていた。ミニ書斎である。そこにはヴィクトリア朝の文具商のたくましい商魂と指物《さしもの》職人の技《わざ》が込められていた。このミニ書斎も生活を豊かにする新製品として大博覧会に出品されている。

文通指南書　手紙の書き方の本《レター・ライティング・マニュアル》は日本でも出版されてきたが、イギリスでも同様で、その嚆矢は一八世紀に小説家のサミュエル・リチャードソンが請われて執筆した模範書簡集であろう。その後、書簡体小説のアイディアを駆使した『パミラ、あるいは淑徳の報い』を書いている。一ペニー郵便の誕生だけでは手紙を書く習慣は高まらない。まず識字率の向上が急務で、ヴィクトリア朝前半には中産階級や労働者階級に向けての知識の普及活動、教育制度の整備も進み、自助《セルフ・ヘルプ》が強調されるようになる。そのような時代のなかで、手紙の作法の習得も生活の一部となり、『ワイド・ワールド・レター・ライター』や『ユニバーサル・レター・ライター』などと題するマニュアル本が世に出回るようになる。

マニュアルには、お悔やみの言葉の送り方、お祝いの言葉の伝え方をはじめ、プロポーズの文章、結婚の申込みを受け入れる手紙、反対に申込みを拒否する手紙など文例が示されていた。また、お悔やみの手紙を書いたり受け取ったりすることがもっとも難しいとも。求愛には自制が必要だし、婚約者に対しても、静かで愛情深い威厳をもって手紙を書く必要がある。友情、愛、真剣で誠実、何より礼儀正しさが重要である、と、ヴィクトリア朝のちょっと堅苦しい手紙の作法が説かれていた。

クリスマス・カード　郵便収入の増加に貢献したものにカードがある。代表例は、フランク・スタッフによれば、ヘンリー・コールが一八四三年に作成したクリスマス・カードであろう。フェリックス・サマーリーの名前で販売されて、世界ではじめて商業的に作られたものといわれている。コールはカードの図案を農村の日常生活を描くことに長《た》けていた画家のジョン・C・ホーズリに委嘱した。図案中央に裕福な家庭の一族がクリスマスの晩餐に集《つど》いワインなどを飲んでいる場面が描かれている。その図案について、子供の飲酒を戒める運動家から批判を浴びる一幕もあったが、以後、クリスマス・カードを交換する習わし自体は、ヴィクトリア朝の社会に広く受け入れられ定着していく。コールのカードは一〇〇〇枚ほど印刷され手で着色されたが、現存するカードはきわめて少ない。

コールが発案しホーズリーがデザインしたクリスマス・カード．1843年．中央下に “A MERRY CHRISTMAS AND A HAPPY NEW YEAR TO YOU” とメッセージがしるされているが，この言葉がその後のクリスマス・カードに広く使われるようになった．

　コールは一八八四年に二巻計八〇〇ページを超す大部の自叙伝を刊行している。そこには、郵便改革運動をはじめ、切手やマルレディー封筒の準備に深くかかわり、郵便需要拡大にもつながったクリスマス・カードを発案したことが語られている。コールは、郵便以外にもイギリスの美術工芸の振興にも深い関心を有したほか、鉄道、港湾、工業デザイン、特許法改正、国際博覧会、サウス・ケンジントン街の開発など多岐にわたる公共事業に携わったことも記録されている。多彩な才能を開花させた。ヴィクトリア女王の夫君アルバート公の信任が厚かったといわれ、一八七五年には女王から騎士《ナイト》の称号を賜る。

　ヴァレンタイン・カード　セント・ヴァレンタインの日に庶民が郵便で恋人たちにカードを送ることができる――。このことも郵便改革の大きな成果だ。この習慣も急速に広がって、ヴィクトリア朝を「ヴァレンタインの黄金時代」と呼ぶことがある。ある作家は「一八四一年にヴァレンタインの手紙がイギリス全土で四〇万通差し出されたが、三〇年後にはそれが三倍になった」と述べている。郵政省にとっても無視できない収入源になっていった。その黄金時代を支えたのがロンドンのカード・メーカーであった。かなり昔だが、ロン

立体ヴァレンタイン・カード

ドンの国立郵便博物館で「黄金時代のカード」と題する企画展が開催され、カードの一部が絵葉書になった。それをみると、カードの意匠が、愛を想像させる優しさ、可愛さ、美しさ、あるいは優雅さなどがテーマとなっている。キューピッドをはじめ、少女や小鳥、美しい草花などが図案の核となっていた。

カードには、扇や団扇《うちわ》の形、絵が飛びだす立体カードなどさまざまな工夫が凝らされていた。素材のベースは紙を使っていたが、絹や繻子《しゅす》などの布地、それも透けてみえるような薄手の織りものが好まれた。用紙には浮きだし模様やレース模様がエンボス加工でつけられていた例も多くある。まさにヴィクトリア朝の職人の技が秘められ、そこに添えられた愛を歌い上げたメッセージも詩人らによって練り上げられたものであった。これらのカードは大量に作られ、庶民が買えるように一枚一ペニー程度で売られた。既製カードをまねた手作りカードもたくさんみられる。

ディケンズの週刊紙『暮らしの言葉《ハウスホールド・ワーズ》』に、セント・ヴァレンタインの日の郵便局をみずから探訪した記事が掲載されているが、それによると、一八五〇年二月一四日、セント・マーティンズ・ル・グラン街にあるロンドン中央郵便局。その日、中央郵便局が取り扱った手紙は一八万七〇三七通であった。二月の一日平均取扱通数は一二万通、一四日の取扱通数は平均よりも約七万通も多い。ディケンズは、この増加分がヴァレンタインの手紙であると断定している。

これらの手紙には特徴がある。まず、きれいに花の縁取りをしたピンクや薄緑色の封筒に、ヴァレンタイン・カードが入っている。商業書簡など一般の手紙とは明らかにちがうのですぐにわかる。また、カードの差出人の住所と受取人の住所がほとんど同じ町か隣町である。身近にいる人と知り合いになり、そして好きになりカードを贈る。そんな光景が目に浮かぶ。さらに、宛先が不完全なものが多いことも特徴であった。例えば「〇〇町に住むと思われる〇〇嬢」と書かれた住所を頼りに、この日ばかりは、キューピット役を演じるポストマンが探偵よろしく夜遅くまで歩き回った、とディケンズは記事に書いている。古き良き時代の話である。

望まざる手紙　誰でも一ペニーで郵便をだすことができるようになったことは、望まざる手紙も世の中に闊歩するようになった。一つは広告の郵便の増加。一昔前までは「ジャンク・メイル」などと呼ばれていたが、ヴィクトリア時代の商人が広告媒体に郵便を使うようになる。売れ残ったマルレディー封筒が活用され、広告を印刷して大量にばらまかれたのである。純粋な広告郵便はまだしも、詐欺まがいの広告郵便となると被害者もでてくる。更には脅迫状も新種の郵便犯罪として登場してきた。

ゴールデンは、新しい通信手段が登場したとき、抜け目なく、このような負の活用も考えだされる。今日の高度に進んだインターネット通信の登場で、やはり同じような犯罪が繰り返されている、と指摘している。しかし、このような面が指摘されるが、一ペニー郵便の導入によって、郵便が家族や友人や社会各層をむすびつける絆となったし、わずかな期間で、イギリスの近代郵便制度が世界各国に伝播して、郵便は世界の人々をむすびつける強力な力になった、ともゴールデンは述べている。

第12章 非郵便サービス部門の台頭

本章では、一九世紀から二〇世紀にかけて、郵政省が担うこととなった新たな事業について説明していこう。まず、新たな事業は、金融サービスでは、安全な送金手段となる郵便為替と倹約貯蓄を奨励する郵便貯金が柱。次に、国の福祉政策となる年金は郵便局が支給窓口となる。更に、電信や電話事業も国有化され郵政省所管となる。この時期、郵政事業がかつてないほど拡大する時代を迎えた。

1　内国郵便為替

郵政省は本業の郵便事業以外に、まず、郵便を利用した送金を安全かつ確実におこなうことができる為替サービスを開始する。その萌芽は一八世紀にみることができる。以下、ドーントンが詳しく論じているので、それを軸にして内国郵便為替の伸張について紹介していこう。

非公式な為替サービス　郵便為替《ポスタル・マネー・オーダー》の話からはじめようと思うが、まず、一八世紀の少額送金事情についてふれよう。当時、商業銀行は送金サービスを提供していたが、それは商人向けのものであり、庶民が利用できるものではなかった。庶民が少額の金を送るときには、何と紙幣をそのまま手紙に入れて送っていたのである。手紙への現金封入は禁止されていなかったから違法ではない。しかし、手紙に入れた現金や貴重品などが盗まれる事件は日常茶飯事となっていたから、危険の高い方法であったといわざるを得なかった。

輸送リスクを最小限にする試みとして、一八世紀末、会計士であったトマス・ゴスネルなる人物が郵便局において為替を取り扱うことと、それを統括する部局を中央に設置することを提案する。しかし、郵政長官や次官、それに法律顧問らは、為替導入に懐疑的で、ゴスネルの提案は正式には認められなかった。理由は、輸送途中の盗難リスクと収益性に問題があると見做されたからである。それでも、一七九二年、正式ではないが、今様にいえば、ベンチャー・ビジネスの形でスタートする。実施主体は新聞を地方に配送し新聞代金を集めることなどを生業《なりわい》としていた街道沿いの道路管理人の組織に、為替局《マネー・オーダー・オフィス》を付置させた。組織は地元の郵便局とも密接な関係をもっていた。

振出額の上限は五ギニー（五ポンド五シリング）。振出料金は一ポンドごとに六ペンス。料金は振出人と受取人で折半して負担することになっていたが、一年後、ロンドン市内で振りだして受け取る場合には、為替料金は四ペンスに引き下げられた。また、料金は送金者が全額まとめて支払うことに改められる。為替（振出）料金のほかに、二ポンドを超える為替の場合には印紙税がかかった。加えて、為替証書を郵送するときにはマネー・レターとなり、郵便料金が通常の二倍になる。この為替サービスがはじまった年に、マネー・レターもスタートしている（第8章2を参照）。いずれも安全な送金対策として欠かせないものとなる。しかしながら、道路管理人の組織による為替ビジネスがスタートしたものの、利益が思うように上がらなかった。

そのため一七九八年に新たな運営体に為替業務は移る。新組織を主導したのは、内国郵便総局のダニエル・ストウ管理監督官。しかし、この段階でも郵政省の正式なビジネスとして公認されず、管理監督官の私的なビジネスとしての扱いがなされていた。事業をいわば副業と黙認するものの、あくまで政府は輸送リスクと営業損失を負わない立場を崩さなかったのである。非公式なサービスではあったが、一八世紀末の郵便為替の振出実績は年間一万二〇〇〇件になった。それでも、まだまだ庶民が少額送金手段として気軽に利用できるサービスではなかった。

国直轄の郵便為替　一九世紀に入ると、国が為替業務を直接おこなうべきであるという声が高まる。背景には、当時、イギリスは、産業革命により工業生産が飛躍的に伸び、世界の工場として君臨し、自由放任《レッセ・フェール》主義の下、資本家らはヴィクトリア朝の盛時を謳歌していた。その繁栄の陰に、多くの貧しい労働者たちがいた。貧困撲滅のために、ジェレミー・ベンサムが唱える「最大多数の最大幸福」を実現するために、政府が関与して社会改革をおこなうことが求められるようになってきた。その要求に応えるため、工場労働者の保護や公教育の導入などが大きな改革の柱になっていったが、国による郵便為替の開始も社会改革の範疇に入る。すなわち低廉な料金で少額送金ができる為替は、零細商人の経済活動や庶民の生活を支えることになる、と考えられたからである。大蔵

表 26　郵便為替振出実績

年	振出件数（万件）	振出金額（万ポンド）	平均(注)（ポンド）
1839	18	31	1.7
1841	155	312	2.0
1850	443	849	1.9
1860	722	1,385	1.9
1870	na	1,999	na
1880	1,632	2,422	1.5
1890	886	2,389	2.7
1900	1,137	3,445	3.0
1910	1,062	4,195	3.9
1913	1,137	4,735	4.2

出典：Daunton, p.92.
注：振出 1 件当たりの金額.

省・郵政省にとっていは、赤字をださない、否、利益をだす事業運営を心がけてきた経営から、国民福祉という立場での政策判断を求められるように変化してきた。国直轄の郵便為替の開始はその試金石となる。

一八三八年、国による郵便為替のサービスがはじまる。料金は二ポンドまで六ペンス、五ポンドまで一シリング六ペンスと定められた。手軽に利用できる料金ではなかったが、一八四〇年、郵便料金が全国一律一ペニーになり、送金コストが下がった。表26に郵便為替の振出実績を示すが、一八三九年は一八万件・三一万ポンドであったものが、一八四一年には一五五万件・三一二万ポンドに増加。金額ベースで一〇倍になる大きな伸びを示した。しかし、急激に増加する為替取引に、為替管理局の体制が追いつかなかった。そのため、一八四三年の郵税特別委員会の議会報告書をみると、前年三月に郵政長官は管理局の予算として職員一八人増を骨子とする前年度比一五パーセント増九四〇〇ポンドの要求を大蔵省に提出した。それでも、イングランド銀行からは、為替を取り扱う郵便局は厳格なバンキング・システムを構築する必要があるが、それが備わっていない、と指摘された。

一八四七年には為替業務で一万ポンドの赤字をだす。原因は煩雑な手続にあった。当時の手続は、為替証書を差出人に交付すると、振出局は払渡局に送金案内書類を発送する。為替金の払渡は、局員が送金案内書類を確認して為替証書と引換でおこなわれる。郵便局にとっては、会計処理もあり、人手を要する業務となり経費が嵩《かさ》んだ。このため、為替金額の上限を引き上げて料金収入を増加させること、あるいは少額為替の料金を引き上げることが提唱された。この提唱に対して、そもそも郵便為替は零細業者や庶民の少額送金のためのものであり、銀行が提供していないサービスを補完するものである、という意見がだされる。また、収支は金額別にみるものではなく、全体でみるべきものである、とする意見がだされた。

定額小為替の採用　以上の問題を解決するために、一八七四年、会計監のジョージ・チェトウィンドが手続を簡素化して低廉な送金方法を提唱する。いわゆる定額小為替《ポスト・オフィス・オーダー》である。提唱から二年後、イングランド銀行、歳出総監、郵政省、シティーの金融関係者で構成する委員会が、前記提唱を含め郵便為替全般について検討し、定額小為替の導入を答申する。その内容は、一〇シリング未満の小為替の手数料は一ペニー、一〇シリングから一ポンドまでは二ペンスとする、というものであった。小為替は一種の金券と見做され、法案審議では、兌換の裏打ちのない小為替の振出やその再発行に疑義がだされた。また、為替業務の黒字化に疑問を呈する向きもあったが、辛うじて法案は成立した。こうして一八八一年に普通為替に加えて小為替のサービスも追加された。

表27　定額小為替振出実績

年	振出件数（万件）	振出金額（万ポンド）	平均(注)（ポンド）
1882	798	345	0.4
1890	4,884	1,197	0.4
1900	8,574	3,010	0.4
1910	13,226	5,022	0.4
1913	15,924	5,720	0.4

出典：Daunton, p.92.
注：振出1件当たりの金額.

表27に小為替の実績を示す。一八八二年は七九八万件・三四五万ポンド、以後、順調に実績を伸ばし、一九一〇年には一億件を超し、振出金額も五〇〇〇万ポンドを超した。普通為替の件数が一〇〇〇万台で推移しているのに対し、小為替の件数の伸びはめざましく、一九一三年には普通為替の一四倍になっている。同年の小為替の金額も普通為替の二割増を記録した。ただし、同時期の平均振出額を比較すると、普通為替は小為替の一〇倍ほどの四ポンド、それに対し小為替は〇・四ポンド（八シリング）にしか過ぎなかった。大略、普通為替は商店の代金決済などに、小為替は庶民のミニ送金に大いに活用され、郵便局の為替は、小規模商店の活動や庶民の生活に根づいていった。しかしながら、為替業務の収支は低迷し料金値上げの議論が蒸し返されてきた。郵便為替が銀行口座をもつことができない庶民の唯一の送金手段であったことから、その都度、値上げは見送られてきた。その決定は、利益よりも国民福祉の考え方が優先された、当時の国の政策が反映されているとみることができる。

2　外国郵便為替

外国郵便為替の取扱いがはじまったのは、クリミア戦争（一八五四―五六）のときであった。戦争は、黒海を南下するロシア軍に対して、イギリスとフランスがタッグを組んでセヴァストポリの港などを攻略し、ロシアの南下を食い止める闘いであった。

野戦郵便局　一ペニー郵便五〇周年式典委員会が刊行した記念出版物に述べられているのだが、クリミア戦争勃発を受けて、一八五四年、本省の内国郵便総局のエドワード・スミスら四人が現地で指揮をとるために陸軍付となり戦地に派遣された。まず、野戦郵便局《アーミー・ポスト・オフィス》の本隊がコンスタンティノープル（現イスタンブール）に設置され、スミスが野戦局を統括する。次に、野戦局次席に任命されたトマス・エンジェルをヴァルナ（現ブルガリアの港町）に移動させて、そこに支隊が置かれる。ヴァルナは軍港となり、支隊がフランス郵便との交換局の役割を果たす。当初、野戦局は郵便物だけを取り扱い、郵便為替は受け付けていなかった。しかし、兵士が本国へ給与を送金できるようにするため、野戦局は為替も扱うようになる。料金は内国為替の料金と同じにした。

一説には、兵士が給与を酒代に費やし、郷里の家族に送る金がなくなるのを防ぐためであった、ともいわれている。開始一ヵ月間に兵士が為替で送金した額は七〇〇〇ポンドに上った。もっとも、為替は野戦局から本国イギリス宛の片道だけの扱い。それに制度を利用できるのは軍人に限られる。そのため戦地には多くの軍属も派遣されていたが、彼らは、別の手段を探さなければならなかった。例えば、本国に帰る人に金を託したのだが、戦場で野戦病院を設営し兵士の救護に献身的にあたっていたフローレンス・ナイチンゲールは「本国に一時帰国するたびに、多くの金を預かり、その額は一回に五〇ポンドにも達した」と語っている。エドワード・ベネットの郵便史によれば、一八五六年一月から、コンスタンティノープル、スクタリ、バラクラヴァの野戦局で一般人の為替も扱うようになった。最初の八週間で一万三〇〇〇ポンドの為替が振り出され、戦争終了までに一〇万ポンドを超す為替が本国に郵便で送られた。

その後の展開　本国宛片道の不完全な形ではあったが、この郵便為替制度は英国海軍の重要拠点となっていたマルタとジブラルタルにも導入される。一八五〇年代末、カナダがイギリスに対し双方向の為替交換を提唱し実施され、それを受けイギリス植民地にも順次適用されていく。一八六八年にはスイスと、翌年にはベルギーと為替交換が開始され、本格的な国際郵便為替の業務がスタートした。

関連情報になるが、M・カーン・サグがトルコのイスタンブール工科大学に提出した学位論文には、イギリスがクリミア戦争時にコンスタンティノープルに開いた野戦郵便局について学術調査した結果がまとめられている。それによると、戦争終結後、普通の在外イギリス郵便局に組織替えされ、郵便業務の増加に伴い一八五九年には市内ガラタ地区に新しい局舎が建設されたが、一八九五年に閉鎖される。その後、当初の地区に戻り、業務が再開されたなどの変遷が跡づけられている。

3　郵便貯金銀行

一八六一年、郵便貯金銀行法《ポスト・オフィス・セーヴィング・バンク・アクト》が公布される。大宰相と呼ばれるようになる大蔵大臣ウィリアム・グラッドストンが尽力して成立させた重要法案だ。郵便貯金は郵便局が庶民の銀行として機能し、後年、それは郵便局のサービスの大きな柱に成長していく。だが郵便貯金の誕生までには長い議論が重ねられてきた。やはりドーントンが彼の著書のなかで詳細に検討しているので、それを軸に他の情報も加味しながら、ここでは郵便貯金誕生までの過程を辿るとともに、二〇世紀初頭までの発展について述べよう。なお、志賀吉修《よしのぶ》が法案審議の一部を翻訳したものを愛知大学の紀要に発表している。

貯蓄銀行の存在　一九世紀初頭、労働者のセイフティーネットとしては、まず自助を促す国の救貧政策、次にグループ別の友愛組合などによる共助などがあった。だが、それだけでは十分ではなかった。そこで郵便貯金はその代替になるのではないか、という議論がでてくる。質素倹約に徹して、庶民がわずかなお金でも預けられる銀行、ベンサムの言葉を借りれば「質素な銀行」となるが、その設立が社会改革を進める人たちから提唱されたのである。

実は、一八一七年に貯蓄銀行法《セーヴィング・バンク・アクト》が制定されていて、一八六一年には信託貯蓄銀行が全国に六四五行あった。集めた貯金は全額国庫に預け入れられ、国は貯蓄銀行に利子を支払う仕組みで運営されていた。少額貯蓄の奨励にこの銀行を活用すればよいのだが、問題があった。地域の奉仕者《ボランティア》によって運営されていたため、まず店舗に偏りがあり、一五の州には店舗がなく、毎日営業している店舗は二〇ほどで誰でもいつでも利用できる状況ではなかった。そのため安定した運営が期待できなかった。国にとっても支払金利を累次にわたり引き下げたが、運用実績を上回る金額を利子として貯蓄銀行に支払っていた。逆ざやが生じていたのである。福祉政策の一面があったから、一概に批判することはできないが、財務当局としては頭が痛い問題であった。

郵便貯金の制度設計　一八五〇年代後半、西ヨークシャーのハダーズフィールド銀行のチャールズ・W・サイクスが信託銀行の改善案をだしてきた。それは一部業務を郵便局に担わせるものであった。この提案は郵政省のチェトウィンド会計監とフランク・I・スキューダモー歳入監理官ら生え抜きのテクノクラートによって修正されていく。その過程で、利付債権のような為替を販売するアイディアもだされた。一方で、会計監らは省内で経済性一辺倒・利益重視を主張しつづけるヒル兄弟（ローランドとフレデリック）と鋭くぶつかったが、郵便局が公益セクターへの参入に踏み切る制度案が固まった。すなわち郵便局が貯蓄銀行となり、みずから業務をおこなうこととなった。

一八六一年九月から全国の郵便局で郵便貯金の取扱いがはじまった。目的は、一般国民なかんずく零細庶民の資産形成とその保護であった。また、民間商業銀行との競合を避けるため、一人当たりの預入限度額は年間三〇ポンド、最高一五〇ポンドに抑えられた。当初の利子は年二・五パーセントとした。預けられた貯金（資金）は全額国の投資勘定に移されることになったが、よくわからない金を預かることに懐疑的だった財務官僚もいた。そこで国庫負担が生じないように、国は運用収益の範囲内で利子を貯金勘定に支払うこととした。この点が、保証された固定利子を受け取っていた信託貯蓄銀行とはちがう。

郵便貯金創業時、信託貯蓄銀行側は「郵便貯金が補完的なものなのか、それとも信託貯蓄に代わるものになるのか」と大蔵大臣のグラッドストンに迫った。大臣は「まず信託貯蓄銀行のない地域に。仮に古いものが新しいものに代わるようであれば、それは新しいものがベターであるということであろう。利用者の選択の問題だ」と、明言は避けたものの、核心を衝いた発言をしている。

郵便貯金は好調なスタートを切った。表28に実績推移を示す。一八六九年度から六年間の年度平均値をみると、口座数一三七万口、貯金残高一八〇〇万ポンド、一口座一三ポンド強となった。表にはないが、一口座年取引回数は三回、その事務処理コストは五ペンス、利益は三〇万ポンドになった。創業一〇年目の業績である。郵便貯金がお荷物になると踏んでいたヒル兄弟の懸念は一蹴された。同時期、信託貯蓄の実

表 28　郵便貯金銀行の実績推移

年 度	口 座（万口）	残 高（万ポンド）	一口座（ポンド）	取扱局（局）
1863-68	66	700	11.2	3,390
1869-74	137	1,800	13.3	4,498
1875-80	188	2,900	15.6	5,742
1881-85	308	4,200	13.6	7,348
1886-90	424	5,900	13.8	9,025

出典：The Post Office, *An Historical Summary,* 1911, pp.114-115.
注：(1) 各数字は，各期間の年度末の平均数値．
(2) 一口座とは，一口座当たりの平均残高．
(3) 取扱局は，郵貯の取扱郵便局数．

績をみると、行数は二五パーセント減の四八三行に減少、その他の数字には大きな変化はなかった。

実現しなかった預入額引上げ　計上した利益三〇万ポンドを原資として、固定利率二・五パーセントの引上げも考えられたが、郵政省のスキューダモー監理官は、利率で信託貯蓄銀行と競争する必要はないと判断した。その代わり預入限度額の引上げを検討。最高三〇〇ポンドまでとする現状の二倍案を策定した。これに一般の商業銀行が強く反対した。理由は一〇〇ポンドから三〇〇ポンドほどの残高がある中間層の預金者の資金が郵便貯金に流れる可能性があったからである。郵便貯金創業時、庶民の銀行を目指す理念を掲げていたから、商業銀行は特段の反対をしなかった。だが国の後ろ盾がある郵便貯金が商業銀行の領域まで入ってくるとなれば、それは別の問題である、と阻止にまわった。

一方、限度額引上げには別の問題がでてきた。限度額を引き上げれば、小規模商工業者らが郵便貯金に口座を開設し、商取引の決済に利用することが考えられた。そうなると頻繁な決済が郵便貯金でおこなわれ、郵便局の事務量が増加しコストが大きく膨らむことになる。また、中間層の資金は流動性が高く、いい投資案件が見つかれば引き出され、頻繁な出し入れが生じる可能性がある。反対に、庶民の貯蓄は、失業、病気、死亡など将来に備えたものが大半を占めている。いわば動きの少ない「静かな貯金」であった。

郵便貯金経営の立場からは、出納事務が少なければ少ないほどコストがかからないから、静かな貯金は歓迎された。商業銀行の反対などもあり、この時点で限度額引上げは見送られることになった。

収支改善策　一八七〇年代から郵便貯金の利益が圧縮されて、一八九六年には六一六二ポンドの赤字になる。原因は経費の増加ではなく、国の配当利子が下がっていったためであった。一八七七年三・四パーセント、一九〇一年には二・八パーセントまで低下。預金者に二・五パーセントの固定利子を支払うと、経費を賄うことができなくなった。また、市場金利が下がり、郵便貯金の利子が有利になると、それまでの三倍の資金が流入してきた。そのため一九〇六年には赤字が一二万ポンドに達した。それでも郵政省は資金運用に手がだせず、運用は大蔵省の専管であった。

当時検討された郵便貯金の収支改善策は、まず運用実績に応じて預金者への支払利率を変動させる案。しかし政治家には不人気で採用に至らず。次に運用先を拡大し地方債などの購入案。これも大きな効果が上げられないとされ不採用。最後に郵便貯金の利益は郵便貯金のために使用する案。当面の赤字は国によって補塡され、一九一一年からは黒字に転換した。案に沿って、黒字全額を郵便貯金基金の強化に充てるべ

郵便貯金の窓口．ロンドンのチャリング・クロスから北東 23 キロにあるロムフォード郵便本局，撮影時期不詳．

きであると郵政省は主張したが、大蔵省へ五〇パーセント納付するとされ、後年、八〇、そして九五パーセントまで引き上げられた。しかし、このことによって、郵便貯金の預金者は固定金利が得られるし、何よりも国の後ろ盾がはっきりしたことが大きい。一九三九年には貯金残高六億ポンド、口座数一一六〇万口、一口座平均四八ポンドを記録した。

郵便貯金の進出で、信託貯蓄銀行はどのように変化していったのであろうか。一時期、運営に懸念が生じ郵便貯金に吸収する案も提言されたが、郵便貯金が信託貯蓄の赤字をかぶる恐れがあるとして実現しなかった。一九三九年に行数がピーク時の二割弱の九九行まで減少したが、預金残高は三億ポンド、口座数は二五〇万口、一口座平均残高は一一八ポンドと大幅に改善する。郵便貯金とくらべて、信託貯蓄銀行の利用者は中間層の利用が多いことが推定できる。

切手貯金　一方、郵便貯金は、労働者や社会的弱者に目を向けていく。一八八〇年、郵政長官のヘンリー・フォーセットが「切手貯金《スタンプ・デポジット》」を導入した。仕組みは、一ペニー切手一二枚を貼る台紙《スリップ》をまず窓口で売り出す。台紙に一ペニー切手一枚が印刷されている。その切手を買い増して一二枚貼り終えたら貯金通帳を作ることができる。以後、一二枚貼り終えるごとに台紙と通帳を窓口に提出すると、通帳に一シリング入金（貯金）と記入される。利用者は女性や子供が多く、ある三ヵ月間の新規口座開設者をみると、その半数が女性と子供であった、という。切手貯金を活用し、小学校に子供郵便貯金銀行ができた。二〇世紀初頭には三五パーセントの小学校につくられる。

拡張に次ぐ拡張　ネット上にはさまざまな情報が氾濫し、その真贋を確かめるのは難しいが、郵便史の執筆にとって有益なサイト（情報）も多い。郵便貯金銀行の本部所在地の変遷を紹介したサイトと、後述するブライズ・ハウスに関するウィキペディア（無料百科事典）のページは信頼できるサイトと思う。以下、それらに依拠しながら書いていこう。一八六一年の創設直後の郵便貯金銀行の本部は、シティーのセント・マーティンズ・ル・グラン街にあった郵政省東庁舎の二つの部屋を借りてスタートした。一八六三年、口座数が一〇〇万に近づき手狭になったため、近隣のセント・ポール・チャーチヤード街の倉庫に移転。一八八〇年には口座数が三〇〇万となり、近隣のクイーン・ヴィクトリア大通りに本格的なビルを建設する。

その後も政府に裏打ちされた郵便貯金は国民生活に浸透して、一八八八年には口座数が四二〇万、一九〇〇年には八四〇万を記録した。まさに倍々で成長していった。本部の業務は多岐にわたり、コンピュータなどなかったから、すべて作業は人手によって処理されていた。職員は、担当ごとに、各台帳への預入額の記帳、同じく引出額の記帳、支払指示書の作成、封筒への封入、受付局への発送、また、日々の全体集計、更には照会や確認事項の調査回答なども大事な仕事であったにちがいない。このように、本部の仕事はきわめて労働集約的なものであった。

一八九〇年代に入るとクイーン・ヴィクトリア大通りの本部ビルが限界に達しつつあり、広さのある敷地が求められるようになった。その結果、新しい本部はウェスト・ケンジントンのブライズ通りに面した一角に移転を決定した。そのため「ブライズ・ハウス」と後年呼ばれるようになる。イングランド銀行や証券取引所などがある金融街シティーから、閑静な住宅街に近いケンジントンに移ることになった。ロンドンの地図を開くと、ほぼ中心のピカデリー・サーカスから約五キロ東の地区にシティーがあり、約三キロ西の地区にケンジントンがある。

本部建築は、ヘンリー・ターナー卿の監督の下、政府の営繕部により一八九九年に開始され一九〇三年に竣工した。当時のエドワード七世時代のバロック様式、ポートランド・ストーンや赤レンガが使われている。建物は四階建て、一階は統括部と窓口、二階は通信部、三階は台帳管理部、四階は職員食堂と厨房であった。台帳管理部には約一〇〇〇人の女性職員が働いていた。いわば女性専用のフロアーで、風紀を守るためとして女性専用の入口が設けられていた。女性電話交換手もそうだが、郵便貯金銀行の女性職員も職業婦人のパイオニアとなり、職場の貴重な戦力になっていった。

一九一九年には郵便貯金の口座数が一二八〇万、貯金残高はほぼ三億ポンドになる。このため近隣六つの建物も使用するまでになった。一九二一年、工費一五万ポンドで新たに一〇〇〇人を収容できるブライズ・ハウス東館を建設した。同館には郵便局も入り、もっぱら本部の郵便物を取り扱い、毎日重さ一トン・一〇万通もの貯金事務関係の郵便物を処理していた。一九三八年には西館建設も認められたが、戦争が避けられなくなり、工事は凍結されてしまった。第二次大戦後の話になるが、一九六三年、政府機関の地方分散方針に基づいて、郵便貯金銀行の本部（中央事務センター）はスコットランドのグラスゴーに移転した。

ジャイロ・サービス　貨幣研究で業績を残した経済学者グリン・デイヴィスが「ナショナル・ジャイロ」について一冊の本を書いている。詳しいことは同書に譲るが、現代のジャイロ（ＪＩＲＯ）は民間企業も参入するネットを介した高速の送金手段になっている。かつてジャイロは「振替転送」とか単に「振替」と呼ばれる決済システムのことであった。ラテン語のお金を回す、という意味に由来する。簡単に述べれば、例えば、Ａの口座から五ポンドを差し引いて、その五ポンドをＢの口座に付け替える。そのことで現金の移動を伴わないが、それだけで決済が完了する。一八八三年にオーストリアでジャイロ・サービスが開始され、それ以降、他の多くのヨーロッパ諸国もそれにつづくようになった。

二〇世紀初頭、イギリスの郵便局が提供する金融サービスは、大略、貯金と為替の二種類。当時、それだけで十分であるという考え方が、郵政省内に定着していた。ある調査によると、一口座の平均年間取引回数は、預入が二・五回、引出が一・二回であった。預入はどこの郵便局の窓口でもできるが、引出は複雑な手続を要した。まず引出依頼書を郵便局に提出し、受け付けた局はそれをロンドンの郵便貯金銀行本部に送付する。数日後、支払指示書が受付局に戻ってくる。即日引き出せないのに、当局は「預入はどこでもできるし、引出も同様である。だから全国各地を飛び回っている仕事人や旅を楽しむ人たちは、貯金通帳さえもって歩けば、さながら銀行と一緒に旅をしているようなものだ」と宣伝していたこともある。

一八九三年、郵便貯金銀行の一職員が二ポンドまで貯金銀行の郵便為替で名宛人に一覧払で支払うことができる制度の導入を提案した。当座預金と小切手のアイディアである。だが、当時の郵政次官は、貯蓄を目的とした郵便貯金に決済機能を持たせることに猛反発して、この提案は拒否された。提案は通常の商業銀行のサービスと同じであり、仮に導入すれば、銀行と競争することになり、大量の資金流入が予想され得策ではない。それは命取りにもなりかねない、と判断されたからである。一九〇四年、郵政長官は旧来の郵便貯金の方針を守ると言明し、ヨーロッパ諸国で普及している小切手によるジャイロ・サービスの検討は、イギリスでは立ち消えになってしまった。

しかし、一九一一年にドイツが郵便小切手サービスを英独二国間で実施したいと要請してきた。これに対して省内は二つに別れて、外国・植民地郵便部門は推進派に、内国郵便部門は業務増加を恐れて反対に回る。郵便職員労働組合《ポスタル・クラーク・アソシエーション》も貯金部門と為替部門を厳格に区別して業務の管理をおこなっている現状のシステムを変更すべきでないと反対に回った。結局、要請から二年後、ドイツの要請を断ることが正式に決まった。

第一次と第二次世界大戦の戦間期、今度はイギリス国内の労働連合会議《トレード・ユニオン・コングレス》が郵便小切手システムの開発促進を決議する。これに対して郵便職員労働組合は、現在の郵便貯金の顧客それに将来の顧客にとって本当に魅力があるものかどうか慎重に議論したいとして、組合は一歩引けた姿勢を崩さなかった。結局、一九二八年、否定的な結論がだされる。

戦後二三年を経た一九六八年になって、イギリスが「ナショナル・ジャイロ」の名前の下《もと》で、銀行口座をもつことが難しい庶民のために、安全で経済的な支払振替サービスをスタートさせた。この業務が長年にわたり実現できなかった大きな理由は、硬直化した郵政省の官僚組織と強力な労働組合の存在が挙げられている。しかし、戦後の情報処理技術の急速な進歩により、労働集約的な業務処理からコンピュータを活用した高速大容量の処理が可能となり、ジャイロ・システムも日の目を見ることができるようになった。

4　保険と年金

一九世紀イギリスの郵政事業は、前述のとおり、郵便サービスに加えて、為替や貯金などの金融サービスにも力を入れはじめた。いずれも国民の利便性や倹約の浸透に貢献してきた。政府が導入した保険と年金の窓口機関として、全国に張り巡らされた郵便局のネットワークが活用されて、郵便局が社会保障制度の一端を担うようになった。

ところで、イギリスの先進的な社会保障制度は、わが国の制度創設に当たっても影響を与えた面がある。そのこともあり、わが国の学会などにおいても、イギリスの社会保障制度に関する研究がおこなわれている。それらの研究論文などを参考にしながら、この節では、郵便局の窓口を活用する社会保障関連のサービスを簡単に整理しておこう。

簡易生命保険　一八六五年、老後の生活を守るために、郵便局の窓口で簡易生命保険《シンプリファイド・ライフ・インシュアランス》が売り出された。真屋尚生《まやよしお》がイギリスにおける簡易生命保険の盛衰について論文を書いているが、それによると、最初に簡易生命保険の分野に参入したのは民間の保険会社であった。郵便局よりも一一年も早い一八五四年一一月、プルデンシャル保険会社から簡易生命保険が売り出される。翌年一月には第一号の保険金支払いがあった。

当時、庶民が保険に入る理由は、葬儀費用を積み立てるためであった。背景には、亡き人のために、できる限り立派な葬儀をあげたいという気持ちが、貧富の差を問わずあり、それが社会現象として一般化していたという事情があった。世間並みの葬儀をおこなうことが、地域社会で生活していく上で最低の条件となっていた。庶民が利用した保険は簡易生命保険である。普通生命保険との一番大きなちがいは、保険料の支払方法。一般に、前者は週払い。後者が半年あるいは年払いであった。資力のない労働者にとっては、賃金も週払いであったから、そのなかから少しずつ保険料を支払うことができる制度はありがたかった。そのほか簡易生命保険には、次のような特徴があった。まず健康診断がない無審査、被保険者の同意が不必要、保険金額が限定小口、そして利益が無配当の保険であった。その後、保険会社は積極的な営業活動で業績を伸ばしていった。

後追いとなった郵便局の簡易生命保険は、民間保険会社と競合を避けるために、保険金額が最低二〇ポンド以上とされたため、加入できる者は中位以上の労働者に限られた。年齢二〇歳・保険料週一ペニーで、死亡時保険金額は郵便局が一二ポンド、プルデンシャル社が八ポンド。郵便局が有利なのに、この国営保険は伸びず、年間契約数は五〇〇件前後で止まった。一九〇七年の契約保有数は、民間が二五五四万件に対し、郵便局はわずか一万件であった。このため、一九二八年に国営保険のサービスは停止される。

民間保険が圧倒的に強かった理由は、保険料の集金システムにあった。それは保険会社の代理人あるいは集金人が毎週顧客の家を訪れ保険料を集めていく方法であった。そのことが近所の人たちへの保険契約者（顧客）の社会的・経済的地位を示すことにもなった。可笑《おか》しな話だが、世間体を気にして派手な葬式を挙げるために、貧しい人たちは生活費を切り詰めてでも保険料支払いを欠かさなかった。他方、簡易生命保険の運営にも、保険契約者の利益にそぐわない無理な勧誘、事業費・株主配当・役員報酬の高さなどの問題点が指摘され、中流階級の人々、とりわけ社会改良家や評論家から厳しく批判された。

老齢年金　イギリスでは一九〇九年、老齢年金《オールド・エイジ・ペンション》の制度が誕生し年金支給がはじまった。郵便局が年金支給窓口になる。樫原朗《あきら》の論文によると、三年前の総選挙で自由党が保守党を破り勝利を収め、社会改良の時代がはじまった。労働争議法、学校給食法、賃金委員会法などとともに、無拠出の老齢年金法が成立した。成立には時の大蔵大臣デイヴィッド・ロイド・ジョージ（一九一六年から首相）が奮闘する。ごく簡単にいえば、年金の基本は、年収二一ポンド以下、七〇歳以上の国民、支給は毎週金曜日五シリングであった。ただし投獄された者、貧民などには受給資格がないとされた。初年度実績は六五万人・八〇〇万ポンドとなった。四年後には一二〇〇万ポンドになる。

議会では、先行していたドイツの年金が拠出型であったこともあり、野党保守党から「無拠出の年金支給は国民の道徳低下を招く」と反対があった。これに対し、ロイド・ジョージは「兵士には年金がでるのに、貧困に苦しんでいるいわば産業の老兵たちに年金をださないのは非道ではないか。それに拠出型なら、収入のない老婦人は年金が受けられないことになる」と反論した。実際に、多くの貧しい年寄りがわずかばかりの施《ほどこ》しをもらうために、自分が救貧院に行かなければならなくなることに、絶望的な不安を抱えていた。それが変わる。オックスフォードシャーの貧しいが自然豊かな村の日々の生活を綴ったフローラ・トンプソンの自伝的小説『ラークライズ』には、年金支給の有難さがわかる場面が次のように描かれている。

> こういう状況に変化が訪れたのは、老齢年金法が施行されてからのことである。そのときになって年寄りはやっと不安から解放された。突然お金が入り、他人にすがらずに生きていけるようになった老人たちは、郵便局に年金を受け取りに来ると、感謝のあまり涙を流しさえした。「ロイド・ジョージ様のおかげだ。神さま、彼をお守り下さい。それから郵便局の職員さんにも神のご祝福を！」彼らは首相を様づけで呼び、その頃郵便局で働いていたローラが仕事としてお金を手渡しているだけなのに、彼女にまで庭からもってきた花束やリンゴを山のようにお礼にくれるのだった。　（石田英子訳）

イングランド南部ハンプシャーのイースト・ストラットン村の郵便局．1937年．看板には「為替・貯金・小包・電報・保険・年金」と取扱業務が記されている．村人の生活を支えた．

やや横道に逸れるが、著者フローラは一四歳で郵便局長の助手として働きはじめ、その傍ら詩や散文、そして子供時代などを回想した本を一九三九年にだす。回想では、フローラはローラに、故郷のジャニパーヒルはラークライズとして登場させる。夫も郵便局員（後に局長）であった。ローラ・インガルス・ワイルダーの『大草原の小さな家』の、アメリカのローラの物語は日本でも有名だが、高校生の必読書にもなっている『ラークライズ』はイギリスのローラの物語ともいわれている。そのローラの語りからも、無拠出による年金支給が高齢者の生活を一変させた大きな改革であったことがよくわかる。

なお、イギリスの年金関係の論文・資料は、ほかにも、杉山遼太郎の「ジョーゼフ・チェンバレンの介入的自由主義思想と老齢年金」、武田宏の「イギリス老齢年金成立史」などがあるが、年金綜合研究所の佐野邦明が厚生労働省の社会保障審議会の部会に提出した「イギリスの年金制度の概要」には同国の現行制度が図表も入り説明されている。

国民保険法　一九一一年、健康保険と失業保険が組み込まれた国民保険法が成立した。詳しくは、四谷英理子の論文を読んで欲しいが、一言でいえば、友愛組合、労働組合、簡易生命保険の会社を国民保険の認可組合に承認し、官民が共同で保険運営をおこなうことになった。

いわば政府・組合・労働者の三者が定められた割合で共同で拠出し、疾病や失業のときに最低限の保険金が支払われる仕組みをつくった。当初、国の介入を嫌う友愛組合や労働組合は制度に反対したが、政府拠出が組合の脆弱な財政に欠かせないと判断し賛成にまわった。認定組合がカバーしきれない底辺の人たちには、政府は郵便局の特別基金に拠出する形の貯蓄保険を用意した。このように郵便局は国家の社会保障制度を第一線で担う、国民にとってもっとも身近な政府機関の窓口になっていく。

ゆりかごから墓場まで——。その素地がこの時期につくられたのである。

5　電信・電話会社の国有化

イギリスの電信《テレグラフ》と電話《テレフォン》の事業は民間会社によってはじめられたが、一九世紀後半から二〇世紀前半にかけて郵政省傘下の事業となる。本章では非郵便サービスの台頭を扱っているが、前段でみてきた為替、貯金、保険などは金融サービスであり、非郵便サービスとしてはっきりと区分することができる。しかし郵便を通信の一形態として考えると、電信・電話も通信の一形態である。厳密な意味では、電信・電話は非郵便サービスになるけれども、歴史的にみれば、電信・電話は郵便を補完する通信として生まれ、その速さから郵便に代わる通信手段に発展していったのである。この時期、郵政省は金融と通信という国民生活や経済活動にとって不可欠な二つの基幹サービスを提供する巨大なビジネス官庁になっていく。電信・電話の発明や開発を巡《めぐ》る特許論争にはおもしろい話があるが、それは他の本に譲ることとし、ここでは、その電信・電話事業が郵政省の枠組みに組み入れられていった過程をみていこう。

電信　イギリスでは、はじめ電信線が鉄道の運行連絡用に線路に沿って敷設されていった。それは単線運転の事故防止などに欠かせないものになっていく。だが、一般に電信といえば電報《テレグラム》のことを指す。「大学合格」とか「契約成立」といったような緊急情報を電信で送信し、情報を用紙に記して受取人に配達する。そのような電報サービスをおこなう会社が登場する。ラースロウ・ソリマールの通信史によれば、一八四五年に電信機を開発したウィリアム・F・クックがエレクトリック・テレグラフ会社（エレクトリック）を立ち上げると、その後相次いで、競争相手が電信会社を設立する。それらが合併して、一八五七年には英国アイルランド磁気電信会社（マグネティック）が、その二年後にロンドン地区電信会社（地区電信）が、そのまた翌年に連合王国電信会社（UKTC）が創設された。

これら企業の一八六八年の電信線敷設距離のシェアは、エレクトリックが六三パーセント、以下、マグネティック二四パーセント、UKTC一三パーセントであった。また、電信取扱数のシェアは、エレクトリック五六パーセント、マグネティック二七パーセント、UKTC一四パーセント、地区電信三パーセントであった。電信線敷設距離においても電信取扱数においても、エレクトリックが圧倒的に強かった。前年の数字になるが、右上がりで成長するエレクトリックの売上高は三五万ポンドで、うち四二パーセントが利益となった。電信線敷設距離は約八万キロ、電信取扱数は三五〇万通に達する勢いであった。成長する電信事業。しかし、投資家にとっては、膨大な電信線の資産はまた負債の固まりと写り、危険の伴う新しいビジネスでもあった。

一八五四年、民間主導で歩みはじめたかにみえた電信事業に対して、国有化《ナショナライゼーション》の議論がでてきた。その背景については、遠山嘉博が『イギリス産業国有化論』のなかで詳しく論じている。議論では電信技術の有効性を認め、より広範囲に事業を展開することを提唱するものであった。しかし、当時、民間会社は利益の上がる都市部に力を入れ、かつ、料金がきわめて高かった。それを解決するために、公益事業として低廉な料金により郵政省が運営すべきである、と提案された。その経済性について、料金を下げても需要は増加するので問題ないとされた。経済学でいう需要の価格弾力性の理論である。一般的に受け入れやすい論法で、利益を受ける商工業者、新聞社、その他多くの分野から電信国有化が支持された。他方、国有化反対を叫ぶのは当事者となる電信会社、鉄道関係者、株主らに限られた。議論はパンドラの箱をひっくり返したように延々とつづいたが、結局、国有化に向けて舵が切られた。

これを受け一八六八年、郵政省に電信会社を買収する権限を与える「電信法」が制定された。しかし、電信会社は利益がでる都市部の権益を手放さず、政府は翌年、電信会社を国有化する「改正電信法」を議会で通過させた。売却益を当て込んで、各電信会社の株価が上昇する。チャールズ・R・ペリーは著書のなかで「最終的な国有化のコストは六七二万ポンドになり、それは当初見込みを四〇〇万ポンドも上回るものになった」と述べている。

一八七〇年一月、郵政省による電信事業が一〇〇〇の郵便電信局と一八〇〇の駅電信局でスタートした。初年度、九割の電信が郵便局で受け付けられた。電報料金は、宛先の文字は無料、距離にかかわりなく二〇字まで一シリングに抑えられた。四シリングとか五シリングも支払わなければならなかった民営時代にくらべれば、大幅な値下げである。一八七二年までに取扱局は五〇〇〇に増加、電信線敷設距離も一三万キロまでになった。このような電信基盤の改善は、利用者にとって大きな利益となった。

一八七二年の『郵政年報』には「人々は電報を恐れずに受け取るようになり、誕生日や結婚のお祝いに電報を送るようになった」と記録されている。また、電信はラジオ放送局の役目も果たし、オックスフォード大学対ケンブリッジ大学のボート・レースの日には、その勝敗の結果を一刻も早く知ろうと電信取扱局の前に大きな人垣ができたという。

表29に国有化後の事業実績を示すが、電信取扱数は二〇世紀初頭まで年々増加していく様子がわかる。しかし事業収支のバランスをみると、一八八〇年代前半までは、かろうじて利益を上げたものの、支払利息を加味してみると大幅な赤字となった。その後は、例外はあるが、赤字の額が膨らむばかりであった。大きな要因は、コストを無視した低料金の維持や、新聞社などに対する更なる優遇料金適用を求める圧力に加えて、数次にわたる労働賃金の値上げにあった。民間企業であれば倒産は避けられない状況ではあったが、それでも国営企業であるが故に事業が継続された。

今なら経営責任を問われるであろうが、議会が、料金設定や業務の端々にまで口をはさむ状況にあり、郵政省の責任者が日々の議会対策に追われて、自主的に経営手腕を発揮する土壌ではなかった。このような環境では、民間経営のスタンダードを求めること自体に無理がある。二〇世紀前半までのイギリスの国営電信事業は、議会・政府主導の公益性を前面にだした旧来型の公益事業であった。

ここで逸話《エピソード》を一つ紹介しよう。イギリスでも電信創業当初には、人々は電信について関心がなかったが、一八四五年一月に起きた、ある殺人事件が電信に対する理解を一気に高めた。それは一人の婦人が男に殺され、男はスラウ駅から汽車に乗りロンドンに逃走した。大都会に紛れ込めば逃げ切れると思ったのであろう。しかし、登場したばかりの電信が活躍した。スラウ駅からパディントン駅に至急電信で「殺人事件発生。殺人犯はロンドン行一等乗車券を購入、午後七時四二分発の列車に乗車。足下まで届くクエーカー風の茶の長外套を着用。一等二号車最後の客室《コンパートメント》に着席」と通報された。程なくして、パディントン駅からスラウ駅に「上り列車到着。通報されし風情の男は最後の客室から下車。ニューロードの乗合馬車に乗車、ウィリアムス巡査部長が追跡す」と返電された。その直後、巡査部長が犯人を逮捕した。この殺人事件の顛末が、電信の仕組みの紹介や電信全文を含め、詳細に報道された。この記事により、人々は、電信が汽車よりも速く情報を送ることができることと、その有効性をはじめて知った。これには犯人も臍《ほぞ》を噛んだことであろう。

電話　次に電話の話。その発明者はアメリカ人のアレキサンダー・グラハム・ベルか、同じくトマス・エジソンか、それとも他《ほか》の人なのか論争が尽きないが、ここでは民営ではじまったイギリスの電話事業が郵政省に収斂されて官営事業となるまでの経緯《いきさつ》に焦点をあてる。一八七六年九月、サー・ウイリアム・トンプソンがグラスゴーでベルの電話機を展示した。翌年には、ベルがイギリス郵政省の技術者に電話機二台を提供した。電話機はプリマスなどで展示される。いずれの電話機も実用化には更なる改良が必要であったが、それでも画期的な通信機器となることが期待された。一八七八年にはベルが、イングランド南部ワイト島のオズボーンの館に滞在

表 29　国有化後のイギリス電信収支と発信数

年　度	収入	支出	利益	利息	取扱数
	(万ポンド)				(万通)
1871-72	75	60	15	233	1,000
1875-76	128	110	18	295	2,000
1880-81	163	130	33	326	2,941
1885-86	178	183	−5	326	3,914
1890-91	245	238	7	299	6,640
1895-96	288	292	−4	300	7,884
1900-01	345	382	−37	294	8,957
1905-06	415	489	−74	272	8,947
1910-11	316	408	−92	272	8,670

出典：Perry, *The Victorian Post Office,* pp.137-138.
Lord Wolmer, *Post Office Reform,* pp.162-163.
注：(1) 1871-72 および 1875-76 年度の取扱数は，推定値.
(2) 利息は支払額で，営業収支の外枠.

しているヴィクトリア女王の前で、ロンドンなど三都市に電話をする実験を披露している。これがイギリス初の長距離電話として記録された。

一八七八年六月、ベルの特許を使う電話会社《テレフォン・カンパニー》がロンドンで設立された。最初に敷設された回線はテムズ川ヘイズ埠頭と対岸にあった埠頭の事務所をむすぶものであった。翌年には交換局二局を増設、加入者数が二〇〇となる。つづいて一八七九年八月には、エジソン電話会社が同じくロンドンで設立された。翌年二月に加入者数が一七二となる。年間料金はベルの二〇ポンドに対し、一二ポンドとして先行企業に競争をしかけた。しかし一八八〇年六月、両社は合併して、ユナイテッド電話会社（ユナイテッド）となる。

だが、ここに来て法律上の問題が提起された。一九一一年に郵政省がまとめた郵政小史という冊子によると、電話は電信の一形態であり、電信の運営は一八六九年制定の電信法第四条に基づき郵政省が独占的に所管しており、電話を運営する民間会社は電信法に抵触する、と郵政省は民間企業に対して警告を発し、同省の定める条件に従って、事業免許を同省から取得することを求めた。しかし民間会社側は免許制に拒否反応を示し、決着は法廷に持ち込まれた。一八八〇年一二月、「電話《テレフォン》は電信法に定める電信《テレグラフ》に該当し、電話による会話は電報《テレグラム》と見做される」という判決がだされ結審した。郵政省にとって有利な判決であり、免許制を敷くとともに、みずからも電話事業に乗りだす。

ユナイテッドに対する免許条件は、期間が一八八〇年末から三一年間、独占使用権料《ロイヤルティー》が売上げの一〇パーセント、事業は中心点から半径五マイルの範囲内、政府は将来の事業資産買取権を留保するというものであった。事業範囲が限定された理由は、電話が電信の競争相手になることを阻止し、官営の電信事業への影響を最小限にとどめたいとする郵政省の意向が働いていたことと、巨額の設備投資が予想されるため、郵政省の事業を限定的にとどめたいとする大蔵省の方針があったからであろう。他方、郵政省は、地方自治体などが運営する小規模な電話事業にも免許を与えたが、ヘメオンの英国郵便史によれば、一八八〇年から五年間でわずか二七の町に免許が交付されたにすぎなかった。

一八八一年三月、ナショナル電話会社（ナショナル）が設立された。ベルやエジソンの特許技術を活用するため、ユナイテッドとライセンス契約を締結し、ロンドン以外の都市を営業エリアとする電話会社となる。また、スコットランドの地域電話会社二社に株式の一部を譲渡し、バーミンガム、ベルファスト、ノッティンガム、グラスゴーなどの都市との連携も推進した。

一方、電話の営業範囲を半径五マイル以内とする政府の規制に批判が集中していたが、一八八四年八月、範囲制限の規制廃止をフォーセット郵政長官が決断した。その結果、イギリス国内であれば、免許事業者は、どこにでも電話交換局を設置し電話回線を敷設することができるようになった。同時に、郵政省の電信ネットワークに接続することも認められた。それによって、電話から電報が送れるようになる。規制解除は、全国電話網の形成に役立つことになるが、免許条件のロイヤルティーの支払いと政府の事業資産買取権の留保はそのままのこった。

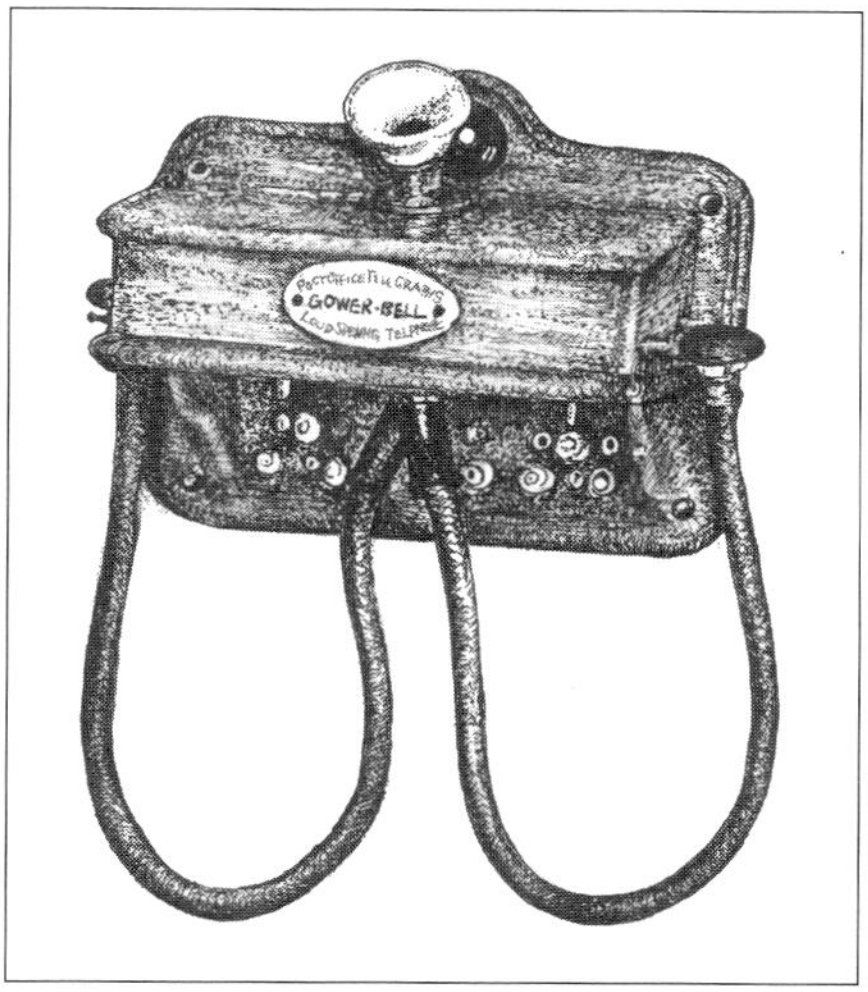

ガワー・ベル電話機．1881 年製．壁掛け式．木製の箱，上部に瀬戸物の送話口，右側のコードの先が受話器．長年にわたり郵政省の標準機種となる．

ナショナルは一八八九年七月、郵政長官の反対を押し切って、大手ユナイテッドとランカシャー・チェシャー電話会社との合併を強行し、二万四〇〇〇回線を保有する電話会社となる。この時点でユナイテッドは精算された。その後も、イングランド、ウェールズ、アイルランドなどで営業する小規模な電話会社を吸収し、一八九二年までに九〇〇〇回線を上積みしている。また、ロンドン―バーミンガム間に長距離電話回線も独自に敷設した。ナショナルは全国展開を目指す電話会社への基礎を固めていく。

二〇世紀に入ると、郵政省とナショナルの電話事業が競合する場面が多くなり、一九〇一年、無駄な重複投資を避けるためにロンドンの受持エリアを分割し、分割後、両者の異なるシステム間の接続について合意する。更に、合意には重要な条項が含まれていた。免許が切れる一九一一年末に郵政省がナショナルを買収することが決められた。四年後、買収計画が正式に発表されたが、買収額を決定するまでに四年にわたる厳しい交渉が重ねられた。ナショナル側は一八四〇万ポンドを要求、それに対し郵政省側は九四〇万ポンドを提示して折り合わなかった。結局、裁判で一二五〇万ポンドで決着することになる。

一九一二年一月、郵政省は、ナショナルの電話システムをはじめ、有形無形の資産を引き継いだ。すなわち一五〇万マイルの回線、一五六五の交換局、五六万の加入者、九〇〇〇人の従業員の身分も郵政省に移った。この結果、単独運営をおこなうハル、ポーツマス、ガンジー島の三地域を除いて、郵政省が独占的に電話サービスをイギリス全土に提供することとなった。電信に次いで、電話も国有化された。

この電話の国有化について、キャンベル＝スミスは著書のなかで「その発端から決着までに長い期間を要し、それは不幸な道程であった」と評した。電信の国有化には、民間の大都市・利益優先の経営から、国が遍《あまね》く全国にサービスを展開するという明確な大義があったが、電話にはない。電話は電信の一部という司法判断を得たのだから、その時点で国直轄の事業にすればすっきりしたものになったが、財務当局が口を挟むし、郵政省も体制が整わなかったために免許制を導入した。当初は、営業範囲の限定、三〇年の期限付、政府の買収含みの条件であった。加えて、国みずからも電話事業に進出するのだから、産業政策の観点からは不透明さが拭《ぬぐ》えない。国有化の是非は別としても、一本化までに三〇年という実りのない時間を費やしたことは、やはり不幸な道程であったといえよう。

電話の国有化の背景には、吉井利眞《としまさ》の論文によると、電話に先駆けて国有化された電信からの国庫収入が後発の電話の発展によって脅《おびや》かされたという政府側の判断があった。その他、ネットワークの相互接続の欠如、それに起因する同一エリア内での設備投資の重複による無駄、機器の製造、機器や回線の保守点検技術レベルのばらつきといった問題がネットワークの一元化によって解消され、電信電話事業は公益事業としての性格を強めながら、回線当たりの交換機器のコストや既設回線の利用による通話量増大への対処コストなどの面で規模の経済が働く領域と見做されたことも、国有化決定の重要な点であった。

社会の変化　一九一〇年の各国の電話機一台当たりの人数がジョージ・R・ポーターの『国家の発展』に掲載されている。それによると、イギリスは一台当たり六八人、これに対し、アメリカ一一人、デンマーク三〇人、スウェーデン三〇人、ノルウェー三九人、ドイツ六五人で、イギリスは電話先進国に後塵を拝した。イギリスの電話架設台数の多い都市の状況は、表30のとおりである。ナショナル買収直後の一九一二／一三年度の全国の架設台数は七三万台となり、うちロンドンは二四万台となった。

電話の登場で町の風景が変わった。電話室《コール・オフィス》が電話局のなかに設けられていたが、街中にも小屋といってもいいが、小さな木造の電話室（キオスク）が建てられ、人々に利用されるようになった。一九二〇年後半から、設計コンペで採用された建築家のジャイルズ・G・スコットの作品がお目見えする。今もスコットの懐かしい赤い電話ボックスが記念に設置され

赤い電話ボックス．K2 型．設置は 1926 年から．今でもわずかだが街のアイコンとなっている．

表 30　イギリスの電話架設台数

都　市	1910 年	1911 年	
	（台）	（台）	台当たり（人）
ロンドン	104,208	181,011	36
グラスゴー	43,928	42,855	24
リヴァプール	26,849	27,783	37
マンチェスター	21,209	23,462	47
バーミンガム	13,479	14,336	64
エディンバラ	10,889	11,791	44
ハル	10,800	11,060	24
リーズ	9,072	9,365	55

出典：Porter, *The Progress of the Nation,* pp.565-566.

ているところがある。風景が変わったといえば、町の中心街にでれば、頭上に蜘蛛の巣が架かったように電話線が張り巡らされ、電話線の公害が問題になってきた。電話線だけではないが、この問題解決のために、後年、電線工事が空中架線から地中埋設へと変わっていく。

電話交換手は女性の職場となる。当初、一〇代半ばの少年たちの職場であったが、丁寧に対応する女性の職場に特化していく。郵政省は一八九九年に、女性電話交換手を育成するために、ロンドンに職業訓練校を設置する。一九一三／一四年度の数字になるが、同省の女性労働者は約六万人で全体の四分の一を占める。このなかにはナショナルが国有化されて国に移籍された女性電話交換手も多数含まれていた。郵政省にとって女性の労働力は、就中《なかんずく》、郵便貯金銀行の貯金業務と電話局の電話交換業務の専門職集団に欠かせない。彼女たちは女性の社会進出に先鞭をつけたが、しかし、年金支給が約束されている正規職員ではなく、多くは非正規職員の扱いであった。一九一三年に郵政女性事務職員団体《アソシエーション・オブ・ポスト・オフィス・ウイメンズ・クラークス》が女性国家公務員連盟《フェデレーション・オブ・ウイメンズ・シヴィル・サーヴァンツ》に問題を提起した一幕もあったが、地位確立には途方もない時間がかかった。

最後に、電話は消防・警察への緊急通報に使われるようになったことについてふれよう。一九三七年、〝９９９〟が緊急電話番号と定められた。この番号に電話をかけると、瞬時に交換台のブザーが鳴り、赤ランプが点灯する仕組みで、消防署か警察署につないでくれる。最初にロンドン地区で採用され、最初の三ヵ月で四万回の緊急通報があった。電話は社会に欠かせない通信手段となっていった。

本節において、イギリスの電信電話事業の国有化について述べてきたが、前段で少しふれたように、電信電話の仕事に女性が進出してきた。このことについて、必ずしもイギリスのケースを扱ったものではないが、次の二冊の文献には、女性が最先端の技術を習得し果敢に新しい職場を切り開いていったことが語られている。一冊は主としてアメリカのケースを扱ったトーマス・C・ジェプセンの『女性電信手の歴史──ジェンダーと時代を超えて』(高橋雄造訳)、もう一冊はドイツのケースを扱った石井香江の『電話交換手はなぜ「女性の仕事」になったか』である。この二冊は、イギリスのケースにも当てはまるところがあり参考になる。

第13章　二〇世紀前半の郵政事業

本章では、二〇世紀前半の郵政事業を扱う。まず、郵政の現場で働く職員・労働者の労働環境を分析する。次に、労働運動が台頭するなかで、郵政の労働組合が結成される過程を追う。また、第一次、第二次世界大戦が勃発し、郵政事業も大きな影響を受けたが、その状況を検証する。更に、両大戦間におこなわれたブリッジマン委員会の答申により実施された郵政省の大幅な機構改革についても紹介する。

1　郵政職員・労働者

ここでは、一九世紀後半から二〇世紀前半にかけて郵政事業に従事した職員・労働者に光をあててみた。この頃になると、郵政省の事業は、郵便を筆頭に、為替、貯金、電信、電話などの仕事が加わる一大現業官庁に発展していった。郵政長官はイギリス国内最大の雇用者となり、郵政事業の運営責任を一手に負っていた。

郵政職員・労働者の人員　表31に人員の推移を示す。郵政長官の年次報告書の数字を使って整理してみたが、一九世紀の数字に不明な点が多く、完全な比較表ではないが、人員増加の傾向がはっきりわかる。全体でみれば、一八五四年二万人強から一九一四年二五万人弱となり、六〇年間で一二倍強に増加している。一九世紀後半の伸びが著しい。また、その男女比率を計算したが、その傾向は、男性が八割を切りやや減少ぎみだが、女性は二割を上回るまでになっている。郵便貯金や電話交換の業務が女性の仕事となり、郵政省は、一定の知識や技能を有する女性の社会進出の受け皿になっていたことが読みとれる。

正規職員《エスタブリッシュメント》と非正規労働者《アンエスタブリッシュメント》の区分がある。正規職員は国家

表 31　郵政職員・労働者の人員と労務費の推移（1854－1914 年）

（1）人員　（人／%）

区　分	年					
	1854	1875	1898	1900	1910	1914
正規職員						
男　性	–	–	59,707	78,916	96,916	100,307
女　性	–	–	8,125	15,216	22,267	23,486
小　計	–	–	67,832	94,132	119,183	123,793
正副郵便局長	–	13,226	20,268	–	–	–
非正規労働者						
男　性	–	–	–	59,091	69,131	88,640
女　性	–	–	–	20,161	23,996	37,173
小　計	–	–	71,842	79,252	93,127	125,813
全　体						
男　性	–	33,039	127,779	138,007	166,047	188,947
女　性	–	11,605	32,163	35,377	46,263	60,659
合　計	21,574	44,644	159,942	173,384	212,310	249,606
全体男女比率						
男　性	–	(74%)	(80%)	(80%)	(78%)	(76%)
女　性	–	(26%)	(20%)	(20%)	(22%)	(24%)

（2）労務費（人件費）　（万ポンド／%）

科　目	年					
	1860	1875	1898	1900	1910	1914
収　入	876	–	–	1,745	2,486	3,168
支　出	604	–	–	1,414	2,062	2,517
労 務 費	274	–	–	868	1,255	1,609
労務費／収入	(31%)	–	–	(50%)	(50%)	(51%)
労務費／支出	(45%)	–	–	(61%)	(61%)	(64%)

出典：*1st Rep. of PMG,* 1855, p20.
22nd Rep. of PMG, 1876, pp.15.
45th Rep. of PMG, 1899, pp.16-19.
47th Rep. of PMG, 1901, pp.20-22.
48th Rep. of PMG, 1902, pp.20-21.
Rep. of PMG 1913-14, 1914, pp.25-26.

注：(1) 1900 年度以降の正規職員には，正副郵便局長の数字が含まれている．
(2)「–」は不明であることを示す．

公務員またはそれに準ずる資格を有して、諸手当・雇用保険・年金などが享受できる職員をいう。正規雇用である。非正規労働者は、多くがパートタイムで、業務量の多寡によって調整できる、当局にとっては便利な雇用形態であった。クリスマス・シーズンには多くのパートタイマーが郵便業務を支えていた。もっともフルタイムで働いていた「ボーイ・メッセンジャーズ」と呼ばれていた電報配達員も非正規扱いであった。いわゆる非正規雇用である。正規・非正規の割合はほぼ半々。正規がやや多かったが、一九一四年の数字ではわずかながら逆転した。

菊池光造の論文所収のイギリス主要業種別就業人口の一九一一年の数字を合算してみると、一二六一万人になる。一年前の数字となるが、一九一〇年の郵政省の従業員総数が二一万人強であったから、二パーセント弱になる。当時、郵政長官はイギリス最大の雇用者といわれ、一九二二年に鉄道会社のグループが頂点に立つまで、トップを維持していた。

労務費（人件費）の総額について調べてみた。表31の下段に、把握できた四年分を示す。労務費は一八六〇年が二七四万ポンド、七四年後の一九一四年には六倍の一六〇九万ポンドになった。収入額に占める労務費の割合は一九世紀一八六〇年は三割、二〇世紀に入ると五割に上昇した。また、支出総額に占める労務費の割合は一九世紀は四割五分、二〇世紀に入ると六割強にまで増加した。郵政事業がきわめて人手に頼る労働集約型産業の典型になっていた。

職種の構成　表32に一九一〇年の職種の構成を示す。上級管理職は本省の次官や局長など。全体の一パーセントにも満たない一握りの人たちであった。

次に正副郵便局長。当時の郵便局を大別すると、中核となる官立郵便局《クラウン・ポスト・オフィス》と、町や村の小さな商店の片隅に窓口を設けられていた副郵便局《サブ・ポスト・オフィス》となる。前者の局長が正局長、後者の局長が副局長となる。副局長には商店主らが郵政長官から任命され、切手の販売や郵便の引受業務などを受託し、手数料をもらっていた。内訳がないが、一九一三年の比率で推計すれば、官立局の局長が約四パーセント一〇〇〇人強、副局長が残り

表32　職種別の人員構成（1910年）

職　種	人　員（注）
上級管理職	541 (　4)
正副郵便局長	23,598 (8,064)
書記・監督官	11,021 (3,439)
内　勤　職	36,233 (10,750)
外　勤　職	47,790 (　10)
非　正　規　職	93,127 (23,996)
合計	212,310 (46,263)

出典：Daunton, p.195.
注：カッコ内の数字は女性の人数.

二万二六〇〇人ほどとなろうか。括弧内に女性の数字が八〇六四人とあるから、三六パーセントが女性の副局長であった。零細な商店の女主人が町や村の郵便サービスを担っていたのである。

書記・監督官は、本省・貯金銀行・電報局・電話局などの内勤業務に従事する中堅クラスの職員。この時代、重要ポストへの任用は男性中心だが、本省企画部門に配属されるケースは少数であった。また、女性の割合が三割を超えていた理由は、多くの女性が働いていた貯金銀行や電話局の業務を監督する人材として、経験豊富な女性が登用されていたからと思われる。

内勤職は、定常的な業務を担当。全体の一七パーセントを占める。業務は、例えば郵便物の区分、窓口、電話交換、電報の送受信、貯金の利子計算など多岐にわたる。三割が女性職員であった。

外勤職は、郵便物の配達を担当した「ポストマン」と呼ばれたグループで占められていた。全体の二三パーセントを占め、女性は一〇人、残りは全員男性の職場であった。

非正規職は、前段で説明したとおりである。多くが一日数時間だけ郵便配達の業務に携わるなどのパートタイマーであったり、あるいは繁忙期に一時的に仕事をする季節労働者であったりした。職種で分類することも可能かもしれないが、雇用形態、すなわち正規か非正規での雇用か、そこが重要な区分のポイントである。現代の労働事情に通ずるものがある。女性の比率は二六パーセントであった。

職員の年収額　表33に一九一〇年の正規職員の年収額を示す。調査時点は前段の表と同じ。週給の場合には年収に換算している。当時の賃金体系は男性と女性が明確に区別されていた。総じていえば、幹部職員の年収は明らかに男性が圧倒的に高い。筆頭は次官が二〇〇〇ポンド、貯金銀行総監が一五〇〇ポンドといずれも四桁台の数字である。女性の最高は貯金銀行女性職員監督官の六〇〇ポンドで一桁違う。総監の年収の約半分である。

実質的な業務を仕切っていた事務官のケースをみると、男性の主席事務官は四五〇―六〇〇ポンド、女性は一五〇―二〇〇ポンドであった。三倍の格差があった。次に、男性三等級事務官が八〇―二〇〇ポンド、女性二等級事務官が六五―一一〇ポンドとなっている。今様に考えれば、二等級の業務は三等級よりも上位の職種となろうが、金額をみると、二等級が低い。男女差がまかり通っている。男性三等級事務官の昇級額は年七ポンド半で、一六年間で最高の二〇〇ポンドとなる。初号（初任給）の額と比べると二・五倍になる。

その他職種の昇級について分析すると、ロンドンの男性窓口担当者の例では、一八歳採用で四七ポンド、三六歳で一六一ポンドとなる。一八年間で三・四倍になる。ロンドンの郵便配達員は一八歳採用で四九ポンド、四六歳で一〇七ポンドとなる。ある意味、年功序列でベースアップがあったが、俸給が上限になると、その後はベースアップがない。いわゆる横ばいとなる。郵政省全体でみると、窓口、区分、郵便配達の担当要員が大きな比重を占めているが、男女格差は上位官職にみられるような大きな差は生じていない。例えば、ロンドンの窓口担当者の年収は男性四七―一六一ポンド。女性は

表33　郵政職員の年収額（1910年）

（ポンド）

職　　種	年収額
男　性	
郵政次官	2,000
貯金銀行総監	1,150
主席事務官	450 ～ 600
三等級事務官	80 ～ 200
窓口担当官・電信官（ロンドン）	47 ～ 161
区分担当官・電信官（地方）	36 ～ 146
郵便配達員（ロンドン）	49 ～ 107
郵便配達員（地方）	39 ～ 94
女　性	
貯金銀行女性職員監督官	600
貯金銀行主席事務官	150 ～ 200
二等級事務官	65 ～ 110
窓口担当官・電信官（ロンドン）	42 ～ 104
区分担当官・電信官（地方）	31 ～ 94

出典：Daunton, p.197.

四二―一〇四ポンドとなっている。初号の差は五ポンドで男性の八九パーセント。最高額の差はやや開き五七ポンドで男性の六五パーセントとなった。

非正規雇用の賃金　正確なところは不明である。郵便部門では、一日の業務のピークが二回ある。午前六時から八時半までの朝一便の配達と、午後六時から一〇時までの最終便の配達。正規の配達員が担当すれば、一日一六時間労働となってしまう。そこで、特に朝一便と最終便の配達に、パートタイマーを活用していた。一八八七年のロンドンの数字になるが、パートタイマーの人たちの職業を調べたら、三四五人が靴職人、一〇六人が庭師、五五人がポーター、五一人が仕立職人であった。彼らの労働時間は一日三時間から六時間が目安で、四時間程度が多かった。賃金は一日一〇シリングから一五シリング程度。しかし非正規雇用だから、年金や健康保険などの保障がない。不安定な身分であった。

正規職員と非正規労働者の賃金のあいだにどの程度の差があったのであろうか。リヴァプール管内でおこなわれた一八七二年の試算が残っている。それによると、一日五時間労働の非正規パートタイマーは週一一シリング、一日八時間労働の正規職員は週二一シリングであった。しかし、正規職員の人件費には年金積立などの雇用主負担があり、それを加算すると週二五シリングになる。仮に、非正規一日八時間労働と

して、非正規賃金で計算すると週一七シリング半となり、週の支給金額は正規の八三パーセントにとどまる。国の従業員負担額で比較すると、正規は非正規の一・四倍の負担となる結果がだされた。

一九世紀末には、非正規パートタイマーの処遇改善策が検討されたことがあり、一日六時間以上働く者は「アシスタント・ポストマン」とし、社会保障の一部を受けられるようにするとか、パートタイマーは三時間未満の勤務に限定することなどの案がでてきたが、成案には至らなかった。以上、一断面にすぎないが、一九世紀から二〇世紀はじめの郵政事業の賃金をとりまく状況を説明した。その後、第一次世界大戦の勃発、労働党政権の樹立などにより郵政職員・労働者の賃金の環境は変化していく。

戦争、健康、退職　年次報告書には、職員・労働者に関するさまざまな事項が報告されている。一八九九年の報告書には、次のようなことが報告されていた。まず、イギリスが南アフリカで起こしたボーア戦争（一八九九―一九〇二）によって、二六八五人の郵政省の従業員が、予備兵、民兵、志願兵などとして、職場から離れ戦地に赴いた。ポストは帰還後まで維持され、出征中には賃金のほかに、戦時手当が支給された。また、第二四ミドルセックス・ライフル義勇連隊所属の軍事郵便局兵団は平時には一一一人であったが、三三六人に増員された。更に、訓練が終了した電信官二一六人、経験豊富な電信官四四人、電信線敷設技術者五〇人が上記兵団に入隊し、戦地では軍の技術集団に配属された。この結果、およそ三四〇〇人が軍務に流出することになった。戦時体制となり、郵政事業もその渦中に引き込まれた。

翌一九〇〇年の記録では、一〇〇人が軍事郵便局に、五〇人が電信技術部隊に、また、三〇人がナタールの、一〇〇人がトランスヴァールの、六六人が喜望峰のイギリスが新設した一般郵便局にそれぞれ派遣された。同年、最初に戦地に派遣された一一〇〇人が帰還し職務に復帰した。

次に、一九〇〇年の病欠、死亡、退職について。病気による従業員の平均欠勤日数は、男子が七日弱、女子が一一日弱であった。猩紅熱《しょうこうねつ》やジフテリアなどの伝染病に感染して欠勤した者は一二七一名で、当局は約二万日の労働日の損失になったとしている。同年、グラスゴーなどの都市において天然痘が蔓延した。郵便配達員や電報配達員は感染者が増加している地域にも仕事で行かなければならなかったが、感染予防策として、これら業務に関連する者全員にワクチンを接種したので悪影響はでなかったと報告されている。

死亡者は三四三人で、うち女性は一四人であった。南アフリカに派遣された正規職員のうち六九人が戦病死した。九人が戦闘中に、四人が負傷し、二人が事故で、五一人が病気で亡くなった。三人が原因不明。また、肺結核による死者は六一人であったことも付記されていた。死亡率は男性一〇〇〇人に四人、女性は二人弱。平均勤続年数は男性一七年、女性一一年であった。

　退職者は七九一人、うち女性は一〇三人。六〇歳以上の年金受給権が発生している者は二一五人、うち女性は一一人であった。肺結核による退職者は九二人でたことも付記されていた。前記の数字の外枠だが、結婚により退職した女性は一八九人、平均年齢は二七歳であった。一方、不正行為をおこなったことにより解雇された者は一二一六人であったことも記録されていた。

2　労働組合の結成

　ここでは、郵政労働組合《ユニオン・オブ・ポスト・オフィス・ワーカーズ》（ＵＰＷ）が一九一九年に結成されるまでの道程をまとめた。なお、イギリスの労働組合運動の歴史については、シドニー・ウェッブとビアトリス・ウェッブ夫妻の本が荒畑寒村が中心となり翻訳されているので、詳しいことは、それを参考にしてほしい。

　民間組合の先行　ヴィクトリア朝前期に団結禁止法が撤廃され、民間では、熟練労働者が中心となる労働組合が続々と結成され全国的な組織化が進む。同時に、議会の民主化を求めるチャーチスト運動が起こる。この時期、長時間労働の深刻な実態が明らかにされて、そのことが繊維工女と少年工の労働時間を規制する一八四七年の十時間労働法の制定につながった。もっとも、強行派の労働組合がストライキをおこない、それに対抗して、雇用主がロックアウトをうって、社会に大きな混乱を引き起こした。そのため、政府は、刑法を改正して労働組合の活動を規制する。

　労働組合とは直接関係ないが、安息日を厳守する人たち《サヴァタリアンズ》が変えた労働慣行の話。一八五〇年、日曜日の郵便配達廃止が決まった。ディケンズが彼の週刊紙『暮らしの言葉』のなかで二回にわたり記事にしているが、実現した背景には、キリスト教団体が日曜日の新聞発刊、鉄道旅行、郵便配達などに強力に反対していた事情があった。郵政労働者からの直接の要求ではないが、郵政当局が外部からの要求を飲んだ希有の労働条件変更となった。迅速な配達や収入拡大を目指すローランド・ヒルが希望する者だけで日曜配達を計画すると、これがまた強い批判にさらされ、実施のルール化を要求される一幕もあった。

　一八六〇年代半ば、一三年の郵便局勤務の経験があるパッドフィールドが、仲間を集めてロンドンで小さな集会を開いた。集会では、郵便配達員が今よりましな賃金を求めることについて意見を交わす穏健な集会であったが、当局は局外での集会を禁止するとともに、首謀者とされたパッドフィールドを解雇した。また、一八六八年には郵政従業員運動委員会なる組織が彼らの窮状を外部に、そして新聞社に訴えた。同時に多数の名前を記載した請願書を議会に提出し、外部の調査を求めた。だが、これもまた請願書に代表で署名した郵便配達員のジョンソンが解雇された。圧倒的に使用者が強かった時代であった。

一八七一年、労働組合法が成立する。賃金が高い熟練工が結成した労働組合が法的地位を高めるため、自助と労使協調を唱えて獲得した法律である。四年後、労働争議権が認められ、刑事免責も確立する。

一八八〇年、グラッドストン内閣で郵政長官に就任したフォーセットは従業員の福祉にも関心をもっていた。長官は賃金に関して従業員からの意見具申を喜んで受け付けることを部内に周知した。程なくして、電信、区分、配達の従業員の賃金改定が発表された。一人当たりの金額はわずかではあったが、労務費の増加は年間六万ポンドとなった。全体の数パーセント程度ではあったが、入閣の際にフォーセットが首相から約束をとりつけていた自由裁量の予算が使われた。この時代、この賃上げはきわめて例外的な措置となる。

時代は動く。一九世紀後半、労働組合活動の取締りが撤廃され団体交渉権が合法化される。また、三度の選挙法改正により、労働組合がみずからの代表を下院に送りだすことに成功した。更に、旧来の労働組合は熟練労働者のためだけの組織であったが、ロンドンの半熟練ないし不熟練労働者が立ち上がり、一八八八年にはマッチ工場の女工が賃上げと労働条件改善を要求しストをおこない、彼女たちの苦汗《くかん》労働に対する世論の同情、そして支援に支えられ成功をおさめた。翌一八八九年、ガス労働者も賃上げ、八時間労働、三交代制の採用を要求しストに突入し、三ヵ月に及ぶ長い闘争を繰り広げて勝利した。港湾労働者も賃上げ、雇用の安定と近代化を要求し、八万人が参加。世論の支援を受けて勝利した。これらの闘いで一般労働者の労働組合結成が加速されていく。

郵政従業員の組織化　このような民間労働者の運動に刺激されて、一八八〇年代に入ると、郵政事業に携わる従業員も団体や組合結成などみずからの組織化に動きだす。その変遷をチャートにしたので参考にしてほしい。一八八一年に電信係の従業員が中心となり郵政電信従業員団体（PTCA）を結成したのが初期の事例となろう。一八八七年に連合王国郵政従業員団体（UKPCA）がリヴァプール地域の区分係の従業員が中心となり結成して活動した。一九〇一年には全国組織の労働組合会議《トレード・ユニオン・コングレス》（TUC）とも連携する。一九一四年にPTCAとUKPCAが統合され、新しいPTCAが誕生する。

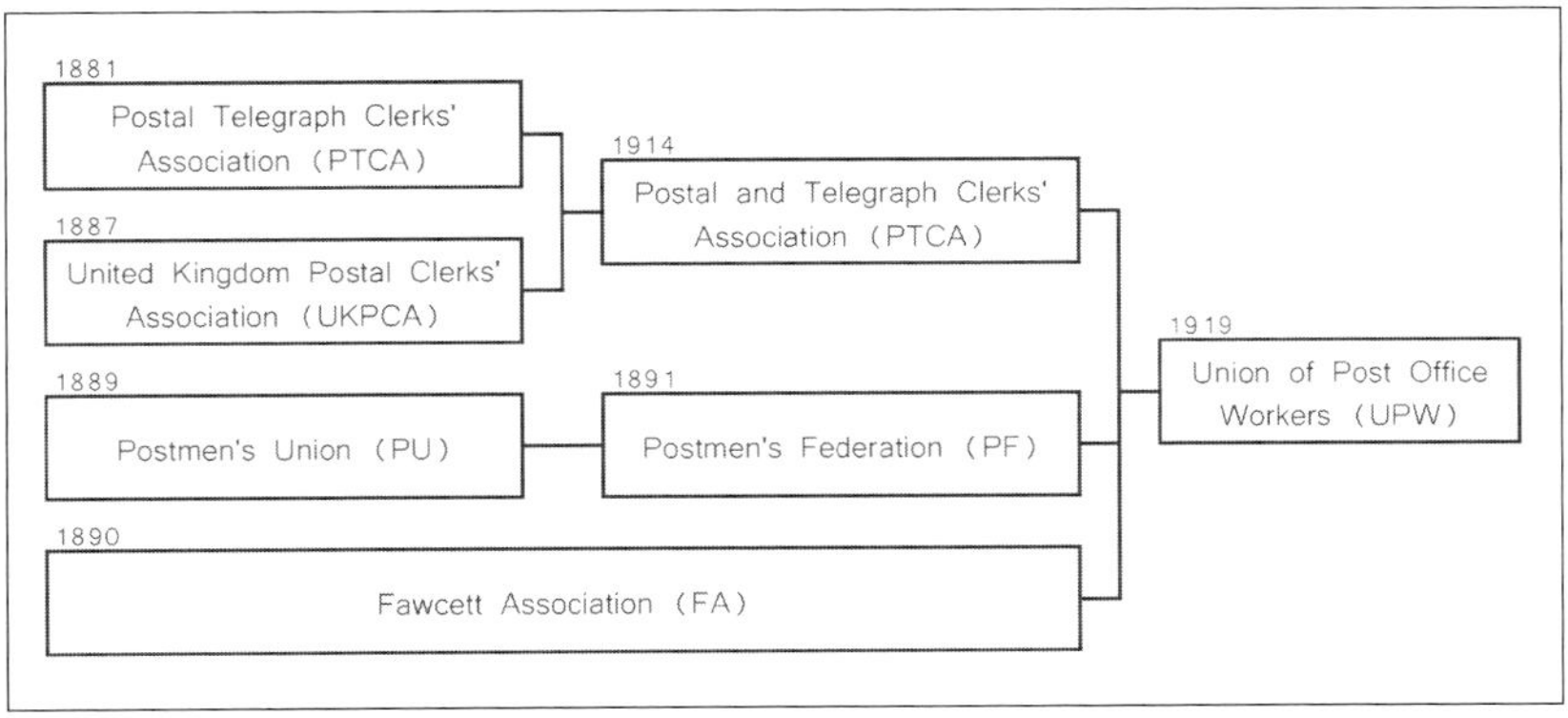

労働組合の変遷図．1919 年に UPW が労働組合として政府に認められると，翌 1920 年には次の小さな従業員団体も UPW に編入される．
London Postal Porters' Association, Bagmen's Association, Central London Postmen's Association, Tracers' Association, Tube Staff Association, Adult Messengers' Association, Sorters' Association (Daunton, pp.259-268; Campbell-Smith, pp.247-257)

他方、ロビンソンの二冊目の郵便史によると、一八八九年一〇月、郵便配達員労働組合（PU）が結成された。翌年六月、賃上げと労働条件の改善を要求するために、ロンドンのハイド・パークにおいて本格的な集会を開いたほか、七月には郵政省庁舎があるセント・マーティンズ・ル・グラン街までデモ行進をおこなった。当局はこれらのデモを違法行為として厳しく糾弾するとともに、デモに参加した四三五人を解雇した。これによりPUは瓦解する。しかし、一八九一年に郵便配達員労働連盟（PF）として再出発、一〇年後にはTUCへの参加も視野に入る。この時期、一八九〇年、かつて従業員の処遇改善にも意を注いだ郵政長官の名前を冠したフォーセット団体（FA）という労働団体も設立された。フォーセットの死に際しては、多くの郵政従業員が弔意を表したといわれている。

調査委員会の設置　一方で、組合活動に対して厳しい処分と一歩も譲歩しない姿勢を貫き通した次官のスティーブンソン・A・ブラックウッドの存在もあったが、郵政長官のヘンリー・C・レイクスは、ストの後、集会やデモへの連帯が全国の郵便配達員のあいだに広がっていることに圧倒され、郵政省内部に委員会をつくり改善案を急遽検討し、ロンドンそれに僻地の配達員の週給を数シリング値上げすることを発表した。増加額は年一二万ポンド、総額七五万ポンドになった

1890 年 7 月，ロンドンの中央郵便局から仕事にでようとする郵便配達員に対して，セント・マーティンズ・ル・グラン街の路上から，配達を阻止しようとするデモ隊．配達員は警官に守られて仕事にでることができた．スト参加者は解雇される．

が、一人一人にとっては十分な額ではなかった。

一八九五年、自由党下院議員のツイードマス卿を長とする調査委員会が設置されて、委員会は従業員から聞取調査などをおこない現状の把握に努めた。従業員からは、賃上げ、劣悪な職場環境の改善、超過勤務手当の増額、クリスマス・ボックスの現金支給化、手紙と小包の配達分離、待機時間が多い断続勤務《スプリット・デューティー》の改善などの要求がだされた。また、僻地配達員からは一日三〇キロも歩かなければならない配達範囲の縮小と携行郵便物の重量削減など切実な要望もだされた。そして発言した全従業員が問題にしたのは昇級昇格の問題。委員会は二年後の一八九七年に報告書をまとめたが、抜本的な改善策は盛り込まれなかった。確かに総額年二八万ポンドの賃金積み増しをおこなったが、一人当たりにしたら微々たる額にしかすぎなかった。賃金区分を簡略にした結果、支給額が下がる者もでてきて、従業員に不満を残す結果となる。しかし、郵政従業員がおかれた厳しい現状について、外部に訴え不完全ながら認識させることができたのは、従業員にとって一歩前進であった。

なお、ツイードマス委員会が果たした役割は、二一世紀になってからも忘れられることはなく、七〇〇〇ページに上る委員会の報告書が復刻され複数の出版社からでている。アマゾンからも購入できる。

労働党の誕生　発展から取り残された労働者の生活を向上させる観点から、この時期の社会情勢を簡単に整理しておこう。川北稔が編んだ『イギリス史』などを読むと、熟練労働者による自助と労使協調路線を掲げる労働運動とはかけ離れた社会主義運動が台頭してくる。一八八三年、社会民主連盟が創設された。土地の国有化論を唱える最初のマルクス主義団体となる。翌年、マルクス主義によらない別の社会主義団体が生まれた。積極的な国家干渉により福祉を充実することを訴える知識人がつくったフェビアン協会である。

他方、熟練労働者の組合、そして前記二団体とは一線を画し、ひたすら労働者階級の連帯を強く訴える新組合主義を標榜する独立労働党が新たに誕生した。一九〇〇年には、独立労働党、TUC、社会民主連盟、フェビアン協会の四団体により労働者代表委員会が結成され、三年後までに加入組合は一六八、組合員総数は八五万人を擁するまでになった。一九〇六年に労働党と改称し、総選挙で一挙に二九の議席を確保した。同年、労働争議法が成立し、スト破りを見張るピケットの権利、いわゆる同情ストも認められる。一九一三年には労働組合の政治活動も認める労働組合法が成立した。

UPWの誕生　このようにヴィクトリア朝が終わりエドワード時代（一九〇一―一〇）になると、イギリスの労働組合をとりまく環境もまた大きく変わり、郵政関係の労働団体も再編成される。再編成に尽力したのはPF出身のジョージ・H・ステュアート＝バニング。彼はすべての郵政労働組合のスタッフのなかで唯一もっとも聡明な人物であったと評されている。ステュアート＝バニングの尽力により、第一次世界大戦終結の翌一九一九年にPTCA、PF、FAの三団体が合併して、一一万人の巨大な郵政労働組合（UPW）が誕生した。郵政従業員の約半数が加盟する勘定になる。国・地方の公務員の労働組合も結成され、そのなかでUPWの存在は大きなものがあった。詳細は、H・G・スウィフトが執筆した郵政労働運動史に譲る。なお、郵政技術者労働組合（POEU）をはじめ、二五の労働団体はUPWに加盟せず、独自の道を進んでいった。郵便系と通信系の分離とみることができよう。UPWは現在ある通信労働組合（CWU）の母体となった組織である。

なお、ジョン・ゴールディングがとりまとめたPOEUの七五年史が一九五七年頃に出版された。

木畑洋一は『イギリス史』のなかで、第一次世界大戦（次節参照）の結果、国民のあいだに所得平準化傾向が促進されたと指摘している。要因は、戦費調達のため、所得税の大幅引上げ、高額所得者に対する特別付加税の導入、土地相続税の引上げなど税制面の影響が大きいとしている。また、労働組合の組織拡大でTUC傘下の労働者数が一九一八年には六五三万人に増大し、半熟練・不熟練労働者の賃金が上昇したことにもふれている。そのような時代にUPWが誕生したことにも留意しておきたい。

3　第一次世界大戦

一九一四年、サライェヴォでオーストリア帝位後継者が暗殺されたため、オーストリアがセルビアに宣戦布告した。列強を巻き込む第一次世界大戦（一九一四—一八）となる。ドイツのベルギー侵攻を受けて、イギリスもドイツに宣戦を布告した。戦争期間中、イギリスから多くの兵士がフランスやイタリアなどの戦地に送られた。郵政省も母国と戦地とをむすぶ軍事郵便の構築、電信の維持などに大きな責務が課せられた。これらのことについて、キャンベル＝スミスが著書のなかで詳しく述べている。以下、その要点をとりまとめて紹介していこう。

情報戦　大戦前から英独の情報戦がはじまっていた。一九〇九年、政府の特別情報機関となる〝MI5〟が密かに設置されて、郵政省には疑わしい信書の差押が求められた。しかしイタリア人の愛国者の手紙を開披し、一八四四年、その内容をオーストリア公使にたびたび伝えていたことが暴露されて、政府が窮地に立たされたことがあった。いわゆる「マッツィーニ事件《スキャンダル》」である。そのこともあり、ロンドン市警から信書の差押を求められても、一件ごとに内務省の令状を要求するなど慎重な態度をとってきた。一九一〇年にアスキス内閣でウィンストン・チャーチルが内相に就任すると、個別令状ではなく包括的な令状となり、かつ、差押の対象となる信書のリストが作られて随時更新されるようになる。指定された書簡は区分作業の流れから外され、諜報部の部屋に直ちに渡された。

そのなかには、イギリス海軍からの脱走兵が自分の任務の詳細を手紙に綴り、その手紙をドイツ戦争省の情報局長との連絡役となっていた人物に送っていたケース、また、ドイツ海軍のスパイだったドイツ国籍をもつ複数の人物が郵便配達員としてイギリスの郵便局に潜り込み、日々、手紙でベルリンの指示者に情報を流していたケースがあった。後《あと》のケースでは、イギリス諜報部が三年にわたり、スパイの手紙を開披し解読しつづけた。諜報部の地道な監視が実り、開戦から二週間で、これら二〇人余りのスパイが逮捕拘束される。その結果、一九一四年八月九日、大陸へのイギリス軍派遣第一陣は情報が漏れることなく出港できた。八月一一日には軍事郵便の部隊も大陸に向けて派遣される。初動の情報が漏れないように、先発隊の兵士と軍属が書いた手紙は一九日まで留め置かれ、その日以降、留守宅の家族たちに配達される。情報管制に細心の注意が払われていた。

戦地宛の郵便　まず、前線の兵士宛の手紙。住所は兵士の所属部隊名を記載する。体制が整うと、手紙は「ホーム・デポ」と呼ばれた軍事郵便集中局に集められる。デポは、ロンドンのリージェント・パークに建てられた巨大な建物が使用された。郵政省と連携しつつ、陸軍の指揮の下、二五〇〇人が働いていた。郵便のプロといっしょに軍服を着た兵士も手伝う。三トン型軍用トラック二二〇台を有する輸送隊が、仕分けされた郵便物をフォークストーンとサウサンプトンの軍港行のロンドンの鉄道駅にピストン輸送し、到着後、フランスのカレーとルアーブルの港に向かう船に積み替える。ここで郵便物は陸軍の管轄下に入った。

フランスの港に陸揚げされた郵便物は、一般的には、鉄道を使って前線の兵站駅まではこばれる。途中、前戦とつながる野戦郵便局がある、あるいは砲兵隊などの駐屯地に隣接する駅で郵便物を下ろしていく。そこで郵便物は前線各部隊に分配され、待機していた部隊のトラックに引き継がれる。時に道路に郵便旗を立て、路上で分配引継がおこなわれた。前線に着くと、手紙は塹壕にはこばれ、そこで兵士に食事といっしょに届けられた。最前線への標準的な郵便ルートになろうが、実際にはさまざまな経路ではこばれた。一九一四年一二月三〇日のある兵士の日記には「本日午後、三通の手紙を受け取った。アイルランド二六日、ロンドン二八日の投函のようだ。素晴らしい速さだ」と書かれていた。

軍事郵便の全体像を述べるのは難しいのだが、クリスマスの季節になると郵便物が急増する。開戦四年目の一九一七年一二月の取扱量はピークに達し、書留便三四万、小包郵袋一七万、書状郵袋七万を記録した。書留便と小包は兵士へのクリスマスの贈り物にちがいない。なお、書状はかさばらないこともあり、郵袋数はやや多い程度であった。

戦地からの郵便　次に、戦地から本国宛の郵便。兵士たちが戦地から差し出す郵便は無料であった。本国への郵便経路は、基本的には、前段で述べた経路の逆コースを辿って郵便物が本国のホーム・デポに輸送された。一時期、デポでは五五〇〇人が戦地から到着した手紙の各地への仕分・発送の作業に従事していた。一九一五年一月からは戦地差出の郵便物には軍事郵便局《アーミー・ポスト・オフィス》（ＡＰＯ）か野戦郵便局《フィールド・ポスト・オフィス》（ＦＰＯ）の郵便印が押されるようになった。ＡＰＯは現地統括局、ＦＰＯは前線取扱局でそれぞれに記号や番号がふられていた。実は到着便には戦死または不明となった兵士宛の未開封のままの手紙

戦地の軍事郵便局で使われた郵便印の一例．1917 年 9 月 17 日付．R.48 の場所は不詳．

が含まれていた。これらの手紙は、戦死公報の電報が遺族に発出されていることを慎重に確認して、確認後、差出人に戻された。二五人の女性担当者が確認作業にあたっていた。西部戦線で激戦があったときには、一日に三万通も戻ってきたことがあったといわれている。

戦死者　第一次大戦中に郵政従業員の七万五〇〇〇人が出征した。うち軍事郵便従事者が八〇〇〇人、電信技術従事者が一万九〇〇〇人、一般兵士が四万八〇〇〇人であった。このうち八八五八人が戦死した。全体の一二パーセントに当たる。戦争末期九ヵ月間に多くの戦死者がでたといわれている。一九二〇年五月につくられた内部資料によると、大戦で郵便配達員の五五〇二人が、区分係・窓口係の一〇三九人が戦死したと報告された。このように、大勢の男性が戦争に巻き込まれ、また喪失したために、女性労働者を臨時に雇用し欠員を補充したが不足は満たされず、到底、それまでの業務レベルを維持することは不可能となった。そのため、郵便配達の頻度削減、開局時間の短縮や開局日の削減、一部サービスの停止などがおこなわれた。また、戦費調達のために、書状の基本料金が一ペニーから一ペニー半に五割も値上げされた。郵便事業も他の産業と同じように大戦によって大きな影響を受けた。

尊い、そして大きな犠牲を払いながらも、戦地に派遣された人たち、内地で懸命に支える人たちによって、戦地と母国とをむすぶ郵便・電信が守られていたのである。

4　戦間期の郵政事業改革

戦間期とは、第一次大戦が終わった一九一九年から第二次大戦がはじまった一九三九年までの二一年間を指す。イギリスは戦勝国になったにもかかわらず、戦間期、戦費調達のために多額の借金を背負い、失業者が増大し、後半には世界恐慌にみまわれた。労働党が躍進した時代でもある。郵政事業も多くの問題をかかえていたが、国営から非国営への転換をはかり、効率的な経営形態を目指す動きがでてきた。そこには将来の公社化構想が見据えられている。以下、戦間期におこなわれた郵政事業の改革について検証する。

学究的な理論　郵政事業が国営から公社となり、それが民営化され、現在は完全な民間会社になっている。公社化されるまでには長い経緯があるが、遠山嘉博の『イギリス産業国有化論』によれば、広くイギリスの産業国有化《ナショナリゼーション》の政策のなかで考える必要がある、としている。要点は次のとおり。

産業国有化の思想は一九世紀の協同組合主義にまで遡《さかのぼ》ることができるが、一九一八年にシドニー・ウェッブが起草した「労働党と新社会秩序」に国有化の原点をみいだすことができる。もっとも初期の国有化政策は「ガスと水道の社会主義」という市町村単位の公社化構想にしかすぎなかった。一九二八年の労働党の要綱では、土地・石炭・動力・運輸・通信・生命保険などの基幹産業が国有化の対象にリストアップされて、全国規模に変容していく。

その後、労働党のハーバート・モリソンが一層精緻なものを構築し、「社会化の理論」を発表する。政治的な圧力や官僚的経営を脱したパブリック・コーポレーション（公社）を指向した本格的な公社化の理論となる。モリソンの公社化の概念は、公共的責任と企業的自主性の結合。つまり「国家経営に必然的に発生する政治的圧力と官僚的経営に起因する非能率を回避して、企業的自由を回復する。他方では、企業の巨大化と公共性の増大のために必要とされる公共的統制の要請を満たすもの」となる。政府の管理を伴わない政府所有への道を開く考え方である。

ウォルマー子爵　一九二〇年代の郵政事業の問題点を指摘して解決策をはじめて示した人物はウォルマー子爵（ラウンドル・C・パーマー）であった。オックスフォード出身の貴族。一九二四年から五年間、郵政長官補佐《アシスタント・ポストマスター・ジェネラル》に就任している。就任四年目の一九二八年、オールダーショットの小さな集会所で保守党支持者の前で「郵政事業を国営で官僚組織の下《もと》に効率的に運営していくことは難しい。民間部門に移すことがベターかもしれない」と演説した。現職の郵政高官がこう述べたのだからニュース・ヴァリューがある。『デイリー・エクスプレス』が翌朝一面で報道した。もちろん、一九一四年から次官を務めるサー・エヴリン・マリをはじめ組合も否定的であったことはいうまでもない。その後、この郵政問題に関して、ウォルマー子爵は私的に文書を作成して首相と郵政長官に送ったが、何も進展はなかった。一九二九年の総選挙の結果、労働党が第一党となり、ウォルマー子爵は郵政省を去った。

だが、同年九月、ウォルマー子爵は『タイムズ』紙の旧知の有力編集者に話をつけ、郵政問題を署名記事で三回にわたりとりあげてもらう。一回目は電話。人口一〇〇〇人当たりの架設台数の国際比較でイギリスは一二位、ロンドンに限ると二七位になると指摘し、電話架設が進んでいないことを問題視。二回目は一九二七年に完成したロンドンの地下郵便鉄道（第17章6を参照）。建設費が当初予算の二倍となり、利益を圧縮していると懸念を示す。三回目は郵政省の組織。ヴィクトリア朝の一八五五年と同じような旧態依然のままであると批判した。これに対し、新任の郵政長官ヘイスティングス・リーズ＝スミスは深刻に受け止めず、不正確だし政治的な不満ではないかと述べたという。このほかにも、ウォルマー子爵は『モーニング・ポスト』紙や『ロイズ・バンク・マンスリー・レヴュー』誌にも持論を発表した。

この時期、経済危機が一層深刻化し政局も混乱した。一九三一年の総選挙の結果、保守党が第一党になる。しかし選挙後も挙国一致内閣を維持し、労働党のラムゼイ・マクドナルドが首班となったが、保守党指導者が実権を握った。郵政長官は保守党のサー・キングズリー・ウッドとなる。同年一二月、保守党議員二九五人を中心に労働党などの議員も含めて三二〇人が、郵政事業の改革を促す請願書（覚書）をマクドナルド内閣に提出する。請願の骨子は次のとおり。

一、郵政省は二三万人の職員、事業規模一億四〇〇〇万ポンドを有する立派な商業的企業体であり、他の政府機関とは異なる。

一、郵政事業は、政党の利害に影響されてはならない。

一、郵政事業からの剰余金は大蔵省に吸収されるものではなく、将来の投資のために郵政省の会計のなかに留保されるべきである。

一、郵政事業は商業ベースによって公益事業会社《パブリック・ユーティリティー・カンパニー》のような組織で運営することが望ましい。具体的には一九〇九年に設立されたロンドン港湾局、一九二七年に設立された中央電気局やイギリス放送協会などが参考となろう。

一、前記諸問題を検討するために小回りがきく強力な調査委員会を院内に設置すること。

このように、請願をまとめ三〇〇人を超える議員の署名を集めることができたのは、それまでのウォルマー子爵の運動の成果に負うところが大きい。また、後に首相となる労働党のクレメント・アトリーが一九三一年に半年間だけ郵政長官になり、その時、郵政財政の自主性と弾力性を確保するために、日の目を見なかったが、大蔵省の郵政省に対する統制の廃止を提言していたことも忘れてはならない。

ブリッジマン委員会　請願を受け、一九三二年二月、ウッド郵政長官は調査委員会を設置することを発表した。委員長は保守派の政治家ブリッジマン子爵、委員に公認会計士のプレンダー卿と石油会社社会長のジョン・キャドマンの二人が選出された。ウッド長官は三人に詳細な検討資料を提出するとともに、「郵政省の従業員が公務員の資格を失うことになれば、労働組合が猛烈に反対をするでしょう。例えその反対を無視しても、誰が身分を転換された二三万人の従業員を混乱なく管理していけるのか……」と苦悩を伝え、政治判断により効果的かつ実行可能な郵政再編案がでることを期待した。委員会は三月から七月まで精力的に聞き取り調査や資料の検討をおこない、異例の速さで、八月には報告書をウッド長官に提出した。その骨子は、次のとおり。

第一に、報告書は郵政省の事業を分析。郵便貯金と郵便為替についてはあまり大きな問題はないが、郵便については料金が高いことに加えて、運営効率にも問題があるとした。電信（電報）電話については電信部門でテレプリンターの導入を図り、技術的には辛うじて評価が与えられたものの、アメリカやヨーロッパ諸国とくらべると、技術水準それに普及率が低いと指摘された。ウォルマー子爵によれば、一九二九年一人当たりの電話利用回数は、一位アメリカ二五七回、五位スウェーデン一二五回、一〇位スイス五三回、一一位日本四八回、一二位ドイツ四〇回、一三位イギリス三二回で、日本よりも下位であった。また、報告書は、電信電話はその業務の性格がほぼ同じであることから、両者が合同することが望ましいとし、これによって、電話部門の黒字により電報部門の赤字を解消できるとした。

　第二に、余剰金の処分について検討。それまで郵政事業から上がる剰余金（利益）は大蔵省に召し上げられてきた。そこで報告書は、剰余金の一部を郵政省が自由裁量で使えるように提言した。具体的には、剰余金のうち年間一一五〇万ポンドを定額納付金として大蔵省にまず納付、次に剰余金の残額の五〇パーセントも追加納付額とする。最後に剰余金から定額納付金と追加納付額を差し引いた残額を郵政省の自由裁量とすることを答申する。また、報告書は大蔵省の細部にわたる郵政財政の統制の一部緩和も求めた。

　第三に、最重要問題である運営形態の変革の是非について検討。報告書は、ウォルマー子爵やモリソンらが提唱したいわゆるパブリック・コーポレーション（公社）化の構想を否定した。理由は、郵政事業の欠陥の多くは官庁企業形態に起因するものではなく、大規模組織に共通にみられるものである。したがって、欠陥は官庁経営形態のままでも改善しうるとされた。その方法として、郵政本省の次官に権限が集中しすぎていることを挙げ、次官ポストに代わり、最高意思決定機関として政策委員会《ポスト・オフィス・ボード》を設置し、その長に郵政長官をあてることを勧告した。しかし、自由党が提案していた電信電話事業の民営化論は否定された。

　これとは別に、報告書は、分権化の推進や事務系と技術系あるいは本省と地方の人事交流もそれぞれ同等の立場で積極的におこなうことが必要であるとした。

　ウォルマー子爵はブリッジマン委員会で発言し、持論を展開したが、その内容を本にしている。書名が何とヒルの本と同じ『郵便制度の改革――その重要性と実行可能性』で、報告書がでる四日前に出版された。また、報告書の内容を巡る論争については、佐々木弘が『イギリス公企業論の系譜』のなかで、一章を割いて論じているので参考にしてほしい。

　政策委員会　以上、ブリッジマン委員会の報告書について説明してきたが、答申を受けて、郵政省がどのように生まれ変わっていったのかを検証していこう。最大の課題であった組織の在り方について、公社化こそ見送られたが、郵政省の機構の根本的な改革が求められた。すなわち、権限が一手に集中している次官ポストを廃止し、新たに政策委員会を設置する。その改革案の策定に当たって、報告書を無視し、マリ次官が自己の権限を維持する形で小手先の改正で凌ごうとする案をいくどとなくウッド長官に上げ、そのたびごとに長官から拒否された。ついに長官の判断により、一九三三年一一月、政策委員会設置の意向が公表され、機構改革にも踏みだすことを固めて新体制スタートを急いだ。

政府もウッド長官を国務大臣郵政長官とし、閣議メンバーに昇格させ、郵政改革の推進をバックアップする体制を整えた。一九三四年一月、マリが二三年間務めた次官の職を退いて間接税務委員会会長に転出すること、直属部下だったエドワード・レイヴンも退職することが発表された。機構改革で新たに新設される事務方トップのポスト「総局長《ディレクター・ジェネラル》」には、郵便貯金銀行トップのドナルド・バンクス総監が抜擢された。一九三〇年から総監、貯金銀行の運営手腕が評価される。大戦中西部戦線で三年間軍務の経験をもつ。副総局長には郵便畑出身のアイルランド出身のトマス・ガードナーが就任した。

新組織　郵政本省の新しい機構は、表34の左側に示すとおりである。郵政長官の下《もと》に総局長を置き、本省内局は一〇局とし、その長に局長を置く。筆頭局が広報局となるが、そのことについては後述する。以下、財務会計局、郵便貯金銀行局、法務局とつづき、電信電話局がくる。同局には、電話、国内電信、海外電信、送信、無線電信の各担当部署を置く。人事局には、主席事務官、正規職員、従業員、医療、調査、庁舎管理、建設技術者登録の各担当部署を置く。郵便為替局の所掌は、郵便貯金関係は総局長となる。郵便事業局には、郵便担当、郵便輸送の各担当部署を置く。最後に、技術局、資材局が置かれた。

一九三四年四月、一回目の政策委員会が開かれた。議長は郵政長官のウッド、委員は総局長のバンクス、そして一〇人の新任の局長一一人で構成された。議題の一つは、ブリッジマン委員会が指摘したように、地方への分権化を進める観点から、本省直轄の郵便監査官制度を廃止し、各地域に郵政管理部を設置し、管内のサービスの運営権限を各地方部に委譲することについて議論。そして、その在り方を検討する委員会を設置し、その長に副総局長のガードナーを任命することを承認する。検討事項は、所管地域の範囲、委譲する権限の範囲、地方部の組織など多岐にわたった。

地方管理部および地区管理部の体制は、表34の右側に示すとおりである。最初に一九三六年、イングランド北東部とスコットランドの郵政サービスの運営管理を担う二つの地方郵

表34　郵政省の組織

本省（1934）	地方管理部／地区管理部（注）
郵政長官	ホームカンティズ地方郵政管理部（ロンドンを除く．本部ロンドン）
郵政総局長	
広報局	中部地方郵政管理部（本部バーミンガム）
財務会計局	北東地方郵政管理部（本部リーズ）
郵便貯金銀行局	北西地方郵政管理部（本部マンチェスター）
法務局	北アイルランド地方郵政管理部（本部ベルファスト）
電信電話局	スコットランド地方郵政管理部（本部エディンバラ）
人事局	南西地方郵政管理部（本部ブリストル）
郵便為替局	ウェールズ地方郵政管理部（本部カーディフ）
郵便事業局	ロンドン地区郵便管理部（本部ロンドン）
技術局	ロンドン地区電信電話管理部（本部ロンドン）
資材局	

出典：Daunton, p.302. Howard Robinson, *Britain's Post Office. A History of Development from the Beginnings to the Present Day,* pp.255-256.

注：地方管理部と地区管理部は，1936年から1940年のあいだに順次設置された．

政管理部が設置された。リーズとエディンバラにそれぞれ地方本部が置かれた。以後、一九四〇年までに全国の地方・地区に管理部が置かれるようになった。なお、ホームカンティズはロンドンを除くバッキンガムシャーやサリーなどロンドン周辺のカンティ（郡）をいう。大都市のロンドン地区は郵便と電信電話にわけ、それぞれ管理部が置かれた。各管理部では所管の地方・地区の現業部門の運営管理をおこなうこととなり、管理部長の下に本省と同じように担当組織が配されて、委譲された権限と責任を踏まえて、地方・地区の郵便局などを束ねていくこととなった。この頃になると、郵政省は二八万人を擁する組織となる。大きな地方管理部の管内では数万の人が働き、また、個々の郵便局でも大型局では数千の人が働くところがあり、国営といえども、この改革で前近代的な組織から大企業に準じた近代的な組織に近づいてきたといえよう。

自主財源　組織再編に次いで重要な課題であった自主財源の確保は、大蔵省の頑強な壁に阻まれて満足する結果が得られなかった。交渉の過程で、定額納付金の年間一一五〇万ポンドを一〇七五万ポンドに引き下げることになったが、残余の五〇パーセントの追加納付額は当初案どおりになった。当時の剰余金が一二〇〇万ポンド程度であったから、郵政省の自由裁量となる金額は六〇万ポンド程度、全体の五パーセントにしかすぎなかった。しかし、このルールも厳格には守られず、一九四五年には破棄された。チャールズ・F・バスタブルが財政学の本のなかで「郵便と鉄道はあきらかに経済一般の活動に寄与するものであるが、その収入（料金）の要素には税金の性格も含まれている」と指摘しているように、二〇世紀に入っても、大蔵省は郵便料金を「郵税」と呼び、郵政省を徴税機関として捉えていた。近世以来の税の概念が拭い去れていなかった。

　広報活動　ブリッジマン委員会の報告書に強く言及されたわけではないが、ウッド長官のいわば肝いりで「国民のための郵政」を掲げて広報活動を強化していく。広報局が本省筆頭局に位置づけられているところにも、その意気込みが伝わってくる。郵政省の広報活動について、菅靖子が『技術と文明』誌で詳しく論じているので、それを参照しながら紹介していこう。ウッドは初代広報局長に商務省の帝国マーケティング委員会の長だったサー・スティーブン・タレンツを抜擢し、更に同委員会の映画製作班のチームも連れてきた。広報強化の背景には、国民のなかに郵便には理解があるのに、当時、最先端の技術を使った通信メディアである電話は「料金が高い上に不便」とか、電信（電報）にいたっては「病気や事故を連想するため縁起が悪い」と一般庶民に敬遠されることがよくあった。

戦間期、郵政事業の現場をみれば、電話は外国にもつながるようになったし、自動電話交換機や電報用テレプリンターの導入、電報配達用のモーターバイクの採用がみられる。郵便では、航空郵便の開始、郵便専用の鉄道列車の運行など輸送面の改善も進む。それにラジオ放送も普及しはじめる。大きな技術的な進歩があるのに、郵政事業に対する国民の理解と現実のあいだには大きな開きがあった。その齟齬《そご》を埋めるのが広報強化の狙いであった。また、郵便や電信電話などの現場で働く従業員に自分たちの仕事に誇りをもってもらうことも、もう一つの狙いであった。

　広報の手法にはいろいろあるが、郵政省の広報は商品を売るためのものというよりは、企業イメージを高めるためのものであった。その一つが、「威信《プレステージ》ポスター」と呼ばれた通信の伝達手段の歴史を伝えるポスターの作成。郵便局のロビーや博覧会会場に展示されたほか、学校にも配布された。威信ポスターは他の題材でも作成される。

　一九三五年、ドキュメンタリー映画も制作された。タイトルは「夜行郵便列車《ナイト・メール》」（第17章5参照）。ロンドン―グラスゴー間を走る郵便専用の急行列車の出発から到着までを、車内の区分作業、途中駅での積卸作業などの映像を織り込んで記録した二四分の白黒短編。記録映画の名手ジョン・グリアソンがキビキビとした鉄郵員の作業動線をみごとに捉えた作品となっている。商業映画館でも上映され、国内外で高い評価を受け多くの賞を獲得した。この映画によって、鉄郵員のみならず郵政従業員全体の仕事が社会的に好意的に認知されたことにもなり、この広報映画は成功した。映像は現在デジタル化されDVDになっている。未見だが、ペニー・ブラックからジョージ五世記念切手までを辿った「王様の切手」などの作品も好評であったといわれている。

威信ポスター．紀元前490年マラトンの勝利を伝える伝令フィリッピデス，馬で往く中世の王の使者，二頭立ての郵便馬車，モーターバイクに乗る配達員の4枚一組．1935年．ジョン・アームストロング画．

　このほか、郵政事業のコーポレート・アイデンティティを確立するために、古風な紋章を改め、著名な彫刻家マクドナルド・ギルに依頼してシンプルなロゴを新調した。また、写真素材の作成にも意を注ぎ、機関誌『ポスト・オフィス・マガジン』などに郵便局のさまざまな場所で働く従業員を活写した写真を掲載した。更に、広報活動に力を入れた郵政長官のウッドは、当時普及しはじめたラジオにでて特別講演に臨んだり、一九三四年と翌年の電話週間には、長官みずからがキャンペーン・カーに乗り込み、電話の便利さなどを聴衆に語りかけた。この時期、ウッド長官とタレンツ局長がタッグを組んで推進した郵政広報は目をみはるものがある。しかしウッドの郵政省での実績はこれだけではない。電話交換自動化プログラムの策定、商業用の料金受取人払《リプライ・ペイド》制度の開始、郵便物輸送用の大型トラック三〇〇〇台、配達用のモーターバイク一二〇〇台の導入などもおこなった。一九三五年、ボールドウィン内閣で厚生大臣となる。

5　第二次世界大戦

一九三九年九月、ドイツ軍がポーランドに侵攻したことを契機に、イギリスとフランスはドイツに宣戦布告し、第二次世界大戦（一九三九―四五）がはじまった。翌年五月にはドイツ軍が西部戦線で攻撃を開始し、オランダ、ベルギー、フランスは相次いで降伏した。ドイツ軍のイギリス本土上陸作戦も計画され、イギリス軍にとって戦局はきわめて厳しいものがあった。ここでは、大戦下、イギリスの郵政事業がどのように戦争と向き合い、国民の通信手段を守ってきたのかについて述べる。

大戦が終わった翌年、戦時中の郵便局の闘いを記録した一冊の本が刊行物出版局（HMSO）から刊行された。著者はイーアン・ヘイ。戦時の写真も掲載されている。焼け落ちた局舎、路上で電報を受け付ける少年局員、瓦礫のなかを歩く女性配達員、寸断された電話ケーブルを必死で補修する技術者、戦場で母国からの手紙と格闘する野戦郵便局員と兵士たち、どれも戦争の過酷さが伝わってくる。局舎の被害総数など統計的なデータがあればよかったとも思うが、生々しい記憶がまだ残る大戦終了直後に書かれ、戦時の緊迫した情況がそのまま伝わってくる。異色の郵便戦史だ。本節執筆にたいへん役立った。

周到な準備　イギリス政府は宣戦布告前から周到な準備を進め、ドイツ軍からの被害を最小限にするために、郵政省もロンドンに集中していた郵政関係の機能を急遽地方に分散させた。郵政本省管理部局の一部をヨークシャーのハロゲートへ、為替管理部局をランカシャーのモアカムへ移転。問題は郵便貯金銀行の貯金残高一〇億ポンドを記録する一一〇〇万の口座台帳と二億枚の振出小切手控などの取扱いであった。万が一に備えて、すべての記録や控をコピーにとりロンドンから移送し遠い安全な場所に保管した。原本移送には危険を伴うので、空襲に耐えられる市内にあった頑丈な施設で管理された。電信電話の重要回線は異なるルートでダブル・トラック化するとともに、ケーブルは地中埋設や地下坑道に敷設された。復旧資材の積み増しにも務める。

女性労働力　男性の郵政従業員が戦線に向かう。宣戦布告があった週に、早くも二七万人の従業員のうち二万人が応召し、各地の部隊に向かった。そのうち電信電話業務の技術系従業員四〇〇〇人が軍の通信部隊に入隊した。戦争前半には職場を離れた人員が四万五〇〇〇人となった。半ばには、その数が一〇万人となり三万人が軍務に服し、七万人が銃後の守りとして国土守備隊、救援隊や消防隊に配属された。全国で八〇万人の追加招集がかかった一九四二年には、郵政の現場では兵役対象年齢となる三〇歳以下の管理職レベルの男性職員がすべていなくなった。

この隙間《すきま》を埋めたのが女性たちであった。戦時の女性労働力の比率と人数は、大戦半ばに二三パーセント六万四〇〇〇人であったものが、一九四五年四月には四七パーセント一四万二〇〇〇人に増加していた。彼女たちの待遇は決してよいものではなかった。しかし、技術部門に配属された者は厳しい訓練を受け電信電話の復旧工事にも従事したし、郵袋輸送の自動車を運転するドライバーにもなった。ドイツ軍上陸時には、女性電話交換手三万人のうち、一万二〇〇〇人を軍交換手として徴用し軍服を着用させる郵政女性通信隊ともいうべき軍事組織の編成について戦争省《ウォー・オフィス》のなかで検討されていた。戦時、戦地に赴いた男たちに代わって、女性たちが郵便や電信電話の現場を支えていたのである。

動員された女性配達員．1943 年．瓦礫の上を歩いて手紙を届ける．このような姿が日常の風景になっていた．

しかし、女性電話交換手に一つ問題が持ち上がった。それは、なぜか彼女たちが花嫁として人気がでて、ロンドンでは一九四一年の前半だけで四〇〇人が結婚し退職してしまったからである。非常時下、一人でも多くの熟練労働者を必要とする郵政省にとっては、これは打撃であった。当時の国家公務員法上、女性たちを退職させざるを得なかった当局は、これら花嫁になった人材に臨時職員として戻ってもらい急場を凌いだという。

綱渡りの日々　次に戦時の郵政の現場をみていこう。郵政事業も甚大な被害を受け、最低限の通信ネットワークを確保するため、現場は綱渡りの日々がつづく。一九四〇年九月七日以降、ドイツ軍の夜間大爆撃は九二連夜に及び、一夜にしてロンドンの二三の郵便局が破壊されたこともあった。最初の数週間で郵便局などの被害は二三四局に及んだ。エドワード王通りの本省庁舎、マウント・プレザント集中局、地区の本局一〇局中七局をはじめ、中小局は二〇〇を超えた。

一九四〇年一二月二九日のロンドン大空襲ではセント・ポール大聖堂も被弾し、ウッド通りあった中央電話局は廃墟同然に、全国の四分の一の電報を取り扱う中央電報局も大きな

被災したエドワード王通りの郵政省庁舎（KEB）周辺．路面には爆弾の穴も残るが，1946 年初頭から復旧工事が本格化．各窓側面にレンガが積まれ，梯子が立てかけられている．ローランド・ヒルの銅像は直撃を免れ，復興を見守っているかのようにみえる．

被害を受けた。復旧はただちに開始され、中央電話局では一万五〇〇〇回線が喪失したが、しかし、応援部隊も加わり技術者たちの懸命な努力により、残っていた古い交換局を活用し、旧式の交換機を稼働させて一万回線を復旧させた。一方、

電報の現場では、中央電報局に代わって、市街地からやや離れた地域に電報処理局を開設したものの、問題はスタッフの確保が難しく、当局は「電報を打つな、手紙を書け」と訴え、利用の抑制を図った。ロンドンの中心街では路上の一角で少年電報員が電報を受け付ける臨時受付所もできた。更に、郵便の現場では、まだ煙がくすぶる局舎の焼け跡前に机一つだけだして、それを〝仮局舎〟として使い郵便を引き受けたところもあった。

　ドイツ空軍は鉄道ターミナル駅も爆撃目標とした。鉄道郵便の発着駅となっていたロンドンのウォータールー駅、ヴィクトリア駅、マリルボン駅が甚大な被害を受けたが、機影が消えると、ただちに鉄郵員は、発着駅を変更し、車両をやりくりし、迂回ルートを確保し、不通区間のトラック輸送を指示するなど、綱渡りの日々がつづいた。ウォータールー駅が使えなくなったときには、イングランド南西部宛の郵便物は、クラパム・ジャンクション駅かウィンブルドン駅で郵袋の受渡をおこない、それでも危険なときは更に遠くのサービトン駅かウォーキング駅で作業をおこなった。毎日、それは台本のない即興劇のようなもので、鉄郵員たちは息つく暇もなかった。

　軍事郵便　つづいて、軍事郵便の展開を紹介する。ウィキペディアに「イギリスの軍事郵便史」が紹介されていた。そ

れによると、大戦中、軍事郵便がヨーロッパ戦線をはじめ、中東地域、北アフリカ、地中海、インド、極東、ビルマ、シンガポールの戦線において、精粗の差はあるが、広大な地域で展開されていたことがわかる。国内の軍事郵便集中局ホーム・デポは、一九三九年夏にロンドンに設置、その後ボーンマスに、一九四一年五月にノッティンガムに落ち着いたが、ホーム・デポや兵士の宿泊施設などとして、クリケットのグラウンドを含めて市内一四〇ヵ所の建物や施設が接収された。ヘイが編んだ戦争記録によれば、ノッティンガムにあった巨大な繊維工場の建物が軍事郵便局（APO）の中核ホーム・デポとなり、最盛期、週に一〇〇万個の小包、三〇〇万部の新聞小包を処理した。

　ノッティンガムのホームデポで区分された戦地への郵便物は軍事郵便物輸送センターに発送される。センターは、ロンドン、ブリストル、エディンバラなど全国六ヵ所にあり、各センターからそれぞれ決められた戦地に郵袋が差し立てられる。なお、軍事郵便の宛先はまず「イギリスAPO気付」と書き、「認識番号、階級、氏名、部隊名」を書くことになっていた。理由は、留守宅の家族には転戦する兵士の正確な居場所はわからないし、派遣先は軍の機密を保持するために開示されていないので、地名を書かない非開示住所《クローズド・アドレス》方式が採用されたからである。

　次に、戦地の軍事郵便の基地について。受入基地は一九三九年九月までにフランスのシェルブールに設置され、イギリス海峡を挟んで対岸本国との郵便物交換に当たった。やや内

イタリアの前戦で，各部隊から集めた郵袋を整理しているところ．母国イギリス宛のクリスマス・メールが詰まっている．軍用トラックが移動軍事郵便局となった．1943 年 11 月 17 日撮影．場所は不詳．

陸部のル・マンには前戦への郵袋発送、あるいは前戦からの郵袋の到着の処理に当たるAPOがつくられた。一日に平均九〇〇〇の郵袋が往復する。ノルマンディー上陸作戦を控えて、ル・アーブルとブローニュにもAPOが増設される。本国フォークストン港からの郵便物輸送の所要日数は二、三日となった。

イギリスの戦線はヨーロッパ以外にも広がり、一九四〇年七月までにロンメルと対峙する北アフリカや中東地域をカバーするAPOがエジプトのカイロにつくられた。二年後にはアルジェリアにもできる。イタリア攻略では、まず地中海のシチリア島に、進軍するにつれて、APOもイタリア半島を北上していく。シンガポールにもAPOが設置される。ビルマ戦線では、輸送機から郵袋を投下して前戦に郵便物を届けたこともあった。

大戦中、民間人の航空郵便の利用の道は閉ざされたが、軍事郵便といえども航空搭載がままならなくなった。これを解決したのが「エアグラフ」である。第20章8において詳述するが、要するに手紙をマイクロフィルム化し、それを目的地に空輸し、そこで焼き付ける方法である。便箋サイズの所定用紙一枚に宛先と文章を書く。これで撮影・焼付が機械的にできる。一六ミリフィルム一巻に一六〇〇通のエアグラフの手紙が収まった。重さはわずか一四〇グラム。航空機のちょっとした空きスペースに載せられる。第一便は一九四一年四月二一日カイロからロンドンにフィルムが空輸された。エアグラフは戦時下の逼迫した航空輸送を助け、多くの便りをフィルムに焼き付けてはこび、それを再生し出征兵士に、そして留守宅の妻や子供らに届けた。

大戦下の郵便局は、通常業務に加え、食糧配給券、ガソリン割当証、毒ガス注意書などの配布も担い、銃後の国民との直接窓口になった。また、戦費調達のために、郵便、電信電話の料金が値上げされる。一例だが、一九四〇年五月、書状の基本料金が一ペニー半から二ペンス半になった。七割弱の値上げである。その結果、郵政事業の全体の利益は、一九三九年度七四二万ポンドであったものが、一九四五年度には五倍強の三九八五万ポンドになる。なお、この時期、電話料金が郵便料金を上回る収入構造に転換した。

一九四五年、戦争が終わった。ヘイの本によれば、総勢七万三〇〇〇人の郵政事業の男女従業員が戦地あるいは銃後の守りに就いた。うち三八〇〇人が帰らぬ人となる。このように大きな犠牲を払いながらも、郵便、電信・電話の国民の通信手段を確保し、国内はもとより戦地と国内をむすぶ通信ネットワークの維持に努めてきた。

第14章 郵便の機械化

本章では、郵便の機械化について、まず、切手の消印機からスタートした機械化の歩み、機械化の前提となる郵便コードの導入、選別・取揃・消印・区分の各装置の仕組み、導入後の実施状況を検証していく。後半、全自動へのブレークスルーとなった技術の開発、最後に、二一世紀の機械化戦略をみていくことにする。

なお、郵政公社機械化部長であったN・C・C・デ・ヨングが一九七〇年に公社の機関誌に「郵便技術の進歩」について、二年後には欧州郵便電気通信主管庁会議（CEPT）の機関誌に「イギリスにおける郵便の機械化」について発表している。当時の日本の郵政省も郵便機械化について調査研究を積極的に進めていたが、その一環として、前記二論文を翻訳し同省の『郵政調査時報』に掲載している。本章の執筆に当たって、これら翻訳も参考にさせてもらった。

1　二〇世紀前半までの機械化

一九六〇年代に入ると、エレクトロニクスを中心とする戦後の科学技術の進歩により、多くの産業分野でオートメーション化が進められていった。しかし、技術革新の流れのなかで、郵便事業だけが一歩たち後れていた感が否めなかった。当時、郵便局の多くでは、一〇〇年前とさして変わらない作業風景がみられた。機械化されたものといえば、バタバタと音を立てながら切手を消印する自動消印機ぐらいのものであった。以下に初期の郵便機械化をみていこう。

切手の消印　最初に機械化された作業は切手の消印であった。一八四〇年に近代郵便がスタートしたが、その変化の一つが料金前払制の導入で切手が発行されたことである。手紙

ローラー式切手消印装置．マンチェスターで1850年代半ばに使用されたもの．エディンバラのカークウッド社製．先端部分に“498”と郵便局の番号が刻まれている．装置本体が確認されたは，この一点だけ．ロンドンの郵便博物館蔵．

に切手を貼って差し出せば宛先に配達してくれる。料金が全国一律一ペニーと引き下げられたこともあり、郵便物が増加した。郵便局にとっては、大量に差し出される手紙に貼ってある切手を一枚ずつ消印していかなければならない。それは大仕事となり、作業の機械化が課題となった。

ハンコにインクをつけ切手の上に押して消印していく。長時間、作業をつづけていたら手首がおかしくなることは必定である。そこでハンコを切手の上に転がし消印することが考案された。叩《たた》くよりは滑《すべ》らせたほうが楽というわけである。

一八五五年、切手消印用のローラー式のハンコが製造された。ローラー印である。インクとフェルトのマットが内蔵され、複数の刻印《ダイ》が円筒状になり先端で回転するようにセットされている。エディンバラやマンチェスターなどの郵便局で使用されたが、このローラー印が押された手紙はこれまでにわずかしか確認されていない。機械化とはいえないまでも、業務改善に努めた先人たちの知恵と努力が偲ばれる。

切手の消印機械化に取り組んだ人物がローランド・ヒルの息子ピアソン。郵政長官のキャニング子爵から命を受けて実施した。そのことについて、リゴ・デ・リーギが郵趣広報誌に記事を書いている。それによると、ピアソンは一八五七年三月、それまでの研究成果を踏まえて、パラレル・モーション型の切手を消印する機械を完成させた。毎分六〇通から六五通の手紙を自動的に消印できるというものであった。その後、改良を重ね一八六六年には、ピヴォット型の切手消印機なるものを開発したが、機械の製作コストがかかりすぎるために、現場には導入されなかった。切手の消印は手作業が長年つづくことになる。

流れ作業　二〇世紀初頭になると、郵政事業の分野でも郵便を専門とする技術者が増えてきた。最初に開発されたのが郵袋や書状トレイ搬送用のコンベアやエレベーターなど流れ作業に必要な基礎的な装置であった。当時、多くの産業現場では、すでにコンベアは実用段階であり、石炭、穀物、セメントなどの搬送用に利用されていた。これらの製品は少々落ちこぼれても許されていたが、郵便物は手紙一通たりとも損傷や紛失が許されない。そのため市販のコンベアをそのまま郵便局内に持ち込むことができなかった。

一九一〇年、エドワード王通りに面した広大な敷地に建設された新庁舎が竣工した。中央郵便局も兼ねている。その郵便局内に当時としては本格的な機械化された装置が導入された。装置は、局内において郵袋あるいは書状トレイをある場所から他の場所に、あまり人手を借りずに移動させることができるようにしたものであった。郵袋搬送装置は、水平に移動する三台のベルトコンベアと上下に移動する複線ロープウェー（チェーンコンベア）を組み合わせたもの。書状トレイ搬送の装置は、ベルトコンベアとエレベーターを組み合わせたものであった。これら装置の導入によって、郵便局員の力仕事がかなり軽減されることになった。

マウント・プレザント　一九三四年になると、ロンドンのマウント・プレザントに、もっとも機械化された書状区分センターが鉄筋コンクリート造で建設され開局した。当時、ヨーロッパそして大英帝国で最大級のオートメーション郵便局と呼ばれた。内容は、ホッパー型やソベックス社が開発したパケット型の小包区分機、各種のベルトコンベアなどで構成されたものであったが、局員はバスケット、シュートあるいはコンベアを使い小包を方面別に区分した。また、書状はすべて手区分によって区分棚に入れられ、は束されトレイに入れられコンベアではこばれた。

以上の機械化は局内作業の分野であるが、イギリスご自慢の郵便物輸送の機械化の例を一つ挙げておかなければならないであろう。それは一九二七年に開通したロンドン中心部の地下を走った〝無人〟の地下郵便鉄道である。第17章6のところで詳述する。

このように、第二次世界大戦前にいくつかの郵便機械化がおこなわれたものの、一九三九年から一九四五年の大戦期間中は完全に郵便機械化の研究が中断してしまった。本格的な

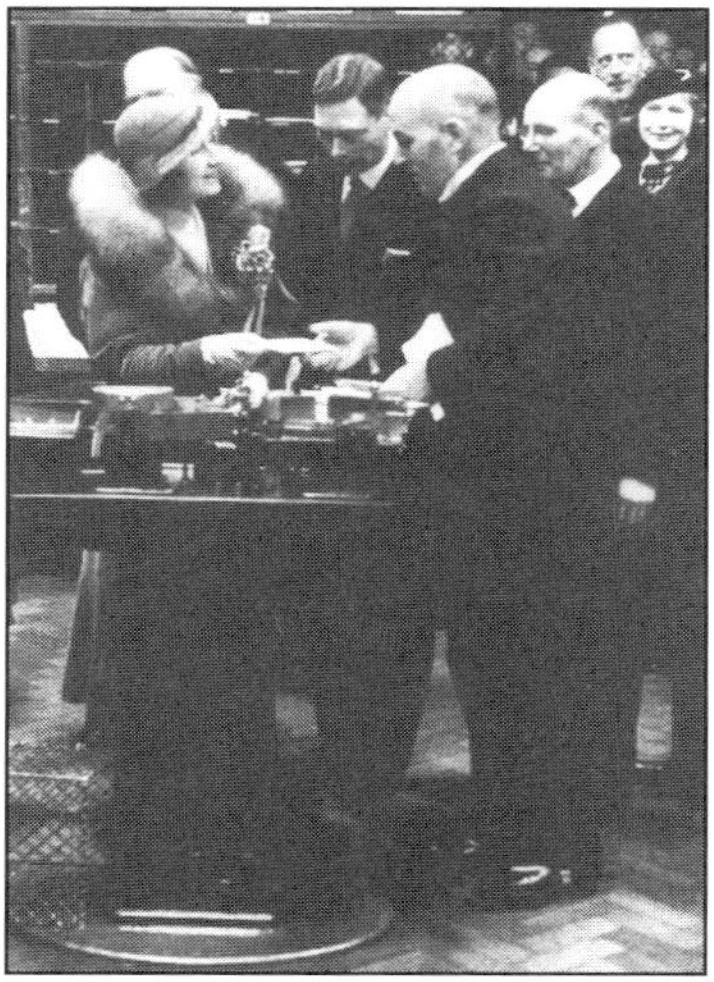

ヨーク公爵（後のジョージ６世）夫妻がマウント・プレザントの開所式に臨み，自動切手消印機を視察する．1934年11月．

研究再開は一九六〇年代になってから。その後、手狭だったロンドン近郊のドリス・ヒルの郵政研究所をサフォーク州マートルシャム・ヒースに移転し、郵便をはじめ電信・電話など郵政事業全般にわたり研究開発をおこなっている。郵便関係についてみると、一九六八年に郵便の専門家、機械・電気技術者をはじめ輸送・建設担当者などが集まり将来の郵便システムの構想を練り上げていく。研究開発予算は一九六八年から六年間で三八〇〇万ポンドが投入された。しかし、二〇世紀後半の郵政事業を扱ったナンシー・マーティンの本があるが、それによれば、一九七六年になると、予算の大半がテレコミュニケーション関係に当てられるようになる。その額は年間五〇〇〇万ポンドを超えた。

2　郵便事業の特質

一九六〇年代後半から七〇年代前半にかけて、専門家たちが郵便の機械化をすすめるに当たって、まず郵便事業の特質を理解しなければならないし、機械化を妨げている問題も調べなければならなかった。郵便の機械化のなかで一番やっかいなことは、郵便の種類が多く、それぞれの郵便物がそれぞれの特徴をもっていることである。一般に「機械化」というと、同じ種類の作業を人手を借りずに反復継続的におこなうことをいうが、その意味では、郵便の作業はなかなか機械化されにくいと考えられてきた。以下、デ・ヨングの論文、地田知《とも》平《へい》が機械化の限界について『一橋論叢』に、郵便事業経営論序説について『ビジネス・レビュー』に寄稿した論文などを参考にしながら、その特質を考えていこう。

封筒の標準化　郵便は書状（手紙や葉書など）と小包にわけられる。書状は町や村にある一三万の郵便ポストに投函されるか、二万五〇〇〇の郵便局の窓口で受け付けられた。その総数は年間一一五億通に上った。形態は、大小さまざまな封筒を使い千差万別である。そのため、郵便機械化が実用段階を迎えた一九六四年、万国郵便連合において封筒の寸法標準化が検討され加盟国間で合意された。イギリスでも一九六五年、定形郵便物となる封筒の寸法、重さそれに厚みが発表されて、一九六八年七月から適用される。定形郵便物の料金は、定形外郵便物の料金よりも、やや割安の料金が適用されることになった。その結果、経済的な誘因が加わったこともあり、数年のうちに、書状の形状は定形郵便物に合致するものが多くなっていった。

差出の分散化　前述のとおり、封筒の標準化はかなりの成績をおさめたが、郵便物の差出時間の分散化は遅々としてすすまなかった。郵便局の「手紙は朝早く投函を！」という宣伝にもかかわらず、ある統計では夕方、四時から七時にかけての数時間のあいだに、一日に差し出される郵便物の八五パーセントが集中していた。この傾向は金曜日により強く現れるという。そのため、局内作業は特定の時間に集中することになり、結果的に夜間作業が多くなりがちになる。また、季節的にも復活祭やクリスマスには人々が、友人や家族にカードや贈物を郵便で送るために、普段の月よりも郵便物が多くなる傾向がある。以上のことは郵便の機械化を考える上で重要なファクターとなった。

小包の形状　小包は公社の独占ではなかったが、それでも当時、年間二億五〇〇〇万個が郵便局の窓口で引き受けられていた。書状とくらべると、大きさは数百倍、重量は年間一一五億通に上る書状類の全重量とほぼ等しい四五万トンに上る。換言すれば、取扱数でわずか二パーセントの小包が、重量では五〇パーセントを占める〝重くてかさばる〟郵便物であった。

小包は重量のほかにも問題が多い。機械化には標準化が不可欠であるが、小包の標準化は書状と異なり不可能であると考えられてきた。例えば、あるサンプル調査によれば、小包の形状は直方体のものが全体の六四パーセント、円筒形のものが六パーセント。包装材では、紙が八二パーセント、ボール紙一七パーセント、袋一パーセントのほか、プラスチック材によるものも増えている。また、紐《ひも》の材料も紙紐六一パーセント、セロファンテープ二六パーセント、糸一〇パーセントとなっている。このように書状にくらべ、小包の形状を一定の枠に収めることは不可能であった。

機械化推進の背景　一九六〇年代後半から郵便機械化が本格化していった。その背景について探っていこう。当時、エレクトロニクス技術が他の分野で開発され、実用化されていったこと。このことは、それまで機械化が不可能と考えられてきた郵便の分野にも応用できる見通しがたったことが大きな要因になった。その一例として、手紙など郵便物に書かれた郵便コードを機械により読み取り区分することが可能となってきた。

次に、毎年増加する郵便物の取扱量に応じて働き手を増員させていくことが当時の労働事情や財政事情を考えると非常に困難な問題となってきたこと。当時、書状の取扱量は年間一〇〇億通を超えて一二〇億通に迫る勢いであった。そのため、郵便事業も労働集約的な産業から脱して、機械化による大量かつスピーディーな郵便物の処理ができるような体制に転換することが迫られていたのである。

それに、郵便と競合している電信・電話の急速な普及も郵便の機械化を促す一因ではなかっただろうか。つまり、郵便が生き残るためには郵便がより一層の迅速さと正確さが要求されることであり、その意味でソフトウェアの面ではこれに応えうる郵便システムを研究していく一方、ハードウェアの面でも誤差がでない従来よりも精度の高いかつ高速度の郵便処理装置の開発をしていかなければならない段階になってきたこと。以上のようなことが郵便機械化の背景にあった。

3　機械化の仕組み

一九五〇年代後半から、ロンドンの南部丘陵地帯のクロイドンが近代的なビジネス・センターに発展し、一九六五年には近隣町村と合併して、クロイドン自治区となり、大ロンドンに編入された。その結果、郵便需要も急増し、区内の週平均の差出郵便物数は書状二五〇万通・小包三万個、配達は書状二〇〇万通・小包二万個になった。このような状況を受けて、一九六九年、新しい時代の機械化局を目指した区内九三の郵便局を束ねるクロイドン中核郵便局《ヘッド・ポスト・オフィス》が誕生する。ここでは、同局の郵便機械化を紹介する小冊子が一九七〇年にでているので、それも参考にしながら、具体的に郵便機械化の仕組みを紹介していこう。

郵便コード　簡単にいえば、各地区に郵便コード（日本では郵便番号）をつけて、そのコードを機械が読み取り、自動的にコードごとに区分する。このように、郵便コードは機械化実施に当たって、必要不可欠なものとなる。歴史的にみると、機械化を前提としたものではなかったが、一八五六年にロンドンを一〇の郵便地区にわけて、それぞれの地区に方位の頭文字を符号化したものをつけている。例えば、西のケンジントンは「W」という具合にである。郵便コードは、あまり地理的知識をもたなくても、郵便局員が簡単に区分できるようにするためにつけられたものであった。この試みは、ロンドンとごくわずかな都市でしかおこなわれなかった。

郵便の機械化が具体化してくると、郵便コードを全地域につける必要がでてきた。まず、一九五九年にイングランド東部ノーフォーク州ノリッジで郵便コードが試行されたが、差出人がコードを記載した手紙は半分に満たなかった。一九六五年にわかりやすいコード表示に改められる。翌年、発展目覚ましいクロイドン全域に郵便コードがつけられ、さらに次の年には一七地域がそれに加わった。イギリスの二〇〇〇万に上る名宛地すべてに郵便コードをつけ終ったのは一九七〇年代のはじめになってからであった。

イギリスの郵便コードは、日本やアメリカの数字だけのものとはちがう。アルファ・ニューメリック方式で、アルファベットと数字を組み合せたものである。イギリス側の説明によれば、この方式は人間工学的な実験にもとづいて決定されたもので、この方式を利用した場合には、特に文字の置きかえによって生ずる失敗例は、郵便コードがすべて数字により構成されている場合よりも、はるかに少ないことが判明している、という。

郵便コードは二つの部分から構成されている。原則、左側の部分は三文字か希に四文字で構成されて、差立区分に必要な情報を示している。具体的には、すでに大都市で使用されている地区の符号か、あるいは配達局のある地域の名前を省略した二文字のアルファベットの次に数字がくる。前者の例ではロンドン東中央地区が「ＥＣ１」となり、後者の例ではヨークシャーのウェイクフィールドの市街地が「ＷＦ２」となる。右側の三文字は配達地域の情報を示す。原則、図に示すように、数字一文字と次にアルファベット二文字がくる。イギリスの郵便コードは差立地域と配達地域の二つの情報によって構成されていることがわかる。

なお、参考までに、カナダの郵便コードは、イギリス同様に、アルファ・ニューメリック方式が採用されている。

局内作業　地田知平の論文によれば、郵便の作業をみていくと、集配作業、局内作業、輸送作業の三つの作業にわけることができる。当時、否、現在でも変わらないが、前記作業のうち、機械化が進んでいる分野は局内作業である。局内作業は、大略、書状などの通常郵便物の処理、小包や定形外の包装郵便物の処理にわけられる。一九六〇年後半からはじまった通常郵便物の機械化の状況をみていこう。機械化草創期の姿である。

郵便物が局内に持ち込まれるルートは二つある。第一のルートは郵便局の窓口から。そこでは小包をはじめ書留や速達などの特殊郵便物、大量に差し出される料金別納の定期刊行

郵便コード．宛先最後の行左 “WF2” は差立地域 “Wakefield” のコード．同右 “8YZ” は配達地域 “Manor Crescent” のコード．黒の点線は燐光系インクで打鍵，上の点線は配達，下は差立の機械語による表示．実際には，透明のインクなので肉眼ではみえない．

物などが引き受けられている。第二のルートは全国一三万本ある郵便ポストから。ポストに投函された郵便物は、料金計器による支払表示があるものや料金受取人払いの郵便物などを除いて、すべて切手が貼ってあるものとみてよい。具体的には、定形・定形外の郵便物、葉書、速達、航空郵便などさまざまな種類のものが混在している。

ポストから取り集め局内に搬入された郵便物は、種類別に選別し、切手の位置を揃《そろ》えて消印し、差立区分することになるが、それまでは、すべて手作業でおこなわれてきた。この局内の「選別→取揃→消印→区分」の一連の流れが機械化されたのである。以下、書状などの郵便物の機械化の流れについて説明していこう。

自動選別機　ポストから集められてきた郵便物はトラップのなかに落とされ、コンベアで回転ドラム式の自動選別機に送られる。そこで、書状や葉書とやや重い郵便物（小形包装物や厚い封筒状のもの）とに選別される。選別後、小形包装物などはコンベアなどで別の作業台に送られた。

自動取揃押印機　次に、郵便物に貼ってある切手を消印す

自動選別機（segregator）．クロイドン中核郵便局に導入されたもの．1 時間に 4 万通を選別，回転ドラム式を採用した．1970 年．

自動取揃押印機（automatic letter facer, ALF）．ロンドン西部集中郵便局に導入されたもの．1 時間に 2 万通を処理した．1970 年．

る。しかし、最初は郵便物が逆さまになっていたり、裏返しになったままであるから、切手の位置を光学的に検知し同じ向き同じ位置のものごとに取り揃える。イギリスでは切手は封筒の右上に貼るのが普通だから、これを前提とし、①切手が右上、②上下逆転し切手が左下、③裏返しで切手が左上、④裏返しで上下逆転し切手が右下、その他、⑤切手が貼っていないものや変則的な位置に切手が貼ってある、五つのグループに取り揃える。

切手を光学的に検知するためには一工夫が必要となる。そこで燐光インクであらかじめ切手に発光材を塗っておく、言葉を換えれば、印刷しておく。次に、手紙を装置にかけて紫外線をあてると、切手についている発光材が光る。その光で装置が切手の位置を検知できる。表35に、燐光インクの種類と発光する色を示しておく。次に、前記⑤のグループを除いて、グループごとに切手が同じ位置に揃うので、それを消印装置のところに通して切手を消印していく。同時に、翌日配達をする割高な料金のファースト・クラスの郵便物とそれ以外のセカンド・クラスの郵便物にわける。仕掛けは、燐光インクが切手全面に印刷されているものはファースト・クラスに、他方、燐光インクで切手表面に一条の細い線が印刷されているものはセカンド・クラスに仕分けることも機械がおこなった。燐光インクのつき具合によって郵便物の種別を判定しているわけである。

燐光インクが開発されるまでには、切手の裏面に磁気インクによって線状の印刷を加えて、磁気ヘッドの走査により検知する方法や、螢光インクも使用されてきた。しかし、セカンド・クラス検知用の切手にみられるような燐光インクの一部印刷は、透明なインクとはいえ、切手の図案に微妙な影響を与えて、デザイナーには評判がよくなかった。それに、当

表 35　燐光インクの種類（1959-1971 年）

名 称	印刷所	使用期間	発光の色（時間）
PHD	Lettalite B1	1959-61	薄緑（中）
CSA	Lettalite B2	1961-65	明るい青（長）
TPA	Lettalite B3	1965	むらさき青（短）
SA	DSU	1965	むらさき青（短）
TPA(S)	——	1969-71	むらさき青（短）

出典：—— , “Phosphor Treated Postage Stamps,” *Philatelic Bulletin,* vol.xi, no.i, pp.6-10.

コーディング・デスク．初期の装置，1968 年頃．

自動区分機（automatic letter sorting machine）．ロンドン西部集中郵便局などに導入．1 時間に 9,000 通を区分する中速機．マッソン・スコット・トリッセル社製．1973 年．

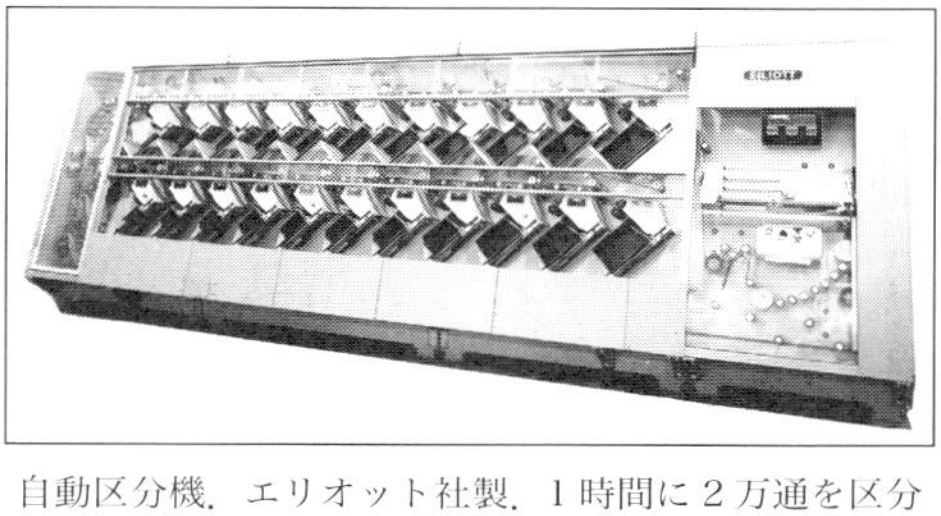

自動区分機．エリオット社製．1 時間に 2 万通を区分する改良型．導入局・導入年次は不詳．

時、発光材の耐光や耐久性などにまだまだ改善する余地がある、と指摘されていた。

コーディング・デスク　消印された郵便物は集積部へ送り込まれ区分作業に入る。機械化の最終目標は、局内作業で大きな比重を占める区分作業といわれていた。当時、日本では郵便番号（差立コード）の記入枠に番号を書いてもらい、多くは手書きであったが、それらを光学文字読取装置《オプティカル・キャラクター・リーダー》（OCR）で自動的に読み取って区分する方式を採用していた。イギリスでは、人間がいったん郵便コードを読み取って、燐光系のインクでコードを宛先面にタイプして、それを区分機に読み込ませ区分する方式を採っていた。人間の手が一手間《ひとてま》入ったが、差立コードと配達コードがいっぺんにタイプされるので、配達局に届いたときに配達区分が直ぐにできるメリットがある。透明な燐光系インクでタイプされたコードは、バーコードのような点線の機械語となる。肉眼では、その存在に気がつく人は少ない。

具体的に作業をみていこう。切手が消印された手紙は、コーディング・デスクに送られる。そこでオペレーターが宛先に書かれた郵便コードを読み取りタイプすると、宛先面に燐光系インクで二つの点線が印字（印点？）される。上の点線が配達区分、下の点線が差立区分のコードとなる。コードが記入されていない手紙は、オペレーターが差立区分のために宛名のなかの重要な五文字をタイプする、いわゆる簡易コードによって処理された。

自動区分機　コードが印字された手紙は自動区分機に通される。区分機は、最初に燐光インクで印字された差立コードの点線（機械語）を高速かつ正確に読み取り、自動的に最高一四四口に区分する。差立区分された郵便物は区分口ごとにコンベアで差立係に搬送され、手作業で郵袋に入れ名宛局のラベルをつけて、発送された。名宛局に到着した郵便物は、区分機に通して今度は配達区分コードによって配達地区ごとに仕分けされる。仕分けされた郵便物は、更に、郵便配達員が道路の番地順に組み立てて、各宛先に手紙が配達された。

小包処理の機械化　小包は書状や葉書より重量も容積もはるかに大きい。そのため機械装置は書状用のそれよりもはるかに大規模なものとなっている。小包処理の機械化のポイントは、書状の処理と同じく区分作業である。機械による小包区分の原理は、すこぶる原始的なもので〝重力〟を利用するものであった。それは機械に一定の装置をつけて、宛先の集積ホッパーに入るように上から小包を流す、否、落として滑らせていくのである。

具体的には、最初に局内に搬入された小包は垂直コンベアによって機械上部にある第一次集積部に送られる。次に専用トレー（箱）の上に宛名がみえるように一つ一つ小包をおいて、それを区分員の前を通過するコンベアに載せて流す。区分員は、小包が入ったトレーが前を通過するときに宛名を素早く読み取って、トレーの記憶装置に宛先の集積ホッパーの入口まで流れるように電子装置から方向指示をだす。トレーが入口まで来るとドアが開き、小包が押しだされて宛先の集積ホッパーに流れ落ちていく。一例になるが、コンベアの長さは七五メートル、区分は五〇口になった。

小包輸送　区分された小包は郵袋に入れて発送される。書状とくらべると、小包は一つの郵袋に投入できる量が極端に少なく平均五個である。郵袋を締め切る作業は手間がかかり時間もかかる。そこで、標準化されたコンテナを小包輸送に導入することになった。その結果、いわゆるパレットにバラ積みし、それをまとめてコンテナに納め専用のトラックで輸送あるいは鉄道に託し貨物車ではこぶようになった。

4　機械化初期の進展

以上、郵便機械化の概要を説明してきたが、その進捗状況は芳しくなかった。

郵便機械化の遅れ　機械化の鍵となる利用者の郵便コード記載が期待に反して伸び悩み、一九八三年になっても五一パーセントにとどまっていた。背景には、ドーントンの郵便史によれば、そもそも機械化が遅々として進んでいなかったという事情があった。そのような段階で、コード記載を利用者に呼びかけても理解が得られなかった。一九六九年からはじまった書状郵便計画《レター・ポスト・プラン》では、郵便区分作業を全国一二〇ヵ所に集中させ、そのための中核郵便局を整備し機械化することを目標とした。同年上半期には、クロイドン中核郵便局に加えて、ブリストル、リヴァプール、マンチェスター、ポーツマス、ダービーの各郵便局に自動郵便区分機など一連の機械が導入された。しかし、一九七二年になっても機械化局は一二局にとどまっていた。なお、表36に一九七四年の書状処理装置の導入状況を示しておく。

ピーター・サットンがロンドン大学のキングス・カレッジに提出した郵便機械化を巡る労使関係の論文がある。それによると、草創期の郵便機械化が計画どおりに進まなかった要因は、新しい技術の導入は旧来の労働慣行に対して大きな変化を迫るものとなり、使用者側と労働者側の意見の隔たりは埋めがたいものとなった。計画の遅れの大きな要因は郵政労働組合（ＵＰＷ）の根強い抵抗がつづき、郵便配達員とコーディング・デスク担当員の賃金格付問題も絡み、一九七二年には機械化への協力をＵＰＷが拒否するまでに至った。その後、当局側と組合との協議が再開し、一九七五年、全国一二〇ヵ所に区分作業を集中する当初計画は、一九八五年までに八三ヵ所にすることになった。目標年次の前年までに六四ヵ所に集中区分局が整備される。

この過程で、郵便機械化計画は軟弱な経営陣の対応や不十分な技術水準をはじめ、労働組合の妨害などもあって批判された。このステレオタイプ的な批判に対し、サットンは異議

表36　書状処理装置導入状況（1974年）

装置の名称	導入局数	導入台数
コーディング・デスク	12局	320台
自動区分機	12局	82台
自動選別機	31局	38台
自動取揃機	31局	63台
自動取揃押印機	4局	—
単座式書状区分機	4局	20台

出典：*Report on Progress with Letter Mail Mechanization in Great Britain,* appendix A, pp.11-14.

を唱え、むしろ外部の政治環境や経済状況に起因することの方が大きかったのではないだろうかと疑問を呈する。

5　ブレークスルー

以上、第一世代の郵便機械化をみてきたが、一九八〇年代以降、その限界を打ち破るブレークスルーとなる技術開発が進行する。ここでは、その一例として郵便コードの自動読み取りを可能としたOCR技術を取り上げる。

主役の交替と転換　イギリスの郵便機械化の技術陣は、機械の開発や機械化局の建設に力を注いだと同様に、否、それ以上に郵便全体のシステムのあり方について、多くの時間を割いて、その有り様を描きだしていった。日本で郵便機械化を主導してきた郵政官僚の佐藤亮は、各国の事例をも踏まえながら、機械化について一冊の本を書いている。著者の言葉を借りれば、第二次大戦中、航空戦力の発達により大艦巨砲がまったく役にたたなくなり、戦後、戦艦が標的の実験台となり海の藻屑《もくず》になってしまったことも他山の石となる。

主役は交替し、戦術は転換する。詳しい説明は省くが、郵便の機械化でも、例えば、小包の区分機では、ベルトコンベアやターンテーブルの利用からはじまって、次に、バケット型（ホッパートレイン型）が実用化された。トレイが局舎の床面を自走する方式も登場するが、いずれの装置も採用が中止される。その後、斜行ベルト式の小型区分機になるが、また、パンコンベア（鉄板コンベア）式に戻る。いずれも数局で実験的に導入され、改善に改善を重ねている。そして今日の土台を築いていったのである。

ＯＣＲ　光学的に文字を読み取る装置の登場は、人間がコーディング・デスクの前で郵便コードを読み取り、その内容を宛名面に燐光系のインクで印字していく方法に終止符を打った。キャンベル＝スミスの郵便史には、一九八〇年、郵政公社役員のデニス・ロバーツが日本を訪問したことが書かれている。来日の目的は、ＯＣＲが実用化されている日本の郵便機械化の現状を視察するためであった。ロバーツは、視察中に、日本では手書きの住所記載も多いが二六パーセントの郵便物がＯＣＲで処理されていて、今後も増加していく可能性があること、一〇年間にわたり郵便番号の記載を促す集中的な宣伝活動によって、記載率が九六パーセントに上っていることなどを〝発見〟した。

この発見の七年前に、すでにＯＣＲの優位性を予見していた人物が公社にいた。大蔵省からきていたアレックス・クアラールで、彼は「一九七〇年初頭、イギリスの郵便技術は世界トップクラスにあったのに、現在では、一部技術には、その革新性と達成レベルが他国とくらべると、遅れている面がある」と述べている。

一九八一年、郵便とテレコミュニケーションに分割され郵便単独になった新公社は、OCR技術の導入が郵便区分の高度化に役立つブレークスルーと考え、OCR実施計画を策定して早期導入を決定した。開発担当役員のアラン・クリントンが総指揮を執る。まず郵便コード記載励行の大々的な宣伝が打ち出され、一九八四年から二年間で最大一六〇万ポンドが投じられた。その後、記載率は上昇していく。また、公社になっても、長期的な開発資金も大蔵省の従来型の査定に委ねられて、利益がでても開発資金が安定的に確保できない状況がつづいたが、それにも少しずつ風穴が空いてきた。

研究開発がはじまる。OCRの装置本体は日本の装置を参考にしながらも、イギリス郵便公社の技術陣によって開発改良されて、一九八三年には初号装置V1がマウント・プレザントで試験されたが、採用に至らなかった。この時期、開発の技術部隊がサフォーク州マートルシャム・ヒースから、一九八五年にウィルトシャーのスウィンドンに開設されたロイヤル・メール技術センターに移転してきた。一九八七年、二号装置V2ができあがり現場に投入される。成功である。スウィンドンでは、装置に付帯する高速インクジェット・プリンターも同時に開発された。速度は、一秒間に一〇通の封筒にコードを発射し印刷することができる。従来の方式にくらべると五倍も速い。

日本のOCR装置が近代郵便を創設した、かのイギリスで取り上げられて役に立ったことは、日本郵政省の技術陣に大きな励みになったことであろう。もっとも、四〇年前になるが、佐藤亮は著書のなかで、次のように語っている。

日本の郵便機械化で直接的にも間接的にも、もっともお世話になっているのはイギリスである。同国から技術を導入したり輸入したわけではないが、一例になるが、回転ドラム型選別機の原型はイギリスのエリオット・ブラザーズ社製を参考にしている。同国は、利益を離れて、必要とする国に郵便機械化に関する技術移転にも熱心で、その対応は諸外国から高く評価されている。

6　二一世紀の機械化戦略

二一世紀に入ると、電子メールの普及により「書状」が減少し、反対に電子商取引の拡大により「小包」が増加していく。数字で示せば、書状は二〇〇〇年二〇〇億通を超えていたが、二〇二一年には一〇〇億通を切り八〇億通まで落ち込んでいる。小包は二〇一三年一一億個が二〇二一年三八億個に増加している。その上、小包配送はロイヤル・メールの独占ではないので、大手民間宅配会社との競争も激しい。ある調査によれば、重さ二キロまでの料金は、ロイヤル・メール四三五ペンス、競合他社のヨーデル社三七九ペンス、エヴリ社四三四ペンス、DHL社五三九ペンスとなっていた。そのことは郵便の機械化にも大きな影響を及ぼし、機械化戦略の主軸が書状対応から小包対応に移っていく。以下、その戦略をみていこう。

小包自動区分の推進　二〇二二年に入ると、小包の自動区分機の導入が加速する。同年三月には小包の半数が自動区分されていた。ロイヤル・メールは二〇二四年を目途に自動区分の率を九〇パーセントに引き上げることを計画する。二〇二二年には、ノッティンガム、チェスター、カーディフの集中局をはじめ、スコットランドのエディンバラとイングランド南部のサウサンプトンの集中局それぞれに新型小包自動区分機（七五〇〇個／時・一六万個／日）を導入した。同年六月、イングランド北西部ウォリントンには、同じく高性能の小包区分機（四万個／時・八〇万個／日）を備えた小包自動処理北西地区スーパーハブ基地が開設された。ウォリントンのハブ基地は、次に述べるダヴェントリーのハブ基地の、広さはほぼ半分、処理能力も半分だが、全国の小包郵便ネットワークを形成する基幹の一つになっている。

スーパーハブ基地　二〇二三年七月、ノーサンプトンシャーのダヴェントリーに最先端の小包自動処理ミドランズ・スーパーハブ基地が開設された。当時のニュース報道などによれば、ロイヤル・メールで最大級の小包区分処理センターとなる。小包処理能力は毎時最大九万個、年間二億三五〇〇万個と見込まれている。ここでも最新のOCR装置が活躍しているが、郵便コード表示でもバーコード表示でも読み込みできる。コードが読み込まれると、コンベアに載って差立口まで流れていくが、その時間は最大七分かかる。巨大な装置である。

ハブ基地がダヴェントリーに立地した理由は、①隣接地域にネット業者の商品保管倉庫や包装発送センターがあり、これら業者の小包需要を取り込むことができる、②ダヴェントリー国際鉄道貨物ターミナル（DIRFT）があり、ロイヤル・メールの専用ホームから西海岸の鉄道本線に小包貨物列車を走らせ、グラスゴー近郊のスコットランドの配送センターに直結させることができる、③M1やM6の高速道路に隣接し、毎日一六〇〇台のトラックが発着し、それらトラック輸送と鉄道輸送とを組み合わせた統合ロジスティクスも可能となる、④環境問題に対応し、鉄道の利用により、トラック輸送が年間三〇〇〇台削減できるようになり、二酸化炭素の排出量を削減できること――などが挙げられている。ウォリントンとダヴェントリーの二つのスーパーハブ基地を合わせると、一日に一五〇万個の小包を自動で区分できることにな

小包自動処理ミドランズ・スーパーハブ基地の内部．敷地 53 エーカー，サッカー場 10 面の広さ．施設は 130 万立方メートル，ジャンボ機 14 機が駐機できる空間に相当する．鉄骨 4,500 トン使用，省エネ構造で建設された．小包区分施設の開発設置はビューマー・グループが担当した．2023 年．

る。将来的には二五〇万個の処理を目指す。

経営戦略の立案構築　二〇世紀の郵便機械化は、選別・取揃・消印・区分などの各装置の研究開発がおこなわれ、それらをつなぎスムーズに郵便物が流れることを主眼とし、局内作業の自動化を目指してきた。二一世紀の郵便機械化は、前述のとおり、対象が書状から小包に移り、処理センターの集中化、大型化を図り、装置の研究開発はもちろんのこと、小包関連ビジネスの積極的な拡大を図り、電商取引を担うネット販売業者へのサポート事業にも進出を目指す。ネット業者の発送から小包引受までの切れ目のない流れを構築することによって、いわば小包需要を創出し確保していく経営戦略を打ちだした。報道によれば、一四億ポンドが投じられたハブ基地の誕生によって二万人の雇用が生まれ、地元経済への貢献は大きく、コヴェントリーが電商取引の中核センターとなることが期待されている。

なお、第17章3のところで述べるが、鉄道郵便は二〇〇四年に一度廃止されている。ハブ基地開設でDIRFT発着の小包専用列車が走ることになったのは、ある意味で、本格的な鉄道郵便復活ともみることができる。今後の運行状況に鉄郵ファンの関心が集まるかもしれない。

ドローンによる郵便配達　郵便事業で機械化が一番遅れている分野は配達の仕事。人手に頼らざるを得ない郵便配達の仕事は、近代郵便が誕生して一八〇年あまりがすぎた現代でも、配達ルートを習熟した配達員に負っている。しかし、イギリスでは、二〇二三年八月から電動ドローンによる郵便配達がはじまった、ロイヤル・メールの発表によると、場所はスコットランド最北端の北東沖合にある約七〇の島からなるオークニー諸島。諸島の中心地メインランド島のカークウォールにある配達局に手紙や小包がスコットランドからフェリーで届くと、このうち住民二〇人あまりのグレムゼイ島と四〇〇人のホイ島の二島宛の郵便物はドローンを使って島に空輸し配達する。輸送ルートは、まず、カークウォールからメインランド島の西側のストロムネスに陸送し、そこからドローンでそれぞれの島に郵便物を空輸する。

ドローンによる郵便物空輸の実用化はこれがはじめて。運輸省から資金提供を受けて、オークニー諸島の港湾管理局と連携し、ロイヤル・メールとスカイ・ポーツ・サービスが運営している。ドローンはスピードバード製DLV2型で、最大六キロまではこぶことができる。離島、過疎地域へのドローン活用が期待されているが、運行費用の捻出が大きな課題となっている。

一方、人口の多い市街地の郵便配達は、どのような形で機械化あるいは自動化されていくのだろうか。今のところ、その確たる方向性はみえてこないが、いずれ近いうちに、配達ルート、配達先を記憶した全自動万能ポストマンのロボットが活躍する日がくるかもしれない。

第15章　国営から公社・民営への道程

本章では、郵政事業が国営から完全民営化されるまでの半世紀余の足跡を追う。その道程は、まず国の財政から切り離し基金を創設し独立採算制に、次に自主的運営を確保するために郵政事業を公社化、つづいて郵便とテレコミュニケーション事業を分離し二つの公社に。二一世紀に入ると、郵便公社は政府の持株会社に、二〇一三年、ロイヤル・メールはロンドン証券市場に上場され、二〇二二年には親会社の名称が国際物流サービス会社（ＩＤＳ）に変更された。このように、二〇世紀後半から二一世紀前半にかけて、イギリスの郵便事業の運営体制は大きく変わっていった。

1　郵政事業基金の創設

第二次世界大戦終了後、労働党は主要産業を国有化・公社化していくが、そのようななかで郵政公社化の議論もおこなわれ、その布石として郵政事業基金が創設される。詳しいことは、遠山嘉博の『イギリス産業国有化論』に譲るが、以下に、その流れを要約しておこう。

実験期の国有化　大戦終結間近の一九四五年七月、イギリスでは下院議員の選挙がおこなわれた。社会改革を目指す労働党が、大戦を勝利に導いたチャーチル率いる保守党を破って圧勝した。その後、労働党は六年間にわたり政権を担当する。首相にクレメント・アトリーが就いた。社会改革の柱の一つが国有化・公社化。その基礎となったものが、それまでの一世紀にわたる理念の形成に、ジョン・Ｍ・ケインズの有効需要創出を軸とした経済計画論、いわゆるケインズ理論が結合したものであった。

労働党は、銀行、石炭、航空、電気、鉄道、ガス、都市開発、食糧などの主要産業を国有化していった。これらは実験期の国有化といってもよいが、産業国有化は、川北稔編『イギリス史』によれば、社会主義政策というよりも、非能率な企業の国家による救済という面が強かった。そのため国有化には大きな反対がなかったし、労働者による経営参加といった産業民主主義の側面もみられない。また、反対が多かった鉄鋼産業の国有化も一九五一年に実現させている。国有化後の事業形態は、パブリック・コーポレーション（公社）方式であった。要すれば、国が株式を所有し、所管大臣の統制監督を強化して、既存の組織を生かしつつ、間接的に事業をおこなっていく方式であった。

一九五一年一〇月の総選挙で保守党が政権を奪還し、チャーチルが返り咲いた。実験期の国有化がすべて成功したわけではない。保守党は、国有化された鉄鋼産業の民有還元をおこなったほか、海外食糧公社などの重要度の低い公社も廃止した。一方で、公共性の高い分野では国有化・公社化を推しすすめていった。原子力公社や住宅供給公社などが代表例に挙げられよう。

なぜ公社化か　郵政公社化の議論は一連の国有化議論のなかでつづいていた。しかし、次に述べるように、郵政公社化の議論には前記の国有化のケースとは明らかに性格が異なる側面がある。

すなわち、第一に、郵政事業の公社化は国営事業の公社化である。民有産業の国有化・公社化は民から国に経営主体がシフトする。あるいは地方公営事業の国有化は地方自治体から国に経営主体がシフトする。郵政公社化には、この国へのシフトがない。国の事業の運営形態の変更にとどまる。第二は、民有産業の国有化政策は、重要産業の国家経済計画への組み入れ、国の統制監督強化の観点から策定されている。それとは逆に、郵政の公社化は国の統制監督の縮小を狙いとしたものであった。

たしかに、大戦前にブリッジマン委員会による郵政改革があった。しかしそれは、すでにふれたとおり、官庁経営の域をでず、組織内の権限のあり方を変えたことなどに限定されていた。大戦終了後に本格化した郵政公社化の議論は、官庁経営の問題点を本格的に洗いだし、事業運営の自主性を確立することにあった。自主性を阻害していた最大の問題点は、再三述べてきたように、大蔵省が郵政事業の収入を税収と見做し、歳入歳出を事実上すべてコントロールしてきたことである。そのため、郵政省が利益を自主的に新規投資に振り向けるなどの裁量権が与えられていなかったことである。もう一つの問題点は、議会が郵政事業の日々の業務に対して、細々とした点についても干渉してきたことである。それらについて、郵政長官が議会で答弁しなければならなかった。大蔵省の過度の介入、議会の無定見な干渉は、郵政事業の自主性を大きく阻害していた。

その解決策として、国直轄から国の間接管理に組織を改変し、自主性を確保する。それには公社形態への移行が最善と考えられ、一九六〇年後半から議論が本格化する。郵政事業を公社化することは、民営企業の国有化・公社化の概念とは異なるが、公社化するという点で一致するため、イギリス産業の国有化論のなかで扱われている。

公社化への布石とみることができるが、一九五六年、国庫に繰り入れられていた郵政事業の収入の扱いが大きく変わった。ドーントンの郵便史によれば、国庫繰入方式に変化はないが、繰入額から五〇〇万ポンドを郵税として大蔵省に留保されたものの、残り全額の使用は郵政省の裁量に委ねられることになった。更に、一九六〇年の「郵政事業白書」の提言に基づき事業の独立採算制、換言すれば、収支バランスを明確にするために、翌年には「郵政事業基金《ポスト・オフィス・ファンド》」が創設された。この結果、すべての事業収入がまず基金に振り込まれ、経費は郵政長官の権限において、すべて基金から支出されることになった。収支は完全に国の一般会計から切り離されて、いわゆる郵政事業特別会計となる。この転換は、自主運営に向けて大きな一歩となった。

2　郵政事業の公社化

一九六〇年代後半、郵政事業の自主的な運営を確保すべく公社化の議論が本格化する。郵政長官の意向表明、下院での特別委員会での審議を経て、郵政公社化法案が提出され可決成立する。以下、その顚末である。

下院特別委員会　エドワード・ショート郵政長官が一九六六年八月、増大する業務に対応するために、「大臣を長とする省ではなく、大臣によって任命された者が公社のトップとなり、所管大臣に責任を負う公社となるべきである」と発表した。これを受けて、下院の国有化産業特別委員会は、一九六七年二月、基本的な考え方と具体策をとりまとめた報告書を議会に提出した。その骨子は、次のとおり。

報告書は、①公社は郵便と電気通信のサービスを全国に提供する、②公社は法律に基づき規定された体制のなかで活動し、法目的達成のため大臣の監督と指揮に従う、③公社は営利事業体として活動できるように大きな自治権をもって、みずからの責任においてサービス提供の方法および財務の遂行を決定できる、とした。また、報告書は、④大臣が公社に対し公社の責任と相容れない行動を求めた場合には、大臣がすべての責任をとる、⑤公社は、業務一般に関する国会の頻繁な質問による審査に服しないが、業務報告と財務結果を報告する。決算委員会と国有化産業特別委員会の審査の権限は残す、⑥公社は事業を遂行するために、もっとも適した機構と組織をみずから決定できる、とした。

以上が報告書に述べられた基本原則である。これまでの非能率な経営を排除して、公社の自立的な経営を認めることが確認された。一方において、郵政事業の重要性に鑑み、事業が適切に提供されるように、大臣は指揮・監督による統制手段を用いることができる、とした。

公社の誕生　報告書の提出から一ヵ月後、郵政長官は、白書「郵政省の再編成」を議会に提出した。つづいていわゆる郵政公社法案が議会に上程され、さまざまな議論を経て、一九六九年七月に法案が成立した。同年一〇月、三〇〇年の歴史を有する「郵政省《ジェネラル・ポスト・オフィス》」が新組織「郵政公社《ザ・ポスト・オフィス》」に生まれかわり、新たな道を歩むことになった。

公社は、郵便・電気通信・郵便為替《ジャイロ》の三事業を担う。郵便貯金は政府の直轄事業として国に残された。各事業は性質が異なるため、それぞれ本部を設けて、独立して事業を遂行する。郵便為替は電気通信本部のなかに付置されたジャイロ送金センターで処理される。また、郵政本省に集中していた職員任命や予算支出などの権限が地方部局に委譲され、地方単位で自主的な運営が確保された。なお、所管大臣は新設の郵便電気通信大臣となったが、一九七四年からは産業大臣となり、産業省郵便電気通信局が公社を所管することとなる。当初の公社の組織は、次のとおり。

議会―所管大臣（郵便電気通信大臣。後に産業大臣に）
　公社総裁・理事（一二人以内）
　　中央本部（秘書、会計監査、厚生、広報など）
　　郵便本部（企画、機械化、業務、人事、広報など）
　　電気通信本部（企画、開発、管理など）
　　　ジャイロ送金サービス（調整室、業務センター）
　　　データ・プロセシング・サービス（管理・販売）
　　郵便地方部局（スコットランドなど一〇地域）
　　電気通信地方部局（同右）
　　　郵便局・副郵便局（二万四〇〇〇局）

公社化後の変化　第一の変化は、従業員の身分が国家公務員から公社職員に移されたことである。公社化直前の職員数は約四二万人。イギリスの全労働者の二パーセント、一般行政職公務員の約半数を占め、一大組織を形成していた。このため、政府は国家公務員から公社職員への身分の切替を画一的におこなわざるを得なかった。国の事業として残る貯金部門の職員を除いて、その他の職員は、公社化後、同一職場、同一職種に並行移動させることにし、その賃金も国家公務員の賃金体系に準じて支給し、国家公務員という身分が喪失するほかは職員の利益を十分に守るとされた。ほとんどの職員が公社職員になっても生活環境には変化がなく、以前と同じように仕事をつづけることができた。しかし、労働組合との関係もあり、法的に問題が生じるケースもあり、その対策に政府が対応を迫られることもあった。

　第二の変化は、議会と所管大臣との関係である。公社化前までは、業務のすべてに大臣は議会で答弁する必要があったが、議員の質問は法的権限つまり重要かつ基本的な政策事項に限られることになった。このことについて、郵政官僚であった佐藤立が、ブリッジマン委員会から解きほぐし、郵政公社化の問題について『公益事業研究』や『郵政研究』に寄稿した論文などによると、特別委員会での審議の際に、当局側は次のような答弁をしている。

　……議会における日常業務に関する質問は、郵政省の組織全体を通じて、あらゆる段階に強い影響を及ぼしている。現業の管理者も、その業務の取扱いについて議会で問題にされることを恐れ、事なかれ主義となり創意と企業心を阻害されている。議会が他の国有化産業よりも郵政事業に強く干渉することは、郵政事業に消極性と過度の中央集権をもたらす原因となっている。

　イーアン・シーニアも著作のなかで、日常業務の除外原則などが確認されて、国務大臣が「スミス夫人の手紙がなぜ届かなかったのか」とか「ジョンズ氏の電話料金請求書になぜ間違いがあったのか」などという質問に答える必要がなくなった、と書いている。

　第三の変化は、公社の財政である。公社化前に自主運営の下《もと》で独立採算制が導入されていたが、更に原価主義に則って収支のバランスをとることが義務づけられた。労働集約型の郵便部門では、賃金の上昇に伴う料金改定がしばしば必要となったが、大臣の承認と後述する郵政利用者全国協議会への付議が条件となる。一方、巨額の投資が必要となる電気通信部門では、政府が定めた借入限度額の範囲で資金借入ができるようになった。一九七三年九月二五日付の『ファイナンシャル・タイムズ』は、当時、四億ポンド相当のユーロダラーの借款について、ヨーロッパの銀行と交渉がおこなわれていると報じた。シティーからの借入にとどまらず、外国からの借款も検討していたことがわかる。

　しかし、公社化は国民にとって大きな変化はなかった。郵便局は、いままでどおり、貯金・年金・国債など国の業務をはじめ、各種税金の収納など地方自治体の、そして郵便・電気通信など公社本来の、各業務が取り扱われていた。犬の鑑札も買うことができた。

　利用者協議会　公社化前に利用者利益の確保のために、非法律法人の郵便利用者協議会があったが、協議会は任意の組織であり権限も曖昧なため、法定組織への移行が強く要望されていた。これを受け、公社化後、法律に基づく郵便利用者全国協議会（ＰＯＵＮＣ）が設立された。庄村勇人は愛知学泉大学の紀要にＰＯＵＮＣについて寄稿している。それによると、法定協議会は全国組織のほか、スコットランド、ウェールズ、北アイルランドにも地方組織を置いた。議長・委員は、公社の所管大臣が関係団体と協議して二六人以内で任命された。その他に大臣専決で三人の範囲で委員を任命できることとなった。

法定協議会の第一の役割は料金協議。当初、団体から提出された要望の大部分が受け入れられたり、一流の企業コンサルタントを雇い入れたりして、値上げを遅らせたこともあった。第二の役割は企業活動の監視。一例だが、地方に多い小規模の副郵便局の閉鎖を巡り、閉鎖に直面する地域と公社が協議することが確認され規定化された。第三の役割は消費者監査。監査項目は事前に経営側との同意を必要とするが、例えば、手紙の遅配防止策と実行度合いなどを、顧客、利用者からの意見を集約するなどして監視する。しかし、協議会の機能にはさまざまな限界が指摘されてきたが、公社化と同時に、公共性の確保、消費者保護の観点から、曲がりなりにも権限がある協議会が誕生したことに意味があろう。抜本的な見直しは二〇〇〇年の郵政民営化までもちこされた。

公社化の成否　郵政公社化は成功したのだろうか――。一九七〇年代、イギリスの国有化政策全般が行き詰まり、新たな方向を模索しているように思えた。国有化が「倒産企業の救済」という側面があったことは否定できず、国有化によって再建された産業はきわめて少なかった。そのなかで、郵政事業は、議会や政府の過度なコントロールを離れて、収支バランスにみずから責任をもち、自主独立の経営判断により事業がおこなわれていることを考えると、所期の目的を果たしたといえよう。

しかしながら、その決算状況はたいへん厳しく、一九七二年度まではなんとか黒字基調を保ってきたものの、翌年度からは赤字に転落し、一九七五年度には約三億ポンドの赤字をだしてしまった。カール・Ｓ・シュープが財政学の著作のなかで指摘しているように、当時、多くの国が郵便事業で赤字をだし、そのことが一般化していた時代、イギリスでも例外ではなかった。だが、表37に示すように、一九八〇年度の決算では七億ポンド強の黒字を計上することができた。項目別にみると、収入の三分の二は電気通信から、郵便は三分の一弱にとどまっている。また、利益では、九七パーセントが電気通信によるもので、郵便は二パーセントにしかすぎなかった。圧倒的に電気通信の収益力が高いことがわかる。郵便は収支をバランスさせるために、公社化以降一九八〇年まで約

表 37　郵政公社収支計算書（1980 年度）

（百万ポンド）

項　目	収　入	支　出	利　益
電気通信	4,554	3,834	720
郵　　便	2,125	2,109	16
貯金・為替	156	148	8
計	6,835	6,091	744

出典：*Post Office Report and Account, 1980-81,* pp.24, 30, 36.

一〇年間のあいだに、書状基本料金を八回にわたり三ペンスから一二ペンスに徐々に値上げしている。それでも、もっぱら人件費の増加が影響し、郵便の収益を回復することが難しかった。

金融サービスの分離　政府の直轄となった郵便貯金は大蔵省の国民貯金庁が所管し「国民貯金銀行《ナショナル・セーヴィング・バンク》」として運営されるが、一九九六年に独立行政法人化された。二〇〇二年には投資金融商品も加わり、「国民貯蓄投資機構《ナショナル・セーヴィング・アンド・インベストメント》」となった。小口貯蓄や年金などの受領サービスを提供する庶民の銀行として、そして国や地方自治体への資金供給をバックアップする役割も果たしていった。

第12章3において述べたように、一九六八年に郵便振替のサービスが開始された。狙いは、一般の銀行に口座を開き小切手をもつことが困難な庶民のために、手軽な決済手段を提供することであった。この決済システムは「国民振替《ナショナル・ジャイロ》」として公社に引き継がれた。その後、一九七八年には銀行免許を取得して「国民振替銀行《ナショナル・ジャイロ・バンク》」となり、預金や貸付もおこなうようになった。その後、銀行は一九八五年に株式会社となり、二〇〇三年にはアライアンス・アンド・レスター商業銀行に吸収された。

郵便貯金と郵便振替の金融サービスは、郵政公社から分離され独立した経営組織体になったが、分離後も、これら事業は郵便局を窓口として展開されている。一方、民間銀行が不採算地域の店舗を閉鎖し、少額預金者から口座維持手数料を徴収し、住民の金融排除《ファイナンシャル・エクスクルージョン》が問題化していた。これに対して、郵便局の窓口は、当時の労働党政権が掲げるユニバーサル・バンキング構想の重要な役割を果たした。星野興爾は『世界のポストバンク』のなかで、郵便局の窓口では貯金をはじめ各種の金融商品の販売がおこなわれていることを具体的に報告している。一方、梅井道生の調査によると、国民振替銀行を巡って社会問題が発生している。それは、小切手やカード貸付に焦げ付きが多発したために、三〇〇〇ポンド以下の預金者には小切手帳とクレジットカードの発行を拒否したのである。当時、イギリスでは五人に一人が小切手帳やカードをもっていなかったと推定され、国民為替銀行のこの措置も影響したといわれている。

3　テレコミュニケーション事業の分離

一九八一年、郵政公社からテレコミュニケーション部門が分離され、英国テレコミュニケーション公社が誕生した。かつて日本でも一九四九（昭和二四）年に逓信省が郵政省と電気通信省に分割されたが、それに匹敵する大きな変革といえよう。以下、その過程を検証していく。

本論に入る前に用語について。もっぱら電信（電報）と電話の意味で「電気通信」という用語を使用してきたが、大戦終了後、電気通信分野の技術開発が急速に進み、テレビ、ファックス、データ通信、パケット通信などさまざまな通信手段が開発されていく。それらを総称して「テレコミュニケーション」と呼ぶことにする。一九六八年の郵政省の部門別損益に「データ通信」の数字が、収入三九五万ポンド・支出三八九万ポンドとはじめて計上される。電話とくらべると、一二五分の一の収入にしかすぎなかった。

カーター委員会　郵便利用者全国協議会から、郵政公社の包括的な見直しの必要性について、所管の産業大臣に勧告がだされた。これを受けて、産業大臣は一九七五年一一月、ランカスター大学副学長のチャールズ・F・カーターを長とする郵政公社調査委員会を発足させた。任務は、公社機構の見直しと変更の必要性の検討、独立採算制をとる公社の経理処理方法の審査、事業展望と社会的意義の評価をおこなう。同時に、一九六九年郵便電気通信法を見直すことになった。カーター委員会は一九七七年七月、勧告をまとめた「郵政公社の現状と問題点」を議会に提出する。その骨子は、郵便事業とテレコミュニケーション事業は経営と財務を分離し、二つの新しい公社とし、最高意思決定機関はそれぞれの理事会がおこなうこととする、というものであった。

ロンドンのGPOタワー．電話マイクロ回線とテレビ通信用．高さ190メートル，1964年竣工．現在はBTタワー．

公社の見解　カーター委員会の勧告を受けて、郵政公社は一九七七年一二月、テレコミュニケーション部門の分離を柱とした構想を詳細に検討した結果、ほぼ勧告にそったものではあったが、次のような公社見解を発表した。

一、郵便事業とテレコミュニケーション事業は分離すべきである。

一、郵便事業の経営状態がイギリスより優れている国はほとんどなく、テレコミュニケーション事業は著しい改善と慎重な経営管理がおこなわれている。

一、郵便事業の機械化および郵便コードの制度は更に推進すべきである。

一、テレコミュニケーション事業に関する安定した投資計画は国家的にも重要である。

一、政府は社会的あるいは国家的利益のために提供する業務について、必要な経費を負担すべきである。

一、システムXに関する計画については、完成までの期間を更に短縮する必要がある。

一、振替の業務は公社の窓口業務としてきわめて重要であり、拡充する必要がある。

労働党政権の見解　産業省は一九七八年七月、カーター委員会の勧告、それに対する郵政公社の見解を踏まえて、政府見解を集約した「郵政公社に関する白書」を発表した。しかし、郵便事業とテレコミュニケーション事業の分離については、時の労働党政府が推進していた「産業民主主義《インダストリアル・デモクラシー》」に基づき、産業省の指導の下、実験的に郵政公社と労働組合との共同研究グループにおいて検討されていた。そのため、政府は共同研究の結果が判明するまで、最終決定を保留することにした。当時の労働組合のスタンスは、郵政技術者労働組合（ＰＯＥＵ）がテレコミュニケーション事業の分離独立に前向きであった一方、郵便事業の従業員が加入している郵政労働組合（ＵＰＷ）が分割に反発する。その背景には、郵便事業が単独で採算をとるのが難しい事業部門になり、大幅な合理化により組合員の解雇につながりかねないという事情があった。

サッチャー政権　一九七九年五月の総選挙の結果、保守党のマーガレット・サッチャーが首相につく。産業政策は一八〇度転換する。インフレの抑制と民間活力主導の経済効率化を掲げ、公共部門の肥大化がインフレの元凶と見做し、公共部門の縮小を図るため民営化《プライヴァタイゼーション》の政策が進められる。保守党政権は一九七九年九月、声明を発表して、カーター委員会の勧告を踏まえて議会への法案提出準備をおこなうとともに、公社に対して新体制移行の準備をおこなうように指示した。政府の声明や指示を受けて、公社は、郵便事業とテレコミュニケーション事業の分離の必要性について、次のように見解をとりまとめた。

第一は、郵便とテレコミュニケーション事業が他の国有化産業にくらべて巨大化しすぎたこと。すなわち、新規投資額が一〇億ポンドと予想され、それは国内全体の八パーセントを占め、公社が保有する資産は簿価で六〇億ポンドに達している。それらを適正に運営し管理していく過程で、さまざまな問題が発生する。それを単一の理事会で判断し処理していくことは困難である。

第二は、職員の利益調整が困難になったこと。二つの事業部門は合わせて四〇万人の職員を雇用する。それは国内の全労働者の六〇分の一に相当する。他にこのような巨大な雇用者はいない。そのため、理事会が法律上の単一雇用者であることを維持しつつ、それぞれの部門の職員の利益を調整することがきわめて難しい。

第三は、郵便事業とテレコミュニケーション事業の同質性が薄れてきたこと。いずれも通信の一形態であるが、歴史的にみれば、郵便を補完するものとして、電気通信すなわち電報・電話が誕生した。しかし、大戦後、データ通信など新たな通信手段が開発され、それらは、資本依存度、生産性や技術水準が高く急速に成長する分野となっている。一方で郵便は労働依存度が高く、生産性や技術水準が異なる。この差は年々拡大していっている。

第四は、将来の見通しに違いがあること。テレコミュニケーションの将来は、コンピュータ技術、放送、データ通信などのサービスも含まれ、今後の技術開発が大きな課題となっている。他方、郵便は機械化の余地はあるが、もっぱら要員問題が事業運営上の重要な課題となっている。

前記公社見解により、テレコミュニケーション事業の分離の必要性がよくわかる。一方、一九七〇年代を通じてアメリカの連邦通信委員会が推し進めてきた電気通信産業の自由化政策により、同国の通信情報産業の発展と技術の進歩には目を見張るものがあった。イギリスにおいてもテレコミュニケーション産業の自由化を促進することとなる。一九八〇年一一月にとりまとめられた法案では、①郵政公社からテレコミュニケーション事業を分離し、英国テレコミュニケーション公社（略称、BT）を設置する、②産業大臣が通信事業への新規参入者に対して免許を付与することができる、③本電話機（BTの電話機）以外の端末機器の製造販売を自由化する、の三点が条文の柱となった。

一九八一年七月に法案は可決成立。新たな公社BTが誕生した。残った郵便事業は「郵政公社」を「郵便公社」と改称し、その公社が引きつづき担うことになった。なお、BTと対比させて、郵便公社を「英国郵便公社」（BPO）と呼ぶことがある。

民営化の推進　政府は一九八二年二月、マーキュリー計画に対して事業免許を与えた。計画は鉄道の軌道一三〇〇キロに沿って光ファイバーによる通信ケーブルを建設し、主として業務用の顧客にデータ通信などのサービスを提供するものであった。実施には、ケーブル・アンド・ワイヤレス、バークレー・マーチャント銀行、ブリティッシュ・ペトロリアムの三社が共同出資する資本金五〇〇〇万ポンドのコンソーシアムが設立された。この事業免許の付与によって公社のBTの独占体制が崩れた。

一方、公社のBTは、一九八四年八月に株式会社組織となり、英国テレコミュニケーション社となる。同年一一月には政府持株の五割強が売却されて民営化された。略称は「英国テレコム《ブリティッシュ・テレコム》」であったが、一九九一年に会社の正式名称を「BT」とした。現在のBTグループは、イギリス最大のテレコミュニケーションの事業者となり、固定電話をはじめインターネット・プロバイダーとして大きなシェアを有している。また、全世界に多くの関連会社を配し情報通信のグローバル・ネットワークを構築している。

本節の執筆にあたり、吉井利眞の論文「サッチャー政権下のブリティッシュ・テレコム」、大澤健の報告「英国における情報通信法制の系譜と行方」などを参考にした。当時、日本の郵政省でもBTの動向について関心を寄せ、カーター委員会の勧告、勧告に対する公社見解、勧告と見解を踏まえた政府の見解について、同省大臣官房経営企画課が『郵政調査時報』に詳しく報告している。また、経営企画課は一九八一年の「英国テレコミュニケーション公社法」（新法）も翻訳している。それによると、郵便事業だけを残すための一九六九年の「郵政公社法」の改正は新法の附則においておこなわれた。これら日本の郵政省の資料も参考にした。

4　郵便公社の政府持株会社化

郵便公社が二〇〇〇年郵便サービス法により政府一〇〇パーセントの持株会社となり、持株会社コンシグニアが国際展開を目指したが一年で敗退し、新たな持株会社はロイヤル・メールとなる。この時期、EU郵便指令を受け規制機関が郵便自由化を強力に推し進め、二〇〇六年にイギリス郵便市場は完全に自由化される。以下、持株会社化から自由化により民間郵便事業者の進出につながっていくが、本節では、それらについて検証していく。

二〇〇〇年郵便サービス法　貿易産業大臣は一九九九年七月、二一世紀に向けて、世界水準のサービスを提供する郵便改革を目指す「白書」を発表した。この白書がだされた背景には、北清広樹《きたせいひろき》の報告によれば、郵便サービスのグローバル化、電子メールやネットの普及により利用者のニーズに大きな変化が起きて、郵便を巡《めぐ》る環境がさまがわりしている事情があった。もう一つ重要なことは一九九七年にだされた欧州連合（EU）の郵便指令である。二〇二〇年にイギリスはEUを脱退したが、脱退前は指令を尊重しなければならない立場であった。EU郵便指令は、欧州郵便単一市場の形成、良質なユニバーサル・サービスの維持、郵便市場の競争導入を目的とし、その実現のために、リザーブド・エリアと呼ばれる独占領域を徐々に縮小することで、段階的に競争を導入することを加盟各国に義務づけた。

白書やEU指令を受けて、政府は「二〇〇〇年郵便サービス法」を議会に提出、同年七月に郵便サービス法は成立し公布された。公社の政府持株会社への移行、郵便自由化の段階的実施、独立した規制機関と消費者監視機関の設置の三点が柱となっている。以下、具体的にみていこう。

コンシグニア　郵政事業の分割分離とそれに伴う組織変遷をチャートにしたので参照してほしい。労働党政権下、政府は二〇〇一年三月、郵便公社を一〇〇パーセントの政府持株会社「コンシグニア」に転換させた。持株会社の社名は、英語の「コンサイン」に由来し、委託する、託送する、それが転じて郵便で送るとなり、その意味を込めて命名された。また、そこには海外進出で成功しているドイツやオランダの郵便に伍して、イギリス郵便が海外事業の展開を積極的におこなっていく意志が込められていた。コンシグニアが親会社となり、その下《もと》に、郵便会社、郵便局会社、小包会社の子会社三社が配された。

郵便会社の「ロイヤル・メール」は、ユニバーサル・サービスの規定により、毎日、郵便物を一律料金により全国二七〇〇万の宛先に配達する。また、郵便ポストから郵便物を一日一回以上取り集める。当時、一日の郵便物の配達通数は八一〇〇万通であった。その他、郵便関連のマーケティングと営業活動をおこない、関連商品の物販もてがけた。更に、切手発行を企画し、普通切手をはじめ、郵趣家《フィラテリスト》向けに記念切手なども売り出す。郵趣関連商品も販売した。

郵便局会社の「ポスト・オフィス」は、窓口業務を一手に引き受ける。全国に一万七五〇〇の支店窓口を有し、直営店は約六〇〇、残りは簡易郵便局あるいは副郵便局といわれる町や村の商店などに併設された委託窓口である。窓口では郵便以外にも政府機関、銀行、保険会社などからの業務を受託している。その他、新聞、雑誌、文房具、日用品雑貨なども扱っている。ある調査によると、イギリス人の九四パーセントは一マイル以内に郵便の窓口があるところで生活し、一週間に二八〇〇万人が窓口を利用している。

小包会社の「パーセル・フォース（パーセル・フォース・ワ

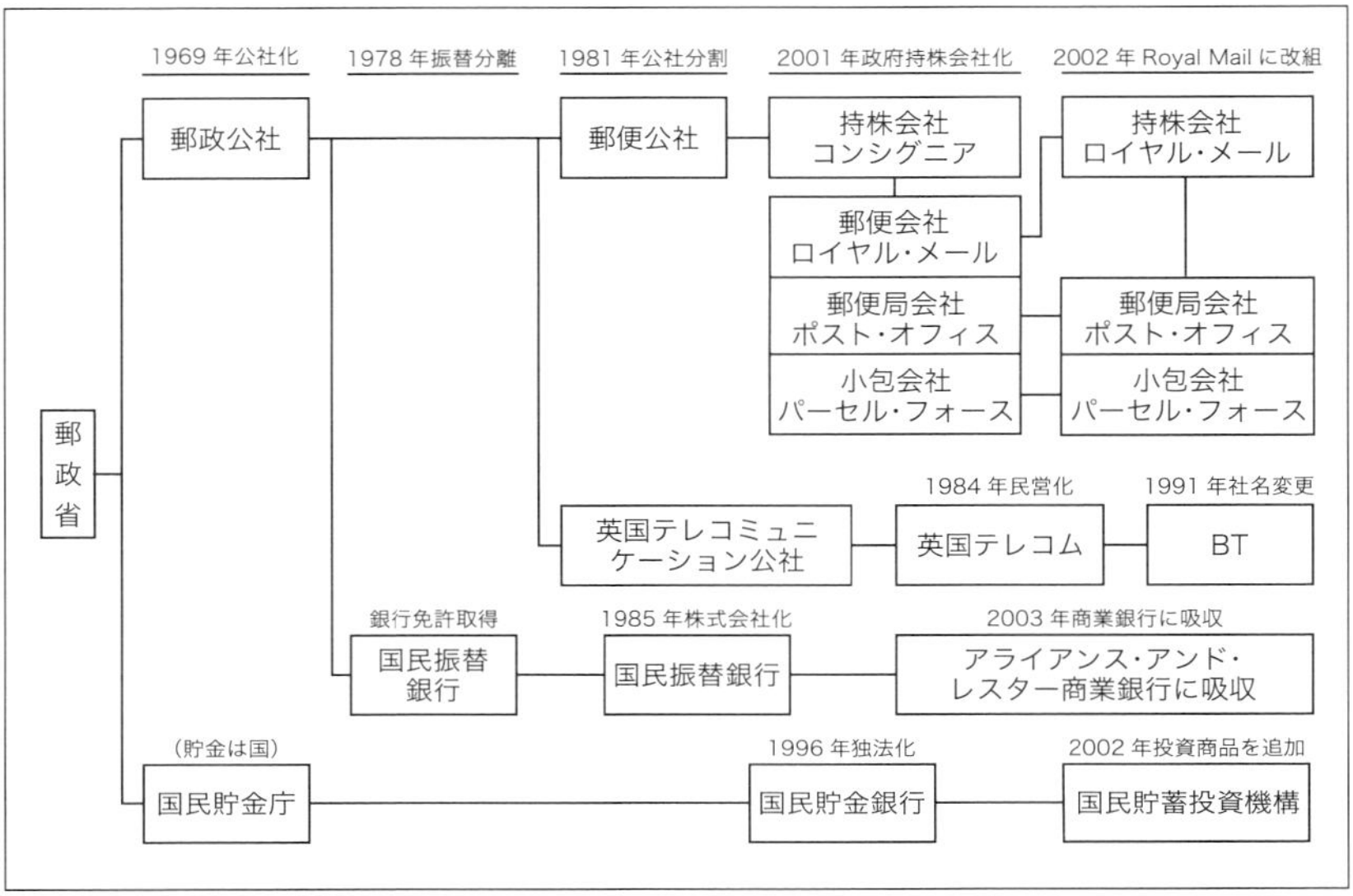

郵政事業の国営から公社化・民営化への流れ．まず郵貯と振替が分離．次に郵便とテレコミュニケーション事業が分離．21 世紀初頭，政府持株会社に転換された．

ールド・ワイド)」は、コンシグニアの国際戦略を担う海外事業部門の子会社として設立された。ヨーロッパをはじめ国際市場に進出して、速達小包、国際エクスプレス便などの世界市場を席巻する計画をたてた。

以上、コンシグニア・グループを紹介してきたが、二〇〇一年三月に立ち上げたグループは、初年度から大きな赤字を抱えて体制の刷新が迫られた。最大の要因はパーセル・フォースの国際展開が思惑どおりにならなかったことである。スタート時点ですでにEU圏や北米市場はドイツやオランダの郵便会社によって席巻されており、パーセル・フォースはその後塵を拝す結果となり、整備した海外集荷センター一五一ヵ所のうち五〇ヵ所を閉鎖、速達小包サービスの廃止により一万五〇〇〇人のリストラを余儀なくされた。西垣鳴人《なるんと》の民営郵政の国際比較に関する論文によれば、民営化されたとはいえ、政府の規制が残り思うように企業買収ができなかったこと、経営の自由度が低かったこと、加えて、経営見通しの甘さ、ビジネス・モデルの脆弱性があったことも国際展開の失敗の原因となった。それに、前近代的な労働慣行がまかりとおり労使の関係にも大きな問題があった。

刷新された体制は、コンシグニアが廃止され、郵便会社のロイヤル・メールが持ち上がって持株会社となり、郵便会社も兼ね、その下《もと》に、郵便局会社と小包会社が子会社として配された。コンシグニアの社名が国民に浸透しなかったこともあり、二〇〇二年六月から、昔から親しまれている「ロイヤル・メール」が新社名となった。コンシグニアのブランドはわずか一年余りで消えた。政府は、二〇〇三年度から三年間で事業立直しのために四億五〇〇〇万ポンドの財政支援をおこなうことを約束した。

　郵便自由化　前段のコンシグニアの話と時間が相前後するところがあるのだが、均一料金による郵便ユニバーサル・サービスの確保、郵便市場の競争促進を確保するために、料金規制、市場自由化、新規参入事業者への免許付与の権限をもつ独立した規制機関として、郵便サービス委員会《ポスタル・サービス・コミッション》（ポストコム）が設立された。ポストコムの初の仕事は、郵便自由化の最初のステップとして「料金一ポンド未満かつ重さ三五〇グラム未満の郵便物の配達」に免許制を取り入れることであった。中里孝の調査によると、いわゆるＥＵ郵便指令に定めるリザーブド・エリア（独占領域）である。この分野は公社の独占であったが、その独占の一角が崩された。ポストコムは二〇〇一年九月、前記の免許をコンシグニアに与えた。

　規制機関のポストコムは郵便自由化を強力に推進する。二〇〇三年には、リザーブド・エリアが「八〇ペンス未満かつ一〇〇グラム未満」に縮小された。加えて、料金・重さにかかわらず、一回四〇〇〇通以上の料金別納扱いの大量郵便物に免許制が導入され、民間の参入が可能となった。しかし、その後もロイヤル・メールのシェアが九九パーセントと事実上独占状態であったため、完全自由化を一五ヵ月前倒しして二〇〇六年一月からおこなわれることになった。ＥＵ指令が予定していた期限よりも三年も早い実施となる。イギリスの郵便完全自由化は、ヨーロッパにおいてスウェーデン、フィンランドに次ぐ三番目の早期実施国となった。その結果、立原繁と栗原啓は共著『欧州郵政事業論』のなかで、イギリスはＥＵ域内においてもっとも競合が激しい郵便市場になった、と述べている。

　完全自由化といっても、ロイヤル・メールにはユニバーサル・サービスの義務が課せられているし、料金もポストコムの規制がかけられていた。一方、郵便完全自由化で進出してきたドイツポスト傘下のＤＨＬやオランダのＴＮＴ、イギリスの民間ＵＫメールなどには、ユニバーサル・サービスの義務はないし、料金規制もない上、ロイヤル・メールのネットワークへのアクセスも認められた。そのため、ＵＫメールなど競合他社は、郵便物の配達をロイヤル・メールに委託することができる。いわゆる「ダウンストリーム・アクセス」である。具体的には、競合他社は顧客から受注した郵便物をロイヤル・メールの地域集中センター（配達局）ごとに仕分けして、それを一括してセンターに持ち込む。そこから先はロイヤル・メールのポストマンが宛先に郵便物を配達する。ラスト・ワンマイルの仕事だ。

郵便物配達の委託料を「接続料金《アクセス・チャージ》」というが、星野興爾の『世界の郵便改革』によれば、書状基本料金が二八ペンスの時期、接続料金を巡る最初の交渉において、ロイヤル・メールは二〇ペンスを提示、UKメールは一〇ペンスを提示した。ここでも規制機関のポストコムがかかわり、一一ペンス半を上限としようとした。二〇〇四年二月、二社は一通あたりの接続料金を一三ペンスで妥結したと発表した。基本料金の四六パーセントに相当する。妥結内容は、ロイヤル・メールがラスト・ワンマイルの配達コストを吸収できる額と判断したのであろうし、労働組合は雇用の不安定化、低賃金に戻らないことをしっかり確認するとした。UKメールは儲かる大都市だけを目指した〝いいとこどり《チェリー・ピッキング》〟と批判されることを避けたいと考えて金額を応諾したのであろう。受け止め方は三者三様であるが、この接続料金は、その後の交渉の指標となっていく。

もちろん参入した一企業が「エンド・ツー・エンド」方式により郵便物の受付から配達までを、すべておこなうことも可能ではあったが、その場合でも、需要の旺盛な大都市でのサービス提供に限られ、ましてやユニバーサル・サービスにより一律料金で遍《あまね》く全国で郵便事業を展開する企業はなかった。

郵便自由化は、特に大口の郵便利用者にとって料金を比較しながら郵便事業者を選ぶことができ、事業のコスト削減に寄与するようになった。大口ユーザーにはテレコミュニケーション事業大手のBTをはじめ、年金機関、電気やガス事業者などが含まれている。自由化後一年で、ユニバーサル・サービスの義務がない民間の郵便事業者が利益を上げやすい都市部に参入し、ロイヤル・メールの郵便市場を一〇パーセント以上奪ったともいわれている。

なお、二〇〇〇年郵便サービス法の施行により、従前の郵便利用者全国協議会が廃止され、機能を強化した監視機関として郵便サービス利用者協議会《コンシューマー・カウンシル・フォー・ポスタル・サービス》（ポスト・ウォッチ）が設立された。主たる役割は、郵便の利用者の意見を代弁する機関として、さまざまなレベルの郵便利用者から郵便サービスへの要望やニーズを聴取し、それらが郵便事業に反映されるように、所管大臣、ポストコム、コンシグニアなどに対して、適切な助言および提案をおこなうこととされた。

レイトン会長　持株会社がコンシグニアからロイヤル・メールに転換され経営環境が非常に厳しい時期に、首相のトニー・ブレアから請われ、二〇〇二年から八年間、アラン・レイトンが持株会社の会長を引き受けた。レイトンは大手食品スーパーなどの会社再建で有名となった実力者である。ロイヤル・メールの赤字を向こう三年で黒字化することを最優先とするレイトンに対して、規制機関のポストコムは、料金の上限規制を導入しようとしたり、郵便自由化の促進および利用者利益の増進を図るためとし、二〇〇〇年の郵便サービス法の原則を逸脱し、ロイヤル・メールの分割と解体やユニバーサル・サービスの廃止を示唆したため、レイトンとポストコムとのあいだで激しいやりとりが繰り返された。また、山猫ストも辞さない労働組合とのあいだでも、レイトンは怯《ひる》むことなく対峙しストが回避されたことがある。ポスト・ウォッチからの難題もレイトンは正論で論破していった。星野の言葉を借りれば、〝喧嘩レイトン〟は、ロイヤル・メールのために八面六臂の活躍をしたのである。

5　ロイヤル・メールの株式公開

二〇一一年、フーパー委員会の報告書に基づいて新たな郵便サービス法が成立。郵便組織は民営部門のロイヤル・メールと公共部門の郵便局会社に分離され、民営会社の株式が公開された。以下、廣重憲嗣と松岡博司がそれぞれの所属機関の情報媒体にロイヤル・メールの株式上場について報告しているので、それらも参考にしながら、株式公開前後の流れについて述べていこう。

フーパー委員会　郵便市場が完全に自由化され、多くの事業者が郵便市場に参入してきた。一方で、ユニバーサル・サービスの提供を義務づけられたロイヤル・メールは独占の地位を失い、競争激化のなかで経営は厳しさを増し、郵便局の閉鎖も相次いだ。このような苦境にたたされたロイヤル・メールの競争力をどのように維持して回復させ、かつ、ユニバーサル・サービスを支える郵便局のネットワークを如何に守るかが時の労働党政権の大きな課題であった。そのため、政府は情報通信庁《オフィス・オブ・コミュニケーション》（オフコム）の副長官であったリチャード・フーパーに郵便事業の問題点と解決策の提言の集約を依頼した。オフコムは、メディアの融合で変化する情報通信産業全般を規制・監督する政府機関だ。フーパー委員会は二〇〇八年一二月、「進歩か衰退か――イギリスの郵便ユニバーサル・サービスを維持するための政策」と題する報告書を発表した。

その骨子は、①政治、規制当局、労働組合から離れ、中立の立場でロイヤル・メールの改革（近代化）を推進、②必要な資金を必要なときに調達できる、③郵便局会社は民営部門から完全に分離し公共部門として残す、④近代化実行と引き換えに、年金積立不足の処理を政府が引き受ける、⑤規制当局は、ポストコムからオフコムに移すことなどであった。二〇〇九年二月、報告書にほぼ沿った内容の郵便サービス法案が議会に提出されたが、五〇パーセント未満の部分的民営化を可能とする条文が含まれていたため、与党内からも反対がでた。法案は上院を通過したが、下院で否決された。

二〇一〇年五月の総選挙で労働党が第二党に転落し、第一党になった保守党と第三党の自由民主党の連立政権が誕生した。連立政権は前政権の方針を引き継ぐが、第一次報告書の見直しをフーパーに依頼。同年九月、第二次報告書「デジタル時代におけるロイヤル・メールの郵便ユニバーサル・サービスの維持」が議会に提出された。新たに指摘されたことは、①改革が十分に実行されていない、②年金積立の不足額が増加しつづけている、③郵便を存続させるためには早期に民間セクターから資本を導入することが不可欠、④労働者の変革への取組みとして、従業員持株制度を導入する、などであった。前記報告書を受けて、政府は、新たな郵便法案を議会に提出する。審議の結果、二〇一一年六月に「二〇一一年郵便サービス法」として成立した。これを受け、二〇一三年中にロイヤル・メールの株式公開（IPO）を実施するとの政府方針が明らかにされた。

二〇一一年郵便サービス法　この法律の施行およびそれに伴って変更になった主な事項は、次のとおり。

第一に、ロイヤル・メールの組織再編がおこなわれた。株式上場直後の郵便組織の略図を示すが、政府持株会社の下に郵便局会社とロイヤル・メール株式会社を並列に置き、ロイヤル・メールから郵便局会社を切り離した。この結果、郵便局会社の分離によって、その赤字に悩まされることなく、ロイヤル・メールは郵便サービスを提供することができるようになった。しかし、組織上分離したとはいえ、業務上は緊密に連携する必要があり、二社間に商業ベースの長期業務契約が締結された。次に、株式会社の傘下にはグループ会社を置いて、そのグループ会社の下に、不動産会社と投資会社が子会社として入る。更に、投資会社を通じてオランダにGLSを設立して、欧州や北米の市場で物流業を展開する形をとった。なお、株式会社をロンドン市場に上場することにし、株式公開直前に、政府持株会社とグループ会社のあいだに、その株式会社を入れる形で組織の再編成をおこなった。非常に複雑な体系である。

第二に、郵便事業に対する規制の体制が変わった。これまでポストコムの規制のあり方が、料金を規制する一方で、ユニバーサル・サービスを維持することよりも、郵便の自由化を強力に進めた結果、ロイヤル・メールとのあいだに軋轢が生じ関係が悪化したことが指摘されている。新法により、規制機関はポストコムからオフコムに変更され、オフコムがユニバーサル・サービスにより郵便サービスが提供されるように務めることが規定された。従来の規制が緩和され、郵便事

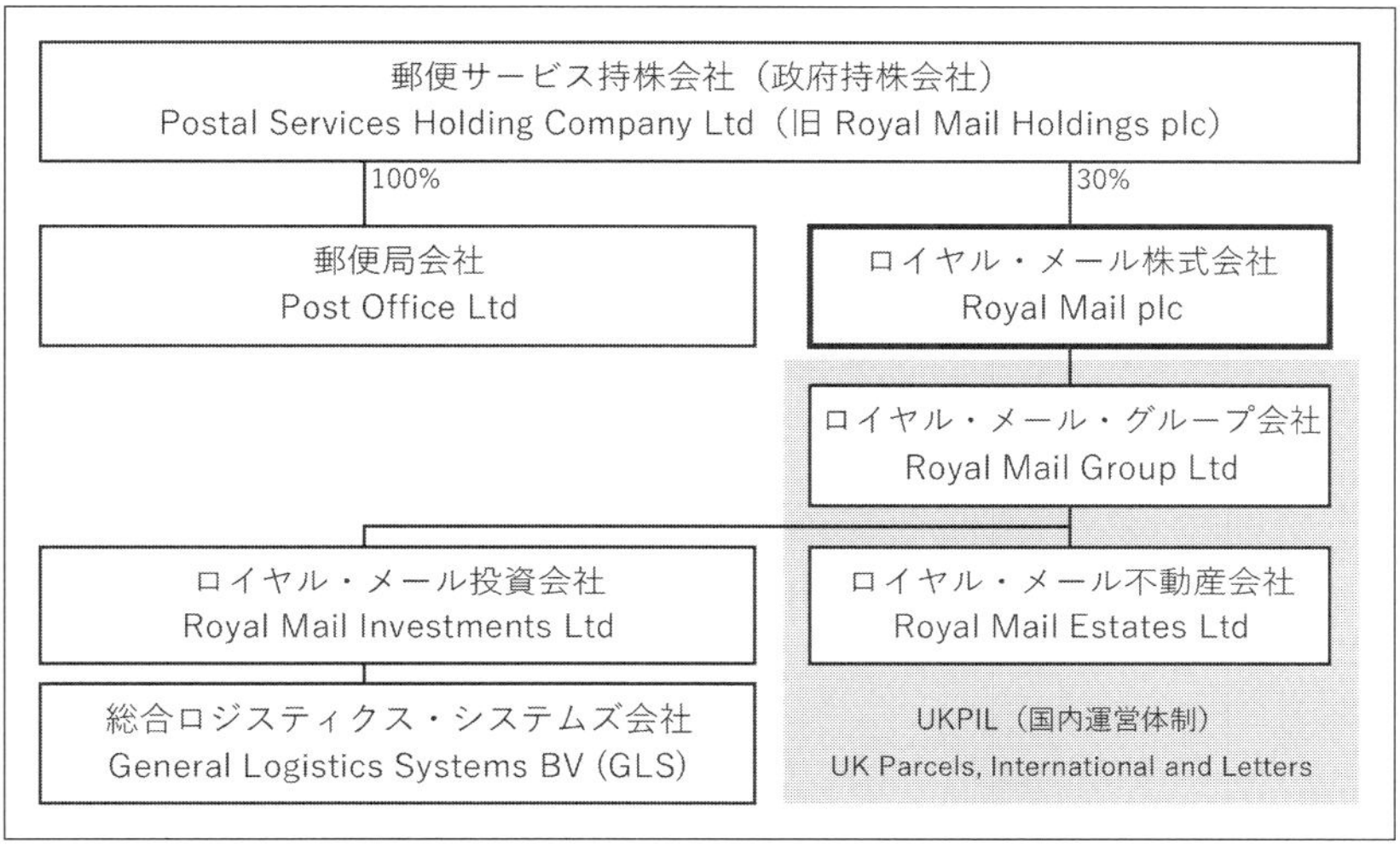

2013 年上場後の郵便組織略図．太線内の会社が上場企業．plc は public limited company（公開有限責任会社）の略，日本の株式会社に相当する．GLS は投資会社の子会社で，オランダ法人，本部はアムステルダム．図は Ofcom, *Annual monitoring update on the postal market, FY 2013-14,* p.6 を参考に作成．

業への参入に際して政府の免許を要さないことになった。また、ロイヤル・メールも料金を原則自由に設定できるようになる。オフコムの規制は、組織略図に示すＵＫＰＩＬすなわち国内運営体制の範囲内にとどまる。したがって、切り離された郵便局会社や外国で営業するＧＬＳにはオフコムの規制は及ばない。

第三は、旧ロイヤル・メール年金加入者の年金積立金の不足を政府が肩代わりすることになった。具体的には、政府管理の年金制度を創設し、旧年金加入者を強制的に政府の制度に移行させ、二〇一二年三月末日までに積み上がった年金受給権に見合う年金の支払いを政府に移管する。年金支払総額、すなわち負債総額は約四〇〇億ポンドとなり、一部は旧ロイヤル・メールの年金積立金約二八〇億ポンドを政府の制度に繰り入れさせ充当するが、不足する積立額約一二〇億ポンドを政府が肩代わりすることになった。それに先立ち、この肩代わりがＥＵが禁じる国家補助金に該当する可能性があったため、イギリス政府は欧州委員会の判断を求めていたが、国家補助金に該当しないとする判断がでたため、この年金の負債と資産が政府に移管された経緯がある。

第四は、ロイヤル・メールの従業員持株制度が創設されたことである。詳しくは後段に記すが、無償で株式が割り当てられた。また、株式公開に関連して、今後、株式公開によって外国資本が入ってきたとしても、切手に国王の肖像を描くことを保証する規定が郵便サービス法に盛り込まれた。特に法律で定められたことではなかったが、ヴィクトリア女王時代から、イギリス切手には伝統的に時の国王の肖像が描かれてきた。その伝統を、郵便事業が民間企業になろうとも外資が入ってきても維持できるようになった。

株式売却　二〇一三年一〇月一五日、ロイヤル・メール株式会社がロンドン証券取引所《ロンドン・ストック・エクスチェンジ》に上場された。フーパー委員会の活動がはじまる前までは、郵便事業の民営化について、政治家をはじめ、国民の多くが必ずしも賛成ではなく、むしろ反対の立場をとっていた。それが、次に説明するように、ロイヤル・メールの競争力が回復してきた二〇〇七年以降、政府は民営化に向けて舵を切っていく。

表38に株式公開前の四年間の運営実績を示す。上段の表に郵便物と小包の取扱量をまとめたが、合計値では逓減し、特に書状の落ち込みが目立つ。ただし、小包は電子商取引の増加により取扱量が増加している。一方、下段の表の収入をみると、合計値でも各項目の数値でも総じて増加している。書状は取扱量が減少しているにもかかわらず、収入が増加した理由は累次の書状料金の値上げが寄与したからである。二〇一二年には、ファースト・クラスを四六ペンスから六〇ペンスに、セカンド・クラスを三九ペンスから五〇ペンスに、それぞれ約三割値上げした。その結果、二〇一二―一三年度の営業利益率は四・四パーセント（前年度一・七パーセント）に大幅に改善している。上場への環境が整った。

一回目のＩＰＯ目論見書が発表され、全株式一〇億株のうち六億株を売却、一株の価格は二六〇ペンスから三三〇ペンスのあいだとする仮条件が示された。発表後、人気が高まり

表38　ロイヤル・メール運営実績

(1) 取扱量　（百万通／個）

年　度	2009-10	2010-11	2011-12	2012-13
書　状	16,128	15,365	14,330	13,172
小　包	731	748	784	836
その他	3,895	4,191	4,047	4,113
計	20,754	20,304	19,161	18,121

出典：Ofcom, *Annual monitoring update on the postal market, FY 2012-13,* pp.12, 13.

注：書状には，大型郵便物を含む．その他には，配達地域指定の宛先なし郵便物と外国郵便物を含む．

(2) 取扱収入　（百万ポンド）

年　度	2009-10	2010-11	2011-12	2012-13
書　状	4,114	3,876	3,914	4,020
小　包	1,475	1,523	1,701	1,944
その他	990	1,037	1,122	1,207
計	6,579	6,436	6,737	7,171

出典および注：上記（1）に同じ．

上限の三三〇ペンス（三ポンド三〇ペンス）で売り出されることが決まった。個人投資家からの応募は約七〇万人、倍率は約七倍となった。そこで富裕層とみられる個人投資家からの応募を除いて、一万ポンド以下の申込者約六九万人に一人当たり二二七株（七四九ポンド）ずつ割り当てた。他方、機関投資家の申込みは二〇倍を超えた。割当の詳細については公表されていないが、年金基金や保険会社などの機関投資家を重視したといわれている。

更に、ロイヤル・メールの従業員一六万人に対し、年齢・役職にかかわらず一億株が無償で、一人当たり七二五株（二三九三ポンド相当）ずつ割り当てられる。パートタイムの従業員は労働時間で比例配分された。なお、割り当てられた全株は従業員持株制度に信託され、無償割当の株式は三年間保有しつづけることが求められた。イギリスの民営化で株式総数の一〇パーセント無償交付は過去最大の規模となった。公開時点の保有株式と割合は、表39のとおり。公開から約半年間は株価が六〇〇ペンス近辺まで上昇し、政府は国民の財産であるロイヤル・メールの売却価格を低く見積もりすぎたのではないかと批判を一時受けたことがある。

一方、株式公開後、野村宗訓《むねのり》が『経済学論究』に発表した論文によると、労働党は政権に復帰したらロイヤル・メールを再国有化すると言明、また、スコットランド政府もスコットランド地域だけで公有化に戻す見解を表明した。

しかしながら、政府が保有していた残り三〇パーセントの株式も二〇一五年に二回に分けて売却された。二回目の売却は六月に一五パーセント一億五〇〇〇万株を一株五〇〇ペンスで実施。三回目の売却は一〇月に一三パーセント一億三〇〇〇万株を一株四五五ペンスで実施された。最終的に残った二パーセント二〇〇〇万株は従業員に無償で贈られた。したがって、従業員の持株比率は一二パーセントとなる。これで政府が保有している株式はゼロとなり、ロイヤル・メールは完全に民営化された。三回の株売却によって総額三三億ポン

表 39　保有株数と割合（2013 年公開時）

（株数：百万株）

区　分	株　数	割　合
個　人	172	17%
機関投資家	428	43%
従業員持株制度	100	10%
政　府	300	30%
計	1,000	100%

出典：House of Commons, Briefing Paper No.06668, 2016, *Privatisation of Royal Mail,* p.6.

ドを生みだし、加えて、従業員も持株の形でフリンジ・ベネフィットを享受することができた。

6　国際物流サービス会社

二〇一三年の上場直後の組織図（二九三ページ）をみると、親会社は「郵便サービス持株会社」、子会社は「郵便局会社」と「ロイヤル・メール株式会社」、その下に「ロイヤル・メール」を冠した孫会社が連なった。このような同じような会社名を整理し、役割分担、財務処理の明確化を図るために、二〇二二年一〇月、親会社の社名を国際物流サービス会社《インターナショナル・ディストリビューション・サービス》（ＩＤＳ）と改称し、法人登記された。無味乾燥な社名だが、わかりやすい組織となった。郵便から物流全体に舵を切り、国内から国内外へのサービス拡大展開を目指す意気込みが感じられる。以下、その概要である。

民営部門　新体制のチャートをみてほしい。民営部門と公共部門が完全に切り離された。民営部門では、統括会社はＩＤＳ。ロイヤル・メール・グループ会社と総合ロジスティクス・システム会社（ＧＬＳ）の二社が子会社となり、各事業を推進していくことになった。

まずロイヤル・メール・グループ会社は、信書配達など従来の郵便サービスを「ロイヤル・メール」のブランド名でおこない、小包宅配サービスは「パーセル・フォース」のブランド名を使い、もっぱら国内で事業を展開していく。コンシグニアの失敗例もあり、ＩＤＳはブランド名とはならず、伝統ある「ロイヤル・メール」のブランド名が継承される。民間会社のロイヤル・メールのサービスに対して、二〇一一年郵便サービス法にもとづいて、ユニバーサル・サービスの提供義務がこれまでどおり課され、イギリス国内は一律料金で週六日信書配達などをおこなう。また、全国に設置されている郵便ポスト一一万本から投函された郵便物の取集もおこなうこととされた。

配達日数の目標は、ファースト・クラスの郵便配達は翌日九三パーセント、セカンド・クラスは三日以内九九パーセントとされた。規制当局オフコムの二〇一〇年からの調査の推移をみると、新型コロナウィルス発生前までは、サービス目標をほぼ達成していた。しかし、感染がピークに達しロックダウンなどが実施されてからは、ファースト・クラスは七四パーセントにまで低下、セカンド・クラスは九四パーセントとなった。

ロイヤル・メールの事業はパンデミックで大きな影響を受けた。現象面では、人々が外出できなくなり、ネット経由の買い物が増加して、そのため小包が大幅に増加した。その他、試薬キットの小包も全体の七パーセントを占めた時期があっ

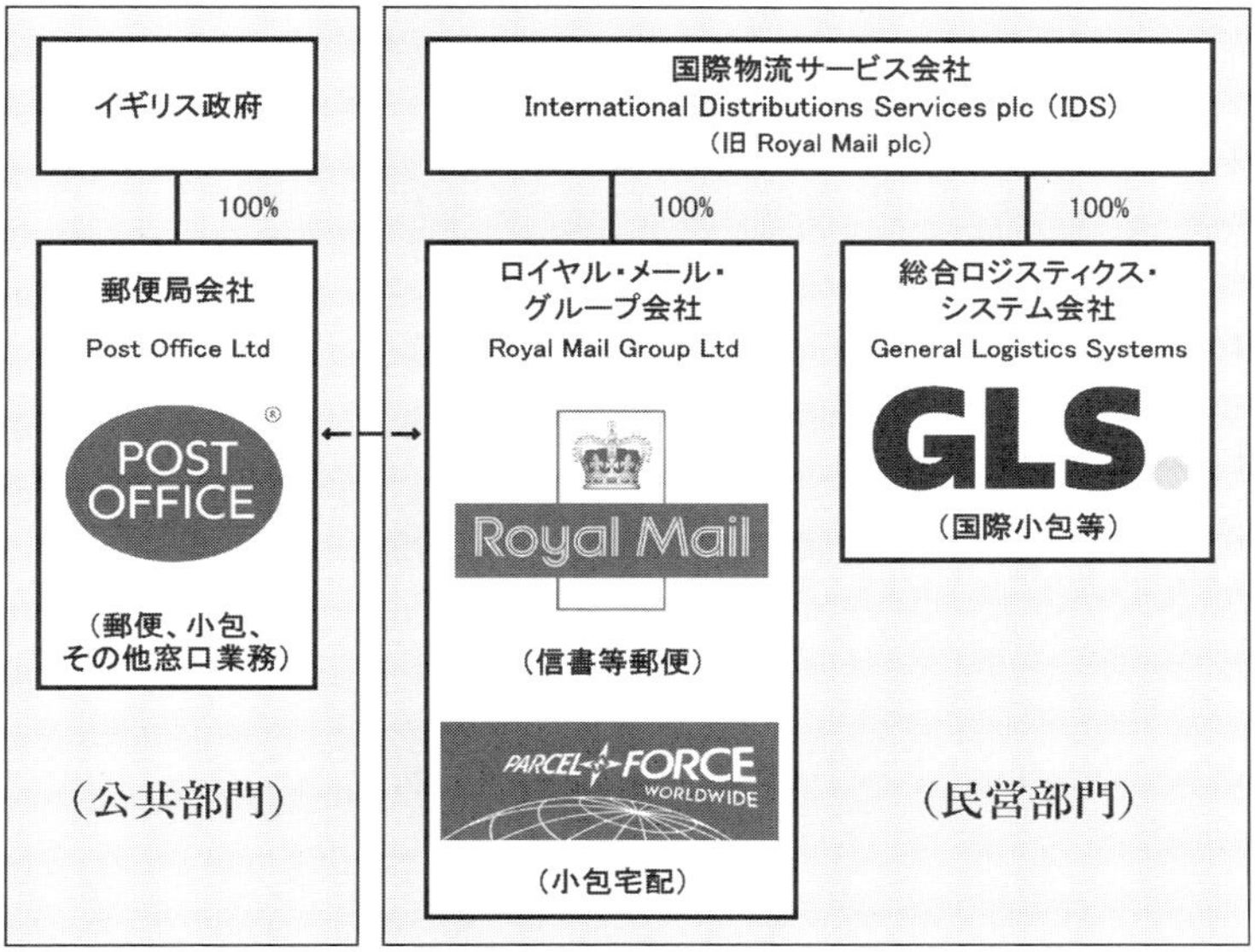

イギリス郵便の新体制関係図（2022年）

た。他方、パンデミックで欠勤者が異常に増加した地区が発生したこともあり、正常な勤務体制を組むことができなくなった。ソーシャル・ディスタンス規制も、例えば、二人乗務の配達ヴァンも一人勤務となり混乱が生じたことが報告されている。

ロイヤル・メール・グループ会社の二〇二二／二三年度の決算報告書をみると、大略、収入七四億ポンド、支出七九億ポンド、差し引き五億ポンドの赤字となった。収入の五三パーセントは小包から。支出の五六パーセントが一四万人の雇用者に支払われた賃金であった。年間取扱実績は小包一二億個（前年度比二二パーセント減）、信書七三億通（同九パーセント減）となった。小包の減少が大きくなったが、一因として試薬キットの小包減少が挙げられているほか、パンデミックはおさまったものの、経済状況が回復しないために小包需要が伸び悩んだことが要因といわれている。このように厳しい状況にはあるが、設備投資面では、小包物流ネットワークの構築に力を入れ、現在、五割以上の小包が自動区分装置で処理されている。

前記決算報告にも関連するが、オフコムが公表した二〇二二／二三年度のモニタリング報告書によると、小包・信書の取扱量はともに減少し、パンデミック前よりもその傾向が強くなっていると分析している。消費者調査では、全体的には八割のユーザーがロイヤル・メールのサービスに満足しているが、料金に納得する人は四割にとどまっている。郵便離れも加速し、家族や友人とのコミュニケーションに使われてきた郵便の利用が低下、また、過去一年間に、中小企業者の半数が郵便に代えて、電子メールなど他の通信手段を活用するようになったと回答している。

ロイヤル・メールは配達日数の目標などサービスの品質維持が達成できなかった、とオフコムは指摘している。その要因は、争議行為、異常気象、それに貨物便の利用が多いロンドンのスタンステッド空港の滑走路閉鎖が考えられるが、それ以外の要因もありそうだ。サービスに障害が生じたことにより、苦情が大幅に増加したとしている。

このような郵便運営の状況にかんがみ、オフコムは、現在の郵便のユニバーサル・サービスのあり方に重大な関心を示している。具体的には、将来の郵便ユーザーに高品質で持続的に応えることができるイギリスの郵便サービスを確保するために、新たなユニバーサル・サービスのあり方を提示したいとし作業を急いでいる。論点の一つに、書状配達週六日の維持が必要か否かが争点となっている。

次にGLSについて。主としてヨーロッパ・北米市場において国際小包をはじめ、輸送ロジスティクス全般を展開している。本部はオランダのアムステルダムに置く。雇用者は約二万人。二〇二二／二三年度の決算報告書によれば、収入五四億ユーロ、支出五〇億ユーロ、利益四億ユーロを計上。取扱量は約九億個。前年度比微減であった。インフレにより人件費・物件費ともに高止まりし利益が圧縮される傾向にあるが、国別業績では、ヨーロッパでは、ウクライナ戦争の影響を受けている国を除いて、ドイツ、イタリア、スペイン、フランスなどの市場ではほぼ堅調。北米ではカナダがローゼナウ社とのシナジー効果がでてきたが、アメリカはインフレ加速で難しい市場となってきている、と報告されている。

公共部門　郵便局会社が公共部門に残される。チャート左側に示すように、完全に独立した政府全額出資の会社の下に置かれた。郵便局会社について、議会下院の図書部がまとめた資料がある。それによると、一九八〇年代に二万二四〇〇局あった郵便局が毎年減少し、二〇〇八年には一万二〇〇〇局までになった。その後、局数はほぼ横ばいとなり、現在一万一四〇〇局前後で推移している。

郵便のユニバーサル・サービスを維持するためには、全国に張り巡らされた郵便局のネットワークの構築が必要不可欠である。設置基準は、①九九パーセントの人が三マイル（一マイルは一・六キロ）以内に、②九〇パーセントの人が一マイル以内に、③都市部の九五パーセントの人が一マイル以内に、④地方の九五パーセントの人が三マイル以内に、⑤僻地の人は六マイル以内に、それぞれ郵便局があること、となっている。

このためイギリス政府は、一万一五〇〇局を維持することを郵便局会社に求め、これまでの支援に加えて、その実現のために引きつづき資金援助をおこなうことを約束した。公的資金の導入である。政府は二〇二〇年一一月、翌年度に、ネットワーク維持構築のために、総額二億二七〇〇万ポンドの資金支援をおこなうと発表した。内訳は、補助金五〇〇〇万ポンド、出資一億二五〇〇万ポンド、貸付金五二〇〇万ポンドというものであった。

郵便局の設置基準はほぼ満たされているが、ここでもパンデミックの影響がでている。二〇二〇年春のロックダウンで六パーセント六五一局が閉鎖、翌年六月になっても二六〇局が閉鎖したままで再開されていなかった。

郵便局は、①郵便局会社が直接運営している規模の大きな直轄局、②独立した者（旧副郵便局長）または大手流通業などと契約した委託支局、③ヴァンによる移動局・特定日時に開くパートタイム局などの出張局の三種類に分類できる。二〇二一年三月現在の数字だが、委託支局九六四六、出張局一六五一、直轄局一一八、計一万一四一五局により郵便ネットワークを構成している。最近の傾向としては、直轄局の減少が目立ち、出張局の活躍が目立つ。

地域別では、イングランド八六六四局、スコットランド一三二一局、ウェールズ九三五局、北アイルランド五〇四局となっている。うちロンドンは六六六局、スコットランドの局数減少が目立つ。

郵便局の窓口サービスは、郵便・小包の引受をはじめ、局留郵便の受取、切手販売、各種の金融サービス、公共料金支払い、パスポート申請、自動車免許証更新、環境庁の漁業許可申請（自然保護地区内での魚釣り）など多岐にわたる。地域や局種によって取扱サービスは異なるが、国民にとって、郵便や小包の利用に止まらず、各種行政サービスを受けることができる最寄りの郵便局は、生活に欠かせないものとなっている。まさに公共部門の仕事を第一線で担っている。

7 会計システムを巡る冤罪事件

郵便局の会計システムを巡り冤罪《えんざい》事件が起きた。システム開発はイギリスの国策IT企業インターナショナル・コンピュータ社（ICL）がおこなった。このICLに富士通が一九八〇年代から資本参加し、後に完全子会社化、二〇〇四年には富士通サービスと改称している。

キャンベル＝スミスの郵便史によれば、一九九九年、郵便局会社は、窓口のネットワークを強化するために、一万八〇〇〇局・四万のワークステーションに年金などの給付金の受払いを処理する郵便局専用の会計システム「ホライズン」を導入した。しかし、導入直後から、郵便局の現金残高が会計システム上の残高より少なくなる事態が相次いだ。

新聞報道などを整理すれば、ホライズンに重大な不具合が生じていたにもかかわらず、郵便局会社はシステムには瑕疵《かし》がないと主張し、残高不足の補塡を郵便局の業務運営を委託している個人事業主――いわゆる町や村の小さな郵便局の局長さん――に求めたのである。求めに応じない者、補塡ができない者は、不正経理、現金横領、窃盗などの罪により起訴された。起訴は、国営企業たる郵便局会社の監察組織が公訴権を使っておこなわれ、人数は二〇一五年までに七三〇人以上に上った。その結果、多くの者が失業、自己破産、裁判で有罪となり服役し、数名の自殺者もでていた。

二〇一九年、元副郵便局長のアラン・ベイツを中心とする原告団が郵便局会社に対し高等法院に集団訴訟を起こす。判決は原告勝訴。会社に賠償金の支払いが命じられた。原因はシステムにバグや欠陥が存在し、エラーが何度も発生し、信頼性が損なわれていたと判断された。判決を受け、五五五人・五八〇〇万ポンド（約一〇〇億円）の和解が成立したが、有罪判決が取り消された者は九〇人ほどに止まり、イギリス最大の冤罪事件と呼ばれるようになる。

事件がテレビドラマ化される。タイトルは『ミスター・ベイツvs郵便局会社』。二〇二四年一月に四日連続で民放のITVで放送されると、批判が政府に集中した。対応を迫られた政府は、間を置かずして、事件で起訴された個人事業者の有罪判決を取り消し、生活再建を支援する特別法を制定することを発表した。スナク首相は「汚名を着せられた被害者の名誉回復の重要な第一歩となる」と強調した。五月には、議会で可決成立した郵便事業者の冤罪救済法が国王の裁可を得て公布された。内容は、①有罪判決を取り消し、一人あたり六〇万ポンド（約一億二〇〇〇万円）を支払う、②有罪判決を受けていないが損失を被った事業者らに七万五〇〇〇ポンドを支払うことが柱となっている。保守党スナク政権は法案成立を見届けたが、七月の総選挙で同党は敗北。新たに労働党のスターマー党首が首相に就いた。

事件を振り返ると、郵便局会社がなぜ速やかにシステムの瑕疵を公表しなかったのであろうか、瑕疵の存在を見抜けなかった最初の裁判のあり方に問題がなかったといえるのだろうか、など、IT時代の冤罪事件の恐ろしさを思い知らされる事件となった。また、ドラマを放映したテレビの影響の大きさに驚かされる。更には、富士通にとって、国際ビジネス展開のガバナンスの難しさを体験させられた事件となる。今後は、ミスター・ベイツをはじめ、無実の副郵便局長ら全員の被害が一刻も早く救済され、平穏な生活が戻ることを願うばかりである。

第Ⅲ部

郵便輸送の歩み——陸・海・空、手紙をはこぶ

第16章　郵便馬車

本章では、郵便馬車《メール・コーチ》の誕生から終焉までを概観する。イギリスで一八世紀に登場した郵便馬車は、当時、郵便物の高速輸送と大量輸送を実現した。それは鉄道が交通の主役となる一九世紀半ばまで、旅行者の高速交通機関としての役割も果たした。

1　道路の改良と馬車交通の発展

W・T・ジャックマンは、近世イギリスにおける交通の発展についてまとめた著書のなかで、当時の道路事情について解説している。日本においても、第2章1のところで述べたように、角山《つのやま》榮や今野源八郎をはじめ、小松芳喬《よしたか》、梶本元信らが、それぞれの著作のなかで産業革命期のイギリスの道路交通の事情について述べている。以上を踏まえて、道路の改良、馬車交通の発展について述べていこう。

悪路　馬車が高速で走るためには、走行可能な道路とそのネットワークが必要となる。しかし、中世までのイギリスの道路は、青銅器時代とあまり変わらない状態のものがかなりあった。悪路の原因は道路の建設とメンテナンスが農民の片手間仕事だったからであろう。そのような状態を改善するために、一五五五年に街道修理法が制定されたが、法律ができても旧来の手法がなくなったわけではなく、道路の改善は遅々として一向に進まなかった。

しかし、一七世紀に入ると、イギリスの経済構造が大きく転換する。すなわち村の職人がわずかな商品を生産し、それが狭い範囲で消費されていた小規模経済から、工場制手工業が導入され、一ヵ所で生産された商品が全国に流通する大規模経済へと移っていった。このことは輸送方法にも大きな変化をもたらす。馬の背に少量の荷物を積んではこぶ駄馬《パック・ホース》の輸送に代わって、荷物を大量に輸送する要求に応えるために、貨客両用馬車《ステージ・ワゴン》や、車輪の幅が広い大型荷馬車《ブロード・ウィールド・ワゴン》などが普及しはじめた。ラスロー・タールの『馬車の歴史』（野中邦子訳）によれば、一六七七年には馬車製造業者のギルドも創られた。馬車交通の到来である。

だが、当時の道路といえば、主だった街道でさえも、状態は野良道よりはいくらかましな道にすぎず、馬車の重みには耐えられなかった。多くの道で、大きな轍《わだち》のくぼみが路面を覆うようになり、道路の改善が差し迫った問題となる。一七一八年、馬車への荷物の積みすぎを禁止し、馬車を曳く馬の頭数を制限し、幅の広い車輪の使用を義務づけた法律が施行された。それは以前から実施されてきた規制を法制化したもので、道路破損の進行が遅くなるという効果はあったけれども、抜本的な解決策にはつながらなかった。むしろ馬車輸送の速度は低下する。

有料道路　このような劣悪な道路の改善に重要な役割を果たしたのが有料道路《ターンパイク》である。一八世紀に入ると、商品流通の増加で陸上交通の需要がますます増えたため、有料道路の建設が急速に拡大する。拡大の背景には、経済構造の変化のほかにも、次のような二つの事情があった。一つは一七一五年と一七四五年に起きたジャコバイト（名誉革命でフランスに逃亡したジェームズ二世を支持する一派）の反乱である。そこで鎮圧に向かう軍隊がスムーズに行動するには、整備された道路が不可欠となった。

もう一つの事情は、悪党どもから金品や馬を奪われて、大きな損害を被っている馬車業者側の事情であった。それというのも、一七一八年の法律施行で馬車業者への締め付けが厳しくなった結果なのだが、それを見越して、往来で馬車を止め、曳馬《えいば》の頭数を数えたり、車輪の幅を測り、もし法令に違反していれば、馬を取り上げたり、金を巻き上げることを職業とする性悪な者がでてきた。また、急坂の登り口などに待機していて、親切ごかしに馬を貸し、その後で法外な金を荷馬車に請求する者も現れた。その上、曳馬頭数に違反があったとして、荷馬車を役人に訴える輩《やから》も出没した。

これでは馬車業者はまっとうな商売がやっていけない。そこで、議会には「寄生虫のような者たちに法外な金品を盗られれば、その分、運賃が高くなる。むしろ、それだけの金額を道路を修理する者や土地所有者に支払うから、彼らによい道をつくらせ、馬車業者には商売が引き合うだけの荷物を積んではこぶことを認めよ」という切実な声が馬車業者や荷主らから寄せられた。このように体制に敵対する反乱と無法者の犯罪によって、イギリスでは有料道路の建設が促されたという側面がある。

ジェフリー・N・ライトが著した有料道路に関する本によれば、一六六三年、イギリス初の「有料道路法」が制定される。それはハートフォードとケンブリッジとハンティンドン地域に有料道路の建設を認めたものであった。まず地主を中心に地元の有力貴族や商人で構成する有料道路管理財団《ターンパイク・トラスト》が結成され、道路を建設する。財団は、その道路を通行する馬車や旅行者から通行料金を徴収し、その収入によって、道路の建設資金を回収して、維持管理費を賄う仕組みができあがった。今様にいえば、民間活力推進型の事業ということになろう。有料道路の建設は一八世紀に入って急増する。それぞれの財団、換言すれば、各道路区間ごとに法律が制定されたが、ジャコバイトの反乱があった一七〇一年から一七五〇年までのあいだに四一八の、また商業革命が進行する一七五一年から一七九〇年までのあいだに一六三三もの有料道路法が成立する。有料道路はロンドンを起点にし放射状に各地に延びていったが、一七七〇年には総延長が二万四〇〇〇キロに達するまでになった。特に、産業革命により羊毛工業などが盛んになったイングランド西部と南部に集中する。

この時代、ヘルマン・シュライバーの『道の文化史』（関楠生訳）を読むと、公共工事を担う優秀な土木技術者が輩出し、道路の状態も改善された。なかでもジョン・L・マカダムが考案した簡易な舗装が威力を発揮する。それは道路の基礎となるところに厚さ二五センチほどの砕いた石の層を造り、その上に細かい石を撒《ま》いてローラーで固めるだけ、というものであった。この舗装方法は簡単でかつ経済的な工事であったため大いに普及し、「マカダム方式」と呼ばれるようになった。雨の多いイギリスでは、この方式はぬかるみを防ぐのにも大いに役立った。もっとも日照りがつづけば、土ぼこりが上がる欠点があったが、それでも名だたる悪路と酷評されてきた以前の道路とくらべれば、見違えるようによくなった。

簡易舗装だが路面もよくなり、ネットワークも拡大しつつある有料道路ではあったが、割高な通行料金に問題がでてきた。料金は、例えば、馬一ペニー、駅馬車六ペンス、荷馬車一シリング、羊二〇四一組一シリング二ペンスなどと定められて、道路の建設費用が早期に回収できない場合には、上乗せも認められる。この建設費用のなかには、法律を通すための政治資金もかなり含まれていたらしい。その上、積み荷が重量オーバーすると、超過料金がかかった。あまりにも割高になった通行料金に対して、利用者が猛反発し、一八世紀半ばになると、料金所《トール・ゲート》が襲われる暴動がしばしば起きた。ブリストル有料道路管理財団に対するものがもっとも大規模であった。

暴動には、馬車業者や旅行者をはじめ、有料道路を通らないと羊を放牧できない農民らも加わった。このように暴動は起きたし、道路の総延長に占める有料道路の割合も二割にしかならなかったから、有料道路は有害無益な制度であると論じた者もいる。しかしながら総じていえば、主要都市間がとまれ有料道路でむすばれ、それが経済活動、特に交通体系に与えた影響は大きかった。やはり有料道路の効果を肯定的に評価すべきであろう。

馬車交通の発達　有料道路の効果を雄弁に物語っているのが馬車交通の拡大実績である。ロンドンと各地をむすぶ荷馬車は一六三七年に週二七二便であったものが、一六八一年には週三七一便に、更に一七一五年には週六一〇便にまで増加する。これら馬車輸送により各地の産物が大消費地であるロンドンに流入し、また、ロンドン製の商品が地方に送りだされたのである。もちろん地方都市間の輸送網も整備されていく。初期の典型的な荷馬車は一列につながれた六頭から八頭の馬で曳かれて、荷台は布地の幌で覆われていた。道中、馬の交換はなく、時速四キロ程度で進み、一日の行程は四〇キロ前後であった。この馬車は人もはこぶ。窓がないなど乗り心地には問題があったが、運賃が安いことから、庶民に荷馬車はよく利用された。

一八世紀に入ると、駅馬車《ステージ・コーチ》が本格的に登場する。もっぱら旅客用で、荷馬車にくらべれば、より快適な旅ができるようになった。窓にはガラスがはめられて「ガラスの馬車」とも呼ばれた。ロンドン始発の駅馬車の便数を調べると、一七一五年に週一五八便、一七六五年には週二七九便になり、一七九六年には週一五九六便にも増加する。便数増加は人々の旅行が便利になったことを示すが、旅行者にとっては、むしろ旅の時間が短縮されたことの方が大きな変化であった。さまざまな時間の記録が残されているが、ロビンソンの郵便史を参照し、二つの例を挙げておこう。

最初の例は、ロンドン－マンチェスター間三〇〇キロを走った駅馬車である。一七五四年の駅馬車の広告には「もし神がお許しになれば、四日半（一〇八時間）で走る」と銘打たれたが、一七八八年に走った「テレグラフ号」は二八時間で走破した。時速一一キロ、所要時間を約四分の一に短縮している。もし神がお許しになれば、とは、もし天気がよく路面に問題がなければ、というほどの意味であろう。馬車の旅行は不規則の事態がつきものであった。さて、次の例は、ロンドン－ブリストル間一八二キロを走った駅馬車である。一七五〇年の、かの「フライング・コーチ号」が四八時間で走ったが、一七八〇年代になると、所要時間が一七時間前後にまでなった。三〇年のあいだに道路の改善と車体の性能アップにより、駅馬車のスピードが速くなる。

2　郵便馬車実現までの道程

郵便馬車に関する基本文献として、二〇〇七年に出版されたフレデリック・ウィルキンソンの著作をまず挙げておきたい。同書によると、ジョン・パーマーなる人物が郵便馬車の構想をとりまとめて、時の大蔵大臣に提出する。構想は郵政省の監察官によって検討されたものの、否定的な結論がだされた。だが、構想は一七八四年に首相の小ピットの目にとまり、試験的に郵便馬車を走らせることになった。以下、その道程である。

ジョン・パーマー
郵便馬車の立案者

人と馬と　一八世紀中葉、駅馬車が交通機関の主役になっていた時代にもかかわらず、郵便物はもっぱら馬の背に積まれてポストボーイによってはこばれていた。第5章2で説明した騎馬飛脚《ホース・ポスト》である。また、僻地では、人が歩きながら郵便物をはこぶことも珍しくはなかった。こちらは第4章4にでてきた徒歩飛脚《フット・ポスト》である。

このような中世以来の名残《なごり》をとどめた騎馬飛脚や徒歩飛脚は、一度にはこぶことができる郵便物の量がわずかで、その上、スピードも遅かった。また、貴重品が入っている手紙が郵便強盗にしばしば奪われた。これでは利用者の要求に応えることができない。一時《いっとき》でも早くそして確実に手紙が目的地に届くことを願う人は、当時もっとも速かった駅馬車に手紙を託すようになった。そうすることは、郵便が国家の独占事業であったから、もちろん違法になる。政府はひんぱんに警告をだしたが、駅馬車への郵便物の託送は減るどころか、増すばかりであった。駅馬車業者も心得たもので、広告には「小包」の引受と記した。もちろん、それが「手紙」であることを誰もが知っていた。

パーマーの提案　このような時代遅れの郵便輸送に馬車を使うことを提案したのが、ジョン・パーマーである。パーマーは、イングランド南西部、温泉保養地として有名なバース出身で、バースとブリストルの二つの都市で劇場を運営していた。郵便馬車の構想が生まれた背景には、この二つの劇場の運営があった。というのも、彼は劇場をかけもちする役者を送迎したり、代役の手配などで、ロンドンをはじめ、バースーブリストル間やその周辺の町や村に、馬に跨《またが》り、あるいは馬車に乗ってひんぱんに行き来していた。また年一回は主だった都市の劇場を訪れる旅にもでた。そのことで、パーマーは往来する地域の交通事情や街道の様子について熟知していた。

　この経験を通じて、パーマーは、郵便物が馬の背にのせられてポストボーイによってはこばれ、それがしばしば街道筋に出没する追い剝ぎ《ハイウェイマン》に強奪されることを知った。余談になるが、蛭川久康の『バースの肖像』によると、バースには豊かな髪をなびかせながら出没する有名な女強盗ミセス・ヒューズがいた。これらの事実は、パーマーの印象に強く残り、郵便輸送は騎馬飛脚よりも、むしろ安全でスピードがある馬車による輸送にすべきではないかと、彼に考えさせるヒントとなった。このころから、パーマーの関心は、劇場運営から馬車による郵便輸送に移っていく。彼はみずから郵便馬車の構想を練り上げた。以下、その内容である。

　第一に、郵便輸送に馬車を使うことを提案する。時間短縮の効果について、バースーロンドン間一七〇キロの例を挙げて説明している。それによると、騎馬飛脚では、バースを月曜日夜一〇時か一一時に出発、ロンドン到着後、手紙が配達されるのは水曜日の午後二時か三時以降になった。約四〇時間かかる。他方、違法になるが、駅馬車に託送された手紙はバースを月曜日午後四時か五時に出発して、翌朝一〇時にはロンドンの宛先に配達された。わずか一七時間である。優劣の差は決定的であった。提案では、馬車の運行は契約した民間業者がおこない、これに対して、郵政省《ジェネラル・ポスト・オフィス》は一マイル（一・六キロ）三ペンスの割合で郵便輸送費を支払う委託方式とすべきである、とした。

　第二に、郵便馬車のスピードをおとさないために、有料道路の料金所をノンストップで通過できる特権を郵便馬車に与えることを提案する。正確な料金所の設置数は不明だが、この時期、有料道路の管理財団は約二〇〇〇、管理する道路の両端に料金所があるから設置数は四〇〇〇になる。一財団の有料道路の距離はせいぜい一〇キロから二〇キロ、短いものは数キロのものにすぎなかった。このように細切れ状態のでてくる料金所で、通行料の徴収のためにすべて止められたのだから、馬車の速度は遅くなった。ここを郵便馬車はいわば木戸御免でフリーパスさせようとするアイディアである。これで郵便馬車がより速く走ることができるようになり、郵便と旅客サービスの面で、駅馬車よりも優位に立つことができる。優れた提案であった。

第三に、郵便物は頑丈な箱に納めて、それを護るために馬車に武装兵士を同乗させることを提案する。郵便強盗の話にはふれたが、それは深刻な状況にあった。例えば、D・G・ハズラムとC・モートンがランカシャー・チェシャー郵便史研究会から刊行した歴史資料集をみると、郵政省は一七六〇年二月九日に「ポーツマス向けの郵便をはこんでいたポストボーイが二月五日深夜二時から三時にかけて、ケンジントンの砂利採取場付近において追い剝ぎに襲われ、郵便が盗まれた。犯人は、身長おおよそ五フィート八インチ、青の外套を着た細身の中年男で、大きな茶色の馬に乗っていた。犯人を捕らえた者、逮捕につながる情報を提供した者には賞金二〇〇ポンドを与える」という懸賞金つきの犯人手配書をだしている。

このような事件は日常茶飯事で起きていて、犯人手配書がしばしばだされた。郵便強盗の最高刑は死罪とされたが、逮捕される可能性がきわめて低かったためか、犯罪は後を絶たなかった。郵政省は、高額な懸賞金や訴訟費用の支払いのために年間数千ポンドも支出していた。このような状況にありながら、追い剝ぎなどに対する警備は特に講じられず、ポストボーイは夜間でさえも丸腰で貴重品が入った郵便物をはこんでいた。これでは犯罪が起きないわけがない。パーマーが兵士の同乗を提案した理由には、以上の事情があった。郵便の安全輸送は、速さと同様に、郵便馬車の重要な要素だったのである。

第四に、ロンドンからの郵便の発送時刻を午前零時から午後八時に変更することを提案する。午前零時出発は永年つづいてきた慣行であり、当時の駅逓システムのみならず、各分野の活動がロンドンの郵便発送の時刻に合わせて動いてきた面がある。例えば、中央官庁街のホワイトホールから地方に発出される各省の公文書や、シティーの銀行や商人の書簡、それに一般の人たちの手紙が、夕刻の締切時間に間に合うように一斉に、ロンバート街のロンドン中央郵便局の窓口に差し出されたものだった。その締切時刻が四時間も早まる。そのことにより、地方で郵便の到着時刻が大幅に変わる。朝一〇時に着いていた郵便が深夜二時に着くところも当然にでてくる。郵便を扱っていたのは各地の馬車旅館《コーチング・イン》が多かったが、そこの活動リズムが変わる、といった問題が起こる。これらの問題と変更の難しさをパーマーは十分に認識していたが、発送時刻の前倒しと速度がでる郵便馬車の使用によって、ロンドンからの郵便物がかなりの地域で翌朝までに到着し、翌日配達が可能になる、と説明している。

最後に、郵便馬車の運行には直接関係ない二つの提案がなされる。一つは郵便料金の引上げを提案する。当時、郵便料金は税金とみなされて、郵税《ポステージ》と呼ばれていた。料金引上げの論拠は「郵便料金は税金ではない。サービスの対価として公平かつ妥当な水準である必要がある。郵便馬車で手紙をはこべば、どの交通機関よりも速くなるのだから、料金値上げには反対がないはず。それに例え料金を値上げしても、政府の独占だから、民間が個々に運営するよりも安上がりになる」というものだった。K・エリスの本を読むと、パーマーの試算では、年間の運行費用は三万ポンドになるが、それは郵便料金の引上げもあり相殺できる、としている。もう一つは、経費削減のために国会議員や政府高官に認められていた「フランキング・プリヴァレッジ」と言われていた無料で郵便が送受できる権利の乱用を厳しく取り締まることを提案する。増収策と経費削減策である。

監察官の考察　以上がパーマーの郵便馬車の導入構想である。一七八二年の秋、この構想がバース出身の国会議員ジョン・J・プラットを介して、蔵相であったウィリアム・ピット（小ピット）に提出される。しかし、時のトーリー党シェルバン内閣が倒れたために、構想は一時宙に浮く。構想そのものは郵政当局に回され、郵政長官《ポストマスター・ジェネラル》はそれを検討させるために三人の地区監察官《ディストリクト・サーヴェイヤー》に下ろす。検討結果は「パーマー氏の計画に関する考察」と題する三つの文書にまとめられて、一七八三年七月、パーマーに送付された。それは費用がかかりすぎて計画が機能しないと結論づけ、あからさまにパーマーの提案を拒絶するものであった。次に検討結果の一部を紹介する。

まず、ネイサン・ドレイパー監察官は「現在の王国各地の飛脚の発着時刻は、過去から積み上げてきた経験にもとづいて組み立てられているものであり、それらを変更したら大混乱に陥り、現在のような完全な形になるまでにまた長い年月が必要となろう。それに郵便強盗を防ぐよい手だてなどはない。最新の事例でも頑丈な鉄箱が開けられたし、抵抗した者が殺害された」と指摘している。

次に、ジョージ・ホッジソン監察官は「郵便馬車がなぜ迅速でなければならないのか理由がわからない。旅行中、乗客は膝《ひざ》を伸ばす時間さえもない。騎馬飛脚が時速一〇キロで走れば十分である。それに駅逓のかかえている問題や難しさを知らないで、計画をつくっているのはまことに遺憾だ」と反対する。

最後に、フィリップ・アレン監察官は「馬車《マシン》で郵便をはこぶことを一般化するのは実用的ではない。もし主だった街道だけにしか郵便馬車が走らなければ、脇街道にある小さな町や村とのあいだの通信を断念しなければならない。それは取り返しのつかないことになる」と文書に記した。なお、フィリップ・アレンはクロス・ポストを立て直したレイフ・アレン（第7章3参照）の甥にあたる。

もちろん、パーマーの構想が完全なものでなかったことはたしかである。しかしながら、いずれの考察も現状の仕組みに問題がないことを強調し、現状の制度変更を頑《かたく》なに拒んでいる。そこには官僚特有の組織を守ろうとする強い意志がかいまみえる。

小ピット　この監察官の考察に対して、パーマーは反論書を作成して提出する。そしてまた監察官の再反論がパーマーのところに届くといった具合に、両者のあいだに解決の目途がないままに意見が飛び交っていた。これに終止符を打ったのが弱冠二五歳の小ピット政権の誕生である。

首相となったピットは一七八四年六月、郵政長官やパーマーらを官邸に召集し、郵便馬車導入の構想を協議した。郵政省は反対である。しかし、首相は構想に乗り気で、郵便馬車のテストランを命じた。首相がこのような断を下した背景には、ジョイスが著書のなかで指摘するように、当時、石炭に税金をかける計画があったが、それが不人気で計画が宙に浮き、国が新たな財源を探していたという事情があった。そこで浮上したのが郵税の引上げが盛り込まれたパーマーの郵便馬車の導入構想である。だから首相にとっては、郵便輸送の迅速化というよりは、郵税の引上げで国庫に増収が見込めることの方が重要だったのである。

3　郵便馬車の時代開幕

郵便馬車のテストランがおこなわれ成功する。間を置かずして営業を開始し、一八世紀末まではイギリス各地をむすぶ郵便馬車のネットワークが築かれた。

テストランから本番へ　チャールズ・R・クリアーは著書のなかで郵便馬車のテストランについて、次のように紹介している。一七八四年八月二日午後四時、郵便物を満載した最初の郵便馬車がブリストルの馬車旅館「大酒杯亭《レーマー・ターヴァン》」の前を出発した。途中バースの「三つの酒樽亭《スリー・タンズ・イン》」に停車し、午後五時二〇分にバースを発車し、馬車は夜を徹して走り、翌朝八時にロンドンの「二つの首の白鳥亭《スワン・ウィズ・ツー・ネックス》」に着いた。ロンドンからの便は午後八時出発、翌日正午にブリストルに着いた。いずれも一八〇キロを一六時間で走った。時速一一キロにしかすぎなかったが、それは従来の騎馬飛脚による輸送時間の三分の一、駅馬車よりも二時間ほど速い時間であった。車体を手配したのはロンドンのウィルソン商会とバースのウィリアムズ商会の二社で、道中、交替用の馬を提供したのがバース街道で営業していた五軒の馬車旅館であった。テストランは成功する。

郵便馬車の広告が打たれる。それには「馬車は乗客が車内

ブリストル—ロンドン間を走った最初の郵便馬車（推定）．1784 年．一般の馬車を借り上げたもの．護衛も前に座り，乗客用の外座席がない．王室の紋章，「二つの首の白鳥亭」の商号が配されている．護衛が長い警笛を抱え，側にはラッパ銃がみえる．

に四人くつろいで乗れるように設計され、ブリストル—ロンドン間の乗車賃は一人一シリング八ペンス。武器を携帯した護衛《ガード》と御者《コーチマン》が道中の安全を昼夜にわたり見守り、乗客となる紳士淑女の皆さまのお世話をする」と記されていた。九月一六日の地元紙『バース・クロニクル』には「われわれの郵便馬車はいつもの路線を正確に走りつづけている。昨日、御者と護衛がはじめて官給の制服を着用した。それはとても頼もしい姿だった」という記事がみられる。実際の営業運転も軌道に乗りつつあることがわかる。この時期、大蔵省から郵政省に一通の通達が発せられた。それは、郵政省に対してパーマーが計画している郵便馬車の路線拡大に全面的に協力するように命ずるものであった。

ブリストル—ロンドン線の開通からほぼ一年、郵便馬車のスピードが利用者から認められ、その経済性も確認されたため、ネットワークが急速に拡大していく。以下、地域別に郵便馬車の路線開設の状況をみてみよう。

イングランド　テストランから一年後の一七八五年末までの、わずか一年ほどのあいだに、郵便馬車はロンドンからイングランドの主だった都市をむすぶようになった。それらの都市を挙げれば、東部では農業が盛んなイースト・アングリア地方のノリッジやヤーマス、中部では工業地帯であるミドランド地方のバーミンガムやウスター、北部では産業革命の中核都市があるヨークシャーのリーズ、ランカシャーのマンチェスターやリヴァプール、北の湖水地方ではカーライル、南部では軍港があるポーツマスやプール、南東部ではフランスへの玄関港ドーヴァー、南西部では旧都エクセターなどの都市である。これらロンドンを軸とする路線のほかに、ロンドンを経由しない地方都市間を走る郵便馬車の路線も次第に加わっていく。もっとも早い事例はブリストル―ポーツマス線で、郵便馬車の黄金時代といわれる一八三〇年代半ばまで郵便馬車の路線開設がつづいた。

ウェールズ　この地方の行政・経済は古くからイングランドと一体化しているが、独自の言語と文化をもっている。イングランドで郵便馬車が走るようになると、ここでも路線が開設された。一七八五年までに開設された路線は、ウェールズの宿駅を調べたアーチャーの文献によれば、チェスター経由ホーリーヘッド行、ヘリフォード―カーマザン経由ミルフォードヘイヴン行、グロスター経由スウォジー行の三路線である。ミルフォードヘイヴンとホーリーヘッドはアイルランドへの連絡港であった。これら港町に向かう郵便馬車の路線はウェールズ行というよりは、むしろ、ロンドン、否、イングランドとアイルランドとをむすぶ郵便路線の一部として捉えた方が相応《ふさわ》しい。ウェールズは単に郵便馬車の通過地域だったのである。

ホーリーヘッド港はホーリー島という小島にあった。菅建《すがたつ》彦《ひこ》が『英雄時代の鉄道技師たち』に書いているのだが、距離は短いが、そこにはウェールズ本土からメナイ海峡を船でわたらなければ行けなかった。トマス・テルフォードが設計監督した長さ一七六メートル・高さ三〇メートルの本土と島をむすぶ吊り橋が一八二六年に完成する。吊り橋をはじめにわたった乗り物が郵便馬車であった。このルートがもっとも古くからあり、かつもっとも重要なアイルランド行の路線であった。一九世紀初頭の郵便地図をみると、ウェールズの中央部を横切る形で、シュールズベリーから入り、ウェルシュプール―マッハンスレス経由アバリストゥイス行の郵便馬車の路線が加わっている。また、ウェールズ内だけを走る路線も増えている。例えば、カーナヴォン―ドルゲスライ線などが、その例である。

スコットランド　郵便馬車の路線開設について、政治的観点からみると、まず、イングランド王国の首都ロンドンとスコットランド王国の首都エディンバラの二都をむすぶ必要があった。安室芳樹の『スコットランド郵便史』によれば、一七八六年夏、その二都をむすぶ郵便馬車が大北街道《グレート・ノーザン・ロード》の上を走った。ハンティンドン―ヨーク―ベリック経由で、全長六〇〇キロの長距離路線である。上り便が三泊四日、下り便が二泊三日であった。また、経済的観点からみると、ロンドンとスコットランド最大の工業都市であったグラスゴーとをむすぶ郵便馬車の直行便開設が重要な課題となる。一七八八年、大北街道をフェリーブリッジまで北上して、そこから北西に向かい、アップルピー、カーライルを経由して、グラスゴーに達する郵便馬車の路線が開通した。連合王国最長の六三四キロの路線となったが、同時に、最速の郵便馬車が走る路線ともなる。

スコットランド内の郵便馬車の路線に目を転じれば、エディンバラを中心にネットワークが形成されていった。一七八八年、エディンバラ—グラスゴー線がまず開通する。もっともひんぱんに利用された路線ではあったが、郵便馬車が毎日走るようになったのは一〇年後の一七九八年になってからのことである。一七九八年、エディンバラ—アバディーン線が開通、一八一一年になってハイランドのインヴァネスまで延長された。延長までに時間がかかったのは、ハイランド特有の厳しい気候と山岳地帯のため、道路の建設が進まなかったからであろう。一八〇五年には、エディンバラ—ポートパトリック線も開通した。ポートパトリックはアイルランドへの連絡港である。

アイルランド　現在、アイルランド北部を除いて独立した共和国となっているが、郵便馬車の時代は、まだイギリス植民地であった。詳しい事情については、スティーブン・ファーガソンのアイルランド郵便史に譲るが、当時、イギリスの経済はアイルランドからの搾取によって成り立っていた面がある。圧政に抗する反乱が幾度となく起き、アイルランド統治はイギリスの重要課題となっていた。そのためロンドンとダブリンとをむすぶ交通・通信の確保はイギリス政府にとって最重要課題であり、郵便馬車の路線開設も、この目的に沿ったものであった。

ブリテン島からアイルランド島に入る海路は、デニス・ソルトが調べた二島間の内航船に関する著作がある。それによると、ホーリーヘッドからダブリンへ、ミルフォードヘイヴンからウォーターフォードへ、それにポートパトリックからドナハーディーへ入る三つのルートがあった。加えて、リヴァプールからもダブリンへ入る海路があった。これらアイルランド海をわたる行程は帆船で郵便がはこばれたが、到着港からは郵便馬車に託されて目的地にはこばれた。

アイルランド内の状況をみると、首都ダブリンは島の東側の海岸線のほぼ中央部に位置して、アイルランド海に面している。ダブリンの街を扇の要《かなめ》にして、そこから各地に放射状に郵便馬車の路線が敷かれていた。最盛期のネットワークを南から北へ時計回りでみると、ダブリンから、ウェックスフォード経由ウォーターフォード、キルケニー経由コーク、リムリック、ゴールウェイ、ウェストポート、ロングフォード経由スライゴー、エニスキレン、モナハン経由デリー（旧称ロンドンデリー）、ベルファスト、ドナハーディーの各地に郵便馬車が走っていた。地図8に、一八三〇年代の郵便馬車の

地図 8　郵便馬車路線図（1830 年代）

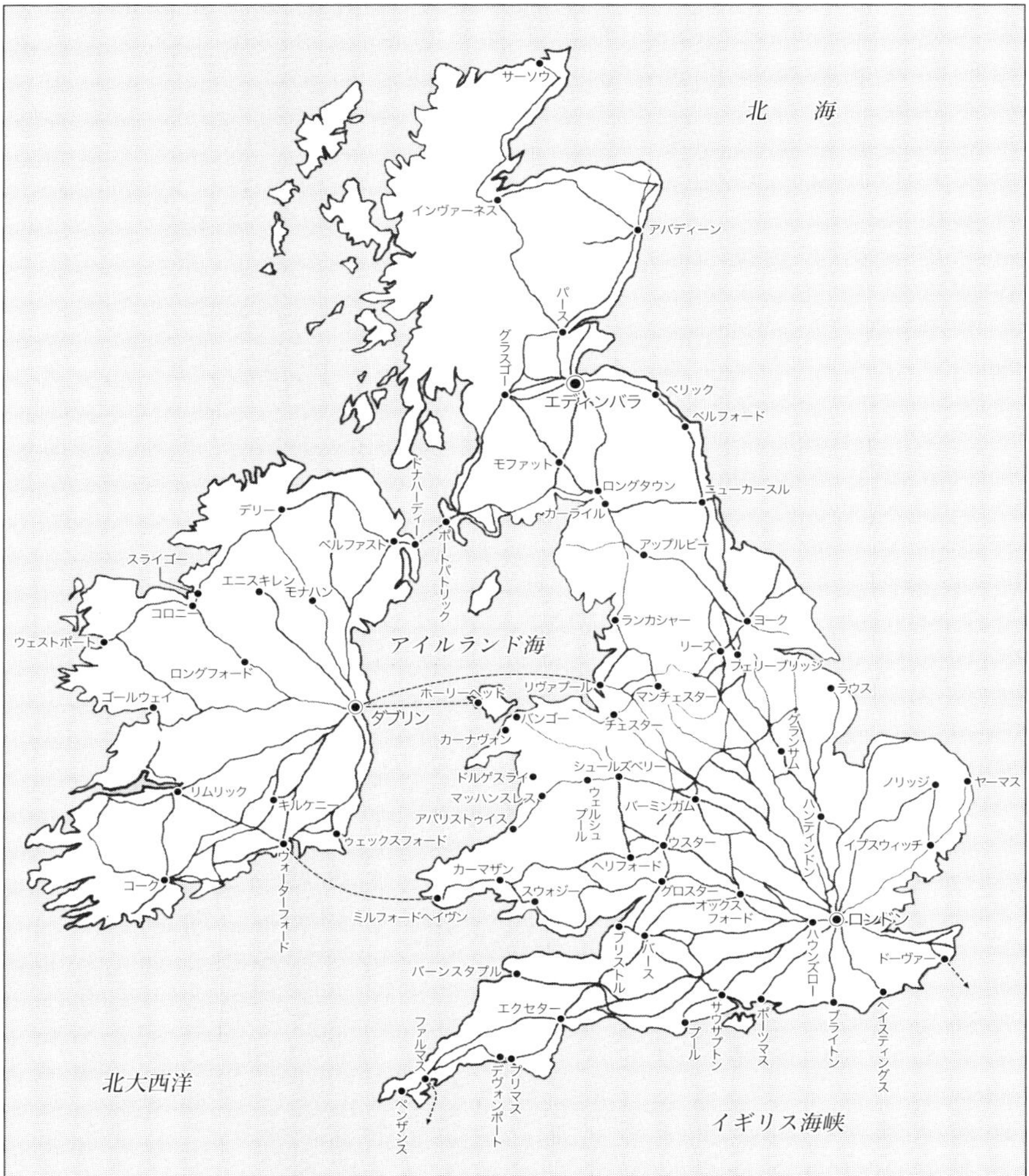

ロンドンを起点にして放射状に路線が延びている．なかでも，ヨーク，リーズ，マンチェスター，リヴァプール，シュールズベリー，ヘリフォード，ブリストル，プリマスの各都市をむすぶ南側は路線がよく発達している．次いで，ウェールズとエディンバラまでの地方には複数の幹線がみられる．スコットランドのハイランド地方は北海に面した海岸線に沿って一本走っているだけである．ハイランドの西側は山地のため路線がない．アイルランドでは，密度はそれほどではないが，ダブリンを中心に路線が各地に延びている．

出典：Robinson, *BPO Hist.*, pp.183, 228, 236 所収の地図；Archer, *The Welesh Post Towns,* p.4 所収の地図を参照して作成．一部推定を含む．

路線図を示しておく。

パーマーと郵政省との確執　ブリテン島とアイルランドに郵便馬車の路線がくまなく張り巡らされていったが、その初期段階において、パーマーの果たした役割は大きかった。ロンドン―ブリストル線の開通直後から、パーマーは郵便馬車の新線開設のために精力的に動きだす。一七八五年はイングランド中を駆けまわり、その年《とし》一年間に四ヵ月八〇〇〇キロも旅をした。翌年にはパーマーはスコットランドに行く。翌々年には宰相ピットの命を受け、パリでフランスの郵政長官とドーヴァー・カレー経由でロンドン―パリ間に郵便馬車を走らせることも協議した。

　そのまた翌年にはアイルランドに向かうという具合に、パーマーは郵便馬車の路線開設のために各地へ跳んだ。背景には、新たな路線開設にこぎ着けるまでには、予定ルートを踏破し、路線開設予定地でルート調査をはじめ、さまざまなことをおこなわなければならないという事情があった。

　準備には郵政省のスタッフの全面的な協力が欠かせなかったが、協力を命ずる大蔵省の通達に反して、郵政省はむしろパーマーの計画を妨害した。理由は、K・エリスの著作を読むと、計画推進にあたってパーマーが郵政省の次官《セクレタリー》のポストを要求していたから、自分の地位が脅かされることになった現職次官アンソニー・トッドが猛反発したからである。トッドは、局内における隠然たる権力《ちから》を行使して、郵便馬車の計画を葬るためにあらゆる手だてを講じた。パーマーに対抗して、郵便輸送に荷物運搬用の二輪馬車《カート》の使用を積極的に進めることもその一策であった。二輪馬車は軽量で、人は乗せないが荷物だけを積んでかなりの速さで走ることができたので、郵便馬車にとっては強敵となる。また、トッドは地方にいる部下や駅長に対して、パーマーへの協力の全面拒否を指示していたことはいうまでもない。

　以上は、トッドとパーマーとの熾烈な個人的争いとみることができる。と同時に、業務の仕組みが壊され勤務体制が大幅に変更されることに反対する郵政省と、新たな財源確保を目指しパーマーを支持する大蔵省とのあいだの、組織と組織との争いでもあった。一時は、手紙の投函時刻が早められることを嫌うロンドンの商人が集会を開き、郵便馬車導入の反対を叫んだ。また、政府部内でも、郵便馬車ではなく二輪馬車を採用することが適当であるという意見が具申されたりして、パーマーは窮地に陥った。

　しかし郵政長官との抗争や部下の裏切りなどにより、トッドは一七八六年、反対運動を終息せざるを得なくなった。もちろん抗争がつづくなかで、パーマーが中心となり、郵便馬車の新線開設の準備がおこなわれていったが、技術的な問題解決のほかに、トッドをはじめ郵政省との抗争問題も克服していかなければならなかった。既存の枠組みを壊す新しい事業を立ち上げるには、いつの時代でも、特定の人間の頑強な意志と大きなエネルギーが必要となる。特に官僚相手となる場合には、なおのことである。パーマーの事例は、その典型とみることができよう。

郵便馬車の路線をみてきたが、すべての地域に郵便馬車が走っていたわけではない。人口が少ない町村や郵便の利用者が少ない都市では、昔ながらの騎馬飛脚や徒歩飛脚が郵便を運搬していた。言い換えれば、郵便馬車が主要街道上にある各都市にロンドンからの郵便物を落としながら走り、各都市で、それを待ち受けていた騎馬飛脚が引き継ぎ町に戻り、更に、徒歩飛脚が遠隔地の村に郵便物をはこんでいた。町や村からロンドンへ差し出される郵便物は、逆に、徒歩飛脚から騎馬飛脚そして郵便馬車とつないではこばれた。この連携ネットワークの善し悪しこそが郵便のスピードに大きく影響したが、郵便馬車はスピードアップに大いに貢献した。パーマーのアイルランドの旅が終わった一七八八年になると、三二〇の都市に郵便馬車が毎日走るようになった。運行費用は年間一万ポンドを超えたが、それを上回る収入を上げることができた。

4　郵便馬車の運行体制

郵便馬車はさまざまな人たちによって支えられ、運行されてきた。郵便馬車の運行主体は郵政省であるが、郵政省みずからがすべてをおこなうのではなく、民間業者に委託して郵便馬車を走らせていた。まず、郵政省は車体製造業者と馬車輸送業者とそれぞれ基本契約をむすぶ。車体製造業者には専用の車体を造らせ、それを輸送業者にリースさせる。輸送業者には車体に御者と馬を各地で手当させて馬車を運行させる。郵政省はそこに護衛を乗せるだけであった。以下、それぞれについて説明しよう。

車体製造会社　郵便馬車専用の車体を製造して提供する会社である。初期の郵便馬車の車体は駅馬車の車体がほぼそのまま使われたようだが、一七八七年以降、ロンドンの製造業者ジョン・ベサントが特別に設計した特許郵便馬車《パテント・メール・コーチ》と呼ばれる車体が採用されるようになった。その特徴は、サリー・デイヴィスがパーマーとその時代を語った本のなかで述べているが、車軸と車輪にグリースがうまく循環するように工夫が凝らされていることである。グリースで車軸と車輪にいつも遊びができるため、急なカーブでも横転することなく走ることができるようになった。車体重量約八〇〇キロ、駅馬車の

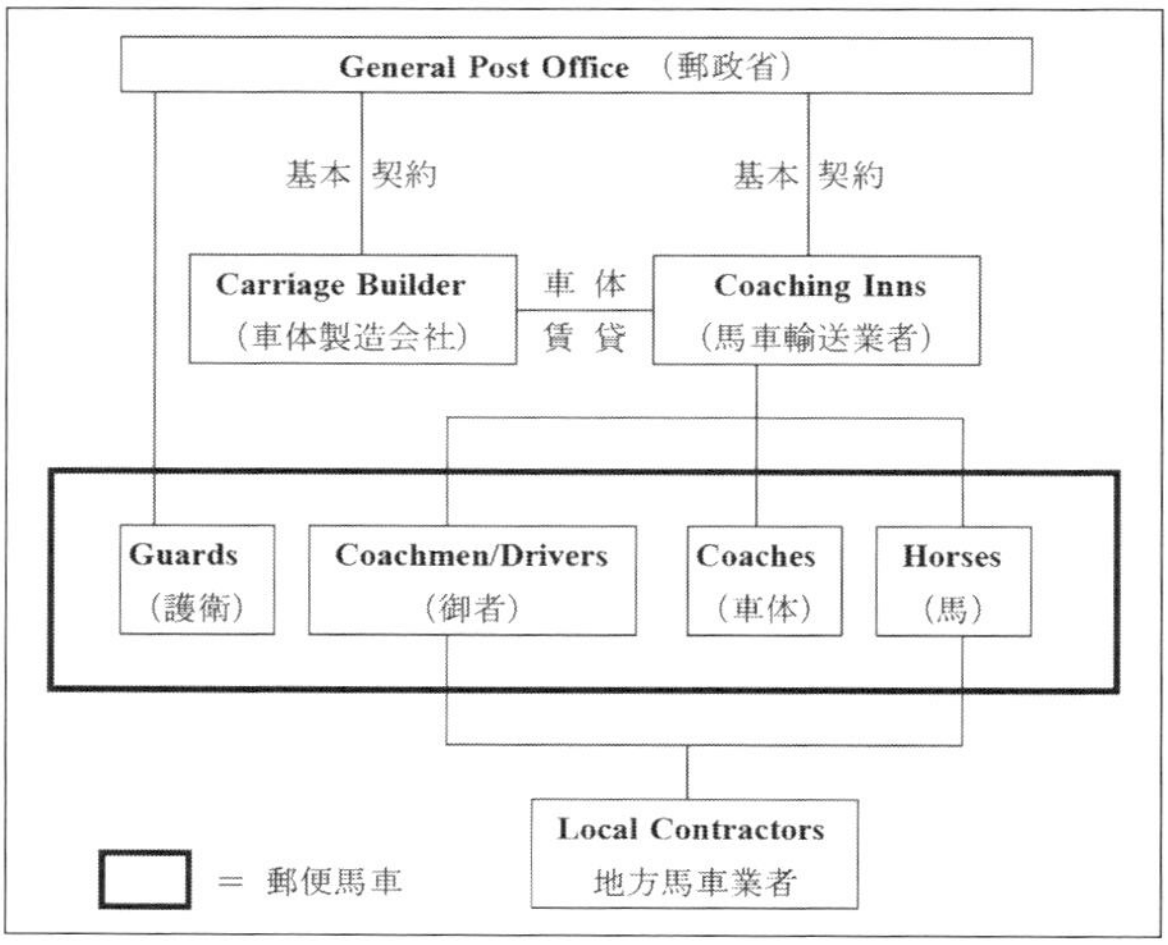

郵便馬車の運行体制．18 世紀．太線が郵便馬車を表し，護衛は郵政省が採用した者，御者は地方の馬車業者が雇用した者，車体は郵政省と基本契約を締結した輸送業者が製造会社からリースしたもの，馬は地方の業者が提供したものがワンセットとなり，郵便馬車が運営されていた．著者作成．

車体重量より軽いのでスピードがでる。以後、車体はベサントと彼の後継者たちによって改良されていく。

ベサントは、車体を馬車輸送業者に売らないで、車体を貸しだした。単なる貸出ではなく、点検整備付で車体を貸しだしたのである。現在の営業車両のメンテナンス・リースによく似た取引形態である。点検整備の工場は、ウェストミンスターのミルバンクにあった。仕事から帰ってきた郵便馬車はここに回送されて、破損した箇所があれば修理され、摩耗した部品があれば交換される。点検が終わると、きれいに清掃されて、車軸の箱にグリースが詰め替えられ、整備された車体が再び出発地点の輸送業者の馬車旅館に届けられた。古くなった車体はミルバンクの工場で製造された新しい車体と交換された。ベサントが一七九一年に亡くなると、その後をフィンチ・ヴィドラー一族が引き継いだ。以後、ヴィドラーの独占体制となる。

この独占体制について、一八三五年、庶民院に提出されたダンキャノン委員会（第8章5参照）の調査報告書においてヴィドラーに支払う車体のリース料が割高であると指摘された。独占で競争原理が働かないことが原因とされた。リース料は馬車の走行距離で決められ、諸説あるが、イングランド内は一ダブル・マイル二ペンス半、スコットランド内では一ダブル・マイル二ペンスほどであった。一ダブル・マイルとは「片道一マイル、往復で二マイル」の意味。ある推計によれば、ヴィドラーの年間リース料の収入は四万ポンドを優に超えていた。一つだけいえることは、車体を売りきりにしないで、日常の点検整備という付加価値をつけて、途切れのない売上げがでる仕組みを考えたところにヴィドラーの商売の巧《うま》さがあった、ということであろう。

ジョイスの著書によると、ダンキャノン委員会は、一八三五年七月、ヴィドラーを排除して、郵便馬車の車体提供契約を公開入札にかけることにした。しかし、郵便馬車をブリテン島の北から南までくまなく走らせるためには、一時にたくさんの車体を新しく造らなければならないし、加えて、点検整備の体制も全国に整えなければならなかった。そのため新規参入者にとっては相当の準備期間が必要となった。そこで政府はヴィドラーに約半年間の契約延長を要請したが、要請は即座に拒否された。契約が切れた一八三六年一月五日、四五年間にわたり走りつづけてきたヴィドラーの郵便馬車はイギリスの道路から一斉に消え去った。ヴィドラーは入札から外されたことに対して異議を唱えなかった。理由は、ヴィドラー一族がそれまでに郵政省との契約から大きな利益を得ていたことと、それに「鉄道の時代」がすぐそこまで来ていることを認識していたからにほかならなかった。

馬車輸送業者・馬車旅館　郵便馬車を実際に走らせるのは馬車輸送業者で、ヴィドラーから車体を借りて運行する。輸送業者は郵政省と基本契約を締結したが、契約業者は駅馬車を運行している大手が多かった。運行実績に応じて手数料が支払われたが、その率は郵便馬車の運行距離一ダブル・マイルについて一ペニーから二ペンス半であった。単価はペニーだが、郵政省の年間の支払総額は巨額になった。契約業者は大きな旅館を同時に経営しており、そこを駅馬車や郵便馬車の発着駅にした。馬車旅館《コーチング・イン》と呼ばれたが、それはまさにターミナル・ステーション・ホテルの役割を果たした。表40に郵便馬車が発着するロンドンの馬車旅館を掲げておく。それぞれの馬車旅館が各地に郵便馬車を走らせていたが、このうち二つの馬車旅館が特に有名であった。社本《しゃもと》時子の『インの文化史』を参考にしながら、紹介しよう。

一つ目は、ラッド小路にあった「二つの首の白鳥亭」である。一八二五年からウィリアム・チャプリンが所有していたが、最盛期には、この亭から一四便の郵便馬車が出発していた。ロンドン発が全部で二八便だったから、その半数の便がここを起点としたことになる。なかでも南部コーンウォール地方のデヴォンポート行のクイックシルヴァー号は快速で鳴らした。その他、リヴァプール、ブリストル、プリマス、ハリファックス、マンチェスター、ホーリーヘッドなどに行く郵便馬車もここから出発する。駅馬車も多数この亭を起点としていた。一八三八年、チャプリンは一八〇〇頭の馬と七〇台の馬車を所有していた。ロンドン近郊ハウンズローにあった「王冠と座布団亭《クラウン・アンド・クッション・イン》」には、チャプリンの一五〇〇頭の馬が駅馬車と郵便馬車の交替用に常時待機していた。

二つ目は、セント・マーティンズ・ル・グラン街にあったエドワード・シャーマン所有の「牡牛と馬の口亭《ブル・アンド・マウス》」だ。ここ

表 40　ロンドンの馬車旅館（1837 年）

名　称	英文名称・所在地
二つの首の白鳥亭	*Swan with Two Necks,* Lad Lane
牡牛と馬の口亭	*Bull and Mouth,* St.Martin's le Grand
開花亭	*Blossom's Inn,* Lawrence Lane
黄金の王冠亭	*Golden Crown,* Charing Cross
黄金の十字架亭	*Golden Cross,* Charing Cross
鈴と王冠亭	*Bell and Crown,* Holborn
翼を拡げた鷲亭	*Spread Eagle,* Gracechurch Street
サラセンの頭亭	*Saracen's Head,* Snow Hill
野生の麗人亭	*Belle Sauvage,* Ludgate Hill
白雄鹿亭	*White Hart,* Fetter Lane
大酒樽を締め込む亭	*Bolt-in-Tun,* Fleet Street
王様の紋章亭	*King's Arms,* Holborn Bridge

出典：Robinson, *BPO Hist.,* p.235n.

からはカーライル、エディンバラ、グラスゴー、リーズ、エクセター行の郵便馬車が出発した。シャーマンの馬車旅館からは北へ向かう長距離の郵便馬車が多い。駅馬車ではマンチエスター行のテレグラフ号などが評判がよく、チャプリンの同じマンチェスター行のディフィアンセ号と所要時間を争った。亭には大きな中庭があり、その下を掘り、そこに七〇〇頭もの馬を待機させていた。地下厩舎である。

このほかにも、フェッター小路の「白雄鹿亭《ホワイト・ハート》」からはヤーマスへ、グレイスチャーチ通りの「翼を拡げた鷲亭《スプレッド・イーグル》」からはノリッジやバースへ向かう郵便馬車が出発していた。いずれもチャプリンが所有していた。それにかつて中庭で芝居が演じられていたラドゲイトヒルの「野生の麗人亭《ベル・ソヴァージュ》」からは南のプールへ向けて郵便馬車がでていた。このようにロンドンは郵便馬車のハブ・ステーションとなっていたのである。

　馬車旅館の屋号には実に奇妙なものが多い。また、屋号の由来を込めて描かれたインの看板も判断に苦しむものがたくさんある。これらを研究する屋号・看板解釈学なる学問がイギリスにはあるようだが、わが国でも臼田昭が『イン――イギリスの宿屋のはなし』のなかで蘊蓄《うんちく》をかたむけている。こじつけの域をでないが、例えば「牡牛と馬の口亭《ブル・アンド・マウス》」は、かのヘンリー八世がブローニュの町を占領したときに演説か何かで「ブローニュの港の口」といったことに由来し、それが訛って「ブル・アンド・マウス」になったのだ、というのである。真贋のほどは定かではないが……。

　馬車旅館はロンドンだけにあったのではなく、駅馬車や郵便馬車が走るルート沿いにもある。そして地方の馬車旅館も多くは地域の輸送業者を兼ねており、そこが替え馬の交換所となり、地方の郵便局となり、場所によっては乗客の食事をとるポイントや宿泊所ともなった。これら地方の馬車業者《ローカル・コントラクター》が馬車交通を支える地域の核となり、全国にネットワークを張り巡らしていたのである。例えば、ヨーク―マンチェスター間六九マイルには八つの馬車業者がいた。ほぼ一〇マイルごとに馬を交換できたことがわかる。

シャーマン所有の「牡牛と馬の口亭」の中庭．建物は４階建て，１階には予約事務所や小荷物取扱所それにコーヒー・ハウスなどがあり，２階から上が宿泊の部屋となっていた．郵便馬車のドアには，行先を示す「グラスゴー・カーライル・マンチェスター・ロンドン」の４ヵ所の地名が記されている．出発間際の一こま．C・C・ヘンダーソン画，H・パプリル彫刻．

郵政省と契約した馬車旅館にとって、郵政省から支払われる手数料はそれほど利益を生むものではなかった。それよりも郵便馬車の乗客から徴収する乗車賃をはじめ、宿泊代、飲食代、馬の賃料、今様にいえばレンタカーの料金になるが、そのような収入が大きかった。一八三〇年代、チャプリンの総売上げは二五万ポンドに達する。雇用効果も大きい。彼の職場では二〇〇〇人が働いていた。その職種をみれば、御者、馬係、部屋係、厨房係、予約係、会計士など多岐にわたっていた。いわば総合交通産業を形成していたのである。地方の馬車旅館でも、休憩のときに郵便馬車の乗客が落とす飲食代の金が大きな収入源となっていた。もっとも郵便馬車はほとんどの宿駅に停まらずに通過していったから、この恩恵は多くの馬車旅館には及ばなかった。

ビアンコニの馬車　アイルランドではチャールズ・ビアンコニの馬車がほとんどの地域で郵便をはこんでいた。ヴィドラーの独占権はアイルランドまで及ばなかった。そもそもアイルランドは、スコットランドよりも、イギリスからの独立の度合いが高い。第8章3のところで少しふれたが、特に一七八二年から一八年間は「グラタン議会時代」と呼ばれ、アイルランドが自治権を行使できる時代であった。この時代にアイルランド銀行が設立されたり、新たな郵便組織も創られた。今でこそ郵便は民営になったが、当時、郵便は国家主権

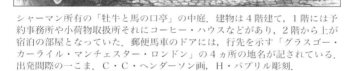

にかかわる重要な問題と認識されていた。このことを考えると、アイルランドの郵便馬車の運行体制がイングランドのものとちがうのは当然であった。

ビアンコニはイタリアからの移民で、アイルランドでは版画の行商などをおこなっていた。行商で道路事情に精通することになり、その経験を生かし、一八一五年から輸送業をはじめ、小さな村の郵便物を扱うことになった。その後、急速に路線を延ばして、一八三七年には総延長が六〇〇〇キロにまでなった。ビアンコニの馬車《カー》は二輪で一頭の馬が曳く軽装タイプで、乗客は三人ずつ背中合わせに外をみながら横向きに座る。その隙間に郵便物を置き、御者は正面を向いて座り馬を操った。後に四輪になり、四頭の馬が曳く立派な馬車になる。それでも外をみて横座りのスタイルは変わらず、一列に一〇人、計二〇人の乗客をはこんだ。席が空いていれば貧しい人も無料《ただ》で乗せたから、人々に「ビアンの車」と呼ばれ親しまれた。そのこともあってか、追い剥ぎもビアンの車には手をださなかった。

アイルランドでも郵便馬車の経費が問題となった。一八二〇年代におこなわれた調査によれば、一日の郵便馬車の走行総距離は二三〇〇キロ、年間経費は三万ポンドとなった。これはイングランドの経費とくらべると四倍になる。高コストの要因は、ビアンコニの独占とはならなかったが、どの路線でも馬車輸送業者が少なく寡占状態となり競争が働かなかったことと、郵便馬車にも道路通行税がかけられていたことによる。それに加えて役人のあいだに汚職が蔓延していたことも、コストがかさむ要因となった。

5　護衛と御者

イギリスの郵便馬車はすばらしい速度で走り、時計のような正確さで運行されていた。それは見事に組織化された体制と、何よりも使命感に燃える護衛《ガード》と自負心の強い御者《コーチマン》の働きがあったからである。加えて、よく訓練された馬の存在も欠かせなかった。彼らの働きをみていこう。

護衛　郵便馬車の運行責任者である。パーマーの構想では武装した現役の兵士を護衛にする、と提案されていたが、郵政省が雇った者を護衛にすることになった。採用に当たっては、パーマーの提案が生かされ、護衛は銃の扱いに慣れた退役軍人などから選抜された。選抜は厳格におこなわれ、郵政省の郵便馬車監理官であったトマス・ハスカーが応募者に直接面接し、採否を判断した。採用された護衛は二通の保証書と保証金を差し入れ、ハスカーの命令書を読んだことを確認する書面に署名をし、宣誓をしなければならなかった。採用されると、F・ジョージ・ケイの郵便史によると、短剣とラ

1984年7月31日発行「郵便馬車200年記念切手」5種のうちの2種.

上＝1816年10月20日夜に起きた〈ライオン郵便馬車襲撃事件〉が描かれている. 事件はソールズベリー近郊ウィンターロー村の馬車旅館「キジドリ亭」の前で発生, 停車していた郵便馬車の先頭の馬に雌のライオンが噛みついた. ライオンは旅回りの一座から逃げだしたものだが, 敢えなく捕獲され一件落着. 負傷した馬は回復し, その後もエクセター便の郵便馬車を元気で牽引する.

下＝1831年2月の豪雪で立ち往生した郵便馬車と郵袋を背負い馬車から切り離された馬に跨がり, 次の宿駅に向かう護衛が描かれてる. 場所はエディンバラの南西80キロのモファット村. 翌日, 宿駅の近くの道端まで届けられていた郵袋が発見された. 数日後, 護衛と御者の遺体が雪の吹き溜まりのなかでみつかる. 後年, 厳冬のなかで任務を果たそうとし力尽きた二人を悼む碑が現場に建立された.

ッパ銃とピストルが貸与されて、金色の筋が入った帽子をかぶり、軍服調に仕立てられた深紅のコートの制服を着用した。凛々しい姿である。

護衛の任務は広い。御者は道中交替したが、よほどの長距離でない限り、護衛は全行程を一人でこなした。後部の座席に座り、そこにある施錠された郵便箱を見張ることが一番の任務であった。一七八六年、ハウンズローヒースで郵便馬車が襲われる事件があったが、犯人は護衛によって即座に射殺された。この事件以降、護衛の抑止力が効いてか、この種の犯罪は起きなかった。しかし護衛が箱に鍵をかけ忘れて馬車から離れたわずかな時間に、郵便物が盗まれるという事件がときおり発生した。

次に御者と協力して、時刻表どおりに郵便馬車を走らせることが任務となった。事故があり遅れた場合には、報告書を書かなければならなかった。下り坂になれば車輪のブレーキ板を踏み、馬を交替するときにも時間があれば手伝うし、少々の馬車の故障は直した。豪雨や大雪で郵便馬車が走行不能となれば、車体から馬を切り離して、それに跨《また》り郵便物を次の宿駅まではこぶことも護衛の任務だった。もちろん危険な仕事である。

また、警笛《けいてき》を鳴らすことも護衛の大切な役割の一つであった。ラッパは細長い真鍮製、警笛は郵便馬車の到来を関係者に予告するものであった。ラッパの音《ね》が響くと、有料道路《ターンパイク》の料金所の番人は遮断棒《パイク》を廻《ターン》して馬車の通過を待ち、宿駅の人たちは厩舎から替え馬を引きだして所定の位置に並べ、村の郵便係は馬車に積み込む郵袋《ゆうたい》をもって待ちかまえる。道路を歩く旅人たちは路肩に寄り、スピードの遅い荷馬車などは道を空けた。王室郵便《ロイヤル・メール》の紋章を車体に配して疾走する郵便馬車は、まさに当時の陸上交通の主役であった。

とはいえ、護衛の仕事は過酷である。厳冬の夜道を走る辛さは言語に絶するし、凍え死ぬ者もでた。それでも給金は週に一〇シリングであった。決して恵まれた金額ではなかったが、護衛の志望者が多かった。理由は、護衛が当時の花形職業の一つであったことと、乗客からもらうチップや、違法になるが、小荷物を個人的に引き受けて得る金額が給金よりも多くなったことなどであろう。それに、王室御用の乗り物で特権的に走る爽快さは、何にもましてすばらしいことであったにちがいない。

御者　馬車の運転手である。護衛とは異なり、御者の身分は郵政省の雇い人ではなく、地元の馬車業者の雇い人が一般的であった。馬車一台に一人の御者が乗る。運転の区間は五〇キロから六〇キロで、三つか四つの宿駅をつなぐ距離になる。御者は永年同じ区間を昼夜を問わず馬車を走らせていたから、どこに障害物があり、一番の難所はどこか、そしてどこでスピードをだせばよいかなど、すべてを心得ていた。郵便馬車の運行は分刻みで管理されていた。例えば、ヨーク―マンチェスター間一一〇キロは、停車時間を含めて八時間四六分で走ることになっていた。この時間には一〇分の猶予《アローアンス》が加えられている。平均時速は約一三キロ。時間をロスしたときには最終目的地までに取り返すことが求められていた。御者の最大の任務は、郵便馬車を時間表どおりに走らせることであった。

馬　郵便馬車の運営の正否は、馬の取扱いにかかっていたといっても過言ではない。二頭だてや六頭だてなども例外的にはみられるが、四頭だてが一般的であった。四頭一組の馬が一定の速度を維持しながら走ることができる距離はせいぜい一六キロ。だからほぼ一六キロごとに替え馬の中継所がおかれたが、地方の馬車旅館が中継所となった。一六キロごとに馬を替えると、ロンドン―グラスゴー間約六四〇キロを走るには、馬の交替が四〇回になる。四頭だてなので片道一六〇頭、往復で三二〇頭。予備の馬を含めると、この路線だけでも四〇〇頭の馬を常備させる必要があった。一八三〇年代の数字になるが、駅馬車と郵便馬車を走らせるために、全国では一五万頭もの馬が飼われていた。馬にとっても郵便馬車を曳く仕事は厳しく、一年で三分の一の馬が新しい馬と交換された。

郵便馬車はスピードが命なのに、速度を規制する法律があった。それは馬車をギャロップで走らせてはならず、トロットで走らせなければならない、というものであった。本城靖久の『馬車の文化史』によると、ギャロップとは足が宙に浮くかのように駆ける一番速い走り方で、トロットは次の速さで「速歩」といわれる走り方である。後年、四頭の馬のうち一頭でもトロットで走る馬が入ればよいことになり、そのためトロットの足並みでギャロップの速さがだせる特技をもつ馬の需要が高まった。また、速度を上げるために馬の選択も重要であったが、馬を交替させる時間の短縮も大きな課題であった。作業時間は五分と決められていたが、要員の習熟度が高まり、一分半から二分で馬の交替が完了するようになった。グラスゴー線の例では四〇回の交替があったから、同線の所要時間が一分の短縮で四〇分、二分短縮されれば一時間二〇分のスピードアップにつながった。

ハスカー　郵便馬車の監理官となったトマス・ハスカーはパーマーが採用しパーマーの腹心の部下となり、規則正しい郵便馬車の運行の実現にきわめて大きな働きをした。これまでみてきたとおり、馬車の運行には、それを支える要員の確保が必要になる。馬車を操る御者や護衛をはじめ、宿場で郵便物を交換する係、替え馬を準備する世話係などさまざまな人たちが関係した。また、馬車の中継所となった宿場の経営者、馬車を製造し提供する業者、それをメンテナンスする者など関係業者の組織化も欠かせない。今様に表現すれば、郵便馬車の運行システムの構築ということになろうか。これらの仕事をハスカーみずからが現地に行き、まさに身を粉にしておこなってきた。ウィルキンソンは著書のなかで「パーマ

疾走する郵便馬車．1837 年頃．外座席に 4 人の客が乗っている．後部の護衛が郵袋を落としている．手前の女性は棒の先に郵袋をつけて，護衛に渡そうとしている．馬車のスピードを維持するため，小さい町や村では走行したまま郵袋を受け渡すことが一般化していた．道に面した郵便局では，2 階の窓から郵袋の受け渡しをおこなったところもある．J・シェイヤー画，J・ハリス彫刻．

ーは郵便馬車の計画を立案したが、ハスカーがいなければ実行に移せなかった」と述べている。一八一七年退職までの三二年間、ハスカーは郵便馬車の現場を守りつづけたのである。

6　揺れ動くパーマーの評価

パーマーは郵便馬車の運行を軌道に乗せて、大蔵省高官のポストを射止めたが、郵政長官や次官らとの軋轢が生じ、また部下の寝返りなどもあり高官を罷免された。罷免後、報奨金受給を巡りながいあいだ闘いをつづけた。対照的に、外部からは大きな賛辞が贈られた。以上について述べていくが、有料道路管理財団への補償問題についてもふれる。

部下の寝返りで罷免　パーマーは郵政省の組織のなかで正当な評価を受けることはなかった。むしろ混乱と争いを生みだした。それは官僚の部外者に対する拒否反応以外にも、パーマーの強引な仕事の進め方にも大きな原因があった。パーマーが郵政省の事務方トップであるトッド次官と軋轢《あつれき》があったことについてはふれた。そのことで、パーマーは郵政省の高官に影響されない独立性の高いポストの獲得を目指し、ピット首相に働きかけた。その結果、大蔵省の組織のなかに郵政省の監察監督官《サーヴェイヤー・アンド・コントローラー》という年俸一五〇〇ポンドの終身の官職が用意され、一七八六年八月、そこにパーマーが就いた。事業成功後に高官に就任させるというピットの、パーマーに対する約束の履行である。その権限は郵政長官から独立し、かつ、介入されない調査権というものであった。

しかし新設ポストには問題があった。理由は、一七一一年の郵便法のなかに「郵政長官から委任された者が郵政省の職員を採用し、その採用権者の指揮の下《もと》で職員は業務を遂行する」という規定があったからである。厳密にいえば、大蔵大臣が任命した監察監督官は、郵政省の仕事ができないことになる。それでも任命直後は郵政長官がことさらにパーマーの仕事に波風をたてることはなかったが、一七八七年にウォルシンガム卿が郵政長官に就くと、事態は一変する。当時、長官は閑職であり名誉職であったので、長官が現場の業務にまで関心をもつことは稀であった。だが現場の業務について、卿はこと細かく報告を求めて、調査をさせ、指示を与えた。すべての業務をみずからの管理下におこうとする卿と、独立を保とうとするパーマー。この二人の組み合わせでは仕事が円滑に流れるはずがなかった。

チャールズ・ボナーの不正発覚により、ウォルシンガム卿とパーマーとの関係が最悪の状態を迎える。ボナーはバース劇場で活躍した役者で、請われてパーマーの片腕となる。その彼が馬車製造業者のベサントのパートナーとなっていたことが判明した。利益の一部がボナーに流れていた。パーマーとボナーの信頼関係は崩れ、保身を図るボナーは親友であったパーマーを捨てて、郵政長官である卿についた。ボナーはパーマーから受け取った書簡のうち六通を卿にわたした。書簡には長官を揶揄し「あの伊達男の」とか「組織の長としての見識をもっていたのなら」とか、あるいは「油断のならないW卿」とも書かれていた。これを読んだ卿は激怒した。上席の官職への非礼に対して、宰相ピットもパーマーを擁護することができず、一七九二年、パーマーは監察監督官の職を罷免される。在職八年であった。それはトッドやウォルシンガム卿らとの格闘の日々でもあった。

報奨金問題　罷免と同時に、それまで受け取っていた報奨金の支払いも打ち切られた。報奨金は毎年度の利益の額から郵便馬車の導入年次の利益の額を差し引いた残りの額に二・五パーセントを乗じて得た額とされた。差額が郵便馬車により得られた利益というわけである。表41の数字により報奨金を計算すれば、一七八五年が一六二二ポンド、一七九三年には四八七五ポンドになる。報奨金の支払いは首相ピットあるいはピットの秘書官との口約束であったため、郵政省とのあいだで、また後年には議会において、支給の根拠や率について議論が蒸し返される。利益の増加は郵便馬車の導入結果であるというパーマーの主張に対して、特にウォルシンガム卿は、増加の原因が郵便馬車の導入効果か、郵税の大幅引上げか、それとも国力の増加か、どれによるものか誰にも証明できないと反論した。

たしかに郵便事業の利益は増えた。一七八四年が約二〇万ポンド、翌年は二六万ポンドになり、一〇年目には三九万ポンドになった。しかし、一七八四年には郵税も引き上げられている。パーマーが提案し、財源探しに躍起になっていた首相が一番関心をもっていたことである。表42に示すが、郵税は二倍に引き上げられた。大幅値上げだ。その結果、郵税収入は一七八四年が約四二万ポンド、翌年が四六万ポンド、一

表41　イギリスの郵便事業収支

（ポンド）

年	収入	支出	利益
1784	420,101	223,588	196,513
1785	463,753	202,344	261,409
1786	471,176	185,201	285,975
1787	474,347	195,748	278,599
1788	509,131	212,151	296,980
1789	514,538	195,928	318,610
1790	533,198	202,019	331,179
1791	575,079	219,080	355,999
1792	585,432	218,473	366,959
1793	627,592	236,084	391,508

出典：Hemmeon, p.244, appendix table I.
注：年度は各年4月6日にはじまり，翌年4月5日に終了した．例えば1784年の数字は，その年の4月5日に終わる年度（1783年度）の実績を示す．

表42　イングランド内の郵税（抄）

（ペンス）

距　離	年			
	1765		1784	
	種　別			
	S	D	S	D
一宿駅区間	1	2	2	4
二宿駅区間	2	4	3	6
80 マイル未満	3	6	4	8
80 マイル以上	4	8	5	10

出典：Sanford & c. *British Postal Rates,* pp.11-15.
注：S = single letter（用紙1枚の手紙）
D = double letter（用紙2枚の手紙）

〇年目には六三万ポンドに増えている。また、卿がいう「国力」についてだが、貿易の伸張が国力増加の一因となる。財政学の古典になるが、ジョン・マッカーサーが一八世紀の大英帝国の貿易を分析している。それによると、一七八四年の貿易額は三〇〇〇万ポンドであったが、一〇年後には四〇〇〇万ポンドに増加している。国内製造業も発展していたから、郵便需要の増加も必然だったであろう。

さまざまな議論があったが、結局、罷免になるまで報奨金は支払われた。パーマーが報奨金受取に固守したのには理由《わけ》がある。一七八六年一月にはパーマーの借入負債額が四〇〇〇ポンドになり、銀行から新たな融資が受けられない状態になっていた。一番大きな負担が人件費の立替であった。デイヴィスの本によれば、郵政省が雇用すべき人間をパーマーが個人的に雇って、給与を支払っていた。一七八六年の記録では、年間の給与支払総額が五一四二ポンドとなり、対象者は護衛全員、区分係一八人、調査官七人、一般事務九人、運行管理三人、会計係三人などであった。パーマーは立替経費を回収する必要に迫られていたのである。

罷免後の闘争　罷免後もパーマーの闘いはつづく。一七九三年、年三〇〇〇ポンドの年金支給が確定する。しかしパーマーにとっては、郵便馬車が広く普及し輸送に大きな変革をもたらしたこと、それに投下資本の大きさを考えると、それは満足できるものではなかった。そこで、パーマーは二・五パーセントの利益配分の約束を履行するよう大蔵省に迫り、それが拒否されると、議会へ請願して自説を主張した。一七九七年の調査でパーマーに好意的な結論がでたものの、利益配分は得られなかった。一八〇七年に再度請願が採択されたが、そのときも利益配分は認められなかった。配分率の曖昧さと口約束の不備が壁になっていた。

罷免後二一年目の一八一三年、粘り強い交渉と根回しの結果、パーマーに対して特別報奨金五万ポンドと特別一時年金五万ポンドを支給する法律が議会を通過した。パーマーの業績が国によって認められた、否、認めさせたということになろうか。金額はパーマーが要求していた水準に達していなかったが、長島伸一の『世紀末までの大英帝国』の記述を参考にし判断すれば、男爵貴族の平均収入の数年分にも匹敵する額となり、支給額は七一歳の老人とその家族の生活を保証するのに充分なものであった。

有料道路管理財団への補償　郵便馬車は各界から歓迎されたが、通行料が徴収できなくなった有料道路管理財団は評価するどころか、補償を求める運動を展開する。このことについて、ホールデンが著書に書いているが、一八〇九年の管理財団の報告書は「スコットランドの二一の郡にある管理財団は、通行料免除の特例により、年間六八六五ポンドの損失を被り、財団によっては、損失額が収入額の二分の一に相当するまでになっている。これにより管理財団の財政は大幅に悪化し、借入金の返済にも支障を来している。郵便馬車の恩恵を受けているのは都市の商業者であり、彼らは通行料を負担していない」と指摘した。交通量の少ないスコットランドでは、郵便馬車の交通量の比率が必然的に高くなる。その通行料が徴収できなかったのだから、事態は深刻である。政府も報告書の指摘を無視することはできなかった。

一八一二年には、全国の有料道路管理財団の数字がとりまとめられ、政府に補償要求がだされる。要求書には「二〇〇台の郵便馬車が大英帝国全土で使われ、それらが通行料を支払わないから、管理財団は年間五万ポンドの損失をだしている」と記されていた。日増しに高まる補償要求に対して、議会は補償を検討し、次のように結論をだした。

まずアイルランドでは、一七九八年から郵便馬車に道路通行税がかけられていたから問題がない。次に、イングランドとウェールズでは、通行料の免除は維持されたが、郵便馬車の使用台数が大幅に減らされた。台数が減れば道路の傷みも少なくなり、財団の道路補修費用が削減できる、ひいては損失軽減につながる、と判断されたからである。実際に一八一五年までに郵便馬車の使用台数は二〇〇台から六一台に削減された。別な記録によれば、一八一一年のピーク時二二〇路線から一八三六年には一〇四路線になった。

スコットランドでは、一八一三年、二輪の郵便馬車を除くすべての郵便馬車とその外座席に乗っている乗客から、通行料を徴収することが法律で認められた。その結果、この時期に郵政省がスコットランドの有料道路管理財団に支払った通行料の総額は年間約一万二〇〇〇ポンドに上った。安室芳樹の『スコットランド郵便史』によれば、通行料の原資を捻出するために、郵政省は、郵便馬車ではこぶスコットランド発着の手紙に、一通について、一律半ペニーの追加郵税をかけることにした。追加郵税の徴収額は年間六〇〇〇ポンドになったが、支払総額の五割にしかならなかった。不足額は一般郵税のなかから賄われたので、郵便事業の利益の圧縮につながった。しかし、郵便馬車から通行料が徴収できることになった財団側にとっては、一息つける状態に戻った。通行料免除は、道路の建設補修コストを投下した資本家にとって、コストが回収できなくなることを意味し、死活問題になったのである。

受益者の評価　郵便馬車の運営について、郵政省内の抗争や有料道路管理財団への補償問題を除くと、大きな失態や批判はでてこなかった。それまでの騎馬飛脚にくらべたら、郵便馬車による郵便輸送は、安全で速くそして規則正しくなった。恩恵をもっとも享受したのは、郵便を大量に利用した銀行や商人をはじめ産業界であったろう。もちろん手紙をよく書いた上流階級や中流階級の人々にとっても、郵便の迅速化は恩恵となったにちがいない。旅客輸送の面でも、もっとも速い乗り物として郵便馬車が利用されるようになった。

郵便馬車の全国ネットワークをわずかな期間で築き、組織化された郵便馬車の交通体系を立ち上げた功績は、いろいろ問題はあったが、やはりパーマーの経営手腕に帰するところが多い。事実、各界からパーマーの業績が高く評価されている。郵便馬車によってロンドンと直結し、大きな利益を受けた一八の都市からは、パーマーを讃えて、自由市民の称号が贈られた。バースでは郵便馬車の絵と賛辞の文字が刻された半ペニー硬貨三種類が鋳造されて使用された。グラスゴー市は銀のカップをパーマー家に授与している。郵政省を離れてから、パーマーは二期バース市長を勤め、一八〇一年から七年間、国会議員にもなっている。一八一八年、バースで七六歳の生涯を閉じた。

もう一人、パーマーの腹心の部下だったトマス・ハスカーも忘れてはならない。パーマーの罷免後、郵政省の正式な官吏に抜擢され、一八一七年退官までの三二年間、ハスカーは郵便馬車の現場を守りつづけたことを……。

7　黄金時代の終焉

郵便馬車の黄金時代はヴィクトリア朝がはじまる直前の一〇年間、一八三〇年代である。黄金時代のキーワードを挙げれば、馬車の速さ、正確な定時運行、道中食事の愉しさ、人気の御者稼業などとなろうか。利用者以外にも、文筆家は郵便馬車を讃える文章をたくさん残してくれたし、画家は疾走する郵便馬車の絵を描いて、現代のわれわれに当時の勇姿を伝えてくれている。以下、郵便馬車の賛歌である。

速さの競演　最速郵便馬車の代表格はデヴォンポート行のクイックシルヴァー号であった。ロンドン―ブリストル間を時速一一キロで走った第一号の郵便馬車とくらべれば、大きな進歩である。表43に郵便馬車の速度記録を整理した。ロンドン―ホーリーヘッド間とロンドン―マンチェスター間の記録は一八三七年のもので、七年前の記録と比較すると、前者は二時間、後者は一時間半ほど短縮されている。特にマンチェスター線では、郵便馬車が駅馬車のテレグラフ号やディフィアンセ号とスピードを競い合った。

表43　郵便馬車の速度（1830年代）

区　　間	距離	時間	時速
	km	h：m	km.p.h.
ロンドン―ブリストル	183	11：45	16.0
ロンドン―カーライル	500	34：07	14.7
ロンドン―エディンバラ	607	42：23	14.4
ロンドン―ファルマス	430	29：05	14.8
ロンドン―グラスゴー	637	42：00	15.2
ロンドン―ホーリーヘッド	415	27：00	15.4
ロンドン―リヴァプール	325	22：07	14.7
ロンドン―マンチェスター	301	18：00	16.7
ブリストル―バーミンガム	140	10：29	13.6
カーライル―ポートパトリック	137	11：32	12.1
エディンバラ―アバディーン	216	14：22	15.2
エクセター―ニューワーク	463	36：00	12.9
ダブリン―ベルファスト	129	13：15	9.8
コーク―ウォーターフォード	116	12：04	9.6

出典：Hemmeon, p.105n. Robinson, *BPO Hist.,* pp.222-243.
注：1マイル＝1.609キロメートルで換算し表示した.

郵便馬車の恩恵はスコットランド最北端サーソウの町にも届いた。ルイ・カザミヤンの大著『大英国』（手塚リリ子・石川京子共訳）で調べてみると、屋根葺きなどに使われていた砂岩の厚い板石の産地であった。一八三七年の運行記録によれば、馬車はセント・マーティンズ・ル・グラン街の「牡牛と馬の口亭」から出発。例えば、月曜日午後八時にスタートした馬車は、火曜日朝、グランサムで朝食のために四〇分間停車。同日午後五時にヨーク到着、夕食のため四〇分間停車。引きつづき夜の大北街道を北上、水曜日朝、ベルフォードで朝食をとり、その日の午後二時二三分、エディンバラに到着する。ここまで六〇〇キロを四二時間二三分で走る。時速約一四キロである。エディンバラから馬車はスコットランドのローランドの街道を北に走り、アバディーンには木曜日早朝に到着する。ハイランドに入り、ネス湖の町インヴァネスに同日夕刻に着き、更にもう一日走り、金曜日午後六時にサーソウの町に到着した。エディンバラから六五〇キロ、五一時間半、時速約一三キロになる。ロンドンからだと一二五〇キロ、九四時間、ほぼ四日の旅となった。

文学作品に蘇る郵便馬車　サーソウまでの行程をみてきたが、事故がない限り、郵便馬車は時刻どおりに走った。その正確さは、幻想的な作品といわれている『イギリスの郵便馬車』（高松勇一・高松禎子共訳）を著したトマス・ド・クインシーの言葉を借りれば、次のようになる。二台の馬車が正反対の方向から、つまり、一〇〇〇キロ離れた北と南の地点から同じ時刻に出発すれば、ほとんどいつも全行程のちょうど中間点にある特定の橋の上で出会うのだ、というほど規則正しいものであった。誇張があるかもしれないが、人々は郵便馬車の通過でいつも正確な時間を知ることができた。護衛も御者も、そして街道筋で郵便馬車の仕事に携わる人間が定時運行を誇りにして、励んでいた。

しかし、日《ひ》時計がまだ使われていた時代で、イギリス全土に標準時間が設定されていなかった。一例だが、ブリストル時間はロンドン時間よりも二〇分遅れている。そのため護衛は特別の時計《タイムピース》をもっており、それで運行を管理していた。一七九七年に議会で制定された時計法にもとづいて、各宿駅にも大きな時計がおかれ、郵便馬車や駅馬車の発着時刻を告げる役割を果たしていた。

風を切って疾走する馬車、時間《とき》を告げる馬車――。民衆の生活のなかにすっかりとけ込んだ郵便馬車は、文学者にとっても、画家にとっても、またとない題材となった。郵便馬車の活躍を、臼田昭もチャールズ・ディケンズの作品などを織り交ぜながら語っているので、その一部を紹介しよう。ディケンズは『ニコラス・ニックルビー』のなかで、ヨーク行の馬車が「孔雀亭《ピーコック》」から出発する情景を次のように記している。ロンドンの各馬車旅館から出発する郵便馬車も、このようにして見送られたのであろう。

「うしろはいいか、ディック」と、馭者は叫んだ。「オーケー」と答えがあった。「行くぞ！」。そして馬車は、車掌〔護衛〕のラッパの高らかな吹奏のなか、孔雀亭に集まった馬車と馬車馬の目利きたちの無言の賞賛のなかを出発していった。とくに雑役係たちはそうだった。彼らは馬の毛布を腕にかけて、馬車がみえなくなるまで見送っていたあと、ほれぼれした様子で厩《うまや》の方へゆっくり引き上げながら、馬車の恰好のいいことを、あれこれぶっきら棒にほめたたえていた。……

また、ディケンズの『マーティン・チャズルウィット』の叙述により、疾走する郵便馬車からみえる周りの風景を綴れば、次のようになる。

ヨーホー、迫る夕闇のなか、木々の暗い影を物ともせず、明るいところ、影のところ、一切おかまいなしにひた走る。まるで運転するのに、五〇マイル先のロンドンの灯火だけで十分で、おつりがくるといわんばかりだ。ヨーホー、村の広場のそばを通る。……ほら、満月だ！　知らぬ間に高く上がったな。地面が水になったらこうだろうか。いろいろな物が映っている。生け垣、木立ち、低い農家、教会の塔、立ち枯れの切り株、茂った若木……夜の美しさがあまり感じられなくなると、日がパッと昇る。ヨーホー！　二駅行くと、田舎の街道が途切れのない町並みにあらかた変わる。野菜畑を抜け、長屋建てを過ぎ、一軒建て、半月形の広場や、石垣造りや、四角の広場を通っていく。荷馬車、箱馬車、大八車を追い越して、……

乗客の愉しみは何といっても食事である。トマス・ヒューズの『トム・ブラウンの学校生活』には、次のように、トム少年がとった馬車旅館の朝食が詳しく描写されている。立派な食堂で旅館の上客に供されたものであろう。一般客は台所みたいなところで食事をとった。郵便馬車の上客もこのような朝食をとったにちがいないが、それに許される時間は四〇分程度であった。

……食卓は純白のテーブル掛けでおおわれており、純白の陶器のたぐいが並べられていて、鳩パイ、ハム、牛のもも肉のコールド・ボイルド・ビーフや、木盆にのせた家庭用パンの大きなかたまりが置かれている。そこへ、温かい食べ物をのせたトレイをさげて、あえぎながら、肥えた給仕頭がはいってくる。腎臓《キドニィ》とステーキ、透けるぐらい薄いベーコンと、落とし卵と、バタートーストとマフィンと、コーヒーと紅茶がのっており、どれも湯気を立てている。食卓には全部を並べきれない。

上席は御者の隣り　馬車の内座席は上客すなわち高貴な方々の席、外座席はそれ以外の者の席という慣行が崩れる。ディケンズの『ピクウィック・クラブ』では、裕福な紳士であるはずのピクウィックが下男のサムに向かい、「サム、ロンドンまでの屋根の席を二人分とってこい。木曜日の朝だ。おまえとわたしの分にな」と命じている。一番人気のある席は御者の隣の席である。ここに座ると、御者から馬車の運転のコツを教えてもらえるし、金を握らせれば、しばらく手綱をとらせてくれた。何しろ、御者は今様にいえばマシン・ドライバーである。大切な郵便物や乗客を定時にはこばなければならない重責を担っているとして、街道を傍若無人に振舞い、もたもたしている通行人や荷馬車などを弾き飛ばさんばかりに郵便馬車を操った。これが世間の人には格好よくみえる。御者を真似ることが流行し、ロンドン―ブライトン間では、紳士みずから手綱をとって互いの速度と運転技量を競い合った。海軍提督の息子で従男爵の身分でありながら、御者で生活をたてる者もでてくる。御者はそれほど人気の高い職業になっていた。

ニュースをはこぶ　郵便馬車はニュースもはこんだ。郵便馬車は最速の乗り物であり、それはまた最速の通信手段にもなった。戦勝の知らせをはこんだ郵便馬車は、どのようにして人々に迎えられたのだろうか——。ロビンソンの郵便史を読むと、フレデリック・ヒルは少年時代を思いだして、一八一五年の、ウェリントン将軍がワーテルローでナポレオンを破った勝利のニュースが届いた模様を、次のように記している。

……みんな戦いがあったことを知っていた。勝敗の結果は今日わかるはずである。人々は朝早くから道の前にでて、ロンドンからの郵便馬車を待っていた。定刻どおり、郵便馬車は猛烈な勢いでバーミンガムの街に入ってきた。そう、大きな月桂樹の枝に包まれた郵便馬車が入ってきた。何とすばらしい光景だ。イギリスが勝ったんだ。勝ったんだ。……

鉄道の開通　一八二五年、ストックトンとダーリントンのあいだに世界初の蒸気機関車ロコモーション号が走った。馬車の時代から鉄道の時代へ変わる序曲となる。五年後、本格的な都市間鉄道がリヴァプール―マンチェスター間三一マイルで開業する。同線を走ったロケット号は試走で平均二二キロ・最高四六キロのスピードを記録した。一列車に駅馬車の三〇倍の人数を乗せ、初年度四五万もの乗客をはこんだ。料金は三シリングから六シリング。経験のある女工の週給が一五シリング前後、見習少年の週給が六シリング前後であったから、鉄道運賃は馬車より安いとはいえ、庶民には手が届かなかった。しかし中産階級に支持されて事業は成功した。湯沢威《たけし》の『イギリス鉄道経営史』によれば、鉄道の開通キロ数の累積は、一八二五年四三キロだったものが、一〇年後には五四二キロ、二〇年後四〇四〇キロ、三〇年後の一八五五年には一万三二〇〇キロまでになる。一八三八年にはロンドン

ラウスからロンドンに向かう最後の郵便馬車．1845 年 12 月 19 日．ピーターバラまで馬が馬車を牽引してきたが，ピーターバラーブリスワース間は開通したばかりの鉄道に連結されて移動した．この石版画は，郵便馬車の時代の終わりと鉄道の時代のはじまりをみごとに表している．

とマンチェスターとをむすぶグランド・ジャンクション鉄道に第一号の郵便車が増結された。鉄道郵便《トラヴェリング・ポスト・オフィス》のはじまりである。

安い運賃により、貨客の大量かつ高速輸送を実現した鉄道の出現は、馬車交通の経営に壊滅的な打撃を与えた。ロンドン―エディンバラ間を例にとれば、所要時間は郵便馬車が四三時間前後、鉄道はその半分。料金は馬車が内座席一〇ポンド一〇シリング・外座席七ポンド、鉄道はわずか二ポンドであった。道中の食事代などの節約も考えたら、時間的にも経済的にも、その差は明らかである。これでは勝負にならなかった。鉄道が延びた地域からは馬車が消え、一八四〇年代半ばまでに大半の郵便馬車が廃止された。その後、郵便馬車は遠隔地でほそぼそと生き延びた。それもスコットランド最北端の町サーソウ行の郵便馬車が、一八七四年、ハイランド鉄道の開通により廃業すると、みるべきものはなくなる。一世紀弱の命であった。

郵便馬車は、あの牧歌的な「陽気なイングランド《メリー・イングランド》」と呼ばれた時代の最後の舞台を懸命に走り抜けた。人や馬が一体となって苦労しながら、手紙や旅行者やそしてニュースをはこんだ。それは運河交通や河川交通などとともに、イギリスの交通革命の一翼を担ったのである。産業革命の無機質な機械文明の到来で、その役割を鉄道に譲った。小池滋の『英国鉄道物語』によれば、それまで郵便馬車に冠されていた「アイリッシュ・メイル号」の名前が、ホーリーヘッド行の鉄道急行列車の名前に採用される。郵便馬車の栄光が急行列車に引き継がれた。

最後に、日本ではイギリスの郵便馬車に関する本格的な論文がみられなかったが、二〇〇五年、松井真喜子が執筆した精緻な学術論文が『社会経済史学』に掲載されたことを付記しておく。

第17章 鉄道郵便

本章では、鉄道郵便の話をしよう。まず鉄道の歴史を簡単に紹介し、「旅をする郵便局」と譬《たと》えられた鉄道郵便の誕生、その黄金時代から終焉までを語る。また、郵便車の変遷や車内での作業、鉄道郵便の記録映画作成、動態保存されたロンドンの地下郵便鉄道にもふれる。

1 イギリスの鉄道略史

鉄道郵便の話に入る前に、イギリスの鉄道の歩みについて簡単にふれておこう。詳しくは、湯沢威《たけし》の『イギリス鉄道経営史』や菅建彦《たつひこ》の『英雄時代の鉄道技師たち』に譲るが、以下、同国の鉄道略史である。

鉄道マニアと鉄道王　鉄道建設は、高い利用料をとる運河や馬車の独占的な交通体制に対抗し、それらを利用しなければならなかった荷主らが中心となり、計画がたてられた。低廉な運賃、高速・多量輸送を目標に掲げて、鉄道は旧来の交通システムに競争を挑んだのである。例えば、スピードをだすために、鉄道の軌道は勾配を最小限に、そして可能な限り真っ直ぐになるように測量されルートが決められた。

一八三〇年開通のリヴァプール・マンチェスター鉄道（L&MR）の建設では、銀行家や商人らから出資を得て巨額の投資をおこない、山に長いトンネルを掘り、谷に高い橋をかけ、丘に深い切通《きりどおし》を造り、二つの都市のあいだに鉄道のレールを敷いて完成させた。剣持一巳の『イギリス産業革命史の旅』によると、開業一年目の業績は乗客四五万人、貨物一一万トンをはこび、利益は八万ポンドになった。開業前には石炭や砂利などの貨物輸送に狙いを定めていたが、実際には乗客輸送が予想の一〇倍にもなり、年一〇パーセント近い配当をだすことができた。

　この成功によって、鉄道事業が大きな利益を生みだすビジネスとなることが証明された。L&MRの開通までにすでに四八〇キロの鉄道建設が認可されていたので、L&MRの成功は、他の地域の鉄道建設を加速させることになった。一八三〇年代から四〇年代にかけて、有利な投資先を求めていた巨額の資金がこの分野に流れ込み、空前の鉄道建設ブームが起きた。それをイギリス人は「鉄道マニア」と呼んだ。この時期に、現在の鉄道の骨格ができあがり、一八四五年には開通した路線が四〇四〇キロ、一八五〇年には一万四九一キロまでになった。

　しかし、各地方で鉄道会社が乱立し、勝手に鉄道を敷設していったために、小は数キロ、大は一〇〇キロを超す路線まで、さまざまな鉄道が走っていた。群雄割拠の時代だ。これを束ねることに成功した人物がヨーク出身の服地商人ジョージ・ハドソンであった。まず、ヨーク・ノース・ミドランド鉄道（YNMR）という小さな会社の株式を大量に買い占めて、会長に就任。以後、ハドソンはYNMRに隣接するミドランド・カウンティズ鉄道（MCR）とその競争相手バーミンガム・ダービー・ジャンクション鉄道（BDJR）を合併した。更に、レスター・スワニントン鉄道（LSR）などを傘下に収めて、一八四四年には総延長一六〇〇キロを超す路線を擁するイギリス中部最大のミドランド鉄道（MR）に発展させる。路線は首都ロンドンともつながり、巨大な鉄道会社が誕生した。ハドソンがイギリスの「鉄道王」と呼ばれるようになる所以《ゆえん》である。

　鉄道会社が乱立してくると、レールの間隔すわちゲージのバラツキが深刻な問題となった。最初の鉄道L&MRのゲージは、四フィート八インチ半（一四三五ミリ）。これに理論的な理由があるわけではなく、たまたま地元の炭鉱で馬が引いていたトロッコのゲージがそうであったただけのことであった。そこで、小池滋の『イギリス鉄道物語』によれば、別の会社は七・二五フィート（二一三六ミリ）の広軌を採用、それでは広すぎると五フィート（一五二五ミリ）を採用する会社もでてきた。列車のゲージがちがうと乗換を強いられる乗客からは不満が続出した。当時の自由放任主義《レッセ・フェール》を標榜する議会もとうとう重い腰を上げて調査し、結局、炭鉱の馬が引くトロッコと同じゲージを標準ゲージとして定める。ちなみに日本の新幹線のゲージはL&MRと同じ一四三五ミリ、JR在来線のゲージはやや狭く三フィート六インチ（一〇六七ミリ）である。

　四大鉄道時代　二〇世紀に入ると、中小の鉄道会社を吸収合併してきた大鉄道会社同士の競争が激化し、共倒れの危機が叫ばれるようになった。ライバル同士で営業協定などをむすぶケースもでてくる。大統合が議会で議論され、一九二一年、鉄道法が成立し、ロンドンを中心に東西南北、四方面にわけられ、鉄道会社が次の四社に統合集約された。

ロンドンから北に向かう鉄道は二社。一つは東側を走るロンドン・アンド・ノース・イースタン鉄道（LNER）である。ロンドン、ヨーク、ベリック、エディンバラ、アバディーン、インヴァネスなどをむすぶ。途中、東のノリッジへ行く路線もあった。北に向かうもう一つの鉄道は、西側を走るロンドン・ミドランド・アンド・スコティッシュ鉄道（LMSR）である。ロンドン、ノッティンガム、リーズ、カーライル、グラスゴーなどをむすぶ。このほかにも、バーミンガム、マンチェスター、リヴァプールなどの工業地帯にも接続していた。

西に行く鉄道は、グレート・ウェスタン鉄道（GWR）である。ロンドンからブリストル、エクセター、プリマス、ペンザンスなどの都市をむすぶ。バーミンガムやリヴァプールへ行く線ももっていた。南に延びる鉄道は、サザン鉄道（SR）である。ロンドンとドーヴァー、ブライトン、サザンプトン、エクセターなどの都市をむすんでいた。

これら四大鉄道の会社が当時最高の技術を駆使しながら競い合い、鉄道の黄金時代を築いたといってもよい。一九三八年、あの優雅な流線型をしたLNERの蒸気機関車「マラード号」が時速二〇二キロの世界新記録を樹立したのも、この時代である。

国有化そして民営化　第二次世界大戦後、第15章冒頭で述べたように、労働党が政権につくと、主要な産業が国有化されていく。鉄鋼、電気、航空、放送などと並んで、鉄道も一九四八年に国有化された。運輸民間航空大臣の許に置かれたイギリス運輸委員会がいくつもの国有産業を管理した。一九六三年からは単独でイギリス鉄道局がほぼ四大鉄道のエリアに沿って管理局を置いて運行するようになる。イギリス国鉄の誕生である。誕生後、その維持に巨額の国費が費やされることになる。他方、この時期に車両の規格統一など標準化がすすむ。

二〇世紀後半、国費の削減、効率経営を目指し、国有産業の民営化が推進されるようになる。クリスチャン・ウルマーの『折れたレール』（坂本憲一監訳）や香山《こうやま》裕紀の論文によれば、国営企業の民営化を積極的におこなったサッチャー政権の基本理念を引き継いだメイジャー政権が、一九九四年にイギリス国鉄を民営化する。その方法は、鉄道経営者や技術者の意見を無視し、二五の列車運行会社、一三の軌道保守会社など一〇〇近い会社に分解し、入札にかけ民営化した。二〇〇〇年、ハットフィールドでレールがバラバラに砕け散る事故が発生、特急列車インターシティが脱線転覆、七〇人を超える死傷者がでた。原因は軌道保守のミス。安全軽視、一体運営のなさなど杜撰《ずさん》な民営化が露呈した。その後、軌道構築物管理会社の非営利組織への改組、一部作業の内製化などの動きにより軌道修正を図っていく。

二一世紀に入ると、ロンドン―ドーヴァー間に、高速専用線が在来線とは別に新たに建設された。英仏海峡トンネルにつながり、パリまで直行できる。その高速専用線に、日立製作所が製造した高速車両二九編成一七四両が走っている。更に、アシュフォードの車両基地建設とメンテナンス業務まで受注した。鉄道インフラ輸出の成功例といえよう。日本の鉄道技術の高さが、鉄道先進国であるイギリスで認められたことになる。このことは、日本の車両メーカー、応援してきた鉄道マンにとって感慨深いものがあろう。

2　旅をする郵便局

イギリスの鉄道郵便に関するこれはと思う文献を取り上げるとすれば、ピーター・ジョンソンの鉄道郵便関係の三冊の本を選びたい。二〇二二年の本が最新版だが、各刊に著者の長年の研究成果が盛り込まれている。本章の執筆でもいろいろ参考にさせてもらったが、ここでは鉄道郵便誕生について紹介しよう。

鉄道規制法　鉄道がはじめて郵便物をはこんだのは一八三〇年一一月のことであった。同年九月に開通したばかりのL&MRに、郵袋を積み込み郵便物を輸送した。L&MRは平日七往復のうち四往復に、途中一駅しか停まらない一等車だけの急行列車を走らせた。最後尾に専用車両を連結して、郵便物をはこんだのである。時速三二キロ、所要時間一時間半ほどであった。郵便馬車の半分の時間である。当時の郵政次官は「この大いなる改善は、今後の新たな郵便輸送手段として、真剣に検討していかなければならない」と郵政長官に報告したという。

鉄道による郵便輸送の有用性に気づいた政府は、一八三八年、郵便物輸送を鉄道に義務づける法律を制定する。その原案は、鉄道会社にとってきわめて厳しいものであった。例えば、①列車の種類にかかわらず、郵便物を輸送しなければならないこととし、郵政長官が速度、停車駅、停車時間などを定める、②自己負担により郵便の車両を提供すること、③郵便輸送などに関して郵政長官の命令に服すること、違反には処罰を科す、④郵政長官は三ヵ月の予告により鉄道会社との契約を解除できる、この権利は会社側にはない、などという一方的な内容であった。これに対し、鉄道会社も議会に圧力をかけて法案を修正させている。鉄道史の上では、この法律がイギリス初の鉄道規制法となった。ただし、この法律には、後に大きな問題になるのだが、鉄道会社に支払う料金の具体的な規定が抜けていた。

TPO　一八三八年一月、走行している列車のなかで郵便物を区分する実験がおこなわれた。提案者は監察官のフレデリック・F・カルシュタット。実験には、リヴァプールとマンチェスター、それら二都市とバーミンガムとをむすぶ前年に開通したグランド・ジャンクション鉄道（GJR）が利用された。エドワード・ベネットによる郵政省を紹介する本によると、GJRが用意した実験車両は馬の運搬車を改造したものであった。実験は成功する。郵政長官への報告には「蒸気機関車が牽引する動く郵便局」と記された。これをイギリス人は「レールウェイ・ポスト・オフィス」とはじめ呼んでいたが、後年、鉄道郵便全体のこと、あるいは、動く郵便局の列車のことを「トラヴェリング・ポスト・オフィス」と呼ぶようになった。旅をする郵便局、略してTPOである。言い得て妙である。

この実験成功を受けて、一八三八年五月、鉄道郵便専用につくられた真新しい車両がロンドン・バーミンガム鉄道（L&BR）に投入された。長さ四・九メートルにしかすぎない小さな車両であったが、鉄道郵便の基本となる構造をほぼ備えていた。当時の新聞は「一方の壁に鳩の巣箱のように区切られた棚がぎっしりと据え付けられていて、その側には引出や机がおかれ、反対側の壁には袋をかける杭がずらりと並んでいた。そこには一人か二人の作業員と護衛一人が乗っている。作業員は走行中に手紙を仕分けして、それを護衛が郵袋に入れて縛り、（駅で）受け渡ししていく」と報じた。同年

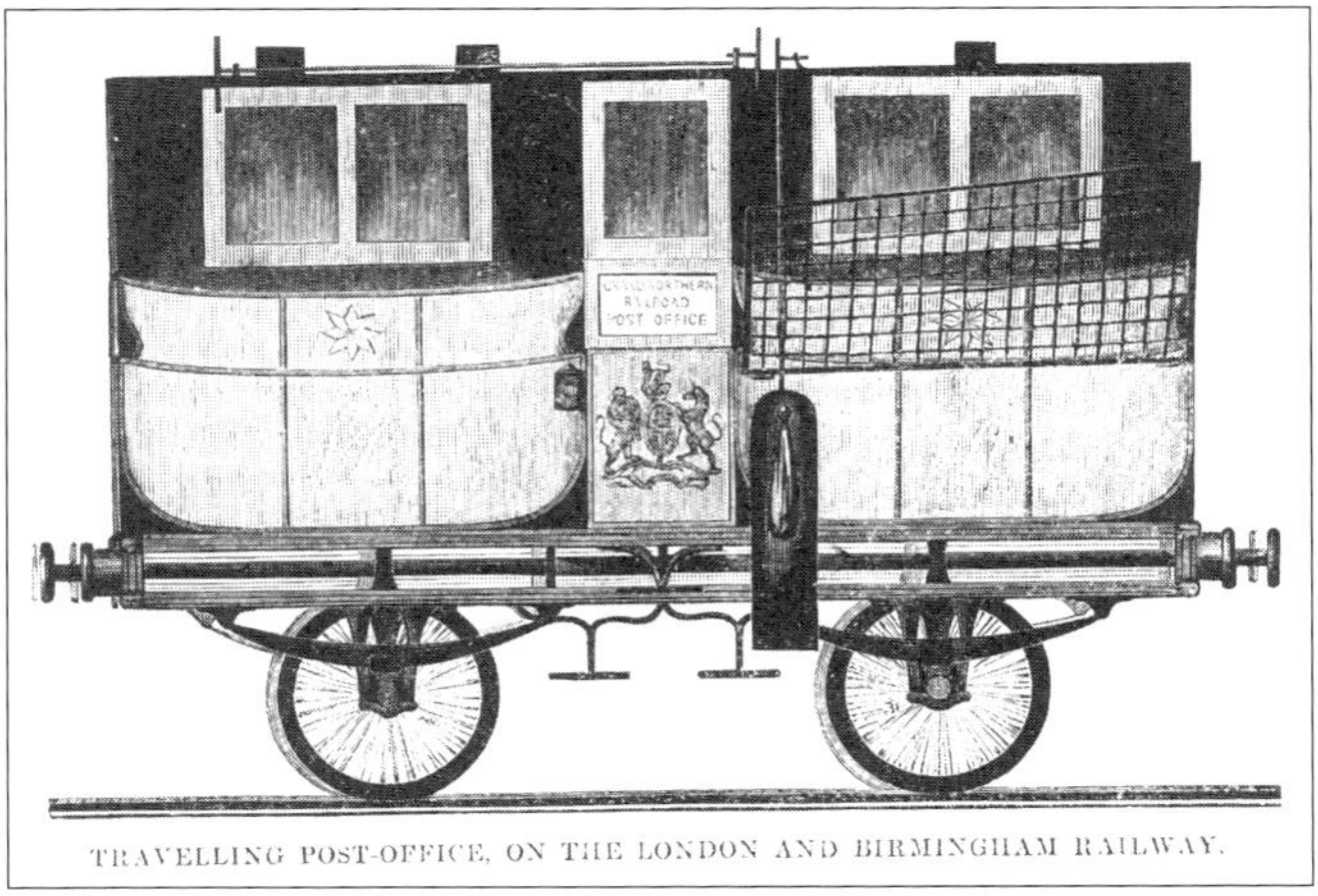

1838 年，L&BR の鉄路を走った最初の郵便車．右側面に郵袋を受け取るネットが取り付けられている．投げ下ろす郵袋もネットの左下にみえる．

九月にロンドン—バーミンガム間が鉄路でつながり、一二月には、この鉄道郵便はイングランド北西部ランカシャーのプレストンまで行くようになった。

一八五二年までに、三九人の専属の鉄道乗務員が雇用された。鉄郵員である。鉄道郵便のサービスは、ニューカースルやスコットランドのパース、そして南はエクセターにまで延びる。一八五九年には、ロンドンとスコットランドの間に夜行特急の郵便列車が走るようになった。最速で走ることが求められたため、乗り降りに時間がかかる乗客（客車）を制限した。余談になるが、英語で特急列車のことを何故「リミテッド・エクスプレス」というか、その理由がわからなかったが、前記のことで永年の謎が氷解した。すなわち、速度を制限するのではなく、客車の連結を制限する特別の急行という意味であった。

つづいて、一八八五年、客車を連結しない郵便輸送専用の列車、まさに正真正銘の鉄道郵便が導入された。第一次世界大戦がはじまる前までに一三〇〇の鉄道郵便が走っていたが、大戦で経済的かつ要員的にも、その維持運行が困難になり、多くの鉄道郵便が廃止された。大戦終了後も遅々として復興されず、一九三〇年代に入ってやっと鉄道郵便回復のために大規模な投資がおこなわれるようになった。

3　鉄道郵便の歩み

一世紀半にわたり鉄道が郵便物をはこんできた。ここでは鉄道郵便の黄金時代から、戦中戦後の縮小に向かう過程を検証し、物流の主役が鉄道から自動車に代わり、鉄道郵便が終焉を迎えたことをみていく。

黄金時代　鉄道郵便の発展は、まさに鉄道本体の発展と表裏一体をなしている。すなわち、新たな鉄道路線が開通すると、新たな鉄道郵便が誕生していった。この辺の事情を、アーネスト・T・クラッチュリーが郵政省の仕事を紹介する本のなかで手際よくまとめている。それによると、一九一〇年代に入ると、鉄道郵便の年間運行距離は総計四八〇万キロになり、うち二八八万キロがロンドンとスコットランドとをむすぶ鉄道郵便であった。第一次大戦で鉄道郵便の運行も減少したが、一九三〇年代には総計六〇〇万キロに達する。

一九三〇年代、もちろん、その後もそうであったが、もっとも重要な鉄道郵便は、次の四本であった。

その代表格がスコットランドのアヴァディーン駅を一五時二五分に出発し、ロンドンのユーストン駅に翌朝三時五五分に着く、上り特別《アップ・スペシャル》郵便専用列車であった。郵便車一二両で出発、途中駅で四両を増結し、最終一六両でロンドンに到着する。毎夜、八〇人の鉄郵員が郵便車のなかで一八〇〇の郵袋と格闘していた。

次に重要な鉄道郵便は、前段の逆コースになるが、ユーストン駅二〇時三〇分発、アヴァディーン駅翌朝七時五二分着の下り特別《ダウン・スペシャル》郵便専用列車であった。郵便車一六両で出発、途中駅で四両を切り離し、最終駅には一二両で到着する。

イングランド西部に行く鉄道郵便も重要だ。グレート・ウエスタン鉄道（GWR）を使い、ロンドンのパディントン駅を二二時一〇分に出発、コーンウォールのペンザンス駅に翌朝六時二一分に着くGWR下り便と、逆に、ペンザンス駅一八時四五分発、パディントン駅翌朝三時五五分着のGWR上り便も見逃せない。四八八キロの鉄路を八時間から九時間で走った。

前記四本の鉄道郵便は、まさに鉄道郵便の屋台骨を背負っていた、といってもよいであろう。幹線鉄道郵便である。もちろん、ロンドンから東のノリッジに行く鉄道郵便、南のドーヴァーなどに行く鉄道郵便も活躍していたが、多くのローカル鉄道郵便が幹線鉄道郵便に接続するようにダイヤが組まれていた。これら鉄道郵便のおかげで、ほぼ全土で、郵便の翌日配達、否、翌朝配達が可能となり、イギリス郵便の冠たるサービスが実現した。それはまたイギリスの鉄道黄金時代とも合致する。

ロンドンのユーストン駅．出発を待つスコットランドのアヴァディーン行，下り特別郵便専用列車．1938 年，郵便局員のグレース・ゴールデン画．

駅ホーム寸描　ユーストン駅二番線ホームを描いた絵がある。アバディーン行の下り便特別列車が入線している。時計は二〇時一〇分を指している。最終一八時に締め切られ、ロンドン各所で集められた郵便物を積んだ赤いトラックがホームに刻々と集まり、「ダイレクト・バック」と呼ばれる郵袋のまま輸送するものと車内で区分作業をするものにわけられて、台車で、それぞれ郵袋輸送専用車《ストーレッジ・ヴァン》と区分作業車《ソーティング・キャリッジ》に積み分けられていく。区分作業は、すでに一九時一五分には開始されていて、沿線で落としていく順番に区分されていく。定刻二〇時半出発、八六四キロの夜間走行がはじまる。

　イギリスの中部にあるクルー駅は、各地から鉄道郵便の列車が集まり、郵便物を交換する重要な駅となっていた。一八九〇年代の記録になるが、以下に各鉄道郵便の到着時刻を示す。わずか二一分の間に、七本の郵便専用の夜行急行列車がプラットホームに滑り込んでくる。最後にロンドンからの下り便列車が到着する。到着後、三〇分ほどの短い時間で目的地別に郵袋をわけあい、最終目的地に向け、各鉄道郵便がふたたび出発していく。ペリーのヴィクトリア朝の郵政省の事業を論じた本によれば、クルー駅では、このほかにも鉄道郵便の発着があったが、午前零時を挟み毎夜この時間帯は戦場のような忙しさとなっていた。

二三時三三分　バーミンガム発列車
二三時三三分　北ウェールズ発列車
二三時三五分　イングランド西部発列車
二三時四五分　スタッフォードシャー陶磁器地帯発列車
二三時五〇分　マンチェスター発列車
二三時五四分　ロンドン発下り便列車

　輝いていた鉄道郵便　二〇世紀前半、本線を走る鉄道郵便とローカル線の鉄道郵便との接続も綿密に組まれていた。また、本線の鉄道郵便から投下された手紙は人力で村の郵便局まで直接はこばれ、配達順に組み立てられ、午前中、早ければ朝食をとっている時間帯に、前日に投函されたロンドンからの手紙が村人に届けられた。そのような光景が、ウェールズの片田舎で、スコットランドの小さな村で、日常的にみられるようになった。鉄道郵便がきわめて機能的に運行されていたのである。

　一九三八年、鉄道郵便創設一〇〇年を記念して、ユーストン駅の構内で展示会が開催された。展示会場には、鉄道郵便の列車が公開され、そのなかには一八三八年製の郵便車が復元されたものもあった。ユーストン駅とアバディーン駅のあいだを走った、一九二三年当時の鉄郵員のチームも編成されて、作業の実演が試みられた。この時期がイギリスの鉄道郵便のもっとも輝かしい時代であったといえよう。人々が駅のホームで列車を待つとき、隣のホームに鉄道郵便が停車していて、そこで郵袋の積み下ろしがおこなわれている光景をよく眼にしたのも、この時期であろう。

　鉄道輸送コストの増大　鉄道郵便の輝かしい面をみてきたが、増大する鉄道会社に対する支払いを巡《めぐ》って、実は郵政省と鉄道会社とのあいだで激しい論争がつづいていた。表44に示すように、支払額は、一八三八年には一七四三ポンド、翌年には五・七倍の九八八三ポンドに、更に翌々年には四倍の三万九七二四ポンドまで急増する。もちろん、郵便馬車の支払額とくらべたらまだ低いけれども、その後も増加していく。また、マイル当たりの単価をくらべてみると、鉄道郵便の方が高い。一八三八年のGJRへの支払単価は五・九ペンス、これに対して郵便馬車の単価は二・一ペンスで約三倍。L&BRのケースでは鉄道郵便が七・五ペンス、郵便馬車が四・三ペンスで、一・七倍となった。

鉄道会社への支払額はどのようにして決めるべきか、さまざまな議論が展開された。例えば、ドーントンの著作によれば、当初、四項目が考慮された。すなわち、①輸送する郵便物の重量に応じた料金、②鉄郵員の運賃、③区分作業車の使用料金、④郵便当局によって実施された鉄道運行の結果、他の得べかりし収入の喪失、の四項目に基づき鉄道会社への支払額を決める、とされたが、具体的な数値を算出することはきわめて難しかった。

この時期、どうしても郵便馬車との比較がでてくる。郵便馬車のケースでは、運営コストを基礎にした料金が馬車の所有者（運行業者）に支払われていた。だが、ここで注意する点は、郵便馬車が負担すべき民営の有料道路の料金が法律で免除されていたことである。この優遇措置を「馬の道」と同様に、「鉄の道」にも適用することを政府が主張したら、どうなるであろうか。汽車を走らせる軌道敷設には膨大な金を投資して完成させたものであり、そこにタダで郵便車を走らせろといわれても、おいそれと鉄道会社も呑める条件ではなかった。国の郵便事業に鉄道会社が優遇条件を与えなければならないのか否かという議論である。

一ペニー郵便がスタートした一八四〇年以降、表45に示すように、地域差はあるものの、郵便物の総取扱量と一人当たりの通数ともに増加している。鉄道会社側は、この成果は鉄道なしでは達成できないし、仮に鉄道を利用しなければ大きな損失を当局は被るであろう、と指摘し料金は妥当であると主張した。これに対して、当局側は、一八五六年の数字になるが、一ペニー郵便スタート時にくらべ、郵便物の総取扱量は六倍になったが、総重量は三倍以下にとどまっている。郵便物の輸送にかかった費用の四四万ポンドのうち、四〇万ポンドが鉄道会社に支払われている。郵便馬車に全面的に切り替えても輸送可能であり、支払いを倍にしても三一万ポンドにしかならない。その上、より利益がでると反論した。鉄道輸送の高コスト構造は、今様に解釈すれば、地域独占を獲得した鉄道会社の台頭で市場競争がなくなり、独占価格を認めざるを得なかった、ということである。それに郵便馬車とくらべ、鉄道の優位性は崩しようがなかった。
その後、輸送契約を巡って郵政当局と鉄道会社は、さまざまなやりとりを繰り広げてきたが、一九世紀後半になると収束に向かう。もちろん問題を抱えていたが、それぞれが妥協できる状況となってきたからである。すなわち、鉄道会社側にとっては受取額が増加していった。郵政当局にとっては郵便物増加にくらべて、総コストに占める割合が低下していった。表46に示すが、二〇世紀に入ると、そのことがよりはっきりしてきた。具体例を挙げれば、GWRのケースでは、同社は一八六二年に七万五〇〇〇ポンド、一八八二年に九万一〇〇〇ポンドを受け取った。二一パーセント増である。郵政当局側からみると、同じ時期、輸送量は一一〇〇トンから四五〇〇トンに増加していた。三〇〇パーセント増である。この増加に対し、鉄道会社は車両を大型化し、一回にはこべる量を極大化し、コスト削減を図って利益を確保した。

戦中戦後の体制　第13章5のところで説明したとおり、第二次世界大戦は鉄道郵便にも大きな被害をもたらした。ドイツ軍の空爆により、多くの局舎が破壊され、鉄道の施設にも

表44　郵便馬車と鉄道郵便への支払

（ポンド）

年	郵便馬車	鉄道郵便
1838		1,743
1839	105,107	9,883
1840	109,246	39,724

出典：Hemmeon, pp.56, 78.

表45　郵便の増加推移

(1) 総取扱量　（百万通）

年	イングランドウェールズ	スコットランド	アイルランド
1839	65	8	9
1840	132	18	19
1860	462	54	48
1881	981	105	79
1901	1,977	202	144
1911	2,606	265	177

(2) 1人当たりの通数　（通）

年	イングランドウェールズ	スコットランド	アイルランド
1839	4	3	1
1840	8	7	2
1860	22	17	8
1881	38	29	15
1901	61	47	32
1911	73	56	40

出典：Perry, p.205.

表46　鉄道会社への支払額

年／年度	支払額（ポンド）	コスト比（%）	収入比（%）
1854	462,518	20.0	17.7
1860	490,223	17.4	15.0
1870	587,296	17.1	12.6
1880-81	707,436	17.1	10.9
1919-20	1,567,172	4.8	
1929-30	1,979,815	5.6	
1939-40	2,182,076	5.0	

出典：Daunton, pp.132, 137.
注：コスト比＝総コストに占める割合
　　収入比＝総収入額に対する割合

大きな損害がでる。そのような状況のなかで、鉄道郵便の関係者も運行維持に懸命に頑張ってきた。戦局の悪化により車内における区分は廃止、また、郵袋のみの輸送《バック・テンダー》に切り替えられていた。それまで七三の路線に走っていた鉄道郵便は、戦時中には業務も縮小され四三路線になった。

　戦後の鉄道郵便の復興は遅々としてすすまなかった。大きな要因は、熟練鉄郵員や鉄道資材の不足など、さまざまな困難に直面していたからである。また、戦後の貨物輸送の主力が「鉄道」から「自動車」に移っていったことも、鉄道郵便の運行維持に影響を与えてくる。更に、一九六八年に導入された二クラス郵便システム《ツー・ティア・ポスタル・システム》も大きな変化となった。このシステムでは郵便物を「ファースト・クラス」と「セカンド・クラス」にわけて、ファースト・クラスの高い郵便料金を支払ったものには、翌日配達を保証するものであった。システム導入の狙いの一つは、午後、特に夕刻に集中する郵便物の差出を平準化することであった。

　この状況を踏まえて、まず一九六八年に鉄道郵便で車内区分をおこなう郵便物をファースト・クラスのものに限ることにした。それまで年間六〇〇万通ものさまざまな郵便物を鉄道郵便の車内で区分していたが、この措置で車内区分の作業が大幅に軽減されることになった。同時に、導入された新システムによる翌日配達に応えるため、鉄道郵便の再編がおこなわれた。一九八八年になると、総合的な「郵便輸送ネットワーク計画」が策定されて、計画に基づいて、鉄道郵便は三五路線に縮小された。他方、イギリス国内の高速道路網の整備がすすみ、本格的な自動車輸送を軸とした郵便ロジスティックが確立する。この時期、まさにモータリゼーションの時代が到来したことを実感する。一九九四年には鉄道郵便が二四路線、要員五五〇人の体制にまで絞られた。

　列車強盗大事件　二〇世紀の鉄道郵便の歩みを概観してきたが、次のこともここに書いておかなければならない。一九六三年八月八日夕刻、イギリス鉄道郵便史上、最悪のことが起こった。世にいう「列車強盗大事件」の発生だ。この大事件をアンドルー・クックが当時の捜査ファイルを読み込み一冊の本にしている。同書によると、グラスゴー駅を定刻どおり出発した上り便列車が、バッキンガムシャーのレッドバーンを走行中、赤信号で急停車させられて、組織化された強盗団に襲われた。先頭の機関車の次に連結されていたＨＶＰ専用郵便車から、流通している紙幣二六〇万ポンドが強奪された。ＨＶＰは「ハイ・ヴァリュー・パッケージ」の略、文字どおり高額の貴重品が入った郵袋のこと。事件は、強盗団が事前に信号を赤に設定するなど周到に準備され、信号線も電話線も切断されていた。懸命の捜査により強盗団の一味が逮捕されたものの、盗まれた金は足がつきにくい旧札であった

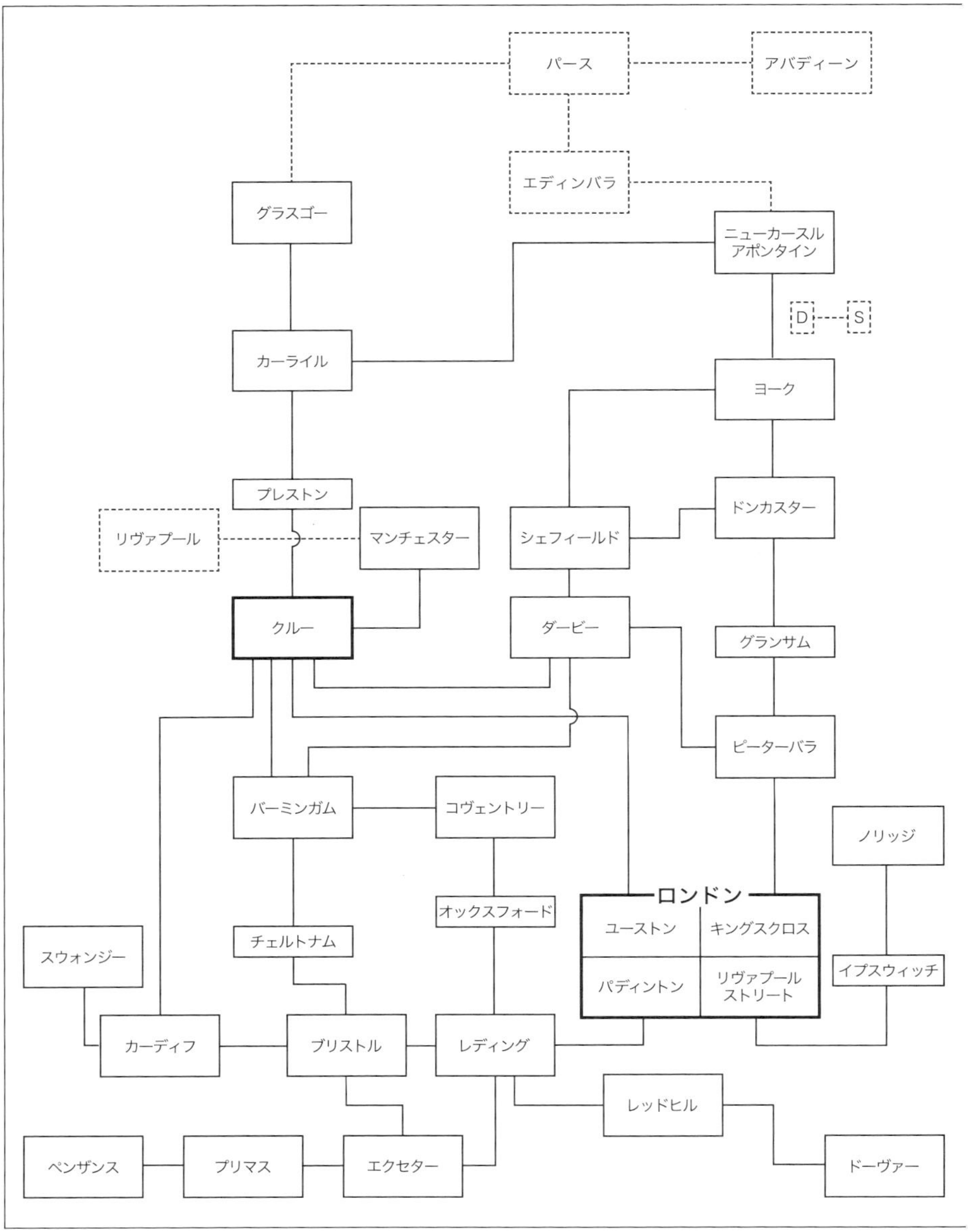

1995年のTPOネットワーク.「D」はダーリントン,「S」はストックトンの略で, 鉄道発祥の路線. Johnson, *Mail by Rail* (1995 Edition) 所収の図を参考にして作成. 破線部分は推定し追加.

ため戻らなかった。事件後、郵便車の窓を小さくするなどの措置が講じられたほか、鉄道郵便を含め鉄道全体の保安体制が強化されたことは、いうまでもない。

レールネット計画　鉄道郵便削減が実行されるなかで、鉄道郵便の再生を目指すレールネット計画が策定される。計画は小回りのきく自動車輸送と大量かつ高速輸送が可能な鉄道とを融合させた最適の郵便ロジスティックを実現するためのもので、総投資額一・五億ポンドの計画であった。柱は、ロンドンに鉄道郵便のデポ施設を建設することと新型車両の導入であった。計画推進のため、一九九三年、ロイヤル・メールはブリティッシュ・レール（英国鉄道）グループと一三年間二〇〇六年までの契約を締結した。

デポは、イギリスの鉄道郵便全体のハブ基地に位置づけされ、ロンドン北部ストーン・ブリッジ公園に建設された。場所は地下鉄ベーカールー・ラインのウェンブリー・セントラル駅とハールズデン駅の中間にあり、北環状道路とウィルズデンの鉄道ジャンクションに接続できる地区であった。五つの鉄道プラットホームと五〇台のトラック・ヤードから成るデポで、面積はフットボール場九つの広さに匹敵する六万平方キロメートル。工費は三〇〇〇万ポンド、一九九六年に開設された。デポは「プリンセス・ロイヤル・ディストリビューション・センター」（ＰＲＤＣ）と命名された。

計画では、ＰＲＤＣには、日々三四本の鉄道郵便と四〇〇台のトラックが出入りして、トラックから列車に、あるいは列車からトラックに郵便物を積み替えて、それぞれ最終目的地に向けて出発していく。別の説明では、毎日、全体の二〇パーセントの郵便物、ファースト・クラスの六〇パーセントの郵便物を取り扱い、総重量は一五〇〇トンにもなった。大規模な郵便物流基地の誕生である。サテライト・デポもニューカースル、ウォリントン、グラゴスゴー、ドンカスターなどの諸都市に建設された。

新型車両製造の入札も一九九三年におこなわれた。四両一編成で、一六編成分の車両製造がイギリスの会社に発注された。一九九五年に第一号の新型車両の鉄道郵便が走った。しかし、二〇〇六年達成という契約を英国鉄道グループと締結しながら、二〇〇三年、レールネット計画の終了が発表された。理由は鉄道が担ってきた郵便輸送を自動車が全面的に担うことにしたためであった。鉄道郵便廃止は時代の流れに抗しきれなかった、ということである。二〇〇三年のレールネットの実績は、郵便物全体の一四パーセントを扱い、毎日四九本を運行、うち三三本が輸送専用、残り一六本が鉄道郵便で車内で区分作業を実施していた。

二〇〇四年一月九日から一〇日にかけて、最後の鉄道郵便が運行され、一六六年間に及ぶ鉄道郵便の歴史に幕が閉じられた。ロイヤル・メールが記念カバーを発売したり、記念出版物をだしたりしたから、これで、当然に終わりと思っていたが、冒頭で紹介した二〇二二年に出版されたジョンソンの本を読むと、二〇〇四年のクリスマス繁忙期にロンドン―スコットランド間に一日五便の鉄道郵便を走らせた。その後も便数は減ったが、同区間に鉄道郵便が運行されている。これだけでは復活とは言いがたいが、栄光の残滓とみることもできようか。

4　郵便車の変遷

最初の郵便車は、郵便馬車の形に非常によく似ている。また、その所有のあり方も郵便馬車の時代の運営システムをそのまま引き継ごうとしていた。すなわち郵便馬車は駅馬車業者に提供させていたが、それに倣《なら》って、郵政省は郵便車も鉄道会社から提供させたのである。以下、郵便車の種類、車両の改良や統一など、その変遷を追っていこう。

車両の種類　当初、専用の郵便車がなかったので、鉄道会社は客車のフレームを使い、郵便車の仕様に改造した。もっとも、最初に試作された郵便車には何と馬の運搬車両のフレームが使われた。郵便車は、郵袋輸送専用車《ストーレッジ・ヴァン》と区分作業車《ソーティング・キャリッジ》の二種類のタイプがある。これら郵便車が本線を走る列車に連結されたり、既述のとおり、後に郵便車だけで編成された郵便専用の特急列車が誕生した。しかし、郵便物の輸送量が少ない地方では、客車や貨車の一部を郵便物の積載スペースに充てた「合造《ごうぞう》車」がつくられ、合造車が郵便物をはこんだケースもある。

区分作業車には、最初、区分棚、机、小さな引出、郵袋をかける杭だけしかなかった。その後、郵便物の自動受渡装置《アパラタス》が据え付けられたり、暖房設備、給湯スペース、そしてトイレもつくられた。また、新聞も郵便車ではこばれたから、新聞の整理スペースも確保された。郵袋輸送専用車には特別な設備はない。また、手動ブレーキがある車両を、ないものと区別して、「緩急車《ブレーキ・ヴァン》」と呼ぶ。貨物列車の最後尾に連結されている車掌車のようなもので、ブレーキが自動でなかった時代、機関車がブレーキをかけると、最後尾の車でも鉄郵員が手動でブレーキをかけた。

イギリスでは、鉄道の草創期、多くの民間会社により鉄道が運営されていたので、郵便車は各社の独自基準で製造されていた。そのため区分作業車といっても、さまざまモデルがある。共通していることは、時代が経るにつれて、車体が長くなっていった、換言すれば、大型化していった。成長過程といってもよいが、最初の郵便車は五メートル、つづいて、一〇メートル、一六メートル、二〇メートルなどと、より長くより大きい郵便車が順次投入されていった。

貫通路　郵便車の導入後、車両にいろいろな改良が加えられていったが、大きな改良点が二つある。一点目は貫通路《ギャングウェイ》のとりつけ。郵便車ならではの必要性から生まれたものであるが、車両と車両を行き来することができる特別の連絡路が設けられたことである。例えば、郵袋輸送専用車に積んである郵袋を区分作業車に回すとき、あるいは区分が終わり郵袋を締め切り、隣りの輸送専用車に移したいときなど、貫通路がない時代には、次の停車駅まで郵袋の移動作業ができなかった。

この不便を解消するために、一八五七年、ミドランド鉄道は郵便車に貫通路をとりつけた。その構造は今も昔もあまり変わらないが、位置がちがっていた。現在は車両正面の中央に貫通路があるが、正面向かって右端、そして反対側の正面は左側にとりつけられた。貫通路がはじめてとりつけられたのは郵便車で、その後に、客車にも貫通路がとりつけられるようになった。貫通路の両サイドには、貫通扉もとりつけられ、スライド式の自動開閉のものになっていく。

ボギー車　次の改良はボギー車の採用である。車両全般に及ぶことだが、郵便車にもボギー車が導入された。それまでは車体下の前後に二輪ずつ計四輪の車輪だけで支える固定車軸の方式がとられていた。レールの振動が直接車体に伝わり揺れが激しく、カーブでは脱線の可能性が高かった。しかしヴォルフガング・シヴェルブシュも『鉄道旅行の歴史』（加藤二郎訳）のなかで述べているように、イギリスの鉄道の特徴として、できるだけ直線で、かつ、勾配を滑らかにしてレールが敷設されていた。そのため、四輪固定車軸方式のほかにも、真ん中に二輪を加えた六輪固定車軸の車両も使用されていた。

ただ、この方式では、車両の大型化には限界があり、大型化、そして揺れを小さくするためには、ボギー車の採用が不可欠となっていった。ボギー車とは、二軸四輪の台車二つを離して置いて、その上に車体を載せたもので、急なカーブでも走行可能だし、車体も長くすることができる。最初の郵便車は五メートルほどであったが、ボギー車採用により車体の長さは四倍を超える二〇メートルにまで延びた。すなわち大型化に成功した。

ＬＮＥＲの例　鉄道郵便の専門家であるジョンソンは、各鉄道会社の個々の郵便車の追跡調査をおこなって記録を残しているが、ここではロンドンとスコットランドとのあいだを走ったＬＮＥＲの車両保有状況を簡単に説明する。一九二一年の鉄道会社の大統合の際に、ＬＮＥＲは、グレート・ノーザン鉄道（ＧＮＲ）から最新型の郵便車、ノース・イースタン鉄道（ＮＥＲ）からは一九〇二―〇四年製の屋根に明かり取りがある郵便車、グレート・イースタン鉄道（GER）からは一八八六—一九〇〇年製の郵便車、合計二九車両を受け継いだ。すべてガス灯（アーク灯）の車両であった。

その後、LNERは、一九二九年から三七年にかけてヨークの鉄道車両製造工場で一七両の郵便車を新造した。一九二九年に三両が完成して、旧NERの路線に投入された。LNER初の電灯がついた車両になる。一九三三年製新造車両七両がロンドン—エディンバラ間の本線鉄道郵便に導入され、一九二九年製の中古の車両はイースト・アングリア鉄道（EAR）に移籍された。つづいて、一九三六年製新造二両がロンドン—ドンカスター間に配属され、NER製の車両と置き換えられた。一九三七年製新造五両が完成し、これで大統合以前に製造された車両がすべて廃止された。

一鉄道会社の、ある期間の記録にしかすぎないが、このように郵便車の製造、所属にはさまざまな履歴が秘められており、以後の製造においても、ドイツ軍の爆撃で焼け残ったフレームを使って新たな車両をつくったり、木造仕様の車体を鋼鉄仕様に改造したりして、郵便車を更新していった。LNERの郵便車は、一九四八年に鉄道が国有化された後になっても使われ、一九三〇年代までの車両が一九五〇年まで生き延びたし、鋼鉄製の郵便車は一九七五年まで使われた。

国鉄統一規格車両　一九四八年の鉄道国有化後、郵便車の規格統一が課題になったが、統一規格の車両が製造され運行を開始したのは一九五九年になってからである。その後一八年間に一四五台の車両が製造された。全車にエアブレーキがつけられ、性能もアップされ、時速一六〇キロの走行が可能となった。外形的に大きな変化は貫通路の位置が正面中央になったことであろう。なお、民営時代の旧型郵便車の使用が完全に廃止されたのは一九七八年になってからであった。一九九五年、レールネット計画に基づいて最新式の電車型の鉄道郵便が誕生した。しかし、わずか八年で計画は終了し、最新車両は鉄路から姿を消した。

5　車内での郵便作業

これまで鉄道と鉄道郵便の誕生、郵便車の変遷などについて述べてきたが、そもそも鉄郵員が車内でどのような作業をおこなっていたのであろうか——。その点について、具体的にみていこう。

車中区分　一八三八年、馬の貨車を改造した郵便車の実験が成功したとき、当時の新聞は「時間や場所を無駄にすることがない発明だ。そう、郵便車は同時に二つのことを成し遂げる。すなわち移動しながら仕事をする、仕事をしながら移動する」と評した。駅馬車よりも速く手紙をはこぶ郵便馬車が郵便輸送の主役と思っていた人々にとって、走りながら手紙を区分することもできる郵便車の登場は、まさに「新たな発明」に映った。それに郵便馬車よりも速く走る鉄道の威力にも驚かされたにちがいない。

郵便馬車の時代とくらべると、鉄道郵便になると、出発までに用意する郵袋の数が大幅に減った。郵便馬車の時代、車上で郵便物の区分ができなかったから、目的地別に郵袋をあらかじめつくった。ロンドンからたくさんの郵便馬車が各地に出発したが、ベネットによれば、それに積み込んだ郵袋は毎日九〇〇にも達した。鉄道郵便の時代が来ると、例えばスコットランドからの上り便はわずか四四の郵袋ですんだ。もっとも、その後の郵便物の増加は目覚ましく、一九一〇年代になると、その数が三〇〇までに増加した。

車中区分は出発前からはじまっている。途中停車駅で下ろすもの、走行中に落としていくものに区分していく。車中区分する郵便物は、ロンドンから積み込まれた郵便物だけではなく、駅構内や郵便車のポストに直接投函された特別料金《レイト・フィー》を払った手紙、途中停車駅で積み込まれた郵便物、走行中にネ

GNR の区分作業車．1900 年頃．照明がアーク灯から電灯となり，屋根にも明かり取りがある．鉄郵員が前掛けをしている．

鉄郵印．左の印は「ミドランド鉄道クラパム駅」と，右の印は「1898 年 1 月 29 日リヴァプール・レイトフィー（特別料金）」とある．前者は駅構内のポストに投函された手紙に，後者は，夜間，リヴァプール郵便局で差し出されたか，駅構内のポストに投函された手紙に貼ってあったものであろう．

ットに入った郵便物などさまざまなものがある。駅構内や郵便車のポストに差し出された手紙には、後年、鉄道郵便専用の郵便印が押印されるようになった。鉄郵印である。

車中業務マニュアル　熟練した鉄郵員は、停車駅の到着時間、投下地点の通過時間などすべての必要なデータが頭に入っていた。鉄郵員は、それぞれの場所で郵袋引渡あるいは投下に間に合うように、郵便物を順番に区分して郵袋を締め切っていく。チームワークを要する作業であり、時間との闘いでもあった。一八九八年のノース・ウェスタン・アンド・カレドニアン鉄道（NW&CR）がつくった車中業務マニュアルがある。下り夜行便《ダウン・ナイト・メール》と呼ばれる郵便車で、表47に示すユーストン発二〇時三〇分、アバディーン着翌朝七時三五分の列車だ。マニュアルをみると、具体的な鉄道郵便の仕事がわかる。次に、その一部を紹介しよう。

まず、マニュアルの冒頭、①郵便検査官はロンドンからの郵袋リストをチェックし、誤って積み込まれたものはないか検査せよ、②書留担当者は書留郵便を整理し記帳せよ、③ユーストン駅構内と郵便車のポストから手紙を取り集めよ、④一番サイドのウォリントンまで、一一番サイドのカーライル宛を区分せよ、⑤二番サイド、ウォリントン、カーライル宛を区分せよ、⑥北部宛郵袋を準備せよ、⑦クルー駅でアバディーン行車両の郵袋受取を応援せよ、⑧グラスゴー宛郵便を区分係にわたせ、などとつづく。

マニュアル中盤には、⑨自動引渡装置を準備、ウォリントン、ランカスター、ケンダル、ペンリッヒ宛をポーチにセットせよ、⑩上り便用の空《から》の郵袋を集め結束し、一番サイドにはこべなどと書かれている。

このように、マニュアルには細かく作業手順が書かれており、これに従って、鉄郵員が作業をおこなっていった。狭い車内、揺れる車内での作業を考えると、きわめて厳しい仕事

表 47　NW&CR 下り便各駅発着時刻（1898 年）

駅　名	着	発	停車（分）
イングランド			
ユーストン駅		20：30	
ラグビー駅	22：08	22：12	04
タムワース駅	22：45	22：51	06
クルー駅	23：49	24：00	11
プレストン駅	24：59	01：05	06
カーンフォース駅	01：34	01：38	04
カーライル駅	02：48	02：54	06
スコットランド			
カルステアア駅	04：18	04：24	06
スターリング駅	05：16	05：19	03
パース駅	05：54	05：58	04
アバディーン駅	07：35		

出典：Johnson, *Mail by Rail* (1995 Edition), p.94.

であった。華やかな郵便馬車の御者の仕事から鉄道郵便へ転職した人も少なからずいたが、仕事の変化に大いに戸惑ったにちがいない。

郵袋の自動受渡装置　郵袋を走りながら受け渡す。それだけのことなら、郵便馬車の時代にもおこなわれてきた。鉄道郵便でも実践されるが、そのちがいは、郵便馬車では人間を介して郵袋の受渡をしていたが、郵便車では機械で受渡をする、そこがちがう。しかも馬車より倍以上も速いスピードで走りながら受渡をおこなうのである。鉄道郵便の仕事の〝ハイライト〟といってもよいであろう。

まず、列車から地上のネットに投下するところからみていこう。郵袋をそのまま投下するのではなく、郵袋を頑丈な厚

線路脇の自動受渡装置．上から，列車が来る前に地上の鉄郵員が支柱の先端に郵袋を包んだポーチをぶら下げる．その作業が終わったら，退避場所で待機する．列車が通過すると，支柱からポーチが郵便車に吸い込まれ，装置下のネットには列車から投げ込まれた郵袋が入っている．ハーバート・レーゼンビー撮影．日時・場所不詳．

手の革でくるむように包み、革のバンドで厳重に締める。それを「ポーチ」と呼んでいる。ポーチの重さは九キロ、郵袋を二七キロまで包むことができる。ポーチには三〇センチほどのドロップ・ストラップ（ベルト）をつけた。そのストラップの先を車両側面のドアの脇に備え付けられた鉄の棒《デリヴァリー・アーム》の先に吊り下げて、それを九〇度回して、車両側面に張りだすのである。ポーチが提灯のように鉄の棒にぶら下げられた格好になる。側面から吊り下げられたポーチまでの距離は九〇センチ、地上から一五〇センチだ。鉄の棒を使わないときには、元の位置に必ず戻さなければならない。なお、郵袋に強い衝撃が加わるから、小包など壊れる郵便物は自動受渡装置では扱わなかった。

　地上でポーチを受け取るネットは、L字型に線路の脇ぎりぎりのところに設置されていた。開いているところが線路に面している。ネットの口の部分に金属のワイヤーが張ってあって、列車が進行してきて、ワイヤーのところにポーチのストラップが当たると、ストラップが鉄の棒から外れて、ポーチがものすごい勢いでネットのなかに、どさっと投げ込まれる。郵便車が通過したら、そこからポーチをとりだして、他の列車の安全を確保するため、地上の鉄郵員がネットをすみやかに閉じる。

　次に、線路脇から郵便車にポーチを投げ込む仕掛けをみてみよう。まず、線路脇にポーチを吊り下げる鉄の支柱を立てる。高さは地上から三メートルほど、列車の高さよりやや低い。支柱の頂点を逆L字型に九〇度曲げて、その先端にポーチのストラップをとりつける。先端は人が作業するには高すぎるので支柱の中程の高さに台をおき、小さなハシゴをかける。地上の鉄郵員はこの台に上がって、ストラップの先を支柱の先にひっかけて、ポーチを吊り下げる。このとき、ポーチを吊り下げた鉄棒の先は、まだ線路と反対側の向きになっているので、一八〇度回して、線路に向けて直角の位置にする。安全確保のため、列車が通過した後には、直ちに鉄棒の先の向きを線路と反対側にしなければならない。支柱と列車側面との距離はわずかに四六センチしかない。そのためマニュアルには、鉄郵員は、決して線路と支柱の間を通ってはいけない、横切るときは反対側を通れ、と書かれていた。

　夜間になると、もう一つ作業がある。支柱の七六メートル手前にある黒と黄色の格子状の模様がついた警告板に懐中電灯で光を当てることである。そうすれば暗闇でも鉄郵員がポーチの受渡場所に近づいてきたことが認識できる。

　地上からのポーチを受け取る郵便車のネットはどのようになっているのだろうか。ネットはポーチの受入口を覆うようにとりつけられていて、上と進行方向の面が開いている。正確な数字は不明だが、ネットの寸法はおおむね高さ二メートル、幅一・五メートル、ネット入口の幅は四〇センチ前後であった。列車が支柱のところを通過するときに、ネットに張ってあるワイヤーがポーチの先のストラップに当たり、ストラップが支柱から外れ、ポーチが郵便車のネットのなかに飛び込んできて、そのまま、ものすごい勢いで車内まで滑り込んでくる。だから危険を避けるために、ネット周辺には柵が設けられ、断続的に警告音が鳴り響く。作業が終わると、直ちにネットは畳まれ、車両側面に張り付いた形になる。

これらの一連の作業をみてみると、車上でも地上でも、ワイヤーをストラップに当ててポーチを投げ落とす、それをネットで受け止める。その時、ものすごい衝撃が生じる。その衝撃が日々つづく、その上、風雨にも耐えなければならないから、支柱も、列車からでる鉄の棒も、そして麻で撚ったネットも、ともかく頑丈につくられていた。担当を決めて、これら鉄道郵便施設の検査も定期的におこなわれた。

熟練の鉄郵員は、いつポーチを鉄の棒に装塡し、車外にだせばよいか熟知していた。いわば車窓からみえる動かない目標物を見極め作業をおこなっていた。目標物には、特徴のある家、教会、鉄橋、陸橋、水門、大きな木立《こだち》などさまざまなものがなっていた。夜の闇のなかでも、霧で何も見えなくても、信号のぼんやりした灯り、鉄橋をわたる音、切通《きりどおし》に入ったちょっとした音のちがいなどを敏感に感じとって、ポーチを正確に指定の場所に投下していった。それでも、こんなことが起こった。沿線の緑豊かな牧場で白い馬がいつも草を食んでいた。その白い馬が目標物であったが、ある日、死んで姿が見えなくなってしまった。その日ばかりは、白馬のポイントにはポーチを投下し損ねてしまった。

高速で走る列車のドアを開けてポーチを投下、そして地上のポーチをもぎ取っていくような作業、それも狭い空間での作業になるから、危険がつきまとう。投下すべきポーチが車体の屋根に上がってしまったとか、遠く離れたところにポーチが飛んでいってしまったとか、ポーチが開いて郵袋がばらばらに落ちていってしまったとか、その種の事故はときどき報告されていた。また、鉄郵員の一人が鉄の棒に引っかかり腕を落としてしまったとか、乗客が窓から乗りだし、支柱のポーチに激突し死亡したことなど、深刻な事故も記録されている。その都度、安全対策が講じられて、鉄郵員が一体となって、安全な鉄道郵便の運行を心がけていた。

鉄道郵便の記録映画　郵政省は、一九三六年、鉄道郵便の記録映画を作成した。タイトルは「ナイト・メール」。日本語では「夜行郵便列車」になろうか。ロンドンのユーストン駅からスコットランドのグラスゴー駅に着くまでの鉄道郵便の仕事をさまざまな角度から撮影した白黒フィルム、二四分の短編だ。国策宣伝映画といえばそれまでだが、ドキュメンタリー映画の草分けといわれるジョン・グリアソンが監督となり、見事に仕上げている。予算は二〇〇〇ポンドから三五四六ポンドに増加してしまったが、ケンブリッジの芸術劇場を皮切りに公開された。この記録映画は、小池滋が『絵入り鉄道世界旅行』のなかで述べているのだが、広くイギリス人に受け入れられ、今でも、鉄道や郵便の関係者をはじめ、一般の人が鑑賞しても感動する名作である。

まず、ユーストン運行管理室の画面から。「特別郵便列車出発！」の合図で、蒸気機関車に牽引された郵便列車がすべりだし、スピードをあげていく。途中通過駅の信号所、ポイントが切り替わり、そこを列車が通過していく。線路保守作業員が待避した脇を列車が通過していく。列車は切通の陸橋の下を走り抜ける。一方、車内では区分作業が佳境を迎えている。郵袋からとりだした郵便物の束を区分係に無造作に投げわたす人、区分棚にチョークで新たな地名を書く人、区分先を教えてもらう新人、区分したものを郵袋に入れる人、それを自動受渡装置があるところにはこぶ人、と、画面はめまぐるしく変わり鉄郵員の姿を追っていく。

記録映画が収められたDVDのジャケット．BPM&Aが2005年に複製した．

郵袋をポーチに包む人、それを鉄の棒に装填し、投下ポイントを待つ。そこで若手に橋を三つわたったら鉄の棒を外にだすんだ、と教える先輩係員。「イチ、ニ、サン、よし」の合図でポーチを外にだす。その数秒後、ポーチが地上のネットに落下していく。

真夜中、接続駅のクルーに到着。新たな蒸気機関車に交換される。鉄郵員も交代だ。各地から到着した鉄道郵便は、別ルートの郵袋を下ろし、自分の行先の郵袋を積み込む。遅れた鉄道郵便があったので、大急ぎで作業をこなし、グラスゴーに向けて出発する。途中、列車が線路脇の郵袋自働受渡装置の支柱からポーチを引っかけて車内に飲み込んでいく。車内には、警報音がなり、外からポーチがドスンドスンと音をたてて飛び込んでくる。

列車はスコットランドに入った。工業地帯の煙突からの煙り、荒涼としたスコットランドの風景がでてくる。夜明け前の街や村のなかをひた走る列車の姿にかぶせて、音楽家ベンジャミン・ブリテンの伴奏音楽が画面に流れ、ウィスタン・H・オーデンの詩がリズミカルに重なる。この記録映画のナレーションのためにつくられた詩だ。思潮社刊『オーデン詩集』のなかにでてくるのだが、詩の一部を沢崎順之助の訳で紹介しておこう。

国境を越える夜行郵便列車。
運送するのは小切手と小為替、
資産家への手紙、貧乏人への手紙、
角の店への手紙、隣の娘への手紙。
急坂のつづくビートックを登る。
勾配はきついが、定刻通りだ。

……

夜明けがすべてを生き生きとさせる。登りは終った。
グラスゴーに向かってあとは降りて行くばかりだ。
クレーンの立つ沼沢地をぐいぐい駆け抜けて、煙霧に向かう。
機械設備の原野に向かう。暗い平原に据えられた
巨大なチェスの駒のような溶鉱炉に向かう。
スコットランド全体が待っているのだ。
小暗い峡谷で、薄緑色の湖のほとりで、
ひとびとは便りを待ち焦がれている。

……

お礼の手紙、銀行の手紙、
青年や娘の喜びの手紙、
新株を点検する、身内を招く、
受領証と招待状、
就職の願書、
恋人の気弱な宣言文、
すべての国からのゴシップ、ゴシップ、
暮らしの報せ、金銭の報せ、
引き伸ばし用の休暇のスナップ写真を入れた手紙、
余白に顔を走り書きした手紙、
叔父さんやいとこや叔母さんの手紙、
フランス南部からスコットランドへの手紙、
ハイランドとローランドへのお悔やみの手紙。

……

何千ものひとがまだ眠っている。
見ている夢は、恐ろしい怪物の夢、
クランストンかクロフォードの店で友だちとお茶を飲みながらバンド演奏を聴いている夢。
活気あるグラスゴーで眠っている。整然としたエディンバラで眠っている。
花崗岩のアバディーンで眠っている。

ひとびとはまだ眠っているが、
やがて目を覚まして、手紙を待つ。
郵便配達のノックを聞いて
心を躍らせないひとはいない。
だれがひとから忘れられて平気でいられよう。

夜行郵便列車は夜が明けようとしているグラスゴーの駅に定刻どおり滑り込む。そこでこのドキュメンタリー映画が終わる。

6　ロンドンの地下郵便鉄道

地上を走る鉄道郵便を紹介してきたが、ロンドンには、郵便物をはこぶ地下鉄道があった。「ロンドン・ポスト・オフィス・アンダーグラウンド・レイルウェイ」である。この地下郵便鉄道が二〇〇三年五月まで活躍していた。以下、この地下鉄道の誕生から廃止、そしてロンドンの観光地下鉄道として動態保存されるまでの話をしよう。

気送管郵便　地下を掘って郵便物をはこんだのは、地下郵便鉄道が最初ではない。民間会社がつくったものだが、一八六三年、ロンドンのユーストン駅と北区分局とをむすぶ五五〇メートルの気送管《ニューマティック・チューブ》を使って郵便物を輸送した。実験は成功し、新線もつくられたが、郵政省は一八七四年、この気送管郵便を使わないことを決定した。イギリスが本格的な採用を見送った理由は、距離が短く地上の輸送時間とくらべてみても、大きな時間短縮にはならなかったことと、輸送コストがかかりすぎたからである。森本行人の研究論文を読むと、アメリカでは一八九三年に気送管郵便がスタート、高コストの問題があったが、ニューヨークなど数都市で継続され、一部は一九五三年まで維持されている。

地下鉄道郵便の計画　二〇世紀初頭のロンドンでは、主要郵便局とターミナル駅とをむすぶ郵便物輸送が、渋滞する道路、天候によっては石炭の煙や霧に阻まれて遅れが恒常化していた。そしてもう一つ、郵便輸送を民間業者に委託していたが、その費用が毎年増加していった。委託経費は、ドーントンの著作によれば、一九〇〇年が一五万ポンド、一九〇九年には二一万ポンドにまで達した。この状況を解決するために、郵政省は一九〇九年から調査研究を開始し、一九一三年、地下郵便鉄道の計画が法制化された。

計画では、ロンドンの中心部地下に平均二一メートルの深さのところに長さ一〇・五キロのトンネルを掘削して、無人で走行する車両を走らせる。トンネルの直径は二・三メートルとされたが、施工時に二・七メートルに変更される。ゲージは二フィート（六一センチ）、軌道は複線とすること、工期五年、予算は一〇〇万ポンド以下などと定められた。第一次

地図9　ロンドンの地下郵便鉄道の路線図（1927年）

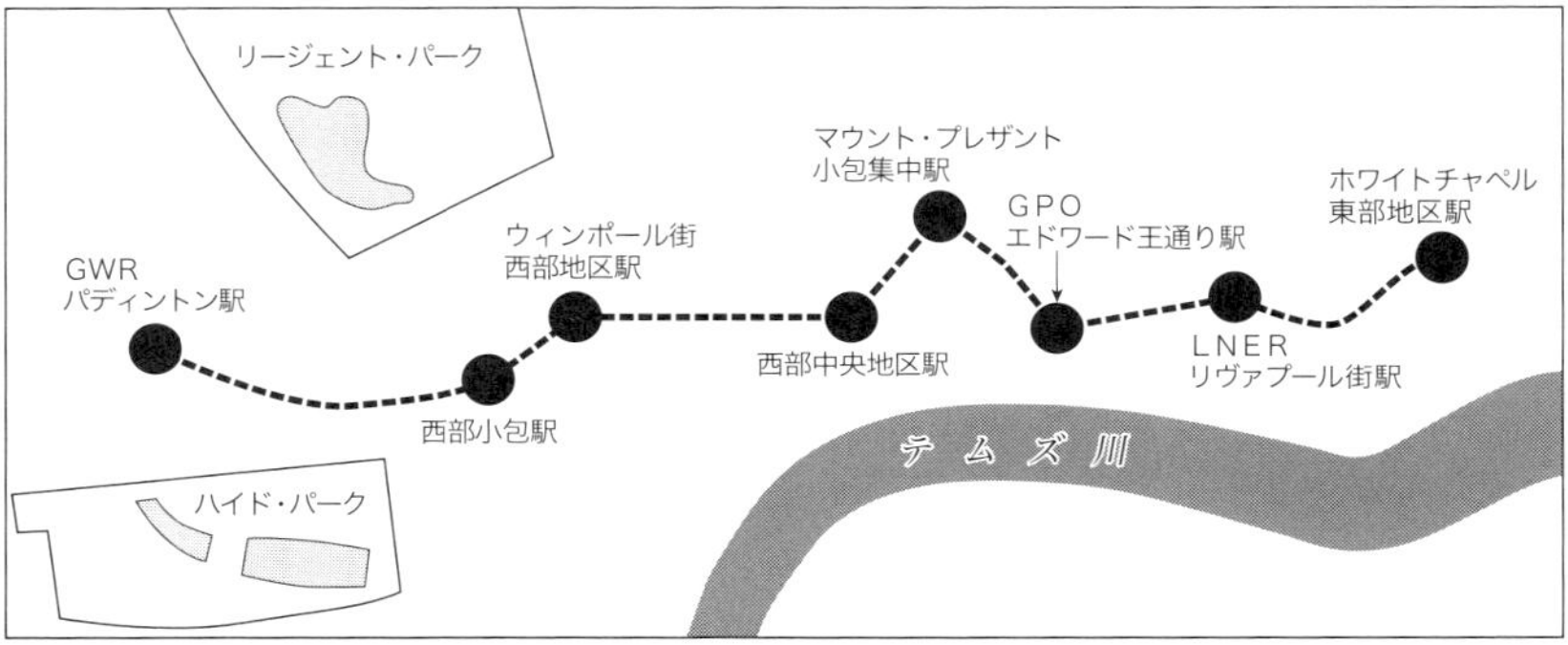

出典：Robinson, *BPO Hist.*, p.438 所収の ‘London’s Post Office (Underground) Railway’ の地図を参照して作成.
注：GPO = General Post Office（郵政省）
GWR = Great Western Railway
LNER = London & North Eastern Railway

大戦がはじまった一九一四年からトンネル掘削工事が開始され、三年後に完成した。その後、戦費捻出のため電気施設などの付帯工事が認められず、物価の高騰もあり、工事再開は一九二三年になってからであった。もっとも大戦中にトンネルはロンドンのテート・ギャラリーなどの美術館の貴重な所蔵品の避難場所に活用された。

開業　地下鉄道は一九二七年に開通する。地図9をみてほしい。西から、GWRパディントン駅、西部小包駅、ウィンポール街西部地区駅、西部中央地区駅、マウント・プレザント小包集中駅、GPOエドワード王通り駅、LNERリヴァプール街駅、ホワイトチャペル東部地区駅の八つの地下駅をむすんでいた。全長一〇キロ。パディントンの地下駅とリヴァプール街の地下駅は地上の鉄道駅と直結していたが、その他の駅からユーストンやキングス・クロスなどの各鉄道会社の駅までは自動車により郵便物を運搬していた。

地下鉄道のプラットフォームの長さはマウント・プレザントが最長九五メートル、西部中央が最短二七メートルで、駅によって長さが異なっていた。郵便物をはこぶこの無人鉄道は時速六四キロ、四分間隔で運転された。当初九〇台の車両が製造されたが、過重な装備で車両やレールに負担がかかりすぎるとの理由で三年で廃車されてしまった。一九三〇年に新たに製造された車両は、四つのコンテナを載せることができる。一つのコンテナに手紙なら一五の郵袋が、小包なら六つの郵袋が積み込める。この車両は優れもので、一〇〇万ポンドをかけて開発された三四両の新型車両が導入される一九八一年まで使われていた。

廃止から動態保存へ　一九九三年、コンピュータで制御する中央集中運行システムが導入された。三四列車が日に一八時間一周三七キロの軌道を走る。年間六〇〇万を超える郵袋をはこぶ。換言すれば、日に四〇〇万通の手紙を取り扱っていた。しかしながら、郵便事業が民営化された際に、労働組合などの反対があったものの、陸上輸送よりも五倍もコストがかかるとの理由から、二〇〇三年五月、この地下郵便鉄道の運転が停止された。これで終わりかと思われていたが、停止後も地下鉄道の少数の熱心な技術者のチームによって、保守管理がおこなわれ、再開に備えていた。一方、地下郵便鉄道の遺された施設の活用が検討されていて、いくつかのアイディアが浮上していた。例えば、トンネルをモーター・サイクル・スーパー・ハイウェイに改装するとか、あるいはマッシュルームの栽培ファームにすることなどが検討されたが、いずれも一長一短があり実現しなかった。

郵政民営化を機に、二〇〇四年、旧郵政省が保管していた多くの歴史的な古文書や遺産の管理保護を、新たに組織された郵便遺産財団《ポスタル・ヘリテージ・トラスト》に委ね、実際の管理保護の仕事は、やはり同年設立された英国郵便博物・古文書館《ブリティッシュ・ポスタル・ミュージアム・アンド・アーカイブ》（BPM&A）が担うことになった。BPM&Aの前身は、レジナルド・M・フィリップスから、ヴィクトリア朝の膨大な切手コレクションと創設資金として五万ポンドの寄贈を受けて、一九六九年にオープンした国立郵便博物館《ナショナル・ポスタル・ミュージアム》（NPM）である。ロンドンのシティーに隣接するエドワード王通りの郵政庁舎内の一角に設けられたNPMの開所式にはエリザベス女王が臨席された。二〇一六年、BPM&Aは郵便博物館《ポスタル・ミュージアム》と改称され、マウント・プレザント郵便センターがあるクラーケンウェル地区

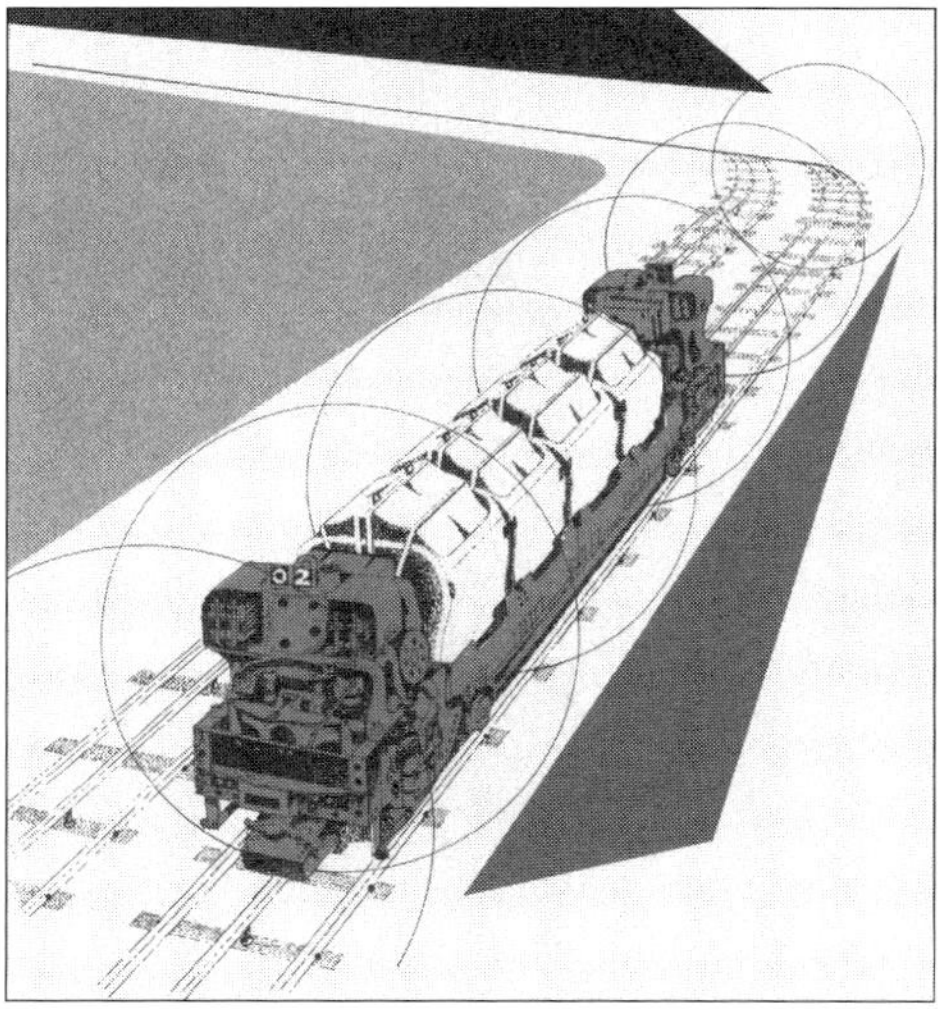

トンネルのなかを走る 1930 年製の車両．郵袋コンテナが 4 つ，前後に駆動車．全長 8 メートル．ロンドン地下郵便鉄道 50 年の記念カバーから．

に新設移転された。

新しい郵便博物館に二つの任務が与えられた。一つは従来からの歴史的古文書や切手コレクションなどの管理。もう一つが新たに加わったもので、「メール・レール」の運営。メール・レールはいわばロンドンの地下観光鉄道。残された地下郵便鉄道の施設の一部を活用したもので、マウント・プレザントの地下に周回コースをつくり、一周二〇分の地下トンネルのミニチュア郵便鉄道の旅を愉しんでもらうアトラクションである。人間が乗ることができる緑と赤の車両二編成の製造、駅構内施設や旧車両見学デポの整備など二六〇〇万ポンドの投資が必要となったが、うち四五〇万ポンドが遺産保護宝くじ基金から拠出された。一編成は客車三両、前後に運転監視車が連結される。定員三二名。時速最高一一キロ、平均七キロ、バッテリー搭載車。二〇一七年に開業し、予測を超える年間二一万人の観光客を愉しませた。新型コロナウィルスの流行で運行は一時停止されたが、規制解除後、再び運行を再開している。

イギリス人は歴史を大切にし、産業革命期のレンガ造りの工場など産業遺産を大切に保存している。SLの動態保存も鉄道愛好者らによっておこなわれているが、かつてロンドンの地下で日夜活躍した鉄道郵便が〝メール・レール〟として郵便遺産として動態保存されている。そして今、それはロンドンの観光名所になりつつある。

なお、マイク・サリヴァンがロンドンの地下郵便鉄道の誕生から廃止、そして、その一部がメール・レールに変身するまでの過程を一冊の本にまとめている。

第18章　帆船による郵便輸送

これから、郵便物の海上輸送について、帆船と蒸気船の時代にわけて述べていく。第3章において草創期のヨーロッパ大陸便について述べてきたが、それにつづくイギリスの海外郵便史ともなる。本章では、まず、帆船時代の郵便の海上輸送についてみていこう。それは、イギリスがまさに海洋覇権を目指し、植民地《コロニー》の獲得競争に参入し、大英帝国を築き上げる過程で、郵便は海外との唯一の情報通信手段となり、為政者にとっても、商人や彼《か》の地に住むイギリス人にとっても、欠くことのできないものになっていく。

1　ドーヴァー航路

島国のイギリスから外国への郵便輸送といえば、船舶による海上輸送が唯一のものであった。大陸との最初の海上ルートは、地図10に示すように、ドーヴァーと対岸カレーとをむすぶ航路であった。

郵便船の誕生　ロビンソンはイギリスの海外郵便史も執筆している。同書を読むと、ドーヴァーはヨーロッパ大陸への玄関港として古くからあり、そこを起点とする船舶が郵便物も不定期にはこんでいた。週に一便、定期的に郵便物をはこぶ連絡船が就航するようになったのは、一七世紀半ばからであった。連絡船は大西洋などを航行する大型の外航船ではなく、四〇トンほどの三本マストの帆船であった。私掠《しりゃく》船から連絡船を守るために大砲も装備されている。私掠船は英語では「プライヴァティーア」。政府から戦時に敵対国の船を攻撃して財宝や積荷を奪いとることを許可された民間船で、いわば政府公認の海賊船だ。連絡船は平時七人で操舵されていたが、戦時には砲手なども含めて一七人が乗り組んだ。連絡船が郵便物をはこんだことから、「郵便船《パックボー》」と呼ばれるようになる。郵便馬車と同じように、本業はもちろん旅行者を乗せることであった。もっとも、フランク・スタッフの大西洋横断郵便の本を読むと、連絡船に託した手紙はちゃんと着く保証がなく、差出人は、手紙の表面に船と船長の名前それに祈禱の略字QDC（神よ導きたまえ、の意味）を記して無事到着を願った。この祈禱表示の習慣は一九世紀はじめまで残っていた。

地図10　大陸への連絡航路（17-18世紀）

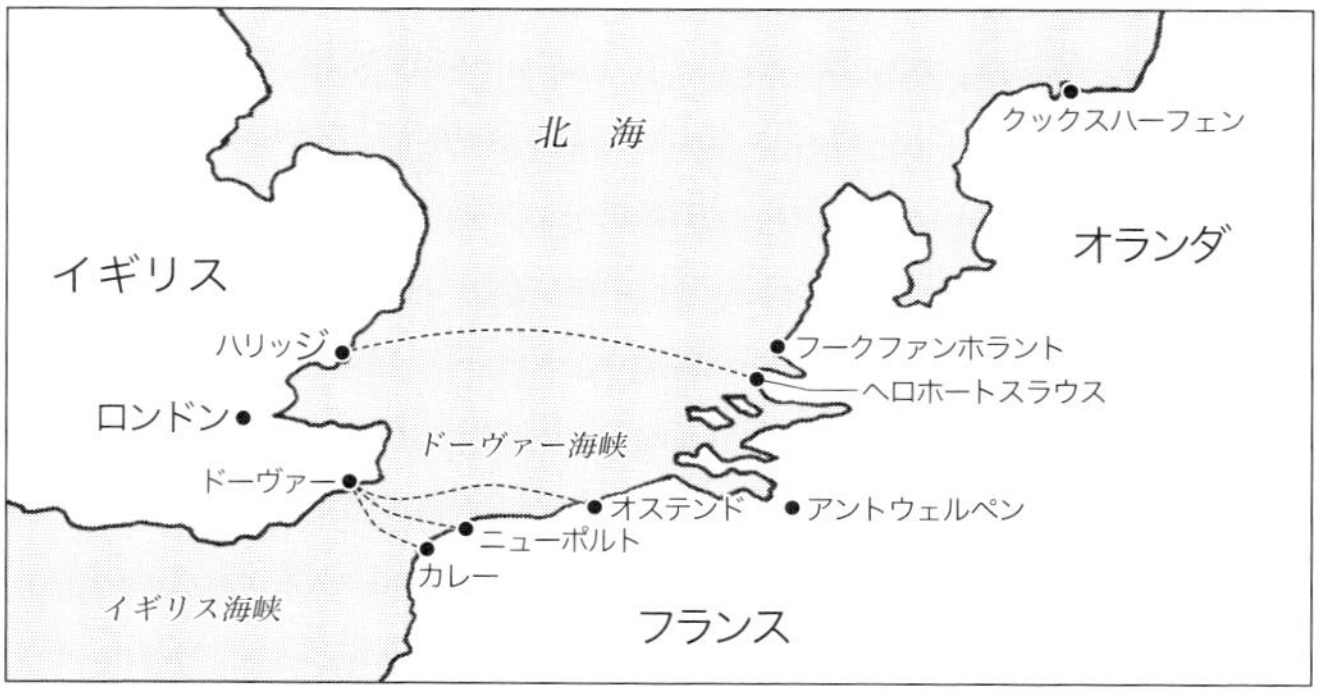

出典：Robinson, *Carrying British Mails Overseas*, facing p.77 所収の地図を参照して作成.

英仏郵便交換条約　カレーに到着した郵便物はその多くがタクシス郵便によって大陸各地にはこばれていった。イギリスは一六七〇年にフランスと郵便交換条約を締結し、フランス国内はもとより、イタリア、スペイン、ポルトガルなどとのあいだを往復する手紙の送達をフランス側に委ねた。この郵便交換条約は一六九八年に改正される。この前年、ヨーロッパの関係国間でライスワイク条約が締結される。条約により、フランスのルイ一四世がドイツやオランダなどのアウクスブルク同盟諸国に仕掛けたファルツ継承戦争（一六八九―九七）など一連の侵略戦争が終結する。結果は、フランスがイギリスに対しウィリアム三世の王位継承を認める、オランダに対しては通商上の特恵を与えるなど、戦争でフランスが得たものは少なかった。

英仏郵便交換条約の改正がライスワイク条約締結を契機としたものか否かは不明だが、内容は、イギリス側がフランス側に年間三万六〇〇〇リーブルを支払う。一方、フランス側はカレーに到着した郵便物をすみやかに速達便《エクスプレス》で宛先に送るというものであった。当時、英仏間の感情は平時でもあまり改善されず、そのことが郵便取扱いにも影響していた。例えばカレーに到着したイギリスからの郵便物は速達便では送られず、まるまる一日もカレーにとめおかれ、翌日の普通便に混入されるなど、諍《いさか》いが絶えなかった。

一七世紀後半に入ると、ドーヴァー航路がニューポルトともむすばれ、ニューポルト便にはイギリスとフランダース地方とのあいだを往き来する郵便物が積み込まれた。週二便の郵便船が就航する。また、アントウェルペンを経由し東ヨーロッパの国々にも手紙がはこばれた。ニューポルト港は冬の悪天候のときに使用できなかったが、タクシス側の要望を受けて、隣接港であるオステンド港に郵便船を寄港させることになった。しかし、スペイン継承戦争（一七〇一―一三）がはじまると、ドーヴァー海峡は封鎖同然となった。イギリス海軍の護衛も期待できず、一七〇七年にはこの航路を行き来する郵便船はドーヴァー号一隻になってしまった。このような状態が一八世紀末までつづく。

2　ハリッジ航路

ドーヴァー航路の次はハリッジ航路である。同じく地図10に示すが、ハリッジはイギリスのエセックス州の港町。ロンドンからさほど遠くない位置にある。一七世紀、そこからオランダのヘロホートスラウスへの航路があった。

英蘭郵便交換条約　英蘭関係は複雑だ。当時、イギリスは二流国から一流国へのし上がる野望を秘めていた。オランダ優位の国際貿易体制を崩すために、自国船の使用を義務づけた航海法《ナビゲーション・アクト》を制定して、重商主義政策を強力に推進していく。その結果、英蘭戦争が起こり、数次にわたり両国は戦うことになる。一方、国内では混乱がつづいていた。

このような時代ではあったが、イギリスとオランダの二国間の貿易は増加して、商業通信も増えていく。W・G・ステイット＝ディブデンが英蘭間の郵便の歩みをコンパクトにまとめ、ハーグの郵便史研究会から小冊子を刊行している。それによると、一七世紀には郵便は利益が上がるビジネスとなっていたから、当然、英蘭間の郵便取扱いに参入しようとする動きがでてきた。一六六七年、ハリッジ航路についてイギリスと郵便交換条約締結を目指し、オランダから二人の交渉人がロンドンにやって来た。一人はアムステルダム代表のマインヘール・ブラウー、もう一人がロッテルダム代表のヤコブ・クアックである。一方、イギリス側のカウンターパートは郵政長官のヘンリー・ベネット。

オランダの二人の代表は、互いにイギリスとの郵便取扱いの獲得を目指して鎬《しのぎ》を削る。アムステルダム側はブラウーに加えて、特使をロンドンに送り込み、条約締結をイギリス側の高官に強力に働きかけてきた。政治力の行使である。これに対し、ロッテルダム側はアムステルダム側の逓送時間よりも速く郵便物を届けることを提案する。サービス内容で勝負しようとした。そこで、クアックはハリッジを出港した翌日にはオランダの自宅で食事ができると宣言し、みずから海上輸送のスピードを実証しようとした。ところが、悪天候のなかハリッジの港をでたクアックを乗せた船は不運にも北海で消息を絶ち、行方不明となってしまった。

イギリスの郵便船プリンス・ロイヤル号（右）．オランダのヘロホートスラウス港に入港するところ．1674年．

郵便船の中央マストの拡大写真．「ポストボーイ・ジャック」と呼ばれたイギリスの郵便船旗が掲げられている．左側の旗には，ユニオン・ジャックと騎馬飛脚の勇姿が描かれている．

結局、一六六八年四月、イギリスはオランダすなわちアムステルダム側と郵便交換条約を締結する。条約には、「イギリス側は、火曜日と金曜日の週二回、ロンドから郵便物を発送し、それを翌日ハリッジ港からオランダのヘロホートスラウス港に向けて送りだす。オランダ側は、水曜日と土曜日の同じく週二回、ヘロホートスラウス港からハリッジ港に郵便物を送りだす。また、イギリスから到着した郵便物はすみやかにオランダ国内の宛先に配達する。料金は宛先国に帰属する」と規定された。後年、オランダの地誌にも「ヘロホートスラウスの港から水曜日と土曜日の正午にハリッジに向けて郵便船がでている」と記録されている。

この条約には前身がある。ドーヴァー便に関するものであったが、一六六〇年の英蘭郵便交換取極《とりきめ》と翌年のいわゆる追加協定がある。条約は、取極と協定を見直して、新たに両国間の郵便交換ルールを定めたものと捉えることできる。条約締結には権益を失うことを恐れたタクシス郵便側が強く抵抗したという記録が残っている。そのことは、ヘメオンが述べているように、イギリスを巡りオランダとタクシスが競合していたことを意味する。

条約には、イギリスの航海法を受けたものだが、イギリス船籍の船を利用することも定められた。ハリッジ航路に三隻の郵便船が就航した。もちろんイギリスで建造され同国の船籍である。二本マスト五〇トンのガレー帆船。船長以下六人ほどで操舵した。だがオランダの港は水深が浅い。そこでは船底の深いイギリス製の帆船では操舵が難しい。航海法の決まりはあるが、やむなく船底の浅い三隻のオランダ製の帆船を買う羽目になってしまった。以後、このオランダ製イギリス船籍の郵便船がハリッジ航路を行き来する。

戦時下の運航　条約締結から四年目、第三次英蘭戦争（一六七二―七四）が起こる。フランスがオランダに侵攻し、それにイギリスが呼応した戦争である。戦争勃発直後に郵便船が数日止まり、ハリッジ航路が封鎖されるかにみえたが、その後、何とか郵便船を運行することができた。その状況について、ハリッジで軍需品管理の任に就いていたサイラス・テーラーは、宣戦布告の直後、ベネット長官に対して、「長官殿。早速、イギリスの郵便船は運行を停止しています。オランダ側は同国の大使がロンドンにとどまる限り郵便船を運行する見込みと聞いております。われわれイギリス側はこれを黙認しています」と報告している。ロビンソンの海外郵便史によれば、この時期、ハリッジとドーヴァーの両航路については、オランダとフランスがイギリス船籍の自由航行を保証していた。また、スペインのオランダ総督も庇護を与えている。複雑な国際関係である。

一六七三年八月、テセル島（蘭＝ケイクダイン）海域で英仏連合艦隊とオランダ艦隊が相まみえて、オランダが英仏の上陸作戦阻止に成功した。戦死者は両陣営合わせて三〇〇〇人に上った。海戦後、イギリスでは英仏連合が機能しなかったことから、反仏感情が強まった。一方、対蘭関係では貿易再開を望む声が高まる。それにイギリスの国庫は空っぽになっていたので、戦争継続を断念せざるを得なかった。海戦の翌年、英蘭両国は和睦する。テセル島海戦が終わると、ハリッジ航路は完全に正常化する。

この緊張した時期に、実務面では英蘭両国の郵便当事者の高官二人が郵便船の運行の維持に並々ならぬ努力を払っていた。一人はアムステルダム郵便管理局長ホットボルト・マィルマン、もう一人がイギリス側のロジャー・ウィットリー郵便次官である。非常時下、両者は頻繁に書状を交換し、郵便船の正常運行に務めた。郵便船の輸送記録が残っている。一六七四年のある航海では、運賃無料の兵士四六人、有料乗客五人をはこんだが、それに対して郵便物はわずか八四通であったと記録されていた。

ウィットリー次官は、講和翌年の一六七五年のクリスマスの季節に、マィルマン局長に、チェシャー・チーズ一〇〇ポンドとチェダー・チーズ九〇ポンドを送って、オランダ側の郵便船運航に対する配慮に感謝の意を伝えている。その翌年には、ウィットリーはキャビア六七ポンドを送り、マィルマンにロッテルダム便の迅速化について打診している。贈り物作戦である。余談になるが、イギリス側では、マィルマンのことをよく「メールマン」と呼んでいたとか。

第5章冒頭で述べたとおり、一六八九年、オランダから迎えられたオラニエ公ウィレムとメアリーが、フランスに亡命したジェームズ二世に代わって、イギリスの共同統治者として王位に就く。ウィリアム三世とメアリー二世となる。メアリーはジェームズの娘。以後、イギリスとオランダとの関係は好転し緊密化する。それに伴って、ハリッジ航路の重要性も格段に高くなる。一八世紀に入ると、エドモンド・ダマーが設計した七〇トンの高速船五隻が郵便船に採用され、ハリッジ航路に就航した。乗組員は平時一一人、戦時二一人。オランダ側の記録では、ハリッジ航路からの郵便収益は赤字であったが、一七〇七年の九ヵ月間で取り扱った郵便物は六三五八通になった、と記されている。

ハリッジ航路の郵便船は、ナポレオン戦争（一七九六―一八一五）がはじまるまで、大きな障害もなく規則正しく運行され、郵便物や多くの乗客をはこんだ。戦争勃発後は、郵便船の最終寄港地をドイツのクックスハーフェンに移して、郵便物はフークファンホラントで取り扱うことになった。

3　ファルマス航路

ドーヴァーとハリッジの郵便船航路をみてきたが、ここではファルマス港からの郵便船についてふれる。

イベリア半島　ファルマス航路を語るには、二〇〇三年にトニー・ポーリンが刊行したファルマスの郵便船について調べた本が好著である。同書によれば、当初、ファルマスはスペインや地中海方面に向かう郵便船の母港となる。地図11に示すとおり、イングランド南西部のコーンウォール半島の先端にある港町だ。ロンドンから四三〇キロ、西街道の終点プリマスからでも八〇キロはある。ドーヴァーやハリッジはロンドンから遠くないのに、何故、辺鄙な港町ファルマスに郵便船の母港がつくられたのであろうか。その背景には、一七世紀、新教の国イギリスと旧教の国フランスとの関係が悪化した事情があった。それまでスペインやポルトガルなどへの手紙は、ドーヴァーから船でカレーにはこばれ、フランスを経由して送られていたが、それができなくなり、直接送ることができるルートを見つける必要がでてきたからである。

そこで白羽の矢が立てられたのがファルマスである。英国

地図11　ファルマス関係図

(1) イングランド南部

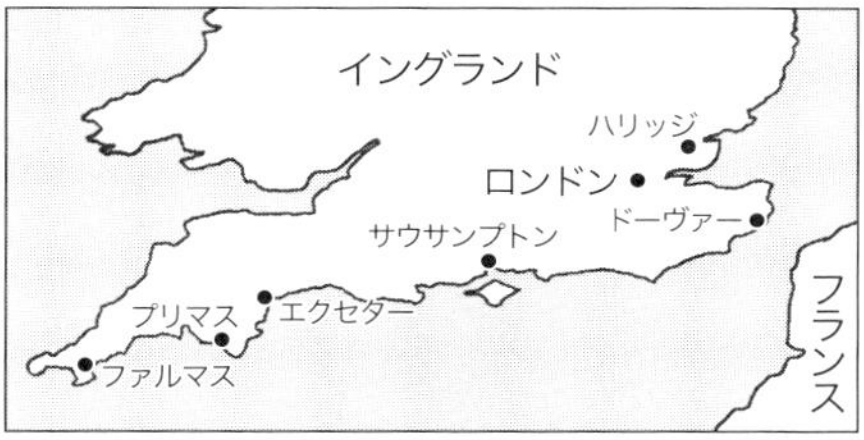

(2) ファルマス周辺

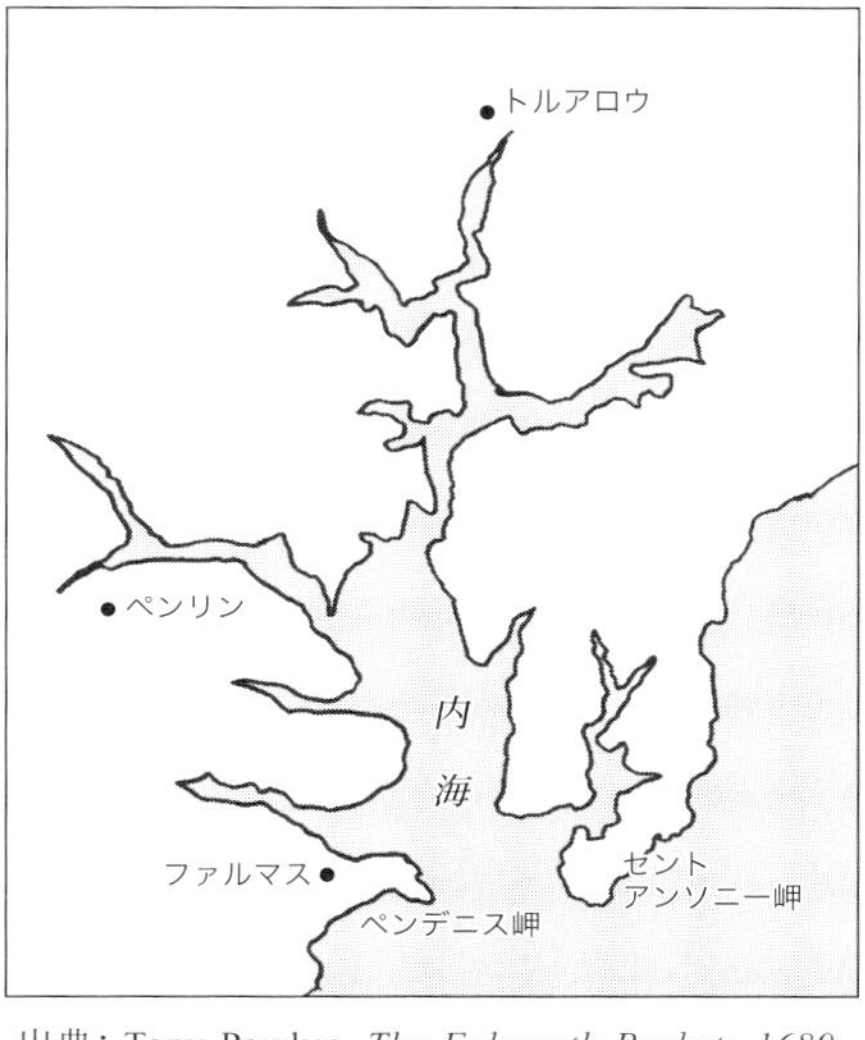

出典：Tony Pawlyn, *The Falmouth Packets 1689-1851,* p.10 所収の地図を参照して作成.

のリヴィエラとも称される温暖な気候。強い大西洋の風や大波を遮るセント・アンソニー岬とペンデニス岬が港を守ってくれる。内海は幅二キロ、奥行が八キロもあり、水深が深く、波止場を建設する場所にも恵まれていた。天然の良港である。それに宿敵フランスから遠いし面してもいない。港の奥に停泊していれば、フランスの軍艦や私掠船にはみつからない。加えて、プリマスの軍港には強力な英国海軍《ロイヤル・ネイヴィー》が陣取っていた。ロンドンからの陸路は、エクセターを通りプリマスまで達する幹線の街道があり、そこからトルアロウとペンリンを通ってファルマスに入る脇街道も整備されている。途中に高い山などはなくほぼ平板な道であった。

イベリア半島への航路にとっても、ファルマスは最適な場所であった。まず地図12をみてほしい。大西洋に面していたから、ビスケー湾をみながら南下すれば、イベリア半島北部のスペインのラコールニヤ、リスボンに直行できる。一六八九年にファルマスとラコールニヤとをむすぶ郵便船が就航した。それまでスペインやポルトガル宛の郵便物はフランスのカレーに陸揚げされ陸送されていた。郵便船就航により、ファルマス便で直送されるようになる。当初二隻で運行されていたが、直ぐに三隻に増便され隔週運行となる。

郵便船の運行は経験のある海運業者に託された。受託業者は「郵便エージェント」と呼ばれるようになる。例えば、三代目のエージェントは郵便船プリンス号の船長であったザカライア・ロジャーズがなったが、任期は一七〇五年から五年間であった。報酬は年間七〇ポンド、他に地域の郵便局長の手当が若干加算された。エージェントの任務は詳細に規定されていて、運行に必要な資材も列挙されていた。郵便船の水夫はイギリス人に限られる。出港時には郵便船に、三五日分の食料と飲料水が積み込まれた。船積みされた郵便物は帳簿に記録され、郵便物の通数と重さが記入された船積書類がロンドンの郵政省に送られる。また、ファルマスのエージェン

地図 12　ファルマス航路（草創期）

出典：地図 11 に同じ．

トは、日々の風向きなどの気象観測データ、乗客の人数、加えて、運賃の内訳（正規・半額・無料）もロンドンに報告している。海軍の規則に基づいて、郵便船の現況確認調査もしばしばおこなわれた。

一七〇一年に勃発したスペイン継承戦争により、ラコールニヤの港は封鎖された。イギリスはラコールニヤから更に南下し、ポルトガルのリスボンを寄港地とする新たな郵便船の航路を開設した。航海は一二〇トンの外洋大型帆船で片道約二週間を要した。イギリスとポルトガルは、一七〇三年、メシュエン条約を締結する。背景には、イギリスがフランスやスペインの包囲網を潜り抜けて、ヨーロッパ大陸への出入口を確保する必要に迫られていた事情があった。リスボンはその橋頭堡となった。また条約ではポルトガルがイギリスの毛織物輸入を認め、イギリスがポルトガルの葡萄酒関税を三割強引き下げる、と約定された。貿易促進条約である。条約発効により、両国の友好関係が強化され、貿易量は増加、郵便需要も大きくなる。一七〇五年の到着便のある記録では、リスボン駐在大使の外交行嚢一、公用行嚢一六、その他一三行嚢、書状二九〇通とあった。同年、五隻の郵便船が投入されて、週一便となる。

一七一三年には、スペイン継承戦争が終結して、ユトレヒト条約により、イギリスはイベリア半島南端のジブラルタルと地中海の要衝の島メノルカを獲得し、軍事基地を構築していく。これを受け、ファルマスからの郵便船はリスボン寄港後、地中海に入り、ジブラルタル、そしてメノルカ島へも向かう、重要な郵便船の航路となっていく。その航路を地図12に示しておいた。

西インド諸島　ファルマス港から西インド諸島《ウェスト・インディーズ》へ郵便船がはじめて出港したのは一七〇二年である。大西洋を横断する本格的な外洋長距離コースとなる。ジョージ・M・トレヴェリアンの『イギリス史』（大野真弓監訳）を読むと、一六一二年にははやくもイギリス人が大西洋上の孤島バーミューダに植民して、ヴァージニア会社系の子会社によりタバコ栽培が開始された。一七世紀半ばに入ると、西インド諸島の島々は、イギリス、フランス、スペインなどの植民地に編入されていく。コロンブスやマゼランが築き上げた大航海時代、すなわち、地理上の発見段階から、植民地においてタバコ、綿花、砂糖などを栽培するプランテーションの運営段階に入っていく。プランテーションで生産された商品は本国に流入して消費され、また、付加価値が加えられて、植民地を含む新たな市場に再輸出されていった。この循環が本国の経済運営に組み入れられ、大きな富を生みだしていった。それに付随して郵便の需要も増加していく。

一七〇二年、海軍調査官で設計技師のエドモンド・ダマーが西インド諸島への郵便船運行を郵政省に対して提案し契約が締結される。内容には諸説あるが、ダマーが、ブリッジマン号、マンズブリッジ号、ウィリアム王号、フランクランド号の四隻の郵便船を投入し各船年三回往復して、毎月定期的に西インド諸島に向けて船をだす。往復日数は一〇〇日。一五〇トンの外洋帆船、大砲一〇門を艤装、船員三〇人で操舵する。郵便物輸送を本務とするが、往路五トン・復路一〇トンまでの貨物の搭載、乗客の輸送を認める。貨客運賃はダマーに帰属する、というものであった。

契約締結後、郵便船が寄港する西インド諸島に点在するジャマイカ、アンティグア、バルバドス、ネーヴィス、モントセラト、セントキッツの六つの島では郵便局長が任命され指示がだされ、島の名前が刻された郵便印も二個ずつ配布された。指示には、島の郵便局長は、各郵便船の出入港の日時を記録すること、各島に発送する郵便物は別々に郵袋をつくること、ロンドン宛の郵便物には配布された郵便印を押すこと、と記されていた。

だが、郵便船運航の収支は芳しくなく、ジョイスのイギリス郵便史によれば、一七〇五年春には西インド諸島発着の郵便料金が値上げされた。値上げ直後の各便の郵便料金収入をみると、諸島への発送便では六〇ポンドから一二九ポンドまで増加したが、数ヵ月後の便では七五ポンドまで低下した。到着便では三一六ポンドから六二九ポンドまで増加したが、やはり数ヵ月後には三六九ポンドまで低下した。郵便取扱数でみれば、料金値上げでむしろ引受通数は減少した。このように料金値上げは収支改善には効果がなかった。

更に悪いことにダマーの郵便船が拿捕《だほ》されてしまう。時はスペイン継承戦争の真っ直中。一七〇二年一〇月に第一便ブリッジマン号がファルマスを出港、一〇三日で帰港する。だが継承戦争の影響により、イギリスの郵便船航路には、獲物を狙うフランスの私掠船などが遊弋《ゆうよく》する危険な海域となっていた。第二便は拿捕される。事業が停止する一七一一年までに、一六隻の船が投入されたものの、海難事故で二隻、私掠船に捕まり七隻、残り七隻は債権者に差し押さえられ、全ての船を失いダマーは破産した。最初の西インド諸島の郵便船事業は惨憺たる結果に終わった。悲運なことに、戦時に年間一万二〇〇〇ポンドの加給が約定されていたものの、実際の支払いが大蔵省内の手続の遅れ《レッド・テープ》により、資金繰りがつかなくなり、首が回らなくなってしまった。

ダマーの西インド諸島への郵便船がとまると、戦時であったこともあり、イギリスから西インド諸島への定期便がなくなる。ポーリンの郵便船に関する著作によると、そのようなかで一七四六年から四年間だけではあったが、レスター伯爵夫人号、ツバメ号など四隻の郵便船が西インド諸島航路に就航した記録がある。

しかし、西インド諸島への定期郵便船の再開要求は非常に強く、一七五五年、郵政省はジョン・サージェントおよびリチャード・ストラットンと七年間のエージェント契約を締結、郵便船運行を再開した。投入された郵便船はニューカースル伯爵号、レディー・オーガスタ号など四隻、いずれも一五〇トン。各一四門の大砲を装備している。乗員一六人。契約金は一隻年間二二二九ポンド。郵便船の運行にはフランスの私掠船に狙われる危険が常時つきまとっていたが、一七六三年のパリ条約締結により航路の安全が戻ってきた。パリ条約は七年戦争、フレンチ・インディアン戦争、カーナティック戦争など幾多の植民地争奪を巡る戦争がつづいていたが、これら戦争の講和条約となった。それはイギリス大英帝国の誕生であり、アメリカ大陸などで覇権を握る幕開けとなった。覇権地域との郵便ネットワーク構築に、郵便船の定期運行はますます重要性が増していった。

4　郵便物を守った海の男たち

近世の海洋航海において、船乗りにとって怖いものが二つあった。一つは暴風雨などの悪天候、もう一つが私掠船や敵対国の軍艦に遭遇することであった。ここでは、後者の事例について述べるが、それに関連し、獲得した戦利品や船員たちの相互扶助の話もしよう。

襲撃される郵便船　郵便船に積み込まれた郵便物は厳重に管理された。平時には郵便物は船倉一番下の倉庫に格納されていたが、戦時には甲板に上げられる。もし郵便船が敵対国

1817 年，ファルマス港に帰港した郵便船フランシス・フリーリング号から郵便物と獲得した金の延べ棒をラッセル運送会社の荷馬車に積み替えているところ．ジョン・G・ノリス画．

や海賊に襲われた場合、郵便物が強奪されるよりは、機密保持のためには海に投棄した方がましという考えがあり、緊急時には郵袋に重石《おもし》をつけて海中に投棄された。郵便船の船長には、「定められた航路をむやみに離れてはならない。もし私掠船や敵の軍艦に拿捕される危険が避けられなくなったときには、すみやかに郵袋に重石を結びつけて海中に沈めること」と命令がだされていた。

次の事例は命令を遂行した話である。伝えられたところによれば、エクスペディション号の船長は、フランスの私掠船に襲撃され、乗組員がバタバタと倒れ殺されていくのをみて、郵便物の投棄を決め実行した。投棄実行後、残った乗組員の奮戦により敵を撃退して帰港する。報告を受けたロンドンの本省は「郵便物が海中に没したのは遺憾ではあるが、船長の判断は適切であった」とした。お咎《とが》めなしである。差出人も心得ていて、重要な手紙の場合には、その写を別便で送るようにしていた。

もう一例、一八一四年の話。ジェームズ・ティリー船長が指揮するフランシス・フリーリング号がアメリカの軍艦から猛攻撃を仕掛けられた。軍艦は二四ポンド砲など一〇門の大砲を装備した二本マストの当時最新鋭のものだった。七時間もの抜きつ抜かれつの追撃戦の後、砲撃戦がはじまり、イギリス側は郵便船旗《ポストボーイ・ジャック》を掲げて猛烈に反撃し、敵の攻撃を凌《しの》いで、とうとう郵便物と乗船客を守った。客は勇敢に闘った乗組員を讃え、二〇ポンドもの金を集めて彼らに贈った。ファルマス港に着くと、そのお金で盛大な晩餐会や舞踏会を開いて勝利を祝った。

戦利品　郵便船が攻撃された話がつづいたが、逆の話もしておかなければならない。海上での拿捕や掠奪は、国際法が確立していない時代であったから、いわば国王公認の公務とみなされていた。そのため郵便船が戦利品を持ち帰ることもしばしばあった。ある郵便船は、二万七〇〇〇スペイン・ドル（ペソ銀貨）相当の金塊と九四八ダブロン（往時のスペイン通貨単位）の金貨を持ち帰り、当時のルールにしたがって、国と船主と船長と乗組員で山分けした。

男たちの相互扶助　このように襲ったり襲われたりの世界だから、勇敢な海の男たちの仕事はいつも危険と隣り合わせであった。ホーキンズやドレークなど大海賊が活躍した海の時代を彷彿させるものがあり、郵便史の一ページを飾るのに相応しい男たちのロマンとドラマが秘められていた。当然ではあるが、船員の互助組織として意外と現実的な制度もつくられていた。負傷年金制度である。船員たちの妻や子供たちに支払われた死亡年金の詳細については不明なのだが、ロビンソンの海外郵便史によると、負傷した場合の年間支給額の規定は、次のとおりであった。

負傷年金手当《スマート・ペイメント》（年間支給額）	£	s.	d.
片腕肘《ひじ》関節以上のところで切断	八	〇	〇
片足膝《ひざ》関節以上のところで切断	八	〇	〇
片腕肘関節以下のところで切断	六	一三	〇
片足膝関節以下のところで切断	六	一三	〇
片眼視力喪失	四	〇	〇
両眼視力喪失	一二	〇	〇
両眼視力喪失および他の負傷	一四	〇	〇

これらの負傷年金手当の原資は、郵便船の船員たちの俸給から三〇シリングごとに一シリングの割合で徴収して積み立てられていた。現在の年金保険の仕組みの原型としてみることもできる。

小括　ファルマスは一七世紀後半から一九世紀前半にかけて、一六〇年間、イベリア半島、西インド諸島への外国航路の港として栄えた。前段で述べてきたとおり、郵便船の基地としても重要な役割を果たし、郵便物のみならず、政府高官や一般乗客、それに多くの財宝もこの港に陸揚げされた。ファルマス港では、着岸した船から最初に陸揚げするものは郵便物であり、船に最後に積み込むものも郵便物であった。郵便物はすべてのものに優先されていた。

5　新大陸アメリカ

これから新大陸アメリカのイギリス植民地とをむすぶ郵便船について述べたいと思うが、その前に、少し長くなるが植民地の建設と植民地間の郵便ネットワークがどのように形成されていったかについて紹介しておきたい。

メイフラワー号　一七世紀に入ると、イギリスはアメリカ

大西洋を横断するメイフラワー号，イギリスから64日間の苦難の航海の末，現プロヴィデンスタウンに達した．1920年アメリカ巡礼始祖300年記念模刻切手から．

において植民地経営に乗りだしていく。一六〇七年、ヴァージニアのジェームズタウンに植民地が建設される。一六二〇年にはメイフラワー号がプリマスから出港し大西洋を踏破し新大陸に一〇二人の入植者《コロニスト》をはこんだ。一六三〇年にはマサチューセッツにも植民地がつくられる。以後、宗教の自由や経済上の利益を求める人たちが新天地を目指して続々とアメリカに移住し、「ニュー・イングランド」を築き上げた。一八世紀後半までに一三州の植民地ができあがる。

これらイギリス植民地の話は多くの文献のなかで語られているが、はじめて北米大陸に到達したヨーロッパ人はフランス人のジャック・カルティエといわれている。カルティエは三度の北米探検をおこない、一五三五年、イロコイ族の村スタダコナ（現在のケベック）に到達した。周辺地域を「カナダ」と呼び、後《のち》にフランス植民地の核となっていった。フランス人はイギリス人に先んじて「ヌーベル・フランス」を築いた。ジェーン・E・ハリソンの『また来年まで』というカナダの郵便史には、入植者とのあいだで取り交わされた手紙が数多く紹介されている。

ヌーベル・フランスの地に植民した人たちも、もちろんニュー・イングランドの地に植民した人たちも、母国との手紙の交換を渇望していた。植民地草創期には郵便船の就航などは考えられなかったし、大西洋を横断する定期的な民間船舶もなかったから、手紙の交換は運が大きく左右した。そのようなことが推察できる手紙が、プリマスに入植したウィリアム・ブラッドフォードが著した植民地の歴史の本のなかに収められているので、次に紹介する。

一六二五年四月二八日。愛する、そして親切だった友人たちよ。この手紙があなた方の手許に届くのか、それとも、ほかの手紙と同じように、どこかに行ってしまうのか、私にはわかりません。これが届くように、ひたすら神に祈っています。別れて以来、楽しかったこと、名残惜しかったことを振り返りながら、あなた方がどのような日々を送られているのか、無性に知りたくて、この手紙を認《したた》めています。

手紙を書いたのはイギリスからオランダに亡命したロジャー・ホワイトという分離派《セパラティスト》のピューリタン、受取人はブラッドフォード。新大陸へ家族や知人たちを送りだした人たちが彼《か》の地で生活する母国出身者からの便りを一日千秋の思いで待ち望んでいたことがわかる。一七世紀前半、輸送途上で不明になってしまう手紙が多かったことを考えると、ホワイトの手紙はプリマスに届いたのだから幸運であったといわなければならないであろう。

植民当初、プリマスから離れたところにいる人たちへの手紙はどのようにしてはこばれたのであろうか――。はっきりした記録はないが、おそらく新大陸に船が着くと、船長は港にある宿泊所《ターヴァン》などの主人に手紙を渡し、宛先への輸送と配達を依頼した。しかし、草創期の植民地では組織だった郵便制度などなかったから、宛先の方面に行く商人や旅人たちを探して、彼らに手紙を託した。いわゆる「幸便《こうびん》」である。手紙を宛先に届けたら、はこび手は受取人からお礼の金（料金）をもらう。後払いになっていたのは、もし礼金を手紙のはこび手にあらかじめ渡していたら、金だけを失敬して手紙を受取人に届けない恐れが多分にあったからである。この時代、長い危険な航海、そして多くの人の手を経て、長い時間をかけて運がよければ宛先に手紙が届いたのである。

時が流れ、母国から新天地を目指してきた人々が植民地に定住するようになると、さまざまな気候や風土を反映しながら、特色のある独自の社会が築かれていった。自治の組織もそれぞれの植民地に誕生し、植民地の統治に必要な法律や規則などを制定するようになっていく。

植民地初の書状取扱所　本書はイギリス郵便史として執筆しているので、ここで述べる北米の英領植民地の郵便事情はイギリスの海外郵便ネットワークの形成過程を明らかにする観点から書かれている。しかし、アメリカ郵便史の著者にとっては、植民地時代の郵便はアメリカ郵便誕生のプロローグを飾るものであり、建国物語の一端を担っている。大学出版局からでているアメリカ郵便史の基本文献をいくつか挙げれば、ウェスリー・E・リッチの『合衆国郵便の歴史』（ハーバード）、ウェイン・E・フラーの『アメリカの郵便』（シカゴ）、ウィリアム・スミスの『イギリス領北アメリカの郵便史』（ケンブリッジ）などがある。

それらによると、最初に郵便関係の命令《オーダー》を発したのはマサチューセッツ植民地の総会議《ジェネラル・コート》であった。一六三九年一一月五日、総会議は、ボストンにあったリチャード・フェアバンクスの宿泊所を「海を越えてきたもの、海の彼方へ送りだされるすべての手紙はここを起点とする」として、母国と植民地とのあいだを行き来する書状の取扱所に指定した。アメリ

ボストンのフェアバンクス書簡取扱所．アメリカ初の郵便局．1639 年．みんな母国からの手紙を読みふけっている．

カ初の郵便局となる。フェアバンクスが亡くなる一六六七年まで機能した。宿泊所は単なる宿泊施設ではなく、入植者の集会所となり、また、情報交換の場所ともなっていた。

総議会の命令は、フェアバンクスに対し、書状取扱所に差し出された郵便を所定の船に載せて母国に発送すること、到着した書状は名宛人に配達すること、そして誤配などの照会に応じることを義務づけている。同時に、命令はフェアバンクスに対し、実施に当たり、書状の差出人から発送料金として、あるいは書状の受取人から配達料金として、それぞれ書状一通ごとに一ペニーを徴収することを認めた。

しかしながら、命令はフェアバンクスに書状取扱いの独占権を与えたものではなく、あくまで入植者たちへ便宜を図るためのものであった。だから入植者に他の手紙の送達ルートがもしあれば、その利用も可能とされたが、現実にはそのようなルートの発見は皆無に近かった。ただ、命令は、各植民地間の書状送達については言及していない。命令は母国との手紙の交換についてのみ規定している。理由は、各植民地が独自に発展していったため、植民地間の書状交換の需要がまだほとんどなかったからである。まずは母国との安定した書状輸送ルートの開設が先決であった。この命令がアメリカ郵便史上、否、イギリス植民地であったアメリカでの最初の郵便法令となった。

わずかなチャンスを摑んで幸運にも母国からはこばれた手紙には、一七世紀半ばの、ピューリタン革命、クロムウェルの台頭、王政復古、名誉革命と激変する宗教や政治に関する母国のニュースが入ってきた。同様に、逆に入植者の消息や植民地の様子も母国に伝えられた。

植民地郵便の整備　入植から苦節半世紀、生活を支えてきた農園経営も軌道に乗り、商業活動も活発になる。子供たちは成長し親許から離れて独立するようになった。村が町になり町が市になり、更には郡が形成されて、植民地の人びとの活動範囲が広がっていった。そこでは、父母から子供への安否を気遣う家族の便りや、日用品雑貨を注文する商用書簡など、さまざまな通信需要がでてきた。しかし、それらに応えられる通信の手段がなかったので、入植者たちは、さまざまな方法により手紙を交換した。

まず、東海岸《イースト・コースト》に点在する各植民地とのあいだの郵便輸送はもっぱら沿岸を航行する船に負ったが、手紙の発送は突然の船の入港に合わせなければならなかった。陸路では、郵便のメッセンジャーを特別に雇うか、宛先に向かう旅人を根気よく探さなければならなかった。前出のフラーの郵便史によれば、アムステルダム砦《とりで》のオランダ人が最初にプリマスの入植者に手紙を書いたのは一六二七年、プリマス近くに住んでいた先住民であるインディアンと突然出会ったときのことである。オランダ人はインディアンにプリマスに入植したピューリタン宛の手紙を託したのである。

カール・H・シェーレが著した郵便事業小史には、各植民地でおこなわれたいくつかの試みが記されている。例えば、ヴァージニアでは、一六五七年に「タバコ郵便」が創設された。それは各大農園をむすぶ郵便システムで、大農園の所有者に対して、隣接する大農園への公用書簡の送達を義務付けたもの。義務を怠ると、罰則としてタバコ大樽一樽が科せられた。マサチューセッツでは、書簡送達コストを抑えるため、書簡送達人の賃金を一マイル三ペンスとした。送達人の馬の餌代も規制、干し草一ブッシェルは四ペンス以下とした。また、一六七七年にジョン・ヘイウッドをボストンの郵便局長に任命している。ペンシルヴァニアでは、一六八三年にフィラデルフィアと近隣をむすぶ郵便サービスを開始した。しかし、いずれの改善も永続的なものとはならなかったし、各植民地間をむすぶ郵便とはならなかった。

一方、オランダ領のニューアムステルダムがイギリス領のニューヨークになると、一六七三年、ニューヨークのフランシス・ラヴレース総督は、一人の使者にマサチューセッツ総督ジョン・ウィンスロップへの書簡を託して、ボストンに送りだした。書簡には、ニューヨーク—ボストン間の月一便の定期郵便開設の提案が記されていた。とはいえ、満足な道などがなかったので、書簡逓送の苦労は並大抵のものではなかった。ニューヨークの領有を巡りオランダとの闘いが再現したため、結局、この二植民地間の定期便は消滅する。

フランスおよび同国と友好的なインディアンの脅威が強くなると、一六八四年、ニューヨーク総督トマス・ドンガンは、各地のイギリス植民地を結束させ防備を固めるために、北はアカディア（ノヴァスコシア）から南はカロライナまでをむすぶ郵便ネットワークの建設構想を打ち上げ、要所要所に郵便局を設けることと提案した。これを受けて、翌年、ニューヨーク参議会《カウンシル》は各植民地に郵便局を設置し、郵便料金を一〇〇マイルごと三ペンスとすることを定めた条令を制定した。もっとも他の植民地でこのような条令を定めた形跡はないし、建設構想が機能していた形跡もない。ただし、ニューヨークとボストンとのあいだの郵便はドンガンによって再開され、ほそぼそと維持された。

郵便特許状　一七世紀末のアメリカ植民地の人口は二〇万となった。南部ではタバコや綿花などの大農園が発展し、北部では農業のほかに造船や漁業や海運業が栄えた。これらの産業は本国イギリスの重商主義《マーカンタイリズム》の体制に組み込まれ、本国の富の増加に貢献した。ウィリアム・スミスが『アメリカ歴史論評』に発表した植民地郵便に関する論文によると、このような発展を受け、植民地内の郵便整備も課題となり、本国政府は一六九一年、トマス・ニールに植民地郵便の特許状《パテント》を与えた。特許状はカナダ東岸からヴァージニアまでの郵便独占権が謳われたもので、期間は二一年。国王への上納金は年わずか六シリング八ペンス、名目的な額であった。ニールは造幣局長のほか、賭博場の設置許可や富くじ発行などの仕事にもかかわり、郵便特許状の取得も、成功すれば巨額の利益が転がり込んでくると踏んだ形跡がある。ニールはアメリカに一度も行ったことがなく、この事業をニュージャージー総督のアンドリュー・ハミルトンに任せた。

ハミルトンはスコットランド出身の能吏、早速、植民地内の郵便整備にとりかかった。まず各植民地の主要都市に統括郵便局を置き、ニールが任命する郵便局長を配することを骨子とする郵便法の試案を作成した。いわばニールの郵便独占権を担保する試案であったが、各植民地議会が制定する法律のたたき台でもあった。

これを基礎にニールはハミルトンに各植民地と郵便開設の交渉をさせた。メリーランドとヴァージニアは拒否。ニューハンプシャー、ニューヨーク、ペンシルヴァニア、コネティカット、マサチューセッツは、条件付きでニールの案を受け入れた。植民地の郵便法には、公用書簡の無料送達が規定されたほか、植民地によっては、郵便局長（ほとんど宿屋の主人が任命された）に対する酒税免除、郵便送達人に対する通行税免除、受付年月日を示す郵便印の押印などの規定が挿入されたものもある。このほかマサチューセッツは、郵便が効率的に機能すれば、ニールに郵便運営の独占権を与えるという厳しい条件をつけた。一六九三年、ニューハンプシャーか

フィラデルフィアにあったオールド・ロンドン・コーヒー・ハウス．町の交通の要所，目抜き通りの角地に建設された．18 世紀，街の郵便局としても機能する．

らデラウェアまでの約五〇〇キロのあいだの、ポーツマス―ボストン―ニューロンドン―ニューヘイブン―ニューヨーク―パースアンボイ―バーリントン―フィラデルフィア―ニューキャッスルの植民地をむすぶ郵便路線が開かれた。週一便のニールの郵便運営がはじまった。

　この新大陸アメリカにおけるイギリス最初の組織だった植民地郵便は成功するかにみえたが、創業から四年後の収支は赤字。収入一四五六ポンド・支出三八一七ポンドで、ハミルトンは、差し引き二三六一ポンドの負債を負った。赤字の原因は、無料郵便が大半を占めていたことと、一般郵便の多くが料金が高いため他に逃げてしまったからである。メリーランドやヴァージニアをはじめ、多くの入植者がいたニューヨークのハドソン川沿いの地域の権利が得られなかったことも、営業上、きわめて痛かった。更に、方向によって郵便料金が違うことも評判が悪かった。例えば、各植民地が料金をかってに決めたために、ボストンからニューヨーク宛の手紙は九ペンス、逆に、ニューヨークからボストン宛の手紙が一二ペンスとなった。

　ニールの特許状は、ニールとハミルトンの死によって第三者に渡り、一七〇七年、イギリス政府に買い戻された。財政的には失敗したものの、ニールの郵便は、一七世紀末から一八世紀初頭にかけておこなわれたウィリアム王戦争とアン女王戦争の戦時に、軍事や政治などの情報を報告する大量の公用信を無料ではこび、いわば各植民地の情報伝達機関として機能したのである。

　本国直轄　第7章1で述べたとおり、一七一一年、イギリス本国では新たな郵便法が制定される。新法の狙いは、戦費調達のための郵便料金（郵税）の値上げ、国家独占の強化、植民地郵便の整備など各般に及んだ。その後のイギリス郵便の基本法となる。植民地郵便に関連する事項が本国の法律ではじめて定められた。二点あり、一点目はイギリスの植民地の郵便をロンドンで統制することとし、北米ではニューヨークに統括郵便局をおき郵政副長官《デピュティ・ポストマスター・ジェネラル》を指名する。二点目は植民地郵便の郵税を定めた。

　シングル・レターの郵税は、ロンドン―ニューヨーク一シリング、以下、いずれもニューヨークからの郵税で、西インド諸島四ペンス、フィラデルフィア九ペンス、ボストン一シリングなどと定められた。ロンドン―ニューヨーク間、ニューヨーク―ボストン間がいずれも一シリング。前者の大西洋を横断する距離とくらべたら、後者の距離は近距離だ。距離別基準が普通だが、設定方法がわからない。戦費調達のためにとれるところからとる、という母国の財政当局の考えが滲みでている、と思う。植民地郵便の本国直轄の強化が図られたのである。ヴァージニアを除いて、その他の植民地は母国の新郵便法を受け入れた。しかし、ヴァージニアは、植民地の代表を受け入れないイギリス議会がかってに決めた税金すなわち郵税を払うことはできないと、新法を拒否した。一七六五年に起きた印紙税法《スタンプ・アクト》の廃止を求める時のアメリカ側の言い分を先取りしている。

一八世紀に入ると、フィラデルフィア―ニューヨーク―ボストン間に定期便が敷かれる。まず金曜日にフィラデルフィアを出発した便は土曜日夜にニューヨークに到着した。日曜日は安息日。月曜日に出発しニューヨークとボストンの中間点にあるセイブルックで折り返し便に接続した。ほぼ一〇日の旅、もっぱら徒歩による郵便物逓送である。一七三二年には、北のニューイングランドから南のカロライナまでをむすぶ南北の郵便ルートが拓かれる。ボストン、プリマス、ニューヘイブン、ニューヨーク、フィラデルフィア、ジョージタウン、チャールストンなど大西洋岸の諸都市が一条の線でつながった。南北をむすぶ全長八〇〇キロを越す郵便ネットワークが完成する。

植民地郵便の終焉　七年戦争は一七六三年、イギリスが勝利する。サムエル・E・モリソンの『アメリカの歴史』（西川正身監訳）を読むと、七年戦争で新大陸にいたイギリス人は本国への忠誠心を守りながら、フランスおよび先住民インディアンと果敢に戦った。七年戦争までのイギリスの植民地政策は、軍事・外交・通商の問題は本国が握ってきたが、その他内政・予算・課税は植民地会議の権限として認めてきた経緯がある。しかし、深刻化する財政打開のため、一七六五年にイギリス本国が植民地に印紙税法を適用したときから事態が大きく動きだす。母国産商品の不買運動《ボイコット》などを煽《あお》る反英組織、自由の息子《サンズ・オブ・リバティ》や連絡委員会《コミティーズ・オブ・コレスポンデンス》などが各植民地に生まれた。

このように急変する対英感情のなかで、植民地郵便も排斥の対象となり、アメリカ郵便《アメリカン・ポスト・オフィス》の創設に向けて、ボストンの連絡委員会などが動きだす。この運動の高まりで、イギリス側の植民地郵便には手紙が集まらなくなり、一七七五年一二月、植民地郵便が閉鎖された。「アメリカ人のアメリカ人によるアメリカ人のための郵便」創設準備が加速する。

6　大西洋航路

前節では、新大陸に誕生した植民地郵便の発展について述べてきた。話が相前後するが、ここでは大西洋を横断して母国イギリスから新大陸アメリカにどのようにして郵便物がはこばれてきたか、官営の郵便船、民間船舶便とその仲立ちをしていたコーヒー・ハウスの話をしよう。

郵便船　イギリス植民地の経済発展をみると、新大陸の植民活動よりも西インド諸島のプランテーションが先行し、一七〇二年にはファルマスから西インド諸島に郵便船も就航している。翌年、一つの提案がサー・ジェフリー・ジェフリズからだされた。提案は、西インド諸島の郵便船契約を獲得していたダマーとほぼ同じ条件により、イングランド南部ワイト島カウズ港所属のイーグル号（一八〇トン）を、ニューヨークに向けて年二回運行させるというものであった。しかし、ジェフリズの提案は郵政省に顧《かえり》みられることはなかった。提案は時期尚早だったのである。

それから半世紀、郵政省は一七五五年にファルマス—ニューヨーク間に四隻の郵便船を就航させ、月一便往復させることを計画。同省は財務省に対して、第一船はハリファックス伯爵号（二〇〇トン）、船長ジョン・モリス、一往復の経費は七〇〇ポンドと報告している。伯爵号は一七五六年二月にニューヨークに到着した。だが、最初の二年間に郵便船はわずか四往復しか運行できなかった。また、西インド諸島便を活用して、ファルマスからまずアメリカ南部カロライナのチャールストンに寄港し、西インド諸島に向かう。その後、そこからニューヨークに進む、否、戻るといった方がわかりやすいが、諸島経由便は時間がかかりすぎるので、新大陸の人たちには不評であった。

大西洋横断の往復航行日数の記録がある。一七六二年のカンバーランド公爵号の航行は九三日、二年後のピット号の航行は一五五日もかかった。片道の記録だが、一七八〇年のヨーロッパ号は二四日で大西洋を横断した。だがアメリカ独立戦争（一七七五—八三）がはじまると、アメリカの私掠船やフランスの軍艦などがわがもの顔で出没し、一七七七年にはカンバーランド公爵号は拿捕されてしまう。

ロビンソンの海外郵便史によれば、独立戦争の期間中に四三隻ものイギリスの郵便船が拿捕された。そのため戦争期間中にイギリス側の郵便船の運行経費は増加の一途を辿り、当初は年間三万ポンド、中盤は八万ポンド、終盤は一二万ポンドにも達した。ナポレオン戦争中にも、ファルマスを母港とする郵便船だけでも三五隻が拿捕され、経費も年間最高一四万ポンドにもなった。このように、一八世紀の大西洋を横断するイギリスの郵便船の運航は困難をきわめ、安定した定期運行は実現しなかった。

コーヒー・ハウス　前述のとおり、大西洋を横断する官営の定期郵便船の実現は難しかった。それを補完したのが民間の船舶であった。機密を含んだ外交文書や軍事情報などを記した極秘文書など政府の重要文書・書簡は官営の郵便船に託されたことであろうが、一般の人たちの多くの手紙は便利で安い民間船舶に流れた。民間船舶によってはこばれた手紙は「シップ・レター」と呼ばれた。とはいえ、不定期船が多く、

大洋を航行する大型帆船．1932 年のイギリス郵政省の公式賀状から．

都合のいい民間船舶を探すのは容易なことではなかった。その仲立ちをしたのがロンドンの街に一七世紀後半に出現したコーヒー・ハウスである。小林章夫が『コーヒー・ハウス』のなかで語っているのだが、ロンドンには三〇〇〇もの店がオープンしていた。飲み物をだす店ではあるが、特定の人々が集まり情報交換の場ともなっていた。海運業者が集まったロイズ・コーヒー・ハウスは代表例で、後に海上保険市場に発展していく。

一九七〇年代に国立郵便博物館で開かれた「英米郵便三五〇年記念特別展」に際し、リゴ・デ・リーギ館長が執筆したミニ解説書および植民地時代の郵便に関するケイ・ホロヴィッツとロブソン・ロウの共著によれば、ロンドンなどの港町にできたコーヒー・ハウスが、母国と植民地のあいだを行き来する手紙の取扱場所となる。まず、受付は、民間船の船長が行先と出港日を書いた麻袋をコーヒー・ハウスの店内に下げて、植民地宛の手紙を集める。集まった手紙は船倉に積み込まれ新大陸に輸送する。一方、植民地から託された手紙は、母国到着後、コーヒー・ハウスにとめおかれ、手紙の受取人を待った。船長は手紙の差出人と受取人からそれぞれ手紙一通について一ペニーを徴収した。当時、コーヒー・ハウスは〝私設〟海外郵便局として機能していたのである。

シップ・レター　官営郵便とシップ・レターとの関係を整理しておこう。まず、本国到着便から。郵便が国家独占であった一七世紀中葉、郵便法では「船長はイギリスの港に着岸したときには、イギリス宛のシップ・レターを最寄りの郵便局に搬入すること」と定められていた。この規定の狙いは郵便収入を増加させることであった。当時、料金は距離別・受取人払い。シップ・レターの料金算定は、搬入されたイギリスの港からではなく、手紙の差出地からの距離によって料金を徴収されていたから、受取人にとっては大きな金額になった。それに反して、海上輸送のコストを負担せずに、高い料金を徴収できる当局にとっては、到着便は旨みのある郵便物であった。

しかしながら、郵便法においてシップ・レターの郵便局への搬入が義務づけられたものの、船長には何の見返りもなかったこと、また、罰則もなかったことから、搬入規定は無視された。そこで当局は一六七三年、シップ・レターの搬入に対して、手紙一通一ペニーの報奨金を船長に支払うことを決めた。受取人から徴収する料金は、シップ・レター料金一ペニーに、差出地からではなく、到着港から宛地までの国内料金を加算した額とした。この措置は当時郵便業務の改善に精力的に取り組んでいたロジャー・ウィットリー次官による発案であった。この結果、一定の成果がみられ、一七世紀末のシップ・レターの取扱実績が年間六万通、一日当たり一六〇通程度になったという記録がある。一七一一年郵便法にこの措置が正式に規定された。

一七九九年、当局はシップ・レター管理局なる新組織を創設して、更なる増収策を実行に移していく。まず、民間船舶の船長への報奨金の額を一通当たり二倍の二ペンスに引き上げた。次に、手紙の受取人から徴収するシップ・レター料金を四ペンスに引き上げる。一八一四年には、収入拡大のために、政府はシップ・レター料金を四ペンスから六ペンスに再度引き上げた。更にあろうことか、翌年にも二ペンス引き上げ八ペンスとした。この高額のシップ・レター料金は、かのローランド・ヒルが主導し実現した一八四〇年の国内書状料金一律一ペニー引下げ後も残った。

次に、イギリスから海外への差出便について。前段で述べたとおり、民間船舶の船長が行先と出港日を記した袋をコーヒー・ハウスの店内に吊して、手数料一通一ペニーで受け付けていた。船が目的の港に着けば、船長はその地のコーヒー・ハウスに手紙の束を渡して、配達を託した。

差出便に関して、シップ・レター管理局は、次のような規則を船長らに提案する。海外宛の郵便物は郵便局に差し出し、

シップ・レター印．上は初期の印影．下は1816年のインド便の印影．日付や局名も表示されている．

局はスタンプを押して郵袋に詰めて船長に引き渡す。郵便局は、官営郵便船の運行コストの半額に相当する金額を受け取る。その際、コーヒー・ハウスの主人を郵便局代理人として任命し俸給を支給する、というものであった。これについて、民間船舶の船長もコーヒー・ハウスの主人も、従来の取扱いよりも改善された点がみいだせなかったため、当局の提案に関心を示さなかった。一九世紀初頭、シップ・レター扱いなら、アメリカの受取人は六セント（到着地以外の宛先でも八セント）の支払いですんだから、受取人が高い料金を払わなければならない官営郵便の利用を、もちろん差出人も望まなかった。

民間船舶によってはこばれるシップ・レターは、大西洋を横断する航路のみならず、基本的には、イギリスの港を出入港する民間船舶に適用される。それは、官営の郵便船を補完し、否、近世以降には民間船舶が郵便物の海上輸送を主導していくことになる。

第19章　蒸気船による郵便輸送

本章では、帆船から蒸気船《スチーム・シップ》（汽船）へ移りゆく過程をみながら、英米、英印、極東、オーストラリア、ニュージーランドの各航路において蒸気船による郵便輸送の発展状況を検証していく。また、スエズ運河開通前にアレキサンドリア―スエズ間にオーヴァーランド・メールを走らせた話、国内ペニー郵便につづいて海外版ペニー郵便創設に奔走した運動家たちの話も盛り込んだ。後半では、外国郵便の業務分析、そして郵船企業として大英帝国の外国郵便を支えてきた双璧の二大企業も紹介する。

1　英米航路

蒸気船登場には面白い歴史が秘められているが、ここでは大西洋をはじめて横断した英米の蒸気船について述べることにしよう。自然相手の帆船時代から、人間がつくりだした蒸気の力で推進する蒸気船の時代に入った。以後、船体は大型化し、速力も長足の進歩を遂げることになっていく。各汽船会社間で熾烈なスピード競争も展開された。参考にした文献はロビンソンの海外郵便史、リゴ・デ・リーギの英米郵便三五〇年を解説した小冊子などをまず挙げておく。

クラーモント号　イギリスは七つの海を支配して、大英帝国を築き、産業革命によりいち早く近代国家となった。一九世紀に入ると、母国から独立したアメリカが経済力と科学技術力を磨いて、イギリスを凌駕する産業分野が多くなっていく。蒸気船の分野でも、その傾向がみられる。蒸気船の実用化をはじめて成功させたのは、アメリカ人の発明家、ロバート・フルトンであった。一八〇八年に蒸気機関を備えた外輪《パドル》木造船クラーモント号がニューヨークからオールバニまで二

大西洋をはじめて横断したアメリカの蒸気船サヴァンナ号．1944 年 5 月 22 日，横断 125 年を記念して発行された切手．ジョージア州サヴァンナ局で初日発売．

四〇キロをハドソン川を遡って航行。記録は三二時間、速力は四ノット（一ノット＝一・八キロ）であった。

　また、大西洋をはじめて横断した蒸気船もアメリカのサヴァンナ号（三二〇トン、九〇馬力）である。一八一九年、南部サヴァンナ港をでて、二七日と一一時間でリヴァプール港に着いた。正確に書けば、木造帆船に蒸気機関を備え付けたもので、大西洋横断中、蒸気力だけで航行したのはわずか八五時間。全行程の八分一にしかすぎなかったが、それでも大西洋横断の初の蒸気船として記憶されている。

ロブ・ロイ号　次にイギリスについて。昔からイギリスとアイルランドとのあいだを隔てていたアイルランド海に、帆船の郵便船が行き来していた。一八一八年、そこに蒸気船ロブ・ロイ号（九〇トン、三五馬力）が投入された。船名はスコットランドの義賊の名前からとっている。翌年、ウェールズのホーリーヘッド港とアイルランドのダブリン港とをむすぶ主力航路に、二隻の蒸気船が新たに加わる。当初、人々は蒸気船の安全性に不安をいだいて利用するのをためらう者も多かった。乗船しようとする身内を家族が引きずり下ろそうとする光景が波止場の桟橋でよくみられた。しかし、蒸気船はホーリーヘッド—ダブリン間を一〇時間でむすび、帆船の二〇時間とくらべれば、優劣は明らかであった。帆船の貨客はみるみる減少し、貨客は蒸気船に流れていった。郵便輸送も例外ではなかった。ロンドンからの鉄道がホーリーヘッド港と直結した一八五〇年代には、蒸気船の速度もいっそう上がり、海を挟み、ロンドン—ダブリン間を一三時間半でむすび、郵便物の翌日配達が実現した。蒸気機関車と蒸気船のコラボレーションが功を奏する。

ブルー・リボン賞　アイルランド海を航行する船舶は内航船といってもよい小型船舶だが、大西洋を横断する船は大型の外航船。本格的な初の外航蒸気船はイギリス船籍のシリウス号（七〇〇トン、三二〇馬力）であった。帆を使わず蒸気力だけで横断した、まさに蒸気船である。記録によると、一八三八年四月四日、シリウス号はアイルランドのコーク港を出港、同月二二日にニューヨーク港に到着した。一八日と一四時間、速力八ノットであった。この時代、大西洋の横断時間を各汽船会社がしのぎを削って争っていた。最速船に「ブルー・リボン」が贈られる非公式な賞がスタートし、その一号がシリウス号となった。賞の規則、組織もなかったが、その栄誉は、船のマストに高々とブルー・リボンを掲げられることであった。船が接岸する桟橋には多くの見物人が集まり、最速記録がでると熱狂し偉業を讃え、ニューヨークの新聞各紙が大々的に報道した。

　しかし、この歴史的快挙もグレート・ウェスタン号（一三四〇トン、四五〇馬力）によって、またたく間に抜かれてしまった。グレート・ウェスタン号はシリウス号出港の四日後にブリストル港を出港して、シリウス号到着の四時間後にニューヨーク港に到着した。記録は、一五日と一二時間、速力九ノット、三日短縮した。船主は、イギリス南西部を本拠とする有名なグレート・ウェスタン鉄道（ＧＷＲ）である。郵便物もはこんでいたが、ＧＷＲは郵政省が徴収した郵便料金の五割を同省に請求した。競争の裏に、次のような話が隠されていた。新設のブリティッシュ・アンド・アメリカン・スチーム・ナヴィゲーション社（Ｂ＆ＡＳＮ）が蒸気船による大西洋航路の定期運行を計画して新鋭船を建造していた。だが、グレート・ウェスタン号が四月八日に出港することがわかり、急遽、Ｂ＆ＡＳＮはシリウス号を借り上げて、ニューヨークに向けて出港させたのである。以後、大西洋を横断する船舶は帆船に代わり蒸気船が普通となり、郵便輸送の時間も大幅に短縮される。人々は「スピードの時代」と呼ぶようになった。

1838 年，蒸気力だけで大西洋をはじめて横断したイギリスの蒸気船シリウス号．それまではアイルランド海で就航していた．ニューヨークに到着したとき，燃料の石炭は船倉にわずかしか残っていなかった．

二〇一四年、海事郵便史ともいえるフィンランドのセイヤ＝リータ・ラークソの『情報の世界史』が玉木俊明によって翻訳された。同書によると、大西洋横断の記録は、シリウス号が時速八ノット、一八七〇年代になると、ホワイトスター・ラインのジャーマニック号が一六ノットをだす。速度は二倍になり、日数は半分になった。速度向上の要因は、帆船から蒸気船への転換、不定期船から定期船の常態化、大型船の建造、船会社間の競争激化が挙げられている。就中《なかんずく》、建造技術の目覚ましい進歩があったからといえよう。

2　英印航路

インドはかつてイギリスの重要な植民地であり、紅茶、綿花、黄麻《ジュート》などの供給基地となっていた。ここでは英印間をむすんだ郵便船を巡《めぐ》る諸事情についてみていく。まず、地図13に英印間の航路上の主要都市を示しておこう。

東インド会社　一九世紀はじめまで、イギリスから植民地インドへの郵便輸送には東インド会社の「インド貿易船《イーストインディアマン》」と呼ばれた帆船が使われ、喜望峰廻りで約半年、戻ってくるまでに一年以上もかかった。川北稔編『イギリス史』などを読むと、イギリスでは、同じ時期、重商主義体制から自由貿易主義体制への流れのなかで、東インド会社が保持していた貿

易独占権が廃止されていった。一八三三年には会社の役割が植民地の統治機関の役割に限定されていく。

東インド会社の本拠地はインド大陸西側のボンベイにあったが、郵便物、旅客、貿易の統計をみれば、圧倒的に東側のカルカッタが多かった。そのため、カルカッタ側で活動するイギリス商人らは、貿易発展のために英印間の安定した定期航路の確立を強く政府に求めてきた。一八一五年、郵政省が喜望峰廻りで帆船の郵便船を就航させたが、東インド会社の反対に遭《あ》い、一〇年でとりやめになってしまった。

そこで、商人らベンガル側が報奨金をだして、本国―カルカッタ間喜望峰廻り片道二万キロを七〇日で航行する挑戦者を募った。一八二五年、蒸気船エンタープライズ号（四七九トン、六〇馬力）がこの航海に挑戦したが、一一三日もかかってしまった。当時の蒸気船は長距離の航海にはまだ技術的に多くの問題を抱えていたため、七〇日を切ることができなかった。

この時期に、英印ルートについて、イギリスの港からエジプトのアレキサンドリアまでは地中海航路、そこからスエズまでは砂漠の陸路、スエズからインドの港までは紅海航路でつなぐ「海↓陸↓海」のルート案が検討されていた。このルートのうちボンベイ―スエズ間に、一八三〇年、東インド会社がヒュー・リンゼー号（四一一トン、八〇馬力）を航行させ

地図 13　英印間郵便郵送ルート上の主要都市（19 世紀）

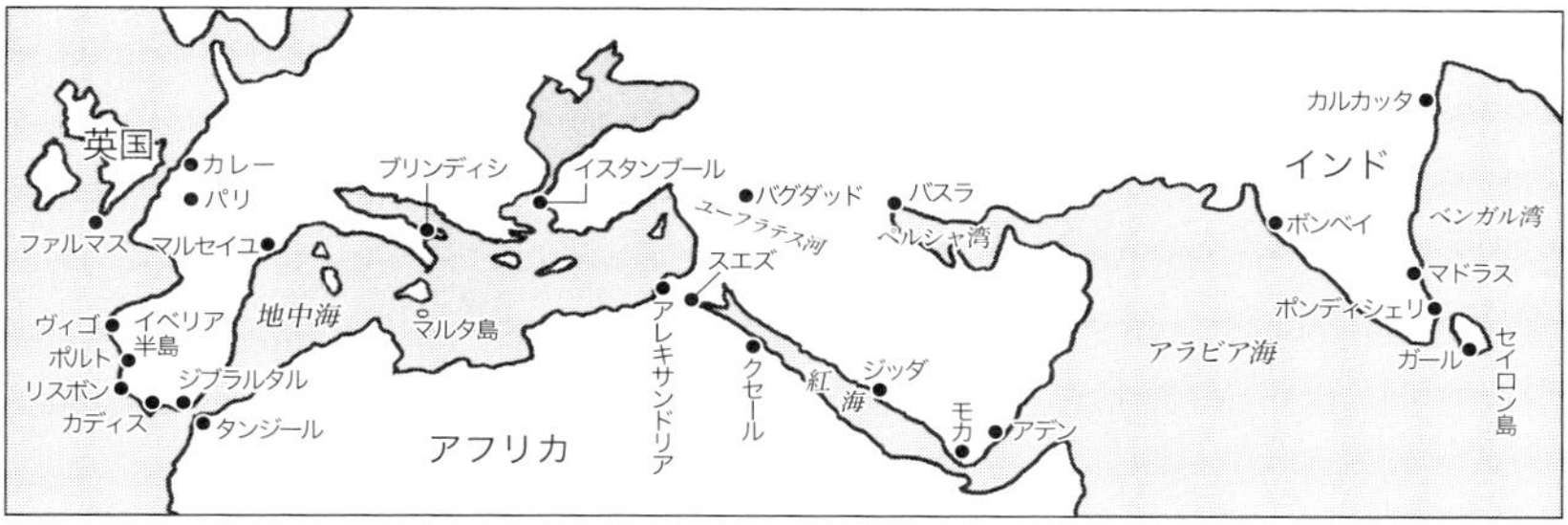

（著者作成）

た。およそ五〇〇〇キロ、大西洋横断とほぼ等しい距離である。石炭補給のために、アデン、モカ、ジッダ、クセールに寄港してスエズに向かう。往路三二日・復路三三日を記録した。その後、郵便物をスエズからアレキサンドリアまで陸送し、そこから地中海航路に接続する計画であったが、円滑な接続ができず、郵便輸送は足踏みをする。

ペニンシュラ社　地中海航路に関しては、ファルマス―ジブラルタル間に官営の郵便蒸気船が月一便就航していたものの、便数が少なすぎるなどと利用者から不満が多数だされていた。これを受け、大蔵、海軍、郵政の三省が協議し、民間船舶の活用を決める。一八三七年、地中海航路の郵便輸送の入札がおこなわれ、ペニンシュラ社が落札した。ちなみにペニンシュラはイベリア半島のこと。契約期間は三年、契約金は年二万九六〇〇ポンドとなった。同社は週一便、ファルマス―ヴィゴ―ポルト―リスボン―ジブラルタル間に蒸気船を運航させた。なかには三〇〇馬力を超す高性能の船舶もふくまれていた。接続はジブラルタル―マルタ間は月二便の、マルタ―アレキサンドリア間は月一便の海軍の蒸気船に積み替えて輸送された。運行頻度のちがいもあり、時間短縮の根本的な解消とはならず、インド便の利用者の不満は高まるばかりであった。

そこで輸送迅速化の一環として、一八三九年、英仏両国間で、英印間郵便物の輸送に関し、イギリスの負担により、フランスは、①カレー―マルセイユ間に毎日郵便馬車を往復させる、②マルセイユ―アレキサンドリア間の海路に月三回政府郵船を往復させる、という協定を締結した。ただし、機密保持の観点から、政府の重要書簡は、これまでどおりイギリス船籍の海路で輸送された。一般郵便物はフランス経由の便で輸送されるようになる。

Ｐ＆Ｏの台頭　一八四〇年、抜本的な英印間の輸送体制を確立するために、大型蒸気船による直行便の運行契約が入札にかけられた。ペニンシュラ社が、大型船を保有するトランスアトランティック汽船会社と合併し、ペニンシュラ・アンド・オリエント汽船会社（Ｐ＆Ｏ）となる。Ｐ＆Ｏは前記入札に応札し、落札に成功した。本章執筆に当たって、後藤伸の『イギリス郵船企業Ｐ＆Ｏの経営史』に負うところが多いのだが、同書によると、この入札にはＰ＆Ｏをふくめ四社が応札した。最安値を提示したのはウィルコックス＆アンダーソン商会であったが、運行能力などが格段に勝るＰ＆Ｏに決まった。

　契約は、ファルマス―ジブラルタル―マルタ―アレキサンドリア間に月一便、所要日数一四日。期間は五年、契約金は年平均三万四二〇〇ポンドとなった。並行して、Ｐ＆Ｏは東洋への配船に関し王室特許状が下賜《かし》された。そのことは、東洋への汽船配船の義務を負うことになる反面、東洋海域における郵便輸送契約は特許会社のみに委ねられることになるから、この契約落札と特許状取得はＰ＆Ｏにとって大きな意味をもつことになる。

　つづいて、Ｐ＆Ｏはインドの海上ルートの権益獲得に動きだす。相手はボンベイ―スエズ間に航路をもつ東インド会社である。カルカッタ―スエズ間の航路新設を巧みな交渉により認めさせ、Ｐ＆Ｏは年二万ポンドの奨励金も東インド会社から引きだした。一八四二年、同航路に就航するヒンドスタン号（一六五〇トン、五二〇馬力）がサウサンプトンからカルカッタに回航された。翌年一月、スエズに向けて郵便物を満載し出港、マドラス、そして石炭補給基地のガールとアデンに寄港しスエズに入港する。郵便物はアレキサンドリアに直ちに陸送され、直行便の蒸気船に積みかえられ、出発から五九日目にイギリスの港に着いた。ここにＰ＆Ｏの船舶によって、片道六〇日前後で英印間の郵便輸送が実現した。

　前段で、カレー―マルセイユ間を走る郵便馬車の話にふれたが、後年、アルプスを貫くフランス―イタリア間のトンネルが完成して、ドーヴァー海峡に面したカレーからイタリア南部の港町ブリンディシまで鉄道でむすばれた。一八七〇年から、特急列車が書状郵便などを輸送するようになる。ジャン・モリスの『パックス・ブリタニカ』（椋田《むくだ》直子訳）によれば、機関車二両、客車三両、郵便車三両が連結された列車に、イギリスの鉄郵員二人が乗務し、インド便が積み込まれて、毎週金曜日午後カレーを出発、日曜日夜にブリンディシに到着。つづいてブリンディシ—アレキサンドリア間の海路輸送はP&Oが担った、とある。

P&O社のヒンドスタン号．1842年9月，サウサンプトン港から喜望峰経由でカルカッタに向けて船出したところ．

3　オーヴァーランド・メール

かつて大陸を横断する郵便は、アメリカでも、オーストラリアでも「オーヴァーランド・メール」と呼ばれて、開拓者には欠かせないものになっていた。アレキサンドリア—スエズ間の陸路の郵便輸送便も「オーヴァーランド・メール」と呼ばれ、その完成は、英印間の郵便輸送の時間短縮に大いに貢献した。以下、その物語である。

ワグホーンの開拓路　オーヴァーランド・メールの路線開拓に熱心に取り組んだ人物が、イギリス人のトマス・F・ワグホーンであった。ジョン・K・サイドボトムがワグホーンの功績を一冊の本にまとめている。同書を読むと、ワグホーンは海軍を除隊した後、インドのベンガルで海運関係の仕事に従事していたが、エジプトの陸路開発に乗りだし、一八三五年にサービスを開始する。地図14に示すように、陸路は次のように三区間にわかれていた。

第一区間は、アレキサンドリア—アフティー間七〇キロのマハムディー運河。アレキサンドリアは地中海に面したエジプト最大の港湾都市、アフティーはナイル川に接続する水門

地図14　オーヴァーランド・メール

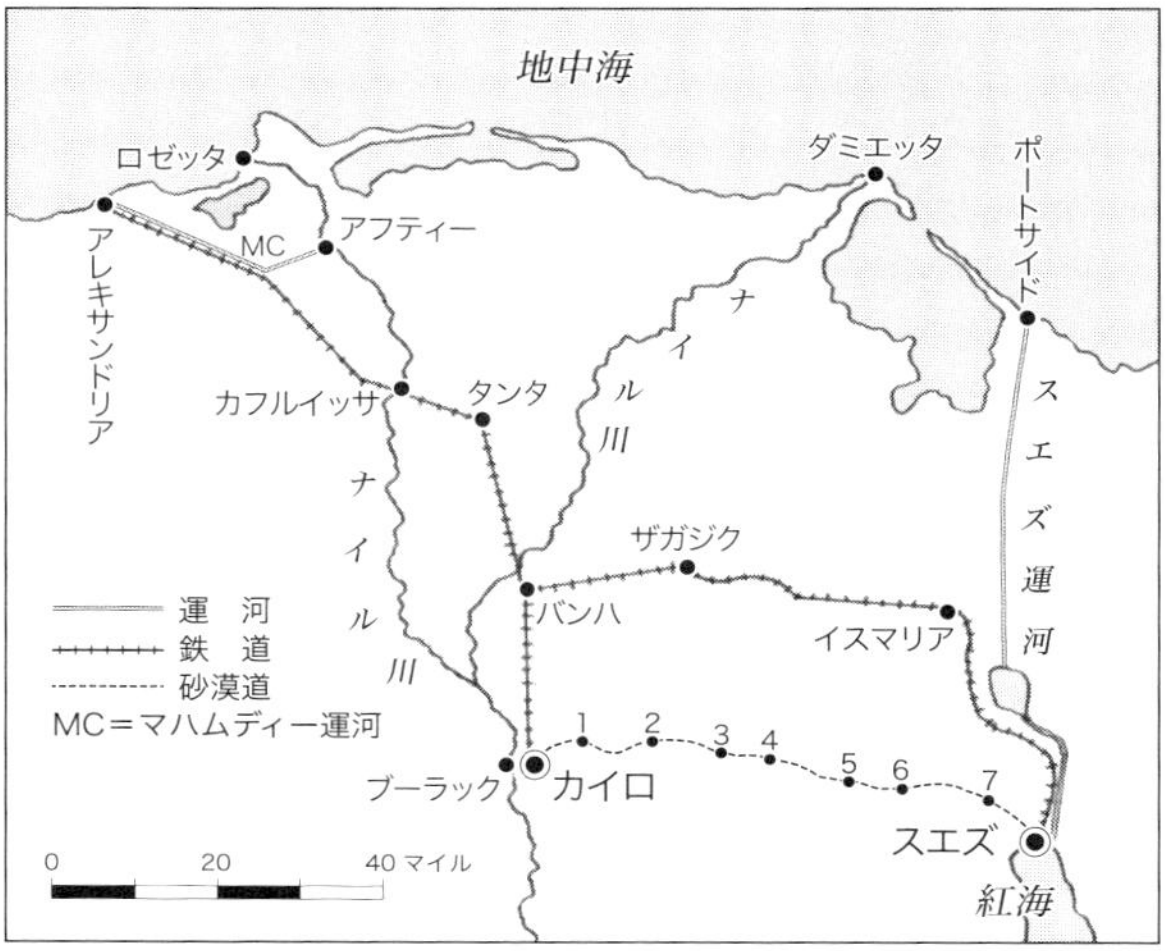

出典：Sidebottom, *The Overland Mail*, p.x 所収の地図を参照して作成.

がある小さな村であった。運河は、幅三メートル・深さ五メートルの水路だが、荷物を載せた小舟を水路側道から、最初は人が、後《のち》に馬が引っ張って先に進める。その少し前を、屈強な男がラッパを吹いて走りながら、小舟の通過を知らせ水路を空けさせた。運河と川の水位が同じときには問題がないのだが、落差があると危険な難所となった。アレキサンドリアからの平均所要時間は一二時間であった。この運河を一〇ヵ月の突貫工事で完成させたのである。工事中、婦女子を含む三一万人の労働者が投入されたが、うち二万人が過酷な労働で亡くなった、と伝えられている。

第二区間のアフティー―ブーラック間一九〇キロはナイル川。当初、ナイル川特有の「カンドジャ」と呼ばれた伝統的な三角帆の舟が使用されていたが、直ぐに六トンほどの小型蒸気船ジャック・オ・ランタン号が就航し、一〇〇人の乗客と荷物をはこぶようになった。以後、新たな小型蒸気船が追加されていく。平均所要時間は二一時間。ナイルの旅はブーラックで終わる。ブーラックはカイロの隣接地で、そこからラクダやロバの背に揺られて、あるいは乗合馬車に乗ってカイロの町に入った。

第三区間は、カイロ―スエズ間一三五キロの砂漠の道。この区間がオーヴァーランド・メールのルート上でもっとも過酷な道となった。道筋には「駅」と称する中継所が七ヵ所建設されている。それは第一駅、第二駅といった具合に呼ばれた。第四駅は中央駅で、休息場所、飲食場所、寝室などの最低限の施設が整えられている。スエズまでの平均所要時間は二七時間前後。ラクダの背に揺られながら砂漠を旅するのはロマンに満ちた冒険に映るけれど、本当のところは難行苦行の旅となった。後年、馬車が使われるようになる。全行程三九五キロを平均六〇時間前後で走破した。平均時速が七キロ弱となる。この陸路ではこばれた手紙のなかに「ワグホーン取扱い／アレキサンドリア」とか「ワグホーン取扱い／スエズ」などと表示された郵便印が押されているものがある。まさにそれがワグホーンがはこんだ手紙である。

ある旅行者は「水はナイル川から汲み上げられ、陶器の壺から注がれる。蠅が多いことに閉口した。食事がでてきても蠅が群がり、何の料理かわからない」と嘆いている。それでもイギリス人は旅をした。ワグホーンは、砂漠の遊牧民ベドウィン族とも交渉し、この郵便輸送ルートの安全を確保するとともに、貨客輸送の迅速化のために努力していた。

エジプト政府による買収劇　この時期、ワグホーンは、ロンドンの郵政省や東インド会社にも何度となく郵便輸送の改善策を進言したが、両組織とも不誠実な対応に終始した。それでも郵政省は一八三五年、オーヴァーランド・メールが英印間の郵便輸送ルートとして迅速かつ安全であることを渋々認め、郵便物の取扱いを許可した。これで事業が円滑に進むかと思われたが、一八四〇年、大手海運会社のP&Oがイギリス政府の後ろ盾を得て陸路にも進出してきた。これにより同社は英印間の輸送網を途切れなく支配し、管理することが

オーヴァーランド・メールのルートを旅する．19世紀前半．上から，ナイルの三角帆の伝統的な小舟，砂漠を行く馬車とラクダの一行，カイロの街，中央駅である第４駅．

できるようになった。

ワグホーンは競争相手でもあった同業者のヒル・レーベン商会と合流し対抗したが、一八四五年にエジプト輸送局に買収された。買収劇には、P&Oのエジプト側への働きかけがあったといわれている。不運なことに、前年にワグホーンは三〇〇頭の馬を伝染病で失い、窮地に追い込まれていた。一八五〇年、イギリスで亡くなる。四〇年後、故郷ケント州チャッタムにワグホーンの銅像が建立された。台座には「オーヴァーランド・ルート開拓のパイオニアであり創設者」と刻まれている。

一八五六年にアレキサンドリアからカイロまで、その三年後にはバンハ、イスマリア経由でスエズまで鉄道がつながった。更に一八六九年に地中海と紅海をつなぐスエズ運河が開通すると、オーヴァーランド・メールは、その歴史的な使命を完全に終えた。

4 極東航路

アヘン戦争の結果、一八四二年、イギリスと清朝中国は南京条約を締結した。香港がイギリスに割譲され、上海など五港が開港される。イギリスの中国進出が本格化する。繰り返しになるが、郵船の一翼を担ったP&Oの「P」はペニンシュラ、イベリア半島の意味。「O」はオリエント、東洋の意味である。まさに同社が中国航路の主役になっていく。


香港・上海　一八四四年、海軍省とP&Oは郵便輸送契約を締結し、航路をインドから香港まで延ばす。前出の後藤の本によると、中国航路に関する契約内容は、次のとおりであった。航路はセイロンのガール―ペナン―シンガポール―香港とする。航行時間三五五時間・停船時間四八時間以内。四〇〇馬力以上の汽船二隻と予備船一隻を配船して、月一便とする。契約額は年間一六万ポンド、うち中国航路分は四万五〇〇〇ポンド。契約期間は七年とすると約定された。

一八五三年、郵船契約が更改された。中国航路は、ボンベイ―ガール―シンガポール―香港となった。片道七三〇〇キロ、月二便に増便された。イギリスから香港までの郵便所要日数は五〇日前後となる。ここで問題となったのがP&Oに支払われた二〇万ポンドの高額の契約金であった。しかし批判に対して、P&Oは、運行総マイル数は六〇万マイル（九六万キロ）に達しているが、その半分の運行マイル数しかない北米航路のキュナード汽船は一七万ポンドも受け取っている。P&Oのマイル単価は、キュナード汽船の半分にしか満たないと反論した。

一八五四年、クリミア戦争でP&Oの船舶も海軍に徴用されたため、中国航路は月一便に減る。ただし、航路は香港から上海まで延びる。一八五七年に入ると、P&Oは中国航路を月二便に戻した。増便の一便は商業上の経営判断でおこなったために、郵船契約とならなかったが、無料で郵便物を輸送した。しかし、増便は燃料費の高騰で中止に追い込まれそうになった。月二便を維持したい郵政省が年二万四〇〇〇ポンドを支払うことで、その場を何とか切り抜けた。月二便の英中間の郵便交換は確保される。

長崎・横浜　日本との関係を整理すれば、P&Oは一八五九年に試験的に上海―長崎間に月一便配船している。翌年には横浜まで航路を延ばし、四年後には二週一便となる。澤まもるが『郵便史研究』に発表した調査報告によると、P&Oの横浜の代理店であったアスピナール・コーンズ社が一八六三年一〇月三一日の『ジャパン・ヘラルド』紙に広告をだした。広告には、翌一一月一日午前九時出航の上海行のグラナダ号に船積みする郵便物を、前日三一日午後五時まで受け付ける、と告知されている。なお、一八六六年一〇月以降、アスピナール・コーンズ社の代理店業務は横浜居留地六四番のウィリアム・ディヴィソン社に変更された。ちなみに、同社は翌年二月に税関に近い海岸通り一五番に移転している。このように横浜で発行されていた欧字紙からP&Oの活動の一端を知ることができる。

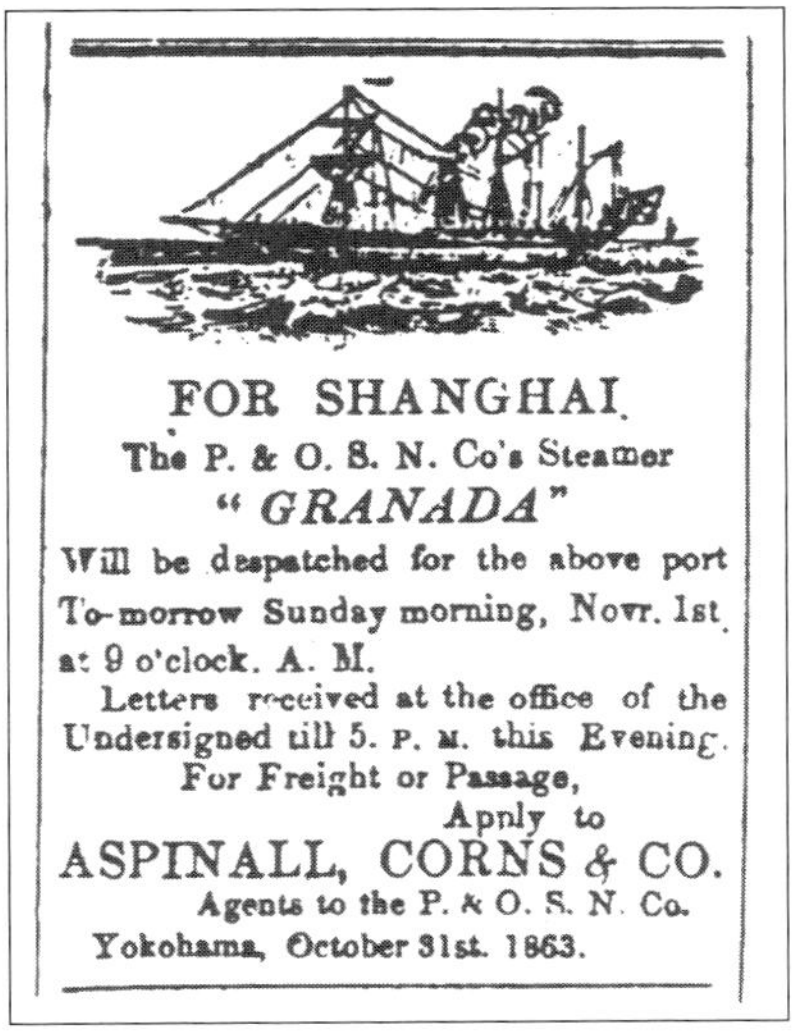
FOR SHANGHAI.
The P. & O. S. N. Co's Steamer
"GRANADA"
Will be despatched for the above port
To-morrow Sunday morning, Novr. 1st.
at 9 o'clock. A. M.
Letters received at the office of the
Undersigned till 5. P. M. this Evening.
For Freight or Passage,
Apply to
ASPINALL, CORNS & CO.
Agents to the P. & O. S. N. Co.
Yokohama, October 31st. 1863.

『ジャパン・ヘラルド』に載ったP&O横浜代理店の郵便受付広告．1863年．

一八六〇年代末、P&Oの経営が大きく揺さぶられることになった。原因は、フランスの帝国郵船会社《メサジュリ・マリティム》が台頭してきたためである。フランス政府から手厚い保護を受け、仏帝国郵船はマイル当たりP&Oの四倍もの契約金を得たほか、巨額の前貸金を政府から受け取っていた。こんな数字がある。P&Oと仏帝国郵船が取り扱った中国・日本からの生糸の貨物の比率は、一八六三年は九対一であった。しかし、三年後には六対四にまでP&Oが追い上げられる。このような厳しい経営環境のなかで、一八六七年に郵船契約の更新入札がおこなわれる。それも東洋郵船の航路を六航路に細分化し、イギリス政府はフランスをはじめ外国の郵船企業にも応札の勧誘をおこなった。背景には、P&Oの郵船契約独占を阻止したい議会や大蔵省の動きがあった。

一方、P&Oは、多額の補助金を受けている外国の郵船企業に対し、更にイギリス国民の税金を使って補助金も与えるのか、と猛反発した。世論もかたくなな政府側の姿勢に反対する。結果的には、イタリア企業が地中海航路の一部に応札しただけで、仏帝国郵船は応札してこなかった。イギリス国内からの応札はP&Oだけであった。

郵便汽船三菱　一八六八年に締結されたイギリス政府とP&Oとの郵船契約に日本航路がはじめて入った。上海―長崎―横浜線である。しかし、一八七四年、P&Oは上海線から撤退し、香港―横浜線に変更する。撤退の背景には、同航路にアメリカの太平洋郵便蒸気船会社《パシフィック・メール・スチームシップ・カンパニー》（パシフィック・メール）が就航しているし、安値攻勢で日本の三菱も後を追っていた。翌年、パシフィック・メールも上海線から撤退して、米船三隻と上海の施設設備を三菱に譲渡した。ここに明治政府の巨額の支援を受け郵便汽船三菱会社が誕生する。上海線はわが国初の本格的な外国航路となった。P&O撤退後も、東アジアに進出していたイギリスのジャーディン・マセソン商会などは自社船を有しており、上海線をふくめ極東航路を維持していた。同商社については、石井寛治が『近代日本とイギリス資本』のなかで詳述している。

北米横断鉄道の開通　一八六九年五月、アメリカ大陸横断鉄道が開通、一一月にはスエズ運河も開通した。イギリスから日本への郵便輸送時間はスエズ経由で六〇日前後、それが大西洋航路―大陸横断鉄道―太平洋航路では三五日前後に短縮された。重い大量の貨物は積替なしで直行できるスエズ経由の便が、軽い郵便物や旅客はアメリカ経由の便が使われるようになる。この二つの航路の利害得失を考え、上手く使い分けて日本はヨーロッパへの貨客輸送のルートを選択することができるようになった。

また、アメリカ大陸横断鉄道につづいて、カナディアン・パシフィック鉄道のヴァンクーヴァー―ハリファックス間のカナダ大陸横断鉄道が開通すると、一八九〇年代、日英間の郵便所要日数は二八日となり、スエズ経由四三日とくらべると二週間以上短縮された。以上のことについて、小風《こかぜ》秀雅は交通史学会の講演で、産業革命に準《なぞら》え、「世界の交通革命」と称している。大陸横断鉄道の開通は、日英間の郵便輸送ルートにも大きな変化を起こした。

5　オーストラリア航路

ここでは、イギリスから遠く離れたオーストラリアへの郵船航路について紹介する。一八世紀後半にキャプテン・クック（本名ジェームズ・クック）がこの南半球の地を三度にわたり探検して、イギリスの囚人がまず送り込まれ、その後、多くの一般移民もつづいた。リトル・イギリスの建設がはじまる。オーストラリアとなる入植地は、シドニー、ブリスベン、メルボルン、アデレードなど東南部の海岸、タスマニアやニュージーランドの島にも広がっていく。

喜望峰廻りの帆船　ジェーン・ファルジアとトニー・ギャモンズがまとめた郵便輸送史の小冊子によると、英豪間を行き来する郵便は、草創期、南アフリカの喜望峰廻りで民間の帆船が郵便を不定期にはこんでいた。シップ・レターだ。荒れ狂う四〇度線があるインド洋を航行し、時に貿易風に乗って一七ノット（三一キロ）で進んだこともあったが、オーストラリア到着までに半年もの時間を要した。イギリスからケープタウンまで九六〇〇キロ、そこから西オーストラリアのフリーマントルまで八〇〇〇キロ、そして入植者の多い東側のシドニーまで三二〇〇キロ、合計二万キロを超える長距離航海となった。リヴァプール―ハリファックス間などの大西洋航路とくらべれば四倍もの距離になる。帰路は貿易風を利用し南米のホーン岬を回って母国に戻って来た。まさに世界一周航路である。

一八四四年、喜望峰廻りの帆船による英豪間の定期郵便船が登場する。海軍省との郵船契約を落札したのはロンドンのトゥルミン社であった。契約は、リヴァプール（またはグレイヴゼンド）―シドニー間、月一便の配船。しかし、速度は改善されず、輸送に片道平均六ヵ月以上を要し、四年後の契約更新はかなわなかった。表48に、一八四四年下期のイギリス発オーストラリア宛郵便物の数字を示す。寄港地はシドニーとメルボルンの二港。総計一〇万通のうち九五パーセントがシドニー到着便であった。トゥルミン社が輸送した郵便物

表48　イギリス発オーストラリア宛郵便物（1844年下期）

（1）総取扱量　（通）

寄港地	書状	新聞	計
シドニー	35,463	63,732	99,195
メルボルン	3,060	2,557	5,617
計	38,523	66,289	104,812

（2）うち郵船扱分（トゥルミン社）　（通）

寄港地	書状	新聞	計
シドニー	24,307	58,071	82,378
メルボルン	0	0	0
計	24,307	58,071	82,378

出典：Robinson, *Mails Overseas,* p.189.
注：総取扱量＝郵船扱分＋民間船舶扱分（シップ・レター）．
民間船舶扱分＝総取扱量－郵船扱分

を下の表に別掲したが、総計の七九パーセント八万通余りであった。オーストラリアに届けられた郵便物を種別でみると、新聞が圧倒的に多く、書状の一・七倍もあった。届いたばかりの新聞に人々が集まり、母国からのニュースをむさぼるように読んだ、否、聞いたにちがいない。

蒸気船の時代がはじまる。一八五三年、P&Oはトレス海峡経由のシンガポール—シドニー間八七〇〇キロの蒸気船による郵船契約を獲得した。エジプト経由の中国航路の支線扱いで、オーストラリア便は往路復路ともシンガポールで積み替えられシドニーに、あるいは母国に向かった。隔月一便の配船。英豪間の日数が七〇日前後となった。しかし燃料費の急激な高騰と貨客の輸送量が想定より伸びなかったため、航路の運営は大幅な採算割れとなった。

二転三転する契約相手　後藤の文献によると、同じ時期に喜望峰廻りの隔月郵便輸送の郵船契約が、海軍省とオーストラリアン・ロイヤル・メール・スチーム・ナヴィゲーション社（ARMSN）とのあいだで締結された。約定日数は九〇日。P&Oと相互に運行すれば、オーストラリア便が毎月出るはずであった。だが、航海は九〇日を大幅に超過することとなり、一年足らずのうちに契約が放棄されることになってしまった。ARMSNに代わって、喜望峰廻りを引き受けたのは、イギリス—喜望峰間の郵船契約を締結していたゼネラル・スクリュー・スチーム・シッピング社（GSSS）であった。他方、一八五四年、クリミア戦争が勃発すると、P&Oの船舶も軍に徴用された。これを契機に、P&Oのオーストラリア便は停止される。表向きには船舶徴用で配船が困難になったためとしたが、不採算路線からの撤退が大きな理由といわれている。

P&Oなどの撤退を受け、海軍省は、高速帆船による喜望峰廻りのオーストラリア便の輸送を、リヴァプールにあった船会社、ブラック・ボール社とホワイト・スター社に託して急場を凌いだ。復路は東廻りで南米ホーン岬経由で運行される。月一便。貿易風に上手く乗れば大きな時間短縮が期待できた。

一八五六年、海軍省は、英豪航路の再開を目指して郵船契約を入札にかけた。P&OやGSSSなど四社が応札してくる。サウサンプトン—アレキサンドリア航路と、スエズ—シドニー航路に配船するとしたイースタン・アンド・オーストラリアン・ロイヤル・メール社（E&A）が契約を獲得。P&OがスエズΙ以東の郵船契約獲得にはじめて敗れた。だがE&Aの運行は規則性を欠き遅れが多かった。その結果、多額の違約金の支払いが生じ、同社は破綻した。もしE&Aが運営に成功していれば、P&Oの強力なライバルになっていたにちがいない。

ＡＲＭＳＮにつづいてＥ＆Ａも契約どおりに郵船の運行ができず、海軍省は、安定したオーストラリア便の輸送が確立できなかった。その責任をとり、一八六〇年、郵便輸送の契約官庁が海軍省から郵政省に移された。

ＡＲＭＳＮやＥ＆Ａの契約不履行の背景には、運行経験や技術の不足、それに各寄港地における自社港湾施設を十分に整備していなかったことなどが挙げられる。その点、Ｐ＆Ｏは各地に膨大な設備投資をおこない、倉庫、桟橋、貯炭場、作業場、ホテルなどをはじめ、カイロには農園、横浜には石炭備蓄船を備えていた。契約締結の判断に当たっては、契約金の額も重要だが、船舶保有だけではなく、必要な海外施設を有し履行能力があり、信頼できる海運会社であることを見定める必要があった。

一八六一年、郵政省とＰ＆Ｏは、セイロンのガール―シドニー間のオーストラリア便の郵船契約を締結した。契約金は年一三万ポンド、月一便。契約締結に至るまでに、スエズ―アデン―モーリシャス経由でオーストラリア便を運行したこともあったが、一八六一年の契約で、ガールがオーストラリア便の発着港となり、ガールで郵便物は積み替えられ目的地に向かった。インド・中国航路に接続する支線となる。一八六六年、ほぼ同一の内容で契約が延長され、キングジョージサウンドとメルボルンにも寄港するようになった。

地図 15　オーストラリア／ニュージーランド（1860 年代）

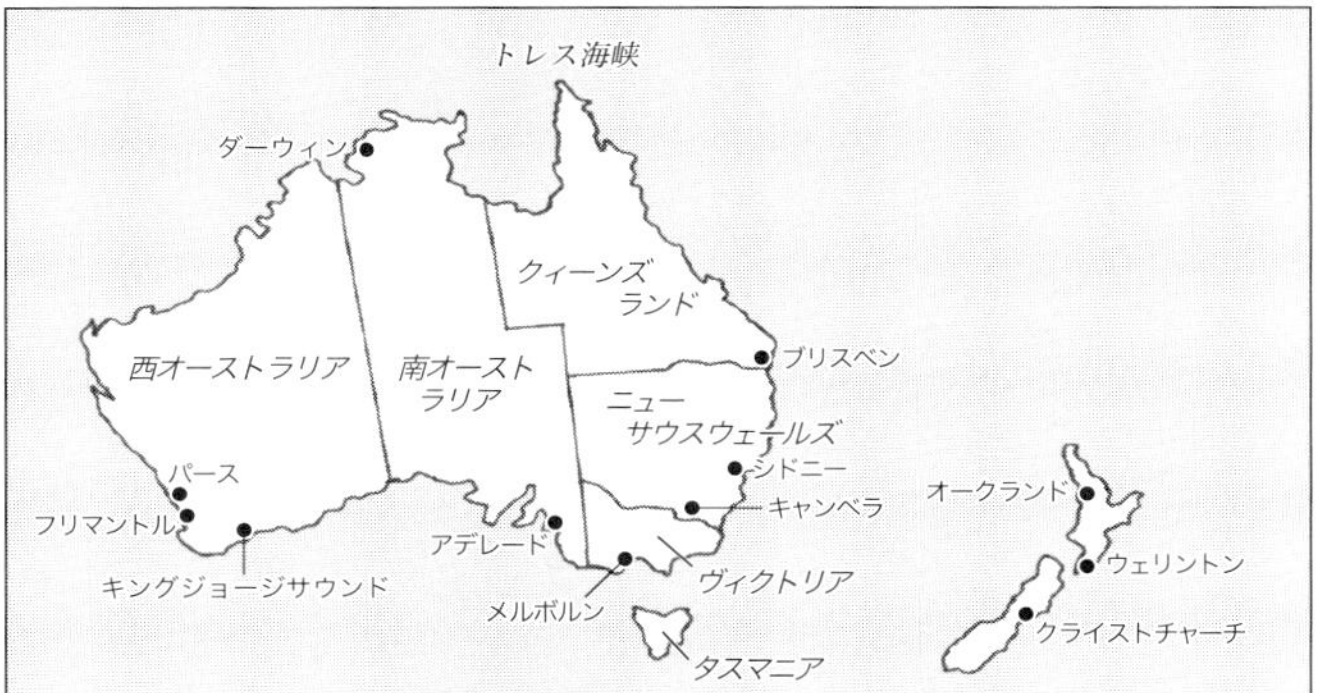

出典：山本真島編『オセアニア史』109 ページ所収の地図をもとに作成.
注：(1) 斜体の地名は「州」を表す.
(2) 19 世紀半ばまで，タスマニアは「ヴァンディーメンズランド」と呼ばれていた.
(3) 1911 年，首都キャンベラは NSW から分離され，オーストラリア首都特別地域（ACT）となる.
(4) 1911 年，南オーストラリアの北半分が「ノーザンテリトリー」となった.

植民地政府に契約分散　地図15に、一八六〇年代のオーストラリアとニュージーランドの概況を示しておくが、一八七〇年代に入ると、ヴィクトリアとニューサウスウェールズの両政府が郵船契約の負担金の支払いを中止したいとする意向を本国政府に通告してきた。通告を受けて、本国政府は次のように提案する。内容は、①本国―ガール間の郵船契約の植民地政府負担分を廃止し、全額を本国政府が負担する、②本国はオーストラリア側が選択した港とガール間の郵船契約に関し、年間四万ポンドを限度とし半額を負担する、というものであった。

しかし、オーストラリア側の発着港をどこにするのか植民地間で一本化ができなかった。すなわち、西オーストラリアや南オーストラリアはメルボルンを、ニューサウスウェールズとニュージーランドはシドニーを発着港にすることを主張した。他方、クイーンズランドはガールの代わりにシンガポールを接続港とし、ブリスベンを発着港とすることを希望した。それぞれが発着地を最初に寄港する港、最後に出港する港とすることを主張したのである。このため本国政府はオーストラリア便の郵船契約の当事者になることを断念し、郵船契約を植民地側に委ねた。

結果は、一八七三年、①ヴィクトリア政府がメルボルン―ガール間をP&Oと、②クイーンズランド政府がブリスベン―シンガポール間をE&Aと、③ニューサウスウェールズ政府とニュージーランド政府がシドニー―オークランド―サンフランシスコ間をパシフィック・メールと、それぞれ郵船契約を締結した。いずれも四週一便。費用は各植民地政府が全額負担。本国とガール、シンガポール、サンフランシスコの各間の費用は母国の負担となった。

このように各植民地政府がそれぞれ発着港を定め異なった船会社と契約したが、一八八八年、オーストラリア側が発着港をアデレードに絞ることになった。これを受けて、イギリス郵政省が入札をおこなった結果、①P&Oがイタリア南部ブリンディシ―アデレード間に、②オリエント・スチーム・ナヴィゲーション社（オリエント社）がナポリ―アデレード間に、それぞれ隔週、運行日数三二日、スエズ運河経由で直行便の郵船を就航させことになった。これにより、P&Oとオリエント社の二社相互運行により週一便の郵船運行が実現する。そして重要なことは、オーストラリア便がインドや中国航路の支線ではなくなり、母国からの直行便となったことである。

インド洋に面したアデレードの街が発着港に落ち着いた理由は、アデレードが東のブリスベンから西のパースまでの海岸線に位置する諸都市のほぼ中程にあること、それら諸都市がいわゆる郵便馬車によるオーヴァーランド・メールでむすばれるようになってきたからであろう。鉄道も一八五四年以降急速に敷設され、一九世紀末には主要都市をむすぶ鉄道網ができあがった。アデレードに陸揚げされた郵便物は、日を置かずして、郵便馬車や鉄道によってシドニーやブリスベンなどの諸都市に輸送されていった。

一九〇一年、オーストラリアはイギリス国王を戴く連邦国家となった。郵便は中央政府の専権事項となり、新たな時代を迎える。

6　ニュージーランド航路

本国ロンドンからみれば、外国郵便の重要度は、もちろんヨーロッパ便が首位、次いで北米便、インド・中国便、オーストラリア便はその後塵を拝し、支線扱いであった。更にニュージーランドはシドニーから何と二〇〇〇キロも離れていて、オーストラリア便の支線になる、否、支線の支線に位置づけられようか。ニュージーランドへの植民が本格化した一八四〇年代には本国からの手紙の所要日数は優に一〇〇日を超していた。

パナマ・ライン　ニュージーランドの入植者にとって、母国イギリスとの郵便迅速化は最重要課題の一つであり、植民地政府内において、さまざまな案が検討されてきた。一八六〇年代前半、植民地政府は郵便迅速化のために、パナマ経由の郵船航路の開設を計画し、本国政府に支援を要請した。しかし、ロンドンの郵政省はスエズ経由を基本として考え、パナマ経由の計画には冷淡であった。理由には、郵船契約の費用増大を警戒していたことに加え、ニュージーランド便の取扱量がオーストラリア便とくらべたら、六パーセントにしかすぎなかったことなどが挙げられている。そのため、植民地政府は母国から支援を引きだすことができなかった。この時、ローランド・ヒルがニュージーランド側の計画を過小に評価

ニュージーランドのリトルトン（現クライストチャーチ）に入港した帆船．1850 年代．母国イギリスからクリスマス・メールをはこんできた．ニュージーランド郵政の 1952 年公式賀状から．

し支援に強く反対し、その旨を大蔵大臣のグラッドストンに進言していたと伝えられている。

だが、この計画に対して、ニューサウスウェールズ政府が協力を表明する。一八六六年、二つの植民地政府が地元の汽船会社に梃子入れ《てこい》し、パナマ・ニュージーランド・アンド・オーストラリア・ロイヤル・メール社（パナマ・ライン）に改組する。四隻の新造船がシドニー—ウェリントン—パナマ約一万三〇〇〇キロの航路に就航した。パナマに着くと鉄道で大西洋側の港にでて、そこから別の船でイギリスに向かった。片道二五日、パナマ・ラインの第一船は五四日で往復した。二年半にわたって規則正しく運行されてきたが、パナマで黄熱病が広く蔓延したために、乗船客が激減して運行が停止された。

大陸横断鉄道経由　話は前節で説明した一八七三年の郵船契約につづく。③の契約がそれで、ニューサウスウェールズ政府とニュージーランド政府がシドニー—オークランド—サンフランシスコ間の郵船契約をパシフィック・メールと締結した。サンフランシスコ—ニューヨーク間は一八六九年に開通したアメリカ大陸横断鉄道で郵便物をはこび、大西洋航路はキュナード汽船の郵船が受けもった。母国とニュージーランドが四一日でむすばれるまでになる。サンフランシスコとイギリスとの間の輸送費用は母国負担となった。

一九世紀そして二〇世紀初頭まで、太平洋航路—大陸横断鉄道—大西洋航路のルートが、ニュージーランドと母国とをむすぶ最速郵便ルートとして機能していく。なお、ロビンソンがニュージーランド郵便史も一九六四年に刊行していることを付記しておく。

7　海外版ペニー郵便の導入

一九世紀前半、利用者から外国郵便の料金が高いと批判されていた。国内書状の基本料金は、ヒルの運動により、一八四〇年に最高一七ペンス・最低四ペンスの距離別料金が全国一律一ペニーに大幅に引き下げられ、一九一八年まで七八年間一ペニーが維持される。一方、一八五〇年代の外国宛書状料金は内国郵便とくらべれば非常に高く、その上、経路・経由地などによって料金が異なり複雑であった。ここですべて正確に記すことはできないが、大略、外国郵便料金は六ペンスから一シリングが相場であった。

バリットによる運動　外国料金の値下げ運動の本格的な口火を切った人物は、アメリカ・コネティカット出身のエリヒュー・バリットであった。バリットは海外版ペニー郵便《オーシャン・ペニー・ポステージ》の導入を提案する。スタッフがペニー郵便の本のなかでバリットの運動をまとめているが、同書によれば、一八四六年にイギリスに渡ったバリットは、演説で「郵便物の半分は新聞で占められ、その料金が一ペニー。重い新聞の郵便が一ペニーなのに、何故、軽い信書がその何倍もの料金を払わなければならないのか疑問である」などと語って、値下げの必要性を力説した。運動の一環として、彼はまた海外版ペニー郵便の導入を促すために、プロパガンダ・エンヴェロープ（宣伝の絵を刷り込んだ封筒）を大量に作成して、イギリス国内の諸都市で配布し、理解者を増やしていった。

バリットの熱心な運動、それを支持する人々の輪が広がっていき、郵政当局は一八五三年に外国郵便の書状基本料金の最高額を六ペンスに引き下げる検討に入った。一八五八年までにカナダ、オーストラリアなど大方の外国宛の書状料金が六ペンスになる。

しかし、英米間の郵便料金の改正交渉は、コスト按分を巡り長いあいだ決着がつかなかった。一八五九年、アメリカ側はイギリス宛の料金二四セントを一二セントに引き下げることを提示し、海上輸送分に七セント、アメリカ国内分に三セント、イギリス国内分に二セントとする按分案を示した。一二セントは六ペンスに相当する。この按分案に対して、ヒルは「アメリカの郵船会社は郵便料金を上回る巨額の補助金を受けているのだから、海上輸送分は四セントで十分」と主張していた。一八六八年、英米間の料金は、イギリス側が一シリングから六ペンスに、アメリカ側が二四セントから一二セントに引き下げることになった。五〇パーセントも値下げさせたことはバリットの運動の成果ともいえるが、料金一ペニーを目指すバリットらにとっては到底満足できるものではなかった。

万国郵便連合　ドイツの財政学者グスタフ・コーンによれば、一八五〇年に創設されたドイツ・オーストリア郵便連合はきわめて効率よく運営されていた。しかし、これは例外中の例外であり、当時の外国郵便の運営および料金制度はきわめて複雑であった。そのことはイギリスに限ったことではなく、郵便でむすばれているすべての国々の抱える問題であった。背景には、二国間でそれぞれかってに郵便交換条約を締結していたという事情がある。一九世紀まで二国間条約は無数に存在し、郵便料金の基準も尺度もまちまちのため、壊れやすいガラス細工のようなカオス的状況を呈していた。この複雑きわまりない状況を打破するためには、二国間条約を整理して、単一の国際協定を全加盟国が承認する簡素な形にすることが急務となっていた。

一八六三年、アメリカの郵政長官モンゴメリー・ブレアの提唱により、欧米一五ヵ国の代表がパリに集まり、各国の郵便当局に対し勧告すべき相互協定の基礎となる一般原則を採択した。つづいて、北ドイツ連邦郵便庁のフォン・シュテフアンが郵便総連合《ジェネラル・ポスタル・ユニオン》（「一般郵便連合」とも訳される）の創設素案を発表する。

一八七四年一〇月、スイスのベルンに欧米の主要二二ヵ国が集まり郵便総連合創設に関する条約（ベルヌ条約）に調印し、二二加盟国間で発着する書状の基本料金を二五サンチーム（二・五ペンス、五セント）とすることなどを採択した。一八七五年から実施。多国間協定のはじまりである。ちなみに、日本の加盟は一八七七（明治一〇）年で、創設メンバーに次ぐ第二グループの加盟国となる。郵便総連合は一八七八年に万国郵便連合《ユニバーサル・ポスタル・ユニオン》（UPU）と改称された。

採択を受け、創設メンバーであったイギリスは、一八七五年、表49に示すように連合外国郵便の料金を新設した。書状基本料金は半オンス二・五ペンス。アメリカをはじめ連合加盟国宛の外国郵便物には二・五ペンスが適用されたが、その他イギリスの植民地宛の郵便には連合料金が適用されなかった。一八八七年の記録では、同年、二・五ペンスの連合料金が適用されていた自治領と植民地は、カナダ、ニューファンドランド、ジブラルタル、マルタだけ。西インド諸島、インドは四ペンス、喜望峰、オーストラリア、ニュージーランドは六ペンスとなっていた。料金が高止まりしている大きな理由は、当時、外国郵便の赤字が年間三五万ポンドにも達していたからである。

ヒートンの非難　この料金格差を非難した人物がジョン・H・ヒートンであった。オーストラリアのシドニーで新聞編集の仕事に携わり、一八八四年に母国に帰国し、国会議員に選出される。ヒートンは「オーストラリア宛の郵便料金を一ペニーに引き下げること。何故なら一トン分の郵便物の料金は一七九二ポンドになるが、貨物一トンの運賃は二ポンドにしか過ぎない」などと主張し、郵政省に料金値下げの決断を求めた。これに対し、郵政省は「船会社への補助金が膨大であること、郵便事業の余剰金は大蔵省に納付しなければならないこと」などを挙げ難色を示した。その他、郵政省が値下げに踏み切ることができなかった背景には、ヒルが主導した国内料金一律一ペニー引下げの際に、思うように郵便の取扱量が伸びなかったために利益が大きく圧縮されたことや、植民地料金が外国郵便の収入のなかで大きな比重を占めていたという事情もあった。

もう一つ大きな問題があった。多くの自治領と植民地が郵便連合への加盟を望んでいたが、連合の大会議では投票権付与を巡って議論が重ねられたものの、当初は個々の自治領と植民地に投票権が付与されていなかった。それでも、一八七六年にインドが、一八七八年にカナダが、一八八一年には西インド諸島と西アフリカが郵便連合に加盟した。自治権を有する連邦国家になっていたカナダに、本国イギリスは配分さ

表 49　内国郵便・外国郵便の書状基本料金の推移（抄）（1840-1975 年）

年	内国郵便 (Inland Mail)		外国郵便 (Foreign Mail)				
	全国版 1 ペニー郵便 (Uniform Penny Postage) 1840 年導入		連合外国郵便 (Union Rate Postage) 1875 年導入		帝国領地間郵便 (Imperial Penny Postage) 1898 年導入		既存制度（累次改正）1891年までに連合外国郵便に吸収される
1840							
1875							
1891	1.0d	0.5oz		0.5oz			
1898			2.5d				
1907					1.0d	0.5oz	
1911							
1918	1.5d	4.0oz			1.5d	1.0oz	
1920			1.5d		1.0d	0.5oz	
1921	2.0d	3.0oz					
1922			3.0d				
1923	1.5d		2.5d		1.5d		
1940		2.0oz	1.5d				
1948	2.5d				1.0d		
1950			4.0d		2.5d		
1957	3.0d	1.0oz	6.0d	1.0oz	3.0d		
1965	4.0d	2.0oz	2.5d		1.0d	1.0oz	
1966			4.0d		1.5d		
1968	5.0d		9.0d		5.0d		
1971	3.0p	4.0oz	4.0p		2.0p		
			5.0p		3.0p		
1973	3.5p				3.5p		
1974	4.5p	2.0oz	5.5p		4.5p		
1975	7.0p						

出典：Great Britain Philatelic Society（http://www.gbps.org.uk/information/rates/overseas/surface/letters-1875-1975.php); National Postal Museum London, A History of Inaland Postage Rates through the Ages (PHQ2515M. 200.8.77. EB) (typescript).

注：(1) 旧貨ペニー（d，複数形ペンス）は，1 ポンド =20 シリング＝ 240 ペンス．
(2) 新貨ペニー（p，同）は，1 ポンド＝ 100 ペンス．1971 年から十進法採用．
(3) 重さ 1 オンス（oz）は，28.4 グラム．
(4) 帝国領地間郵便の割引料金は，1975 年 3 月 16 日に廃止．呼称は複数ある．
Ocean Penny Postage（海外版ペニー郵便導入運動で使われた．）
Comonwealth (Empire) Rates（英連邦割引料率という意味で使われた．）
Transatlantic Penny Postage（英米間ペニー郵便の枠組で使われた．）

れていた植民地枠一票を譲渡した。一方、オーストラリアとニュージーランドの両国の加盟は遅れ一八九一年に実現したが、投票権は併せて一票しか付与されなかった。一九世紀末になると、セント・ヘレナなどごく小さな植民地を除いて、イギリスの自治領と植民地の郵便連合への加盟がほぼ完了した。

一八九一年、二・五ペンスの連合料金がイギリスの自治領と植民地すべてに適用されることとなった。この決定に際して、大蔵大臣は「この値下げにより年《とし》間一〇万ポンドの赤字が更に増えるだろう」と述べた。その年の郵政省の年次報告書には「自治領と植民地の人々は他の国の人々と同様に低廉な料金で手紙がだせるようになった」と記されている。例外もあろうが、イギリスの外国郵便料金は、大略、連合料金に収斂していった。当局に二・五ペンス一律適用に踏み切らせたのは、ロンドンの新聞などを見方に巻き込んだヒートンらの長い、そして粘り強い運動の成果といえよう。ヒートンはイギリスの著名な月刊総合雑誌『一九世紀』にみずからの運動について一文を寄せている。

連合料金への収斂　これで海外版ペニー郵便の導入運動は消滅すると想定していた当局だが、その後も、ヒートンや帝国連盟などの運動は、ペニー郵便が帝国《インペリアル》の団結に欠かせないものとして、実現に向けて粘り強くつづいていく。以下、スタッフの本に依拠するが、一八九七年、ワシントンでUPU大会議が開催された。会議で外国料金の値下げが議論され、この時、カナダ自治政府は「翌年一月からイギリス帝国間の書状料金を三セント（一・五ペニー）に引き下げる」と発表したが、本国政府から翌年の帝国郵便会議の結論を待つように説得されたし、料金収入の減少を恐れるオーストラリアをはじめ南太平洋の植民地からは反対の声が上がった。

一八九八年に開催された帝国郵便会議では、本国政府が帝国領地間の書状料金を二・五ペンスから二ペンスに引き下げることを提案したが、カナダが一気に一ペニーにすることを逆に提案してきた。議論は紛糾したが、終盤の会合で本国政府は前言を翻《ひるがえ》し一ペニーにすることを発表した。この決断の裏には、帝国の維持と社会政策を大胆に進める急進左派の植民地大臣ジョセフ・チェンバレンの政治判断があった、といわれている。本国と植民地とをむすぶ安価な郵便は、当時の言葉を借りれば、それぞれの地で生活する家族をむすびつけて、貿易を発展させる帝国の維持のための欠かせない道具になる、とされた。実施は一八九八年一二月から。大きなクリスマス・プレゼントになった。表49に示すように、外国郵便は「連合外国郵便《ユニオン・レート・ポステージ》」と「帝国領地間郵便《インペリアル・ペニー・ポステージ》」の二つの料金体系になる。

しかし、前記の実施日から一ペニー料金がすべての自治領と植民地に適用されたわけではなかった。ニュージーランドやオーストラリアでは自治政府部内の調整に多くの時間が費やされ、ニュージーランドは一九〇一年から一ペニー郵便を導入。オーストラリアでは一九〇五年にまず料金を二・五ペンスから二ペンスに引き下げ、一ペニー料金の完全実施は一九一一年になってからのことであった。だが、少し前の一九〇八年、アメリカが一ペニー郵便制度に入ってきた。さすがに「帝国領地間郵便」の枠組みに入れるわけにもいかず、新たに「大西洋横断ペニー郵便《トランスアトランティック・ペニー・ポステージ》」の枠組みをつくりスタートさせた。料金がイギリス側では二・五ペンスから一ペニーに、アメリカ側では五セントから二セントに引き下げられた。アメリカはイギリスからの入植者も多く郵便取扱量も多い。一ペニー郵便の本命中の本命メンバーとなる。ヒートンらの熱心な運動が結実した瞬間でもあった。料金一ペニーは一九一八年まで二〇年間つづき、その後も累次にわたり料金を改正しつつも、イギリス連邦《コモンウェルス》メンバー間の料金割引制度として一九七五年まで維持された。

8　外国郵便の業務分析

一九世紀から二〇世紀にかけてのイギリスの外国郵便について、断片的な統計資料しか確認できなかったが、ここでは確認できた四つの統計を使って、簡単な業務分析を試みてみよう。そこには、やや陰りがみえはじめたが、ヴィクトリア朝大英帝国の各地をむすんだ外国郵便の姿がみえてくる。

地域分析　表50に、一八八一／八二年度の外国郵便の地域別取扱量を示す。連合外国郵便の料金二・五ペンスが導入されて六年目の数字である。差立・到着の合計で総計は一億五六〇〇万通、うち八一〇〇万通（五二パーセント）がヨーロ

表 50　外国郵便の取扱実績（1881/82 年度）

（千通）

国　名	差　立	到　着	計
ヨーロッパ	44,000	37,000	81,000
アメリカ	22,000	22,000	44,000
インド	7,500	3,000	10,500
オーストラリア	6,000	3,750	9,750
アフリカ	6,000	2,500	8,500
中国	1,750	500	2,250
計	87,250	68,750	156,000

出典：*The Annual Register 1882*, p.37.
注：オーストラリアの数字にはニュージーランドの数字を含む.

ッパ、以下、四四〇〇万通（二八パーセント）アメリカ、一〇五〇万通（七パーセント）インド、九七五万通（六パーセント）オーストラリア・ニュージーランドなどとなっていた。この統計から外国郵便の取扱量の多寡が、一九世紀末の、それぞれの地域とイギリスとの関係の深さあるいは重さを表しているともいえよう。

一位のヨーロッパ諸国はイギリスからもっとも近い外国であり、中世の時代から貿易面でも、人的交流の面でも重層的な関係にあった。特に貿易面では、当時、全体の四割強がヨーロッパとの取引きで占められていた。余談になるが、ヴィクトリア女王は夫アルバートとのあいだに四男五女の九子をもうけ、王女たちをヨーロッパの王族貴族に嫁がせ、何と四〇人の孫と三七人の曾孫が誕生している。晩年には「ヨーロッパの祖母」とも呼ばれた。あらゆる面で、このように切っても切れない関係にあったヨーロッパとの郵便の往来が当然多かったことは、いうまでもない。

二位はアメリカ。一七世紀に入ると、イギリスから多くの人々が新天地を目指してアメリカに移住し、自由の国そして母国を凌《しの》ぐ経済大国に成長していった。三位はイギリスの植民地であったインド。東インド会社の拠点でもあり植民地の経営や貿易に伴う商業通信に多くの郵便需要があった。四位はオーストラリアとニュージーランド。アメリカとくらべたら、母国からの入植者の人口や経済規模がちがうが、豊かな自然や資源を生かして、新たな自分たちの国造りに邁進していった。統計数字の裏には、以上のような国別事情を垣間みることができる。

表51に、一八六〇年の外国郵便の地域別収支を示す。ここでは料金収入の多い順に並べてみた。北アメリカを筆頭に上位三地域で全体の大略七二パーセント三三万ポンドを占めた。郵船契約額でも七八パーセント六五万ポンド弱となった。その他経費を加味し、全体の収支差額（赤字）をみると、△四一万ポンド弱に達した。とりわけ西インド諸島・太平洋・ブラジル地域の収支差額が顕著である。長い輸送距離でコストを膨らませたことが大きな原因であった。

唯一黒字になった航路は、ヨーロッパの玄関港となったフランスのカレーとオランダのオステンドとをむすぶ航路。イギリス側の発着港はドーヴァーであった。経費率は二九パーセント、言い換えれば、一〇〇ポンドの収入を得るのに、経費はわずか二九ポンドですんだ。距離の短さもあるが、ドーヴァー海峡の航路は多くの貨客が見込めたから、船会社も多く運賃に競争原理が働いていたこと、それに郵便の取扱量がもっとも多かったことが、収支に大きくプラスに働いたといえよう。

経費率だけで判断すれば、アフリカ西海岸が六六七パーセ

表 51　外国郵便の地域別収支（1860 年）

（ポンド，％）

地　域	料金収入 (A)	郵船契約 (B)	その他経費 (C)	収支差額 (D)（注 2）	経費率 (E)（注 3）
北アメリカ	112,000	189,500	400	△ 77,900	170%
インド，アジア	111,000	163,000	17,300	△ 69,300	162%
西インド諸島，太平洋，ブラジル	103,600	293,500	8,900	△ 198,800	292%
カレー，オステンド（注 1）	79,000	18,600	4,100	56,300	29%
オーストラリア	30,300	90,200	4,300	△ 64,200	312%
喜望峰	9,300	38,000	－	△ 28,700	409%
アフリカ西海岸	4,500	30,000	－	△ 25,500	667%
イベリア半島	4,000	5,000	800	△ 1,800	145%
計	453,700	827,800	35,800	△ 409,900	190%

出典：A. D. Smith, p.327.
注：(1) ドーヴァー発着の，フランス・カレー便，オランダ・オステンド便の数字.
(2) 収支差額 (D) ＝ (A) − (B) − (C)
(3) 経 費 率 (E) ＝ {(B) ＋ (C)} / (A)

ント、喜望峰は四〇九パーセントである。前者はコストが収入の約七倍、後者は四倍に達している。金額が少ないから全体の収支に与える影響はさほどではないが、民間企業ではとてもやっていけない数字である。まさに郵船契約という形で供与された補助金は、帝国を維持するための、コストとなっていったのである。

収支構造分析　表52に、外国郵便の一〇年ごとの郵船契約額など輸送費と赤字額の推移を示す。五〇年のあいだに多少の凸凹はあるが、傾向としては輸送費が低下して最終赤字額が縮小していることがわかる。一九〇〇年度の赤字額が五一万ポンドに急に膨れ上がった理由は、輸送費の高騰というよりは、前年に一ペニー帝国領地間郵便がスタートし料金収入が減少したからである。

表53に、郵便事業における総経費に占める輸送費と労務費の割合を比較したものを示す。輸送費の割合には内国郵便と外国郵便の内訳がある。内国はなだらかな減少を示しているが、外国は一九世紀三〇パーセント台であったものが、二〇世紀に入ると一桁に落ち、落差が大きい。輸送費全体では大略一八パーセントまで低下し、逆に労務費が六八パーセント弱に増加している。二〇世紀前半、二五万人の職員を抱える郵政省にとって、低賃金を巡る過激な労働運動の正常化に向け、処遇改善が大きな課題となっていた。当時、郵政職員の

平均年収は三六三ポンド、税務・税関の現業職員の収入よりも低かった。また半数近くが今でいう非正規労働者である。労務費の割合増大は処遇改善がおこなわれていったことを示している。コスト管理の優先度が輸送費から労務費に移っていたともいえる。

表 52　外国郵便の輸送費と赤字額（年度別）

（ポンド）

年　度	輸送費	赤字額
1860	1,041,743	△ 466,200
1870	1,047,000	△ 486,111
1880	724,621	△ 341,009
1890	930,000	△ 270,142
1900	771,293	△ 505,604
1910	722,249	△ 362,833

出典：Daunton, p.171.

表 53　外国郵便の輸送費・労務費の割合（年度別）

（%）

年　度	輸送費		計	労務費
	内国郵便	外国郵便		
1854	27.6	34.4	62.0	n.a.
1870	20.4	32.0	52.4	35.4
1900	15.0	7.6	22.6	62.5
1913	12.7	5.0	17.7	67.6

出典：*Ibid.*, p.189.

9　双璧の郵船企業

郵船契約が高いといつも批判されてきたが、ここでは、蒸気船時代の、北米航路の代表的な郵船企業となったキュナード汽船と、東洋航路に就航していた郵船企業P&Oに的を絞って、郵船契約の本質について検証していく。

キュナード汽船　最初にキュナード汽船。カナダ・ノヴァスコシア出身のサミュエル・キュナードがイギリスで創設した汽船会社である。当初は「ブリティッシュ・アンド・ノース・アメリカン・ロイヤル・メール・スティーム・パケット社」（B&NARMSPC）と呼ばれた。

ドーントンが著書のなかで手際よくまとめている。それを読むと、一八三九年、海軍とキュナード汽船とのあいだで郵船契約の案が固まった。それによると、リヴァプール―ハリファックス―ボストン間、二週一便、年五万五〇〇〇ポンド、七年間の長期契約。同社はスコットランド南部クライドの造船所で建造した四隻から成る商船隊をつくる。各船一一〇〇トン・七五〇馬力の木造外輪蒸気船で運行を開始する。第一船ブリタニア号は一八四〇年七月四日六三人の乗客と郵便物を載せてリヴァプールを出港し、一七日ハリファックスに寄港し翌日ボストンに到着した。一四日間の航海であった。一八五〇年代に入ると、ニューヨーク便も運行、郵船契約額は一九万ポンドに増加した。

一九世紀後半、アメリカ経済の拡大により、北米航路の貨客の動きが飛躍的に増加し、英米両国にとって最重要航路になっていった。キュナード汽船以外にも、アラン汽船が英加間の郵便輸送に、大手のインマン汽船やホワイト・スター汽船などが英米間の郵便輸送に参入してきたので、各社間の競争が激しくなっていく。

一方、議会において、これら汽船各社との郵船契約が高額の補助金にあたると再三非難されてきた。このため、契約終了直前の一八七六年、政府は「郵便物重さ一ポンド（四五四グラム）当たり二シリング四ペンスの運賃で郵便物の輸送を月次入札方式で委託する」と発表した。だが、競争相手であったキュナードとインマンとホワイト・スターの三社が一転して連合《アライアンス》を組み、政府の提示を拒否して、単価は四シリング八ペンスとし、独占契約でない限り応じないと政府に通告した。紆余曲折の末、結局、前記三社以外に英米間の郵便物を定期的に安全かつ迅速に輸送できる船会社が見当たらないとし、年間契約とし単価を四シリングで折り合った。政府は譲歩したけれども、負担額が年五万ポンドとなり、それまでの年一二万ポンドと比較すると、大きな経費削減となった。

キュナード汽船は自国勢の汽船会社と競合していたが、同時に、アメリカのコリンズ社とも激しく争っていた。更に一九〇二年には、アメリカの金融王モルガンを後ろ盾とした同国の商船連合が、ホワイト・スター汽船などイギリスの船会社二社を吸収した。大西洋の海運を一手に牛耳ろうとするアメリカ側の攻勢に対し、イギリス政府は、船舶のアメリカへの譲渡を認可制にし、また、海軍が船舶徴用の権利を有することを明確にした。また、イギリス政府は、個別の海運会社への梃子入れも強化し、キュナード汽船に対しては、新たな商船隊建造のために、償還期間二〇年、金利二・五パーセントの破格の条件で二四〇万ポンドの借款を供与し、新造船の維持に年間一二万ポンドの助成金も給付することにした。ま

樽郵便．19 世紀．ブラジル大西洋上のフェルナンド・デ・ノローニャ諸島宛の手紙を樽に詰め旗をむすびつけ，回収ボートめがけ汽船から海に投げ込んでいる．

た、現行条件を下回らない条件による二〇年間の郵船契約の締結なども決めた。もはや経済合理性の議論は後退し、政府は自国海運業の保護と育成に舵を切っていった。

Ｐ＆Ｏ　次に東洋航路のＰ＆Ｏ。また後藤の著作を参考にするが、イギリスと、インド、シンガポール、香港、そしてオーストラリアなどをむすぶ東洋航路は、北米航路とはかなり異なる面がある。まず航行距離が長い。スエズ運河経由の英印間の距離でも北米航路の二倍はあるだろうし、まして香港までとなると四倍近くになる。重要なことは東洋航路が本国と帝国植民地とをむすぶ、当時の言葉でいえば、「帝国連絡路」あるいは「生命線」となっていたことである。それら航路に沿って、着岸設備、貯炭場、修理ドックなど港湾インフラや補給基地機能を整備しなければならなかった。Ｐ＆Ｏはみずから投資をし施設を整備していった。もちろん乗客のために寄港地に瀟洒《しょうしゃ》なホテルも建てた。

小さな例外はあるが、東洋航路の郵船契約はＰ＆Ｏが独占していた。この独占阻止のために、前にもふれたが、航路を八つに分割して入札にかけられたこともあったが、Ｐ＆Ｏ以外にまともな応札はなかった。郵政省は「長大な東洋航路の郵便輸送には大きなマシンが必要であり、そのマシンが独占企業からしか得られないのであれば、マシンを破壊するよりも、むしろ独占企業を利用する方が得策である」と考えていた。二〇世紀に入ると、官民それぞれが長年の実績と信頼に基づき、郵政省とＰ＆Ｏとの郵船契約は自動延長となっていった。

Ｐ＆Ｏの契約金の最高額は、一八六八年から七九年のあいだの一二年間、年平均五六万ポンドであった。収入に占める割合は二六パーセントに達していた。それが、一九〇八年から一二年の五年間をみると、年平均三〇万ポンド、九パーセントまで低下した。この間、同社の収入は年平均二一六万ポンドから三二一万ポンドに増加、約一・五倍になった。契約金収入は低下したが、郵便輸送以外にも、郵船企業が受けるメリットは大きい。例えば、スエズ運河の優先航行、政府関係者の利用などがある。乗船客の六割強が役人や軍人であったという記録もある。このように政府はＰ＆Ｏを支援し、東洋への交通・通信ルートを確保していたのである。

最後に、横井勝彦の『アジアの海の大英帝国』にも、アジアで覇権を思うがままにした最盛期のイギリスのことが、Ｐ＆Ｏの関係もふくめて語られていることを紹介しておこう。

第20章 航空郵便

最終章では、航空郵便の歴史を繙《ひもと》いていく。まず、気球や飛行船などの話にふれ、軍用機で郵便空輸がはじまったことについて述べる。次に、帝国航空の誕生、航空郵便のスタート、アジアやオーストラリアへの空路開発、大型飛行艇によるアフリカ空路の開発をみていく。つづいて、第二次大戦中に、航空搭載削減のために考案されたエアグラフとエアレターについて紹介する。最後に、コメットなど次世代航空機の登場についてふれる。

1 航空前史

鳥のように空を飛んで手紙をはこぶ。長年、それに向かって人間はさまざまなことを試みてきた。ここでは、航空機が誕生するまでの空への憧れ、そして挑戦について簡単に整理しておこう。航空前史である。

伝書鳩　情報を空輸する。その役割を最初に担ったのが伝書鳩である。黒岩比佐子の『伝書鳩』に詳しいのだが、同書によると、古代には、エジプトやフェニキアの船乗りが航行する舟と陸地の連絡に伝書鳩を使っていたし、紀元前七七六年の第一回古代オリンピックで優勝した選手の一人が、持参してきた伝書鳩を飛ばして、優勝の喜びを故郷に知らせたという逸話《エピソード》も残っている。一二世紀イスラム世界では、よく訓練された伝書鳩が組織され、五〇キロ前後の間隔で高い塔がつくられ、そこを鳩の発着地点として、情報を書いた小紙片を鳩に託して次の塔に向けて飛ばし、リレー方式で情報をはこんだ。

第一次世界大戦中には、各国の軍隊が伝書鳩部隊を編成して、訓練された大量の鳩を戦場に送り込んだ。戦場で活躍した伝書鳩の武勇伝はたくさん残っているが、一例だけ紹介しておこう。一九一六年六月、無線機も壊れ本部との連絡が絶たれ、絶望的な塹壕戦をヴェルダンでつづけていたフランス軍の小隊が、最後の一羽となった伝書鳩に救助要請を託して塹壕から放った。伝書鳩は、ドイツ軍の毒ガスや弾丸が飛び交うなかを、瀕死の状態になりながらも味方陣地にたどり着いた。小さな空飛ぶ勇敢な伝令兵は立派に任務を果たしたのである。友軍はただちに小隊救出のためにヴェルダンに向かった。フランス北部戦線だけでも二万羽の伝書鳩が戦死したと記録されている。このように、古代から情報を空輸してきた伝書鳩は、航空前史のプロローグを飾る事績として相応しいといえよう。

熱気球　一七八三年、人間が空を飛んだ。フランス人が創作した熱気球《バルーン》が人を乗せて浮くことに成功したのである。松本純一の『日仏航空郵便史』によると、一八七〇年普仏戦争の最中、プロシャ軍に四ヵ月も包囲されたパリ市民は、六七個の気球を市外に飛ばし、人間一六四人、犬六匹、伝書鳩三八四羽、手紙一〇〇万通をはこんだ。風任せ運任せの気球だから、着地点はフランス全土に散らばり、なかにはベルギーやオランダまで飛んでいってしまった気球もある。不運にも敵陣に着地した気球も三台あった。

イギリスでも気球への関心は高まり、リゴ・デ・リーギのイギリス航空郵便の先駆者を讃える小冊子に述べられているのだが、一七八四年、ジャン＝ピエール・ブランシャールとジョン・ジェフリーズの二人が気球に乗り、ロンドンのグロヴナー・スクエアから気球を上昇させた。翌年には、二人はイギリス海峡の横断にも挑戦し成功した。体系的な記録はないが、その後も気球による空への挑戦がつづき、一八三六年には気球でロンドンからドイツ・ヘッセン州のヴァイルブルクまで飛行した記録も残っている。

本格的な気球郵便といってもよいと思うが、一九〇二年に気球が郵便物を空輸した。ロンドン近郊のベックナム村がエドワード七世戴冠を記念し、「祝戴冠、ベックナム村。気球郵便によって雲上から発送する」と刷り込まれた絵葉書をつくった。切手が貼られた三〇〇枚の絵葉書が受け付けられた。絵葉書は三つの束にまとめられて、郵袋に入れ気球に搭載され、郵袋には「この郵袋を発見した人は、それを最寄りの郵便局におもちください」と記された荷札がつけられていた。荷札をベックナム村の祝典委員会に送ると五シリングが贈られることも付記されていた。気球は風に乗って、ドーヴァーに向けて飛んでいったが、そのまま飛行をつづければ、フランスに行ってしまう。その前に、気球の搭乗員は、郵袋をケントの陸地に投下した。気球はドーヴァー海峡にでて、フランスのカレーの砂浜に着地した。ベックナム村がおこなった気球による郵便空輸はエアメールといってもよいが、冒険的な記念郵便の域をでるものではなかった。

飛行船　熱気球にエンジンをつけてプロペラを回して飛行方向を制御できる飛行船《エアーシップ》もフランス人が開発した。山本忠敬《ただよし》の『飛行機の歴史』には、人間が空を飛ぶために奇想天外なアイディアを駆使していろいろ実験してきたことが紹介されている。一例だが、一八五二年、フランス人のアンリ・ジファールが三馬力蒸気エンジンを搭載した全長四四メートルの飛行船をつくり、パリの競技場からトラピスまでの二七キロを時速九キロで飛んだ。人類初の動力飛行となる。

一九〇〇年、ドイツのフェルディナント・フォン・ツェッペリン伯が、全長一二八メートルの骨組みを金属でつくった飛行船LZ1号を開発し、南ドイツのボーデン湖上で初飛行に臨み成功させた。その後改良が重ねられ、一九二九年には全長二三七メートル、時速一一七キロのツェッペリン伯号が世界一周飛行に挑戦する。起点はニュージャージー州レイクハースト。そこからドイツのフリードリヒスハーフェン、霞ヶ浦、ロサンゼルスなどを経由して三万キロ余りを飛び起点に戻ってきた。所要日数は二一日半であった。霞ヶ浦からは五四五五通の郵便物が積み込まれた。

イギリスでは、一九二九年、民間主導で開発されたR100型飛行船と、空軍省が主導で開発されたR101型飛行船が就航した。前者は、植民地定期航路用で、最高時速一三〇キロ、全長二一六メートル、乗員乗客一〇〇人乗りの骨格はステンレス製の硬式飛行船。後者は、軍事用で、最高時速一二〇キロ、全長二二三メートルの硬式飛行船であった。就航の翌一九三〇年、R101型飛行船がパリ近郊で墜落事故を起こし、乗員五八人中五〇人が死亡した。この墜落炎上事故を契機に、イギリスは大型飛行船から手を引いた。一九三六年には、アメリカでドイツの大型飛行船ヒンデンブルグ号が爆発炎上事故を起こしたことにより、空の女王と呼ばれた飛行船の時代は終わった。

飛行機　一九〇三年、アメリカのライト兄弟が人類最初の有人飛行に成功する。全幅一二、全長六メートルの双発複葉機。五九秒、二六〇メートルを飛行した。翌年には三八分、四五キロと大幅に飛行記録を伸ばす。気球や飛行船開発では先進国と自認していたフランスは、ライト兄弟の偉業に啓発されて、飛行機の開発に挑戦する。一九〇九年、ルイ・ブレリオが自作の二五馬力エンジン搭載のブレリオ単葉機でカレー—ドーヴァー間三八キロの海峡横断飛行に成功する。時間は三八分であった。この時期、自由に操縦できる安定した飛行に一定の技術的な目処がついた。

一九一一年、イギリス郵政省は、ジョージ五世の戴冠を記念し、ウィンザー城とその上空を飛ぶ複葉機の絵を配し「戴

ジョージ5世戴冠の記念フライトで使われたアンリ・ファルマン複葉機．1911年．上の翼がまだ装着されていない待機中の珍しい写真．50馬力，時速60キロ，全幅11，全長12メートル．日本でも輸入され，代々木練兵場で初飛行した．

冠記念、郵政長官許可第一号連合王国飛行郵便」と記した絵葉書を発売した。記念飛行は、ウィンザー城―ヘンドン（ロンドンの北）間三二キロでおこなわれた。飛行時間は一五分。

数千枚の絵葉書が引き受けられ、特別のスタンプが押印された絵葉書が飛行機に搭載された。機種はアンリ・ファルマン複葉機とブレリオ単葉機で、いずれもフランスで開発された飛行機であった。郵便物が多く、飛行できない強風の天候もつづいて、すべて搭載し飛行が終わるまでに一七日間も要し、郵便の配達は軒並み遅れた。慶事を祝う記念フライトとなったが、当時の新聞は「現状では飛行郵便は費用がかかるし、危険が伴うが、将来に望みを託したい」と報じている。

なお、記念絵葉書はネット上のオークションにときどき出品されているので、その写真をみることができる。

2　軍用機による郵便空輸

第一次世界大戦は人類初の国家総力戦で、戦争が終わってみれば、破壊し尽くされた国土と疲れ果てた人々が残っただけであった。しかし、航空機発達の観点からみると、この不幸な時代に、皮肉なことに飛行機は長足の進歩を遂げる。戦時中、より速い戦闘機、頑丈で軽い機体、大型の爆撃機、強力なエンジン開発などの技術革新がなし遂げられた。多くの傑作機が誕生する。戦後、余剰になったたくさんの軍用機やパイロットたちは、民間航空の分野に転出して、その後の民間航空業界の発展の礎《いしずえ》となっていく。航空郵便の発達をみていこう。

第八六通信航空隊　民間航空がいち早く再開したフランスやドイツなどの国とはちがい、イギリスでは空軍がまず郵便輸送を担うことになった。一九一七年には航空政策を立案する航空省《ミニストリー・オブ・エア》が設置される。ファルージアとギャモンズがまとめた陸海空郵便輸送の概説書によると、翌年夏、和平会議がパリにおいて開催されたが、和平会議では、空のルールも議論されて、領空の主権、領空の無害飛行の自由が確認され、また、飛行機は飛行船と気球に道（空？）を空け、飛行船は気球に道を空けることも決まった。和平会議の期間中にイギリスの代表団と郵便物をはこぶために、イギリス空軍第八六通信航空隊が大活躍した。航空隊はビッカース・ビミー複座戦闘機などを使い任務終了までに、ロンドン―パリ間を七四四回飛行し、代表団員ら九三四人、郵袋一〇二〇袋を空輸した。

一九一八年一二月、空軍と野戦郵便局が協力し、戦後、フランス、ベルギー、ドイツに駐留するイギリス軍兵士に郵便を届けることになった。最初は海上輸送によったが、すぐに航空機による輸送がはじまり、ロンドン近郊のフォークストンとドイツのケルンとのあいだをむすぶ。フォークストンからの一番機にはA・F・ホーデム隊長が乗り込んだ。全幅一三、全長一〇メートルのデハビランドの小型爆撃機や全幅三〇、全長一九メートルのハンドレページの大型爆撃機などが使われた。

空輸開始当初、郵袋を積み過ぎた爆撃機が着陸時に土にめり込む事故がしばしば起きた。そこで何と郵袋にパラシュートをつけて投下した後、着陸することになった。このように、草創期の郵便物の航空輸送は危険と裏腹《うらはら》であった。しかし、この軍事郵便の空輸が終わる一九一九年八月には、イギリスからヨーロッパ大陸への郵便物空輸が決して冒険的な曲芸ではなく、定期航空郵便の可能性が大いにあることを証明してくれた。

草創期の航空郵便　一九一七年、航空省の下部組織として民間航空交通委員会が設置され、具体的な空の交通政策を議論することになった。議論の底流には、大戦後、空の交通はもはや危険なものではなくなり、実現可能な交通手段になり得るとの認識があった。当時、空の交通手段として、飛行船と飛行機が俎上に上げられ、メリット・デメリットの比較検討がおこなわれた。まず、飛行距離では飛行船が無着陸で一六〇〇キロ、それに対して飛行機はその半分程度となり、飛行船に軍配があがった。次にスピードについて、飛行船は飛行機の速度には及ばず、飛行機に軍配があがる。操縦の容易さなどが認められ、飛行機に舵が切られていった。

航空機の時代がはじまる。民間航空が認められていなかったイギリスは、フランスやドイツに遅れをとっていたが、航空省のなかに民間航空局を新設し、民間航空を認める航空運航法を制定する。一九一九年九月、イギリスは、ロンドン―パリ間の定期航空郵便サービスに関する協定をフランスと締結した。一一月には、エア・トランスポート・アンド・トラヴェル社（ATT）が六ヵ月の暫定契約を政府とむすび、世界初、誰でも利用できる海外航空郵便サービスを開始した。料金は、書状一オンス（二八グラム）まで通常料金二・五ペンス＋航空特別料金三シリング六ペンス、計三シリング八ペンス半と、きわめて高額に設定された。そのためか、当初一日四〇通程度しか郵便物が集まらなかった。使用機種は、軍用機を民間機に改造したデハビランドDH9B機。パイロット一人、乗客二人、そして少々の荷物と郵便物を搭載した。これがイギリス航空郵便のはじまりであった。

3　帝国航空の誕生

ATTはサービス改善に乗りだす。一九二〇年四月、ロンドン―パリ間一日二便に増便。次に料金を引き下げた。当初の航空特別料金三シリング六ペンスを、五月に四割強値下げして二シリングとした。それでも航空郵便の利用は一向に伸びず、郵政省も改善策を打ちだす。同年七月、ATTとの暫定契約終了後、本契約の入札をおこなうが、結局、ATTが落札する。次に、航空特別料金を何と九割値下げして二ペンスとした。

青色のラベル　更に航空郵便の差出方法も簡単にする。それまで航空郵便扱いで手紙を差し出すときは、まず手紙の封筒に所定の切手を貼って、それをやや大きい別の封筒に入れて、その封筒左上に「航空郵便」と表示し、飛行場があるロ

航空郵便のラベル．左側上から，イギリス，オーストラリア，デンマークのラベル．右側上から，日本，スーダン，アメリカ・ノースウェスト航空のラベル．いずれも青色系で印刷されている．

ンドン南部クロイドンの郵便局長に送らなければならなかった。この手間のかかる方法を、航空郵便で差し出そうとする手紙表面に「航空郵便」と表示された特別の青色のラベルを貼るだけですむ方法に改めた。八月には、本局をはじめ全国の郵便局の窓口に郵政省が用意した航空郵便の青ラベルが備えられる。また航空郵便の案内パンフレットもつくられ、希望者に配布された。この航空郵便ラベルは、後年、イギリスのみならず広く各国の郵政当局に採用される。ラベルのデザインも各国それぞれ特徴があり、後年、各国のエアラインも各社特有のラベルをつくるようになった。

外国航空会社の参入　パリ以外のヨーロッパの都市にも航空郵便のサービスが広げられる。一九二〇年七月、ハンドレページ・トランスポート社（ＨＰＴ）がアムステルダムとブリュッセルとのあいだに航空路線を開設して、郵便輸送もはじめた。夏場、ＨＰＴは定期運行を維持したが、秋口に入ると、気象条件が悪化して、一〇月末にはアムステルダム便の運行をとりやめた。天候以外にも、イギリスの航空会社を苦しめたものは、外国の航空会社との競争であった。外国の会社はそれぞれの国からの多額の補助金に支えられていた。いわば国策エアラインである。ＡＴＴは事実上破産し、ＨＰＴも事業継続が困難となり、一九二〇年暮れから翌年はじめにかけて運営が停止された。これで、イギリスからヨーロッパへの航空郵便がとまることになった。この間隙を縫って、パリ便はフランスとベルギーの航空会社が、ブリュッセル便はベルギーの会社（ＳＮＥＴＡ）が、アムステルダム便はオランダの会社（ＫＬＭ）が、それぞれロンドンからの郵便輸送に参入してきた。

補助金で梃子入れ　さすがにイギリスも面子《めんつ》があり、パリ便は急遽暫定的に政府がＨＰＴを含む国内航空会社二社に補助金をだして、ただちに再開させた。多額の資本投下が必要な揺籃期の航空産業には、国家の助成は不可欠であった。イギリスの民間航空も例外ではなかったのである。補助金制度が恒久的なものになり、イギリスの民間会社がヨーロッパの国々との航空郵便サービスを再開したのは、一九二二年四月になってからである。

その結果、補助金を受け政府管轄下におかれた航空会社には、路線がそれぞれ割り当てられた。ＨＰＴがパリ便を、インストーン航空がベルギー便を、ダイムラー・ハイヤー社がオランダ便を、ブリティッシュ・マリン・エア・ナヴィゲーション社がチャンネル諸島などへの便を運行することが決定された。路線カルテルである。一九二四年にはこれら四社が合併されて、帝国航空《インペリアル・エアウェイズ》が誕生した。長年にわたり巧みに補助金政策を取り入れ、世界に冠たる海運帝国を築いたイギリスであったが、この時期、各国で開発競争が展開され急速に進歩する航空業界において、イギリスが主導権を握ることはできなかった。

4 長距離飛行ルートの開拓

飛行機の実用性が確認されたら、次はいかに遠くまで安全に確実に飛行することができるかが課題となってきた。この目標に向かって、いかに多くの冒険飛行家たちが大西洋横断飛行やイギリス—オーストラリア間の長距離飛行にチャレンジしてきたかについてみていこう。

大西洋横断 ファルージアとギャモンズによると、一九一三年、一般大衆向けタブロイド紙の元祖「デイリー・メール」の社主であったノースクリフ子爵が大西洋横断無着陸飛行に成功した者に対して、賞金一万ポンドを贈ることを発表した。しかし、第一次世界大戦の勃発により実施が見送られたが、大戦終了後の一九一九年、懸賞飛行が再開された。開始に当たって、大西洋横断の最短飛行コースに、ニューファンドランド島東部海岸とアイルランドの西部海岸をむすぶルートが選ばれた。

最初の挑戦者は、ハリー・ホーカーとマッケンジー・グリーヴの二人組。五月一八日に離陸し、かなりの時間を飛んだ後、エンジンがヒートし、悪天候にも阻まれ、アイルランドの一一〇〇キロ沖合に着水を余儀なくされた。二人は幸いデンマーク船マリー号に救助され、郵便物も無事だった。

次の挑戦者は、ジョン・オルコック機長とアーサー・ブラ

ビッカース・ビミー機. 1919年, 大西洋無着陸横断飛行にはじめて成功した. 気象観測をしながら, 離陸のタイミングを計っている. この機種は英豪間の懸賞飛行にも使われた. デイヴィッド・ハットン画.

ウン航空機関士の二人。大戦中に開発された爆撃機ビッカース・ビミーの改造機が使われた。エンジンはロールス・ロイス製三七五馬力二基搭載の双発機。一九一九年六月一四日にニューファンドランド島のセント・ジョンズを離陸、厚い雲や氷霧と闘いながら三〇〇〇キロを飛行して、アイルランドのゴールウェイ北西のクリフデン無線通信所付近に着陸した。飛行時間は一六時間であった。この大西洋横断無着陸飛行の偉業に対して誰もが拍手を送った。時の戦争航空大臣であったウィンストン・チャーチルから二人の勇者に賞金が贈られ、更にナイトの称号も授与される。

空輸された一九七通の手紙はただちに配達され、その多くは記念郵便としてコレクターのアルバムに直行した。あまり知られていない事績ではあるが、かのチャールズ・リンドバーグがニューヨーク—パリ間無着陸飛行を敢行した一九二七年より八年も前に、オルコックとブラウンは大西洋上で無着陸飛行を達成していたのである。偉業は達成されたけれども、商業化の観点からは、安全性をはじめ確実性、それに発着地や積載量などの問題もあり、大西洋を飛ぶ安定的な定期航空郵便路を敷設するには時期尚早であった。

オーストラリア　距離はあるがエジプト経由南アフリカあるいは中近東への航空郵便路開設は、長い無着陸飛行区間がないので地上航空施設の整備如何によっては、空路が開設できると判断された。ここで、空路開設に強い関心を示したのが、イギリスから遠く離れたオーストラリアであった。オルコックらの偉業が達成された一九一九年、同国政府は、英豪間の飛行を三〇日以内で達成した者に対して、一万ポンドの賞金を贈ると発表した。

賞金獲得を目指す七組の冒険飛行家が挑戦したが、成功したのはわずか二組。最初に成功したのはロス・スミスとキース・スミスの兄弟。一一月一二日ロンドン近郊のハンズローから離陸し、一二月一〇日オーストラリア北部のポート・ダーウィンに着陸した。所要日数二八日。使用した機種はビッカース・ビミーGエア号であった。意外に日数がかかったのは、エジプト、シリア、イラク、イラン、パキスタン、インド、ビルマ、シンガポール、インドネシアの国々に立ち寄って、ロンドンからの郵便物を引き渡しながら飛行したためであった。それに猛烈な暑さや満足な整備が受けられなかったこともあり、トラブル続出の飛行となった。ともあれイギリスからの二〇〇通の手紙が飛行機ではじめてオーストラリアに空輸された。

参考までに述べれば、太平洋無着陸横断飛行にはじめて成功した飛行家は、アメリカ人のクライド・パンボーンとヒュー・ハーンドンの二人。一九三一年、青森県三沢村淋代《さびしろ》海岸から飛び立ち、アメリカ・シアトル東部のウェナッチに着陸した。飛行時間四一時間。朝日新聞社から五万円の賞金が贈られた。このように、航空郵便の草創期、勇敢な飛行機冒険家たちによって、未知の空路が拓かれていった。

なお、アントワーヌ・サン・テクジュペリが書いた『南方郵便機』と『夜間飛行』には、郵便飛行機の草創期にその開拓に従事した男たちが描かれている。文学作品として読まれているが、郵便機開拓期の実証的な記録ともなっていることを付記しておく。

5 オール・アップ・サービス

一九二四年、脆弱な航空会社四社が統合され、帝国航空が誕生した。イギリス政府は、欧米諸国の航空産業と競争していくため、自国航空産業の育成のために巨額の公的資金を投入していった。と同時に、補助金削減の一環として航空輸送からの収入を増やすため、オール・アップ・サービスの導入が議論され導入された。ここでは、その背景と実施に向けた過程について検証する。

補助金脱却の道　初年度、帝国航空に一四万ポンド、以後一〇年間にわたり毎年三万ポンドの補助金が支出されることになった。同時に、帝国航空は郵便物の航空輸送からの収入にも重大な関心を払い、機材のフル活用、そして安定的な収入の確保の観点から、また、政府にとっても、補助金脱却の道筋をつけることができると主張し、郵便物の航空搭載を郵政省に強く迫った。更には、帝国航空は具体的な方法も提示する。すなわち外国宛郵便物はすべて普通料金により自動的に航空機で輸送すべきである、とした。いわゆるオール・アップ・サービスによる航空郵便の導入である。

この考え方が突然でてきたわけではない。一九二〇年、統合前の航空会社と航空省が収入確保のために、オール・アップ・サービスの実施を郵政省に強く求めてきた。これに対して、郵政省は「民間航空の運営は旅客と一般貨物の運賃が基本である。したがって、要求に応じることはできない」と拒否した。それに郵政省にとって郵船契約の轍《てつ》を踏みたくなかったことと、当時、平路（陸路と海路）輸送と比較して、航空輸送にはメリットがなかったからである。特に隣接するヨーロッパ諸国間との郵便は、むしろ平路の方が空路よりも早く届いた。

その状況をみると、郵便差出が締切間際の夕方に集中。平路ではただちに郵便物を区分し、最寄港から大陸に向けて船積みし、大陸到着後、ただちに中央局に輸送され、早ければ午前中にイギリスからの手紙が宛先に配達された。一方、航空輸送では、夜間飛行がまだできなかった時代であり、発送準備が終わった郵便物は朝が来るまで飛行場で待機しなければならなかったし、悪天候であれば、飛行できないリスクもあった。

しかし、一九三〇年に入ると、航空機の進歩に加え、表54に示すように取扱量が増加し航空郵便でも十分な利益がでるようになってきた。フランス、ベルギー、オランダ宛の郵便物は重さ一ポンド当たり三シリング四ペンスの収入が上がったのに対して、航空会社への支払いは一シリングで済んだ。このため料金の値下げ圧力が高まり、郵政省は、ヨーロッパ域内において、オール・アップに準じたサービスを実施する。すなわち、書状基本料金を一律四ペンス（通常料金二・五ペンスと航空特別料金）とした。従来の航空料金よりも〇・五ペンスほど安くなる。その結果、この時期、書状の取扱量が五二パーセント増加。一九三五年には年間利益が四三万ポンドにまでなった。この結果、完全なオール・アップ・サービス、つまり普通料金ですべて航空便扱いにする制度を導入すべきとする郵政省への圧力が日増しに高まっていった。

英国航空の創立　だが、帝国航空は北欧諸国へのルート拡大ができないことが判明した。ドーントンの郵便史に述べられているのだが、それによると、帝国航空はドイツのルフトハンザ航空と協定をむすんでいて、帝国航空は北欧への路線拡大をしないことを約定。それに対して、ルフトハンザは東欧で競争しないことが定められていた。

425 帝国航空の航空郵便の宣伝ポスター．ヨーロッパへの唯一のエアラインと謳っている．1935年．

表54　航空郵便の取扱量

年　度	取扱量
1922	153,000
1934	7,535,000
1935	10,792,000
1936	20,645,000
1937	40,362,000
1938	91,233,000

出典：Robinson, *Mails Overseas,* p.293n.
注：年度は4月1日から翌年3月31日まで．

イギリス政府は、北欧諸都市およびベルリンとの航空路線を確保するため、英国航空《ブリティッシュ・エアウェイズ》を創立する。一九三五年、郵政省は、ヨーロッパの航空郵便サービスに関する基本方針を打ちだした。その骨子は、①収支に支障がないことが確認できれば、普通料金で航空扱いにする、②自国航空会社の利用シェアを五〇パーセントまでに拡大、③外国航空会社を極力利用しない、というものであった。このイギリスの基本方針に対して、欧州各国の郵政当局は、自国航空会社を利する措置ではないかと牽制してきた。累次の国際会議が開かれ、一九三八年、①オール・アップ郵便物の輸送はトン・キロメートル当たり二・五フラン、②航空会社は自由選択とすることなどが合意された。なお、イギリスはオール・アップ・サービスを、一九三六年に北欧四ヵ国に適用したのを皮切りに、翌々年までにヨーロッパ各国に適用していった。

クラッチュリーの『郵政省』によると、一九三六年七月にイギリスとスカンディナビア諸国とのあいだに夜間飛行便が開設され、つづいて、ケルン、ハノーヴァー経由のベルリン線にも夜行便が導入された。また、スイス、パリ、ブリンディシの各都市に一日一便の定期便が飛ぶようになる。この頃になると、マルタ、ジブラルタル、ポルトガル、スペインを除き、ヨーロッパの主要都市宛の書状はオール・アップ・サービスの対象となった。

詳細は省くが、一九三四年八月からイギリス国内でも航空郵便のサービスが主要都市間で開始された。対象都市は、ロンドン、バーミンガム、マンチェスター、リヴァプール、カーディフ、ベルファスト、グラスゴーなど。当初は試験的に実施されたが、第二次大戦開始までつづいた。

6　アジア・オーストラリアへの延伸

ここでは、中近東やアジアに目を向けて、大英帝国の植民地と自治領とをむすぶ航空路線の延伸について説明する。

中近東・アジア　イギリス空軍は一九二〇年代はじめ、中近東、インド、アフリカなどへの長距離飛行の訓練をおこない、試験飛行も重ねてきた。当時活躍した機種は小型爆撃機を改造したデ・ハヴィランド機などであった。一九二一年夏、イギリス空軍はカイロ―バグダッド間の航空郵便サービスを隔週で開始。当初は公文書輸送に限られていたが、同年一〇月からは一般郵便物も搭載するようになる。追加料金は一オンス一シリング、後に半額の六ペンスになった。この便を利用してロンドンからバグダッドへ手紙をだすと、まずロンドンからＰ＆Ｏの郵船でカイロへ、そこから空路でバグダッドに空輸された。所要日数は平均一〇日。当時、船便では二七日もかかったから、その優位性が広く人々に知られていくよ

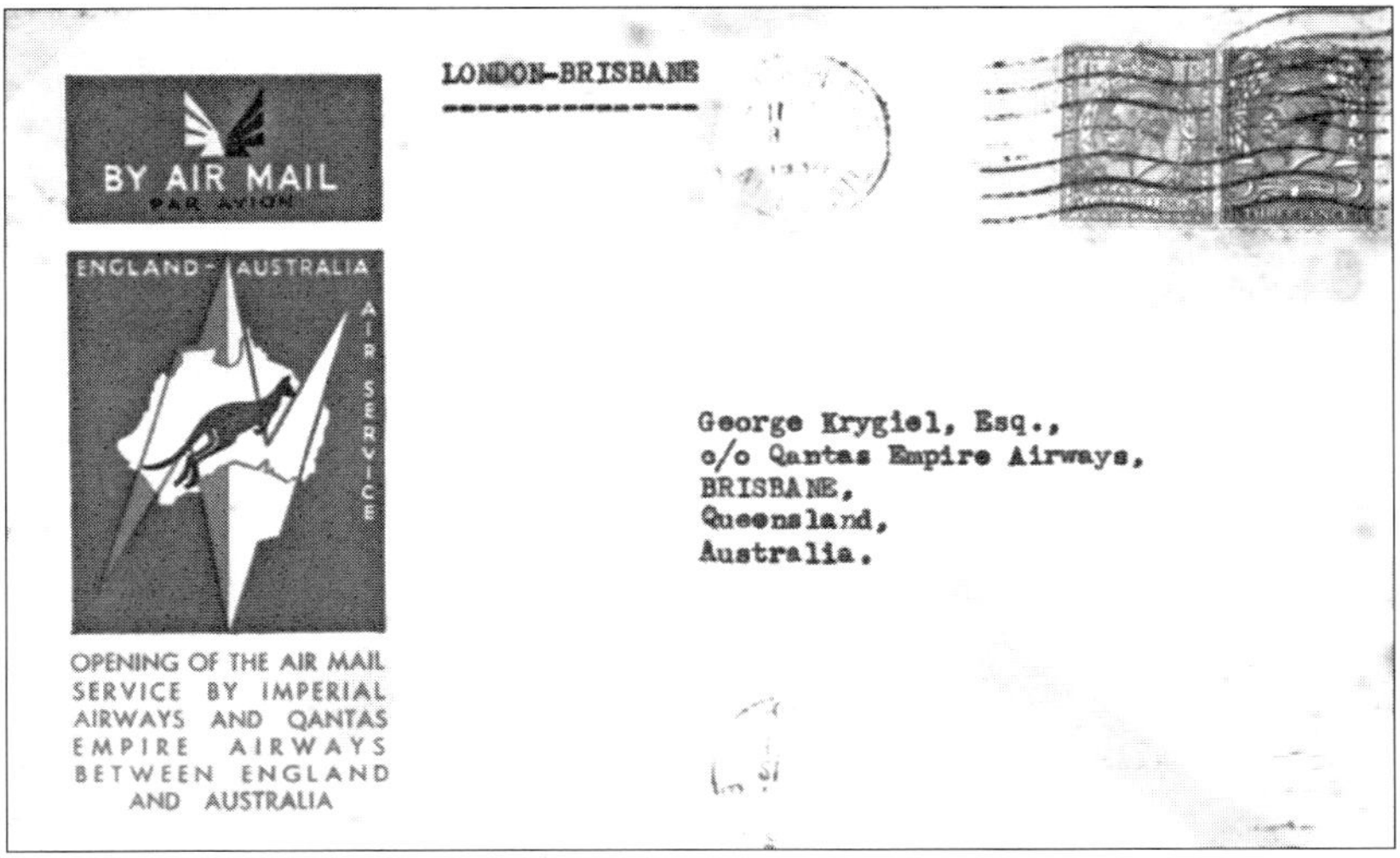

英豪間初飛行カバー（First Flight Cover, FFC）．1934年12月7日ロンドン発，12月22日ブリスベン着．帝国航空とカンタス航空（Queensland and Northern Territory Aerial Services, QANTAS）の共同運行．

うになる。

この時期、航空郵便の輸送は、空軍から民間航空に開放されていく。一九二六年、航空省と帝国航空は、ヨーロッパ以外の地域に航空路線を拡大する契約を締結する。まず、インド空路の開設に向けて動きだした。当初、ペルシャ政府からペルシャ湾上空通過を拒否されたこともあったが、一九二九年三月、ロンドン―カラチ間の陸路併用の航空郵便サービスが開始された。一番機は、ロンドン郊外南にあったクロイドン飛行場からパリに向けて離陸。パリで、イタリア南部のブリンディシに行く特急列車に搭載する。そこからは空路でエジプト、バスラを経由してカラチに入った。所要日数は七日間。一九二九年末、この空路はデリーまで延伸され、一九三三年末までに、カルカッタ、ラングーン経由でシンガポールまで延伸される。

カンタス航空　次にオーストラリアへの延伸が大きな課題となる。オーストラリアは広大な国土を有するが、人々は海岸線に沿って住み、道路や鉄道も海岸線に集中している。そのため距離がある南北あるいは東西の大陸横断のために、国内航空が発達する。カンタス航空の登場である。一九三四年一二月、帝国航空とカンタス航空が連携し、シンガポール―オーストラリア間の空路をつなげる。ここに、当時世界最長となった、ロンドンから二万キロ離れた英豪間の航空郵便ルートが完成した。

短距離のヨーロッパ便にくらべ、長距離のアジア、オーストラリア便の航空輸送の時間短縮効果は、すこぶる大きかった。例えば、いずれもロンドンからの航空郵便の所要日数だが、デリーは六日、最速船便で一一日。シンガポールは八日半、最速船便で一三日。シドニーは一三日、最速船便の半分になったと報告されている。航空郵便の料金体系も見直されて、追加料金込みとなり、かつ、ゾーン制が敷かれる。半オンスまでの信書一通の基本料金は、一番遠いオーストラリアは一シリング三ペンス、中距離のインドなどは六ペンス、近距離のエジプトなどは三ペンスと定められた。送達時間の短縮、料金の引下げかつ簡素化などにより、航空郵便による輸送量は、一九三〇年三〇トンであったものが、五年後の三五年には六倍超の一八七トンにまで増加した。このように、航空サービスの定着により、郵便新時代を迎えたのである。

7　帝国航空郵便制度

一九三七年、ヨーロッパ便に適用されていたオール・アップ・サービスが、イギリスの植民地・自治領宛の郵便物にも適用されるようになる。船便の書状基本料金一オンス一ペンス半を、重さは半オンスとされたが、料金据置のまま実施された。以後、「帝国航空郵便制度《エンパイア・エアメール・スキーム》」と呼ばれる。青の航空郵便ラベルの貼付も不要となった。これを契機に、本国と植民地・自治領とをむすぶ航空路線の拡充、機材の充実を進めていく。そのことについて、もっぱらロビンソンの海外郵便史や山本忠敬の図鑑を参考にしながら整理する。

大型飛行艇　航空郵便の輸送を政府と契約したのは帝国航空である。年間九〇万ポンドの補助金が支給されることになった。戦時体制に入り、契約には郵便輸送を最優先にすることが規定されたものの、政府官員や物資輸送に割引運賃を適用すること、また、軍は緊急時に機材を徴用することができることなどの戦時条項も盛り込まれた。契約締結を受け、帝国航空は、最新鋭の大型飛行艇二八機をショート社に発注した。ショートC型飛行艇である。総重量一八トン、四発三〇〇〇馬力、時速三四〇キロ、航続距離は一三〇〇キロであった。寝台一六、座席二四を備えた旅客機でもある。郵便物は三トンまで積むことができる。無線や計測装置など航空支援システムの技術も進み、夜間飛行も可能となった。

この時代、飛行艇が開発された背景には、飛行ルート上の中継地点に長い滑走路をつくり、航空管制施設を建設することが難しかったという事情があった。特に厳しい地形の場所や政情が不安定な地域もあり、良好な場所を見つけることは簡単ではなかった。それに飛行場建設には巨額の資金が必要となった。

それに対して、飛行艇は大きな都市に隣接した港、湖、川などに着水が可能であり、容易に場所を探すことが可能であった。なお、ショートC型の飛行艇は、Cではじまる単語の名称が多い。例えば、カレドニア号、カシオペア号、カペラ号、チャレンジャー号、コーディリア号などと命名されている。飛行艇の母港になったのは、イングランド南東部サウサンプトンであった。この地が選ばれた理由は海軍基地があったこと、それに近隣に航空機産業が育ちつつあったことなどであろう。ロンドンのヴィクトリア駅からはサウサンプトン行の特急がでていた。当時、同駅はシティー・エア・ターミナルの役割を果たしていたのである。

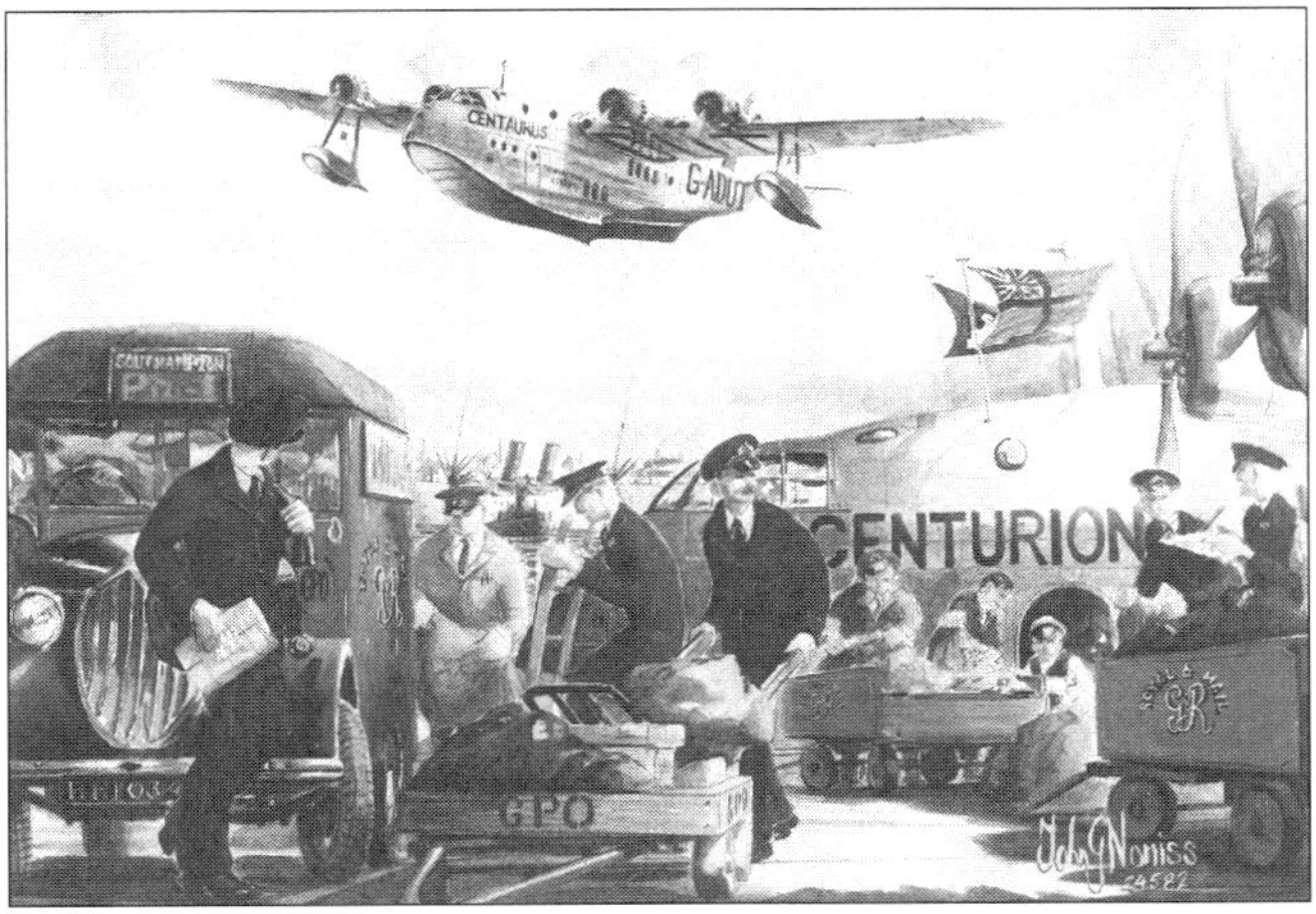

サウサンプトン港の西埠頭．大型飛行艇センチュリオン（古代ローマの百人隊長）号に航空郵便を積み込む郵便局員ら．上空にはケンタウロス号も見える．1937 年．ジョン・G・ノリス画．

制度実施　帝国航空郵便制度は三段階にわけて順次実施された。第一段階は一九三七年六月、約二トンの郵便物を搭載した大型飛行艇がサウサンプトンからケニアのキスムに向けて飛び立った。週三便の運行である。飛行ルートは、サウサンプトン、マルセイユ、ローマ、ブリンディシ、アテネ、アレキサンドリア、ハルツーム、ポートベル、そしてキスムのヴィクトリア湖の湖上に着水した。ほぼ二日半の飛行であった。キスムから終点南アフリカの喜望峰まで接続便が週二便飛んだ。こちらの方は普通の飛行機が使われた。

第二段階は一九三八年二月、イギリスからパレスチナ、インド、ビルマ、マラヤ、シンガポール行のサービスが開始された。まず、サウサンプトンからカラチまで週四便。次いでシンガポール便が週二便、ロンドンからシンガポールまで四日で飛んだ。カラチからはセイロンへのローカル接続便も用意された。

第三段階は一九三八年七月、オーストラリア・ニュージーランド行のサービスがはじまる。往路はサウサンプトンからオーストラリアのダーウィンまで、復路はシドニーから出発した。いずれも週三便、七日の飛行であった。九月になると、シンガポールからバンコク、香港へも延伸された。ニュージーランドとオーストラリアとの間は、当初、船便でつないでいた。一九四〇年にタスマン帝国航空会社が設立されると、ニュージーランド－ロンドン間は空路でつながる。会社の愛称は「コガモ航空」。

以上三段階で路線を拡大してきたが、一九三八年度の航空郵便の取扱量は前年度の二倍強の九一〇〇万通と急増し、飛行艇の納入が遅れたことも重なり、クリスマスの繁忙期には他社から機材を借りて対応する一幕もあった。

8 「エアグラフ」と「エアレター」

一九三九年九月三日、イギリスとフランスはドイツに宣戦を布告し、第二次世界大戦がはじまった。それより少し前の八月に開始された英米両国をつなぐ北大西洋航空郵便サービスは、わずか八往復しただけで停止する。また、郵便物を航空搭載するオール・アップ・サービスは開戦と同時に廃止になった。その後は民間航空会社が高額の料金で航空郵便を引き受けていたが、これも一九四三年に郵政長官が「航空搭載は保証できない」と声明をだし、事実上、民間人の航空郵便利用の道が閉ざされてしまった。ここでは、航空郵便の機能不全を打開するために開発された「エアグラフ」と「エアレター」について紹介する。

エアグラフ　一般郵便はもちろんのこと、軍事郵便も航空搭載がままならなくなった。この状況を救ったのがエアグラフで、搭載重量を大幅に減らすことに成功した。イギリス郵政省とイーストマン・コダック社が開発したもので、簡単に述べれば、手紙をマイクロフィルム化して、それを目的地に空輸するという方法である。具体的には、エアグラフの用紙は二〇×二八センチ、上部の宛先記載欄に住所・氏名を大文字で記載してもらう。その下が通信文の欄で、便箋一枚ほどのスペースがある。定型化されているから、撮影も焼付もスムーズにいく。一六ミリ・フィルムに撮影されて、一巻に一七〇〇通のエアグラフ（手紙）が収まる。重さはわずか一四〇グラム。普通の手紙であれば二三キロにもなる。一パーセントにも満たない重さである。飛行機のちょっとした空きスペースに載せられた。フィルムが到着したら、それを薄手の印画紙にただちに現像して、宛先面を表にして一枚ずつ折りたたみ、窓付き封筒に入れて配達に回す。

ここでも、かの有名なマルレディー封筒の用紙を供給したジョン・ディキンソン社が、自動的に現像されたエアグラフを折りたたみ、窓付きの封筒に入れて、封をする機械を開発した。一時間に八〇〇〇通の手紙がセットされ、通常の配達ルートに回された。

コダック社は「エアグラフ社」という別会社をつくり、ロンドン近郊に作業施設を建設し、エアグラフのマイクロフィルム撮影、そしてフィルムから印画紙に焼き付ける作業を開始する。もちろん海外にも順次エアグラフの作業施設が建設され、要員も配置された。当初、エアグラフは軍事郵便に限られたが、その第一便は、一九四一年四月二一日、カイロからロンドンにフィルムを空輸した。キャンベル＝スミスの本を読むと、全部で五万通分、一六ミリ・フィルム三〇巻、重さ風袋込みでわずか六キロ弱であった。普通の手紙なら優に七〇〇キロを超える重さになる。ロンドンに到着すると、ただちに焼き付け封筒に入れ配達に回された。ロンドンからカイロへの便は、カイロの焼付施設建設の完成を待って、同年八月から開始された。カイロは中東・東アフリカ宛のエアグラフの中継点となる。

一九四二年夏までに、エアグラフのネットワークは、カナダ、ニューファンドランド、インド、セイロン、ニュージーランド、オーストラリア、南アフリカなど大英帝国の植民地や自治領の国々に広がっていった。また、一九四三年五月にはエアグラフのサービスが民間人にも公開された。料金は当初八ペンスであったが、一九四四年八月に三ペンスに値下げされた。エアグラフは戦時下の逼迫した航空輸送を助け、多くの便りをフィルムに焼き付けてはこび、それを再生し出征

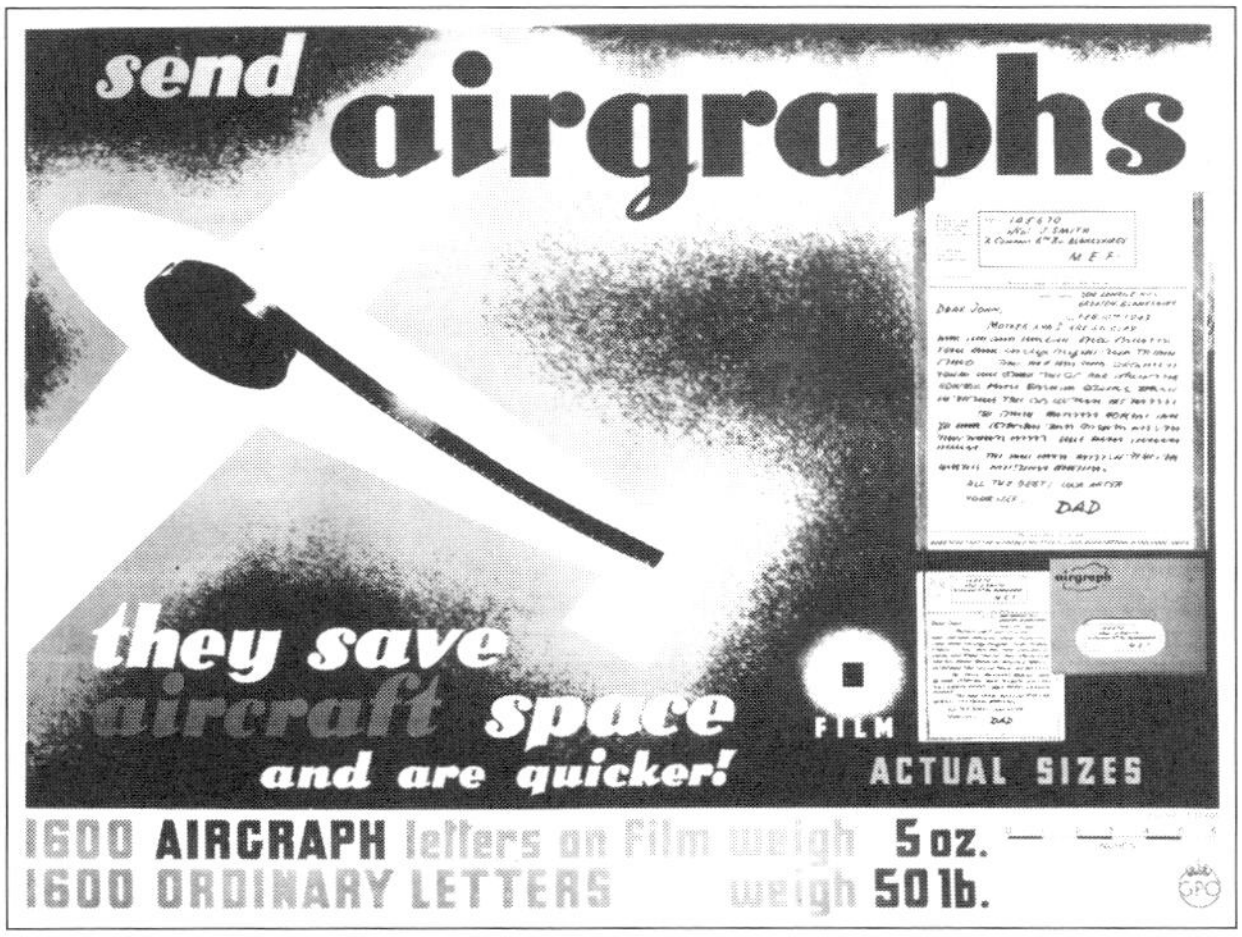

エアグラフ利用を促すポスター．1943 年．航空搭載のスペースを最小限にし，取扱いも早くなる，と訴えている．実寸でフィルム，焼付後の手紙，その手紙を入れた封筒なども示されている．

兵士に、そして留守宅の妻や子供、友人らに届けた。取扱量は一九四二年六一〇〇万通、翌年には一億三五五〇万通に上った。ピーク時にはロンドンから一週間で一五〇〇万通のエアグラフが発送された。重さは五〇トン、普通の郵便であれば九〇倍の四五〇〇トンになったから、航空搭載の重量削減効果は「凄《すご》い」の一言に尽きる。

航空輸送が改善してくる一九四四年には、エアグラフは一億通に減少する。戦争終結で一九四五年夏、エアグラフのサービスは終了するが、戦時中四年間で三億五〇〇〇万通のエアグラフが戦地や内地で配達された。補足になるが、戦時でもあり飛行機事故がまま起きることがあった。一九四二年一二月には大型飛行艇クレア号が遭難し、搭載していた六万五〇〇〇通のエアグラフを記録したフィルム三〇巻約五キロが喪失した。出発地に遭難情報が通報されると、ただちに再撮影がおこなわれ再発送され、当初予定より数日遅れで宛先に配達された。だから発信地ではフィルムが目的地に着くまで、エアグラフの原本を大切に保存していた。

エアグラフの契約に関して、郵政省はコダック社と固定金額で契約を締結していたが、それがコダック社にとって六五パーセントもの利益がでる結果となった。郵政省の見積もりミスだが、コダック社は自主的に返金した。その総額は六六万ポンドにもなった。エアグラフはわずか四年の特別な航空郵便であったが、アメリカでも「Vメール」と呼ばれる同様の軍事郵便を展開していた。

エアレター　手紙のフィルムを空輸するエアグラフは究極の重量軽減策であったが、次善の策として、軍向けに薄い紙の葉書も発行された。航空搭載で料金は三ペンス。だが利用者からは薄紙葉書ではなく、折りたたみ式の軽量のエアレターの発行が望まれた。日本では葉書は一般化しているが、書簡に拘《こだわ》るのは、プライバシーを大切にする国民性が表れているといえようか。

用意されたものは、軍事郵便用の薄手の青い用紙で、折りたたむと、ちょうど葉書と同じ大きさになるエアレター。料金は六ペンス。料金は葉書の二倍になった。しかし、宛名面には切手（料額印面）が印刷されていなかったので、差し出すときには六ペンスの切手を貼らなければならなかった。切手付のエアレターが発行されたのは一九四三年になってからであった。

戦争が終わった一九四五年夏、エアレターが民間人の通信にも使えるようになり、コモンウェルス諸国や北米宛などの航空便に使われるようになった。この時代、イギリスのみならず、多くの国の郵政当局がエアレターを発行するようになった。そのため、一九五二年万国郵便連合ブリュッセル大会議において、次のように合意される。すなわち折りたたんで宛名面のところに「エアログラム」と表示し、併せて発行国の言語により、その旨を表示する。用紙の大きさは、折りたたみ、糊付けした後、葉書と同じ大きさになること、と規定された。日本では一九四九年に最初のエアレターが発行される。日本語では航空書簡。はじめは「外国向け航空郵便封緘《ふうかん》葉書」と呼ばれた。一九五三年から「エアログラム」と表示されたものが発行された。世界中低廉な均一料金であったために、広く利用されるようになる。

9　国有化そして民営化

第二次大戦が終わり、総選挙の結果、クレメント・アトリーが率いる労働党が、チャーチル保守党を破り政権の座につく。アトリー内閣は基幹産業を国有化し、航空会社は三社に再編する。民間航空法に基づき運輸審議会を設置し、三社のトップは民間航空大臣によって任命されることになった。航空三社の運営範囲は、英国海外航空（ＢＯＡＣ）がコモンウエルス諸国と北米大西洋路線を、英国ヨーロッパ航空（ＢＥＡ）はイギリス国内とヨーロッパ路線を、新設された英国南米航空（ＢＡＡＣ）は南米路線を、それぞれ担当することになった。ＢＡＡＣはすぐにＢＯＡＣに吸収される。

ヘリコプター郵便　話が少し横道にそれるが、この時代にヘリコプター郵便の試験飛行がおこなわれたことについてふれておこう。郵便博物館の上級学芸員ギャヴィン・マクガフィーが公式ブログで紹介しているのだが、一九四八年初頭にＢＥＡがイングランド南西部ドーセットとサマセットでヘリ

郵便空輸に使われたシコルスキー S-51 型ヘリコプター．1948 年．4 人分の座席，大直径のローターを装着していた．アメリカの会社とライセンス契約を締結し，イギリスで製造された．

コプターによる郵便物空輸の試験飛行をおこなった。一八五キロのルートを経由地の離着陸を含め二時間で飛行し、予定時間内にフライトは完了した。

この成功を受け、一九四八年年六月、ＢＥＡはヘリコプター郵便を正式に開始する。イングランドの東部ピーターバラと北海に面した港街グレート・ヤーマスとをむすんだが、経由地が往路八ヵ所・復路四ヵ所でルートが異なっている。初飛行の所要時間は往路二時間三七分・復路一時間四二分であった。珍しさも手伝ってヘリコプターの飛行は、経由地の人々の関心を呼び、パイロットから地元警察に対して、特に機体周辺に集まる子供たちの安全確保の要請がだされる一幕もあった。飛行が終了する一九五〇年九月までの二年三ヵ月間で、一七トンの郵便物が空輸された。

一九四九年一〇月からはピーターバラ—ノリッジ間でヘリコプターによる夜間の郵便物空輸がはじまった。下界はほとんど明かりがない世界で計器飛行になった。翌年三月に終了する。六ヵ月ほどの運行であった。ヘリコプター郵便は夜間飛行を含めて三年弱の短い期間で姿を消したが、その理由は積載量の少なさ、操縦の難しさ、それに経済性が満たされなかったことなどが考えられる。

本論　横道にそれたが、ここから本論に入る。ＢＯＡＣは一九五〇年代、ロンドンから、南アフリカに週三便、インドに週数便、ニューヨークに週九便、シドニーに週二便、カンタス航空も併行して運航していた。この路線を人々は「カンガルー・ルート」と呼んだ。ＢＯＡＣは年間二〇〇〇トンの郵便物を輸送した。一九六〇年には四三〇〇トンにまで増加する。一方、同じ時期、ＢＥＡが輸送した郵便物は一八〇〇トン、三分の二がヨーロッパ便であった。一九六〇年には郵便物が八〇〇〇トンまで急増する。

イギリスが開発した「コメット号」は世界最初のジェット機となった。初飛行は一九四九年だが、事故がつづき、一時飛行を停止した。一九五八年に再開し、香港からイギリスまで二二時間で飛行。時速七九〇キロ。また、ロンドン—ガンダー（カナダ）間を九時間弱で飛行した。香港やカナダではイギリスからの手紙が翌日に配達されるようになった。一九七〇年代に入ると、イギリスとフランスが共同開発した「コンコルド」が就航する。ロンドン—ニューヨーク間を音速の二倍四時間弱で飛行したが、騒音問題が起こり、撤退を余儀なくされた。その後、ジャンボ機が開発され、空の大量輸送時代がはじまり、航空郵便の料金も低下していった。

一九七四年、国有化されたＢＯＡＣとＢＥＡ、それに地方航空会社二社の四社が合併して、新たに英国航空（ＢＡ）が誕生した。一九八七年には、サッチャーの保守党政権下、ＢＡは民営化された。今や世界の主要エアラインと組んで、ワンワールド・エアラインの一翼を担い、イギリスと世界中の都市をむすんでいる。

一九八〇年代後半の数字になるが、イギリスでは年間四億通の郵便物を航空機ではこんでいた。外国宛の航空郵便の八割がロンドンのヒースロー空港からで、週一四〇〇便、一五五の国に向けて発送されていた。その多くが、その日のうちに、遅くとも翌日には宛先の国に到着した。しかし、かつて航空郵便は郵便物を最速ではこぶ手段として利用されてきたが、インターネットや電子メールの発達により、国内郵便の状況も同じだが、航空郵便の利用、特に手紙の利用は急激に低下している。

ロンドンのヒースロー国際空港で，データ・ポスト（超高速郵便）を積み込み，ニューヨークに向けて離陸を待つ超音速旅客機コンコルド．時速2,179キロ．航続距離6,228キロ．英仏共同開発，全部で20機製造された．1980年．ジョン・G・ノリス画．

第Ⅲ部では、人間がどのようにして手紙をはこんできたかについてみてきた。何時《いつ》の時代でも、利用可能な最速の乗り物を駆使し手紙を宛先に届けてきた。本書を閉じる前に、手紙をはこぶ使者を讃える言葉を一つ記しておこう。

雨が降ろうと、それが雪にかわろうとも
また、灼熱の暑さが襲いかかろうとも
また、夜の淋しさが身にしみようとも
勇敢な使者は目的地に走る
ただ、ひたすら走る

この詩歌《うた》は、ギリシャの歴史家ヘロドトスが書いたものといわれている。この言葉がニューヨーク郵便局の立派な入口上の横柱にも刻されている。郵便事業に携わる人々の原点をみるような気がする。同時に、現在のわれわれもこの精神を失ってはならないのではないだろうか……。

あとがき

イギリス郵便史の関係では、私は、これまでに『郵便の文化史――イギリスを中心として』、『郵便と切手の社会史〈ペニー・ブラック物語〉』、『イギリス郵便史――文献散策』の三冊の本をだしたが、最初の本から数えると四〇年以上も時間が経過している。その間に、イギリスの郵便事業を巡る環境は大きく変わり、経営形態が官営から公社そして民営化された。事業内容も、電子メールの普及により書状取扱数の減少傾向がとまらない。一方、電子商取引の拡大で小包取扱数は増加し、業容を大きく転換させている。また、調査研究する過程で、古い話のなかにも新たな発見があり、この際、旧著の内容を一新させたいと考えて執筆した。本書を、前著の増補改訂版と位置づけたいと思っている。

とはいえ、いっぺんに原稿が書けるものではなく、半世紀にわたり、郵便・郵趣関係の雑誌などに書き綴ってきた文章が土台となっている。連載していただいた誌名を挙げれば、『郵政研究』、『切手』、『切手研究』、『全日本郵趣』、『通信世界』、『郵趣』、『郵便史研究』、『交通史研究』、『通信文化新報』などである。それぞれに思い出があり、名前は記さないが、お世話になった各誌の編集者、関係者の方々に感謝したい。

インターネットが定着して、研究調査方法が大きく変わった。五二年前に留学したイギリスで集めた書籍や資料が研究のベースになっているが、帰国後も、ロンドンの古書店に注文をだして文献を集めることに努めた。一八、一九世紀の郵便関係の古典がアメリカで復刻されるようになると、それらをアマゾン経由で購入した。郵便史の新刊は数年に一冊でるかでないかだが、そのなかでキャンベル＝スミスの大著は見逃せない。

情報化社会でネット上には、郵便関係の情報もあふれ、取捨選択に迷う。そのなかで、英国郵趣研究会のサイトには近世の議会報告書などの一次資料が整理されアップされているので重宝した。また、ロンドンの郵便博物館のサイトも勉強になる。その他、郵便ポスト、軍事郵便、航空郵便などを扱うサイトにも参考になるものがあった。ロイヤル・メール・グループの企業情報や規制当局の年次報告は公式ページで閲覧できる。日本にいながらにして、いくつかの優れた学術論文を見いだすこともできた。便利な世の中になったものである。

今回も参考になると思われる図版を本書に挿入させていただいた。前著と重複するものもあるが、内容の理解には欠かせないものと考えた。ロンドンの郵便博物館所蔵のものが多いが、図版リストに提供者・出典を明記しておいた。前著に引きつづき、見一《みいち》眞理子氏には新たに二葉の挿絵を描いてもらった。関係各位に感謝する。

執筆期間中に、日本の郵政博物館の藤本栄助氏には外国人のカタカナ表記について、いろいろ教えていただいた。同じく田原啓祐氏には博物館が所蔵しているイギリス郵便史関係の図書閲覧に対しご助力をいただいた。記して、感謝の意を表したい。

星名 定雄

二〇二四年七月

著　者

星名 定雄（ほしな さだお）

1945年東京に生まれる．法政大学経営学部卒業．通商産業省（現経済産業省）に35年間勤務．情報通信史・イギリス郵便史を長年研究．著書『郵便の文化史――イギリスを中心として』（みすず書房，1982），『郵便と切手の社会史〈ペニー・ブラック物語〉』（法政大学出版局，1990），『情報と通信の文化史』（法政大学出版局，2006），『イギリス郵便史文献散策』（郵研社，2012）など．交通史学会会員，郵便史研究会会員．

陸・海・空、手紙をはこぶ――イギリス郵便の歴史

2024年9月5日　　初版第1刷発行

著　者　星名 定雄 © Sadao HOSHINA

発行所　一般財団法人 法政大学出版局
〒102-0071 東京都千代田区富士見 2-17-1
電話 03（5214）5540／振替 00160-6-95814

組版：秋田印刷工房，印刷：三和印刷，製本：誠製本

ISBN 978-4-588-37128-8
Printed in Japan

索　引

1. 年数の前の「位」は在位の、「任」は任期の意味である。
2. 「c」は地図、「h」は表、「z」は図版の略で、例えば「123z」は 123 ページに掲載されている図版の意味である。

【ア】
アーチャー　Archer, Henry　182, 183
アーチャー　Archer, Michael S.　45, 47, 48, 313, 315c
アーデン　Arden, Robin of　13
アーマン　Arman, F. Marcus　177
アームストロング　Armstrong, John　253z
アーモンド　Almond, Adrian　45
アーリントン卿　→ベネット
アウグストゥス帝　Augustus（前 63-14）　4
アシャースト　Ashurst, William H.　153
アスキス　Asquith, Herbert Henry（任 1908-16）244
アトリー　Attlee, Clement R.（任 1883-1967）　248, 276, 433
アバディーン首相　Aberdeen, Earl of（1784-1860）　160
アブディー　Abdy, Sir Robert　89
アリボンド　Alibond, Job　58
アルクイン　Alcuin（c735-804）　9
アルバート公　Prince Albert（1819-61）　174, 207, 410
アレン　Allen, Philip　310
アレン　Allen, Ralph（1693-1764）　112, 119-125, 120z, 124z, 310
アンジュー伯アンリ　→ヘンリー２世
アントロバス　Antrobus, George　14
アン王女　Anne（位 1702-14）　69, 112, 113
安室芳樹　313, 329
荒畑寒村　239
【イ】
イーヴリン　Evelyn, John（1620-1706）　83
イーストン　Easton, John　173
イザベラ女王　Isabel II（1830-1904）　188
石井香江　231
石井寛治　398
石川京子　331
石田英子　223
磯部佑一郎　133
今井登志喜　34, 35, 82
岩倉具視（1825-83）　147, 162
岩見寿子　137
【ウ】
ヴァイナー　Vinar, Sir Robert（1631-88）　84z
ヴァン・デン・プッテ　Van den Putte, Raphael　30-32, 37
ウィギンズ　Wiggins, W.R.D.　173
ヴィクトリア女王　Queen Victoria（位 1837-1901）　154, 156, 157, 172-174, 177, 177z, 187, 188, 188z, 193h, 193z, 198, 207, 208, 228, 294, 410
ウィザリングズ　Witherings, Thomas（任 1632-40）　17h, 27, 43-45, 54, 56-60, 57z
ヴィッシャー　Visscher, Claes Janszoon（1587-1652）　82z
ウィットリー　Whitley, Roger（任 1672-77）　368, 385
ヴィドラー　Vidler, Finch　143, 318, 319, 321
ウィリアム１世　William I（位 1066-87）　9
ウィリアム３世　William III（位 1689-94）　66, 77, 78, 109, 368
ウィリアムソン　Williamson, Peter（1730-1799）　139
ウィルキンソン　Wilkinson, Frederick　307, 325
ウィンザー　Winsor, Diana　125
ウィンスロップ　Winthrop, John　379
ウィンドバンク　Windebank, Sir Francis（1582-1642）　17h, 57
ウェイド　Wade, George（1673-1748）　120, 121
ウェッブ　Webb, Beatrice（1858-1943）　239
ウェッブ　Webb, Sidney（1859-1947）　239, 246

ウェリントン公　Wellington, Duke of（1769-1852）　156, 334
ヴォーディン　Vaudin, John　190, 191
ウォーバートン　Warburton, Henry（1784-1858）　155
ウォラス　Wallace, Robert（1773-1855）　126, 142-144, 143z, 147, 148, 155, 184
ウォラス　Wallace, Thomas, Baron Wallace（1768-1844）　135-137, 143
ウォリック伯　Warwick, Earl of（任 1640-45）　17h, 58, 60
ウォルシガム卿　Lord Walsingham（任 1787-94）　326-328
ウォルマー子爵　Viscount Wolmer（1895-1941）　227h, 247-249
ウッド　Wood, Sir Kingsley（任 1931-35）　248, 250, 252, 253
ウッドワード　Llewellyn, Woodward（1890-1971）　142
ウルジ　Wolsey, Thomas（?-1530）　16
ウルマー　Wolmar, Christian　338
臼田　昭　320, 332
歌川房種　193
梅井道生　282
【エ】
エヴァンス　Evans, Edward B.　172
エジソン　Edison, Thomas（1847-1931）　227, 228
エセックス伯　Essex, Earl of（1541-76）　18
エドワード１世　Edward Ⅰ（位 1272-1307）　34
エドワード７世　Edward Ⅶ（位 1901-10）　193h, 219, 243, 416
エドワード８世　Edward Ⅷ（位 1936）　193h
エマヌエーレ２世　Vittorio Emanuele Ⅱ（1820-78）　188
エリザベス１世　Elizabeth Ⅰ（位 1558-1603）　20, 22, 27, 30, 52, 68, 114
エリザベス２世　Elizabeth Ⅱ（位 1952-2022）　67z, 187, 188, 188z, 189, 193z, 193h, 361
エリス　Ellis, Kenneth　127-129, 310, 316
エリス　Ellis, P.Berresford　136
エンジェル Angell, Thomas　214
【オ】
オーグルビー　Ogilby, John（1600-76）　75, 76z
オーツ　Oates, Titus（1649-1705）　86
オーデン　Auden, Wystan H.（1907-73）　358
オクセンブリッジ　Oxenbridge, Clement　61
オニール　O'Neale, Catherine（1609-67）　69
オニール　O'Neale, Daniel（c1612-64）　69, 70
オラニエ公ウィレム（Willem III van Oranje-Nassau）　→ウィリアム３世
オルコック　Alcock, John　422, 423
オルコック　Alcock, R.C.　124, 181
大澤　健　286
大野真弓　9, 16, 371
岡田芳朗　165
小川和夫（1909-94）　174
【カ】
カーター　Carter, Charles F.（1919-2002）　283, 284, 286
ガードナー　Gardiner, Thomas（1883-1964）　250
ガートルード　Gertrude　27
カートレット　Carteret, Henry Frederick（1735-1826）　128
カール大帝　Karl der Große, Charlemagne（位 768-814）　9
カウパー　Cowper, Edward A.（1819-93）　191, 192
カエサル　Caesar, Gaius Julius（前 100-44）　3
ガザミヤン　Cazamian, Louis（1877-1965）　331
カニンガム　Cunningham, William（1849-1919）　79
カルシュタット　Karstadt, George F.（1788-1840）　340
カルティエ　Cartier, Jacques（1491-1557）　376
カンバーランド公　→ジョージ王子
樫原　朗　222
梶本元信　303
加藤二郎　350
樺山紘一　13, 85
川北　稔　242, 390
川越俊彦　201
【キ】
ギース　Gies, Frances　23

ギース　Gies, Joseph（1916-2006）　23
キーツ　Keats, John（1795-1821）　132
キケロ　Cicero, Marcus Tulliu（前 106-46）　4
キャスルトン　Castleton, Nathaniel　109
キャドマン　Cadman, Sir John（1877-1941）　248
キャニング子爵　Viscount Canning（任 1853-55）　260
ギャモンズ　Gammons, Tony　399, 419, 422
キャンベル＝スミス　Campbell-Smith, Duncan　16, 17h, 22, 57, 69, 70, 82, 118, 142, 153, 230, 241z, 244, 271, 299, 431
キューナード　Cunard, Sir Samuel（1787-1865）　412
ギ　ル　Gill, MacDonald（1884-1947）　253
菊池光造　235
岸村金二郎　166
北清広樹　286
木下善貞　191
木畑洋一　243
【ク】
クァーシュ　Quash, Joseph　118, 120, 121
クアック　Quack, Jacob　365, 366
クアラール　Currall, Alex　271
クーザン　Cousen, M.Jean　30
クーパー　Cooper, J.P.　56
クーリング　Cooling, George　68
クォールズ　Quarles, Edward　39
クック　Coke, Sir John（1563-1644）　17h, 39, 39z, 41, 43, 54, 57, 59
クック　Cook, Andrew　346
クック　Cook, James, Captain Cook（1728-79）　398
クック　Cooke, William F.（1806-79）　225
クラウディウス帝　Claudius（位 41-54）　3
クラウト　Clout, Hugh　82
グラタン　Grattan, Henry（1746-1820）　136, 321
クラッチュリー　Crutechley, Ernest T.（1878-1940）　341, 426
グラッドストン　Gladstone, William Ewart（任 1868-94, 4 期）　198, 215, 216, 240, 404
クリアー　Clear, Charles R.　311
グリアソン　Grierson, John（1898-1972）　252, 357
グリーヴ　Grieve, Mackenzie　422
クリーヴランド公爵夫人　Cleveland, Duchess of（1640-1709）　69
グリーン　Green, John　110
グリーン　Green, Thomas　24
グリーンウェイ　Greenway, William　25
グリーンウッド　Greenwood, Jermy　77
グリムストン　Grimston, Sir Harbottle（1603-85）　67
クリントン　Clinton, Alan　272
クローカー　Croker, John Wilson（1780-1857）　153
クローディアス　Claudius　27
クロフツ　Crofts, J.　25
クロムウェル　Cromwell, Oliver（1599-1658）　52, 58, 61-68, 62z, 85, 129, 136, 378
國原吉之助　4
久米邦武（1839-1931）　162
栗原　啓　289
黒岩比佐子　415
【ケ】
ケアリ　Carey, Sir Robert（1560-1639）　27
ケ　イ　Kay, F.George　81, 122c, 322
ケインズ　Keynes, John M.（1883-1946）　276
ゲラウ　Guerau　31
ケンドル　Kendall, Ralph　60
剣持一巳　336
【コ】
コース　Coase, Ronald H.（1910-2013）　62
コートニー　Courtenay, Nicholas　173
コール　Cole, Henry（1808-82）　153-155, 154z, 170, 206, 207, 207z
ゴールディング　Golding, John　243
ゴールデン　Golden, Catherine J.　204, 209
ゴールデン　Golden, Grace（1904-93）　342z
ゴールドマン　Goldman, Lawrence　198
コーン　Cohn, Gustav　405
ゴスネル　Gosnell, Thomas　210, 211
コフィン　Coffin, Francis　169
コルシーニ　Corsini　28, 45-48, 46z, 49c, 50, 51
コロンブス　Columbus, Christopher（c1451-1506）　371
コンウェー　Conway　41
香内三郎（1931-2006）　77

香山裕紀　338
小池　滋（1931-2023）　335, 337, 357
小風秀雅　398
小嶋　潤　8
小林章夫（1949-2021）　384
小松芳喬（1906-2000）　303
後藤　伸　392, 396, 400, 414
今野源八郎（1906-1996）　19, 303
【サ】
サージェント　Sargent, John　373
サースク　Thirsk, Joan　56
サーロウ　Thurloe, John（1616-68）　62-64
サイクス　Sykes, Charles W.　215
サイドボトム　Sidebottom, John K.　393, 394c
サウサンプトン伯　Southampton, Earl of　99
サ　グ　Sag, M.Kaan　214
サッチャー　Thatcher, Margaret H.（1925-2013）　284, 338, 434
サットン　Sutton, Peter　270
サドラー　Sadler, Sir Ralph　21
サフリング　Suffling, Christian　30, 31
サマーリー　Summerly, Felix　→ コール
サリヴァン　Sullivan, Mike　362
サルウェー　Salway, Peter　5c
サン・テクジュペリ　Saint-Exupéry, Antoine（1900-44）　424
サンフォード　Sanford, O.R.　328h
酒井重喜　60
坂本和一　201
坂本憲一　338
佐々木弘　152, 249
佐藤　亮　271, 272
佐藤　立　280
佐野邦明　224
澤まもる　397
沢崎順之助　358
【シ】
シーニア　Senior, Ian　280
シーモア　Seymour, J.B.　173
シヴェルブシュ　Schivelbusch, Woefgang（1941-2023）　350
シェイクスピア　Shakespeare, William（1564-1616）　25, 27
シェイヤー　Shayer, J.　325z
ジェームズ1世　James I（位 1603-25）　22, 38, 52, 56, 69, 114
ジェームズ2世　James II（位 1685-88）　69, 104, 109, 120, 368
ジェームズ6世　James VI（位 1567-1625）　52, 114
シェーレ　Scheele, Carl H.　379
ジェプセン　Jepsen, Thomas C.　232
ジェフリズ　Jeffreys, Sir Jeffrey（c1652-1709）　383
ジェフリズ　Jeffries, John　416
シェラード　Sherard, Charles　32
ジェリタス　Jerlitus, Hieronymus　30
シェルバン　Shelburne, Earl of（在 1782-83）　310
ジファール　Giffard, Henri（1825-82）　417
シャーマン　Sherman, Edward　319, 320, 321z
ジャックマン　Jackman, W.T.　303
シャフツベリ伯　Shaftesbury, Earl of（1621-83）　105
ジュード　Jude, Samuel　25
シュープ　Shoup, Carl S.　281
シュライバー　Schreiber, Hernann（1882-1954）　305
ジョイス　Joyce, Herbert　38, 81, 311, 319, 372
ジョージ3世　George III（位 1760-1820）　138, 140
ジョージ5世　George V（位 1910-36）　193h, 253, 417, 418z
ジョージ6世　George VI（位 1936-52）　193h, 261z
ジョージ王子　Prince George, of Denmark（1653-1708）　69
ショート　Short, Edward W., Baron Glenamara（在 1966-68）　278
ジョーンズ　Jones, G.P.　147
ショーンバーグ公　Schomberg, Duke of　69
ジョンソン　Johnson, Edward　131, 132
ジョンソン　Johnson, Peter　339, 347z, 349, 350, 353h
小ピット　→ ピット The Younger Pitt
志賀吉修　215
芝田正夫　133
社本時子　319
庄村勇人　281

【ス】
スウィフト　Swift, H.G.　243
スエトニウス　Suetonius, Gaius Tranquillus（c70-140）　4
スキューダモー　Scudamore, Frank I.　215, 217
スコット　Scott, Giles G.（1880-1960）　230
スコット　Scott, William Robert（1868-1940）　101, 102
スターマー　Stamer, Sir Keir（任 2024-）　300
スタッフ　Staff, Frank　82, 88, 97, 111, 140, 206, 364, 404, 408
スタナップ（子）　Stanhope, Charles　17h, 37-41
スタナップ（父）　Stanhope, John　16, 17h, 21z, 32, 37, 38
スタンベリー　Stanbury, Jimima　191
スタンリー卿　Stanley, Lord, of Alderley（1802-69）　160
スティーブン　Stephen, Leslie（1832-1904）　198
スティット＝ディブデン　Stitt-Dibden, W.G.　365
ステュアート＝バニング　Stuart-Bunning, George H.（1870-1951）　243
ストウ　Stow, Daniel　211
ストラットン　Stratton, Richard　373
ストルビー　Strubie, Joseph　68
ストレイチー　Strachey, Lytton（1880-1932）　20, 173
ストレイチイ　→ストレイチー
スナク　Sunak, Rishi（任 2022-24）　300
スパフォード　Spafford, A.O.　119
スプリング・ライス　Spring Rice, Thomas（在 1835-39）　156
スペンサー　Spencer, Asa　177
スマーク　Smirke, Sir Robert（1780-1867）　141
スミス　Smith, A.D.　40, 42h, 55h, 61h, 113h, 115h, 147h, 411h
スミス　Smith, Adam（1723-90）　79
スミス　Smith, Edward　214
スミス　Smith, Keith　423
スミス　Smith, Ross　423
スミス　Smith, William　377, 379
スミス　Smith, William J.　187
スミス　Smyth, Eleanor C.　156, 187
スロウカム　Slocombe, John　68
菅　建彦　313, 336
菅　靖子　252
杉山遼太郎　224
鈴木　勇　29
隅田哲司　79h, 113
【セ】
セウェラ　7
セシル（バーリ男爵）　Cecil, William, Lord Burghley（1520-98）　20, 30, 31
関　楠夫　305
仙田左千夫　29
【ソ】
ソリマール　Solymar, Laszlo　225
ソルト　Salt, Denis　314
【タ】
ダ・シルヴァ　Da Silva　31
ターナー　Tanner, Sir Henry　219
タール　Tarr, László（1927-2010）　304
タクシス　Taxis　15, 16, 45, 367
ダマー　Dummer, Edmond（1651-1715）　368, 371, 372, 383
ダルク　d'Arc, Jeanne（1412-31）　10
タレンツ　Tallents, Sir Stephen（1884-1958）　252, 253
タンカーヴィル伯　Tankerville, Earl of（1743-1822）　128
ダンキャノン卿　Duncannon, Lord（1781-1847）　143, 144, 148, 155, 199h, 318, 319
高橋　理　28
高橋禎子　332
髙橋安光　15
高橋勇一　332
高橋雄造　232
高木葉子　45
武田　宏　224
立原　繁　289
玉木俊明　390
【チ】
チェヴァートン　Cheverton, Benjamin　170
チェトウィンド　Chetwynd, George　212, 215
チェンバレン　Chamberlain, Joseph（1836-1914）　224, 408

チェンバレン　Chamberlen, Hugh（c1632-1720）　100, 101
チェンバレン　Chamberlin, Edward　83
チャーチル　Churchill, Sir Winston（1874-1965）　244, 276, 277, 423, 433
チャーマーズ　Chalmers , Patrick　183, 184, 186
チャーマーズ　Chalmers, James（1782-1853）　165, 183-187, 186z
チャールズ1世　Charles I（位 1625-49）　43, 53, 56, 57, 66, 68, 94
チャールズ2世　Charles II（位 1660-85）　66, 67, 70, 77, 86, 100, 105
チャールズ3世　Charles III（位 2022-）　193h
チャプリン　Chaplin, William　319-321
地田知平　262, 265
【ツ】
ツイードマス卿　Baron Tweedmouth（1849-1909）　242
角山　榮（1921-2014）19, 303
【テ】
デ・ウォームス　De Worms, Percy　183
デ・ヨング　De Jong, N.C.C.　259, 262
デイヴィス　Davies, Glyn（1919-2003）　220
デイヴィス　Davis, Sally　125, 317, 328
ディケンズ　Dickens, Charles（1812-70）　155, 161, 178, 208, 239, 332, 333
ティリー　Tilley, James　374
テーラー　Taylor, John　26
テーラー　Taylor, Silas　367
テューク　Tuke, Sir Brian（任 1516-45）　16-19, 16z, 17h, 18z, 65
デラルー　De La Rue, Thomas（1779-1866）　183, 196, 205
デラルー　De La Rue, Warren（1815-89）　205
テルフォード　Telford, Thomas (1757-1834)　313
手塚りり子　331
【ト】
ド・ヴィレイエ　de Villayer, Jean-Jacques Renouard（1607-91）　100, 187
ド・クインシー　De Quincey, Thomas（1785-1859）　332
ドゥ・クエスタ　De Quester, Mathew　17h, 32, 33, 36-43, 44
ドゥ・ローヌ　De Laune, Thomas　88, 90, 93, 95, 105, 107
ドーントン　Daunton, Martin J.　152, 160, 194, 199h, 202, 210, 212h, 213h, 215, 235h, 237h, 241z, 251h, 270, 278, 344, 345h, 359, 412, 412h, 425
ドクラ　Dockwra, William（c1635-1716）　69, 81, 87-89, 94-111, 95z, 96z, 98z, 107z, 116, 118, 124, 130, 137, 166, 182,
トッド　Todd, Anthony（1717-98）　128, 173, 316, 327
トッド　Todd, T.　165, 173
トムソン　Thomson, Francis　61
ドリスロース　Dorislaus, Isaac（1595-1649）　63, 64
ドレイパー　Draper, Nathan　310
トレヴェリアン　Treveyan, George M.（1876-1962）　161, 371
ドレーク　Drake, Sir Francis（c1543-96）　374
トロロープ　Trollope, Anthony（1815-82）　190, 191, 193
ドンガン　Dongan, Thomas　379
トンプソン　Thompson, Flora（1876-1947）　223, 224
トンプソン　Thompson, John（1785-1866）　170
トンプソン　Thompson, Sir William（1824-1907）　227
遠山嘉博　225, 246, 276
豊原国周（1835-1900）　193
【ナ】
ナイチンゲール　Nightingale, Florence（1820-1910）　214
ナポレオン　Napoléon Bonaparte (1769-1821)　130, 334, 368
中里　孝　289
中島純一　195
中村英勝　82
長島伸一　329
【ニ】
ニール　Neale, Thomas　380, 381
西垣鳴人　288
西川正身（1904-88）　382
【ネ】
ネヴィル＝ペイン　Neville Payne, Henry

100
ネヴィンソン　Nevinson, William　27
【ノ】
ノエル　Noel, Martin　63
ノースクリフ子爵　Viscount Northcliffe（1865-1922）　422
ノリス　Norris, John G.　373z, 429z, 435z
ノルマンディー公ギヨーム　→ウィリアム1世
野中邦子　304
野村宗訓　295
【ハ】
パーキンズ　Perkins, Jacob（1766-1849）　178
バークベック　Birkbeck, Sir Edward（1838-1908）　204
バーズレー　Bardesley　24
バース伯　Bath, Earl of　69, 110
パーマー　Palmer (*née* Villiers), Barbara　69
パーマー　Palmer, John（1742-1818）　124, 307-312, 307z, 316, 317, 322, 325-330
ハーンドン　Herndon, Hugh　423
ハイド　Hyde, James Wilson　37, 44, 60
パウア　Power, Eileen（1889-1940）　28, 33
ハウスデン　Housden, J.A.J.　30
ハスカー　Hasker, Thomas　322, 325, 330
バスタブル　Bastable, Charles F.（1855-1945）　252
パストン　Paston, Edomond　24
パストン　Paston, Elizabeth　24
パストン　Paston, George　24
パストン　Paston, Sir John　23, 24
ハズラム　Haslam, D.G.　309
バチェラー　Batchelor, L.E.　75, 82, 95
バックストン　Buxton, Sidney（1853-1934）　143
ハッチンス　Hutchins, Robert　68
ハッチンス　Hutchins, Thomas　22
ハットン　Hutton, David　422z
ハドソン　Hudson, George（1800-71）　337
ハドリアヌス帝　Hadrianus（位 117-138）　6
パプリル　Papprill, H.　321z
ハミルトン　Hamilton, Andrew　110, 380, 381
ハムレット　Hamlet　27
ハリス　Harris, J.　325z
ハリソン　Harrison, Jane E.　376
バリット　Burritt, Elihu（1810-79）　206, 404, 405
バルラマチ　Burlamachi, Philip（任 1640-45）　17h, 57-59
バンクス　Banks, Donald（1891-1975）　250
パンボーン　Pangborn, Clyde　423
浜林正夫　66
【ヒ】
ピアソン　Peason, Caroline　161
ビアンコニ　Bianconi, Charles（1774-1865）　321, 322
ビーアド　Beard, Charles A.（1874-1948）　166
ビーアド　Beard, Mary R.（1876-1958）　166
ヒース　Heath, Charles（1785-1848）　176, 177
ヒース　Heath, Fredrick（1810-78）　176
ピーチ　Peach, R.E.M.　125
ピートゥ　Peto, S.Morton（1809-89）　152
ヒートン　Heaton, Johm H.（1848-1914）　406, 408, 409
ビール　Beale, Philip　5, 8, 12, 24, 29, 36h, 39, 40, 45, 47h, 49c
ピール　Peel, Sir Robert（1788-1848）　152, 204
ピクトン＝フィリップス　Picton-Phillips, D.B.　75, 82, 95
ビショップ　Bishop, Henry　69, 70, 72, 75, 77, 77z, 124
ヒックス　Hicks, James　58, 70, 71, 74
ヒックス　Hicks, Ursula Kathleen, Lady Hicks（1896-1985）　126
ピット　Pitt, William（任 1783-1801）　126, 127, 128, 130, 135, 307, 310, 311, 327
ビニー　Binney, J.E.D.　166
ヒューズ　Hughes, Anthony J.　137
ヒューズ　Hughes, Edward　167
ヒューズ　Hughes, Mrs.　308
ヒューズ　Hughes, Thomas（1822-96）　333
ビリングズリー　Billingsley, Henry　39, 41, 42
ヒル　Hill, Edwin（1793-1876）　160, 170, 205
ヒル　Hill, Fredrick（1803-96）　160, 216, 334
ヒル　Hill, George Birkbeck（1835-1903）

161
ヒ　ル　Hill, Henry　187
ヒ　ル　Hill, John　61
ヒ　ル　Hill, Mary C.　10, 11h, 13
ヒ　ル　Hill, Matthew Devenport（1792-1872）153
ヒ　ル　Hill, Ormond　160, 183
ヒ　ル　Hill, Peason（1832-98）　160, 186, 260
ヒ　ル　Hill, Rowland（1795-1879）　81, 92, 140, 147-149, 149h, 151--161, 160z, 165, 170, 172, 174-178, 180, 181, 183, 184, 186, 187, 191, 194, 203-205, 216, 239, 249, 256z, 260, 385, 403
ヒ　ル　Hill, Thomas Wright　161
蛭川久康　308
廣重憲嗣　291
【フ】
ファーガソン　Ferguson, Stephen　137, 314
ファース　Firth, Sir Charles Harding（1857-1936）　62
ファルージア　Farrugia, Jean Y.　190, 399, 419, 422
ファルマン　Farman, Henri（1874-1958）418, 418z
フィールディング　Fielding, Henry（1707-54）125
フィッツロイ　Fitz Roy, Henry, Duke of Grafton（1663-90）　69
フィリッピデス　Pheidippides　253z
フィリップス　Phillips, Reginald M.（1888-1977）　361
フィリップス　Phillips, Richard（1778-1851）182
フィリペ　Felip II（位 1556-98）　36
フーパー　Hooper, Richard　291, 292, 294
プール　Pool, A.G.　148
フェアバンクス　Fairbanks, Richard（1588-1667）　377, 377z, 378
フェアファックス　Fairfax, Thomas（1612-71）68
フォークス　Faukes, Jack　13
フォーセット　Fawcett, Henry（任 1880-84）196-198, 197z, 218, 229, 240, 241
フォーセット　Fawcett, Millicent Garrett　198
フォクセル　Foxell, J.T.　119
フォン・シュテファン　Von Stephan, Heinrich（1831-97）　195, 405
フォン・ツェッペリン　von Zeppelin, Ferdinando（1838-1917）　417
フラー　Fuller, Wayne E.　377, 378
ブラウー　Blaauw, Mynheer　365
ブラウン　Brown, Arthur　422, 423
ブラウン　Brown, Roland　178
ブラックウッド　Blackwood, Stevenson A.241
プラット　Pratt, John.J., Marquess of Camden（1759-1840）　310
ブラッドフォード　Bradford, Thomas　68
ブラッドフォード　Bradford, William（1590-1657）　376
ブラムル　Brumell, George　82, 95, 131, 131h
フランクリン　Franklin, Benjamin（1706-90）188
ブランシャール　Blanchard, Jean-Pierre　416
フリーゼル　Frizell, William（任 1632-?）　43
ブリッグズ　Briggs, Asa（1921-2016）　161
ブリッジマン子爵　Viscount Bridgeman（1896-1982）　233, 248-250, 252, 277, 280
ブリテン　Britten, Benjamin（1913-76）358
プリドウ　Prideaux, Edomond（任 1645-53）17h, 58, 59
ブルック　Brooke, Silvester　32
フルトン　Fulton, Robert（1765-1815）　387
ブレア　Blair, Montgomery（1813-83）　405
ブレア　Blair, Tonny（任 1997-2007）　290
ブレリオ　Blériot, Louis（1872-1936）　417, 418
プレンダー卿　Lord Plender（1861-1946）248
福田　逸　20
藤原道郎　4
【ヘ】
ベアリング　Baring, Francis, Baron Northbrook（1796-1866）　156, 175, 177
ヘ　イ　Hay, Ian　254, 257, 258
ヘイウッド　Haywood, John　379
ベイツ　Bates, Joshua（1788-1864）　153
ベイツ　Bates, Alan　300
ページ　Page, Derrick　64, 65

ベーリンガー　Behringer, Wolfgang　45
ベサント　Besant, John（?-1791）　317, 318, 326, 327
ヘッジコー　Hedgecoe, John　188
ベネット　Bennet, Henry, Earl of Arlington（任 1667-77）　69, 71, 105, 106z, 365, 367
ベネット　Bennett, Edward　214, 340, 352
ヘメオン　Hemmeon, Joseph C.（1879-1963） 42h, 53, 74, 81, 90, 94, 113, 114, 228, 327h, 331h, 345h, 367
ペリー　Perry, Charles R.　226, 227h, 343, 345h
ベ　ル　Bell, Alexander Graham（1847-1922） 227, 228
ヘロドトス　Herodotus (BC483?-BC425?) 435
ベンサム　Bentham, Jeremy（1748-1832） 211, 215
ヘンダーソン　Henderson, C.C.　321z
ヘンリー２世　Henry Ⅱ（位 1154-89）　9
ヘンリー３世　Henry Ⅲ（位 1216-72）　12
ヘンリー４世　Henry Ⅳ（位 1399-1413）　35
ヘンリー７世　Henry Ⅶ（位 1485-1509）　15
ヘンリー８世　Henry Ⅷ（位 1509-47）　6, 16, 45
【ホ】
ボイス　Boyce, Benjamin　125
ホ　ー　Hoare, Katharine J.　8
ポーヴィー　Povey, Charles（c1652-1743） 117, 118
ホーカー　Hawker, Harry　422
ボーガーダス　Bogardus, James　169
ホーキンズ　Hawkins, John（1532-95）　374
ボーケナム　Bokenham, William　157, 180
ホーズリ　Horsley, John C.（1817-1903） 206, 207z
ポーター　Porter, George R.（1792-1852） 230, 231h
ホーデム　Hordem, A.F.　419
ボーマン　Bowman, K.Alan　8
ボーモント　Beaumont, K.M.　173
ポーリン　Pawlyn, Tony　369, 369c, 372
ホールデン　Haldane, Archibald Richard Burdon（1900-82）　114, 139, 329
ホールト　Holt, Winifred（1870-1945）　198
ボールドウィン　Baldwin, Stanley（1867-1947）　253
ホーン　Horn, David B.　13
ホッジソン　Hodgson, George　310
ボナー　Bonnor, Charles　326, 327
ホランド　Holland, F.C.　124, 181
ホロヴィッツ　Horwicz, Kay　384
ホワイティング　Whiting, Charles F.　169, 170
ホワイト　White, Roger　376
ホワイトロウ　Whitelaw, William　184
星野興爾　282, 290, 291
細馬宏通　196
堀越　智　136
本城靖久　325
本多静雄　161
本間長世　166
【マ】
マーシャル　Marshall, Godfrey　30-32
マーティン　Martin, Nancy　262
マイルマン　Muilman, Godbolt　368
マカダム　McAdam, John L.（1756-1836） 305
マクガフィー　McGuffie, Gavin　433
マクスウェル　Maxwell, David　184
マクドナルド　MacDonald, Ramsay（1866-1937）　248
マゼラン　Magellan, Ferdinand（1480-1521） 371
マッカーサー　McArthur, Ellen A.　79
マッカーサー　McArthur, John（1755-1840） 114, 328
マッツィーニ　Mazzini, Josef, Mazzini Scandal 244
マ　リ　Murray, Robert　99-102
マ　リ　Murray, Sir Evelyn（1880-1947）　52, 247, 250
マリア王妃　Maria, Henrietta（1609-69）　43
マルティノー　Martineau, Hariet（1802-76） 193, 194
マルレディー　Mulready, William (1786-1863) 170-173, 171z, 172z, 195, 431
マンフィールド　Manfield, Robert　12
マンリー　Manley, John（任 1653-55）　17h, 60-62

前島　密　183, 193
松井真喜子　335
松岡博司　291
松野　修　148
松本重治　166
松本純一　416
真屋尚生　221
【ミ】
ミッチェル　Mitchell, Rosanmond J.　22
ミュア　Muir, Douglas N.　168, 170, 173
ミルトン　Milton, John（1608-74）　78
三川基好　23
三島良積　189
南川高志　5c, 6, 7
【ム】
ムーディー　Mudie, Charles E.（1818-90）　195
椋田直子　392
村上直之　85
【メ】
メールマン　→マィルマン
メアリー1世　Mary I（位 1553-58）　36
メアリー2世　Mary II（位 1689-94）　66, 77, 109, 368
メイジャー　Major, John（任 1990-97）　338
メイソン　Mason, John（任 1545-66）　16, 17h
メイチン　Machin, Arnold（1911-99）　188
メイバリー　Maberly, William L.（1798-1885）　152, 156, 160, 180, 181, 184
メルバーン　Melbourne, William Lamb（任 1834, 35-41）　152, 154, 156
【モ】
モーガン　Morgan, Glenn H.　190
モートン　Moreton, C.　309
モーランド　Morland, Sir Samuel（1625-95）　63, 64, 71
モファット　Moffatt, George（1806-78）　153
モリス　Morris, Jan（1926-2020）　392
モリス　Morris, John　383
モリソン　Morison, Samuel E.（1887-1976）　382
モリソン　Morrison, Herbert（1888-1965）　247, 249
モンタネッリ　Montanelli, Indro（1909-2001）　4
森　　護　36
森本行人　359
【ヤ】
山田廉一　188
山村延昭　28
山本忠敬　417, 428
山本真鳥　401c
【ユ】
湯沢　威　201, 334, 336
【ヨ】
ヨーク公　York, Duke of　69, 70, 86, 104-109
ヨーク公　→ジョージ6世
横井勝彦　414
吉井利眞　230, 286
四谷英里子　224
【ラ】
ラークソ　Laakso, Seija-Riitta　390
ライス　Rice, Thomas Spring（1790-1866）　156
ライト　Wright, Geofferey N.　305
ライト　Wright, Orville（1871-1948）　417
ライト　Wright, Wilbur（1867-1912）　417
ラヴレース　Lovelace, Francis　379
ランドルフ　Randolph, Thomas（任 1567-90）　17h, 31
【リ】
リース　Lees, Sir Edward Smith（1783-1846）　136
リーズ　Leys, Mary D.R.　22
リーズ＝スミス　Lees-Smith, Hastings（1878-1941）　247
リーズ公　Leeds, Duke of　69
リーダー　Reader, William J.（1920-90）　148
リーチ　Leech, John（1817-64）　172
リゴ・デ・リーギ　Rigo De Righi, Anthony Gordon　168, 170, 173, 260, 384, 387, 416
リチャード3世　Richmond III（位 1483-85）　15
リチャードソン　Richardson, Samuel（1689-1761）　125, 206
リッチ　Rich, Wesley E.　377
リッチフィールド伯　Earl of Lichfield（1795-1854）　152, 154
リッチモンド　Richmond, I.A.　5c
リッチモンド伯　Richmond, Earl of　→ヘン

リー7世
リンドバーグ　Lindberg, Charles（1902-74）423
【ル】
ルイ14世　Louis XIV（位 1643-1715）364
ルーウィンス　Lewins, William　4, 42, 69, 81, 86
ルパート王子　Prince Rupert（1619-82）68
【レ】
レイヴン　Raven, Edward　250
レイクス　Raikes, Henry C.（1838-91）196, 241
レイトン　Leighton, Allan　290, 291
レーゼンビー　Lazenby, Hertbert　354z
レオポルド一世　Leopold I（1790-1865）188
レディー・ヒックス　→ヒックス
レピディナ　7
レン　Wren, Christopher Michael（1632-1723）83
【ロ】
ロイド・ジョージ　Lloyd George, David（任 1916-22）222, 223
ロウ　Lowe, Robson　168, 173, 184, 185, 384
ローサー　Lowther, William（1787-1872）68, 155
ローランドソン　Rowlandson, Thomas（1756-1827）117z
ロジャーズ　Rogers, Thorold（1823-90）159
ロジャーズ　Rogers, Zechariah　370
ロチェスター伯　Rochester, Earl of　69
ロバーツ　Roberts, Denis　271
ロビンソン　Robinson, David　36h
ロビンソン　Robinson, Henry　60
ロビンソン　Robinson, Howard　17, 20c, 32, 40, 42, 58, 72, 79h, 81, 113, 132, 139c, 159h, 194, 199h, 201h, 251h, 306, 315c, 320h, 334, 360c, 363, 364c, 367, 383, 387, 399h, 404, 425h, 428
ロンソン　Ronson, Pierre　45
ロンドンデリー侯爵　Londonderry, Marquess of（1852-1915）194
ロンメル　Rommel, Erwin　258
【ワ】
ワイオン　Wyon, William（1795-1851）174-176, 174z, 187
ワイルダー　Wilder, Laura Ingalls（1867-1957）224
ワイルディング　Wilding, Dorothy　188
ワイルドマン　Wildman, John（c1621-93）70
ワグホーン　Waghorn, Thomas Fletcher（1800-50）393, 395, 396
ワシントン　Washington, George（1732-99）188

参考文献／論文／資料

1. 末尾に「*」印を付した文献等は，ネット上に掲載されていたものを収録した.
2. 末尾に「**」印を付した資料は，Great Britain Philatelic Society（英国郵趣研究会）のホームページに整理され掲載されていたものを収録した.

【英語公的資料】

Calendar of State Papers: Domestic Series (1649-60), vols.v-viii.

Manuscripts of the House of Lords, 1600-1661, Historical Manuscripts Commission, vol.iii, 1892.

Post Office (Revenues) Act 1710. An act for establishing a general post office for all her Majesty's dominions, and for settling a weekly sum out of the revenue thereof, for the service of the war, and other her Majesty's occasions (9 Anne c.10, 25th November 1710).**

British Parliamentary Papers:

Tenth Report of the Commissioners to enquire into the Fees, Gratuities, Perquisites, and Emoluments (Post Office), printed in 1793.**

Seventh Report of the Select Committee on Finance (Post Office), 1797.**

Parliamentary Newspaper Stamp Returns, 1832-55.

First Report from the Select Committee on Postage, April 1838.

Second Report from the Select Committee on Postage, August 1838.

Third Report from the Select Committee on Postage, August 1838.

Report from the Select Committee on Postage, 1843.

Report from the Secret Committee on the Post Office, 1844.

Report upon the Post Office, 1854.

Post Office, First Report of the Postmaster General on the Post Office, 1855.**

——, Twenty-Second Report of the Postmaster General on the Post Office, C.1575, 1876.**

——, Forty-Fifth Report of the Postmaster General on the Post Office, C.9463, 1899.**

——, Forty-Sixth Report of the Postmaster General on the Post Office, Cd.333, 1900.**

——, Forty-Seventh Report of the Postmaster General on the Post Office, Cd.762, 1901.**

——, Forty-Eighth Report of the Postmaster General on the Post Office, Cd.220, 1902.**

——, Report of the Postmaster General on the Post Office 1913-14, Cd.7573, 1914.**

Report of the Committee of Inquiry into the Money Order System of the Post Office, &c., into the Proposed Scheme of the Post Office Notes, and as to Postal Drafts Payable to Order, together with Minutes of Evidence Appendix, and Index, 1877.

Report from the Inter-Departmental Committee on Post Office Establishments, 1897 (Tweedmouth Committee). **

The Post Office; An Historical Summary, Published by order of the Postmaster-General, 1911.

Report from the Committee of Enquiry on the Post Office, Cmd.4149, 1932 (Bridgeman Committee).**

First Report from the Select Committee on Nationalised Industries the Post Office, vol.i, Report and Proceedings of the Committee, 1967.

Reorganization of the Post Office, Cmnd.3233, 1967.

Report on Progress with Letter Mail Mechanization in Great Britain, for the International Postal Mechanization Conference, Ottawa, 1975.*

Report of the Post Office Review Committee, 1977. (Carter Committee)*

Whitepaper on the Post Office, 1978.*

The British Telecommunications Act 1981.*

Post Office Report and Account, 1980-81.*

Post Office Reform: A world class service for the 21st century, Cm.4340, 1999.*

Modernize or decline: Policies to maintain the universal postal service in the United Kingdom, An independent review of the UK postal service sector, Richard Hooper CBE &c., Cm.7529, 2008. (Hooper Committee)*

Saving the Royal Mail's universal postal service in the digital age, An Update of the 2008 independent Review of the Postal Service Sector, Richard Hooper CBE, Cm.7937, 2010. (Hooper Committee)*

Ofcom (Office of Communications), Annual monitoring update on the postal market, Financial year 2011-12, 2012.*

—— , Annual monitoring update on the postal market, Financial year 2012-13, 2013.*

—— , Annual monitoring update on the postal market, Financial year 2013-14, 2014.*

—— , Annual monitoring update on the postal market, Financial year 2021-22, 2022.*

—— , Post Monitoring report, Postal services in the financial year 2022-23, 2023.*

Royal Mail Group Ltd., Annual Report and Financial Statements 2012-13, 2013.*

Royal Mail plc., Annual Report and Financial Statements 2016-17, 2017.*

—— , Results for the full year ended 27 March 2022, 2022.*

National Audit Office, Report by the Comptroller and Auditor General, Department for Business, Innovation & Skills, The Privatisation of Royal Mail, HC1182, 2014.*

House of Commons, Library Briefing Paper by Anna Moses & Lorna Booth, Privatisation of Royal Mail, no. 06668, 2016.*

—— , Debate Pack by Lorna Booth, Gloria Tyler, Performance of Royal Mail, no.0092, 2021.*

—— , Research Briefing by Harriet Clark, Lorna Booth, Lorraine Conway, Antony Seely, Postal Service, 2022.*

—— , by Harriet Clark, Lorna Booth, Post office numbers, 2022.*

International Distribution Services plc., Half Year Results 2022-23, 2022.*

—— , Results for the Half Year ended 25 September 2022, 2022.*

—— , Results for the 52 week period ended 26 March 2023, 2023.*

【英語文献】

Annual Register, 1829-

Alcock, R. C., & F. C. Holland, *British Postmarks, A Short History and Guide,* Cheltenham: Alcock, 1960.

—— , *The Maltese Cross Cancellations of the United Kingdom* (1st ed. 1959), Alcock: Cheltenham, 1970.

Antrobus, George P., *King's Messenger 1918-1940: Memoirs of a Silver Greyhound,* London: Herbert Jenkins, 1941.

Archer, Michael Scott, *The Welsh Post Towns before 1840,* Sussex: Phillimore, 1970.

Ashley, Maurice, *Financial and Commercial Policy under the Cromwellian Protectorate,* London: Frank Case, 1962 (1st ed. 1934).

Authority of the Royal Commission, *Official Descriptive and Illustrated Catalogue / Great Exhibition of the Works of Industry of All Nations,* vol.ii, 1851.*

Baines, F. E., *Forty Years at the Post-Office, A Personal Narrative,* 2vols., London: Richard Bentley and Son, 1895.

Bastable, C. F., *Public Finance,* 3rd ed., London: Macmillan (1st ed. 1892).

Batchelor, L. E., & D. B. Picton-Phillips, *Pre-Victorian Stamps & Franks,* Chippenham: Picton, 1971.

Beale, Philip, & Adrian Almond, Mike Scott Archer, *The Corsini Letters,* Stroud: Amberley, 2011.
Beale, Philip, *A History of the Post in England from the Romans to the Stuarts,* London: Ashugate, 1998.
—— , *England's Mail, Two Millennia of Letter Writing,* Stroud: Tempus, 2005.
Beaumont, K. M., & John Easton, edited by, *The Postage Stamps of Great Britain, Part Three (The Embossed and Surface-Printed Issues of Queen Victoria, The Surface-Printed Issues of King Edward VII),* London: Royal Philatelic Society, revised ed. 1964 (1st ed. 1954). see also Seymour and Wiggins.
Bennett, Edward, *The Post Office and Its Story: An Interesting Account of the Activities of a Great Government Department,* London: Seely, Service, 1912.
Binney, J. E. D., *British Public Finance and Administration 1774-92,* London: Oxford University Press, 1958.
Blake, Richard, compiled by, *The Book of Postal Dates 1635-1985,* Surrey: Marden, c.1985.
—— , compiled by, *Telephones & Telegraphy Through Victorian Eyes,* Surrey: Marden, 1989.
—— , compiled by, *The Post Office Through Victorian Eyes (Part 2),* Surrey: Marden, 1989.
Bowman, Alan K., *Life and Letters on the Roman Frontier, Vindolanda and its People,* London: British Museum Press, 2008 (1st ed. 1994).
Boyce, Benjamin, *The Benevolent Man: A Life of Ralph Allen of Bath,* Massachusetts: Harvard University Press, 1967.
Bradshaw, Frederick, *A Social History of England,* London: University of Tutorial Press, 1918.
Briggs, Asa, *The Age of Improvement 1783-1867,* 7th ed., London: Longmans, 1967 (1st ed. 1956).
Brown, Roland, *Queen Victoria, The Plating of the Penny 1840-1864,* 2vols., London: Great Britain Philatelic Society, 1972.
Browne, Christopher, *Getting the Message,* Stroud: Alan Sutton, 1993.
Brumell, George, *The Local Posts of London, 1680-1840,* Cheltenham: R. C. Alcock, n.d. (1st ed. 1938).
Buxton, Sidney, *Finance and Politics, An Historical Study, 1783-1885,* vol.1, London: John Murray, 1888.
Campbell-Smith, Duncan, *Masters of the Post: The Authorized History of the Royal Mail,* London: Alan Lane, 2011.
Chalmers, Patrick, *How James Chalmers Saved the Penny Postage Scheme,* London: Effingham Wilson, 1890.
Chambers, R., edited by, *The Book of Days, A Miscellany of Popular Antiquities, January to June,* 2vols., London: W. R. Chambers, 1863 (Reprinted by Meicho-Fukyu-Kai 1984).
Chon, Gustav, translation by T. B. Veblen, *The Science of Finance,* Chicago: University of Chicago University, 1895.
Clarkson, H., & H. C. Versey, *The Leeds Postal History to 1858,* Sheffield: Yorkshire Postal History Society, 1970.
Clear, Charles R., *John Palmer (of Bath) Mail Coach Pioneer,* London: Blandford Press, 1955.
Cole, Sir Henry, *Fifty Years of Public Work of Sir Henry Cole, K.C.B., Accounted For in His Deeds Speeches And Writings,* 2vols., London: George Bell, 1884.
Cook, Andrew, *The Great Train Robbery. The Untold Story from the Closed Investigation Files,* Stroud: History Press, 2013.
Counrtney, Nicholas, *The Queen's Stamps: The Authorized History of the Royal Philatelic Collection,* London: Methuen, 2004.
Court, W. H. B., *A Concise Economic History of Britain from 1750 to Recent Times,* 3rd ed., London: Cambridge University, 1962.
Craven, John C., *Post Office People,* Manchester: Percy Brothers, n.d.
Croft, J., *Packhorse, Waggon and Post, Land Carriage and Communications under the Tudors and Stuart,*

London: Routledge and Kegan, 1967.
Croome, Honor & R. J. Hammond, *An Economic History of England,* 3rd. ed., London: Cristophers, 1962 (1st ed. 1938).
Croydon Head Post Office, *Croydon Head Post Office,* Croydon Head Post Office, 1970.
Crutchley, E. T., *G. P. O.,* London: Cambridge University Press, 1938.
Cunningham, William, *The Growth of English Industry and Commerce in Modern Times,* London: Cambridge University, 1892.
—— & Ellen A. McArthur, *Outlines of English Industrial History,* New York: Macmillan, 1895.
Daunton, Martin J., *Royal Mail: The Post Office since 1840,* London: Athlone Press, 1985.
Davies, Glyn, *National GIRO, Modern Money Transfer,* London: George Allen & Unwin, 1973.
Davies, Hugh, *Roads in Roman Britain,* Stroud: History Press, 2004 (1st ed. 2002).
Davies, Peter, & Ben Maile, *First Post: From Penny Black To The Present Day,* Norfolk: Quiller Press, 1990.
Davis, Sally, *John Palmer and the Mailcoach Era, Bath:* Bath Postal Museum, 1984.
—— , *Ralph Allen, Benefactor and Postal Reformer,* Bath: Bath Postal Museum, 1985.
De Worms, Percy, extracted, *Perkins Bacon Records,* 2vols., London: Royal Philatelic Society, 1953.
Dibden, W. G. Stitt, *Four Hundred Years of Anglo-Dutch Mail,* Hague: Postal History Society, 1965.
Dietz, Frederick C., *An Economic History of England,* New York: Henry Holt, 1942.
Donald, Archire, *The Posts of Sevenoaks in Kent,* Kent: Woodvale Press, 1992.
Easton, John, *The De La Rue History of British & Foreign Postage Stamps 1855-1901,* London: Faber and Faber for the Royal Philatelic Society, 1958.
Ellis, Kenneth, *The Post Office in the Eighteenth Century: A Study in Administrative History,* London: Oxford University Press, 1969 (1st ed. 1958).

Evans, Major Edward B., *A Description of the Mulready Envelope and of Various Imitations and Caricatures of its Design,* London: Stanley Gibbons, 1891 (Reprinted by S. R. Publishers & Stanley Gibbons 1970).
Farrugia, Jean Young, *The Letter Box, A History of Post Office Pillar and Wall Boxes,* Sussex: Centaur Press, 1969.
—— , *The Life & Work of Sir Rowland Hill 1795-1879,* London: National Postal Museum, 1979.
—— , compiled by, *A Guide to Post Office Archives,* London: Post Office Archives, 1986.
—— , compiled by, *Emergency Services: War 1859-1950,* A Catalogue of Post Class 56, London: Post Office Archives, 1990.
—— , compiled by, *Hand-Struck Stamps: Proof Books Etc. 1823-1989,* A Catalogue of Post Class 55, London: Post Office Archives, 1990.
—— & Tony Gammons, *Carrying British Mails Five centuries of postal transport by land, sea and air,* London: National Postal Museum, 1980.
Fay, C. R., *Great Britain from Adam Smith to the Present Day: An Economic and Social Survey,* London: Longmans, 1928.
—— , *English Economic History mainly since 1700,* Cambridge: Heffer, 1940.
Ferguson, Stephen, *The Post Office in Ireland, An Illustrated History,* Co. Kildare: Irish Academic Press, 2016.
Fletcher, C. R. L., *An Introductory History of England from Waterloo to 1880,* London: John Murray, 1923.
Foxell, J. T. & A. O. Spafford, *Monarchs of All they Surveyed. The Story of the Post Office Surveyors,* HMSO, 1952.
Fuller, Wayne E., *The American Mail, Enlarger of the Common Life,* Chicago: University of Chicago Press,

1972.
—— , *Morality and the Mail in Nineteenth Century America,* Chicago: University of Illinois Press, 2003.
Fyson, Nance, *A History of Britain's Post,* Corsham: Young Library, 1992.
General Post Office, *Staff Rule Book and Rules for Postmen Employed on Rural Duties,* London: General Post Office, 1931.
Golden, Catherine J., *Posting It: The Victorian Revolution in Letter Writing,* Florida: University Press of Florida, 2009.
Golding, John, *75 Years. A short history of the Post Office Engineering Union,* Northampton: Belmont Press, c.1957.
Goldman, Lawrence, edited by, *The Blind Victorian Henry Fawcett & British Liberalism,* London: Cambridge University Press, 1989.
Greenwood, Jeremy, *Newspapers & the Post Office 1635-1834,* London: Postal History Society, 1971.
Grimwood-Taylor, James, edited by John Sussex, *The Post in Scotland,* Stamp Publicity Board in conjunction with Royal Mail Stamps and the Scottish Post Board, 1990.
Haldane, A. R. B., *Three Centuries of Scottish Posts, An Historical Survey to 1836,* Scotland: Edinburgh University Press, 1971.
Haringey Libraries, *Bruce Castle,* London: Haringey Libraries, n.d.
Harrison, Jane E., *Until Next Year: Letter Writing and the Mails in the Canadas, 1640-1830,* Canada: Wilfrid Laurier University Press, 1997.
Haslam, D. G., & C. Moreton, *Post Office Notices Extracted from The London Gazette 1666 to 1800,* Oldham: Postal History Society of Lancashire and Cheshire, 1989.
Hay, Ian, *The Post Office Went to War,* London: His Majesty's Stationery Office, 1946.

Heath, John M., *The British Postal Agencies in Mexico City, Vera Cruz and Tampico 1825-1876 and the use of British Postage Stamps in Mexico,* London: Robson Lowe, n.d.
Hemmeon, Joseph Clarence, *The History of the British Post Office,* Massachusetts: Harvard University Press, 1912.
Henderson, Roy, *Postal History, Barnett, Hertfordshire and Surrounding Districts, 1642-1971,* Barnett: Barnet and District Philatelic Society, 1971.
Hill, Colonel Henry Warburton, *Rowland Hill and the Fight for Penny Post,* London: Frederick Warne, 1940.
Hill, Frederic, & Constance Hill, *Frederic Hill: an Autobiography of Fifty Years in Times of Reform,* London: Richard Bentley, 1893.
Hill, Mary C., *The King's Messengers 1199-1377, A Contribution to the History of the Royal Household,* London: Edward Arnold, 1961.
Hill, Pearson, & Rowland Hill, *The Post Office of Fifty Years Ago: Containing Reprint of Sir Rowland Hill's Famous Pamphlet, dated 22nd February, 1837, Proposing Penny Postage: with Facsimile of the Original Sketch For the Postage Stamp, and Other Documents,* London: Cassell, 1887.
Hill, Rowland, *Post Office Reform: Its Importance and Practicability,* 3rd ed., London: Charles Knight, 1837.
—— , *Rowland Hill's famous letter to the Chancellor of the Exchequer 2 Nov. 1839 outlining his plan for the gradual implementation of Postal Reform,* London: National Postal Museum, 1969.
—— & George Birkbeck Hill, *The Life of Sir Rowland Hill and the History of Penny Postage,* 2vols., London: Thos. De La Rue, 1880.
Hoare, Katharine, *V-Mail, Letters From the Romans at Vindolanda, Fort near Hadrian's Wall,* 2008, London: British Museum Press.

Holland, F. C., *Introduction to British Postmark Collecting,* Cheltenham: Alcock, n.d.
Holt, Winifred, *A Beacon for the Blind Being a Life of Henry Fawcett, the Blind Postmaster-General,* London: Constable, 1915.
Horn, David B., *The British Diplomatic Service 1689-1789,* London: Oxford University Press, 1961.
Horowicz, Kay, & Robson Lowe, *The Colonial Posts in The United States of America 1606-1783,* London: Robson Lowe, 1967.
Horridge, A., *Finding out about the Post Office,* London: University of London Press, 1970.
Hyde, James Wilson, *The Royal Mail: Its Curiosities And Romance,* London: Simpkin, Marshall, 1889.
—— , *A Hundred Years by Post: A Jubilee Retrospect* (Illustrated Edition), London: Sampson Low, 1891.
—— , *The Early History of the Post Office in Grant and Farm,* London: Adam & Charles Black, 1894.
Jackman, W. T., *The Development of Transportation in Modern England,* London: Frank Cass, 1962 (1st ed. 1916, Cambridge University Press).
James, Alan, *The Post, Past-into-Present Series,* London: Batsford, 1970.
Johnson, Peter, *Mail by Rail, The History of the TPO & Post Office Railway,* Surrey: Ian Allan, 1995.
—— , *The Travelling Post Office 1838-2004,* British Philatelic Bulletin Publication, No.10, London: Royal Mail, 2004.
—— , *Mail by Mail. The Story of the Post Office and the Railways,* Yorkshire: Pen & Sword Books, 2022.
Jones, G. P., & A. G. Pool, *A Hundred Years of Economic Development in Great Britain (1840-1940),* London: Gerald Duckworth, 1959.
Joyce, Herbert, *The History of the Post Office from its Establishment down to 1836,* London: Richard Bentley, 1893.
Jubilee Celebration Committee, *Account of the Celebration of the Jubilee of Uniform Inland Penny Postage,* London: Simpkin, Marshall, Hamilton, 1891.

Kay, F. George, *Royal Mail, The Story of the Posts in England from the Time of Edward IVth to the Present Day,* London: Rockiff, 1951.
LaMar, Virginia A., *Travel and Roads in England, Folger Booklets on Tudor and Stuart Civilization,* Washington DC: Folger Shakespeare Library, 1960.
Lewins, William, *Her Majesty's Mails: A History of the Post Office, and an Account of its Present Condition,* London: Sampson Low, 1864.
Lillywhite, Bryant, *London Coffee Houses,* London: George Allen & Unwin, 1963.
Lovegrove, J. W., *Herewith My Frank…*, 私家版, 1989 (1st ed. 1975).
Lowe, Robson, *The British Postage Stamp being the history of the nineteenth century postage stamps based on the collection presented to the Nation by Reginald M. Phillips of Brighton,* London: National Postal Museum, 1968 (2nd ed. 1979).
—— , *Philatelic Publications,* London: Robson Lowe, c.1980.
Mackay, James A., *The Story of Great Britain and her stamps,* London: Philatelic Publishers, 1967.
—— , *The Story of Eire and her stamps,* London: Philatelic Publishers, 1968.
—— , *Sounds Out of Silence; A Life of Alexander Graham Bell,* Edinburgh: Mainstream Publishing, 1977.
Marshall, C. F. Denny, *The British Post Office from its Beginnings to the End of 1925,* London: Oxford University Press, 1926.
Martin, Nancy, *The Post Office: From Carrier Pigeon to Confravision,* London: J. M. Dent, 1969.
Mattingley, Neil, *The Royal Mail,* The Post Office, 1984.
May, Thomas Erskine, *The Constitutional History of England since the Accession of George the Third 1760-1860,* London: Longmans, 1863.
McArthur, John, *Financial and Political Facts of the Eighteenth Century,* 3rd ed., London: Wright, 1801.

McCulloch, J. R., A *Treaties on the Principles and Practical Influence of Taxation and the Funding System,* London: Longmans, 1846.
Melville, Fred J., *A Penny All the Way. The Story of Penny Postage,* London: Junior Philatelic Society, 1908.
Midland (GB) Postal History Society, *The Local Posts of the Midland Counties to 1840,* Cranham: Midland (GB) Postal History Society, 1993.
Morgan, Glenn H., *Royal Household Mail,* London: British Philatelic Trust, 1992.
Mountfield, David, *Stage and Mail Coaches,* Oxford: Shire Publications, 2003.
Muir, Douglas N., *Postal Reform and The Penny Black, A New Appreciation,* London: National Postal Museum, 1990.
—— , edited by, *National Postal Museum Review of 1992,* London: National Postal Museum, 1993.
Murray, Evelyn, *The Post Office. The Whitehall Series,* London: Putnam's, 1927.
Myall, D. G. A., *The Complete Deegam Machine Handbook,* 私家版 , 1993.
Norway, Arthur H., *History of the Post Office Packet Service between the Years 1793-1815,* London: Macmillan, 1895
Official descriptive and illustrated catalogue / Great Exhibition of the Works of Industry of All Nations,1851, by authority of the Royal Commission.*
Parkes, Joan, *Travel in England in the Seventeenth Century,* London: Oxford University Press, 1925.
Pawlyn, Tony, *The Falmouth Packets 1689-1851,* Cornwall: Truran, 2003.
Peach, R. E. M., *The Life and Times of Ralph Allen of Prior Park, Bath introduced by a Short Account of Lyncombe and Widcombe, with Notices of His Contemporaries, including Bishop Warburton, Bennet of Widcombe House, Beau Nash, etc. ...,* London: D. Nutt, 1895.

Perry, Charles R., *The Victorian Post Office: The Growth of a Bureaucracy,* Suffolk: Boydell Press, 1992.
Peto, S. Morton, *Taxation,* London: Chapman and Hall, 1863.
Porter, George R., *The Progress of the Nation,* revd. by F. W. Hirst, London: Methuen, 1912.
Post Office Engineering Union, *75 Year: A short history of the Post Office Engineering Union,* Northampton: Thomas Belmont, n.d.
Potter, David, *British Elizabethan Stamps, The Story of the postage stamps of the United Kingdom, Guernsey, Jersey and the Isle of Man, from 1952-1970,* London: B. T. Batsford, 1971.
——, compiled by, *Catalogue of Great Britain Railway Letter Stamps 1957-1972,* Cheshire: Railway Philatelic Group, 1972.
Rich, Wesley Everett, *The History of the United States Post Office to the Year 1829,* vol.xxvii of Harvard Economic Studies, Massachusetts: Harvard University Press, 1924.
Richmond, I. A., *Roman Britain,* The Pelican History of England 1, Harmondsworth: Penguin Books, 1955 (2nd ed. 1975)
Rigo De Righi, Anthony Gordon, *350 years of Anglo-American postal links,* London: National Postal Museum, 1970.
—— , *Britain's Pioneer Airmails,* London: National Postal Museum, n.d.
—— , *The Stamps of Royalty. British Commemorative Issues for Royal Occasions 1935-1972,* London: National Postal Museum, 1973.
—— , *The Story of the Penny Black and its Contemporaries,* London: National Postal Museum, 1980.
Robinson, David, *For the Post & Carriage of Letters, A Practical Guide to the Ireland and Foreign Postage Rates of the British Isles 1570-1840,* 私家版 , 1990.
Robinson, Howard, *The Development of the British Empire,* New York: Houghton Mifflin, 1922.
—— , *The British Post Office, A History,* New Jersey: Princeton University Press, 1948 (Reprinted by

Greenwood Press, 1970).
—— , Britain's Post Office, *A History of Development from the Beginnings to the Present Day,* London: Oxford University Press, 1955.
—— , *Carrying British Mails Overseas,* London: George Allen & Unwin, 1964.
—— , *A History of the Post Office in New Zealand,* Wellington: Owen, 1964.
Robinson, Martin, *Old Letter Boxes,* Buckinghamshire: Shire Publications, n.d.
Rogers, James Edwin Thorold, *The Industrial and Commercial History of England (Lectures delivered to the University of Oxford),* London: T. Fisher Unwin, 1891.
Rosen, Gerald, compiled and edited by, *Catalogue of British Local Stamps,* London: BLSC Publishing, c.1971.
—— , compiled and edited by, *Catalogue of British Strike Stamps,* London: BLSC Publishing, 1971.
—— , compiled and edited by, *Catalogue of British Local Stamps,* London: BLSC Publishing, 1973.
Royal Mail Stamp Advisory Committee, *Royal Mail Stamp Advisory Committee First Review,* London: Royal Mail, 1993.
Royal Mail, *Speed, Regularity and Security in Celebration of the Royal Mail,* Edinburgh: British Philatelic Bureau, 1984.
Royston, Olive, *The Post Office,* London: Routledge and Kegan, 1972.
Salt, Denis, *The Domestic Packets between Great Britain and Ireland, 1635-1840,* Kent: Postal History Society, 1991.
Sanford, O. R., & Denis Salt, *British Postal Rates, 1635 to 1839,* Kent: Postal History Society, 1990.
Scheele, Carl H., *A Short History of the Mail Service,* Washington, DC: Smithsonian Institution Press, 1970
Scott, William Robert, *The Constitution and Finance of English, Scottish and Irish Joint-Stock Companies to 1720,* vol.iii, New York: Peter Smith, 1951 (1st ed. Cambridge University Press, 1911).
Senior, Ian, *The Postal Service, Competition or Monopoly?,* London: Institute of Economic Affairs, 1970.
Seymour, J. B., *The Postage Stamps of Great Britain, Part One (The Line-Engraved Issues 1840-1853),* London: Royal Philatelic Society, 1950 (1st ed. 1934). see also Beaumont and Wiggins.
Shackleton, Tim, *1840-1990 The Penny Black Anniversary Book,* London: Royal Mail Stamps, 1990.
Shoup, Carl S., *Public Finance,* London: Weidenfeld and Nicolson, 1969.
Sidebottom, John K., *The Overland Mail: A Postal Historical Study of the Mail Route to India,* London: Postal History Society, 1948.
Smith, A. D., *The Development of Rates of Postage, An Historical and Analytical Study,* London: George Allen & Unwin, 1971.
Smith, William J., *James Charlmers, Inventor of the Adhesive Postage Stamp,* Dundee: David Winter & Son, 1970.
Smith, William, *The History of the Post Office in British North America, 1639-1870,* London: Cambridge University Press, 1921.
Smyth, Eleanor C., *Sir Rowland Hill: The Story of A Great Reform told by His Daughter,* London: Fisher Unwin, 1907.
Society of Postal Historians, *The Postal History of England, 1635-1840,* Society of Postal Historians, n.d.
Solymar, Laszlo, *Getting Message, A history of communications,* London: Oxford University Press, 1999.
Southgate, Vera, *The Postman and the Postal Service,* Loughborough: Ladybird Books, 1965.
Staff, Frank, *The Transatlantic Mail,* London: Adlard Coles, 1956.
—— , *The Penny Post 1680-1918,* London: Lutterworth Press, 1964 (Reprinted in 2001).
Stanley Gibbons, *Collect British Stamps,* 72nd Edition, London: Stanley Gibbons, 2021.
Stephen, Leslie, *Life of Henry Fawcett,* London: Smith Elder, 1885 (Reprinted by Cambridge University

Press, 2011).

Steuart, James, *An Inquiry into the Principles of Political Oeconomy,* vol.i, Dublin: William and Moncrieffe, 1770.

Strange, Arnold M., compiled by, *A List of Books on the Postal History, Postmarks and Adhesive Postage and Revenue Stamps of Great Britain,* 2nd ed., London: Great Britain Philatelic Society, 1971.

Stray, Julian, *Post Offices,* Oxford: Shire Publication, 2011.

Sullivan, Mike, *MAIL RAIL, From beginning to end,* Oxfordshire Libri Publishing, 2019.

Summers, Howard, *Bibliography of the Philately and Postal History of the British Isles,* Hertfordshire: Howcom Services, 2020.

Sussex, John, co-ordinating editor, *Stamp World London 90, Souvenir Handbook,* London: Stamp World Exhibitions, 1990.

Swift, H. G., *A History of Postal Agitation From Eighty Years Ago Till The Present Day,* New and Revised Edition in Two Books, Book 1, Manchester & London: Percy Brothers, 1929.

Terrell, H., *Highwaymen: James Chalmers & The London Mail,* Dundee: Dundee & Tayside Chamber of Commerce and Industry, 1991.

Thirsk, Joan, and J. P. Cooper, edited by, *Seventeenth Century Economic Documents,* London: Oxford University Press, 1972.

Thornbury, Walter, *Old and New London, A Narrative of Its History, Its People, and Its Places,* vol.1-2, London: Cassell, 1897 (Reprinted by Meicho-Fukyu-Kai in 1984). See also Walford.

Todd, T., *A History of British Postage Stamps 1660-1940,* London: Duckworth, 1941.

Tombs, Robert Charles, *The King's Post,* Bristol: W. C. Hemmons, 1906 (1st ed. 1905).

——, *The Postal Service of Today,* Post Office, 1891 (Republished by the London Postal History Group in 1984).

Trevelyan, G. M., *English Social History; A Survey of Six Centuries Chaucer to Queen Victoria,* London: Longmans, 1942.

Trollope, Anthony, *He Knew He Was Right,* London: Strahan and Co., 1869.

Trory, Ernest, *A Postal History of Brighton 1673-1783,* Brighton: Crabtree Press, 1953.

Walford, Edward, *Old and New London, A Narrative of Its History, Its People, and Its Places, Suburbs,* vol.3-6, London: Cassell, 1897 (Reprinted by Meicho-Fukyu-Kai 1984). See also Thornbury.

Walker, George, *Haste, Post, Haste! Postmen and Post-roads through the Ages,* London: George G. Harrap, 1938.

Watson, Edward, *The Royal Mail to Ireland; or, An Account of the Origin and Development of the Post between London and Ireland through Holyhead, and the Use if the Line of Communication by Travellers,* London: Edward Armold, 1917.

Wheeler-Holohan, V., *The History of the King's Messengers,* London: Grayson, 1935.

White, L. W., & E. W. Shanahan, *The Industrial Revolution and the Economic World of To-day,* London: Longmans, 1932.

Whitney, J. T., compiled by, *Collect British Postmarks,* 6th ed., Essex: British Postmark Society, 1993.

Wiggins, W. R. D., *The Postage Stamps of Great Britain, Part Two, (The Perforated Line-Engraved Issues),* London: Royal Philatelic Society, revised ed. 1962 (1st ed. 1937). see also Beaumont and Seymour.

Wilkinson, Frederick, *Royal Mail Coaches, An Illustrated History,* Stroud: Tempus, 2007.

Wilson, Violet A., *The Coaching Era,* New York: E. P. Dutton, 1900.

Winsor, Diana, *Ralph Allen, Builder of Bath,* Worcestershire: Polperro Heritage Press, 2010.

Wolmer, Viscount, *Post Office Reform: Its Importance and Practicability,* London: Nicholson & Watson,

1932.
Woodward, Sir Llewellyn, *The Age of Reform 1815-1870,* The Oxford History of England, vol.xiii, London: Oxford University Press, 1962.
Wright, Geofferey N., *Turnpike Roads,* Buckinghamshire: Shire Publications, 1992.
Zilliacus, Laurin, *From Pillar to Post, The Troubled History of the Mail,* London: Heineman, 1956 (Reprinted 1963).

Official Periodicals

Royal Mail, *British Philatelic Bulletin Publications,* 1996-2008.
British Postal Museum & Archive, *The British Postal Museum & Archive Newsletter,* 2006-2015.
Post Office, *[British] Philatelic Bulletin,* vol.9-45, 1971-2008.

【英語論文等】

Arman, F. Marcus, "Asa Spencer, The Rose Turning Lathe, and The Penny Blackground," *Philatelic Bulletin,* vol.xiii, no.1, 1975.
Coase, Ronald H., "The Postal Monopoly in Great Britain, An Historical Survey," *Economic Essays in Commemoration of the Dundee School of Economics, 1931-1955,* 1955.
—— , "The British Post Office and the Messengers Companies," *The Journal of Law & Economics,* vol.iv, 1961.
Croker, J. W., "Post-office Reform," *Quarterly Review,* 1839.
Firth, Charles H., "Thurloe and the Post Office," *English Historical Review,* vol.xiii, 1898.
Heaton, J. Henniker, "A Penny Post for the Empire," *Nineteenth Century,* vol.xxvii, 1890.
—— , "Post Office Plundering and Blundering," *Nineteenth Century,* vol.xxxiii, 1893.
—— , "An Agricultural Parcel Post," *Nineteenth Century,* vol.liii, 1903.
—— , "The Fight for Universal Penny Postage," *Nineteenth Century,* vol.lxiv, 1908.
Hill, Mary C., *A Study, mainly from Wardrobe Accounts, of the nature and organization of the King's Messengers Service from the reign of John to that a Edward III inclusive,* Thesis submitted to the degree M. A. to the Royal Holloway College, University of London, 1939.
—— , "Jack Faukes, King's Messenger, and his Journey to Avignon in 1343," *English Historical Review,* vol.lvii, 1942.
—— , "King's Messengers and Administrative Development in the Thirteenth and Fourteenth Centuries," *English Historical Review,* vol.lxi, 1946.
Hill, Matthew D., "Post-Office Reform," *Edinburgh Review,* vol.lxx, 1840.
Housden, J. A. J., "Early Posts in England," *English Historical Review,* vol.xviii, 1903.
—— , "The Merchant Strangers' Post in the Sixteenth Century", *English Historical Review,* vol.xxi, 1906.
Household Words, conducted by Charles Dickens:
"Valentine's Day at the Post Office," vol.i, 1850.
"The Sunday Crew," vol.i, 1850.
"Sabbath Pariahs," vol.1, 1850.
"Queen's Head," vol.iv, 1852.
"Postal-Office Money Order," vol.v, 1852.
Hughes, Anthony John, *The Post Office in Ireland, 1638-1840,* Thesis for the Degree of PhD Department of History, Maynooth University, National University of Ireland and Maynooth.*
Hughes, Edward, "The English Stamp Duties 1664-1764," *English Historical Review,* 1941.
McCaleb, Walter Flavius, "The Organization of the Post-Office of the Confederacy," *American Historical*

Review, vol.xii, 1906.
Rigo De Righi, Anthony Gordon, "Pearson Hill's Machine Cancellations," *Philatelic Bulletin,* vol.xiii, no.2, 1975.
Sag, M. Kaan, "The British Post Office in the Ottoman capital: A transition through a turbulent period, " *ITU A|Z,* vol.12-2, Istanbul Technical University, Turkey, 2015.*
Smith, William, "The Colonial Post-Office," *American Historical Review,* vol.xvi, 1916.
Sutton, Peter, *Technological Change and Industrial Relations in the British Postal Service 1969-1975,* Thesis submitted to the King's Colleges London in 2012 for PhD in History.*
Tavernier, Gerard, "What's Wrong with Postal Service?," *International Management,* 1976.
Thomson, Gladys Scott, "Roads in England and Wales in 1603," *English Historical Review,* vol.xxxiii, 1918.
Weber, R. E. J., "A Rare Picture of the Harwich-Hellevoetsluis Packet," *Postal History,* 1962.

【英語ブログ解説等】
British Postal Museum & Archives (BPM&A) blog;
150 years of the Post Office Saving Bank, 2011.*
130 years of the parcel post, 2013.*
BPM&A Information Sheet;
The Travelling Post Office (TPO), 2005.*
Secretaries to the Post Office, 2005.*
British Telecom Archives,
UK Telephone History, 2022.*
Grace's Guide To British Industryal History;
*Grissell**
*J.M.Butt and Co.**
*National Telephone Co.**
*United Telephone Co.**
Light-Straw;
Post Office Savings Bank,...The organisational history, 2020.*
Railnet, 2021.*
Morgan, Glenn H., "John Vaudin: Jersey's 'Man of Iron' ......," *Letter Box Study Group Newsletter* (137), 2010.*
Page, Derrick, *Special Stamp History; Tercentenary of Establishment of the General Letter Office,* London: The Postal Museum, 1992.*
Pope, Nancy, *Richard Fairbanks' Tavern and Post Office,* 11.06.2017 Blog, Washington DC: Smithsonian National Postal Museum, 2017.*
Postal Museum (London) Blog;
Duffield, Annie, *Highlights from Sorting Britain: The Power of Postcodes,* 2022.*
McGuffie, Gavin, *Helicopter Mail,* 2018.*
Postal Museum Team, *A Brief history of national postal strikes,* 2022.*
——, *Early industrial action in the 1890s,* 2022.*
*Airmail**
*Postal mechanisation**
Royal Mail Post Boxes, A Joint Policy Statement by Royal Mail and Historic England in consultation with the Letter Box Study Group and the Postal Museum, 2015.*

Royal Mail Post Boxes: A Joint Policy Statement by Royal Mail and Department for Communities, 2020.*
WIKIPEDIA;
History of the British Army postal service. last edited 2022.*
*British Post Office scandal.** （郵便局会社の会計システムを巡る冤罪事件に関する詳細な解説）
その他、地名、人名、郵政組織、労働組合などに関する事項

【翻訳書等】

ウェッブ，シドニー／ビアトリス・ウェッブ（荒畑寒村監訳）『労働組合運動の歴史』（上・下）日本労働協会，1973.
ウルマー，クリスチャン（坂本憲一監訳）『折れたレール――イギリス国鉄民営化の失敗』ウェッジ，2002.
エリス，P・ベアレスフォード（堀越智／岩見寿子訳）『アイルランド史（上）民族と階級』論創社，1991.
オーデン，ウィスタン・H（沢崎順之助訳）『オーデン詩集』（海外詩文庫 4）思潮社，1993.
カザミヤン，ルイ（手塚リリ子・石川京子共訳）『大英国――歴史と風景』白水社，1985.
ギース，フランシス／ジョセフ・ギース（三川基好訳）『中世の家族――パストン家書簡で読む乱世イギリスの暮らし』朝日新聞社，2001.
クラウト，ヒュー（中村英勝監訳，青木道彦，石井摩耶子，小川洋子，生井沢幸子，山本由美子訳）『ロンドン歴史地図』東京書館，1997.
サルウェー，ピーター（南川高志訳）『古代のイギリス』岩波書店，2005.
サン・テクジュペリ，アントワーヌ（山崎庸一郎訳）『南方郵便機』みすず書房，2000.
――『夜間飛行』みすず書房，2000.
シヴェルブシュ，ヴォルフガング（加藤二郎訳）『鉄道旅行の歴史―― 19 世紀における空間と時間の工業化』法政大学出版局，1982.
ジェプセン，トーマス・C（高橋雄造訳）『女性電信手の歴史――ジェンダーと時代を超えて』法政大学出版局，2014.
シュライバー，ヘルマン（関楠生訳）『道の文化史』岩波書店，1962.
――（杉浦健之訳）『航海の世界史』白水社，1977.
スエトニウス（國原吉之助訳）『ローマ皇帝伝』（全 2 巻）岩波書店，1986.
ストレイチイ，リットン（小川和夫訳）『ヴィクトリア女王』富山房，1981.
ストレイチー，リットン（福田逸訳）『エリザベスとエセックス』中央公論社，1983.
スミス，アダム（大内兵衛・松川七郎共訳）『諸国民の富』（全 2 巻）岩波書店，1969.
タール，ラスロー（野中邦子訳）『馬車の歴史』平凡社，1991.
ツヴァイク，シュテファン（古見日嘉訳）『メリー・スチュアート』（ツヴァイク全集 18）みすず書房，1973.
デ・ヨング，N・C・C（郵政省訳）「郵便技術の進歩」『郵政調査時報』(12-5)，1972.
――，（郵政省訳）「英国における郵便の機械化」『郵政調査時報』(13-5)，1973.
ド・クインシー，トマス（高松雄一／高松禎子訳）『イギリスの郵便馬車』（トマス・ド・クインシー著作集 II）国書刊行会，1998.
トレヴェリアン，ジョージ・M（大野真弓監訳）『イギリス史』（全 3 巻），みすず書房，1973-75.
トンプソン，フローラ（石田英子訳）『ラークライズ』朔北社，2008.
ニール，ジョン・E（大野真弓・大野美樹共訳）『エリザベス女王』（全 2 巻），みすず書房，1975.
パウア，アイリーン（山村延昭訳）『イギリス中世史における羊毛貿易』（社会ゼミナール 35）

未來社，1966.
ビーアド，チャールズ／メアリ・ビーアド，ウィリアム・ビーアド（松本重治・岸村金次郎・本間長世訳）『新版・アメリカ合衆国史』岩波書店，1964.
ヒックス，U・K（巽博一・肥後和夫訳）『財政学』東洋経済新報社，1962.
ヒル, ローランド（松野修訳）『郵便制度の改革――その重要性と実行可能性』名古屋仮設会館（発売元キリン館書店）1987.
――，ジョージ・バークベック・ヒル（本多静雄訳）『サー・ローランド・ヒルの生涯とペニー郵便の歴史』財団法人逓信協会，1988.
ベーリンガー, ヴォルフガング（高木葉子訳）『トゥルン・ウント・タクシス, その郵便と企業の歴史』三元社，2014.
ホブズボーム，エリック・J（浜林正夫・和田一夫・神武庸四郎訳）『産業と帝国』（新装版）未來社，1996.
マントゥ，ポール（徳増栄太郎・井上幸治・遠藤輝明訳）『産業革命』東洋経済新報社，1964.
ミッチェル，ロザモンド・J／マリー・D・R・リーズ共著（松村赳訳）『ロンドン庶民生活史』みすず書房，1971.
モリス，ジャン（椋田直子訳）『パックス・ブリタニカ――大英帝国最盛期の群像』（上）講談社，2006.
モリソン，サムエル（西川正身翻訳監修）『アメリカの歴史』（1）集英社，1970.
モンタネッリ，インドロ（藤原道郎訳）『ローマの歴史』中央公論社，1976.
ラークソ，セイヤ＝リータ（玉木俊明訳）『情報の世界史――外国との事業情報の伝達 1815-1875』知泉書館，2014.
ラングトン，J，R・J・モリス（米川伸一・原剛訳）『イギリス産業革命地図――近代化と工業化の変遷 1780-1914』原書房，1989.
リーダー，ウィリアム・J（小林司・山田博久訳）『英国生活物語』晶文社，1983.

【日本語文献】
青山吉信・今井宏編『概説イギリス史――伝統的理解をこえて』有斐閣，1982.
安室芳樹『スコットランド郵便史 1662-1840』私家版，1994.
石井香江『電話交換手はなぜ「女性の仕事」になったのか――技術とジェンダーの日独比較社会史』ミネルヴァ書房，2018.
石井寛治『近代日本イギリス資本――ジャーディン・マセソン商会を中心に』東京大学出版会，1984.
磯部佑一郎『イギリス新聞史』ジャパンタイムス，1984.
今井登志喜『英国社会史』（下・増訂版）東京大学出版会，1954.
――『都市の発達史――近世における繁栄中心の移動』誠文堂新光社，1980.
今井宏『ヒストリカル・ガイド　イギリス』山川出版社，1993.
臼田昭『イン――イギリスの宿屋のはなし』駸々堂，1986.
大蔵省印刷局監修『郵便切手製造の話』印刷局朝陽会，1969.
――編『新版・切手と印刷』印刷局朝陽会，1977.
大河内暁男『近代イギリス経済史研究』岩波書店，1963.
大野真弓編『イギリス史（新版）』（世界各国史 1）山川出版社，1965.
岡田芳朗『切手の歴史』講談社，1976.
樺山紘一『情報の文化史』朝日新聞社，1988.
――『パリとアヴィニョン――西洋中世の知と政治』人文書院，1990.
川北稔編『イギリス史』（上・下）山川出版社，2020.

久米邦武編・田中彰校注『特命全権大使 米欧回覧実記』（一・二）岩波書店，1977-78.
黒岩比佐子『伝書鳩――もうひとつのIT』（文春新書142）文藝春秋，2000.
剣持一巳『イギリス産業革命史の旅』日本評論社，1993.
小池滋『英国鉄道物語』晶文社，1979.
――（絵・鈴木伸一）『絵入り鉄道世界旅行』晶文社，1990.
――『英国鉄道文学傑作選』筑摩書房，2000.
香内三郎『活字文化の誕生』晶文社，1982.
小嶋潤『イギリス教会史』（人間科学叢書13）刀水書房，1988.
後藤伸『イギリス郵船企業P＆Oの経営史―― 1840-1914』勁草書房，2001.
小林章夫『コーヒー・ハウス 都市の生活史―― 18世紀ロンドン』駸々堂出版，1984.
小松芳喬『英国産業革命史』（再訂新版）一條書店，1973.
今野源八郎編『四訂・交通経済学』青林書院新社，1973.
佐々木弘『イギリス公企業論の系譜』千倉書房，1973.
佐藤亮『郵便・今日から明日へ――機械化・ソフト化』（改訂増補版）郵研社，1989.
社本時子『インの文化史――英文学に見る』創元社，1992.
菅建彦『英雄時代の鉄道技師たち――技術の源流をイギリスにたどる』山海堂，1987.
鈴木勇『イギリス重商主義と経済学説』学文社，1986.
隅田哲司『イギリス財政史研究』ミネルヴァ書房，1971.
仙田左千夫『イギリス公債制度発達史論』法律文化社，1976.
高橋理『ハンザ同盟――中世の都市と商人たち』教育社，1980.
髙橋安光『手紙の時代』法政大学出版局，1995.
立原繁・栗原啓『欧州郵政事業論』東海大学出版部，2019.
角山榮『産業革命と民衆』（生活の世界歴史10）河出書房新社，1975.
遠山嘉博『イギリス産業国有化論』ミネルヴァ書房，1973.
内藤陽介『英国郵便史 ペニー・ブラック物語』日本郵趣出版，2015.
長島伸一『世紀末までの大英帝国――近代イギリス社会生活史素描』法政大学出版局，1987.
浜林正夫『イギリス名誉革命史』未來社，上巻1981，下巻1983.
原剛『19世紀末英国における労働者階級の生活状態』勁草書房，1988.
蛭川久康『バースの肖像――イギリス一八世紀社交風俗事情』研究社出版，1990.
藤原武『ローマの道の物語』原書房，1985.
星名定雄『郵便の文化史――イギリスを中心として』みすず書房，1982.
――『郵便と切手の社会史〈ペニー・ブラック物語〉』法政大学出版局，1990.
――『情報と通信の文化史』法政大学出版局，2006.
――『イギリス郵便史 文献散策』郵研社，2012.
星野興爾『世界の郵便改革』郵研社，2004.
――『世界のポストバンク』郵研社，2005.
本城靖久『馬車の文化史』講談社，1993.
松本純一『日仏航空郵便史』日本郵趣出版，2000.
三島良積『切手集めの科学』（普及版）同文書院，1971.
南川高志『海のかなたのローマ帝国』岩波書店，2003.
宮下幸一『英国航空の形成』サンウェイ出版，1998.
村上直之『近代ジャーナリズムの誕生――イギリス犯罪報道の社会史から』岩波書店，1995.
森護『英国王室物語』大修館書店，1986.
山田廉一『エリザベス女王 切手に最も愛された96年の軌跡』日本郵趣出版，2023.
山本忠敬『飛行機の歴史』福音館書店，1999.

山本真島編『オセアニア史』(新版世界各史 27) 山川出版社, 2000.
湯沢威『イギリス鉄道経営史』日本経済論評社, 1988.
横井勝彦『アジアの海の大英帝国── 19 世紀海洋支配の構図』同文館出版, 1988.

【日本語論文等】

イギリス切手研究会『英国切手研究会報』公益財団法人日本郵趣協会 (年 6 回刊行).
板倉孝信「小ピット政権初期 (1783 ～ 92 年) における財政改革の再検討」『早稲田政治公法研究』(103) 2013.*
梅井道生「イギリスにおける郵政民営化の実態」『りゅうぎん調査』(482) 2009.*
植村哲士「英国国鉄民営化のその後にみる社会資本管理への示唆」『NRI パブリックマネジメントレビュー』(21 巻) 2005.*
大澤健「英国における情報通信法制の系譜と行方」『ITU ジャーナル』(43-6) 2013.*
大野真弓「エリザベス朝の宮廷」『フェリス女学院大学紀要』(15) 1980-02.
梶本元信「国内交通の発展」『イギリス近代史研究の諸問題── 重商主義時代から産業革命へ』(小林照夫編) 丸善, 1985.*
樫原朗「1908 年の老齢年金制度」『生命保険文化研究所論集』(18) 1970.*
香山裕紀「ハットフィールド脱線事故の考察と公共インフラの民営化について」『技術倫理研究』名古屋工業大学技術倫理研究会 (16) 2019.*
川越俊彦「19 世紀英国海運業の発展要因:資源賦存からの接近」『成蹊大学経済学部論集』2017.*
菊池光造「十九世紀後半イギリスにおける労働者状態」『経済論叢』(120-1･2), 1977.*
北清広樹「最近の英国郵便事業の動向について── 2000 年郵便サービス法を中心に」『郵政研究所月報』(2001-5) 2001.*
木畑洋一「福祉国家への道」『イギリス史』(川北稔編) 山川出版社, 2020.
小風秀雅「交通改革と明治維新」『交通史研究』交通史学会 (95) 2019.
今野源八郎「イギリス初期資本主義時代に於ける道路交通の発達── マーカンテリズムの道路政策と道路交通の発達を中心として」『国際経済の諸問題』(東京大学経済学部編) 有斐閣, 1949.
坂本和一「イギリス産業革命期における製鉄業技術の発展段階」『経済論叢』(99-2) 1967.*
佐藤立「英国郵便事業の財務会計制度」『公益事業研究』(15-1) 1963.
──「イギリス郵政省の公社化について」『郵政研究』(2 回連載) (213-214) 1968.
──「イギリス郵政事業に対する公的規制と公社化ついて」『公益事業研究』1968.
里見柚花「19 世紀国際電信網の形成と通信社の役割についての一考察」『商学研究論集』(56) 2022.*
佐野邦明 (年金綜合研究所主席研究員)「イギリスの年金制度の概要── 年間非課税限度額と生涯非課税限度額を中心に」(第 18 回社会保障審議会企業年金・個人年金部会資料 3) 2020.*
澤まもる「横浜にあった英・仏・米郵便局── 欧字紙にみる新聞広告を中心に」『郵便史研究』(5 回連載) 1997-1999.
志賀吉修「(翻訳) グラッドストンの内地政策──「郵便貯金法」と「鉄道法」」『愛知大学国際問題研究所紀要』(151) 2018.*
芝田正夫「イギリス新聞草創期における conranto について」『関西学院大学社会学部紀要』(56) 1988.*
──「18 世紀初期におけるイギリス新聞の研究 (1)」『関西学院大学社会学部紀要』(64) 1991.*
庄村勇人「イギリス郵政事業の民営化と郵便利用者協議会の機能の拡大」『コミュニティ政策学部紀要』愛知学泉大学 (7) 2004.*

菅靖子「表象に見る通信技術——1930年代イギリス逓信省の「威信」広報政策」『技術と文明』(11-2) 2000.*
杉山遼太郎「ジェゼフ・チェンバレンの介入的自由主義思想と老齢年金『歴史と経済』(248) 2020.*
武田宏「イギリス老齢年金成立史」『経済論叢』(133-1・2) 京都大学経済学会, 1984.*
地田知平「郵便の本質——郵便事業経営論序説」『ビジネス・レビュー』(10-12) 1963.
——「郵便作業の機械化の限界」『一橋論叢』(51-1) 1964.
土屋大洋「大英帝国と電信ネットワーク——19世紀の情報革命」『GLOCOM Review』(3: 3) 国際大学グローバル・コミュニケーション・センター, 1998.*
中里孝「欧州の郵政改革——英国, ドイツ, スウェーデン」『レファレンス』(2013-5) 国立国会図書館調査及び立法考査局, 2013.*
中島純一「マスコミュニケーション史への一考察 (II) ——コミュニケーションチャネルとしてのコーヒーハウスとLibrary」『横浜商大論集』(88-03) 1988.*
西垣鳴人「民営郵政が社会的責務を果たす必要十分条件——ドイツ, イギリス, ニュージーランドの国際比較」『ゆうちょ財団平和24年度貯蓄・金融・経済・研究論文集』2013.*
野村宗訓「イギリスにおける郵政改革の実態と課題：Royal Mailの民営化とPost Officeの存在を中心として」『経済学論究』(69) 2015.*
廣重憲嗣「ロイヤルメールの株式売却」マルチメディア振興センター (リサーチレポート) 2014.*
星名定雄「National Postal Museumを尋ねて」『切手』(1018), 1972.
——「イギリス郵便史」『郵政研究』(14回連載) 1976-1977.
——「ロンドンのペニー郵便」『郵便史学』1977.
——「郵便切手の歴史——ペニー・ブラック物語」『切手』(16回連載) 1979.
——「英国郵便史——原書百選」『郵政研究』(40回連載) 1983-1989.
——「(イギリスの) 黎明期の外国郵便制度」『切手研究』(2回連載) 1984.
——「郵便の社会史——ロンドンのペニー郵便」『通信世界』(10回連載) 1984-1985.
——「郵便と切手の歴史——ペニー・ブラック物語」『全日本郵趣』(19回連載) 1985-1987.
——「イギリス郵便小史」『郵趣』(12回連載) 1990.
——「イギリスにおける近代郵便の創設とその評価——産業革命期に行われた内政改革の一環として」『郵便史研究』(1) 1995.
——「アメリカ建国と郵便組織の発展について——「植民地郵便」から「合衆国郵便」への変遷を辿る」『郵便史研究』(2) 1996.
——「イギリス駅逓略史——中世から近世までの発展を概観する」『交通史研究』(42) 1999.
——「イギリスの郵便馬車について——その誕生から終焉までを概観する」『交通史研究』(46) 2000.
——「「シティー・メダル」と「クィーンズ・ヘッド」——不採用になった最初の切手原版を見る」『郵便史研究』(20) 2005.
——「文献リサーチ余録 ネットで見つけた郵便史の古典」『郵便史研究』(29) 2010.
——「イギリスの鉄道郵便について——その創設から廃止までを概観する」『郵便史研究』(31) 2011.
——「文献リサーチ イギリス地方郵便史の文献について」『郵便史研究』(33) 2012.
——「イギリス草創期の外国飛脚について——ヨーロッパ大陸との書簡逓送の歩み」『郵便史研究』(36) 2013.
——「イギリス郵便史余話 レターシートから封筒利用へ」『郵便史研究』(38) 2014.
——「17世紀ロンドンのペニー郵便」『郵便史研究』(40) 2015.

――「イギリス郵便史の文献寄贈について」『郵便史研究』(41) 2016.
――「近世イギリスの外国郵便の発展」『郵便史研究』(2 回連載) 2020-2021.
――「イギリス郵便の歴史」『通信文化新報』(134 回連載) 2013-2023.
松井真喜子「イギリス産業革命期における郵便馬車サービスの発展」『社会経済史学』社会経済史学会 (早稲田大学政治経済学術院内) (71-1) 2005.
松岡博司「英国の郵政事業体ロイヤルメールの上場――組織分離による上場実施と郵便局体制維持の両立」『ニッセイ基礎研究レポート』(2014-8) 2014.*
真屋尚生「イギリスにおける簡易生命保険の盛衰」『三田商学研究』(47-4) 2004.*
南川高志「ウィンドランダ――イングランド北部のローマ軍要塞について」『西洋古代史研究』(3) 2003.*
森本行人「アメリカ合衆国における気送管郵便」『郵便史研究』(20) 2005.
郵政大臣官房経営企画課「イギリス郵電公社調査委員会の勧告――郵便及び電気通信事業の分割」『郵政調査時報』(18-3) 1978.
――「郵電公社調査委員会報告書に対する公社の見解」『郵政調査時報』(20-4) 1980.
――「郵電公社に関する白書」『郵政調査時報』(20-5) 1980.
――訳「一九八一年イギリス郵便・電気通信公社法」『郵政調査時報』1982.
湯沢威「19 世紀イギリス主要鉄道会社の政策展開 (1) ――取締役会と専門的経営者の関係を廻って」『学習院大学経済論集』(15-2) 1973.*
吉井利眞「サッチャー政権下のブリティッシュ・テレコム」『産業経営』早稲田大学産業経営研究所 (18) 1992.*
四谷英理子「1911 年イギリス国民保険法成立過程におけるロイド・ジョージの「強制された自助」の理念――「自助」と社会保険の架橋をめざして」『歴史と経済』(54-1) 2011.*

郵便局会社の会計システムを巡る冤罪事件 (第 15 章 7) 関係の新聞記事
日本経済新聞 (2024 年 1 月 12 日, 1 月 17 日, 1 月 18 日, 1 月 31 日, 2 月 1 日), 朝日新聞 (2024 年 1 月 13 日, 1 月 20 日), 読売新聞 (2024 年 1 月 14 日, 5 月 26 日).

図版リスト

手紙をだしに行く親子（1979 年発行 R・ヒル没後 100 年記念切手部分図）…… 表紙・本扉
王の使者（14 世紀後半）（M. C. Hill, *King's Messengers* 所収図版を模写）…… 10
王の使者の記章（1801）（Wheeler-Holohan, *op. cit.,* p.140）…… 14
ブライアン・テューク（Postal Museum, Royal Mail Group 提供）…… 16
駅逓敷設の命令書（1536）（Postal Museum, Royal Mail Group 提供）…… 18
エリザベス朝の特別公用書簡（Postal Museum, Royal Mail Group 提供）…… 21
徒歩飛脚（1613）（Postal Museum, Royal Mail Group 提供）…… 26
サー・ジョン・クック（Postal Museum, Royal Mail Group 提供）…… 39
ドーヴァーからの急使便（*Post Office Magazine,* December 1955 所収図版）…… 44
ロンドンの中心部（16 世紀中葉）（Beale &c., *op. cit.,* p.57）…… 46
カッポーニ商館のマーク（1583）（Beale &c., *op. cit.,* p.147）…… 50
王室駅逓公開布告（1635）（British Museum 提供）…… 54
ロイヤル・メール 350 年記念切手（1985）（池原郁夫氏提供）…… 57
スコットランド駅逓開通のニュース・シート（1647）（British Library 提供）…… 59
クロムウェルの駅逓法（1657）（London Borough of Haringey 提供）…… 62
一般書簡局創設 300 年記念切手（1960）（池原郁夫氏提供）…… 67
騎馬飛脚（1633）（British Museum 提供）…… 73
騎馬飛脚（1774）（Postal Museum, Royal Mail Group 提供）…… 73
料金徴収額表示印（Kay, *op. cit.,* p.50）…… 74
駅逓地図（17 世紀）（Postal Museum, Royal Mail Group 提供）…… 76
オーグルビーの地図（1675）（Robinson, *BPO Hist.,* facing p.62）…… 76
ビショップ日付印（Robinson, *BPO Hist.,* p.58）…… 77
新聞税の極印（18 世紀初頭）（Batchelor &c., *op. cit.,* pp.10, 11）…… 78
17 世紀のロンドン（An engraving by Claes Visscher）…… 82
ロンバード街の郵政省庁舎（Tombs, *op. cit.*, facing p.31）…… 84
ドクラの郵便印（1680-82）（Batchelor &c., *op. cit.,* pp.3, 5; Brumell, *op. cit.,* p.38）…… 95
ドクラの料金収納印が押された手紙（*Stamp World London 90, Souvenir Handbook,* p.13）…… 96
ドクラのペニー郵便の広告（1680）（Todd, *op. cit.,* Plate 4）…… 98
ヘンリー・ベネット（Postal Museum, Royal Mail Group 提供）…… 106
政府ペニー郵便の印（1683-1794）（Robinson, *BPO Hist.,* p.75）…… 107
政府ペニー郵便の印が押された手紙（*Stamp World London 90, Handbook,* p.13）…… 108
ベルマン（1819）（Postal Museum, Royal Mail Group 提供）…… 117
クロス・ポスト概念図（著者作成）…… 118
レイフ・アレン（Postal Museum, Royal Mail Group 提供）…… 120
アレンの地名印（18 世紀）（Alcock &c., *op. cit.,* p.23; Robinson, *BPO Hist.,* p.107）…… 124
無料郵便印（Batchelor &c., *op. cit.,* pp.22, 27）…… 130
村の郵便局（London Borough of Haringey 提供）…… 133
紙幣郵送時の注意（1792）（Postal Museum, Royal Mail Group 提供）…… 134
ロンドンの内国郵便総局の配達人（1830 年代）（Postal Museum, Royal Mail Group 提供）…… 137
ロンドンの地区郵便の配達人（1830 年代）（Postal Museum, Royal Mail Group 提供）…… 137

郵政省東庁舎（Postal Museum, Royal Mail Group 提供）…… 141
郵政省庁舎配置図（1910）（Campbell-Smith, *op. cit.,* p.208）…… 141
ロバート・ウォラス（Postal Museum, Royal Mail Group 提供）…… 143
郵便配達人（19 世紀前半）（Postal Museum, Royal Mail Group 提供）…… 151
コールの新聞に掲載された風刺漫画（H. W. Hill, *op. cit.,* p.18）…… 154
1 ペニー郵便開始時の郵便局規則（Robinson, *BPO Hist.,* facing p.299）…… 158
ローランド・ヒル（著者撮影）…… 160
収入印紙（1694）（H. W. Hill, *op. cit.,* p.122）…… 166
マルレディー封筒（1840）（著者旧蔵）…… 171
メーソン社製のカリカチュア封筒（Evans, *op. cit.,* p.98）…… 172
ワィオンのシティー・メダル（1837）（旧 National Postal Museum, London 提供）…… 174
最初のプルーフ（1840）（旧 National Postal Museum, London 提供）…… 176
採用された原版プルーフ（1840）（旧 National Postal Museum, London 提供）…… 177
2 ペンス切手のプルーフ（1840）（旧 National Postal Museum, London 提供）…… 179
マルタ十字印（Alcock &c., *The Maltese Cross,* p.13; *British Postmarks,* p.65）…… 181
ペニー・ブラック，ペニー・レッド，ペンス・ブルー（著者旧蔵）…… 182
チャーマーズのエッセイ（1838, 1839）（Seymour, *op. cit.,* vol.1, p.9）…… 186
切手発行 150 年記念切手の図案（1990）（*Stamp World London 90, Handbook*, 表紙）…… 188
ロンドン初の郵便ポスト（1885）（Postal Museum, Royal Mail Group 提供）…… 192
郵便ポスト 150 年の記念切手（2002）（池原郁夫氏提供）…… 193
ヘンリー・フォーセット（Robinson, *BPO Hist.,* facing p.410）…… 197
寒村の郵便配達人（1872）（Daunton, *op. cit.,* p.45）…… 203
封筒製造機（1851）（*London Great Exhibition Catalogue,* vol.ii, p.542）…… 205
コールのクリスマス・カード（1843）（Postal Museum, Royal Mail Group 提供）…… 207
ヴァレンタイン・カード（Postal Museum, Royal Mail Group 提供）…… 208
ロムフォード本局の郵便貯金の窓口（Postal Museum, Royal Mail Group 提供）…… 218
ハンプシャーの村の郵便局（1937）（Postal Museum, Royal Mail Group 提供）…… 223
ガワー・ベル電話機（1881）（見一眞理子氏作画）…… 229
赤い電話ボックス（1926）（見一眞理子氏作画）…… 231
労働組合の変遷図（著者作成）…… 241
郵便配達員スト（1890）（Swift, *op. cit.,* front page）…… 242
軍事郵便の郵便印（1917）（Alcock &c., *British Postmarks,* p.268）…… 245
威新ポスター（4 枚組）（1935）（Postal Museum, Royal Mail Group 提供）…… 253
動員された女性郵便配達員（1943）（Hay, *op. cit.,* p.27）…… 255
破壊された郵政省庁舎（1946）（Postal Museum, Royal Mail Group 提供）…… 256
野戦郵便，イタリア戦線（1943）（Postal Museum, Royal Mail Group 提供）…… 257
ローラー式切手消印装置（1850 年代）（Postal Museum, Royal Mail Group 提供）…… 260
ヨーク公夫妻機械化局訪問（1934）（Postal Museum, Royal Mail Group 提供）…… 261
郵便コードのイメージ（郵便機械化パンフレットから）…… 265
自動選別機（1970）（Postal Museum, Royal Mail Group 提供）…… 266
自動取揃押印機（1970）（Postal Museum, Royal Mail Group 提供）…… 266
コーディング・デスク（1968）（郵便機械化パンフレットから）…… 268
自動区分機（1973）（Postal Museum, Royal Mail Group 提供）…… 268
自動区分機（Postal Museum, Royal Mail Group 提供）…… 268
小包自動処理スーパー・ハブ基地（2023）（IDS 報道発表資料）…… 274

GPO タワー（1970 年代にロンドンで買った絵葉書から）...... 283
国営から公社化・民営化への流れ（著者作成）...... 288
上場後の郵便組織略図（2013）（著者作成）...... 293
イギリス郵便の新体制関係図（2022）（著者作成）...... 297
ジョン・パーマー（Postal Museum, Royal Mail Group 提供）...... 307
最初の郵便馬車（1784）（Postal Museum, Royal Mail Group 提供）...... 312
郵便馬車の運行体制（著者作成）...... 318
牡牛と馬の口亭（Postal Museum, Royal Mail Group 提供）...... 321
郵便馬車 200 年記念切手（1984）（著者コレクション）...... 323
疾走する郵便馬車（1837）（Postal Museum, Royal Mail Group 提供）...... 325
最後の郵便馬車（1845）（Postal Museum, Royal Mail Group 提供）...... 334
最初の鉄道郵便の車両（1838）（Postal Museum, Royal Mail Group 提供）...... 340
ユーストン駅（1938）（Postal Museum, Royal Mail Group 提供）...... 342
TPO ネットワーク（1995）（著者作成）...... 347
GNR の区分作業車（Postal Museum, Royal Mail Group 提供）...... 352
鉄郵印が押印された切手（池原郁夫氏提供）...... 352
線路脇の自動受渡装置（Bennett, *op. cit.,* p.70）...... 354
TPO 記録映画の DVD ジャケット（著者コレクション）...... 357
ロンドン地下郵便鉄道 50 年記念カバー（著者コレクション）...... 361
ヘロフートスラウス港（1674）（Hat Nederlandes Postmuseum, '-Gravenhage）...... 366
ファルマス港と郵便船（1817）（Postal Museum, Royal Mail Group 提供）...... 373
メイフラワー号を描いた米国の記念切手（1920）（著者旧蔵）...... 375
ボストンのフェアバンクス書簡取扱所（見一眞理子氏作画）...... 377
フィラデルフィアのコーヒー・ハウス（模写作画，作者不詳）...... 380
イギリスの賀状に描かれた大型帆船（1932）（日本の郵政博物館提供）...... 384
シップ・レター印（1816）（Alcock & Holland, *British Postmarks,* pp.227, 234）...... 385
サヴァンナ号の米国の記念切手（1944）（著者コレクション）...... 388
シリウス号（1838）（De Righi, *Anglo-American postal links,* p.8）...... 389
ヒンドスタン号（1842）（Postal Museum, Royal Mail Group 提供）...... 393
オーヴァーランド諸相（Sidebottom, *op. cit.,* pp.40, 46, 72，facing 74）...... 395
ジャパン・ヘラルド（澤まもる『郵便史研究』第 3 号所収の論文から）...... 397
リトルトン港に到着した母国の帆船（1850 年代）（日本の郵政博物館提供）...... 403
大西洋上の小島に向けた樽郵便（Postal Museum, Royal Mail Group 提供）...... 413
アンリ・ファルマン複葉機（1911）（Postal Museum, Royal Mail Group 提供）...... 418
各国の航空郵便ラベル（日本の郵政博物館提供，旧齋藤熙氏コレクション）...... 420
ビッカース・ビミー機（1919）（Bath Postal Museum の絵葉書から）...... 422
帝国航空のポスター（1935）（Postal Museum, Royal Mail Group 提供）...... 425
英豪 FFC（1934）（日本の郵政博物館提供，旧齋藤熙氏コレクション）...... 427
サウサンプトン港の西埠頭（1937）（Postal Museum, Royal Mail Group 提供）...... 429
エアグラフの利用を促すポスター（1943）（Postal Museum, Royal Mail Group 提供）...... 431
ヘリコプター郵便（1948）（Postal Museum, Royal Mail Group 提供）...... 433
コンコルド（1980）（Postal Museum, Royal Mail Group 提供）...... 435